Wissensgeschichte des Hörens in der Moderne

Wissensgeschichte des Hörens in der Moderne

Herausgegeben vom
Netzwerk „Hör-Wissen im Wandel"

Koordiniert von
Daniel Morat

DE GRUYTER

Gefördert mit Mitteln der Deutschen Forschungsgemeinschaft (DFG)

ISBN 978-3-11-065263-5
e-ISBN (PDF) 978-3-11-052372-0
e-ISBN (EPUB) 9 978-3-11-052318-8

Library of Congress Cataloging-in-Publication Data
A CIP catalog record for this book has been applied for at the Library of Congress.

Bibliografische Information der Deutschen Nationalbibliothek
Die Deutsche Nationalbibliothek verzeichnet diese Publikation in der Deutschen Nationalbibliografie; detaillierte bibliografische Informationen sind im Internet über http://dnb.dnb.de abrufbar.

© 2019 Walter de Gruyter GmbH, Berlin/Boston
Dieser Band ist text- und seitenidentisch mit der 2017 erschienenen gebundenen Ausgabe.
Einbandabbildung: Carl H. Pforzheimer Collection Of Shelley And His Circle/New York Public Library/Science Photo Library
Satz: fidus Publikations-Service GmbH, Nördlingen
Druck und Bindung: Hubert & Co. GmbH & Co. KG, Göttingen
♾ Gedruckt auf säurefreiem Papier
Printed in Germany

www.degruyter.com

Inhaltsverzeichnis

Vorwort —— VII

Daniel Morat/Viktoria Tkaczyk/Hansjakob Ziemer
Einleitung —— 1

Julia Kursell
Klangfarbe um 1850 – ein epistemischer Raum —— 21

Alexandra Hui
Walter Bingham und die Universalisierung des individuellen Hörers —— 41

Axel Volmar
Psychoakustik und Signalanalyse. Zur Ökologisierung und Metaphorisierung des Hörens seit dem Zweiten Weltkrieg —— 65

Mary Helen Dupree
Arthur Chervins *La Voix parlée et chantée*. Zur Internationalisierung der Deklamationskunst um 1900 —— 97

Viktoria Tkaczyk
Hochsprache im Ohr. Bühne – Grammophon – Rundfunk —— 123

Rebecca Wolf
Musik im Zeitsprung. Victor-Charles Mahillons Instrumente zur Rekonstruktion und Neubelebung von historischem Klang —— 153

Hansjakob Ziemer
Konzerthörer unter Beobachtung. Skizze für eine Geschichte journalistischer Hörertypologien zwischen 1870 und 1940 —— 183

Manuela Schwartz
Therapieren durch Musikhören. Der Patient als musikalischer Zuhörer —— 207

Camilla Bork
Das Hör-Wissen des Musikers im Spiegel ausgewählter Violinschulen des 19. Jahrhunderts —— 233

Nicola Gess
Narrative akustischer Heimsuchung um 1800 und heute: Hören und Erinnerung in Hoffmanns „Johannes Kreislers Lehrbrief" —— 253

Jan-Friedrich Missfelder
Wissen, was zu hören ist. Akustische Politiken und Protokolle des Hörens in Zürich um 1700 —— 289

Daniel Morat
Parlamentarisches Sprechen und politisches Hör-Wissen im deutschen Kaiserreich —— 305

Britta Lange
Die Konstruktion des Volks über Hör-Wissen. Tonaufnahmen des Instituts für Lautforschung von ‚volksdeutschen Umsiedlern' aus den Jahren 1940/1941 —— 329

Anhang

Abbildungsverzeichnis —— 359
Auswahlbibliographie —— 361
Autorinnen und Autoren —— 377
Personenregister —— 381

Vorwort

Der vorliegende Band geht auf die gemeinsame Arbeit des von der Deutschen Forschungsgemeinschaft in den Jahren 2013 bis 2016 geförderten Forschernetzwerks „Hör-Wissen im Wandel. Zur Wissensgeschichte des Hörens in der Moderne" zurück. Obwohl alle Beiträge in individueller Autorschaft entstanden sind, ist dieses Buch in einem kollektiven Prozess konzipiert und geschrieben worden. Wir sind von der Überzeugung ausgegangen, dass eine Geschichte des Hör-Wissens nur als ein gemeinsames Projekt verfolgt werden kann, das unterschiedliche disziplinäre Expertisen und methodische Zugänge vereinigt. Dieser Ansatz spiegelte sich in der Arbeitsweise des Netzwerks wider. Alle Beiträge sind auf sechs Arbeitstreffen über drei Jahre hinweg – zunächst als Skizzen, dann als Aufsätze – vorgestellt und von externen Fachleuten kommentiert worden. Dieses Vorgehen hat es erlaubt, übergeordnete Fragestellungen zu entwickeln und Querverbindungen zwischen den behandelten Wissensfeldern zu ziehen. Wir hoffen, dass das bei der Lektüre des Bandes erkennbar wird.

An erster Stelle danken wir der Deutschen Forschungsgemeinschaft für die großzügige Förderung. Ein großer Dank geht außerdem an die Gäste, die unseren Diskussions- und Arbeitsprozess auf den Arbeitstreffen begleitet und einzelne der hier publizierten Beiträge kommentiert haben. Dies waren (in alphabetischer Reihenfolge): Wolfgang Auhagen (Martin-Luther-Universität Halle-Wittenberg), Karin Bijsterveld (Maastricht University), Carolyn Birdsall (Universiteit van Amsterdam), Esteban Buch (EHESS Paris), Lorraine Daston (MPI für Wissenschaftsgeschichte Berlin), Monika Dommann (Universität Zürich), Marian Füssel (Georg-August-Universität Göttingen), Marcus Gammel (Deutschlandradio Kultur), Daniel Gethmann (TU Graz), Wolfgang Gratzer (Mozarteum Salzburg), Neil Gregor (University of Southampton), Britta Herrmann (Westfälische Wilhelms-Universität Münster), Theo Jung (Albert-Ludwigs-Universität Freiburg), Thomas Y. Levin (Princeton University), Alexander Rehding (Harvard University), Constantine Sandis (University of Hertfordshire), Uwe Steiner (Fernuniversität Hagen), Christian Thorau (Universität Potsdam) und Stefan Weinzierl (TU Berlin).

Im September 2015 haben wir das Netzwerk-Arbeitstreffen im Kontext einer größeren, von Mary Helen Dupree organisierten Konferenz an der Georgetown University in Washington, D. C., durchgeführt. Wir danken Friederike Eigler, Courtney Feldman und dem German Department für die Unterstützung vor Ort sowie Joy Calico (Vanderbilt University), Adrian Daub (Stanford University), Patrick Feaster (Indiana University Bloomington), Benjamin Harbert (Georgetown University), Brian Hochman (Georgetown University), Deva Kemmis (Georgetown University), Kathryn Olesko (Georgetown University) und Carlene Stephens (Smithsonian Museum of American History) für ihre Tagungsbeiträge.

Darüber hinaus erhielten wir bei der Organisation des Netzwerks und der Durchführung der Arbeitstreffen tatkräftige Unterstützung von Thomas Blanck, Michael Heider und Constantin Hühn (Berlin), Helen Wagner (Amsterdam und Berlin), Henriëtte Bitter (Amsterdam) sowie Johannes Hapig, Agnes Hoffmann und Simone Sumpf (Basel). Ihnen sei ebenfalls herzlich gedankt. Rainer Rutz danken wir für das gründliche Lektorat und die Erstellung der Auswahlbibliographie und des Registers. Bei De Gruyter danken wir Manuela Gerlof und Susanne Rade für die kompetente Betreuung des Bandes.

Berlin, im Januar 2017
Die Autorinnen und Autoren

Daniel Morat/Viktoria Tkaczyk/Hansjakob Ziemer
Einleitung

Im Jahr 1993, lange bevor im deutschsprachigen Raum von *Sound Studies* die Rede war, eröffnete die Zeitschrift *Paragrana* ihren zweiten Jahrgang mit einem Heft zum Thema „Das Ohr als Erkenntnisorgan". Die vom Forschungszentrum für Historische Anthropologie der Freien Universität Berlin herausgegebene Zeitschrift reagierte damit auf die in den kulturphilosophischen Debatten der Zeit vielfach proklamierte postmoderne „Kultur des Hörens", die sich gegen das „Visualprimat" der Moderne Gehör verschaffe.[1] Mit Formulierungen wie der vom „Aufstand des Ohrs" gegen das „Primat des Auges in der Hierarchie der Sinne"[2] folgten die meisten der Heftautorinnen und -autoren der These von einer ‚Hegemonie des Visuellen'[3] in der Moderne, die es nun zu überwinden gelte. Dabei stellten sie Hören und Sehen einander als qua Physiologie kategorial unterschiedliche Sinne gegenüber. Sie regten damit zu einer Historisierung der kulturellen Stellung der Sinne an, die sich in unterschiedlichen Epochen und Gesellschaften ändern könne. Was das Heft hingegen nicht einlöste, war eine Historisierung der Sinne selbst. Es stellte also nicht die Frage: Ist das Hören selbst eine historisch variable Praxis? Und wenn ja: Wie, wann und unter welchen Bedingungen wurde das Ohr zum Erkenntnisorgan?

Genau zehn Jahre später hat Jonathan Sterne in seiner wegweisenden Studie *The Audible Past. Cultural Origins of Sound Reproduction* die weitverbreiteten Annahmen über das Hören in Abgrenzung zum Sehen – wonach das Hören zu jeder Zeit und an jedem Ort als sphärisch gilt, während das Sehen stets direktional sei, das Hören Nähe, das Sehen Distanz erzeuge, das Hören die Emotionen, das Sehen den Intellekt privilegiere etc. – als ‚audio-visuelle Litanei' bezeichnet.[4] Mit Sterne lässt sich argumentieren, dass diese apriorischen Annahmen nicht einfach auf der Sinnesphysiologie des Hörens und Sehens basieren, sondern das

---

[1] Wolfgang Welsch, „Auf dem Weg zu einer Kultur des Hörens?", in: *Paragrana. Internationale Zeitschrift für Historische Anthropologie* 2.1–2 (1993), S. 87–103, hier S. 88 ff. Zur Bedeutung der Historischen Anthropologie Berliner Prägung für die deutschsprachigen Sound Studies vgl. Holger Schulze, „Sound Studies", in: Stephan Moebius (Hg.), *Kultur. Von den Cultural Studies bis zu den Visual Studies. Eine Einführung*, Bielefeld 2012, S. 242–257, hier S. 248 ff.
[2] Manfred Mixner, „Der Aufstand des Ohrs", in: *Paragrana. Internationale Zeitschrift für Historische Anthropologie* 2.1–2 (1993), S. 29–39, hier S. 29.
[3] Vgl. David Michael Levin (Hg.), *Modernity and the Hegemony of Vision*, Berkeley 1993.
[4] Jonathan Sterne, *The Audible Past: Cultural Origins of Sound Reproduction*, Durham/London 2003, S. 15.

Ergebnis historischer Diskurse und medientechnischer Entwicklungen sind, die als solche historisiert werden müssen. Zudem hat Sterne gezeigt, dass trotz der herausgehobenen Stellung des Visuellen in den Wissensordnungen der Moderne auch dem Hören sowohl als Gegenstand wie als Erkenntnisorgan der Wissenschaften eine eigene, bislang jedoch vernachlässigte Bedeutung zukommt.

Bei diesen Einsichten setzt das vorliegende Buch an. Statt einer Essentialisierung des Hörsinns steht hier die Frage nach dem historischen Wandel von Wissen über und *durch* das Hören im Zentrum. Mit dieser wissensgeschichtlichen Perspektive auf das Hören möchte das Buch auch zu einer Historisierung von Annahmen und Begrifflichkeiten beitragen, die in den *Sound Studies* bisher häufig unhinterfragt geblieben sind. Ausgangspunkt ist dabei zunächst die Wissenschafts- und Mediengeschichte des Hörens seit dem 18. Jahrhundert. Mit dem Begriff des Hör-Wissens geht das Buch jedoch von einem breiteren Wissensbegriff aus, der nicht auf wissenschaftliches Wissen begrenzt ist.

In den vergangenen Jahren sind bereits viele Vorschläge dazu gemacht worden, wie sich Ansätze der Wissenschaftsgeschichte durch solche der Wissensgeschichte ersetzen bzw. ergänzen lassen – bis sich Wissenschaftshistoriker umgekehrt zu fragen begannen, was eigentlich wissenschaftliches Wissen ist.[5] So ist in Anlehnung an die Arbeiten Michel Foucaults gezeigt worden, dass Formen des Alltagswissens, des Körperwissens und des in Architekturen, Kunstwerken und Medien gespeicherten Wissens ebenso Ausdruck der Episteme eines historischen Zeitraums sind wie akademisch legitimierte wissenschaftliche Äußerungen. Mit dieser Erkenntnis einer grundsätzlichen „Pluralität der Wissensformen"[6] rückten neben dem wissenschaftlichen Wissen weitere „Provinzen des Wissens"[7] ins Zentrum des Interesses. Zugleich wurde seitens der Wissenschaftsgeschichte auf die historisch und geographisch variablen Definitionen von Wissenschaftlichkeit und die sich somit stetig neu konstituierenden Grenzen zwischen Wissen und Wissenschaftlichkeit hingewiesen. Dies betrifft insbesondere die Grenzziehungen zwischen dem Wissen in Kunst und Wissenschaft oder dem Wissen in den Natur- und Geisteswissenschaften.[8] Darüber hinaus hat die Wissenschaftsge-

---

5 Vgl. Olivier Darrigol, „For a History of Knowledge", in: Kostas Gavroglu u. Jürgen Renn (Hg.), *Positioning the History of Science*, Dordrecht 2007, S. 33–34.
6 Achim Landwehr, „Wissensgeschichte", in: Rainer Schützeichel (Hg.), *Handbuch Wissenssoziologie und Wissensforschung*, Konstanz 2007, S. 801–813, hier S. 801.
7 Philipp Sarasin, „Was ist Wissensgeschichte?", in: *Internationales Archiv für Sozialgeschichte der deutschen Literatur* 36.1 (2011), S. 159–172, hier S. 167. Sarasin bezeichnet mit dieser Metapher die Aufteilung des Wissens in die Felder der Wissenschaft, des Glaubens und der Kunst.
8 Vgl. etwa Hermann Parzinger, Stefan Aue u. Günter Stock (Hg.), *ArteFakte: Wissen ist Kunst – Kunst ist Wissen. Reflexionen und Praktiken wissenschaftlich-künstlerischer Begegnungen*, Bie-

schichte den Transfer ‚praktischen Wissens' zwischen akademischen und außerakademischen Feldern verfolgt.[9]

Mit dem Fokus auf dem Hören als Gegenstand und Mittel der Wissensproduktion setzt der vorliegende Band bei diesen Grenzphänomenen und Transferprozessen an. Wir greifen dafür die Metapher von den Provinzen des Wissens auf, die sich einerseits voneinander abgrenzen lassen, zwischen denen das Wissen andererseits aber auch zirkuliert. Sie umfassen in unserem Fall das Wissen der Wissenschaft, der Musik, der Sprechkünste, der Literatur und der Politik. Damit rücken unterschiedliche Formen des Wissens in den Blick, die mitunter als implizites oder stilles Wissen bezeichnet werden, d. h. die im Unterschied zum expliziten bzw. propositionalen Wissen nicht sprachlich festgehalten werden, sondern sich als ein Können im praktischen Vollzug ausdrücken.[10] Wie der Musikethnologe Steven Feld durch seine prominenten Studien in Papua-Neuguinea gezeigt hat, verschwimmt bei diesem Praxisvollzug, beim „knowing-in-action", das Wissen über das Hören mit dem Wissen durch das Hören. Feld spricht im Zusammenhang mit dem von ihm geprägten Begriff der *acoustemology* vom „knowing-with and knowing-through the audible".[11] Hören ist hier zugleich Medium und Gegenstand des Wissens. Dieses Doppelverhältnis zeigt sich besonders deutlich bei allen Hörtechniken, die gezielt erlernt und trainiert werden müssen: Medizinerinnen und Mediziner zum Beispiel, die die Technik der Auskultation erlernen, beschäftigen sich zunächst intensiv mit dem Hören selbst, um es im Anschluss als Medium des Wissenserwerbs über den körperlichen Zustand ihrer Patienten einsetzen zu können.[12]

Diese Doppelung von ‚Wissen über' und ‚Wissen durch' soll im Folgenden durch den Begriff des Hör-Wissens eingefangen werden. Gemäß dieser doppelten Bedeutung von Hör-Wissen lässt sich die hier interessierende Frage nach der

---

lefeld 2014; *Isis* 106.2 (Juni 2015), Themenheft: „The History of Humanities and the History of Science", hg. v. Rens Bod u. Julia Kursell.
9 Vgl. etwa Matteo Valleriani (Hg.), *The Structures of Practical Knowledge*, Dordrecht 2017.
10 Vgl. Michael Polanyi, *Implizites Wissen*, Frankfurt a. M. 1985; Jens Loenhoff (Hg.), *Implizites Wissen. Epistemologische und handlungstheoretische Perspektiven*, Weilerswist 2012.
11 Steven Feld, „Acoustemology", in: David Novak u. Matt Sakakeeny (Hg.), *Keywords in Sound*, Durham/London 2015, S. 12–21, hier S. 12.
12 Vgl. Tom Rice, „Learning to Listen: Auscultation and the Transmission of Auditory Knowledge", in: *Journal of the Royal Anthropological Institute* 16 (2010), S. 41–61. Trevor Pinch und Karin Bijsterveld sprechen in diesem Zusammenhang von „sonic skills – by which we mean listening skills and the skills needed to employ the tools for listening – in knowledge production"; Trevor Pinch u. Karin Bijsterveld, „New Keys to the World of Sound", in: Pinch/Bijsterveld (Hg.), *The Oxford Handbook of Sound Studies*, Oxford u. a. 2012, S. 3–35, hier S. 11.

Rolle des Hörens in den Wissenskulturen[13] der Moderne in zweifacher Weise ausformulieren:

1. Welche Arten von *Wissen über das Hören* lassen sich historisch rekonstruieren? Wie wurden sie innerhalb der verschiedenen Wissenssysteme der Wissenschaft, der Musik, der Kunst, der Literatur und der Politik hergestellt und kommuniziert? Welchen Stellenwert nahm das Wissen vom Hören in diesen jeweiligen Wissenssystemen ein? Mit welchen Erkenntnisinteressen wurde das Hören zum Gegenstand der Wissensproduktion gemacht?
2. Welche Funktion hatte das Hören selbst im Prozess der Wissensproduktion und Wissenskommunikation? Welche Rolle spielte das Hören etwa im Labor, im Theater, im Salon, im Konzerthaus, im Parlament, und in welcher Weise bildete sich dabei ein spezifisches *auditives Wissen* in der Wissenschaft, der Literatur, der Musik, der Politik heraus?[14] Wie wird Wissen auditiv hervorgebracht, gespeichert und kommuniziert?

Der epochale Schwerpunkt des Bandes liegt auf der Moderne. Dieser Begriff wird hier zunächst als Epochenbegriff für die Geschichte der Neuzeit verwendet. Über die reine Epochenbezeichnung hinaus benennt er aber auch die für die Moderne kennzeichnende „Verbindung von Zeitdiagnose und Weltverhalten", d. h. die Tatsache, dass sich in der Neuzeit eine neue Form des Denkens in Epochen entwickelt hat, das auf das zeitbezogene Handeln der historischen Akteure zurückwirkte.[15] Dieses Epochendenken war zugleich an den Aufstieg der Wissenschaften und die Entstehung der modernen Wissensgesellschaft gekoppelt, die zu einer besonderen „Bedeutung des Wissens in der Moderne" geführt haben.[16] Der vorliegende Band verfolgt jedoch kein lineares Modernisierungsnarrativ, das etwa einen stetigen Dominanzgewinn des wissenschaftlichen Wissens postulieren würde. Gemäß der Annahme einer Pluralität der Wissensformen gehen

---

[13] Vgl. zum Begriff der Wissenskulturen Johannes Fried u. Thomas Kailer (Hg.), *Wissenskulturen. Beiträge zu einem forschungsstrategischen Konzept*, Berlin 2003.

[14] Der Begriff des ‚auditiven Wissens' ist hier analog gebildet zum Begriff des ‚optischen' bzw. ‚visuellen Wissens'; vgl. Ralph Köhnen, *Das optische Wissen. Mediologische Studien zu einer Geschichte des Sehens*, München 2009; Bernt Schnettler u. Frederik S. Pötzsch, „Visuelles Wissen", in: Rainer Schützeichel (Hg.), *Handbuch Wissenssoziologie und Wissensforschung*, Konstanz 2007, S. 472–484.

[15] Christof Dipper, [Art.] „Moderne, Version: 1.0", *Docupedia-Zeitgeschichte*, http://docupedia.de/zg/Moderne (22.2.2017).

[16] Otto Gerhard Oexle, „Was kann die Geschichtswissenschaft vom Wissen wissen?", in: Achim Landwehr (Hg.), *Geschichte(n) der Wirklichkeit. Beiträge zur Sozial- und Kulturgeschichte des Wissens*, Augsburg 2002, S. 31–60, hier S. 34. Vgl. auch Peter Burke, *Papier und Marktgeschrei. Die Geburt der Wissensgesellschaft*, Berlin 2001.

wir auch von einer Pluralität des Wandels innerhalb der Moderne aus, bei der sich verschiedene Formen des Hör-Wissens in unterschiedlichen Verlaufsformen und Geschwindigkeiten entwickeln konnten. Ein bis zu einem gewissen Grad für alle Provinzen des Hör-Wissens einschneidender Wandel folgte allerdings aus der Entwicklung der Tonaufzeichnungs-, Übertragungs- und Wiedergabetechniken seit dem späten 19. Jahrhundert.[17] So thematisieren mehrere Beiträge dieses Buches (u. a. von Alexandra Hui, Nicola Gess, Viktoria Tkaczyk und Britta Lange) Zusammenhänge zwischen Medienwandel und neu entdeckten Hörformen wie etwa dem akusmatischen Hören, d. h. dem Hören eines von seiner ursprünglichen Quelle medial losgelösten Klangs – ohne dass wir das akusmatische Hören zur paradigmatischen Hör-Form der Moderne erklären wollen.[18] Andere Beiträge skizzieren Entwicklungslinien des Hör-Wissens, die sich neben akustischen Medien auch auf Veränderungen im Zeitungs-, Zeitschriften- und Buchmarkt beziehen (vgl. etwa die Beiträge von Mary Helen Dupree, Hansjakob Ziemer und Daniel Morat).

Zusammengenommen bilden die Beiträge des vorliegenden Buches den ersten Versuch, das Hör-Wissen in der Moderne in seinen vielfältigen Ausprägungen als historisches Phänomen darzustellen. Das Ziel ist keine enzyklopädische Vollständigkeit, sondern ein Überblick über die Spuren von Hör-Wissen in unterschiedlichen Wissensfeldern.[19] Die Beiträge verstehen sich als Fallstudien, die zeigen, wie Hör-Wissen vom 18. bis zum mittleren 20. Jahrhundert in historisch spezifischen Kontexten verbreitet und geformt, transformiert und kritisiert worden ist. Sie reichen vom intentionalen Gebrauch des Ohres in der Medizin über den Einfluss künstlerischer Sprech- und Hörpraxen auf die Herausbildung von Hochsprachen und die Traditionen auraler Erfahrung im Instrumentenbau bis hin zur Rolle des Hörens in der Genese politischer Ordnungen. Die Autorinnen und Autoren fokussieren auf Fallstudien, ziehen Querverbindungen und beschreiben historisch variable Formen, in denen sich Hör-Wissen äußert und zirkuliert – so zum Beispiel in Form von Protokollen, Typologien, materiellen Objekten, literarischen Texten oder wissenschaftlichen Traktaten. Die Vielzahl der herangezogenen Quellen erlaubt Einsichten in Prozesse der expliziten Thematisierungen von Hör-Wissen ebenso wie in Fälle, wo Hör-Wissen nur implizit

---

[17] Vgl. hierzu insbes. Emily Thompson, *The Soundscape of Modernity: Architectural Acoustics and the Culture of Listening in America, 1900–1933*, Cambridge, MA 2002.
[18] Wie zum Beispiel Sam Halliday, *Sonic Modernity: Representing Sound in Literature, Culture and the Arts*, Edinburgh 2013, S. 14.
[19] Für einen umfassenden, nicht nur auf Hör-Wissen beschränkten Überblick vgl. Daniel Morat u. Hansjakob Ziemer (Hg.), *Handbuch Sound. Geschichte – Begriffe – Ansätze*, Stuttgart [in Vorbereitung].

verhandelt oder praktiziert wurde (so zum Beispiel im Beitrag zu den Violinschulen von Camilla Bork). Die Akteursgruppen, die in vielen Beiträgen im Vordergrund stehen, sind dabei in der Regel als Hör-Experten anzusehen (wie die Instrumentenbauer im Beitrag von Rebecca Wolf, die Musikjournalisten im Beitrag von Hansjakob Ziemer, die Dichter bzw. Erzähler im Beitrag von Nicola Gess oder die Stenographen im Beitrag von Daniel Morat).

Schließlich thematisiert der Band eine Diversität von Hörsituationen: Hör-Wissen entstand an so unterschiedlichen Orten wie dem Konzertsaal, dem Labor, der Theaterbühne, dem Krankenhaus, der Straße, der Werkstatt, dem Lager, dem Parlament oder dem musikpädagogischen Institut. Neben praktisch-konkreten Hörsituationen verweisen einige Beiträge auf Hörszenarien, die allein in der Theorie entworfen und durchgespielt wurden. Entsprechend unterschiedlich sind auch die Aggregatzustände, in denen Hör-Wissen überliefert ist – sei es in schriftlicher Form wie allgemein zugänglich in Feuilletons oder verdichtet in der wissenschaftlichen Zeitschrift oder fiktionalisiert im literarischen Text, sei es in mündlicher Form wie im Geigenunterricht oder in therapeutischen Sitzungen oder sei es in materieller Form wie im Instrumentenbau. Ein Ergebnis ist, dass Hör-Wissen nicht auf isolierten singulären Akten der Wissensproduktion basiert, sondern stets auf ein weitverzweigtes Netz politischer Interessen, wissenschaftlicher Tugenden, kultureller Erwartungen, technischer Möglichkeiten und praktischer Notwendigkeiten verweist. Eine Wissensgeschichte des Hörens, die diesen Verflechtungen nachgeht, muss also die je spezifischen Rahmenbedingungen reflektieren, unter denen dieses Wissen entstehen konnte.

Provinzen des Hör-Wissens

Die Beiträge des Bandes sind nicht nach den eben angesprochenen Kategorien – Quellen, Akteure, Orte – angeordnet, sondern nach den eingangs genannten Provinzen des Wissens: der Wissenschaft, der Sprechkünste, der Musik, der Literatur und der Politik. Das in diesen Provinzen ausgeprägte Hör-Wissen lässt sich auch als ein jeweils spezifisches wissenschaftliches, künstlerisches, musikalisches, literarisches und politisches Hör-Wissen beschreiben.

Die ersten drei Beiträge widmen sich schwerpunktmäßig dem **wissenschaftlichen Hör-Wissen**. Sie konzentrieren sich in unterschiedlicher Weise auf das Labor als Ort der Wissensproduktion, an dem Forscher, Praktiken und Klänge zusammentrafen. Labore sind jedoch keine gänzlich abgeschlossenen Räume. Die Beiträge behandeln daher nicht nur die Frage, wie das Hören seit Mitte des 19. Jahrhunderts zu einem Objekt und zu einem Instrument der Untersuchung im

Labor geworden ist und welche wissenschaftlichen Ziele und kulturellen Trends die Untersuchungspraktiken beeinflusst haben. Sie fragen auch nach dem Transfer des Hör-Wissens aus dem Labor hinaus in die Konzertsäle, Warenhäuser und militärischen Schaltzentralen und nach den Rückwirkungen, die diese außerwissenschaftlichen Verwendungsweisen des wissenschaftlichen Hör-Wissens wiederum auf die Laborforschung hatten.

In ihrem Beitrag „Klangfarbe um 1850 – ein epistemischer Raum" untersucht Julia Kursell das psycho-physische Labor in der zweiten Hälfte des 19. Jahrhunderts als ein epistemisches Gefilde. Anhand einer Reihe von Studien zur Klangfarbe zeichnet sie nach, wie der Klang zu einem Forschungsgegenstand wurde, zu einem ‚epistemischen Ding' im Sinne von Hans-Jörg Rheinberger und Staffan Müller-Wille.[20] Dabei erscheint das Labor selbst als eine Art historischer Akteur, der die Wissensproduktion beeinflusste. Zusammen mit seinen Objekten und Personen prägte das Labor die experimentellen Anordnungen und Prioritäten und trug so zum Wandel der Klangfarbe von einer nebensächlichen Erfahrung zu einem wissenschaftlichen Forschungsobjekt bei. In ihrem Beitrag über „Walter Bingham und die Universalisierung des individuellen Hörers" verfolgt Alexandra Hui das wissenschaftliche Hör-Wissen im frühen 20. Jahrhundert auf dem Feld der experimentellen Psychologie. Es war die Anwendung der funktionalen Psychologie, der amerikanischen Weiterentwicklung der deutschen physiologischen Psychologie, die es Walter Van Dyke Bingham erlaubte, die individuelle Hörerfahrung zu universalisieren. Diese Universalisierung der Stimmungseffekte von Musik wurde dann wiederum von der Edison Phonograph Company genutzt, um eine neue Konsumentengruppe anzusprechen. Hui kann somit den Transfer des wissenschaftlichen Hör-Wissens aus dem Labor in das Feld der Konsumkultur aufzeigen.

Im darauf folgenden Beitrag sucht Axel Volmar nach den epistemologischen Ursprüngen auditiver Formen naturwissenschaftlicher Erkenntnisproduktion und zeichnet dazu unter dem Titel „Psychoakustik und Signalanalyse. Zur Ökologisierung und Metaphorisierung des Hörens seit dem Zweiten Weltkrieg" einen weiteren nachhaltigen Wandel im Hör-Wissen des 20. Jahrhundert nach. Im Rückgriff auf Forschungen, die während des Zweiten Weltkriegs am Psychoacoustic Laboratory der Harvard University und anderen Institutionen durchgeführt wurden, zeigt der Beitrag, wie Verständigungsschwierigkeiten, die bei der Verwendung von elektroakustischer Kommunikationstechnik in Flugzeugen und anderen motorisierten Einheiten auftraten, die Einrichtung eines psychoakusti-

---

[20] Vgl. Hans-Jörg Rheinberger u. Staffan Müller-Wille, *Vererbung. Geschichte und Kultur eines biologischen Konzepts*, Frankfurt a. M. 2009, S. 12.

schen Forschungsprogramms motivierten, das den Prozess des Hörens als mitunter prekäre, in ökologische Gegebenheiten eingebettete Praxis der Signalerkennung begriff. Das entstandene Hör-Wissen über den Einfluss von Lärm und anderen Störgeräuschen auf das Verständnis akustischer Kommunikation ist nicht nur in einer verallgemeinerten Form in die mathematische Informationstheorie eingegangen, sondern wurde später auch für die auditive Kultur der Nachkriegszeit, etwa in Form von Rockmusik, Hi-Fi-Kultur und *Soundscape*-Forschung, prägend. Auch dieser Beitrag verweilt dabei nicht allein im Labor, sondern stellt die psychoakustische Forschung in den Kontext globaler nachrichtentechnischer Abhörtechniken und naturwissenschaftlicher Überwachungssysteme während des Kalten Kriegs, durch die das spezifische Wissen um die Erkennung von Signalen im Rauschen eine globale Ausdehnung erfuhr und zunehmend zu einer Metapher für allgemeine Formen der Datenanalyse wurde. Durch diese Verschiebung öffnete das psychoakustische Hör-Wissen nicht zuletzt einen Möglichkeitsraum für die Ausbildung neuer erkenntnisgenerierender Hörtechniken in den Naturwissenschaften – wie etwa die Praxis der wissenschaftlichen Sonifikation, der akustischen Darstellung wissenschaftlicher Daten.

Die drei folgenden Beiträge wenden sich dem **künstlerischen Hör-Wissen** auf dem Feld der Sprechkünste und des Musikinstrumentenbaus zu. Ihr Hauptinteresse gilt den Transfers und Korrelationen wissenschaftlichen und künstlerischen Wissens. Das Verhältnis von Kunst und Wissenschaften ist in den vergangenen Jahren bereits vielfach behandelt worden – so etwa mit Blick auf die (Re-) Definition der *artes liberales* und *artes mechanicae* oder auf das Verhältnis von praktischem und theoretischem Wissen der Vormoderne.[21] Aber auch die Bedeutung der Kunst für die Geistes- und Naturwissenschaften der Moderne ist ein viel behandeltes Thema – sei es mit Blick auf die Herausbildung der experimentellen Ästhetik[22] oder auf die Entstehung der Kunst-, Musik- und Theaterwissenschaft.[23] Mit dem Fokus auf dem Hören als *Gegenstand* und *Mittel* der Wissensproduktion ergänzen die drei Beiträge diese Forschung jedoch um ein bislang wenig beachtetes Phänomen. Untersuchungsleitend ist dabei die Beobachtung, dass in der

---

[21] Vgl. z. B. Elspeth Whitney, *Paradise Restored: The Mechanical Arts from Antiquity through the Thirteenth Century*, Philadelphia 1990.
[22] Vgl. z. B. Jutta Müller-Tamm, Henning Schmidgen u. Tobias Wilke (Hg.), *Gefühl und Genauigkeit – Empirische Ästhetik um 1900*, München 2014.
[23] Vgl. z. B. Elizabeth Mansfield (Hg.), *Art History and Its Institutions: Foundations of a Discipline*, London 2002; Alexander Rehding, *Hugo Riemann and the Birth of Modern Musical Thought*, Cambridge 2003; Stefan Hulfeld, *Theatergeschichtsschreibung als kulturelle Praxis. Wie Wissen über Theater entsteht*, Zürich 2007.

Akustik-, Theater- und Musikgeschichte von jeher ein reger Austausch zwischen praktizierenden Künstlern und theoretisch gebildeten Experten stattfand – prominente Beispiele sind die Deklamation, der Instrumentenbau und die Raumakustik. Ein gesteigerter Transfer von Hörpraktiken und -techniken zwischen künstlerischen und wissenschaftlichen Kontexten zeichnete sich allerdings erst ab der Zeit um 1800 ab und gewann um 1900 an Prominenz. Ein Grund dafür mag sein, dass sich im 19. Jahrhundert mit der Akustik nicht nur eine neue Disziplin herausbildete, die das ephemere Phänomen des Schalls zu fassen versuchte, sondern mit der Physiologie und Psychologie des Hörens auch neuartige Einsichten über das menschliche Ohr als Erkenntnisorgan gewonnen wurden.

Daneben ist es einer erstarkenden bürgerlichen Theater-, Konzert- und Privatmusikkultur zuzuschreiben, dass sich neue Hörtechniken herausbilden und verbreiten konnten: Techniken des gezielten analytischen Hörens, Merktechniken beim wiederholten und vergleichenden Hören, Techniken des innerlichen (Nach-)Hörens beim Vollenden der Gedanken – derart geschulte und spezialisierte Ohren wurden nicht nur von Künstlern und Kunstrezipienten gefordert, sondern zunehmend auch von Berufsgruppen wie Ethnologen, Anthropologen, Ornithologen, Linguisten, Phonetikern oder Tontechnikern. Voraussetzung und Folge dieser Entwicklung waren das Aufkommen neuer Lehrbücher, Hörhilfen, Notationsformen und nicht zuletzt Fachzeitschriften, die sich entweder zur Unterhaltung an ein breites Publikum oder an eine fachkundige Leserschaft wandten.

Eine solche Zeitschrift war die zwischen 1890 und 1903 in Paris erschienene *La Voix parlée et chantée. Anatomie, physiologie, pathologie, hygiène et éducation*, die der Arzt und Musikliebhaber Arthur Chervin herausgab. Die drei Beiträge zum künstlerischen Hör-Wissen nehmen die Zeitschrift *La Voix* als gemeinsamen Ausgangspunkt, um nach dem Aufkommen neuer Kunstformen, Wissenskulturen und entsprechender Hörtechniken im französischen und deutschsprachigen Raum seit dem frühen 19. Jahrhundert zu fragen. Der disziplinäre Rahmen der Beiträge erstreckt sich über Literatur-, Theater-, Medien- und Musikwissenschaft. Die Orte und Kunstformen, die dabei eine besondere Rolle spielen, sind Salonkultur, Theaterbühne, Rundfunk, (Akademie-)Konzert und Museum. Die geographische Fokussierung auf Frankreich bzw. Belgien und den deutschsprachigen Raum erfolgt dabei nicht zufällig: Das historisch wechselvolle Verhältnis zwischen dem französisch- und deutschsprachigen Raum beeinflusste den Transfer von künstlerisch-wissenschaftlichem Wissen.[24] Die Herausbildung nationaler,

---

24 Vgl. Michel Espagne, „La fonction de la traduction dans les transferts culturels franco-allemands aux XVIIIe et XIXe siècle. Le problème des traducteurs germanophones", in: *Revue d'histoire littéraire de la France* 97.3 (1997), S. 413–427; ders., *Les transferts culturels franco-al-*

demokratischer und kolonialistischer Diskurse in beiden Regionen vor dem Hintergrund militärischer Auseinandersetzungen und Kriege waren hier ebenso ausschlaggebend wie Akademien, (Welt-)Ausstellungen, Verlagshäuser und populäre Plattformen des Wissensaustauschs.

Die drei Beiträge interessieren sich für den Transfer (auch für den unterlassenen Transfer) von Hör-Wissen. Wo blieb Hör-Wissen implizit, wo wurde es explizit notiert oder auf andere Weise verschriftlicht? Der erste Beitrag „Arthur Chervins *La Voix parlée et chantée*. Zur Internationalisierung der Deklamationskunst um 1900" von Mary Helen Dupree richtet sich auf die Rezitations- und Deklamationspraxis, die unter anderem spezialisierte Notationsweisen und damit ein deutliches Reflektieren von Wiederholungsprozessen beförderte und deren Weiterentwicklung in Frankreich durch eine Auseinandersetzung mit fremdsprachigen Deklamationskulturen katalysiert wurde. Der zweite Beitrag „Hochsprache im Ohr. Bühne Grammophon Rundfunk" von Viktoria Tkaczyk konzentriert sich auf die Herausbildung von Hochsprachen in Deutschland und Frankreich um 1900 und die in der Folge genutzten bzw. geprägten Hörtechniken und Verbreitungsmedien. Der dritte Beitrag „Musik im Zeitsprung. Victor-Charles Mahillons Instrumente zur Rekonstruktion und Neubelebung von historischem Klang" von Rebecca Wolf widmet sich dem Musikinstrumentenbau, der auf einer langen Tradition des Hör-Wissens beruht. Historische wie bislang fremde Klangwelten erfordern sensibles, analytisches Hören, das anhand materieller Objekte und Instrumente sowie ihrer Rekonstruktionen erforscht und aufgeführt wurde.

Der Aufsatz von Rebecca Wolf bildet zugleich die Brücke zu den folgenden drei Beiträgen, die sich – noch einmal anders gewendet als bei Julia Kursell und Alexandra Hui – dem **musikalischen Hör-Wissen** widmen. Das Hören von Musik unterscheidet sich vom Hören anderer akustischer Phänomene durch die spezifische Form des Mediums, das den Hörvorgang beeinflusst, mitgestaltet und lenkt und besondere Ausprägungen des Wissens um die Form und Gestalt des Gehörten voraussetzt. Musikhören impliziert, dass es sich bei den gehörten akustischen Vorgängen um geformte, intendierte und komponierte Musik und nicht um absichtslose Geräusche handelt. Musikhören ermöglicht die Abstimmung mit dem jeweils individuell erworbenen Musikwissen und damit die Einordnung in eine je persönliche Hör-Wissen-Sammlung um Stile, Formen, Sängerinnen und

---

lemands, Paris 1999; ders. u. Matthias Middel (Hg.), *Von der Elbe bis an die Seine. Kulturtransfer zwischen Sachsen und Frankreich im 18. und 19. Jahrhundert*, Leipzig 1999; Matthias Middell, „Transnationale Geschichte als transnationales Projekt. Zur Einführung in die Diskussion", in: *Historical Social Research* 31.2 (2006), S. 110–117.

Sänger, Instrumentalistinnen und Instrumentalisten, Ausdruck, Spielweisen, Epochen, technisches Equipment, Raum, musikalische Parameter oder Emotionalität der gehörten Musik.[25] Anthropologisch betrachtet beginnt der Erwerb von allgemeinem und individuellem musikalischen Hör-Wissen – nach neueren neurophysiologischen Erkenntnissen – mit der Fähigkeit zu hören und damit etwa ab dem sechsten Schwangerschaftsmonat im Leben eines Fötus und setzt sich – verschiedenen lebenszeitbedingten Veränderungen unterworfen – ein Leben lang fort.[26] Das Hören im Allgemeinen wie auch das Hören von Musik im Besonderen ist somit ein von Mensch zu Mensch höchst unterschiedlicher sinnlicher Vorgang, der von sozialen, physiologischen, psychologischen und situativen Bedingungen abhängt.[27]

Trotzdem oder gerade aufgrund des individuell variablen Ohres haben sich seit dem 19. Jahrhundert regelrechte Kulturtechniken des Musikhörens herausgebildet. Peter Gay spricht in diesem Zusammenhang von der Kunst des Hörens, die sich dank neuer Formen und performativer Praktiken des öffentlichen und privaten Musizierens entwickelt hat.[28] Damit veränderten sich auch die räumlichen, technischen, medialen, künstlerischen und dramaturgischen Kontexte des Musikhörens, das nun in den Fokus vorwissenschaftlicher Wahrnehmungs- und Beobachtungsmethoden geriet. Die Ausbildung von modernen Verhaltens- und Umgangsweisen mit Musik etablierte zudem neue Vorstellungen oder auch Ideologien des ‚richtigen' und ‚falschen' Hörens, die bis in die Gegenwart wirkmächtig sein können.

Die Räume und somit die kulturelle Verortung eines modernen Musikhörens sind bekannt. Dennoch bedarf es einer Bestimmung oder einer Erklärung, worin, womit und wodurch – über das bloße akustische Hören und Erfassen von Musik hinaus – sich ein spezifisch musikalisches Hör-Wissen wiederfinden lässt. Dabei interessiert besonders, in welcher Form sich ein möglicherweise noch nicht arti-

---

25 Vgl. *Jahrbuch der Deutschen Gesellschaft für Musikpsychologie*, Bd. 20: „Musikalisches Gedächtnis und musikalisches Lernen", Göttingen 2009.
26 Vgl. Erin E. Hannon u. E. Glenn Schellenberg, „Frühe Entwicklung von Musik und Sprache", in: Herbert Bruhn, Reinhard Kopiez u. Andreas C. Lehmann (Hg.), *Musikpsychologie. Das neue Handbuch*, 2. Aufl., Reinbek 2009, S. 131–142.
27 Vgl. die sogenannte Scherer-Gleichung bei Reinhard Kopiez, „Wirkungen von Musik", in: ders., Herbert Bruhn u. Andreas C. Lehmann (Hg.), *Musikpsychologie. Das neue Handbuch*, 2. Aufl., Reinbek 2009, S. 525–547, hier S. 529.
28 Peter Gay, *Die Macht des Herzens. Das 19. Jahrhundert und die Erforschung des Ich*, München 1997. Zur Geschichte der Kunst des Hörens vgl. Christian Thorau u. Hansjakob Ziemer (Hg.), *The Oxford Handbook for the History of Music Listening in the 19th and 20th Centuries*, New York [in Vorbereitung].

kuliertes – und damit implizites – Hör-Wissen sowohl aufseiten der Musiker als auch aufseiten des Musik hörenden Publikums (des Musik rezipierenden Hörers) in schriftlichen, bildlichen und akustischen Quellen nachweisen lässt.

Das Spezifische eines musikalischen bzw. musikbezogenen Hör-Wissens ist dabei eng verknüpft mit dem Spezifischen der Musik überhaupt: Da Musik allgemein verbreitet, institutionell verankert und unsichtbar ist, ist sie wie das Hör-Wissen reflexionsbedürftig. Es lässt sich damit nicht isoliert betrachten, sondern ist immer abhängig von anderen sinnlichen Wahrnehmungspraktiken (Lesen, Sehen und Fühlen), davon, in welchen Handlungskontexten dieses Hör-Wissen praktiziert wird (Üben, Therapieren und Beobachten) und in welchen Wissenskontexten (Medizin, Instrumentalausbildung und Journalismus) es entsteht. Es kann transformiert werden in andere Wissenskontexte, und Grenzen werden gezogen, um musikalisches Hör-Wissen in seinem vorwissenschaftlichen Stadium zum Beispiel zu einem wissenschaftlichen Hör-Wissen umzuwandeln.

Musikalisches Hör-Wissen umfasst ein weites Feld: Es lässt sich in Kompositionen herausarbeiten und in den Vorstellungen und Äußerungen der Komponisten über ihre Wahrnehmungsweisen von impliziten, ‚einkomponierten' Hörern aufspüren.[29] Es lässt sich aber auch wissenschaftshistorisch untersuchen (wie die zwei ersten Beiträge des Bandes zeigen) oder ethnologisch, wenn technische Aufzeichnungsmethoden und das Hören der neu entstandenen Quellen professionalisiert werden.[30] Nicht zuletzt zeigt sich in den Untersuchungen zur Geschichte der Musiktheorie, welches Hör-Wissen in den unterschiedlichen Analyseansätzen (zum Beispiel von Hugo Riemann, Heinrich Schenker, Allen Forte) manifest wird oder sich in speziellen Verfahren zur auditiven Analyse noch entwickelt.[31] Gerade in der Musiktheorie wird Hör-Wissen nicht nur deskriptiv zum Beschreiben musikalischer Strukturen eingesetzt, sondern zugleich in dem – ehemals bildungsorientiert geprägten – Begriff der Gehörbildung als normative Anleitung zum Hören weitergegeben.[32] Schließlich schlägt sich dieses durch viel-

---

[29] Vgl. z. B. Helga de la Motte-Haber u. Reinhard Kopiez (Hg.), *Der Hörer als Interpret*, Berlin u. a. 1995; Christian Utz, „Das zweifelnde Gehör. Erwartungssituationen als Module im Rahmen einer performativen Analyse tonaler und posttonaler Musik", in: *Zeitschrift der Gesellschaft für Musiktheorie* 10.2 (2013), S. 225–257.
[30] Vgl. Bruno Nettl u. Philip V. Bohlman, *Comparative Musicology and Anthropology of Music: Essays on the History of Ethnomusicology*, Chicago 1991.
[31] Vgl. Christian Kaden, „Auditive Analyse. Kritik des Selbstverständlichen", in: *Beiträge zur Musikwissenschaft* 32.1 (1990), S. 81–87.
[32] Vgl. Felix Salzer, *Structural Hearing: Tonal Coherence in Music*, New York 1952 (Bd. 1) u. 1962 (Bd. 2). Kritisch hierzu Rose Rosengard Subotnik, „Toward a Deconstruction of Structural Listening: A Critique of Schoenberg, Adorno and Stravinsky", in: Rosengard Subotnik, *Deconst-*

fältige Hörerfahrungen erworbene Wissen in Kanonisierungsprozessen nieder, die dieses Wissen zugleich verfestigen.

Die Beiträge zum musikalischen Hör-Wissen fokussieren auf das Wissen über und *durch* Musikhören. Die Autorinnen und Autoren behandeln in ihren exemplarischen Fallstudien drei unterschiedliche Hörertypen (den Musikpädagogen, den Konzerthörer und den Kranken) an drei Orten (Psychiatrie/heilmedizinische Einrichtungen, Lehrraum und Konzertsaal) und anhand von drei musikalischen Übermittlungsformen (Konzertvortrag, Instrumentalunterricht und therapeutische Anwendung) zwischen dem Anfang des 19. und der Mitte des 20. Jahrhunderts, um die Typisierungen und Konstruktionen, die für ein Hör-Wissen nötig sind, zu historisieren, kontextualisieren und auf diese Weise die Verbindungen zwischen den scheinbar getrennten Feldern aufzuzeigen. Camilla Bork befasst sich mit dem impliziten Hör-Wissen der Musiker, Hansjakob Ziemer mit dem explizit formulierten und journalistisch erarbeiteten Wissen über verschiedene Hörertypen und Manuela Schwartz mit dem ebenso expliziten medizinischen Wissen über rezeptive Hörvorgänge in der Therapie mit Musik. Welche andere materielle Verortung und ökonomische Auswirkung musikalisches Hör-Wissen haben kann, zeigen zwei weitere, bereits erwähnte Beiträge in diesem Band: Dass es möglich ist, musikalisches Hör-Wissen zu operationalisieren, erklärt Alexandra Hui über das in Laborversuchen systematisch gewonnene Wissen zu den emotionalen Effekten des Musikhörens, das anschließend in der Grammophon- und Plattenindustrie eingesetzt wurde, um gezielt neue Marketingstrategien zu entwickeln. Rebecca Wolf zeigt in ihrem Beitrag zur Rekonstruktion von Instrumentalklängen der Barockzeit mittels technischer Neuerungen und neuartiger Baumaterialien im Instrumentenbau, dass hier nicht nur ein Wissen über Spieltechniken und Materialeigenschaften, sondern auch über das spezialisierte Hören neuer Klangphänomene erforderlich ist.

Ebenso wie die Musik als Wissensprovinz spezifische Formen des Hör-Wissens herausbildet, tut das auch die Literatur. Spricht man von **literarischem Hör-Wissen**, wie es der darauf folgende Beitrag von Nicola Gess tut, gilt es zunächst – trotz vielfältiger Wechselbeziehungen – zwischen dem Wissen *in der* Literatur und dem Wissen *der* Literatur zu unterscheiden: Mit Blick auf das Wissen *in der* Literatur lässt sich untersuchen, welches Wissen über das Hören in literarischen Texten archiviert, reflektiert und konstruiert wird. Mit Blick auf das Wissen *der*

---

ructive Variations: Music and Reason in Western Society, Minneapolis 1996, S. 148–176; vgl. auch die Diskussion in: Andrew dell'Antonio (Hg.), *Beyond Structural Listening? Postmodern Modes of Hearing*, Berkeley 2004.

Literatur lässt sich fragen, welche Bedeutung dem (historischen) Hören selbst im Prozess einer literarischen Wissensproduktion und -kommunikation zukommt.[33] Verdeutlicht werden kann dies an zwei Beispielen:

(1) In der zweiten Hälfte des 18. Jahrhunderts wird im Kontext der Empfindsamkeit mit Rückbezug auf die experimentelle Physik und Akustik sowie auf die zeitgenössische Nervenphysiologie unter den Stichworten der ‚Rührung', der ‚Sympathie' und ‚Mit-Empfindung' die Resonanztheorie (verstanden als das Mit-Schwingen einer nicht angeschlagenen, zum erklingenden Ton harmonisch gestimmten Saite) zum Erklärungsparadigma der menschlichen Stimmung ebenso wie der Musik als einer neuen Sprache der Empfindungen.[34] Das Hör-Wissen um diese Wirkungsmacht der Musik wird von der Literatur um 1800 inhaltlich aufgenommen und weitergedacht, um von dort in die wissenschaftliche Theoriebildung ebenso zurückzufließen wie in die Musikkritik und Musikästhetik.[35]

(2) Ebenfalls im späten 18. Jahrhundert experimentiert Klopstock in seiner Lyrik mit neuen metrischen Formen, die ein lautes Lesen erforderlich machen. Daraus entwickelt sich eine neue Praxis sowie in der Folge auch eine neue Theorie der Deklamation, die in zahlreichen Deklamationslehren des frühen 19. Jahrhunderts ihren Niederschlag findet. In ihnen gerinnt der Rhythmus der neuen Lyrik zum Wissensbestand (vgl. den Beitrag von Mary Helen Dupree).[36]

Die Perspektive auf das literarische Hör-Wissen eröffnet außerdem die Frage, inwiefern das vom Netzwerk untersuchte Hör-Wissen nicht immer schon ein literarisch oder zumindest sprachlich verfasstes Wissen ist, das (auch) durch seine Konzepte und Darstellungsverfahren determiniert ist. Handelt es sich doch bei den historischen Quellen zum Hör-Wissen in den meisten Fällen um Texte; das heißt, es wird im Medium der Schrift auf das (bisweilen bedrohlich oder uto-

---

33 Die Beziehungen zwischen Wissen(schaft) und Literatur werden seit einigen Jahren intensiv beforscht. Zum Stand der Debatte vgl. Nicola Gess u. Sandra Janßen (Hg.), *Wissens-Ordnungen. Zu einer historischen Epistemologie der Literatur*, Berlin 2014.
34 Vgl. u. a. Caroline Welsh, *Hirnhöhlenpoetiken. Theorien zur Wahrnehmung in Wissenschaft, Ästhetik und Literatur um 1800*, Freiburg 2003.
35 Vgl. Nicola Gess, *Gewalt der Musik. Literatur und Musikkritik um 1800*, 2. Aufl., Freiburg 2011. Mit Hör-Wissen in der Literatur um 1800 beschäftigen sich u. a. auch Corina Caduff, *Die Literarisierung von Musik und bildender Kunst um 1800*, München 2003; Christine Lubkoll, *Mythos Musik. Poetische Entwürfe des Musikalischen in der Literatur um 1800*, Freiburg 1995; Bettine Menke, *Prosopopoia. Stimme und Text bei Brentano, Hoffmann, Kleist und Kafka*, München 2000.
36 Vgl. u. a. Mary Helen Dupree, „From ‚Dark Singing' to a Science of the Voice: Gustav Anton von Seckendorff, the Declamatory Concert and the Acoustic Turn Around 1800", in: *Deutsche Vierteljahrsschrift für Literaturwissenschaft und Geistesgeschichte* 86.3 (2012), S. 365–396. Mit der Deklamation um 1800 beschäftigt sich u. a. auch Joh. Nikolaus Schneider, *Ins Ohr geschrieben. Lyrik als akustische Kunst zwischen 1750 und 1800*, Göttingen 2004.

pisch konnotierte) Andere der Schrift – den Klang – verwiesen und dem visuell rezipierenden Leser erst mithilfe sprachlicher Stilmittel zur Vorstellung der entsprechenden auditiven Wahrnehmung verholfen, von der der Text handelt.[37] Beides – sowohl die Achtung auf sprachliche Konzepte und rhetorische Darstellungsverfahren (wie dies die Poetologien des Wissens beispielhaft für die Analyse wissenschaftlicher Texte vorgeführt haben)[38] wie auch die Berücksichtigung der nicht selten ideologisch aufgeladenen Projektionsdynamik zwischen stummem Text und seinem klingenden Anderen – sind für eine Untersuchung des Hör-Wissens zu berücksichtigen.

Mit den skizzierten Perspektiven wird auch die grundsätzliche Frage nach dem Verhältnis von Literatur und externen Wissensordnungen aufgeworfen. Denn es ist alles andere als selbstverständlich oder eindimensional, wie sich Literatur zum System der etablierten Wissenschaften verhält, auf die sich viele Aufsätze des vorliegenden Bandes beziehen.[39] Auch wenn grundsätzlich von einer gleichwertigen Partizipation beider ‚Kulturen' an Diskursen über das Hören auszugehen ist, so ist doch in Bezug auf das literarische Hör-Wissen im Einzelnen zu beachten, ob und wie der literarische Text wissenschaftliche Kenntnisse aufnimmt, hinterfragt oder gar vorwegnimmt, ob und wie Literatur wissenschaftliche Darstellungsverfahren vorgibt und umgekehrt deren Verfahrensweisen übernimmt oder transformiert und einer literarischen Formation von Wissen zuführt. Ein gutes Beispiel dafür liefert etwa die wechselseitige Beeinflussung zwischen dem Physiologen Samuel Thomas Soemmerring und dem Schriftsteller Wilhelm Heinse, die sich in beider Publikationen über das Hören niederschlug.[40] Ferner ist zu fragen, ob das Verhältnis literarischer Texte zur Wissenschaft nicht insofern als ein ambivalentes zu beschreiben ist, als Literatur zwar Kenntnisse aufgreift, dabei jedoch eine besondere Sensibilität für das Arkane, Ausgeschlossene, Verworfene oder für das noch Unbeantwortete und Fragliche, also für das eigentlich nicht Gewusste an den Tag legt. Mit Blick auf das Zeitalter des Aufkommens neuer und von einem Großteil der Bevölkerung noch gänzlich unverstandener akustischer Medien lassen sich hier insbesondere literarische Erzählungen anführen, die von akustischem Spuk berichten (vgl. den Beitrag von Nicola Gess). Zu beach-

---

[37] Dieses Problem des Verhältnisses von Klang und Schrift betrifft im Übrigen nicht nur genuin literarische Texte, sondern etwa auch die in diesem Band von Hansjakob Ziemer untersuchten journalistischen Texte oder die von Daniel Morat behandelten stenographischen Berichte aus dem Deutschen Reichstag.
[38] Vgl. u. a. Joseph Vogl (Hg.), *Poetologien des Wissens um 1800*, München 1999.
[39] Hier und im Folgenden wird auf Fragen Bezug genommen, die bereits 2014 von Nicola Gess und Sandra Janßen formuliert wurden, vgl. Gess/Janssen (Hg.), *Wissens-Ordnungen*, S. 6 f.
[40] Vgl. Welsh, *Hirnhöhlenpoetiken*.

ten ist auch, was literarische Wissensformationen im Unterschied zu wissenschaftlichen qualitativ auszeichnet. Das gilt etwa für die Tendenz von Literatur, ihre Verfahren und deren bedeutungskonstitutive Wirkung zu reflektieren und so im Idealfall ein selbstreflexives Wissen zu liefern, das um die eigenen Produktionsbedingungen weiß. Für das literarische Hör-Wissen sind solche literarischen Selbstreflexionen über die eigenen Produktionsbedingungen besonders interessant, weil sie das Hör-Wissen anderer Disziplinen aufgreifen und auf poetologische Verfahren hin transformieren, wie im Beitrag von Nicola Gess anhand der akusmatischen Stimme als narrativem Verfahren verdeutlicht wird. Literatur verfolgt mit der Inszenierung des in ihr präsentierten Wissens zudem andere Ziele. So regt sie – insbesondere, wo sie ein Wissen vom Menschen im Blick hat – zu einem teilnehmenden Lesen an, sucht, gegebenes Wissen mit Blick auf den Einzelfall anschaulich und empathiefähig zu machen, und erzeugt auf diese Weise ein nicht allein logisch, sondern auch affektlogisch strukturiertes Wissen. Nicht zuletzt ist die Rolle, welche die Fiktionalisierung für den Status von Wissen spielt, in diesem Zusammenhang bedeutsam. Auch im Zeitalter der vermeintlichen Trennung in zwei Kulturen sind Wechselbeziehungen zwischen literarischen und wissenschaftlichen Formationen von Hör-Wissen dabei gang und gäbe; man denke etwa an die Bedeutung von musikalischen Metaphern wie ‚Stimmung' oder an Narrative wie das von Nicola Gess behandelte des *acoustic haunting*, die zwischen verschiedenen Wissensfeldern zirkulieren und so die Trennung zwischen den zwei Kulturen unterlaufen. Ausgehend von der gegenwärtigen Konjunktur des Zusammendenkens von Musik und Erinnerung beschreibt der Beitrag von Nicola Gess die literarische Vorgeschichte dieser Verbindung, indem er Narrativen akustischer Heimsuchung um 1800, insbesondere bei E. T. A. Hoffmann, aber auch in Sprachursprungstheorien und Poetiken der *gothic literature* nachgeht.

Beschäftigen sich die Beiträge zum literarischen Hör-Wissen in besonderer Weise mit dem Verhältnis von Sprache und Klang, so gilt das in veränderter Form auch für die drei folgenden Beiträge, die sich dem **politischen Hör-Wissen** widmen. In ihnen geht es anhand des Leitbegriffs des Protokolls ebenfalls um das Verhältnis von Schrift- und Klangpraktiken. Sie fragen jedoch zunächst allgemein nach der politischen Funktion sowohl von Wissen über Hören und akustische Phänomene als auch von solchem Wissen, welches durch Praktiken des Hörens selbst produziert wird. Hören ist als soziale Praxis in gesellschaftliche Beziehungen eingebunden, die stets auch von Machtbeziehungen durchzogen und damit genuin politisch bestimmt sind. Der hier in Anschlag gebrachte Politikbegriff zielt weniger auf die Durchsetzung von organisierten Interessen oder auf ein Agieren in politischen Institutionen und Systemen als vielmehr auf ein Aushandeln und Repräsentieren von Machtverhältnissen, Konflikten und meist asymmetrischen Sozialbeziehungen über akustische Praktiken. Das mögliche Spektrum solcher Praktiken ist weitgefasst und reicht vom Mithören, Abhören, Protokollieren, Archivieren und Klassifizieren von Gehörtem bis hin zu Formen eigentlichen Klanghandelns, in denen politische Handlungen mit Klang nicht nur repräsentiert, sondern vollzogen werden.[41] Hier wird überdies deutlich, dass Hörpraktiken immer zugleich auf Praktiken der Klangerzeugung verweisen.

Die Frage nach dem politischen Status von akustischen Praktiken und dem durch diese erzeugten Wissen impliziert immer eine Diskussion über deren historisch wandelbare Legitimität. Wer berechtigt ist, seine oder ihre Stimme zu erheben, ist ebenso eine Frage politischen Hör-Wissens wie, wer die Macht hat, Stimmen oder Klänge aufzuzeichnen und zu reproduzieren und damit der Gesellschaft als Wissen um zu Hörendes zur Verfügung zu stellen. Dabei wird vorausgesetzt, dass akustische gesellschaftliche Artikulationen mit Machtsetzungen verwoben sind – in dem Sinne, dass die laut vernehmbare Stimme im gesellschaftlichen Rahmen zugleich eine politische Stimme ist oder sein kann. Politisches Hör-Wissen entsteht also durch eine Art Verteilung sensorischer Artikulationschancen. Zugleich gilt auch umgekehrt, dass politische Prozesse durch ihre sensorischen Bedingungen gerahmt werden, welche ihrerseits durch spezifische, wiederum historisch wandelbare Machtstrukturen strukturiert sind. Es ergeben sich so Rückkopplungseffekte zwischen akustischen Praktiken, gesellschaftlichen Strukturen und Wissen, verstanden als machtdurchzogene Konfiguration von Hörbarkeiten (aber letztlich auch Sichtbarkeiten, Fühlbarkeiten etc.).

In den drei Beiträgen zum politischen Hör-Wissen erscheint dabei – in je unterschiedlicher Form – das Protokoll als zentrales Moment. Protokolle dienen grundsätzlich der textlichen Speicherung und dadurch gleichzeitig der Beglaubigung oder auch der Präskription eines Ereignisses.[42] Im vorliegenden Kontext ist vor allen Dingen von Bedeutung, dass sie als Medium der Verschriftlichung und Kodifizierung als Bindeglied zwischen akustisch-politischen Praktiken und schriftlich fixiertem Hör-Wissen fungieren können. Im Fall des frühneuzeitlichen Zürcher Schwörtages stellt die von Jan-Friedrich Missfelder behandelte Beschreibung dieses halbjährlich vollzogenen politischen Rituals aus dem Jahr 1719 ein Protokoll im doppelten Sinn dar: Sie hielt die seit Jahrhunderten praktizierten Abläufe des Schwörtages als Nach-Schrift fest und kodifizierte sie im Sinne einer

---

[41] Vgl. zum Begriff des Klanghandelns Daniel Morat, „Der Sound der Heimatfront. Klanghandeln im Berlin des Ersten Weltkriegs", in: *Historische Anthropologie* 22.3 (2014), S. 350–363.
[42] Vgl. Michael Niehaus u. Hans-Walter Schmidt-Hannisa, „Textsorte Protokoll. Ein Aufriß", in: Niehaus/Schmidt-Hannisa (Hg.), *Das Protokoll. Kulturelle Funktionen einer Textsorte*, Frankfurt a. M. u. a. 2005, S. 7–23.

protokollarischen Ordnung als Vor-Schrift für die Zukunft. Das Ritual selbst sorgte als Form der „Kommunikation unter Anwesenden" dafür, so Missfelder in seinem Beitrag, „dass die politische Ordnung der Stadt als geteiltes Wissen über die Sinne erfahrbar" wurde. Das politische Hör-Wissen war hier also in erster Linie ein im rituellen Vollzug aktualisiertes und klanglich hergestelltes Wissen der Stadtgesellschaft über sich selbst.

Im Fall des von Daniel Morat behandelten stenographischen Hör-Wissens ging es ebenfalls um die Protokollierung politischer Anwesenheitskommunikation, nämlich der parlamentarischen Debatten im Reichstag des deutschen Kaiserreichs, allerdings unter den Bedingungen der beginnenden Massenmedialisierung durch die Presse (noch nicht durch die in dieser Zeit gerade erst entstehende Phonographie). Die stenographischen Berichte dienten dazu, die mündliche Kommunikation des Parlaments zu verschriftlichen und so für die medial angeschlossene politische Öffentlichkeit des Kaiserreichs zugänglich zu machen. Die Stenographen waren dabei im doppelten Sinne Träger von Hör-Wissen: Zum einen verfügten sie als Hörexperten über das praktische Hör-Wissen, das erforderlich war, um das Klangereignis einer Parlamentsdebatte auditiv aufzuschlüsseln und verstehbar zu machen; zum anderen übersetzten sie durch den Medienwechsel vom Klang zur Schrift das politische Hör-Wissen des Parlaments in das politische Text-Wissen der Zeitungs-Öffentlichkeit.

Um einen Medienwechsel ging es auch bei den Tonaufnahmen von ‚volksdeutschen Umsiedlern' aus den Jahren 1940/1941, die Britta Lange untersucht. Nach den Vorgaben der nationalsozialistischen Volkstumsideologie sollten die Sprache und die Erfahrungen der ‚heim ins Reich' geholten osteuropäischen ‚Volksdeutschen' auf Lautplatten festgehalten werden, nicht nur, um deren ‚Volkszugehörigkeit' zu dokumentieren, sondern auch, um vermeintliche Unterdrückungserfahrungen unter zumeist polnischer Herrschaft festzuhalten. In den von Diedrich Westermann initiierten Tonaufnahmen findet sich damit ein doppelter Akt des Protokollierens: einerseits eine (ideologisch gefärbte) Aufzeichnung von kulturellen und historischen Faktoren, andererseits zum Teil wortgetreue Protokolle der Tonaufnahmen. Wie Lange zeigt, verschränkten sich bei diesen vom Berliner Institut für Lautforschung durchgeführten Aufnahmen dadurch politische und wissenschaftliche Interessen und Vorgaben auf unauflösbare Weise, was auch zu einer spezifischen Verschmelzung von Hör-Wissen und Macht-Wissen führte.

Zusammengenommen präsentieren die Beiträge dieses Buchs eine Vielzahl unterschiedlicher Wissensformen und -praktiken, die sich ans Hören knüpften, von diesem ausgingen oder es zum Gegenstand hatten. Dabei zeigen allein schon die in den Beiträgen beschriebenen Orte, wie unterschiedlich die Ausgangspunkte für die Produktion und Zirkulation von Hör-Wissen sein konnten. Zugleich werden die Querverbindungen zwischen den hier zunächst getrennt abgehandelten Provinzen des Hör-Wissens deutlich. Denn diese Provinzen folgten nicht nur ihren eigenen inneren Logiken, sondern waren auf vielfältige Weise miteinander und mit ihren Umgebungen verknüpft. Indem die Beiträge des vorliegenden Bandes den Kooperationen, Zirkulationen und Genesen von Hör-Wissen nachgehen, möchten sie zu einem historisch differenzierten und komplexen Verständnis des Hörens als Kulturtechnik beitragen. Es gab und gibt nicht die eine (postmoderne) „Kultur des Hörens"[43], die sich von der (modernen) des Sehens abgrenzen ließe. Stattdessen spielte das Hören neben dem Sehen und den übrigen Sinnen schon seit Jahrhunderten eine wichtige Rolle in den Wissenskulturen der Moderne, die sich demnach auch als plurale Kulturen des Hör-Wissens beschreiben und historisch rekonstruieren lassen.

---

43 Welsch, „Auf dem Weg zu einer Kultur des Hörens?"

Julia Kursell
Klangfarbe um 1850 – ein epistemischer Raum

Vorüberlegungen

In den *Annalen der Physik und Chemie* erschien 1861 ein Aufsatz mit dem Titel „Ueber Verschiedenheit des Klanges (Klangfarbe)".[1] Der Verfasser Eduard Brandt berichtete in einer längeren Fußnote, dass er von Hermann von Helmholtz persönlich aufgefordert worden sei, den abgedruckten Text zur Publikation einzureichen. Brandt, der in Insterburg bei Königsberg ansässig war, habe dem Königsberger Professor für Physiologie im Sommer 1855 seine Arbeit über die Akustik gezeigt, die er nur zu dem Zweck verfasst habe, um seine Thesen mit dem berühmten Gelehrten zu diskutieren. Daraufhin habe dieser ihn ermuntert, den Text zu publizieren. Dem Wunsch habe Brandt jedoch nicht gleich nachgegeben, und er folge ihm erst nun, mit sechs Jahren Verspätung. Seine Thesen, räumte Brandt ein, konnten denn auch nicht mehr ohne einen Verweis auf die Arbeiten von Helmholtz bestehen. Zwischen 1855 und 1861 hatte Helmholtz eine Neudefinition des Begriffs Klangfarbe vorgestellt und diesen im Rückgriff auf Jean-Baptiste Joseph Fouriers Theorem über die Zusammensetzung periodischer Schwingungen auch experimentell erprobt. Dass Brandts Beitrag nun nicht mehr hinter diese Begriffsbestimmung zurückgehen konnte, zeigt der Titel des Aufsatzes. Das Phänomen, das „Verschiedenheit des Klanges" bezeichnet wurde, war mittlerweile allgemein als Klangfarbe bekannt.

Im Folgenden soll nach der Geschichte dieser Hinzufügung in Klammern gefragt werden. Sie zeigt eine Verschiebung im Diskurs über akustische Objekte an. Zwei Quellen rücken dabei in den Mittelpunkt – neben dem Text von Brandt eine Abhandlung zu Akustik und Musik von Friedrich Zamminer aus dem Jahr 1855 –, die aus der Perspektive einer Nachträglichkeit ins Verhältnis zur Neudefinition des Begriffs durch Helmholtz gesetzt werden. Aus dem Zusammenspiel von materiellen Gegebenheiten, musikalischen Konzepten und Forschungsfragen geht Klangfarbe als ein Begriff hervor, der Praktiken und Diskurse auf neue Weise koppelt. Diese Konstellation wird im Folgenden aus einer Perspektive der

---

[1] [Eduard] Brandt, „Ueber Verschiedenheit des Klanges (Klangfarbe)", in: *Annalen der Physik und Chemie* 188 (1861), S. 324–336.

Geschichte des Hörens in den Blick genommen. In der wissenschaftshistorischen Forschung sind verschiedene Optionen für die Beschreibung solch einer Konstellation vorgeschlagen worden. So wurde eine sozialgeschichtliche Perspektive entwickelt, in der sichtbar wird, wie akustische Sachverhalte eine ‚Dramatisierung'[2] erfahren. Nicht zuletzt die Performanz der Akteure entscheidet dann mit über die Etablierung und Durchsetzung neuer Praktiken und Konzepte.[3]

Demgegenüber favorisiert dieser Beitrag eine Perspektive der historischen Epistemologie. Im Zentrum neuerer Arbeiten zur historischen Epistemologie stand das Konzept des ‚epistemischen Dings'.[4] Hierunter hat Hans-Jörg Rheinberger die Gegenstände der Experimentalforschung insbesondere in den Lebenswissenschaften seit ca. 1850 verstanden, insofern diese Gegenstände am Beginn einer Experimentalreihe noch unbekannt sein können. Denn es ist nicht immer der Zweck eines Experiments, eine vorgefasste Hypothese zu überprüfen, wie dies in der Wissenschaftstheorie lange Zeit als der Normalfall angenommen wurde.[5] Vielmehr treiben Experimente solche noch unbekannten Gegenstände regelrecht hervor. Ein zu Beginn einer Experimentalreihe anvisiertes Forschungsobjekt kann sich ihrem Fortgang als ein ganz anderes Objekt erweisen, das zunächst unvordenklich war. In dem hypothetischen Moment eines Wechsels von dem als bekannt vorausgesetzten zu einem neuen, noch unbekannten Objekt kommt dem so hervorgetrieben Objekt eine Art Handlungsträgerschaft zu. Es lässt sich, zumindest für diesen hypothetischen Moment, als ein von dem Experimentator unabhängiges ‚Ding' bezeichnen.

Der Begriff des epistemischen Dings jedoch ist nicht ohne Weiteres auf die Erforschung des Schalls oder des Hörens zu übertragen. Die Wahrnehmung konstituiert die Objekte des Hörens stets mit.[6] Für den vorliegenden Beitrag soll daher ein anderer Begriff im Mittelpunkt der theoretischen Überlegungen stehen, nämlich derjenige des „epistemischen Raums", in welchem sich „die

---

[2] Vgl. Karin Bijsterveld, *Mechanical Sound: Technology, Culture, and Public Problems of Noise in the Twentieth Century*, Cambridge, MA 2008.
[3] Vgl. Viktoria Tkaczyk, „The Making of Acoustics around 1800, or How to Do Science with Words", in: Mary Helen Dupree u. Sean B. Franzel (Hg.), *Performing Knowledge, 1750–1850*, Berlin/Boston 2015, S. 27–56.
[4] Hans-Jörg Rheinberger, *Experimentalsysteme und epistemische Dinge*, Göttingen 2001.
[5] Einschlägig ist hier die Wende, die in der Wissenschaftsphilosophie seit Ian Hacking, *Representing and Intervening*, Cambridge 1983, genommen wurde.
[6] Vgl. Julia Kursell, „Sound Objects", in: Kursell (Hg.), *Sounds of Science – Schall im Labor (1800–1930)*, Berlin 2008, S. 29–38.

Gegenstände des wissenschaftlichen Nachforschens" konstituieren.[7] Hans-Jörg Rheinberger und Staffan Müller-Wille haben diesen Begriff dahingehend näher bestimmt, dass er die Koordinaten eines Feldes aufspannt, in dem Objekte und Konzepte zur Darstellung gelangen, die sich „einer letztgültigen Darstellung aber auch immer wieder entziehen."[8] Der so verstandene epistemische Raum ist einerseits eine Voraussetzung für die Emergenz epistemischer Dinge. Andererseits bietet er auch die Möglichkeit, zu verfolgen, wie sich Begriffe konstituieren und wieder auflösen, wie das Rheinberger und Müller-Wille für den Begriff der Vererbung gezeigt haben.

Für die Beschreibung eines Hör-Wissens im Wandel bietet der Begriff des epistemischen Raums eine Hüllform. In dieser Hüllform findet eine Perspektive der Nachträglichkeit Platz, von der aus beobachtet werden kann, wie aus einem landläufigen Verständnis von Klangfarbe als einer – schwer zu fassenden – Eigenschaft von Klängen ein Begriff geworden sein wird, der die Schwelle der Wissenschaftlichkeit überschritten hat. Ein Hör-Wissen, das an Klängen ihre Farbigkeit unterschied, ohne dafür über eine Kategorie zu verfügen, wird zu einem Wissen über das Hören, das mithilfe des neuen Begriffs der Klangfarbe diese Fähigkeit, Klänge zu unterscheiden, auf neue Weise fasst.

Zugleich wird der Begriff der Klangfarbe auch selbst zu einem Darstellungsraum für Klangobjekte, in dem fortan Klänge hinsichtlich ihrer Unterscheidung für das Hören verortet werden. Denn die Klangfarbe ist nun nicht so sehr eine Eigenschaft von Klängen – als solche wird sie von Helmholtz gerade nicht hingestellt –, sondern sie tritt selbst als ein offenes Feld von Unterscheidungen auf. Dass etwa Daniel Muzzulinis musiktheoriehistorische Studie *Genealogie der Klangfarbe*[9] in die Diskussion des Verhältnisses von Klangfarbe und mathematischen Darstellungsräumen mündet, ist symptomatisch für diese Funktion des Begriffs: In dem Darstellungsraum der Klangfarbe sollen sich die Objekte der Musik erfassen lassen, die fortan in neuer Weise konstituiert werden.[10]

Ausgangspunkt des Beitrags ist eine Übersicht über die Begriffsgeschichte: Von Jean-Jacques Rousseaus Definition des Timbres als der dritten Dimension

---

7 Hans-Jörg Rheinberger u. Staffan Müller-Wille, *Vererbung. Geschichte und Kultur eines biologischen Konzepts*, Frankfurt a. M. 2009, S. 12.
8 Ebd.
9 Daniel Muzzulini, *Genealogie der Klangfarbe* (= Varia Musicologica 5), Bern u. a. 2006.
10 Neueste Forschungsliteratur zu Klangfarbe als Unterscheidungsraum bestätigt dies; vgl. Saleh Siddiq, Christoph Reuter, Isabella Czedik-Eysenberg u. Denis Knauf, „Towards the Comparability and Generality of Timbre Space Studies", in: Alexander Mayer, Vasileios Chatziioannou u. Werner Goebl (Hg.), *Proceedings of the Third Vienna Talk on Music Acoustics*, Wien 2015, S. 232–235.

musikalischer Töne neben deren Tonhöhen- und Zeitverhältnissen führt sie zu Arnold Schönbergs Neubestimmung der Klangfarbe als eines allgemeinen Untergrundes musikalischer Unterscheidungen. Wenn eine solche Begriffsgeschichte für die Diskussion eines epistemischen Raums, wie sie hier anvisiert wird, aussagekräftig sein soll, dann ist sie einerseits von einer Geschichte bestimmter wissenschaftlicher Konzepte – vom Ton als periodischer Schwingung bis zum akustischen Spektrum – und andererseits von einer Diskussion der konkreten Konstellationen von akustischen Objekten, materiellen Gegebenheiten und Forschungsfragen zu begleiten. Diese beiden Weisen, auf die Geschichte des Hörens zu blicken, könnten zeigen, dass hier keine kumulative oder auch nur lineare Geschichtsschreibung möglich ist. Eine solche begleitende Diskussion der Konzepte und Konstellationen müsste beispielsweise am Begriff des Spektrums den Übergang von einem Forschungsobjekt wie den Vokalklängen, das durch zusätzliche symbolische Codierungen abgesichert ist, zum Vogelgesang, der als stets außerhalb möglicher symbolischer Codierungen erfahren wird, in den Blick nehmen. Und sie müsste zeigen, dass und wie der Begriff der Klangfarbe, der in einem musikalischen Diskurs verankert ist, langfristig von einem Begriff des Sounds abgelöst wird, der auf der Grundlage neuer akustischer Medientechniken zu denken ist.[11] Insofern wäre die wissenschaftsgeschichtliche Perspektive durch eine musik- und medienhistorische zu ergänzen.

Begriffsgeschichte der Klangfarbe

Bis ins 18. Jahrhundert wurde die Ausführung von Musikstücken oftmals nicht hinsichtlich ihres Klanges differenziert. Die Wahl des Instruments stand dem Spieler zuweilen offen, wie die notorische Diskussion über die Ausführung der

---

[11] Für eine solche Diskussion von Konzepten und Konstellationen sei auf Joeri Bruyninckx verwiesen, der Vogelstimmen als das epistemische Objekt schlechthin in der akustischen Forschung mithilfe der Spektrographie ab den 1930er Jahren diskutiert; vgl. Joeri Bruyninckx, „Sound Sterile: Making Scientific Field Recordings in Ornithology", in: Trevor Pinch u. Karin Bijsterveld (Hg.), *The Oxford Handbook of Sound Studies*, Oxford 2012, S. 127–150. Zur Geschichte der Vogelstimmen und der Spektrographie vgl. mit Blick auf Vogelstimmen bis 1920 Julia Kursell, *Schallkunst. Eine Literaturgeschichte der Musik in der frühen russischen Avantgarde*, Wien/München 2003; zu Spektrogramm und Stimmapparat vgl. Mara Mills, „Medien und Prothesen. Über den künstlichen Kehlkopf und den Vocoder", in: Daniel Gethmann (Hg.), *Klangmaschinen zwischen Experiment und Medientechnik*, Bielefeld 2010, S. 127–152; zur Spektrographie in der Komposition des 20. Jahrhunderts vgl. Julia Kursell u. Armin Schäfer, „Kräftespiel. Zur Dissymmetrie von Schall und Wahrnehmung", in: *Zeitschrift für Medienwissenschaft* 2 (2010), S. 24–40.

Kunst der Fuge von Johann Sebastian Bach zeigt, die als ein Lesestück galt, dessen Klang gar nicht erst zu interessieren brauchte. Die menschliche Stimme, die bis in die Frühe Neuzeit der privilegierte Gegenstand des musikalischen Diskurses blieb, war in der Regel durch die vorgeschriebene Lage, den zu singenden Text sowie durch Kenntnisse der Gesangstechnik weitgehend determiniert. Instrumente legten den Klang fest und ließen oftmals nur noch für eine kleinteilige Klanggestaltung Freiraum.[12] Mitte des 18. Jahrhunderts macht dann der Mathematiker Leonhard Euler auf eine Schieflage in diesem Diskurs aufmerksam. Er beschreibt in einem seiner Briefe an die preußische Prinzessin Friederike Charlotte von Brandenburg-Schwedt einen „sehr merkwürdigen Unterschied unter den einfachen Tönen, welcher der Aufmerksamkeit der Philosophen scheint entgangen zu seyn."[13] Einen Ton könne man als stark oder schwach bezeichnen, wie aus dem Unterschied eines Kanonendonners oder einer Glocke im Vergleich zu dem einer schwingenden Saite oder dem eines Menschen leicht zu ersehen ist. Töne können sich ferner hinsichtlich ihrer Höhe bzw. Tiefe unterscheiden. Diese beiden Eigenschaften hängen zum einen mit der ‚Heftigkeit'[14], zum anderen mit der Menge der Schwingungen in einer bestimmten Zeit zusammen, also mit Eigenschaften die bereits physikalisch zu fassen sind. Töne unterschieden sich aber, so Euler, auch hinsichtlich ihres Klangs:

> Zwey Töne von gleicher Stärke können mit einerley Ton des Claviers zusammenstimmen, und demohnerachtet können sie dem Ohre sehr verschieden klingen. Der Ton einer Flöte ist ganz von dem Tone eines Hornes verschieden, wenn gleich alle beyde mit einerley Tone des Claviers zusammenstimmen und von gleicher Stärke sind.[15]

Ebenso wie die Intensität und die Frequenz voneinander unabhängig sind, scheint auch diese dritte Eigenschaft nicht davon abzuhängen, wie laut oder leise und wie hoch oder tief ein Ton ist. Die Musiker hätten bereits für die ersten beiden Eigenschaften eine Ausdrucksweise, indem sie die „einfachen Töne" notieren und deren Stärke mit den Ausdrücken „piano" und „forte" angeben.[16] Hinge-

---

[12] Für eine aktuelle Zusammenfassung der Geschichte der Instrumentation sowie die Heraufkunft eines neuartigen Interesses am ‚Timbre' bereits im 18. Jahrhundert vgl. Emily I. Dolan, *The Orchestral Revolution: Haydn and the Technlogies of Timbre*, Cambridge 2013.
[13] Leonhard Euler, *Briefe an eine deutsche Prinzessinn über verschiedene Gegenstände aus der Physik und Philosophie*, aus dem Französischen übersetzt, 2. Aufl., Leipzig 1773, 2. Tl., S. 233–237 [137. Brief an Friederike-Charlotte von Brandenburg-Schwedt], hier S. 234.
[14] Ebd., S. 233.
[15] Ebd., S. 234.
[16] Ebd.

gen ist die unterschiedliche Klangqualität zwar leicht zu erkennen, aber sie entzieht sich dennoch einer Beschreibung, die diesen Unterschied selbst benennen würde. „Jeder Ton nimmt etwas von dem Instrumente an sich, das ihn von sich giebt, und man kann beynahe nicht sagen, worinn dieses eigentlich liege".[17] Es gibt noch nicht einmal eine Bezeichnung für diese Eigenschaft der Töne. Sie fällt auch nicht mit dem Unterschied zwischen Tönen und Geräuschen zusammen, den Euler allerdings zwischen ‚einfachen Tönen', ‚Accorden' und dem Geräusch zieht.[18]

Euler ist es nicht zuletzt darum zu tun, diejenigen unabhängigen Eigenschaften der musikalischen Klänge zu bestimmen, die es erlauben, eine diagrammatische Übersicht über deren Bestand anzugeben. Ähnlich verfährt Jean-Jacques Rousseau, der im Lemma „Son" seines *Dictionnaire de musique* zu dessen Bestimmung dieselben drei Eigenschaften anführt wie Euler:

> Il y a trois objets principaux à considérer dans le *Son*; le ton, la force, & le timbre. Sous chacun de ces rapports le *Son* se conçoit comme modifiable: 1°. du grave à l'aigu; 2°. du fort au foible; 3°. de l'aigre au doux, ou du sourd à l'éclatant, & réciproquement.
> [Es gibt am Klang drei Hauptgegenstände zu betrachten: den Ton, die Stärke und das Timbre. In jeder dieser Beziehungen wird der Klang als veränderlich begriffen: 1. vom Tiefen zum Hohen, 2. vom Starken zum Schwachen, 3. vom Scharfen zum Milden oder vom Dumpfen zum Strahlenden, und umgekehrt.][19]

Die drei Eigenschaften sind hier regelrecht als Parameter definiert: Sie sind allesamt stetig und voneinander unabhängig. Das Timbre hängt, wie Rousseau weiter ausführt, nicht von den beiden anderen Eigenschaften ab, auch lässt es sich im einzelnen Instrument kaum variieren. Mit einer Flöte wird man vergeblich versuchen, den Klang der Oboe nachzuahmen, er hat stets etwas Weiches und

---

17 Ebd., S. 235.
18 Der einfache Ton ist für Euler durch eine regelmäßige, periodische Schwingung bestimmt. Er kann zu Akkorden zusammengesetzt werden, deren Schwingungen eine gewisse Ordnung herstellen. Fehlt eine solche Ordnung, dann spricht man von einem Geräusch; vgl. Leonhard Euler, *Lettres de L. Euler à une princesse d'Allemagne sur divers sujets de physique & de philosophie*, Bd. 2, St. Petersburg 1768, S. 264 f. Eulers Bezeichnung „einfacher Ton" greift derjenigen von Helmholtz nicht vor, zumal hier das Wort ‚son' aus dem französischen Original mit ‚Ton' übersetzt ist. Das französische Original bezeichnet als ‚son' sowohl den Allgemeinbegriff Schall als auch die verschiedenen Varianten geordneten Schalls und grenzt den ‚son simple' (Ton) gegenüber einem ‚son complexe' (Akkord) ab. Hingegen wird für den Schall eines Gewehrs ‚bruit' verwendet, was im Deutschen wiederum als ‚Ton' übersetzt wird.
19 J[ean] J[acques] Rousseau, *Dictionnaire de musique*, Paris 1768, S. 447 (Übers. J. K.). Vgl. hierzu auch Dolan, *The Orchestral Revolution*, S. 54–56.

Sanftes und wird dem scharfen und rauen Klang der Oboe nie gleichen. Dass sich jemand mit dieser Eigenschaft des Klangs befasst habe, wüsste Rousseau nicht anzugeben. Die Qualität des Timbres kann weder von der Anzahl der Vibrationen abhängen noch von deren Stärke.

> Il faudra donc trouver dans le corps sonore une troisième cause différente de ces deux, pour expliquer cette troisième qualité du Son & ses différences; ce qui, peut-être, n'est pas trop aisé.
> [Man wird also im Klangkörper einen dritten Grund finden müssen, der von den anderen beiden verschieden ist, um diese dritte Qualität des Klangs und ihre Unterschiede zu erklären, was sicherlich nicht ganz einfach ist.][20]

Einen ersten Hinweis, dass es überhaupt etwas zu unterscheiden gibt, das nicht allein einer empirischen Beliebigkeit zu überlassen ist, gibt die Orgelmusik. Während für gewöhnlich jedes Instrument seinen eigentümlichen Klang besitzt, verfüge die Orgel, wie Rousseau präzisiert, über 20 Register von je unterschiedlichem Timbre.

Die Vielfalt der Orgelregister allein erzeugt aber noch keinen systematischen Begriff der Unterscheidung von Klangqualität. Gottfried Weber, der Autor einer Harmonielehre mit dem Titel *Versuch einer geordneten Theorie der Tonsezkunst zum Selbstunterricht* (1817) sieht nicht so sehr in den Orgelregistern überhaupt, sondern vor allem in den Zungenpfeifen eine Besonderheit gegenüber den anderen Instrumenten. Gewöhnlich erzeugt in den Musikinstrumenten ein Klangkörper die Schwingung, dessen Variationen dann für die Änderung der Tonhöhe und Tonstärke verantwortlich sind. So schwingt etwa in den Blasinstrumenten und Labialpfeifen der Orgeln die in den Röhren oder Pfeifen enthaltene Luftsäule. Hingegen kommt dem Pfeifenkörper der Zungenwerke bei der Orgel offenkundig eine andere Funktion zu. Hier ist nur die Metallzunge für die Tonhöhe verantwortlich, während, so Weber, der Pfeifenkörper „mehr die Qualität des Tones (das Timbre, die Tonfarbe) zu modifizieren, als dessen Quantität (Tonhöhe) unbedingt zu bestimmen scheint."[21] Die Pfeife gibt also dem Klang ein bestimmtes „Gepräge"[22], wie Weber später den Ausdruck Timbre übersetzt.

Die Verwendung der Zungenpfeifen in der Orgel geht nicht zuletzt auf Euler selbst zurück. Er schreibt im Brief an Friederike Charlotte: „In vielen Orgeln

---

20 Rousseau, *Dictionnaire de musique*, S. 453 (Übers. J. K.).
21 Gottfried Weber, *Versuch einer geordneten Theorie der Tonsezkunst zum Selbstunterricht mit Anmerkungen für Gelehrtere*, Bd. 1: Grammatik der Tonsezkunst, Mainz 1817, S. 3.
22 Gottfried Weber, *Versuch einer geordneten Theorie der Tonsetzkunst*, Bd. 1, 3., überarb. Aufl., Mainz/Paris/Antwerpen 1830–1832, S. 4, Anm.

findet man ein Register, das *Vox humana* (die Menschenstimme) genannt wird; gemeiniglich aber macht sie nur Töne, die den Vocal ai oder ae nachahmen. Ich zweifle nicht, daß man mit einigen Veränderungen auch die übrigen Vocalen a, e, i, o, u, würde herausbringen können".[23]

Diese Fragestellung wird von der St. Petersburger Akademie der Wissenschaften aufgegriffen, die 1780 einen Preis für die Konstruktion eines Orgelregisters auslobt, das die verschiedenen Vokale imitiert. Formuliert wird die Fragestellung von dem ständigen Sekretär der Akademie, Eulers ältestem Sohn Johann Albrecht. Den Preis gewinnt Christian Gottlieb Kratzenstein, der damit zugleich eine wichtige Neuerung in den Orgelbau einführt. Er verwendet nicht die üblichen Labialpfeifen in seinem Konstruktionsvorschlag, sondern durchschlagende Zungenpfeifen, die zuvor nur in chinesischen Mundorgeln bekannt waren. Sie erzeugen einen besonders obertonreichen Klang, aus dem die von Kratzenstein vorgeschlagenen Formen der Pfeifenaufsätze dann die verschiedenen Vokalklänge durch ihre charakteristische Resonanz erzeugen.[24]

Von hier aus ließe sich eine Geschichte der Vokalklänge und ihrer Untersuchung nachzeichnen, die allerdings vorerst in einem eigenen, parallelen Strang zu derjenigen der Unterscheidung von musikalischen Klängen verläuft.[25] Die Unterscheidung der Klänge von Musikinstrumenten bleibt zunächst auf eine Bestimmung des Musikinstruments reduziert, das zur Ausführung des jeweiligen Stücks oder der jeweiligen Ensemblestimme vorgesehen ist. Die Klangcharakteristik bleibt dabei eine akzidentielle Eigenschaft musikalischer Töne, die nicht vom jeweiligen Klangkörper loszulösen ist und insofern kein Gegenstand einer weiteren theoretischen Reflexion wird. Abzulesen ist dies an den Musiklexika des 19. Jahrhunderts. Heinrich Christoph Kochs *Lexikon der Tonkunst* (1802) etwa führt noch kein Lemma Klangfarbe; Gustav Schillings *Encyclopädie der gesammten musikalischen Wissenschaften* (1838) weist den deutschen Terminus dann als

---

[23] Euler, *Briefe an eine deutsche Prinzessinn*, 2. Tl., S. 235 f. [137. Brief].
[24] Vgl. zur Mundorgel Conny Restle, „‚… als strahle von dort ein mystischer Zauber'. Zur Geschichte des Harmoniums", in: dies. (Hrsg.), „In aller Munde", in: dies. (Hg.), „In aller Munde". *Mundharmonika, Handharmonika, Harmonium. Eine 200-jährige Erfolgsgeschichte* [Kat. zur Ausstellung im Musikinstrumenten-Museum Berlin SIMPK in Zusammenarbeit mit dem Deutschen Harmonikamuseum Trossingen, 2.10.–17.11.2002], Berlin 2002, S. 7–19. Restle gibt hier an, dass die chinesischen Zungenpfeifen nicht vor den europäischen Varianten bekannt geworden seien.
[25] Vgl. hierzu Brigitte Felderer, „Stimm-Maschinen. Zur Konstruktion und Sichtbarmachung menschlicher Sprache im 18. Jahrhundert", in: Friedrich Kittler, Thomas Macho u. Sigrid Weigel (Hg.), *Zwischen Rauschen und Offenbarung. Zur Kulturgeschichte der Stimme*, Berlin 2002, S. 257–278; dies. (Hg.), *Phonorama. Eine Kulturgeschichte der Stimme als Medium* [Kat. zur Ausstellung im Zentrum für Kunst und Medientechnologie Karlsruhe, 18.9.2004–30.1.2005], Berlin 2004.

Übersetzung des französischen „Timbre" aus und gibt folgende Definition: „Man versteht hierunter vornehmlich die zufälligen Eigenschaften einer Stimme."[26] Klangfarben sind demnach der Musik äußerlich, sie treten zu den Tonverhältnissen nur hinzu. Klangfarbe oder Timbre sind im Hörbaren der Inbegriff einer Verschiedenheit des Empirischen: Eine Wissenschaft der Klangfarben ist ein Widerspruch in sich. Die Musiktheorie und die Akustik suchen nach dem, was die Gesetzmäßigkeiten der Musik und des Schalls aufdeckt, und sie wollen sich mit dem, was immer auch anders sein kann, nicht aufhalten: Die Klangfarbe gilt ihnen als beliebig, akzessorisch, kontingent.

Weitere Lexika wiederholen die Bestimmung von Schilling. Erst Hugo Riemanns *Musik-Lexikon* aus dem Jahr 1882 präsentiert einen neuen Zugriff darauf:

> Die verschiedenartige K. der Töne unsrer Musikinstrumente erklärt sich, wie die Untersuchungen von Helmholtz („Lehre von den Tonempfindungen") festgestellt haben, in der Hauptsache aus der verschiedenartigen Zusammensetzung der Klänge, sofern manche Klänge (Glocken, Stäbe) ganz andere Beitöne haben als die für die Kunstmusik bevorzugten der Saiten und Blasinstrumente, bei diesen aber die verschiedenartige Verstärkung resp. das Fehlen einzelner Töne der Obertonreihe eine ähnliche Veränderung bewirkt.[27]

Er fährt fort zu erläutern, inwiefern sich Sängerstimmen unterscheiden, und referiert dann eine Debatte aus dem Jahr 1879 über die Frage, ob das Material von Musikinstrumenten einen Einfluss auf den Klang habe oder nicht. Diese Unterschiede nenne man „Timbre" und für diese spielten laut Riemann die „Molekularschwingungen der Masse des Instruments eine große Rolle", was ja vom Resonanzboden der Saiteninstrumente bekannt sei.[28] Auch die Orgelbauer wüssten längst, dass sie verschiedenartige Materialien nicht allein aus Gründen der Optik oder des Preises einsetzten. In den nachfolgenden Auflagen zu Riemanns Lebzeiten bleibt dieser Eintrag unverändert, obwohl Riemann zunehmend die Passagen des Lexikons eliminierte, in denen er auf Helmholtz verwies.[29] Riemanns Lexikoneintrag zeigt einen Umschwung in der Begriffsdefinition an. War Klangfarbe zuvor ein Akzidens in der Musik, das den Regeln von Kontrapunkt und Harmonielehre – und damit allem Gesetzmäßigen an der Musik – äußerlich blieb, so

---

26 [Art.] „Timbre", in: Gustav Schilling (Hg.), *Encyclopädie der gesammten musikalischen Wissenschaften, oder Universal-Lexicon der Tonkunst*, Bd. VI, Stuttgart 1838, S. 647.
27 Hugo Riemann, [Art.] „Klangfarbe" in: Riemann, *Musik-Lexikon*, Leipzig 1882, S. 459 f., hier S. 459.
28 Ebd.
29 Vgl. die 7. Aufl. (Leipzig 1909) des *Musik-Lexikons*, die die vorletzte zu Riemanns Lebzeiten ist.

steht der Begriff nun in einer neuen Konstellation von Musik und Wissen: Die Musik übernimmt den Begriff der Klangfarbe nun aus der Physik.

Arnold Schönberg schließlich entwirft zu Beginn des 20. Jahrhunderts in seiner *Harmonielehre* (1911) eine Musik, die mit Tönen und Instrumentalklängen operieren kann, ohne die Vorherrschaft der Tonverhältnisse über die Klänge vorauszusetzen. Er schreibt:

> Ich kann den Unterschied zwischen Klangfarbe und Klanghöhe, wie er gewöhnlich ausgedrückt wird, nicht so unbedingt zugeben. Ich finde, der Ton macht sich bemerkbar durch die Klangfarbe, deren eine Dimension die Klanghöhe ist. Die Klangfarbe ist also das große Gebiet, ein Bezirk davon die Klanghöhe. Die Klanghöhe ist nichts anderes als Klangfarbe, gemessen in einer Richtung.[30]

Schönberg stellt hier nicht nur eine neue Auffassung von Klangfarbe vor, sondern auch ein neues Verständnis des Tons. Wenn hier anstelle von Tonhöhe von Klanghöhe die Rede die Rede ist, so wird in diesem Begriff nicht mehr die Abstraktionsleistung vorausgesetzt, die aus periodischem Schall zuallererst einen Ton heraushört. Die logische Ordnung von Klangfarbe und Tonhöhe hat sich für Schönberg gegenüber der herkömmlichen Definition verschoben: Nicht die Klangfarbe tritt zum Ton hinzu, sondern die Höhe ist eine Eigenschaft der Klangfarbe, die willkürlich auch als Parameter von dieser abgesondert werden konnte. Eine Tonhöhe jenseits der Klangfarbe gibt es für Schönberg nicht.

Verschiedenheit des Klangs

In einer populären Darstellung des Zusammenhanges von Musik und Akustik, dem Buch *Die Musik und die musikalischen Instrumente in ihrer Beziehung zu den Gesetzen der Akustik* (1855) des Physikers Friedrich Zamminer, wird der Ausdruck ‚Klangfarbe' als eingeführter Terminus behandelt. Das Buch, das zugleich Zamminers bekannteste Arbeit war,[31] richtet sich nicht an eine wissenschaftlich ausgebildete Leserschaft. Es ordnet in einer lockeren Folge einfache Schilderungen von zentralen Themen des damaligen Wissens über Akustik an – wie etwa das Schwingungsverhalten von Klangerzeugern am Beispiel der Violine, die Schallausbreitung im Raum am Beispiel der Opern- und Konzerthäuser, die Resonanz

---

30 Arnold Schönberg, *Harmonielehre*, Wien 1922, S. 503.
31 Vgl. Robert Eitner, [Art.] „Zamminer, Friedrich", in: *Allgemeine Deutsche Biographie* (1898), S. 677–678; online unter: https://www.deutsche-biographie.de/pnd116950714.html#adbcontent (22.2.2017).

und das Verhältnis des Tonsystems zur Akustik am Beispiel des Klaviers, seines Baus und seiner Stimmung. In diese Schilderungen flicht es Ausführungen über die verschiedenen Instrumentengruppen, die Harmonielehre und die Geschichte der Musik ein. Das Buch steht innerhalb von Zamminers Publikationstätigkeit für sich allein. Seine im engeren Sinne wissenschaftlichen Arbeiten betreffen teils einführende Werke in naturwissenschaftliche Gebiete wie die *Anfangsgründe der Arithmetik und Geometrie"* (1838) oder *Die Physik in ihren wichtigsten Resultaten* (1852) und teils spezifische Themen wie die Berechnung der Achsenwinkel in Kristallen oder Beobachtungen zu Magnetismus und Strom. Er unternimmt vorerst keine Verknüpfung beider Diskurse.

Zamminers *Musik*-Buch gerät in Vergessenheit, nachdem 1863 *Die Lehre von den Tonempfindungen als physiologische Grundlage für die Theorie der Musik* von Hermann von Helmholtz erscheint. Helmholtz versammelt darin seine bisherigen Arbeiten zur Physiologie des Hörens und zur Musik. Diese Arbeiten geben zum einen erstmals eine konsistente Erklärung für die Funktionsweise des Ohrs, die auf der Höhe des aktuellen Wissensstandes in der mikroskopischen Anatomie, der Physik, Mathematik und Physiologie operiert. Zum anderen wird dieses Wissen in eine Neuformulierung der theoretischen Grundlagen der Musik eingebettet. Die Neuheit dieser Darstellung scheint zunächst dadurch verdeckt, dass zwischen Musik und Wissenschaft seit jeher eine Nähe konstatiert worden war. Pythagoras' legendenhafte Auffindung von Intervallproportionen setzte nicht nur einen Anfangspunkt für die Musiktheorie, sondern auch für eine Gesetzmäßigkeiten explizierende Wissenschaft. In diese Tradition wird zunächst auch die *Lehre von den Tonempfindungen* von ihren Lesern gestellt – nämlich in eine Suche nach den Grundlagen der Musik in der Natur.

Helmholtz' Vorgehensweise zielt in ihrem Kern jedoch nicht mehr darauf, Musik als eine natürliche Gegebenheit zu erklären. Er bettet vielmehr die Regeln der Musik als ein System von konventionellen Regeln in seine Erklärung der allgemeineren physiologischen Grundlagen des Hörens ein, die dann jedoch die Musik nicht begründen, sondern lediglich deren Bedingungen vorgeben. Die Klangfarbe ist hierfür ein zentraler Begriff: Sie gibt ein Feld möglicher Differenzierungen vor, innerhalb dessen das Gehör Unterscheidungen trifft. Dass sich der Ton einer Klarinette von dem eines Horns unterscheiden lässt, liefert aus der Sicht von Helmholtz einen Beleg dafür, dass die Mathematik der Fourier-Analyse, die periodische Schwingungen voneinander unterscheidet, an ein Unterscheidungsvermögen im Hören gekoppelt werden kann. Damit wendet er als Erster das bereits seit 1822 bekannte Theorem über die Zusammensetzung periodischer Schwingungen aus einfachen Schwingungen von Jean-Baptiste Joseph Fourier konsequent auf die auditive Wahrnehmung an.

Dieser Schritt ist vor Helmholtz nicht vollzogen worden. Zamminer beispielsweise informiert seine Leser darüber, dass die in periodischen Schwingungen vorhandenen Teilschwingungen bzw. das „Beiwerk zu der Hauptwelle" zu einer „Vermehrung der Klangmasse" beitragen und so den Klang modifizieren, aber er führt nicht aus, welchen Effekt dies auf das Hören hat. Er schließt sein Buch jedoch mit dem Ausruf: „Welches mag die Form der Welle sein, welche einem Concertdirector die Töne der Klangmasse des ganzen Orchesters zuträgt und zu welch' hoher analytischer Fähigkeit muß das Ohr ausgebildet sein, welches die Wellenzüge der einzelnen Instrumente aussondert und ihre Fehler erkennt!"[32] Zamminer selbst unternimmt es nicht, auf diese Frage eine Antwort innerhalb des naturwissenschaftlichen Diskurses zu geben. Er stirbt 1858 nach längerer Krankheit im Alter von 41 Jahren.

Auch wenn damit aus einer Perspektive der Nachträglichkeit das zentrale Argument der Anwendung einer Schwingungsanalyse bereits gegeben scheint, nimmt es bei Zamminer nicht die Schwelle, die den Diskurs über das Hören umstellen würde. Noch besser zu beobachten ist die Wirkung dieser Schwelle in dem eingangs erwähnten Artikel von Brandt. Es liegt kein Grund vor, die Auskünfte über den Hergang der Konversation zwischen Brandt und Helmholtz, die der Text liefert, anzuzweifeln. Helmholtz hat allerdings auch kaum zu befürchten, dass der qualitative Sprung, den seine eigenen Arbeiten in der Hörphysiologie und Akustik seit 1855 bewirkt haben, von den Lesern nicht bemerkt würde. So liegt es nahe zu vermuten, dass die auffälligen Gemeinsamkeiten in Helmholtz' Argumentation mit den Ausführungen von Brandt tatsächlich auf Brandts 1861 publizierte, aber wohl vor 1855 verfasste Skizze zurückgehen.[33]

Brandts Text enthält eine Reihe von wichtigen Argumenten, mit deren Ausarbeitung sich Helmholtz ab dem Herbst 1855 intensiv beschäftigt. Das ist, erstens, die These, dass die „Schwingungsform des tönenden Körpers" die Ursache für die „Verschiedenheit des Klanges" sei, zweitens, dass diese Verschiedenheit sich dem Ohr „in den mitklingenden Tönen" zu erkennen gebe und dass insofern, drittens, das Ohr imstande sein müsse, „eine periodische Bewegung in ihre isochronen Theilbewegungen zu zerlegen".[34] Es ist nicht nur wahrscheinlich, dass Helmholtz diesem Aufsatz viel verdankt, sondern auch, dass ihm Brandts Skizze

---

32 Friedrich Zamminer, *Die Musik und die musikalischen Instrumente in ihrer Beziehung zu den Gesetzen der Akustik*, Gießen 1855, S. 426.
33 Vgl. Brandt, „Ueber Verschiedenheit des Klanges (Klangfarbe)", S. 324, Anm. 1. Vgl. Dieter Ullmann, *Chladni und die Entwicklung der Akustik von 1750–1860*, Basel/Boston/Berlin 1996, S. 178 f.; Muzzulini, *Genealogie der Klangfarbe*, S. 367–375.
34 Brandt, „Ueber Verschiedenheit des Klanges (Klangfarbe)", S. 324 f.

den Stand der Diskussion mindestens in Erinnerung ruft. Brandt erwähnt etwa sowohl einen Streit zwischen Georg Simon Ohm und August Seebeck über die Funktion von Fouriers Theorem in der Analyse des Schalls als auch die Diskussion von Vokalklängen bei Robert Willis. Aus diesen beiden Diskussionen wird Helmholtz später zusätzlich zu seiner Neuordnung der Begriffe deren Vorgeschichte zusammenfügen, die dann in dieser Form in der Geschichte der Akustik und insbesondere der Sprachsynthese weitergegeben wird.

Auch die zwei akustischen Sachverhalte, die Brandt als Beispiele anführt, besitzen in der Akustik weitreichende Filiationen: Die Bewegung einer schwingenden Saite und deren Verhältnis zur Schwingungsform des Schalls sind ein zentrales Problem der mathematisch-formalen Darstellungen von Schwingungsbewegungen;[35] die Verschiedenheit der Vokale wiederum rückt nicht nur die menschliche Sprache in den Vordergrund, ihre Untersuchung reicht vielmehr vom Orgelbau bis zur experimentellen Akustik. Helmholtz setzt diese Filiation fort und lenkt sie in eine neue Richtung, indem er den Begriff der Klangfarbe in die Akustik einführt.

Brandts Aufsatz verdient schon deshalb Interesse, weil er zeigt, dass das fundamental Neue, das nach 1860 den akustischen Diskurs umstellt, sich eben nicht allein aus den jeweils aufgedeckten Phänomenen und postulierten Gesetzmäßigkeiten erklärt. So bemerkt Brandt etwa die Möglichkeit, die Verschiedenheit der Klänge auf die mathematische Formalisierung periodischer Schwingungen mittels der Fourier-Reihe zu beziehen: Er nimmt an, dass die harmonischen Klangkomponenten in den Tönen der Musik hinsichtlich ihrer Stärke variieren könnten, obgleich ihre Frequenzverhältnisse stets die gleichen bleiben. Der klangliche Unterschied zwischen einer Darmsaite und einer Messingsaite etwa gebe sich nicht nur leicht zu erkennen, sondern ein musikalisch geübter Hörer könne sich auch ohne große Mühe vergewissern, dass diese Verschiedenheit ihres Klangs mit der stärkeren oder schwächeren Präsenz der Klangkomponenten zusammenhängt: Im Klang der Messingsaite hört Brandt die höheren Beitöne viel stärker als im Klang der Darmsaite, und daher rühre womöglich der „metallische[ ]" Eindruck, den ihr Klang auf das Gehör mache.[36]

In diesen Befunden stößt Brandt jedoch auf ein Problem für seine Untersuchung: Sie beruhen auf einer qualitativen Einschätzung des Gehörten. Daher lassen sich die Ergebnisse der Untersuchung kaum objektivieren und vermit-

---

35 Vgl. z. B. Olivier Darrigol, „The Analogy between Light and Sound in the History of Optics from Malebranche to Thomas Young", in: *Physis. Rivista Internazionale di Storia della Scienza* 46 (2009), S. 111–217.
36 Brandt, „Ueber Verschiedenheit des Klanges (Klangfarbe)", S. 327.

teln. Die Problemlösung, die Brandt vorschlägt, besteht in der Wahl eines Versuchsaufbaus, in dem nur das Vorhandensein oder Wegfallen von Beitönen zum Gegenstand wird, und nicht deren absolute Stärke: Gegenüber einer Schätzung der Stärke von Beitönen beispielsweise in den Vokalen sei ein Versuch mit einer schwingenden Saite vorzuziehen, bei der einzelne Beitöne unterdrückt werden, „da das Ohr hierbei nicht über Stärker und Schwächer, sondern nur darüber entscheiden soll, ob einer jener Töne da ist oder nicht."[37] Brandt schlägt also vor, die Anforderungen an das Gehör auf die bloße Frage nach dem Vorhandensein eines Phänomens zu reduzieren. Er fährt jedoch fort:

> Man kann nämlich *bei derselben Saite* durch Aenderung ihrer Schwingungsform beliebige der mitklingenden Töne erscheinen und verschwinden lassen, und sich leicht davon überzeugen, daß dadurch der Charakter des Tons (Klangfarbe) sich wesentlich ändert, und die Mittheilung dieser einfachen Erfahrung bildet eigentlich den Zweck dieser Zeilen.[38]

Durch diese Bemerkung stellt sich die Versuchsanordnung gleichsam selbst eine Falle. Zwar liegt es nahe, dass das Fehlen eines mitklingenden Tons eine Veränderung des Charakters nach sich ziehen wird, doch ist ebenso denkbar, dass das Gehör in der Versuchsanordnung eben dieses Fehlen konstatiert. Die Klangveränderung kann letztlich einzig durch dieses Fehlen näher bezeichnet werden, denn der veränderte Klang besitzt sonst keine Merkmale. Die Feststellung der bloßen Änderung des Klangs entkommt daher nicht der qualitativen Einschätzung des Klangs, denn sie bleibt an deren Ursache gekoppelt. Die Verschiedenheit reicht also als Kategorie nicht aus, um den Höreindruck zu mehr als einer Kontrollfunktion des Experiments zu machen, die das experimentelle Vorgehen bestätigt und verdoppelt. Die Hinzufügung des Terminus Klangfarbe in Klammern schafft hier keine Abhilfe. Dass Brandt der entscheidende Schritt unmittelbar vor Augen stand, heißt nicht, dass er ihn auch auszuführen vermochte.

Klangsynthese

Helmholtz beginnt mit seinen Arbeiten im Herbst 1855, nachdem er von Königsberg auf eine Professur für Anatomie und Physiologie in Bonn gewechselt ist. Seine ersten Publikationen betreffen nicht die Klangfarbe, sondern zwei andere physikalische Phänomene, die bereits bekannt sind und anhand von deren

---

[37] Ebd., S. 328.
[38] Ebd.; Hervorh. im Orig.

Diskussion sich Helmholtz den Zugriff auf den Stand der Forschung sichert. Er schlägt zum einen eine neue physikalische Erklärung für das Phänomen der Kombinationstöne vor, mit welcher er die Physik dazu zwingt, die physischen Gegebenheiten des Hörorgans mit zu bedenken, wenn sie Schallobjekte verhandelt. Zum anderen stellt er erste Untersuchungen zum Phänomen der akustischen Schwebung vor, die der Psychologie – und damit einem Zugriff der Philosophie auf die Vorgänge in der Seele – das Objekt des Tons entwinden. Wie die Schwebungen zeigen, ist das Hören von Tönen einer intermittierenden Wahrnehmung unterworfen, die sich nicht allein aus einem Seelenvermögen erhellt, sondern aus neurophysiologischen Vorgängen zu erklären ist.

Schon bald darauf gibt Helmholtz dank einer großzügigen Finanzierungshilfe durch das bayerische Königshaus den Bau eines ‚Apparats zur künstlichen Zusammensetzung der Vokale' in Auftrag.[39] Der Apparat besteht aus acht Stimmgabeln, die von einem Elektromagneten in Gang gesetzt werden. Die Frequenzen der Stimmgabeln sind so gewählt, dass ihre Grundfrequenzen die Verhältnisse des Fourier'schen Theorems nachbilden. Der Elektromagnet verstärkt jede Schwingung der tiefsten Stimmgabel und jede zweite, dritte, vierte etc. der weiteren Stimmgabeln. Dazu müssen die Frequenzen der Stimmgabeln die Bedingungen erfüllen, die zugleich die Fourier-Reihe bedingen: dass nämlich die Frequenzen jeweils ganzzahlige Vielfache der tiefsten Frequenz sind. Jede Stimmgabel ist mit einem Hohlkörper kombiniert, der aus ihrem Klang durch Resonanz zum einen eine einfache Schwingung filtert und diese zum anderen bis zur Hörbarkeit verstärkt. Damit ist sichergestellt, dass die Klänge, die dieser Apparat hervorbringt, hörbare Entsprechungen zu Fouriers Theorem sind: Jeder Ton entspricht, so gut es geht, einer reinen Sinusschwingung, wie sie in Fouriers Theorem vorausgesetzt wird. Die Änderung der Klangzusammensetzungen kann mithilfe einer Tastatur vorgenommen werden. Über die Tasten wird ein Zugmechanismus betätigt, der die einzelnen Resonanzhohlräume verschließt, indem sich eine Klappe vor deren Öffnung schiebt. Einzelne Komponenten dieser nachgebauten Fourier-Reihe können so unhörbar gemacht werden, und jede Schwingung kann für sich allein genommen gehört oder aber mit den anderen Schwingungen kombiniert werden.

Mit diesem Apparat wird die Klangfarbe als eine analytische Kategorie isoliert: Er zeigt, wie ein mathematisches Theorem zu Klang wird. Und er zeigt, dass es möglich ist, allein schon durch die Manipulation der Lautstärke einer Reihe von einfachen Tönen unterschiedliche Klänge zusammenzusetzen, in denen

---

39 Vgl. David Pantalony, *Altered Sensations: Rudolph Koenig's Acoustical Workshop in Nineteenth-Century Paris*, Dordrecht u. a. 2009, S. 31–33; zu erhaltenen Exemplaren vgl. ebd. S. 217–220.

Unterschiede erkannt werden. Er zeigt aber auch, dass die Komponenten einerseits als getrennte Töne existieren und andererseits in ihren Kombinationen unterschiedliche Klangfarben formen. Mit den einfachen, sinusförmig schwingenden Tönen stehen der Klangsynthese neutrale akustische Elemente zur Verfügung, die der Zusammensetzung nicht ihren eigenen Klang aufprägen, sondern sich zu Klängen zusammenfügen lassen, in denen etwas Neues, von den Komponenten Unterschiedenes hörbar wird. Zwar hat der einfache Ton selbst einen bestimmten Klang, den Helmholtz in der *Lehre von den Tonempfindungen* je nach seiner Höhe als weich oder dumpf charakterisiert. Dennoch kann er keine musikalische Klangfarbe im eigentlichen Sinne haben, denn sein Klang ist nicht mehr weiter differenzierbar. Er ist die Nullstufe der Klangfarbe: „Da die Form einfacher Wellen vollständig gegeben ist, wenn ihre Schwingungsweite gegeben ist, so können einfache Töne nur Unterschiede der Stärke, aber nicht der musikalischen Klangfarbe darbieten."[40] Der einfache Ton ist das Grundelement aller Klangfarben, sein Klang muss merkmallos sein.

In seinem Klangsynthese-Experiment setzt Helmholtz die einfachen Töne dergestalt zu Klängen zusammen, dass darin Vokale zu erkennen sind. Er unterscheidet in diesen Klängen die Vokale ‚A', ‚O' und ‚U' der deutschen Sprache. Das ‚E' hingegen sei kaum erkennbar, erklärt Helmholtz in der *Lehre von den Tonempfindungen*. Es habe einer Manipulation der übrigen Klänge bedurft, damit die Unterscheidbarkeit gewährleistet blieb.[41] Die Ergebnisse seiner Klangsynthesen verbessern sich später etwas, nachdem Helmholtz genauere Analysen durchgeführt und weitere Stimmgabeln und Resonatoren mit höheren Frequenzen hinzunehmen konnte.[42] Die synthetisierten Vokale wiederum gleichen eher gesungenen als gesprochenen Lauten. Dies ist zum einen auf ihre Dauer zurückzuführen – sie bleiben so lange konstant, bis der Elektromagnet abgeschaltet wird –; zum anderen fallen Anfang und Ende der Klänge als charakterisierende Momente aus. Das Anschlagsgeräusch der Gabeln ist nicht zu hören, denn ein Anschlagen der Gabeln erübrigt sich durch den elektromagnetischen Antrieb ihrer Schwingung. Das Ende des Klangs aber kann durch das Verdecken der Resonanzöffnung von einem Moment auf den anderen vollzogen werden. Diese Anordnung von Klan-

---

[40] Hermann von Helmholtz, *Die Lehre von den Tonempfindungen als physiologische Grundlage für die Theorie der Musik*, 6. Aufl., Braunschweig 1913, S. 120. Zum Klang des Sinustons vgl. Wolfgang Auhagen, „Zur Klangästhetik des Sinustons", in: Reinhard Kopiez et al. (Hg.), *Musikwissenschaft zwischen Kunst, Ästhetik und Experiment. Festschrift Helga de la Motte-Haber zum 60. Geburtstag*, Würzburg 1998, S. 17–28.
[41] Vgl. H[ermann von] Helmholtz, „Ueber die Klangfarbe der Vocale", in: *Annalen der Physik und Chemie* 108 (1859), S. 280–290, hier S. 286.
[42] Vgl. Pantalony, *Altered Sensations*, S. 33.

gerzeugern stellt die bestmögliche Annäherung an die Definition der musikalischen Klangfarbe dar, die sich ihrerseits aus der mathematischen Formalisierung herleitet. Der Stimmgabelapparat produziert unterscheidbare stationäre Klänge. Das heißt, die Vokalsynthese ist eine Fourier-Synthese. Sie verleiht den Unterscheidungen, die Fouriers Theorem postulierte, eine Hörbarkeit im Rahmen der Unterschiede von Klangfarben.

In seiner Begriffsbildung zur Klangfarbe verfolgt Helmholtz eine Doppelstrategie, die es ihm erlaubt, an den vorhandenen Begriff anzuknüpfen und zugleich eine neue Setzung vorzunehmen: Er legt sich auf eine enge Definition von Klangfarbe fest, der dann die eigentliche experimentelle Untersuchung gilt, und bettet diese enge Definition zugleich in eine sprachliche und sogar erzählende Beschreibung von weiteren charakteristischen Eigenschaften von Klängen ein, die aber nicht untersucht werden. Auf diese Weise kommen auch Eigenschaften des Klangs zur Sprache, für die es noch keine geeigneten Untersuchungsmethoden gibt: Anfang und Ende eines Klangs beispielsweise sowie die Geräuschanteile, welche den Klang der Musikinstrumente stets begleiten. Es liege etwa „viel Charakteristisches darin", wie die Töne bei Blechblasinstrumenten wie Trompete und Posaune einsetzen.[43] Da es einige Anstrengung koste, die Luftsäule im Instrument in einen bestimmten Schwingungszustand zu versetzen, gerate der Ansatz des Tons „meist abgebrochen und schwerfällig":

> Dagegen geschieht der Uebergang von einem Ton zum andern sehr leicht bei den Holzblaseinstrumenten, Flöte, Oboe, Clarinette, wo die Luftsäule durch verschiedene Applicatur der Finger an die Seitenöffnungen und Klappen schnell ihre Länge ändern kann, und die Weise des Anblasens wenig zu ändern ist.[44]

Klangeigenschaften wie die in dieser Passage beschriebenen sind sogar besonders wichtig, um die Instrumente ihrem Klang nach zu unterscheiden. Ihre Bedeutung zeigt sich nicht zuletzt in der Sprache, für deren Laute mit der Buchstabenschrift ein Notationssystem zur Verfügung stehe, in dem Anfang und Ende eines Klangs durch die Konsonanten und die eigentliche Klangfarbe, also die formal im neuen Sinne definierte Klangfarbe, durch die Vokale angegeben werden.

Einem solchen weiten Begriff der Klangeigenschaften steht die „musikalische Klangfarbe"[45] entgegen. Sie ist auf die stationären Klänge beschränkt, wie sie etwa bei den Streich- und Blasinstrumenten denjenigen Anteil des Tons aus-

---

43 Hermann von Helmholtz, *Die Lehre von den Tonempfindungen als physiologische Grundlage für die Theorie der Musik*, Braunschweig 1863, S. 115.
44 Ebd., S. 115 f.
45 Ebd., S. 113 und passim.

machen, dem die Tonhöhe entnommen werden kann. Anblasgeräusche oder die Nebengeräusche des Bogens sind für den engen Begriff der Klangfarbe irrelevant:

> Wir wollen […] von allen unregelmässigen Theilen der Luftbewegung, vom Ansetzen und Abklingen des Schalles absehen, und nur auf den eigentlich musikalischen Theil des Klanges, welcher einer gleichmässig anhaltenden, regelmässig periodischen Luftbewegung entspricht, Rücksicht nehmen, und die Beziehungen zu ermitteln suchen zwischen dessen Zusammensetzung aus einzelnen Tönen und der Klangfarbe. Was von den Eigenthümlichkeiten der Klangfarbe hierher gehört, wollen wir kurz die *musikalische Klangfarbe* nennen."[46]

Dass diese Definition der Klangfarbe es erfordert, von vielen Phänomenen zu abstrahieren, welche den Klang der Instrumente ausmachen, gesteht Helmholtz selbst ein. Entscheidend ist aber, dass mit diesen beiden Definitionen die Klangfarbe zugleich als das alltägliche Phänomen der Klangcharakteristik erfasst wird, zum anderen aber eine szientifische Definition für das Phänomen verfügbar ist. Die Ausweitung der musikalischen auf die allgemeine Klangfarbe scheint eine Frage der Zeit und des wissenschaftlichen Fortschritts.

Schlussbemerkung: Klangfarbe als epistemischer Raum

Der epistemische Raum, der Mitte des 19. Jahrhunderts mit dem Begriff der Klangfarbe geschaffen wurde, persistiert auch in neueren Darstellungen. Im 20. Jahrhundert löst die Fast-Fourier-Transformation das Versprechen ein, dass sich beliebiger Schall als Zusammensetzung aus Sinuskomponenten darstellen und visualisieren lässt. Hinzugekommen ist eine Zeitachse, die in den elektromagnetisch aufrechterhaltenen Tönen des Klangsyntheseapparats nicht vorgesehen war. Sie konnte in diesem Apparat zwar mithilfe der Klaviatur pragmatisch umgesetzt werden, aber sie fand keine theoretische Entsprechung im Modell der musikalischen Klangfarbe. Helmholtz hatte noch alles daran gesetzt, die Zeit als einen Faktor, den er nicht hätte kontrollieren können, auszuschalten. Durch das Hinzutreten der Zeitachse sind nicht mehr die Töne der Musik das Modell für die Konstitution des Raum-Modells. Abzubilden gilt es ebenso Geräusche oder einfach jenen Schall, der sich fortwährend ändert, wie das etwa für den Schall der menschlichen Sprache gilt. So definiert etwa die Deutsche Industrienorm Klangfarbe heute nicht mehr als Eigenschaft physischen Schalls, sondern als

---

46 Ebd., S. 118; Hervorh. im Orig.

ein „Merkmal des Hörereignisses, dessen Beschreibung mehrere unterschiedliche Skalen erfordert, z. B. hell-dunkel, scharf-stumpf".[47] Welche Kriterien für die Verortung solcher Hörereignisse konkret anzuwenden sind, werden weitere Forschungen zeigen, die dabei stets mit anderem Schall zu tun haben werden. Die Klangfarbe, so ließe sich abschließend sagen, ist ein Darstellungsraum geworden, der den virtuellen epistemischen Raum der Gegenstände des Wissens vom Hören vorübergehend aktualisiert und historisch konkretisiert und damit auch eine Vorläuferschaft in älteren Begriffen der Klangfarbe findet, die diesen noch gar nicht eignete.

---

47 DIN 1320:1997-06, online (nach Registrierung) unter: https://www.din.de/de/service-fuer-anwender/din-term/suche-nach-benennung/wdc-dinterm-beg:din21:155974579?sourceLanguage=de&destinationLanguage=de (10.1.2017).

Alexandra Hui
Walter Bingham und die Universalisierung des individuellen Hörers

„What is this music doing to me?"
Der nachdenkliche Zuhörer (1927)[1]

„The lists of Mood Music begin on page 11. See what music can be made to do for you. Begin to utilize its power."
Thomas Edison (1921)[2]

Walter Bingham beschrieb die von Max Schoen unter dem Titel *The Effects of Music* 1927 herausgegebene Aufsatzsammlung als eine erste Bemühung der Wissenschaft, die Frage des nachdenklichen Zuhörers zu beantworten: „What is this music doing to me?"[3] Die Herausforderung bestand laut Bingham in der Tatsache, dass ein experimenteller Ansatz nicht auf weniger als zwei unabhängige Variable reduziert werden könne. Die erste Variable, der Stimulus, also die jeweils gehörte Musik, ließe sich ziemlich gut durch den Einsatz technischer Hilfsmittel wie des Plattenspielers kontrollieren. Die zweite Variable, der Hörer, weise dagegen viel weniger Beständigkeit auf. Dieselbe Musik könne nicht nur auf verschiedene Zuhörer verschieden wirken,[4] auch ein und dieselbe Person könne durch ein Musikstück ganz unterschiedlich berührt werden:

---

1 Walter Bingham, „Chapter 1: Introduction", in: Max Schoen (Hg.), *The Effects of Music*, London 1927, S. 1–8, hier S. 1. Laut Bingham ist es diese Frage, die sich jeder nachdenkliche Hörer stellt und die denn auch eine Prämisse darstellt für Schoens Band *The Effects of Music*. Für die Übersetzung des vorliegenden Beitrags danke ich Gerhard Herrgott.
2 Thomas Edison, *Mood Music*, Orange, NJ 1921, S. 10.
3 Die Beiträge zu *The Effects of Music* wurden aus Einsendungen zu einem 1921 ausgeschriebenen Wettbewerb der American Psychological Association ausgewählt. Gesucht wurden in diesem Rahmen „the most meritorious research on the effects of music" (Bingham, „Introduction", S. 4). Der Preis in Höhe von 500 US-Dollar wurde vom Edison-Carnegie Music Research Program gestiftet, dessen Direktor Bingham war. Neben den ausgewählten Wettbewerbsbeiträgen enthielt *The Effects of Music* auch Berichte über die Arbeit des Edison-Carnegie Music Research Program. Bingham beschrieb den Band ebd. als Sammlung von Beiträgen zur Musikwissenschaft und zur psychologischen Ästhetik.
4 Wörtlich heißt es bei Bingham: „The most baffling variable is the listener himself. How is it possible to reach any generalizations regarding the effects of music so long as hearers differ

Übersetzung: Gerhard Herrgott

> One can never experience a second time the precise sensations of a first hearing. The selection may be rendered just as it was before, but the listener can never again hear it with all the freshness of novelty. He has inevitably become modified by the first experience. With each repetition he is virtually a different listener.[5]

Tatsächlich hatte Bingham fast zwei Jahrzehnte zuvor in seinen Experimenten zu motorischen Wirkungen von Melodien festgestellt, dass Gewöhnung, persönliche Einstellungen und die jeweilige Geistesverfassung allesamt Auswirkungen darauf hatten, ob jemand eine Folge von Tönen als verwandt wahrnahm, als irgendwie melodisch. Die Wahrnehmung von Melodiosität differierte sowohl zwischen verschiedenen Hörern als auch bei ein und demselben Zuhörer. Bingham behauptete, die muskuläre Reaktion – gemessen durch genaue Beobachtung von Fingerbewegungen – sei der einzig mögliche Hinweis darauf, dass die Versuchsperson in einer Tonfolge eine melodische Verwandtschaft erkenne, und selbst dieser Zusammenhang war ziemlich schwach. Nicht einfach nur der ausführende Künstler, sondern der einzelne Hörer selbst erschaffe die Melodie, so hatte er gefolgert.[6] Das Erleben von Musik sei etwas Individuelles. Auch Max Schoen, der Herausgeber von *The Effects of Music*, betonte die Schwankungsbreite individueller Einstellungen zu Musik. Das sei so selbstverständlich geworden, erklärte er, dass es als sprichwörtlich gelten konnte: Über Geschmack lässt sich nicht streiten.[7]

Dabei sprachen gleich mehrere Aufsätze in dem Band von beständigen und gleichen Reaktionen auf musikalische Reize, das reichte von Stimmungsänderungen bis hin zu Auswirkungen auf die Blutgefäße. Die dokumentierten experimentellen Ergebnisse legten nahe, dass in der scheinbaren Buntheit der einzelnen Musikerlebnisse doch irgendwelche Universalien stecken mussten. Parallel dazu liefen Bemühungen, außerhalb des psychologischen Labors – allerdings manchmal unter Beteiligung derselben Forscher – muskuläre und mentale Reaktionen auf Musik zu identifizieren und zu klassifizieren. Insbesondere die Edison Phonograph Company trieb die Anwendung der Forschungen von Bingham und Schoen voran – mit dem Ziel, ihre Schallplatten als geeignete Mittel zum Hervorrufen verschiedener Stimmungen anpreisen zu können. Bestimmte Merkmale der individuellen Hörerfahrung hielt man für allgemeingültig oder jedenfalls für allgemeingültig genug, um eine große Werbekampagne auf die Beine zu stellen. Damit

---

greatly from each other in musical sophistication, in age and education, in personality and temperament, in musical ear and talent?" Bingham, „Introduction", S. 2–3.

5 Ebd., S. 3.
6 Vgl. ebd., S. 6.
7 Vgl. Max Schoen, „Introductory Note", in: Schoen (Hg.), *The Effects of Music*, London 1927, S. 8 f., hier S. 9.

wurde eine Abwendung vollzogen vom individuellen und subjektiven Hören, wie es im späten 19. Jahrhundert verstanden und akzeptiert wurde. In der Musikkritik, der Musikpädagogik, dem neuen Gebiet der Ethnomusikologie und verwandten Zweigen der Psychologie – Schoen selbst hatte ja angemerkt, dass Geschmack Geschmackssache sei – wurde durchgängig unterstellt, dass das individuelle Erleben von Musik variiert und dass jede Erfahrung gleichermaßen gültig ist.

Was also ist passiert? Ich möchte in diesem Beitrag untersuchen, wie das individuelle, subjektive Erleben von Musik im Labor standardisiert und universalisiert wurde. Ferner möchte ich nachvollziehen, wie dieses standardisierte und universalisierte Erleben von Musik mobilisiert wurde, um das Denken des hörenden Publikums über Musik zu verändern. Wie trat das Hör-Wissen aus dem Labor in die Öffentlichkeit und wie hat es sich dabei verändert? Wie wurde aus der Frage ‚What is music doing to me?' die Frage ‚What can music do *for* me?' – Was kann Musik *für* mich machen?

Die Universalisierung der individuellen Hörerfahrung war nicht nur eine Folge der Marketingbestrebungen der jungen Musikindustrie im frühen 20. Jahrhundert. Die Transformation begann mit Verschiebungen in der psychologischen Theorie, insbesondere durch die Anwendung der *Functional Psychology*, des amerikanischen Ablegers der in Deutschland entwickelten Physiologischen Psychologie. In diesem Beitrag untersuche ich frühe experimentelle Forschungen von Walter Bingham, mit denen er die motorischen Wirkungen von Melodie zunächst als Maß und dann als bestimmendes Merkmal von Melodiosität zu verstehen versuchte. Ich werde auch kurz beschreiben, wie seine Ergebnisse von der Edison Phonograph Company verwendet wurden, um Schallplatten nach ihren Stimmungswirkungen zu vermarkten. Der Schwerpunkt meines Beitrags liegt jedoch auf Binghams gedanklichen Schritten, auf der Frage, wie Bingham dazu kam, individuelle, subjektive Beschreibungen von Hörerlebnissen und graphische Aufzeichnungen von Fingertippsequenzen als gleichwertig zu betrachten. Wie er ferner dazu kam, die gemessenen muskulären Effekte von Melodie als so beständig und allgemeingültig zu verstehen, dass man ausgehend davon Techniken entwickeln könnte, um mit bestimmten Musikarten bestimmte Stimmungen auszulösen.

Bingham hatte mit James Angell von der University of Chicago und Hugo Münsterberg von der Harvard University zusammengearbeitet und war außerdem stark beeinflusst von William James und dem neuen Denkansatz der Funktionalen Psychologie. Im Jahre 1907 hatte Angell als Vorsitzender beim Jahreskongress der American Psychological Association verkündet, allgemeinstes Ziel der *Functional Psychology* sei es, herauszufinden, „how and why conscious processes are what they are", vor allem mit Blick auf ihre vermittelnde Instanz zwischen dem Individuum und seiner Umwelt. In diesen „*operations* of consciousness" seien Sinnesaktivitäten und mentale Prozesse wie Urteilsvermögen und Willen inbegriffen; die Forschungsweise der Funktionalen Psychologie sei daher ihrem Wesen nach psychophysisch.[8] Im Kern waren Binghams Experimente über die motorischen Wirkungen von Melodien der Versuch, eine bestimmte Tätigkeit des Bewusstseins unter realen Bedingungen zu verstehen. Die Universalisierung des individuellen Hörers, auch wenn sie zeitweise von kapitalistischen Zielsetzungen befeuert wurde, lässt sich am besten nachvollziehen als Expansion eines auditiven Laborwissens, das durch die Funktionale Psychologie ermöglicht wurde.

Messen von Melodiosität

Walter Van Dyke Bingham ist in der Geschichte der Psychologie bestens bekannt für seine Arbeiten zur Entwicklung von Intelligenztests sowie Tests, die im Zuge berufsorientierender Maßnahmen zum Einsatz kamen. Sie gelten als die erste von mehreren Generationen von Eignungstests und bilden noch heute die Grundlage für standardisierte Testverfahren in den USA. Seit seinen Tagen als Student am Beloit College in Wisconsin war Bingham seinem Interesse an Geistesphilosophie und Psychologie nachgegangen. Er erlangte sowohl an der Harvard University als auch an der University of Chicago Doktortitel in Psychologie. Im Jahr 1915 wurde er zum Gründungsdirektor der Division of Applied Psychology am Carnegie Institute of Technology ernannt. Diese Abteilung war für Kurse in Psychologie und Erziehungswissenschaften, aber auch für Aufnahmeprüfungs- und Berufseignungstests zuständig. Die Testverfahren wurden später für die Personalauswahl im Businessbereich weiterentwickelt, während des Ersten Weltkriegs entstanden daraus Persönlichkeits- und Intelligenztests für die US-Armee im Rahmen der Rekrutenauswahl. Bingham verließ schließlich das Carnegie Institute, später arbeitete er für den Generalstab der Armee und das Verteidigungsministerium.

In den psychologischen Laboren der University of Chicago und der Harvard University führte Bingham zwischen 1905 und 1908 zwei Versuchsreihen durch,

---

8 James Angell, „The Province of Functional Psychology", in: *The Psychological Review* 14.2 (1907), S. 61–91, hier S. 63–67. Angell fasste die drei definierenden Merkmale der Funktionalen Psychologie wie folgt zusammen: „We have to consider (1) functionalism conceived as the psychology of mental operations [...], the psychology of the how and why of consciousness as distinguished from the psychology of the what of consciousness. We have (2) the functionalism which deals with the problem of mind conceived as primarily engaged in mediating between the environment and the needs of the organism. [...] (3) and lastly we have functionalism described as psychophysical psychology, that is the psychology which constantly recognizes and insists upon the essential significance of the mind-body relationship for any just and comprehensive appreciation of mental life itself." Ebd., S. 85.

um konkreter zu bestimmen, was eine Melodie ausmacht. Die erste Versuchsreihe, im Herbst 1905, bestand darin, jeweils zwei Töne in verschiedenen Intervallen von Stimmgabeln oder vom Harmonium erklingen zu lassen. Die Versuchsperson sollte beurteilen, ob der zweite Ton „a sense of finality" hervorrufe oder nicht.[9] Die zwei Töne wurden nacheinander zum Erklingen gebracht, erst der höhere, dann der tiefere Ton, danach umgekehrt. Das wurde so lange wiederholt, bis die Versuchsperson „a clear judgment of indifference, or of preference for the higher or the lower as the final tone" abgeben konnte. Bingham führte das Experiment sowohl allein durch, mit sich selbst als Versuchsperson, wie auch mit anderen, vermutlich Mitstudenten. Einige der anderen Versuchspersonen hatten keinerlei musikalische Schulung, und Bingham äußerte sich zwiespältig dazu. Diese Versuchspersonen gaben inkonsistente Urteile ab, vielleicht, so notierte er, weil sie nicht im introspektiven Beobachten geübt seien. Er zog aber auch in Erwägung, ob solche inkonsistenten Urteile nicht dazu beitragen könnten, ein „musical ear" zu definieren.[10] Dieser psychologische Ansatz, das musikalische Ohr zu verstehen, deutet bereits auf den Standpunkt hin, die er in den kommenden Jahren immer stärker einnehmen sollte: dass das musikalische Ohr in Wirklichkeit nämlich im Gehirn lokalisiert sei und Hören und Verstehen von Musik daher eine aktive Verstandestätigkeit sein müsse.[11]

Mit seinen Experimenten testete Bingham das Lipps-Meyer'sche Gesetz, das Theodor Lipps und Max Meyer aufgestellt hatten, um vorhersagen zu können, wann ein musikalisches Intervall „an effect of finality", eine schließende Wirkung, hat.[12] Die Hypothese lautete, dass bei aufeinanderfolgenden Tönen, in deren Frequenzverhältnis eine gerade Zahl vorkommt, eine der beiden Anordnungen (entweder die absteigende oder die aufsteigende) vom Zuhörer als abgeschlossen und stabil erfahren wird.[13] Seien beide Zahlen ungerade, würden beide Versionen entweder als gleich befriedigend oder als gleich unbefriedigend beur-

---

9 Walter Bingham, „Experimental Examination of Melody", unveröff. Manuskript; Carnegie Mellon University, Pittsburgh, PA, University Archives, Walter Van Dyke Bingham Collection, Folder 20, Reel 2, Box 1, S. 3.
10 Bingham, „Experimental Examination of Melody", S. 5.
11 Vgl. Walter Bingham, „Lectures in the Psychology of Music", unveröff. Manuskript; Carnegie Mellon University, Pittsburgh, PA, University Archives, Walter Van Dyke Bingham Collection, Folder 20, Reel 2, Box 1.
12 Vgl. Max Meyer, *The Musician's Arithmetic: Drill Problems for an Introduction to the Scientific Study of Musical Composition*, Columbia, MO 1929.
13 Das gängige Beispiel ist das Intervall der reinen Quinte, etwa C und G. Die Folge C–G (2:3) strebt nach Fortsetzung, die Folge G–C (3:2) hingegen erweckt den Eindruck von Finalität und Abgeschlossenheit.

teilt. Bingham meinte, dass dieses Gesetz schnell zusammenbrechen müsse. So würden Zuhörer ‚Intervalle nicht als Schwingungsverhältnisse wahrnehmen', auch wenn sie diese Verhältnisse bestens kennen.[14] Die mathematischen Verhältnisse zwischen Tonhöhen seien zwar grundlegend für die Physik des Schalls, aber keine Erklärung für die sensorische Wahrnehmung von Klängen. Selbst wenn die mathematischen Formeln der subjektiven Erfahrung entsprächen, müsse die Erklärung dafür psychologisch sein. Außerdem fand Bingham in seinen Experimenten heraus, dass das Intervall 7:11, mit zwei ungeraden Zahlen also, nur in der aufsteigenden Version als schließend bewertet wurde.

Binghams Experimente stellten nicht nur das Lipps-Meyer-Gesetz auf den Prüfstand, mit ihrer Hilfe wollte er auch zu einer besseren Definition von Melodie kommen, und zwar mit psychologischen Begriffen. Für Bingham war eine Melodie vor allem eine Einheit. Wenn eine Tonfolge vom Zuhörer nicht als *ein* Erlebnis wahrgenommen werde, dann handle es sich nicht um eine Melodie. Im Entwurf zu einem Bericht über seine Forschungen nennt Bingham letztlich vier wesentliche Faktoren, damit eine Tonfolge als Melodie wahrgenommen wird.[15] Zuerst müssten die Töne ‚eindeutige Tonhöhenverhältnisse' – „definite pitch relations" – haben, sowohl in den Intervallen zwischen aufeinanderfolgenden Tönen als auch in Bezug auf die Tonart der gesamten Folge. Rhythmus sei der zweite wichtige Faktor für eine Melodie, wenngleich das in seinen Experimenten mit jeweils zwei Tönen natürlich nicht überprüft werden könne. Der dritte wichtige Faktor sei das Klangverhältnis – „clang-relationship" – der Töne, also ihre Klangfarbe oder ihr Timbre. Die Klangfarbe wurde durch das Obertonspektrum der jeweiligen Töne bestimmt, das je nach Musikinstrument unterschiedlich ist. Für die Abhängigkeit von der Klangfarbe hatte Bingham denn auch Nachweise gefunden: So hatten sich beim Einsatz von Harmonium und Stimmgabeln bei denselben Intervallen verschiedene Resultate ergeben. Als vierten Faktor für Melodie, der mit den anderen drei Faktoren eng verbunden sei, nannte er schließlich „the affective", das Affektive, erläuterte jedoch nicht näher, was er damit meinte.[16]

In einer späteren Version dieses Berichts, die er „Melody" betitelte und Münsterberg gab, um dessen Meinung einzuholen, änderte und präzisierte Bingham die vier Merkmale, die eine Melodie von einer bloßen Tonfolge unterscheiden sollten. Klangfarbe war jetzt kein bestimmendes Merkmal mehr. Gleichwohl seien, wie er früher schon behauptet hatte, die Töne einer Melodie miteinander verwandt. Da er das Lipps-Meyer-Gesetz auseinandergenommen hatte, sei diese

---

14 Bingham, „Experimental Examination of Melody", S. 4.
15 Ebd., S. 2–4.
16 Ebd., S. 4.

Verwandtschaft jetzt allerdings schwer zu definieren, räumte er ein. Das zentrale Merkmal sei die Tendenz zur Vorwärtsbewegung („onward movement") oder zur Unumkehrbarkeit („no return"), also im Wesentlichen die Finalität der Töne einer Melodie. Bingham behauptete, in Melodien kämen nur Tonintervalle vor, die diesen Vorwärtsdrang oder einen Vollständigkeitscharakter aufweisen würden. Das lief durchgängig hinaus auf Intervalle, die der diatonischen Leiter entstammten. Das zweite bestimmende Merkmal einer Melodie sei die harmonische Verwandtschaft der gesamten Tonfolge (nicht nur der Intervalle aufeinanderfolgender Töne). Der dritte Faktor zur Definition von Melodie sei der Rhythmus. Und schließlich legte Bingham fest: „A succession of tones cannot be called a melody unless it is capable of producing an emotional effect".[17] Das war offensichtlich eine Erläuterung für ‚das Affektive', das er in seinem früheren Forschungsbericht aufgeführt hatte.

Bingham konzentrierte sich vor allem auf das zweite Merkmal, die harmonische Beziehung zwischen zwei aufeinanderfolgenden Tönen und innerhalb der ganzen Tonreihe. Die Notwendigkeit harmonischer Verhältnisse führte er zurück auf die Konstruktion der rein gestimmten diatonischen Tonleiter. Die diatonische Tonleiter habe Musikern wie Musikinstrumentenbauern in Bezug auf die erzeugbaren Klänge Schranken auferlegt. Zudem habe sie durch Übung und Erfahrung eine „persistence of prejudice" im Zuhörer geschaffen.[18] Nur ein kleiner Teil der überhaupt möglichen Intervalle werde ständig benutzt, eben diejenigen, welche die diatonische Tonleiter bilden. Es sei die Aufgabe von Psychologen – und nicht von Mathematikern oder Physikern –, die Gründe für diese Auswahl herauszufinden. Gleichwohl war Bingham nicht völlig überzeugt davon, dass die diatonische Tonleiter „the final truth in the matter" sei. Die beständige Konfrontation mit der diatonischen Tonleiter beeinflusse aber auf jeden Fall das Hörerlebnis: „[It is] next to impossible to get into sympathy with an unfamiliar intonation, or to understand and appreciate ancient or foreign modes which differ from those we know (music is *not* a universal language)".[19] Intervalle, Tonarten und Rhythmus könnten zwar vorab festgelegt werden, am besten von einem Psychologen und ohne Rücksicht auf den Zuhörer bzw. die Versuchsperson, jedoch ließen sie sich nur im Rahmen der diatonischen Skala definieren, und diese sei nun einmal nicht allgemeingültig.

---

17 Walter Bingham, „Melody", unveröff. Manuskript; Carnegie Mellon University, Pittsburgh, PA, University Archives, Walter Van Dyke Bingham Collection, Folder 20, Reel 2, Box 1, S. 2.
18 Ebd., S. 8.
19 Ebd.; Hervorh. im Orig., dort als Unterstreichung.

Das bringt uns zurück zur Versuchsperson, zum Hörenden. Nur der Zuhörer konnte die Melodiosität, den melodischen Charakter einer Tonfolge beurteilen. Außerdem gestattete einzig der Zuhörer einen Einblick in die emotionalen und affektiven Qualitäten einer Tonfolge. Um die Kompetenz des Psychologen in der scheinbar ästhetischen Frage nach der Definition einer Melodie zu unterstreichen, beharrte Bingham darauf, dass das Erlebnis des Zuhörers entscheidend dafür sei, den Melodiecharakter einer Tonreihe zu verstehen und zu definieren. Der Musiker erzeuge die Töne, der Hörer die Melodie.

Diese Behauptung erinnert an die Erörterungen von William James zur selektiven Aufmerksamkeit. Die Erfahrung einer Einzelperson, erklärte James, sei das, was er oder sie zulässt.[20] Nicht Erfahrung erzeuge Interesse, Interesse erzeuge Erfahrung. „[E]ach of us literally *chooses* by his ways of attending to things, what sort of a universe he shall appear to himself to inhabit."[21] Genauso war für Bingham das Melodieerlebnis gebunden an die darauf gerichtete Aufmerksamkeit des Zuhörers. Der Hörer wähle, welche Art von Klangwelt er bewohnt.

Der Prozess jedoch, in dem der jeweilige Hörer seine Klangwelt melodisierte, war schwer zu bestimmen. Binghams Versuche von 1905 zur Beurteilung der ‚Vollständigkeit' oder ‚Unvollständigkeit' verschiedener Intervalle brachten nicht mehr heraus, als dass verschiedene Versuchspersonen die Intervalle verschieden erlebten. Es war unmöglich, dass beispielsweise von einem Hörer aus einem Tonpaar auf eine Tonart geschlossen werden konnte. Außerdem lieferten die Experimente von Bingham keinerlei Einblick in die emotionalen Wirkungen von Musik, die er für eines der definierenden Merkmale einer Melodie hielt (die Empfindung von Abgeschlossenheit, der „sense of finality", zählte für Bingham nicht als emotionale Reaktion). Deshalb baute er von 1906 bis 1908 sein Melodie-Experiment weiter aus.

Seine Leitfrage blieb die gleiche: Was ist Melodie? Und wenn Melodie ein Gefühl von Einheit ist, wie wird dieses Einheitsgefühl dann wahrgenommen? Noch einmal wendete sich Bingham dem Lipps-Meyer-Gesetz zu, nach welchem Melodiosität auf ein mathematisches Verhältnis reduziert werden konnte. In Reaktion auf Meyers Behauptung, arithmetische Verhältnisse zwischen zwei Tönen manifestierten die psychologische Eigenschaft einer ‚Verwandtschaft' zwischen ihnen, entwarf Bingham ein Experiment, um das ‚Verwandtschafts'-Gefühl

---

[20] „Only those items which I *notice* shape my mind – without selective interest, experience is an utter chaos. Interest alone gives accent and emphasis, light and shade, background and foreground – intelligible perspective, in a word." William James, *The Principles of Psychology*, London 1890, S. 402; Hervorh. im Orig.
[21] Ebd., S. 424; Hervorh. im Orig.

bei Intervallen zu testen, die einfachen mathematischen Proportionen entsprachen, und bei solchen, für die das nicht zutraf.²² Er erweiterte die Tonskala eines Harmoniums zwischen den Tönen *h* und *c'* um sechs Zungenpfeifen in jeweils 16-Cent-Abständen. Dann spielte er große Terzen und Quarten und begann und endete jedes Mal mit einem der (jetzt insgesamt) acht Töne im Raum von *h* bis *c'*. Die Versuchspersonen wurden gefragt, ob die zwei Töne ‚verwandt' seien. Bei fast allen der zwölf Versuchsperson blieb ein Gefühl von ‚Verwandtschaft', wenn die Abweichung des einen Tons von der reinen Terz oder Quart nicht mehr als 32 Cent betrug. Wenn die Abweichung mehr als 48 Cent betrug, erlosch das ‚Verwandtschafts'-Gefühl. Seine Versuchspersonen hörten also bis einem gewissen Grad eine ‚Verwandtschaft' zwischen Tönen, die mitnichten in simplen mathematischen Proportionen wie 5:4 bzw. 4:3 für reine Terzen und Quarten zueinander standen. Für Bingham hieß das, dass es schlichtweg irreführend und reduktiv sei, unter Zuhilfenahme von mathematischen Relationen das Gefühl von ‚Verwandtschaft' ermitteln zu wollen. Das Ergebnis deute darauf hin, dass eine Melodie nicht allein durch die mathematischen Proportionen ihrer Töne zueinander definiert werden könne.

Bingham analysierte die Daten auch hinsichtlich auf- und absteigender Intervalle. Hier fand er das Lipps-Meyer-Gesetz immerhin bis zu einem gewissen Grad bestätigt. War der zweite Ton eine gerade Zahl, erklärten die Probanden in 55 Prozent der Beurteilungen die Zweitonfolge für abgeschlossen (in 31 Prozent erklärten sie, dass die Abgeschlossenheit fehle, in 24 Prozent waren sie sich unsicher). War der erste Ton eine gerade Zahl, beurteilten 55 Prozent die Folge als unabgeschlossen. Aufgrund der hauchdünnen Mehrheit von Urteilen traf also das Lipps-Meyer-Gesetz für absteigende Intervalle zu.²³

Dennoch erklärte Bingham, dass weder mit elementarer melodischer ‚Verwandtschaft' („elementary melodic ‚relationship'") noch mit dem Gesetz von der Finalität zweitöniger Melodien („the law of finality of two-tone melodies") das letzte Wort in der Angelegenheit gesprochen sei.²⁴ „This law is not asserted to be a universal law. Indeed it is doubtless limited in its application to the experience

---

22 Vgl. Walter Bingham, „Studies in Melody", in: *The Psychological Review: Monograph Supplements*, 12.3 (1910), S. 1–88, hier S. 21–23.
23 Bingham führte ein kleines Nachfolgeexperiment durch – mit verschiedenen Intervallen, fünf Versuchspersonen, die „quite musical" waren, sowie dem musikalischsten Teilnehmer aus der ersten Versuchsreihe – und stellte die Beurteilungsfrage diesmal so: „Do you feel any desire to return to the first tone?" So werde die Aufmerksamkeit der Hörer besser geleitet, erklärte Bingham. Unerwarteterweise kam damit auch ein weitere Option ins Spiel: der Wunsch nach einem *dritten* Ton; Bingham, „Studies in Melody", S. 33–34.
24 Ebd., S. 34.

of those reared in a harmonic musical atmosphere", so Bingham. Dies wiederum deute darauf hin, dass die Ergebnisse eher mit Konsonanzerfahrungen erklärt werden könnten als mit irgendeiner primären universalen Neigung.[25] Gewöhnung könne ein starker Faktor im Musikerlebnis sein.[26] Dementsprechend sei das Lipps-Meyer-Gesetz „not elemental, primitive, but rather a resultant, traceable to the laws of habit and the harmonic structure of the music with which the observers were acquainted."[27]

Auf den ersten Blick scheint Binghams Forschung der Versuch zu sein, ästhetische Fragen (Wie läßt sich eine Melodie definieren?) mittels psychologischer Experimente zu beantworten. Bedenkt man jedoch seinen funktionalistischen Hintergrund, wird klar, dass er die experimentelle Frage als eine durch und durch psychologische ansah. Ihn interessierte der *Prozess*, in dem ein Individuum einen Sinnesreiz wahrnimmt. Das konnte auf umfassendere Fragen hinauslaufen, nämlich, wie das Individuum mit seiner akustischen Umwelt psychologisch interagiert, wie der Hörende – streng genommen – seine eigene klangliche Umwelt schafft.

Austauschbare Teile

Bingham stellte fest, dass einige seiner Versuchspersonen eine ‚Verwandtschaft' zwischen Tonpaaren erlebten, die weit weg lagen von einfachen Zahlenverhältnissen. Das, erklärte er, deute darauf hin, „that it is not the sensory but the motor phase of the circuit which contributes the unity".[28] Erst die muskuläre Reaktion

---

[25] Ein Nachfolgeexperiment mit den fünf musikalisch erfahrenen Versuchspersonen, für die jedes Intervall hintereinander auf jedem Ton der diatonischen temperierten Skala gespielt wurde, sah so aus: Eine Quarte etwa wurde (aufsteigend und absteigend) auf der ersten Note der Skala gespielt, dann auf der zweiten Note derselben Skala, dann auf der dritten usw. Die Idee dabei war, Tonalität spürbar zu machen. Die Versuchspersonen empfanden am ehesten Finalität, wenn das Intervall einen Ton aus dem Tonika-Dreiklang enthielt, insbesondere den Grundton selbst. Diese Ergebnisse, meinte Bingham, würden einige der irregulären Resultate seiner vorherigen Experimente erklären – und erneut die Rolle der Vertrautheit mit westlichen Tonsystemen unterstreichen; vgl. ebd., S. 36–38.
[26] Bingham bezog sich hier auf zwei Arbeiten von L. E. Emerson und Max Meyer: L. E. Emerson, „The Feeling Value of Unmusical Tone Intervals", in: *Harvard Psychological Studies* 2 (1906), S. 269–274; M. Meyer, „Experimental Studies in the Psychology of Music", in: *American Journal of Psychology* 14 (1903), S. 456–475.
[27] Bingham, „Studies in Melody", S. 42.
[28] Ebd., S. 42. Außerdem hatten kurz davor Arbeiten von Meyer, Lipps und Fritz Weinmann einen Zusammenhang nahegelegt zwischen der Wahrnehmung von Einheit einerseits und Kinästhetik andererseits, nämlich motorischen Begleitreaktionen und Empfindungen von Muskel-

der Versuchsperson lasse Melodiosität entstehen. Das führte ihn zu neuen Experimenten, in denen es um die Wirkung melodischer Stimuli auf willkürliche und unwillkürliche motorische Prozesse gehen sollte.

Binghams Untersuchung willkürlicher muskulärer Aktionen bestand darin, die Tipp-Bewegung des Zeigefingers an der rechten Hand einer Versuchsperson zu messen, während diese auf eine Tonfolge hörte. Hierzu diente ein Apparat, der von Raymond H. Stetson entwickelt worden war (vgl. Abb. 1). Er bestand aus einem Fingerling aus Leder, der durch einen Seidenfaden über Umlenkrollen und einen Leitapparat mit einer kleinen Schreibspitze verbunden war. Wenn an dem Fingerling gezogen wurde, hinterließ die Schreibspitze eine Kurve auf einem Band Rußpapier, das über eine zylindrische Walze gezogen wurde.

Abb. 1: Gerät zur Messung der Finger-Tipp-Rate. Zeichnung aus: Walter Bingham, „Studies in Melody", in: *The Psychological Review: Monograph Supplements* 12.3 (1910), S. 1–88, hier S. 44.

---

bewegung; vgl. Theodor Lipps, „Zur Theorie der Melodie", in: *Zeitschrift für Psychologie und Physiologie der Sinnesorgane*, Bd. 27 (1902), S. 225–263; ders., *Psycholgische Studien*, 2. Aufl., Leipzig 1905; Max Meyer, „Elements of a Psychological Theory of Melody", in: *Psychological Review* 3.3 (1900), S. 241–273; ders., „Unscientific Methods in Musical Esthetics", in: *Journal of Philosophy, Psychology and Scientific Methods* 1 (1904), S. 707–715; Fritz Weinmann, „Zur Struktur der Melodie", in: *Zeitschrift für Psychologie und Physiologie der Sinnesorgane*, Bd. 38 (1904), S. 234–239.

Mittels eines pneumographischen Apparats wurden überdies Bauch- und Brustatmung der Versuchsperson gemessen und auch auf dem Rußpapier aufgezeichnet. Die Drehung der Zylinder wurde durch einen kleinen Motor in Gang gehalten, der im Nebenraum untergebracht war, damit das Summen des Motors die Versuchsperson nicht ablenkte.[29] Andere Geräuschquellen, etwa das Ticken eines elektrischen Markers, bemühte man sich ebenfalls zu dämpfen, mehr oder weniger erfolgreich.

War der Finger-Tipp-Apparat angebracht und der Pneumograph richtig eingestellt, wurde dem Probanden erklärt, dass er nun eine Reihe von Tönen hören und er danach gebeten werde, seine Selbstbeobachtungen wiederzugeben und einige Fragen zu seinem Hörerlebnis zu beantworten. Es wurde nicht mitgeteilt, um welches Phänomen es bei der Untersuchung ging. Die Versuchsperson sollte dann die Augen schließen. Der Pneumograph wurde eingeschaltet, um eine Ausgangsmessung der Atemfrequenz zu bekommen, dann sollte der Proband beginnen, mit dem Zeigefinger in einem für sie natürlichen Rhythmus eine Tippbewegung zu machen. Nachdem er mindestens zwölf Sekunden lang mit dem Finger getippt hatte, wurde auf einem Harmonium die Tonfolge gespielt. Die Tasten des Harmoniums waren verbunden mit einem elektrischen Marker auf dem Finger-Tipp-Apparat, der aufzeichnete, wann welche Taste gedrückt und wieder losgelassen wurde. Jeder Ton erklang drei Sekunden lang. War die Tonfolge zu Ende, sollte die Versuchsperson noch mindestens zehn Sekunden weiter tippen. Danach sollte sie sich zunächst zum Erlebten äußern und anschließend wählen, ob die Tonfolge a) ein Ende gehabt habe, ob sie b) Merkmale von Abgeschlossenheit („finality") aufgewiesen habe, ob sie c) unvollendet geblieben sei, ob sie d) den Hörenden in der Schwebe gelassen habe, ob sie e) ‚nach Fortsetzung verlangt' habe.[30] Schließlich wurde die Versuchsperson gefragt, ob ihr die Tonfolge gefallen habe. Bingham stellte fest, dass in den meisten Fällen das affektive Urteil (Gefallen an der Tonfolge) mit dem Gefühl von ‚Vollständigkeit' zusammenfiel,

---

29 Bingham beschrieb nicht, wie dieser Apparat aussah, aber er war wohl geräuschvoll genug, um einige der Versuchspersonen abzulenken.
30 Einige Testrunden mit auf- und absteigenden Quarten und Quinten wurden durchlaufen, um die Versuchspersonen mit dem Phänomen der ‚Vollständigkeit' vertraut zu machen, was immer das auch für sie sein mochte. Bingham erklärte, den Personen sei vorher nicht gesagt worden, was ‚Vollständigkeit' sei. Vielmehr wurden die Intervalle mehrfach gespielt und die Nachfragen wiederholt, bis die Versuchspersonen das Phänomen ‚entdeckten'. Erst nachdem sie ohne Mühe ‚Vollständigkeit' erkannten, sei das Experiment mit ihnen fortgesetzt worden; vgl. Bingham, „Studies in Melody", S. 47 f.

zugleich erklärten Versuchspersonen nicht selten, eine Tonfolge sei schön, aber unvollständig, oder andersherum.[31]

Hörende Aufmerksamkeit, so Bingham, stütze sich auf spezielle wie auf allgemeine motorische Anpassungen. Die allgemeinen muskulären Anpassungen würden wiederum die allgemeine Körperverfassung beeinflussen. So werde die Frequenz einer halbautomatischen muskulären Aktion sinken, vermutete Bingham, wenn man die Aufmerksamkeit auf etwas anderes richte, sie werde steigen, wenn sich die Versuchsperson auf die jeweilige Tätigkeit konzentriere. Ein Reiz, der Aufmerksamkeit fordert, werde somit eine Verzögerung in der Tippbewegung auslösen. „Continued slow rate of movement will result if the organizing activities of the attentive process continue to meet with difficulties".[32] Diese Vermutung wurde untermauert von einigen ersten Versuchen, die Bingham mit seinem Finger-Tipp-Apparat angestellt hatte. Die Tippfrequenzen von Versuchspersonen wurden durch die akustischen Reize gestört, meistens wurden sie langsamer und kehrten dann wieder zur normalen Frequenz zurück, während der Ton immer noch klang. Ein nachfolgendes Erklingen desselben Tons löste ähnliche, aber nicht in dem Maße ausgeprägte Reaktionen aus.[33]

Auch hier scheint Bingham sich auf James' Verständnis von Aufmerksamkeit zu stützen. Für James bedeutete Aufmerksamkeit eine Fokussierung oder Konzentration des Bewusstseins. Dazu gehörte auch das Abziehen von einer Sache oder mehreren anderen Dingen, um sich mit dem jeweiligen Objekt der Aufmerksamkeit zu befassen.[34] Diesem Verständnis lag James' Überzeugung zugrunde, dass jegliches Bewusstsein auf motorische Prozesse zurückzuführen sei: „[E]very possible feeling produces a movement, and that the movement is a movement of the entire organism, and of each and all its parts." Der Nachklang dieser Bewegung durchdringe dabei den ganzen Organismus.[35] Ganz ähnlich erklärte auch James Angell, der offensichtliche anpassende Akt – ein verändertes sensorisches Wahrnehmungserlebnis als Resultat veränderter Aufmerksamkeit (man hört zum Beispiel die Streicher in einen Orchesterstück lauter, wenn man das Hören auf die Streicher fokussiert) – sei in seinem funktionalen Ausdruck immer ein psychophysischer Prozess und letztendlich eine Muskelbewegung.[36]

---

[31] Vgl. ebd., S. 47.
[32] Ebd., S. 60.
[33] Vgl. ebd., S. 56.
[34] Vgl. James, *The Principles of Psychology*, S. 403–404.
[35] William James, *Psychology (Briefer Course)*, New York 1892, S. 237–239, Zit. auf S. 237.
[36] Vgl. Angell, „The Province of Functional Psychology", S. 86.

Bingham kombinierte und erweiterte die Modelle von James und Angell zur Verschiebung von Aufmerksamkeit, um halbautomatische motorische Tätigkeiten einbeziehen zu können. Wenn es wirklich ein Nullsummenverhältnis war, dann könnten die Änderungen beispielsweise der Fingertippfrequenz auf Verschiebungen der Aufmerksamkeit und damit auf Erlebnisse (von Melodie) hinweisen.

Ein Vergleich der Tippfrequenzen für ein schließendes Intervall (aufsteigende Quarte) mit einem öffnenden Intervall (absteigende Quarte) bestärkte Bingham in seinem Vorhaben, Melodie mittels Messungen motorischer Tätigkeiten zu definieren: Bei einer aufsteigenden Quarte wurde die Tippfrequenz einer Person beim ersten Ton kurz langsamer, beim zweiten Ton änderte sie sich noch einmal und wurde meist wieder schneller; bei einer absteigenden Quarte wurde die Tippfrequenz beim ersten und beim zweiten Ton langsamer; das öffnende Intervall verlangte mehr Aufmerksamkeit und lenkte die Person von seiner Tipptätigkeit ab. Fünf der Versuchspersonen äußerten, die aufsteigende Quarte sei angenehm und/oder vollständig. Bingham notierte, dass bei den zwei Probanden, die nicht von einer bestimmten Wirkung berichten konnten, die Messungen trotzdem dieselbe Beschleunigung der Tippfrequenz wie bei den anderen ergeben hatten.[37]

Das bringt uns zu einem interessanten Punkt. Den mechanisch gemessenen Fingertippdaten wurde jetzt anscheinend größeres Gewicht beigemessen als den Äußerungen im Rahmen der Selbstbeobachtungen. Aber Daten und Selbstbeobachtungen waren nicht Messungen desselben Phänomens. Erstere maßen motorische Aktivitäten, Letztere ein Gefühl von ‚Vollständigkeit'. Am Ende seiner sich über zwei Jahre erstreckenden Untersuchungen – und am Ende seines Untersuchungsberichts – hatte Bingham sie zusammengebracht. Als Höhepunkt seiner experimentellen Forschung präsentierte er einen Vergleich der Tippfrequenzen bei einer Siebenton-Melodie und bei einer Siebenton-Nichtmelodie. Die Tonfolgen, die als ‚vollständig' beurteilt wurden, gingen mit Tippsequenzen einher, die durchweg mit einer Beschleunigung endeten. Bei den Tonfolgen, die als ‚unvollständig' oder unklar bewertet wurden, waren die Tippsequenzen uneinheitlich. Von Selbstbeobachtungen war in diesem letzten Teil des Berichts so gut wie nicht mehr die Rede.

Indem das Melodische durch mechanisch gemessene motorische Wirkungen statt durch Selbstbeobachtungen definiert wurde (obwohl er die Aussagen sehr wohl benutzte, wo sie ihm zupasskamen, um muskuläre Effekte mit Finalität und Affekt zu korrelieren, und sie ignorierte, wenn sie ihm in die Quere kamen), eliminierte Bingham das subjektive Erleben von Melodie. Oder vielmehr definierte

---

37 Vgl. Bingham, „Studies in Melody", S. 60–62.

er das subjektive Erlebnis von Melodie mittels messbarer muskulärer Wirkungen als „act of the listener":

> The unity, then, which marks the difference between a mere succession of discrete tonal stimuli and a melody, arises not from the tones themselves: it is contributed by act of the listener. [...] [W]hen, finally the series of tones comes to such a close that what has been a continuous act of response is also brought to definite completion, the balanced muscular „resolution" gives rise to the feeling of finality, and the series is recognized as a unity, a whole, a melody.[38]

Bei näherem Blick auf Binghams Tabellen lässt sich die Universalisierung individueller Selbstbeobachtungen sehr anschaulich nachvollziehen. Ursprünglich bezogen die Tabellen die Äußerungen der Versuchsperson mit ein, zusammen mit einem Namenskürzel und mit Querverweisen zu den Fingertippmessungen. „Po" sagte zum Beispiel: „Second tone very unpleasant. Third reinstated calm and repose of the first. At loose ends on second. The return changed all this."[39] Als Abschluss seines Berichts und als Abschluss seiner zweijährigen Forschungsarbeit präsentierte Bingham einfach nur die Tabellen der Tippfrequenzen und klassifizierte sie in melodische und nicht-melodische. Auf Auszüge aus den Selbstbeobachtungsprotokollen verzichtete er denn auch ebenso wie auf nähere Ausführungen zu den Versuchssubjekten. Der melodische Charakter der Stimuli erschien jetzt als vor-bestimmt, nicht als mit-bestimmt. Indem Bingham die Selbstbeobachtungen mit den mechanisch gemessenen Daten vermengte, konnte er muskuläre Aktionen als verlässlichen Messwert für Melodiosität darstellen.

Universalisierung

Mit der These, dass Bingham muskuläre Aktionen als verlässliches Maß für Melodiosität hinstellen konnte, weil er Selbstbeobachtungen mit mechanisch gemessenen Daten zusammenbrachte, will ich nicht die Qualität von Binghams Forschung oder seine Deutung der Resultate kritisieren. Vielmehr möchte ich Binghams gedanklichen Weg hervorheben, ausgehend von seinem Bemühen, das individuelle Melodie-Erlebnis psychologisch zu verstehen, bis zu seiner Definition von Melodie durch die muskulären Wirkungen einer Tonfolge. Zunächst wurden Selbstbeobachtungsberichte als austauschbar mit Fingertippmessungen

---

38 Ebd., S. 87 f.
39 Ebd., S. 72.

behandelt, dann wurden Fingertippmessungen als Hinweis auf eine allgemeingültige Korrelation zwischen Melodieerlebnis und muskulären Effekten gedeutet. Beides lässt sich am besten erklären durch Binghams Verwurzelung in der Funktionalen Psychologie.

Und um fair zu sein: Ein näherer Blick auf Binghams Experimentalnotizen und die darin enthaltenen Berichte über Selbstbeobachtungen zeigt, dass die individuellen Erfahrungen der Versuchspersonen wirklich querbeet variierten.[40] Sie waren abgelenkt durch das kratzende Geräusch des Schreibstifts, durch den unbequemen Pneumographen, durch ihren eigenen Körper, besonders durch den Finger im Fingerling. Bingham notierte mehrfach Probleme mit Versuchspersonen, die Tagträumen nachhingen. Einer verlor sich in Gedanken über Fußball; später erschien er zum Experiment, ohne die Nacht vorher geschlafen zu haben. Andere versanken so in den Tönen, dass sie nicht mehr zuhörten und stattdessen eigene Töne sangen oder pfiffen, oder sie erklärten Bingham, sie hätten sich zusätzliche Töne vorgestellt, manchmal bekannte Musikstücke. Wieder andere konzentrierten sich allein auf die Ausführung des Tippens, sie koppelten es an die rhythmischen Geräusche des Messgerätes oder ignorierten anscheinend die gespielten Töne. Die Berichte über die Selbstbeobachtungen sind durchzogen von Problemen: Ablenkung, fehlende Aufmerksamkeit, übertriebene Anpassungen aufgrund musikalischer Kompetenz, die Launen der Studierenden, die als Versuchspersonen herangezogen wurden, unzählige Faktoren, die das subjektive und individuelle Erleben von Musik widerspiegeln.

1906 diskutierte Bingham seine Experimente mit Raymond Stetson; dieser gab zu bedenken, dass und wie Wahrnehmung (von Angell und vermutlich auch Bingham) ausgehend von der dadurch ausgelösten Reaktion definiert werde.[41] Er meinte, dies könne u. a. daher rühren, dass motorische Reaktionen sich als definit, organisiert und klar abgegrenzt präsentieren.[42] Jedoch, so Stetson weiter, könne man auch andersherum argumentieren: dass nämlich muskuläre Aktionen sich nur organisieren, abgrenzen oder kontrollieren lassen von den Empfin-

---

40 Vgl. Walter Bingham, „Musical Experiments", unveröff. Manuskript; Carnegie Mellon University, Pittsburgh, PA, University Archives, Walter Van Dyke Bingham Collection, Folder 15, Reel 2, Box 1. Hiernach auch das Folgende.
41 Stetson hatte bei James und Münsterberg an der Harvard University studiert. 1901 begann er Psychologie und Philosophie am Beloit College und dann am Oberlin College zu unterrichten. Seine Forschungen bahnten den Weg für die Untersuchung der motorischen Phonetik und der Sprechbewegungen in der Psychologie.
42 Vgl. das Schreiben von Stetson an Bingham vom 3.11.1906; Carnegie Mellon University, Pittsburgh, PA, University Archives, Walter Van Dyke Bingham Collection, Folder 25, Reel 3, Box 1. Hiernach auch das Folgende.

dungen aus, die sie hervorrufen (oder wiederholen oder verändern oder auslöschen). Der Prozess verlaufe in zwei Schritten: Empfindung/Wahrnehmung und Bewegung. Den Prozess nur als Bewegung zu bezeichnen, ignoriere die Phase des Sinnesreizes; den Prozess als Empfindung oder Wahrnehmung zu bezeichnen, ignoriere die Phase der Bewegung. Motorische Reaktion und sensorische Wahrnehmung seien nicht austauschbar und man dürfe sie nicht gleichsetzen.

Erich Moritz von Hornbostel, Protegé von Carl Stumpf und Direktor des Berliner Phonogramm-Archivs, äußerte sich ähnlich kritisch wie Stetson. Er stimme mit Bingham überein, dass es zwischen akustischem Reiz und motorischer Anpassung eine enge Korrelation gebe. Aber er zweifele, ob es möglich sei, experimentell aufzuklären, „whether the muscular adjustments and the motor phaenomena altogether are the cause or the effect of the acoustical apperception or if both together form one complex process".[43]

Aber genau das tat Bingham. Trotz der kleinen Zahl seiner Probanden und den zugegeben gemischten Resultaten beharrte Bingham darauf, dass die von ihm gefundenen Zusammenhänge etwas zu bedeuten hätten. Seine Experimente würden belegen, so Bingham, dass bestimmte motorische Effekte im Zuhörer anzeigten, dass eine sensorische Wahrnehmung von Melodie stattgefunden habe. Wie konnte er die Kritiken von Stetson und Hornbostel derart ignorieren?

Um darauf Antworten zu finden, sollten wir noch einmal zu Angell zurückkehren. Aus seiner funktionalen Perspektive heraus erklärte Angell, dass bei Individuen, auch wenn sie noch so unendlich verschiedene sinnliche Erlebnisse hätten, die Bewusstseinsinhalte dennoch gemeinsame Bedeutungen haben könnten: „They function in one and the same practical way, however discrepant their momentary texture."[44] Die Funktion des Erlebnisses bilde eine gemeinsame Grundlage zwischen den Verschiedenheiten. Sie universalisiere. Die Aussagen über Selbstbeobachtungen und die gemessenen Fingertippfrequenzen würden beide vom Erlebnis von Melodiosität zeugen.[45] Sie funktionieren in ein und derselben Art und könnten deshalb austauschbar verwendet werden. Als sie kombiniert waren, konnten die subjektiven Erlebnisse der Melodie (die verschiedenen

---

43 Vgl. das Schreiben von Hornbostel an Bingham vom 26.6.1910; Carnegie Mellon University, Pittsburgh, PA, University Archives, Walter Van Dyke Bingham Collection, Folder 25, Reel 3, Box 1.
44 Angell, „The Province of Functional Psychology", S. 66. Hiernach auch das Folgende.
45 Es war eine der Standardkritiken an der Funktionalen Psychologie, dass ihre Verfechter den Wert der Introspektion unterschätzten. Ich möchte anmerken, dass zumindest in diesem Fall der Vorwurf auf Bingham nicht zutrifft; immerhin behandelte er die Introspektion als äquivalent zu anderen Manifestationen von Sinneserfahrungen.

Selbstbeobachtungen) durch die stabileren und standardisierten motorischen Effekte dargestellt werden.⁴⁶

Bingham gab sich große Mühe, zu zeigen, dass das Lipps-Meyer-Gesetz nicht eine ursprüngliche, natürliche Tendenz oder Präferenz („a primitive, natural tendency or preference") beschreibe, die im Verlauf der menschlichen Entwicklung dahin wirkte, unser musikalisches System („our musical system") zu formen. Stattdessen seien die Präferenzen von Hörern, ‚deren Geist durch Assoziation mit solcherart musikalisches System beeinflusst wurde', durch einen graduellen evolutionären Prozess geprägt, der an Konsonanz orientiert sei.⁴⁷ Wer mit europäischer Musik aufgewachsen sei, erklärte Bingham, könne gar nicht anders, als eine Präferenz für europäische Konsonanzen zu haben, die oft (aber nicht immer) auf das Lipps-Meyer-Gesetz reduzierbar seien.⁴⁸ Hörerlebnisse seien daher spezifisch durch Zeit und Ort und die jeweilige Klangumgebung des Individuums geprägt. Dennoch ging er nicht so weit, seine Behauptungen über motorische Effekte auf die (westliche) Melodie zu beschränken. Schweigen lässt sich schwer interpretieren, wenn es um solche Dinge geht, aber ich wage zu behaupten, dass Binghams Vermutung dahin ging: Unabhängig davon, was der Hörer unter einer Melodie versteht (nicht unbedingt ‚Vollständigkeit' oder Tonalität), würde diese stets ähnliche muskuläre Aktionen auslösen; und daher bliebe es auch quer durch die Kulturen angemessen, Melodie mittels motorischer Effekte zu definieren.

Jenseits des psychologischen Labors

Wenden wir uns nun kurz der Frage zu, was geschah, als das im Labor entwickelte Hör-Wissen das Labor verließ und mobilisiert wurde, um eine neue Kultur

---

46 Das erklärt auch Binghams Unbekümmertheit, seine Befunde auch mit Blick auf nicht-westliche Hörer für gültig zu erklären. Seine Vorlesungspläne zeigen, dass er in der zeitgenössischen ethnomusikologischen Theorie durchaus beschlagen war. In seinem Kurs über Musikpsychologie wurde die Musik der Hopi ebenso behandelt wie javanesische Musik. Er korrespondierte mit dem Musikwissenschaftler Benjamin Gilman vom Boston Museum of Fine Arts und verwendete dessen Arbeit in seinen Vorlesungen und Schriften. Außerdem pflegte er intensiven Austausch mit Hornbostel und erwarb schließlich vom Berliner Phonogramm-Archiv ein umfangreiches Paket ethnomusikologischer Aufnahmen.
47 Bingham, „Studies in Melody", S. 36.
48 Bingham ließ seine zwölf Versuchspersonen eine Reihe von Tests durchlaufen, um ihre Fähigkeiten in (westlicher) Musik herauszufinden. Er hielt auch fest, dass er seine Fingertippexperimente mit einem Waliser und zwei japanischen Sängern durchgeführt hätte, äußerte sich jedoch nicht zu den Ergebnissen; vgl. ebd., S. 48–53.

des Konsumierens von Tonaufnahmen zu propagieren. Im Jahre 1919, vier Jahre nachdem Bingham die Division of Applied Psychology am Carnegie Institute of Technology gegründet hatte, wurde er von der Edison Phonograph Company für ein gemeinsames Forschungsprojekt angeworben. Er lud drei Mitstreiter ein, sich anzuschließen: Max Schoen, der zu dem Zeitpunkt Graduate Student an der University of Iowa war, Esther Gatewood, die gerade ihren Doktor an der Ohio State University gemacht hatte, und Paul Farnsworth von der Columbia University. Das daraus entstehende Edison-Carnegie Music Research Program erhielt den Auftrag, die psychischen Reaktionen zu untersuchen, „which definite norms of music produce in the human mind". Um das herauszufinden, wurden dem Programm ein Budget von 10.000 US-Dollar und ein Set von insgesamt 589 *Edison Re-Creations*-Aufnahmen zur Verfügung gestellt.[49] Zusätzlich wünschte die Edison Company „a definite list of musical compositions which can be used by people in their daily lives to allay fatigue, cure mental depression, quiet fretful children, etc."[50] Die Ziele des Edison-Carnegie Music Research Program waren in vielerlei Hinsicht eine Erweiterung von Binghams früheren Arbeiten zur muskulären Wirkungen von Musik.

Im Zuge einer Klassifizierung der *Edison Re-Creations*, mit denen Probanden körperliche oder geistige Reaktionen entlockt werden sollten, schlugen Bingham und sein Forschungsteam zwei neue Systeme vor. Das erste System war auf die Art der Nutzung ausgerichtet. Damit waren zum einen die Orte gemeint, an denen die Platten abgespielt wurden: Zuhause, Freizeiträume, Kirchen, Restaurants, Tanzsalons, Turnhallen, Klassenzimmer, Studios, Büros, Fabriken, Lagerhallen, Krankenhäuser und Heilanstalten. Zum anderen konnte Nutzung auch den Zweck umfassen: Vergnügen, Unterhaltung, Muntermachen, Rhythmisierung

---

[49] Die *Edison Re-Creation*-Aufnahmen waren die neueste Serie des Unternehmens im 80-rpm-Diamond-Disc-Format. Der Name der Serie, *Re-Creation*, war Teil eines Marketingprogramms, um die Klangtreue der Edison-Plattenspieler und -Aufnahmen hervorzuheben. Vgl. das Schreiben von Henry Eckhardt an Bingham vom 3.11.1919; Carnegie Mellon University, Pittsburgh, PA, University Archives, Walter Van Dyke Bingham Collection, Reel 16, Folder 0153. Binghams psychologische Studien über die physischen und mentalen Wirkungen von Musik habe ich bereits andernorts diskutiert; vgl. Alexandra Hui, „Sound Objects and Sound Products: Creating a New Culture of Listening in the First Half of the Twentieth Century", in: *Culture Unbound: Journal of Current Cultural Research* 4 (2012), S. 599–616; dies., „First Re-Creations: Psychology, Phonographs, and New Cultures of Listening at the Beginning of the Twentieth Century", in: Christian Thorau u. Hansjakob Ziemer (Hg.), *The Oxford Handbook for the History of Music Listening in the 19th and 20th Centuries*, New York [in Vorbereitung].

[50] Schreiben von Henry Eckhardt an Bingham vom 3.11.1919.

von Bewegungen beim Maschineschreiben oder in der Fabrikarbeit, Veränderung der Stimmung, Ablenkung oder geistige Anregung.[51]

Diese Zweck-Festlegungen waren freilich ziemlich pauschal. Esther Gatewood startete daher eine Untersuchung, ob Gefühlswirkungen durch Musikstücke gezielt ausgelöst werden konnten. Von den 589 *Re-Creations*, ausgewählt aus allen Preisklassen, wurden den Probanden jeweils 20 (zwei Songs oder Instrumentalstücke pro Platte) vorgespielt, zwischendurch wurden Pausen eingelegt, um den Testpersonen Zeit für das Ausfüllen der Datenblätter zu lassen. Drei Personen sollten die Musikstücke bewerten, zwei Frauen und ein Mann, mit unterschiedlicher musikalischer Vorbildung; alle drei waren Psychologen, die in der Praxis der Selbstbeobachtung geschult waren. Sie sollten angeben, ob sie von den einzeln aufgelisteten Emotionen (vertraut, schön/nicht schön, interessant/langweilig, Bewegtheit/Aktion, Erinnerung, Imagination/Phantasie, logisches Denken, Ruhe/Stille, Trauer, Freude, Liebe/Zärtlichkeit, Sehnsucht, Unterhaltung, Würde/Pracht, Patriotismus/Aufrüttelung, Ehrfurcht/Hingabe, Gereiztheit, Widerwille) irgendwelche empfunden hätten. Mittels dieser Daten wurden die Aufnahmen in vier Klassen sortiert, sie reichten von „having one or more well defined emotional qualities to a marked degree" bis zu „no definitive emotional effect".[52] Diese wurden dann in Beziehung gesetzt zu musikalischen Qualitäten von Rhythmus, Melodie, usw. und auch zur Qualität der Aufnahme und der Langlebigkeit des Tonträgers. Schließlich wurden sie noch korreliert mit den Angaben in der Rubrik ‚schön/nicht schön'.

Von den 589 abgespielten Stücken wurden letztlich 261 attestiert, dass sie eine oder mehrere Emotionen in deutlicher Ausprägung auslösten, 173 weiteren wurden emotionale Wirkungen in irgendeiner Ausprägung bescheinigt. Diese 434 als emotional effektiv bewerteten Aufnahmen wurden meist auch als schön empfunden. Daraus folgerten die Forscher, dass die emotionale Wirkung eine wichtige Rolle dabei spiele, ob und wie viel Vergnügen beim Anhören der jeweiligen Musik entsteht. Dieses Vergnügen könne somit prognostiziert – und somit auch potenziell produziert werden. Praktischerweise hatten die Forscher die emotionalen Wirkungen in ihren Zusammenstellungen von *Re-Creations*-Platten bereits klassifiziert.

---

51 Vgl. den Bericht von Walter Bingham, datiert auf Oktober 1920; Thomas Edison National Historic Park, West Orange, NJ, William Maxwell Files, Box 18.
52 Esther Gatewood, „A Classification of 589 Re-Creations according to their effects upon the hearer", unveröff. Manuskript; Thomas Edison National Historic Park, West Orange, NJ, William Maxwell Files, Box 26, Folder „Re-Creation Classifications". Hiernach auch das Folgende.

Gatewoods Arbeit war die Grundlage für das angesprochene zweite Klassifikationssystem, das Bingham der Edison Company vorschlug: ein System, das nach der Art der Wirkungen auf den Zuhörer organisiert war:

1. General Effect on Psycho-physical Activities: Music may be stimulating or calming.
2. Effect on Rate and Clarity of Mental Processes: Music makes hearer more or less alert.
3. Effect on Imagination: Music may or may not provoke the listener to picture a scene, imagine a story, think out a design, etc.
4. Effect on Interest and Attention: Music may or may not absorb the listener, may heighten or diminish attention to one's activities.
5. Effect on Feeling, Moods and Emotions: Music may or may not stir simple or complex emotions or lasting moods.
6. Effect on Will and Action: Music may or may not contribute to speed and precision of muscular activity.
7. Effect on Social Consciousness: Sense of social solidarity through joint participation.[53]

Musik konnte demnach nicht nur Körper, Geist und Stimmung beeinflussen, eine bestimmte Musikauswahl sollte darüber hinaus Änderungen in der Handlungsbereitschaft und im Gemeinschaftsgefühl des Zuhörers hervorrufen können. Das ging über Binghams Experimente mit Fingertippfrequenzen um einiges hinaus.

Darauf folgende Studien, im Rahmen des Edison-Carnegie Music Research Program wie auch außerhalb, untersuchten einige dieser Effekte genauer, etwa die Wirkung von Musik auf den Blutdruck oder auf das Geschmackssystem.[54] 1921 startete das Edison-Carnegie Music Research Program eine weitreichende Untersuchung zu den Auswirkungen von Musik auf Stimmungen. Mithilfe der Klassifizierungen von Gatewood entwarfen William Maxwell, Vice-President der Thomas A. Edison Inc. und Chef von Edisons Phonograph Division, und Bingham einen Umfragebogen für Stimmungsänderungen (vgl. Abb. 2). Der Zuhörer sollte den ersten Teil des Formblatts ausfüllen, dann eine *Re-Creations*-Aufnahme anhören und danach seine Eintragungen vervollständigen. So ausgefüllt konnten sie bei einem Plattenverkäufer abgegeben werden oder – falls die Testbögen bei einer „Mood Change Party" in einem Privathaus oder einem Klub zum Einsatz gekommen waren – auch direkt an die Edison Laboratories geschickt werden.

---

53 Bingham-Bericht vom Oktober 1920; Thomas Edison National Historic Park, West Orange, NJ, William Maxwell Files, Box 18.
54 Gatewood und Schoen untersuchten die Stimmungseffekte von Musik (als Teil des Edison-Carnegie Music Research Program); Ida Hyde erforschte die physischen Auswirkungen von Musik mittels Elektro-Kardiogrammen und Blutdruckmessungen; Otto Ortmann beschäftigte sich mit visuellen und kinästhetischen Effekten sowie mit Wirkungen von Musik auf Geruch und Geschmack; vgl. deren Beiträge in Schoen (Hg.), *The Effects of Music*.

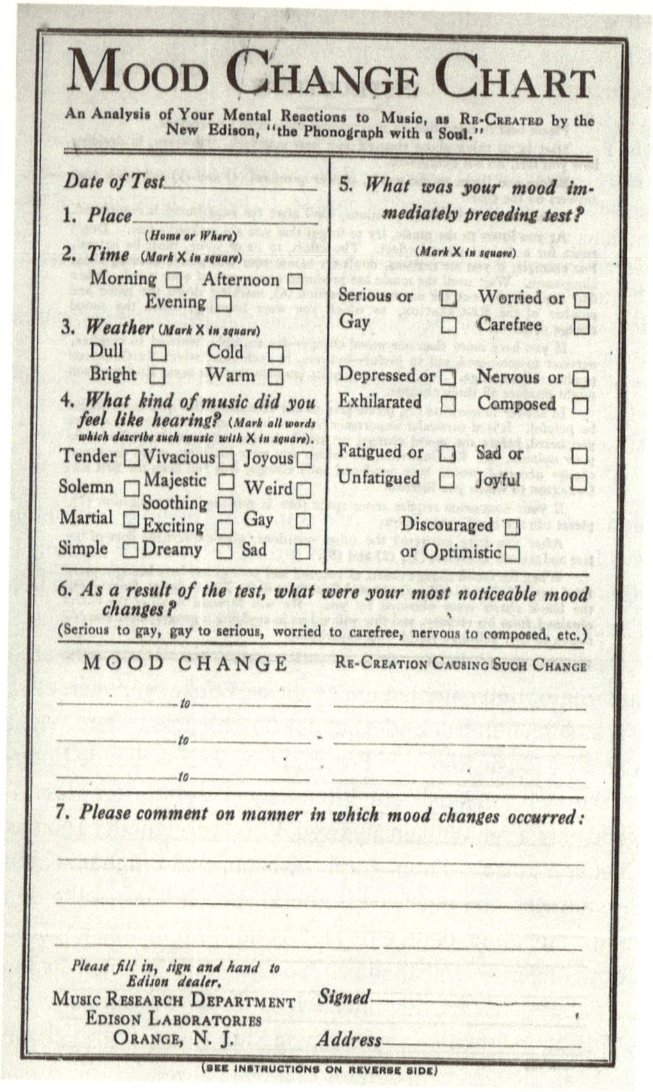

MOOD CHANGE CHART

An Analysis of Your Mental Reactions to Music, as RE-CREATED by the New Edison, "the Phonograph with a Soul."

*Date of Test*________

1. *Place*________ (*Home or Where*)

2. *Time* (*Mark X in square*)
Morning ☐ Afternoon ☐
Evening ☐

3. *Weather* (*Mark X in square*)
Dull ☐ Cold ☐
Bright ☐ Warm ☐

4. *What kind of music did you feel like hearing?* (*Mark all words which describe such music with X in square*).
Tender ☐ Vivacious ☐ Joyous ☐
Solemn ☐ Majestic ☐ Weird ☐
Soothing ☐
Martial ☐ Exciting ☐ Gay ☐
Simple ☐ Dreamy ☐ Sad ☐

5. *What was your mood immediately preceding test?* (*Mark X in square*)
Serious or ☐ Worried or ☐
Gay ☐ Carefree ☐
Depressed or ☐ Nervous or ☐
Exhilarated ☐ Composed ☐
Fatigued or ☐ Sad or ☐
Unfatigued ☐ Joyful ☐
Discouraged ☐
or Optimistic ☐

6. *As a result of the test, what were your most noticeable mood changes?*
(Serious to gay, gay to serious, worried to carefree, nervous to composed, etc.)

MOOD CHANGE — RE-CREATION CAUSING SUCH CHANGE
________ *to* ________ ________
________ *to* ________ ________
________ *to* ________ ________

7. *Please comment on manner in which mood changes occurred:*

Please fill in, sign and hand to Edison dealer.
MUSIC RESEARCH DEPARTMENT
EDISON LABORATORIES
ORANGE, N. J.

*Signed*________
*Address*________

(SEE INSTRUCTIONS ON REVERSE SIDE)

Abb. 2: Mood Change Chart. Thomas Edison National Historic Park, West Orange, NJ, William Maxwell Files.

An anderer Stelle habe ich beschrieben, wie der Prozess des Ausfüllens dieser Umfrageblätter eine bestimmte Art des Hörens verstärkt haben könnte – eine neue Art des Zuhörens, die den Hörer dazu anregte, nicht nur über Musik in Bezug auf ihre stimmungsverändernde Wirkung nachzudenken, sondern die Musik auf diese Wirkung hin zu *hören*. Ich habe weiter dargelegt, dass es eine gezielte Bemühung der Edison Company war, eine neue Art des Hörens zu schaffen, vermutlich aus simplen Marketinggründen: Neue Arten des Hörens sollten neue Märkte für den Verkauf von Platten und Phonographen erschließen.[55] Hier möchte ich hingegen hervorheben, dass die Forschungen des Edison-Carnegie Music Research Program über die stimmungsverändernden Wirkungen von Musik von der Annahme ausgingen, dass Musik tatsächlich beständige und allgemeingültige Wirkungen in den Hörern auslöst. Das Testblatt zum Stimmungswechsel setzte eine solche mechanische Beziehung voraus und sollte die Ursachen (bestimmte Musikstücke) und damit verknüpfte Wirkungen (Stimmungen) zutage fördern. Die Testbögen beschränkten die Angaben, die eingetragen werden konnten, auf Musikstücke und Stimmungen, wobei eine Liste von sieben Paaren entgegengesetzter Stimmungen vorgegeben war.[56] Wir können den Testbogen als Höhepunkt dessen lesen, was jetzt wie selbstverständlich vorausgesetzt wurde: dass es beständige und allgemeingültige Stimmungen gab, die von bestimmten Musikstücken ausgelöst wurden.

Können die Testbögen im Rahmen der Bestrebungen, die Verkaufszahlen über die Stimmungseffekte von Musik in die Höhe zu treiben, noch als recht dezente Form angesehen werden, so drückte sich eine kurz darauf erschienene Broschüre der Edison Company ganz unverblümt aus. *Mood Music* – Stimmungsmusik – war ein *Reverse-Engineering* der Arbeit des Edison-Carnegie Music Research Program: ein schmales Büchlein, herausgegeben 1921 von der Thomas A. Edison Inc. und verbreitet durch die Läden, die mit dem Unternehmen verbunden waren. Neben kurzen Texten von Edison und Bingham enthielt es eine Zusammenstellung von 112 *Edison Re-Creations*-Aufnahmen, sortiert nach dem „what they will do for you" – und das waren zwölf verschiedene Stimmungen, die „almost every need of the average daily life" treffen sollten.[57] Jede Stimmung vor und nach dem Musikhören wurde kurz beschrieben, manchmal auch mit einer Illustration versehen, dazu gab es eine Liste mit möglichen *Re-Creations*, die man für diese Stimmung auswählen konnte, mit Katalognummer und Preis. Die Edison Company empfahl den Kunden, ihre *Re-Creations*-Sammlungen nach dem System zu organisieren, das in *Mood Music* präsentiert wurde. Das Motto dazu lautete: „See what music can be made to do for you. Begin to utilize its power."[58]

---

55 Vgl. Hui, „First Re-Creations" [in Vorbereitung].
56 Was nicht heißen soll, dass in den Testbogen nicht jede beliebige Stimmung eingetragen werden konnte. Soweit den wenigen von mir eingesehenen Testblättern zu entnehmen ist, kam das jedoch nicht sehr häufig vor.
57 Edison, *Mood Music*, S. 10.
58 Ebd.

Und so sehen wir, wie in dem Jahrzehnt nach den ersten Melodieforschungen von Bingham das intime und scheinbar individuelle Erlebnis von Musik, ja sogar bestimmte Emotionen und Stimmungen, durch passende Musikstücke ganz nach Wunsch hervorgerufen werden konnten. Das im psychologischen Labor generierte auditive Wissen konnte, einmal universalisiert, auf neuen Schauplätzen außerhalb des Labors eingesetzt werden. Das Musikerlebnis ließ sich nunmehr wegen seiner Stimmungswirkungen angepriesen. Da die Listen mit Musikstücken auf den ausgedehnten psychologischen Forschungen von Bingham beruhten, sei außerdem, wie es in *Mood Music* hieß, die lang anhaltende Wirkung der Stimmungsveränderung durch *Re-Creations*-Platten garantiert, sodass sie auch problemlos privat genutzt werden könnten. Im Verlauf des nächsten Jahrzehnts wurden auch Geschäftsleute und Fabrikbesitzer umworben: Sie sollten die *Re-Creations* bei ihren Beschäftigten *anwenden*, um deren Leistungsfähigkeit und Arbeitsmoral zu erhöhen. Der einzelne Hörer mochte vielleicht die Melodie hervorbringen, doch die Melodie, einmal universalisiert, wurde mobilisiert, um den Hörer zum Arbeiten und Kaufen zu motivieren.

Axel Volmar
Psychoakustik und Signalanalyse

Zur Ökologisierung und Metaphorisierung des Hörens seit dem Zweiten Weltkrieg

Am 11. Februar 2016 gab das internationale Forscherteam des Laser Interferometer Gravitational-Wave Observatory (LIGO) den experimentellen Nachweis von Gravitationswellen bekannt. Diese von Albert Einstein bereits vor rund einhundert Jahren vorhergesagten Wellen entstehen, wenn sich besonders massenreiche Objekte im Raum umkreisen, drehen oder miteinander kollidieren. Das Signal, das die beiden LIGO-Detektoren in Livingston, Louisiana, und Hanford, Washington, am 14. September 2015 fast zeitgleich registriert hatten, wurde nach Angaben der Astronomen durch den Zusammenstoß zweier schwarzer Löcher in einer Entfernung von 1,3 Milliarden Lichtjahren verursacht.[1] Die Pressemeldungen und Berichterstattungen über die geglückte Messung von Gravitationswellen weisen eine ungewöhnliche Rhetorik des Auditiven auf. So betonten viele der beteiligten Forscher, dass der Erfolg des Projekts nicht nur die Existenz der Wellen an sich belege, sondern zugleich ein neues Zeitalter der Astronomie einläute, in dem astronomische Beobachtung nicht mehr einem *Hineinschauen*, sondern vielmehr einem *Hineinhören* in den Kosmos gleiche. Harald Lück, Mitarbeiter am Max-Planck-Institut für Gravitationsphysik in Hannover, erläuterte diesen Vergleich folgendermaßen: „Wir kennen das Universum von Teleskopen, wir haben ein *Bild* vom Universum, aber die Gravitationswellen würden uns gewissermaßen den *Klang* des Universums offenbaren. Wir könnten das Universum belauschen [...] und zwar auch die Objekte, die kein Licht emittieren."[2] Mit dem LIGO sowie dem geplanten Weltraumprojekt eLISA (Evolved Laser Interferometer Space

---

[1] Wenn sich Gravitationswellen im Universum ausbreiten, wandern sie der Relativitätstheorie zufolge nicht *durch* den Raum wie z. B. elektromagnetische Wellen, sondern dehnen und stauchen auf ihrem Weg den Raum selbst. Laser Interferometer registrieren kleinste Laufzeitunterschiede, die zwischen zwei vier Kilometer langen, orthogonal ausgerichteten Laserstrecken entstehen; vgl. Benjamin P. Abbott et al., „Observation of Gravitational Waves from a Binary Black Hole Merger", in: *Physical Review Letters* 116.6 (2016), S. 061102, online unter: https://physics.aps.org/featured-article-pdf/10.1103/PhysRevLett.116.061102 (22.2.2017).
[2] Harald Lück, Albert-Einstein-Institut Hannover, zur Suche nach Gravitationswellen, ARD, Tagesschau, 11.2.2016, Ausgabe v. 14.30 Uhr.

DOI 10.1515/9783110523720-004

Antenna) wollen Astronomen zukünftig „tief in die Geschichte unseres Universums hineinhören"[3].

Die Astronomen schließen hier rhetorisch an die bis auf die philosophische Schule der vorsokratischen Pythagoreer zurückgehende Theorie einer ‚Musik der Sphären' an, die auf der Vorstellung beruhte, dass die Abstände und Geschwindigkeiten der Himmelskörper in rationalen Zahlenverhältnissen zueinander stehen und so eine kosmische Harmonie mathematischer Proportionen bilden würden.[4] Neben der auditiven Metapher des Hineinhörens in den Kosmos präsentierten die Forscher der Öffentlichkeit das detektierte LIGO-Signal allerdings auch als tatsächlich hörbares Klangereignis in Form eines kurzen Audiosignals, dessen Frequenz über einen Zeitraum von 100 Millisekunden von 35 auf etwa 250 Hertz ansteigt und der aufgrund einer entfernten Ähnlichkeit zum Tschilpen von Vögeln als „chirp" bezeichnet wird:

> Physicists long thought that gravitational waves could never be measured on earth. But in Louisiana and Washington, two of the most sensitive detectors ever built have been waiting and listening. Astronomy has grown ears. [...] On the 14th of September 2015, LIGO detected a flickering light and turned it into a sound wave – a chirp. It was the echo of the marriage of those two black holes. [...] Hearing a gravitational wave has opened up a new kind of astronomy. For the first time, we have ears as well as eyes on the heavens. [...] Ears tuned to the invisible music of the cosmos.[5]

Konkret bezieht sich die hier angesprochene Musik des Kosmos also nicht auf eine metaphorische Harmonie mathematischer Verhältnisse wie im Fall der Pythagoreer, sondern auf buchstäblich experimentelle Klänge, die direkt aus den wissenschaftlichen Messdaten des LIGO-Experiments generiert wurden. Warum aber greifen Astronomen auf Metaphern des Hörens zur Erklärung ihrer Arbeit zurück und weshalb stellen sie die detektierten Gravitationswellen nicht nur graphisch als Wellenform und Spektrogramm dar, sondern – scheinbar wie selbstverständlich – auch in Form einer Audiodatei?

---

[3] Jan Bösche, „Forscher weisen Einsteins Gravitationswellen nach" [Hörfunkbeitrag], MDR, ARD-Hörfunkstudio Washington, 12.2.2016, 10.20 Uhr.
[4] Vgl. Peter Pesic u. Axel Volmar, „Pythagorean Longings and Cosmic Symphonies. The Musical Rhetoric of String Theory and the Sonification of Particle Physics", in: *Journal of Sonic Studies* 8 (2014), ohne Paginierung.
[5] Dennis Overbye, Jonathan Corum und Jason Drakeford, „LIGO Hears Gravitational Waves Einstein Predicted" [Videobeitrag], *The New York Times Online*, 11.2.2016, online unter: http://www.nytimes.com/video/science/100000004200661/what-are-gravitational-waves-ligo-black-holes.html (22.2.2017).

Karsten Danzmann, Direktor am MPI für Gravitationsphysik, beschreibt die LIGO-Detektoren ebenfalls metaphorisch als Messapparaturen, mit denen es möglich geworden sei, „dem Universum zuzuhören".[6] Aus dem Umstand, dass sich Gravitationswellen prinzipiell ähnlich wie Schallwellen verhalten, erkläre sich darüber hinaus die Darstellung der Messdaten in akustischer Form, denn aufgrund dessen könnten die Forscher „auch das Universum *hören*."[7] Die Praxis der Sonifikation (engl. ,sonification'), wie das akustische Pendant zur visuellen Repräsentation wissenschaftlicher Daten oft genannt wird, hat zumeist die Identifizierung oder Hervorhebung von Mustern innerhalb von schwer zu interpretierenden Datenmengen zum Ziel. Tatsächlich hatten sich Forscher des LIGO-Projekts, darunter eine Gruppe des Max-Planck-Instituts, die Strukturähnlichkeit von Gravitationswellen und Schallschwingungen – und damit die Möglichkeit akustischer Repräsentation – bereits in einer früheren Projektphase zunutze gemacht. Der Journalist Jens Radü berichtete 2009 über die Arbeit der Gruppe unter der Überschrift „So faucht ein Schwarzes Loch":

> Das kosmische Inferno klingt wie der Schraubdeckel eines Marmeladenglases: es knackt. Einmal, zweimal, dann immer schneller und lauter, bis sich die einzelnen Töne zu einem Knarzen verdichten und schließlich heulen wie eine Sirene. „Das ist ein kleines Schwarzes Loch, das von einem größeren verschlungen wird", kommentiert Bernard Schutz den schrillen Vielklang, der aus den Computerboxen tönt. [...] „Hier, das klingt besonders lustig", freut sich Schutz, und nach einem Mausklick erfüllt ein sphärisches Sirren den Raum, als ob Tausende digitale Bienen in ihrem virtuellen Korb herumfliegen. „Das sind 3.000 Doppelsternsysteme, jeder Stern mit einer etwas anderen Geschwindigkeit. Klingt wie die Violinen eines Orchesters, oder?"[8]

Trotz des musikalischen Vokabulars dienten die Klänge allerdings keinem ästhetischen, sondern einem wissenschaftlichen Zweck.[9] 2007 hatten LIGO-Physiker begonnen, computersimulierte Gravitationswellen in Klänge zu übersetzen, um mögliche Messereignisse besser von auftretenden Artefakten unterscheiden zu

---

6 Zit. nach Jens Radü, „Gravitationswellen-Astronomie. So faucht ein Schwarzes Loch", SPIEGEL ONLINE, 5.8.2009, http://www.spiegel.de/wissenschaft/weltall/gravitationswellen-astronomie-so-faucht-ein-schwarzes-loch-a-640505.html (22.2.2017).
7 Jan Starkebaum, „Forscher weisen erstmals Gravitationswellen nach", ARD, Tagesthemen, 11.2.2016, 22.15 Uhr.
8 Radü, „Gravitationswellen-Astronomie".
9 Die Mischung aus einer Rhetorik der Musik und des Erhabenen, die hier anklingt, ist, wie die Wissenschaftssoziologin Alexandra Supper gezeigt hat, typisch für die Beschreibungen sonifizierter Daten; vgl. Alexandra Supper, „Sublime Frequencies. The Construction of Sublime Listening Experiences in the Sonification of Scientific Data", in: *Social Studies of Science* 44 (2014), S. 34–58.

können. Die als „chirp" bezeichnete Form des detektierten LIGO-Signals bildete dabei eines der akustischen Muster, das die Wissenschaftler vom Studium der computersimulierten Gravitationswellen her bereits kannten.

Für den US-amerikanischen Anthropologen Stefan Helmreich bilden die Gravitationswellen-Klänge das Resultat spezifischer semiotischer und technischer ‚Artikulationen' von Verbünden aus Menschen, Technologien und nicht-menschlichen Phänomenen. Die formelle Analogie zwischen Gravitationswellen und Schallwellen, die sowohl der physikalischen Theorie als auch den wissenschaftlichen Instrumenten inhärent sei, würde dabei gleichzeitig auch die Produktion von informellen Vergleichen, Metaphern und anderen Analogien anregen und so einen rhetorischen Nachhall („rhetorical reverb") zwischen den ursprünglichen Artikulationen und ihren rhetorischen Rückwürfen erzeugen.[10] Ich nehme das LIGO-Beispiel hier zum Anlass, um nach historischen Ausgangspunkten dieses Nachhalls und damit zugleich nach der Art und dem epistemologischen Fundament des diesem zugrunde liegenden wissenschaftlichen Hör-Wissens zu fragen. Dazu gibt der folgende Abschnitt zunächst einen kurzen Einblick in die Entstehungsgeschichte und verschiedene Anwendungsfelder der wissenschaftlichen Sonifikation. Die sich daran anschließenden historiographischen Abschnitte sollen die Annahme stützen, dass sowohl Praktiken zur akustischen Repräsentation wissenschaftlicher Daten (in Form von Klängen und Geräuschen) als auch metaphorische Konzeptionen wissenschaftlicher Datenanalyse als Hörprozess (etwa als Bild vom Hineinhören in den Kosmos) in spezifischen, historisch gewachsenen Formationen naturwissenschaftlichen Hör-Wissens gründen, die sich um die Mitte des 20. Jahrhunderts ausbildeten – und das nicht nur in der Astronomie, sondern auch in anderen Bereichen naturwissenschaftlicher Forschung. Insofern versteht sich dieser Aufsatz auch als Beitrag zu einer historischen Epistemologie der Sonifikation.

Im darauf folgenden Abschnitt wird argumentiert, dass sich die wissenschaftshistorischen Ursprünge dieses Hör-Wissens in einer Reihe von Forschungsprogrammen der psychologischen und technischen Akustik verorten lassen, die während des Zweiten Weltkriegs als Reaktion auf Probleme mit militärischer Kommunikation und Aufklärung in extrem lärm- und geräuschbehafteten Umgebungen initiiert wurden. Im Rahmen der US-amerikanischen Forschungsaktivitäten, auf die ich mich im Folgenden konzentriere, bildeten Lärm, Geräusch

---

[10] Stefan Helmreich, „Gravity's Reverb. Listening to Space-Time, or Articulating the Sounds of Gravitational-Wave Detection", in: *Cultural Anthropology* 31.4 (2016), S. 464–492, hier S. 467–469.

und Rauschen (engl. „noise')[11] und insbesondere der akustische *Hintergrund* die primären Untersuchungsgegenstände psychoakustischer Forschung und elektroakustischer Innovation. Die wissenschaftliche Auseinandersetzung mit Rauschphänomenen und akustischer Kommunikation an den Grenzen der Verständlichkeit brachte dabei nicht nur spezifische Erkenntnisse und neue Praktiken der Wissensproduktion hervor, sondern führte letztlich auch zu einer Neubestimmung des Hörens und einem Wandel im wissenschaftlichen Hör-Wissen. Aus dem Zusammenspiel von experimentellen Methoden der Psychologie, einer von ingenieurswissenschaftlichen Konzeptualisierungen elektronischer Kommunikation beeinflussten Theoriebildung sowie der Materialität neuer Kommunikationstechnik entstand ein neues Wissen über ein *Hören am Limit*, das sich vor allem durch die relationale Beziehung zwischen Nutzsignalen und Störgeräuschen auszeichnete und bis heute Anwendung findet. Durch die Beschäftigung mit Störschall und prekären Hörsituationen bildete sich, so meine These, sukzessive ein *ökologisches* Verständnis des Hörprozesses heraus, d. h. die Vorstellung, dass Subjekte die Gegenstände der auditiven Wahrnehmung nicht mehr selbstverständlich in der Welt vorfinden, sondern isolierte Signale und sinnhafte Muster erst durch aktive kognitive Suchbewegungen und Formen der Signalanalyse aus dem Rauschen akustischer Umwelten extrahieren müssen.

Der Zweite Weltkrieg, der zunehmend auch im Raum technikgestützter Kommunikation und instrumenteller Wahrnehmung stattfand, bedingte zudem die systematische Erfassung und Erforschung akustischer Schlachtfelder. Wie im vorletzten Abschnitt dargestellt wird, bedingte die Notwendigkeit, die Anwesenheit versteckter Feinde zu erkennen und zu lokalisieren, die Bildung eines differenzierten Hör-Wissens, das auf die Identifizierung und Zuordnung nichtsprachlicher Muster ausgerichtet war. Der letzte Abschnitt zeigt schließlich auf, wie der Begriff des Hörens mit der zunehmenden Bedeutung und Verbreitung von Abhörpraktiken und globaler Überwachungssysteme während des Kalten Krieges eine wesentliche Metaphorisierung erfuhr und mehr und mehr zu einer Sammelbezeichnung für alle möglichen Formen und Probleme der Signal- und Datenanalyse avancierte. Sonifikationsverfahren in den Wissenschaften können somit als Versuche gelesen werden, die Metapher vom Hören als Signalanalyse wörtlich zu nehmen und das Hören auf der Grundlage des psychoakustischen Hör-Wissens als auditives Verfahren der Mustererkennung, d. h. der Suche nach Signalen im Rauschen, epistemisch produktiv zu machen.

---

11 Zur Geschichte und Ausdifferenzierung dieser Begriffe vgl. Roland Wittje, „Concepts and Significance of Noise in Acoustics. Before and after the Great War", in: *Perspectives on Science* 24.1 (2016), S. 7–28.

Sonifikation und die akustische Darstellung wissenschaftlicher Daten

Wissenschaftliches Hören hat im Laufe der letzten Jahre einen neuen Stellenwert innerhalb der empirischen Wissenschaften erhalten. Naturwissenschaftliche Fachzeitschriften und die Wissenschaftsrubriken der Tagespresse berichten seit einiger Zeit regelmäßig über Wissenschaftlerinnen und Wissenschaftler, die ihr Datenmaterial zu Analysezwecken nicht nur in Bilder, sondern auch in Klänge transformieren. Geologen nutzen in Klang umgesetzte Messdaten etwa zum Studium vulkanischer Aktivität,[12] während Astronomen Sonnenwinde hörbar machen[13] und Elementarteilchenphysiker simulierte Higgs-Bosonen zum Klingen bringen.[14] In jedem dieser Beispiele kommt die Praxis der Sonifikation, das akustische Pendant zur wissenschaftlichen Visualisierung, zum Einsatz.[15] Bei Sonifikationsverfahren werden Signale und Daten aller Art nicht in Form von Bildern oder Diagrammen repräsentiert, sondern mithilfe digitaler Signalverarbeitung und Klangsynthese-Software in Form von Tönen und Geräuschen dargestellt. Diese ‚Datenmusik' soll Wissenschaftlern die Auswertung und Interpretation ihrer Messdaten erleichtern. Die Bandbreite der Anwendungsszenarien

---

[12] Vgl. Holger Dambeck, „Vulkan Tungurahua spuckt Lava", SPIEGEL ONLINE, 17.8.2006, http://www.spiegel.de/wissenschaft/natur/ecuador-vulkan-tungurahua-spuckt-lava-a-432228.html (22.2.2017); „Software macht aus Vulkanbeben Musik", science.ORF.at, 11.8.2006, http://sciencev1.orf.at/news/145383.html (22.2.2017); „Singing Volcanoes. Scientists Translate Volcanic Behavior Into Sound Waves", ScienceDaily.com, 10.8.2006, http://www.sciencedaily.com/releases/2006/08/060810084743.htm (22.2.2017). Die genannten Beiträge verweisen auf die Publikation eines italienischen Seismologenteams; vgl. D. Patanè et al., „Time-Resolved Seismic Tomography Detects Magma Intrusions at Mount Etna", in: *Science* 313.5788 (2006), S. 821–823.
[13] Vgl. das *Sounds of Space Project* auf der Website von „Solar Wind – Education and Public Outreach für STEREO/IMPACT and Wind" (University of California) unter: http://cse.ssl.berkeley.edu/stereo_solarwind/sounds_links.html (22.2.2017).
[14] Jan Dönges, „So klingt der LHC", *Spektrum Online*, 24.6.2010, http://www.spektrum.de/news/so-klingt-der-lhc/1037313 (22.2.2017); [Gerhard Samulat,] „Sonifikation: Elementar-Musik. Physiker entlocken dem Large Hadron Collider in Genf Klänge zum Erkenntnisgewinn", in: GEO, 9/2010, online unter http://www.gerhardsamulat.de/downloads/Elementar-Musik%20GEO%20Sept%202010.jpg (22.2.2017); Amanda Gefter, „LHCsound. Listening to the God particle", *NewScientist Online*, 20.5.2010, http://www.newscientist.com/blogs/culturelab/2010/05/listening-to-the-god-particle.html (22.2.2017); vgl. ferner die Website von Lily Asquith, „LHCsound. The sound of science", http://lhcsound.hep.ucl.ac.uk/ (22.2.2017).
[15] Vgl. Gregory Kramer (Hg.), *Auditory Display. Sonification, Audification, and Auditory Interfaces*, Reading/MA 1994; vgl. ferner die Website von Thomas Hermann (Ambient Intelligence Group, Center of Excellence in Cognitive Interaction Technology, Universität Bielefeld), http://www.sonification.de (22.2.2017).

von Sonifikationsverfahren bewegt sich dabei, ganz ähnlich wie im Fall der wissenschaftlichen Visualisierung auch, in einem Spektrum zwischen praktischem Hilfsmittel, epistemischem Werkzeug und Marketinginstrument im Dienste der Wissenschaftskommunikation.[16]

Die zunehmende Verbreitung und Bekanntheit von Sonifikationsverfahren verdankt sich nicht zuletzt einer interdisziplinären Gruppe von Wissenschaftlerinnen und Wissenschaftlern, die sich unter dem Dach der 1992 gegründeten International Community for Auditory Display (ICAD) gezielt der Entwicklung akustischer Repräsentationsverfahren widmen und im Zuge dessen einerseits Verfahren zur Auswertung wissenschaftlicher Daten über den auditiven Kanal zu erproben und andererseits mögliche Anwendungsszenarien auf unterschiedlichen Gebieten der Wissenschaften zu diskutieren.[17] Versuche, akustische Darstellungen für die Signal- bzw. Datenanalyse zu nutzen, entstanden jedoch immer wieder auch außerhalb der ICAD und vor allem bereits lange vor der Gründung der Gesellschaft.[18] Ein früher und für unsere Zwecke besonders aufschlussreicher Beleg dafür, dass die wissenschaftliche Nutzung auditiver Verfahren der Signalanalyse aus dem Hör-Wissen des Zweiten Weltkriegs hervorging, stammt aus den frühen 1960er Jahren. Im Juni 1961 erschien im *Journal of the Acoustical Society of America* ein Artikel mit dem Titel „Seismometer Sounds", in dem der Psychologe Sheridan Dauster Speeth (1937–1995) die Ergebnisse einer psychoakustischen Versuchsreihe präsentierte, in der Testpersonen Erdbeben und unterirdische Atombombentests am Klang von Seismogrammen unterscheiden sollten.[19] Zu diesem Zweck hatte Speeth die niederfrequenten seismographischen Aufzeichnungen digitalisiert, in den menschlichen Hörbereich transponiert und Versuchspersonen paarweise als „Seismometer Sounds" je eines Erdbebens und einer Detonation über ein sogenanntes akustisches Display („acoustic display") vorgespielt. Nach Absolvierung einer dreitägigen Trainingsphase waren die Test-

---

16 Vgl. Alexandra Supper, *Lobbying for the Ear. The Public Fascination with and Academic Legitimacy of the Sonification of Scientific Data*, PhD diss., Maastricht University, 2012.
17 Für eine Einführung in den frühen Diskurs zu Auditory Display Anfang der 1990er Jahre vgl. Kramer (Hg.), *Auditory Display*.
18 Zur Rolle des Hörens in der Geschichte wissenschaftlicher Erkenntnisproduktion vgl. Axel Volmar, *Klang-Experimente. Die auditive Kultur der Naturwissenschaften 1761–1961*, Frankfurt a. M. 2015.
19 Sheridan D. Speeth, „Seismometer Sounds", in: *The Journal of the Acoustical Society of America* 33 (1961), S. 909–916.

hörerinnen und -hörer in der Lage, in über neunzig Prozent der Fälle die richtigen physikalischen Ursachen der Seismogrammgeräusche anzugeben.[20]

Speeths Interesse an der Unterscheidung zwischen Erdbeben- und Atombombenexplosionen war primär aus dem Bestreben heraus entstanden, einen Beitrag zur Reduzierung der globalen nuklearen Aufrüstung zu leisten. Die als ‚Detektionsproblem' („detection problem") bezeichnete Frage, ob unterirdische Atombombentests mittels seismologischer Methoden hinreichend genau erkannt werden konnten oder nicht, hatte im Rahmen der 1958 aufgenommenen diplomatischen Gespräche über ein weltweites Atomteststoppabkommen, die Geneva Conference on the Discontinuance of Nuclear Weapon Tests, zu erheblichen Spannungen zwischen den Westmächten und der Sowjetunion geführt. Gestützt auf Fachgutachten US-amerikanischer Geowissenschaftler, die die Möglichkeit einer lückenlosen globalen Überwachung unterirdischer Versuche für ausgeschlossen hielten, plädierten die Verhandlungsführer der westlichen Delegation dafür, unterirdisch durchgeführte Tests generell von einem zukünftigen Abkommen auszunehmen.[21] Friedensaktivisten wie Speeth bezweifelten die politische Unabhängigkeit dieser Einschätzung und vermuteten nicht ganz zu Unrecht, dass sich insbesondere die USA lediglich ein Schlupfloch offenzuhalten versuchten, um ihr Atomprogramm auch nach Inkrafttreten eines Teststoppvertrags weiterführen zu können. Mit dem Verbund aus akustischem Display und geschulten Hörern wollte Speeth daher den wissenschaftlichen Nachweis erbringen, dass die physikalischen Ursachen seismischer Ereignisse sehr wohl sicher bestimmt werden konnten und das Verfahren später für den Einsatz im Rahmen der internationalen Rüstungskontrolle empfehlen.[22]

Speeths Erdbebensonifikation stellt einen frühen, möglicherweise sogar den ersten Versuch dar, ein Problem der Signalanalyse mithilfe eines digitalen akustischen Displays zu lösen. Seine Arbeit gilt in der Sonifikationsforschung deshalb als wichtige Pionierleistung. Mich interessieren im Folgenden allerdings vor allem die epistemologischen Grundlagen des Ansatzes und speziell die Frage,

---

[20] Für detaillierte Darstellungen der Geschichte von Speeths Forschung vgl. Douglas Kahn, *Earth Sound Earth Signal. Energies and Earth Magnitude in the Arts*, Berkeley 2013, S. 133–161; Axel Volmar, „Listening to the Cold War: The Nuclear Test Ban Negotiations, Seismology, and Psychoacoustics, 1958–1963", in: *Osiris* 28 (2013), S. 80–102; ders., *Klang-Experimente*, S. 147–178.

[21] Vgl. Harold K. Jacobson u. Eric Stein, *Diplomats, Scientists, and Politicians. The United States and the Nuclear Test Ban Negotiations*, Ann Arbor 1966, S. 147–157; Kai-Henrik Barth, „Science and Politics in Early Nuclear Test Ban Negotiations", in: *Physics Today* 51.3 (1998), S. 34–39, hier S. 36.

[22] Vgl. Volmar, *Klang-Experimente*, S. 155; Philip G. Schrag, „Scientists and the Test Ban", in: *The Yale Law Journal* 75.8 (1966), S. 1340–1363, hier S. 1356.

weshalb Speeth die Auswertung von Seismogrammen ausgerechnet an menschliche *Hörer* delegierte und damit als auditive Methode konzipierte. Douglas Kahn hat Speeths akustisches Verfahren in seinem jüngsten Buch *Earth Sound, Earth Signal* als Teil einer „natural history of media" gelesen, wie er die Geschichte der Beobachtung von Naturphänomenen in und durch technische Kommunikationsmedien – beispielsweise elektromagnetische Einstreuungen in Telefonleitungen oder atmosphärische Störungen im Funkverkehr – bezeichnet.[23] Während sich eine solche Naturgeschichte der Medien mindestens bis ins 19. Jahrhundert zurückverfolgen lässt, verweisen die ‚Seismometer Sounds' wissenschaftshistorisch jedoch auf die Formation eines wesentlich rezenteren Hör-Wissens, das sich primär im Bereich der angewandten Psychologie herausbildete und vor allem mit dem Beginn der kognitivistischen Psychologie sowie den Ideen der aufkommenden Informationstheorie und Kybernetik verbunden ist.

Der Einfluss kybernetischer Theorieentwicklung auf die auditive Kultur der Nachkriegszeit ist vielfach beschrieben worden. So hat etwa Christina Dunbar-Hester in einem Artikel über Kybernetik und experimentelle Musik anhand der künstlerischen Arbeiten von Bebe und Louis Barron, Herbert Brün, John Cage und Brian Eno Mensch-Maschine-Integrationen im Bereich der experimentellen Kompositions- und Musikpraxis untersucht. Anders als der Titel ihres Artikels „Listening to Cybernetics" vermuten lässt, bezieht Dunbar-Hester diese Verschränkungen jedoch weniger auf Veränderungen hinsichtlich der Konzeption des Hörens selbst, sondern hauptsächlich auf produktions- bzw. kompositionsseitige Aspekte wie etwa die Erzeugung neuer Klänge und die Konstruktion innovativer Instrumente.[24] Kybernetische Vorstellungen über symbiotische Verbindungen von Menschen und Maschinen haben jedoch, wie ich im folgenden Abschnitt zeigen möchte, nicht nur entscheidend das Verständnis darüber verändert, was unter Musik, Hören und künstlerischem Prozess zu verstehen ist, sondern gründen vielmehr selbst auf einem psychoakustischen Hör-Wissen, das von der Beschäftigung mit praktischen Problemen in militärischen Hörsituationen während des Zweiten Weltkriegs geprägt war. Da Speeths Forschung in einer paradigmatischen Weise in diesem von der Kriegsforschung eröffneten epistemischen Feld der Psychoakustik situiert ist, lassen sich die Auswirkungen dieser

---

[23] Kahn, *Earth Sound, Earth Signal*, S. 1–24, 52. Solche Artikulationen der Natur in technischen Medien führten vielfach zur Einsicht, dass vermeintliche Kommunikationsstörungen, die sich oft in Form akustischer Ereignisse bemerkbar machten, tatsächlich auf natürliche, etwa wetterbedingte oder kosmische Ursachen zurückgingen.
[24] Christina Dunbar-Hester, „Listening to Cybernetics. Music, Machines, and Nervous Systems, 1950–1980", in: *Science, Technology, & Human Values* 35.1 (2010), S. 113–139.

wissenschaftshistorischen Konstellation an seiner Person und seinem akademischen Hintergrund besonders gut nachvollziehen.

Hören am Limit: Elektronische Sprachkommunikation, Lärm und die Entstehung ökologischen Hör-Wissens im Zweiten Weltkrieg

Speeth hatte seine Testreihe als Doktorand am Visual and Acoustics Research Laboratory der Bell Telephone Laboratories durchgeführt, wo er mit führenden US-amerikanischen Wissenschaftlern auf dem Gebiet der Psychoakustik in Kontakt gekommen war. Am Anfang seines Artikels „Seismometer Sounds" rechtfertigt er die Wahl einer akustischen Methode mithilfe einer Analogie, bei der er das ‚detection problem' mit dem Wiedererkennen von Stimmen vergleicht, das durch zahlreiche Störfaktoren, wie zum Beispiel telefonische Übertragung, Raumhall und Umgebungslärm, erschwert wird:

> Distinguishing an explosion from an earthquake may in many ways be similar to (and as complicated as) deciding which one of two of your friends is speaking on the telephone. Let us press this analogy by considering the input and response of both the seismometer and the telephone microphone. If your friend is in a normal room with plaster walls, then there will be multiple arrival times for each of his vocal pressure waves, a parallel to the seismologists' *P, pP, PP, PKP*, and other waves. The band limiting performed by telephone transmission corresponds to the narrow bandpass of most seismometers. If the friend's room were to contain machinery or other sources of noise, you would have to perform a task not unlike distinguishing a seismic signal from the noise of microseisms. If the voice decision were then made on the basis of vowel pronunciation, you would have demonstrated the ear's ability to use the information contained in the temporal dynamics of the short-time audio spectrum.[25]

Speeth bedient sich der Strukturähnlichkeit von seismischen und akustischen Wellen, um das *seismologische* Forschungsproblem, Einzelereignisse wie Erdbeben oder unterirdische Explosionen aus dem Rauschen der kontinuierlichen mikroseismischen Hintergrundaktivität zu isolieren, methodisch in eine *psychoakustische* Experimentalsituation zu überführen. Die Fokussierung auf die Fähigkeiten des menschlichen Gehörs, akustische Merkmale auch bei schwierigen Hörbedingungen wie etwa starkem Hall oder lauten Störgeräuschen im Rahmen

---

25 Speeth, „Seismometer Sounds", S. 909.

eines Telefongesprächs erkennen zu können, klingt dabei zunächst wie ein willkürlich gewähltes Beispiel zur Veranschaulichung. Tatsächlich führt es geradewegs zurück in die Weltkriegsgeschichte der angewandten Psychologie und zum Ursprung eines neuen psychoakustischen Hör-Wissens, das sich nicht nur in den Wissenschaften als äußerst wirkmächtig erweisen sollte.

Mit den Vorbereitungen der USA auf einen möglichen Eintritt in den Zweiten Weltkrieg erfuhr die Wissenschaft der Akustik eine wesentliche Verschiebung von der Industrie- zur Militärforschung – nicht zuletzt, weil die Verständlichkeit gesprochener Sprache über technische Kommunikationssysteme als kriegswichtiges Forschungsproblem erkannt worden war. So erinnert sich Mones E. Hawley in der Einleitung eines 1977 veröffentlichten und später breit rezipierten Kompendiums zur Geschichte der Sprachverständlichkeitsforschung: „My interest in speech intelligibility first became vital about two miles above Anzio, Italy, on 16 February 1944, when my airplane was destroyed because of misunderstandings on the interphone. The other members of my crew were killed."[26] Es waren vorwiegend solche Aus- und Unfälle akustischer Kommunikation, die während des Zweiten Weltkriegs das Erkenntnisinteresse an der Übertragung von Sprachsignalen unter dem Einfluss von Lärm entfachten.

Die wissenschaftliche Auseinandersetzung mit Lärmproblemen in Gefechtssituationen war allerdings nicht neu. Schon im Ersten Weltkrieg wurde an allen Fronten zu Aufklärungs- und Orientierungszwecken gelauscht. Physiker und Psychologen beider Seiten arbeiteten an Abhörvorrichtungen und technischen Apparaturen zur Lokalisation von Schallquellen wie beispielsweise Geschützstellungen, Flugzeugen oder Unterseebooten. Aufgrund der technisierten Kriegsführung und der zunehmenden Flächenbombardierungen wurde Lärm zu einem gravierenden Problem, das nicht nur das Hören und damit die militärische Informationsgewinnung erschwerte, sondern auch das Gehör vieler Soldaten schädigte oder ganz zerstörte.[27] Der Zweite Weltkrieg stellte infolge der stark gestiegenen militärischen Mobilität und Reichweite durch Panzerverbände, Fliegerstaffeln oder U-Boote erstens erhöhte Anforderungen an die technische Güte von Kom-

---

26 Mones E. Hawley (Hg.), *Speech Intelligibility and Speaker Recognition* (= Benchmark Papers in Acoustics 11), Stroudsburg/PA 1977, S. vii.
27 Julia Encke, *Augenblicke der Gefahr. Der Krieg und die Sinne 1914–1934*, München 2006; Yaron Jean, „The Sonic Mindedness of the Great War. Viewing History through Auditory Lenses", in: Florence Feiereisen u. Alexandra Merley Hill (Hg.), *Germany in the Loud Twentieth Century. An Introduction*, Oxford/New York 2011, S. 51–62; Arne Schirrmacher, „Sounds and Repercussions of War. Mobilization, Invention and Conversion of First World War Science in Britain, France and Germany", in: *History and Technology* 32.3 (2016), S. 269–292; Volmar, *Klang-Experimente*, S. 88–114.

munikationstechnik und erzeugte zweitens auch neue prekäre Hörsituationen, in denen sich das Hören an der Grenze der Verständlichkeit bewegte und als Kommunikationsprozess fortwährend zu scheitern drohte.

Insbesondere die hohen Schallpegel, denen die Soldaten in motorisierten Fortbewegungsmitteln wie etwa Bombern permanent ausgesetzt waren, überforderten die vorhandenen elektroakustischen Kommunikationssysteme. Der Maschinen- und Motorenlärm wirkte konzentrationsstörend und ermüdend, sodass Funksprüche oft nicht richtig verstanden wurden und daher in der Regel mehrfach wiederholt werden mussten. Infolgedessen kam es häufig zu Missverständnissen, die Befehlsketten zu destabilisieren drohten und die Sicherheit der Soldaten gefährdeten. Den Austausch akustischer Informationen auch unter diesen Umständen zu gewährleisten, bildete deshalb ein drängendes Forschungsproblem. Da der Lärm selbst und dessen Ursachen nur in seltenen Fällen beseitigt oder abgemildert werden konnten, mussten Lösungen gefunden werden, die eine erfolgreiche Sprachkommunikation auch unter extremen akustischen Bedingungen ermöglichten. Zu diesem Zweck richtete das National Defense Research Committee (NDRC) im Jahr 1940 zwei Laboratorien für angewandte Psychologie bzw. Elektrotechnik an der Harvard University ein. Das Psycho-Acoustic Laboratory (PAL) unter der Leitung des Psychologen Stanley Smith Stevens adressierte die hörpsychologischen Aspekte des Problems, während das Electro-Acoustic Laboratory (EAL) unter dem Ingenieur und Akustiker Leo L. Beranek die physikalischen und elektrotechnischen Gesichtspunkte untersuchte. Zusammen entstand die zu diesem Zeitpunkt größte universitäre Forschungseinrichtung für experimentelle Psychologie in den USA.[28]

Unter dem Begriff ‚Psychoakustik' wurde am PAL zunächst ganz allgemein die Anwendung psychologischer Methoden auf Probleme der Akustik, der Sprache und des Hörens verstanden.[29] Da die lärmbedingten Störungen der militärischen Kommunikationsflüsse die Forschungsaufgaben vorgaben, war die Arbeit der Psychologen in einer spezifischen Weise mit den Klangumgebungen des Krieges verbunden. Die Zusammenarbeit mit den am EAL beschäftigten

---

[28] Zwischenzeitlich arbeiteten allein am PAL bis zu 75 Personen, von denen etwa die Hälfte Psychologen waren. Zur Geschichte von PAL und EAL vgl. Paul N. Edwards, „Noise, Communications, and Cognition", in: Edwards, *The Closed World. Computers and the Politics of Discourse in Cold War America*, Cambridge, MA 1996, S. 209–237.

[29] Mark R. Rosenzweig und Geraldine Stone geben einen Überblick über die Forschungsliteratur aus dem Bereich der Psychoakustik kurz nach Ende des Zweiten Weltkriegs. Psychoakustik definieren sie als „application of psychological methods to problems of acoustics, speech, and hearing"; Mark R. Rosenzweig u. Geraldine Stone, „Wartime Research in Psycho-Acoustics", in: *Review of Educational Research* 18.6 (1948), S. 642–654, hier S. 642.

Kommunikationsingenieuren erwies sich dabei in epistemologischer Hinsicht als enorm produktiv. Paul Edwards zufolge begannen die Psychologen des PAL, die hierarchischen Befehlsketten nach dem Vorbild technischer Kommunikationsketten zu modellieren und alle möglichen Glieder solcher Ketten – vom verwendeten phonetischen Material und der Artikulation von Sprechern über die technischen Komponenten bis zu den verschiedenen Hörsituationen – systematisch zu erforschen.[30]

Die Sprachverständlichkeit von Kommunikationssystemen war im Bereich der kommerziellen Telefonforschung bereits lange vor dem Zweiten Weltkrieg aus sprach- und ingenieurswissenschaftlicher Perspektive untersucht worden. An den Bell Telephone Laboratories hatten Akustiker wie Harvey Fletcher und J. C. Steinberg schon in den 1920er Jahren sogenannte Artikulationstests entwickelt, mit denen zunächst die Qualität von Sprechern getestet wurde.[31] Später verlagerte sich die Forschung auf das Studium der Sprachverständlichkeit – und damit auf den Hörer – sowie auf die Beurteilung der Güte technischer Komponenten.[32] Bei der Untersuchung und Vermessung von Sprachmaterial, technischem Gerät sowie menschlichen Sprechern und Hörern griffen Beranek, James P. Egan, C. Hess Haagen und andere verstärkt auf die an den Bell Labs entwickelten Artikulationstests zurück und entwickelten diese entsprechend den Erfordernissen des PAL weiter.[33]

---

30 Die Arbeit konzentrierte sich dabei vor allem auf den Einfluss ständig präsenter Lärm- und Rauschquellen wie Maschinen- und Motorenlärm oder technische Störgeräusche auf die Übertragung gesprochener Sprache. Vgl. dazu Edwards, „Noise, Communications, and Cognition", S. 215.
31 Vgl. Harvey Fletcher u. J. C. Steinberg, „Articulation Testing Methods", in: *Bell Labs Technical Journal* 8.4 (1929), S. 806–854. Zur Geschichte von Hörtests vgl. auch die Workshopreihe „Testing Hearing", die am 4./5.12.2015 und am 21./22.10.2016 am Max-Planck-Institut für Wissenschaftsgeschichte stattfand.
32 So waren beispielsweise die ersten Produkte, an denen Walter Shewhart, der geistige Vater der industriellen Fertigungskontrolle in den USA, seine „quality-control"-Tests entwickelte, schlecht gefertigte und infolgedessen in ihrer Übertragungsqualität beeinträchtigte Telefone. Vgl. Mara Mills, „Testing Hearing With Speech", unveröff. Manuskript zu einem Vortrag, gehalten im Rahmen des Autorenworkshops „Testing Hearing" am Max-Planck-Institut für Wissenschaftsgeschichte, 21./22.10.2016.
33 Vgl. Leo L. Beranek, „The Design of Speech Communication Systems", in: *Proceedings of the IRE* 35.9 (1947), S. 880–890; James P. Egan, *Articulation Testing Methods* (= OSRD Report 3802), Washington, D. C., November 1944; C. Hess Haagen, *Intelligibility Measurement. Techniques and Procedures Used by the Voice Communication Laboratory* (= OSRD Report 3748), Washington, D. C., Mai 1944; ders., *Intelligibility Measurement. Twelve-Word Tests* (= OSRD Report 5414), Washington, D. C., August 1945; S. S. Stevens u. L. L. Beranek, *Word Lists for Articulation Testing*,

Ein Teil der Forschung erfolgte dabei direkt im Feld – Stevens, Joseph C. R. Licklider, Karl D. Kryter und George A. Miller testeten beispielsweise herkömmliche und modifizierte Bordsprechanlagen in einer B-17, einem schweren Boeing-Bomber, bei verschiedenen Flughöhen.[34] Um den Einfluss von Lärm auf Kommunikationssituationen auch mit statistischen Methoden und unter Laborbedingungen untersuchen zu können, fertigten Ingenieure des EAL zudem Tonaufnahmen von zahlreichen Klangumgebungen an, denen Soldaten in Fahrzeugen, Cockpits oder auf Schiffen ausgesetzt waren, und reproduzierten diese im Labor. Dazu wurden hochwertige und leistungsstarke Signalverstärker entwickelt, die die Lautstärkepegel der Aufnahmen realitätsnah wiedergeben konnten. Einige Lärmquellen wurden darüber hinaus mit technischen Mitteln synthetisiert: Edwin B. Newman, Licklider und Stevens entwarfen beispielsweise Klangerzeuger zur Simulation von Flugzeuglärm und atmosphärischem Rauschen.[35] Dem damaligen Archivar der Harvard University, Sterling Dow, zufolge sei Stevens' Labor ein regelrechtes „inferno of sound" gewesen.[36] Im psychoakustischen Medienlabor des PAL wurde brachialer Lärm in vielgestaltiger Form zur Klangkulisse der alltäglichen Forschungspraxis. Beranek ließ zudem den zur damaligen Zeit größten ‚schalltoten', d. h. reflektionsarmen Raum (‚anechoic chamber') errichten, um die akustischen Bedingungen in Flugzeugen simulieren zu können. Es war ebendieser schalltote Raum, dessen Besuch John Cage Ende der 1940er Jahre zu seiner Theorie über absichtslose Musik und die Unmöglichkeit von Stille anregte.[37]

Sprecherseitig wurde der Einfluss unterschiedlichen phonetischen Materials auf die Verständlichkeit untersucht. Dazu wurden etwa Aufnahmen von Sprach-

---

Cambridge, MA 1942. Einen Überblick geben außerdem S. Smith Stevens et al., *Articulation Testing Methods* (= OSRD Report 383), Washington, D. C., Februar 1942.
34 Vgl. Joseph C. R. Licklider u. Karl D. Kryter, *Articulation Tests of Standard and Modified Interphones Conducted During Flight at 5000 and 35,000 Feet* (= OSRD Report 1976), Washington, D. C., Juli 1944; J. C. R. Licklider u. G. A. Miller, „The Perception of Speech", in: S. S. Stevens (Hg.), *Handbook of Experimental Psychology*, New York 1951, S. 1040–1074.
35 Vgl. Edwin B. Newman u. S. S. Stevens, *The Electronic Generation of Airplane Noise for Use in Testing and Training* (= OSRD Report 1445), Washington, D. C., Mai 1943; J. C. R. Licklider u. Edwin B. Newman, „Simulated Static for Radio Receiver Tests", in: *Electronics* 20 (1947), S. 98–101; S. S. Stevens et al., *An Electronic Device to Simulate Atmospheric Static*, Cambridge, MA 1944.
36 Zit. nach John T. Bethell, *Harvard Observed. An Illustrated History of the University in the Twentieth Century*, Cambridge, MA 1998, S. 144.
37 Vgl. John Cage, „Experimental Music", in: Cage, *Silence. Lectures and Writings*, Middletown, CT 1961, S. 8. Zum Verhältnis von Cage zur experimentellen Psychologie vgl. auch Henning Schmidgen, „Camera silenta. Über Organlosigkeit in Zeitexperimenten um 1900", in: Bernhard Dotzler u. Sigrid Weigel (Hg.), *„fülle der combination". Literaturforschung und Wissenschaftsgeschichte*, München 2005, S. 51–74.

kommunikation in Kampfeinsätzen auf Fehler und Missverständnisse hin ausgewertet. Diese Forschung führte nicht nur zu neuen quantitativen Erkenntnissen über die Verständlichkeit von Wortfolgen, sondern auch zu neuen praktischen Anwendungen, die sich u. a. in Form standardisierter Vokabularien mit einer ausgewiesen hohen Sprachverständlichkeit und Aussprachekonventionen für Buchstaben, Zahlen und Ziffern konkretisierten.[38] Ein Ergebnis bildete beispielsweise ein überarbeitetes phonetisches Alphabet, das später zur Vorlage für das noch heute gebräuchliche NATO Phonetic Alphabet wurde. Am Ende der Kommunikationskette, auf der Rezipientenseite, entwickelten PAL-Psychologen Verfahren zur Auswahl geeigneten Personals und Methoden zur gezielten Schulung von Hörern. Da man von in ruhiger Umgebung durchgeführten Artikulationstests nicht darauf schließen konnte, wie gut die Testpersonen unter den im Feld vorgefundenen Bedingungen extremen Lärms hören würden, wurden die Rekruten vor allem in den künstlich hergestellten akustischen Umgebungen getestet und geschult.[39]

Darüber hinaus wurde versucht, die Verständlichkeit technisch übertragener Sprachkommunikation mithilfe von Methoden der elektronischen Signalverarbeitung zu beeinflussen. G. A. Miller und S. E. Mitchell experimentierten diesbezüglich zunächst mit verschiedenen Formen der Signalfilterung,[40] bis schließlich ein Team unter der Leitung von Licklider zeigen konnte, dass das elektronische ‚Abschneiden' lauter Signalanteile (das *peak clipping*) die Verständlichkeit von Sprachnachrichten signifikant erhöhen konnte.[41] Die auf diesem Konzept basierende Kompressor/Limiter-Technik zur Homogenisierung von Dynamikverläufen bildet bis heute ein elementares Werkzeug in der Audio- und Musikproduktion, das zum Beispiel auf Radiostimmen angewendet wird, damit sich diese in lärm-

---

38 Vgl. Meyer H. Abrams u. John E. Karlin, *Vocabularies for Military Communication in Noise* (= OSRD Report 1919), Washington, D. C., August 1943; Meyer H. Abrams u. J. Miller, *The Audibility in Noise of a Proposed Fighter Director Vocabulary*, Cambridge, MA 1943; Meyer H. Abrams et al., *Collected Informal Communications on the Basic Audibility of English Words for Use as Oral Codes, Alphabetic Equivalents, etc.* (= OSRD Report 1571), Washington, D. C., Juli 1943.
39 Vgl. Psycho-Acoustic Laboratory, *The Problem of Selecting and Training Communications Personnel* (= OSRD Report 987), Washington, D. C., November 1942; James F. Curtis, *Report on Training Studies in Voice Communication. II. The Use of Noise in a Training Program* (= OSRD Report 4261), Washington, D. C., Oktober 1944.
40 Vgl. George A. Miller u. S. E. Mitchell, „Effects of Distortion on the Intelligibility of Speech at High Altitudes", in: *The Journal of the Acoustical Society of America* 19 (1947), S. 120–125.
41 Vgl. Karl D. Kryter, Joseph C. R. Licklider u. S. Smith Stevens, „Premodulation Clipping in AM Voice Communications", in: *The Journal of the Acoustical Society of America* 19 (1947), S. 125–131; Joseph C. R. Licklider, „Effects of Amplitude Distortion upon the Intelligibility of Speech", in: *The Journal of the Acoustical Society of America* 18 (1946), S. 429–434.

behafteten Umgebungen, wie etwa im Auto, besser durchsetzen können.[42] Die Ingenieure des EAL überführten die psychoakustischen Erkenntnisse in eine Reihe weiterer technischer Lösungen (darunter neue Mikrofon- und Kopfhörertypen sowie optimierte Schaltungen und Signalverstärker, die zu den Vorläufern der späteren Hi-Fi-Technik wurden) und schallisolierender Werkstoffe wie zum Beispiel Fiberglas.[43]

Trotz der unterschiedlichen Ausrichtung einte der Umgang mit extremem Umgebungslärm und anderem Störschall die akustischen Forschungen am PAL und EAL. Das *Hören am Limit*, das sich an der Grenze der Verständlichkeit vollzog, entwickelte sich aufgrund des großzügig finanzierten kriegsbedingten Forschungsprogramms von einem Spezialproblem zum Regelfall der psychoakustischen Forschung, bis es schließlich in einer stark verallgemeinerten Form zur Grundlage eines neuen psychoakustischen Hör-Wissens wurde. Das Fundament dieses Hör-Wissens bildete die aus der Zusammenarbeit mit den Elektroingenieuren gewachsene Vorstellung der Psychologen, den Akt des Hörens nicht mehr als einen passiven Rezeptionsprozess, sondern als aktive kognitive Leistung der Signalanalyse und Informationsgewinnung zu begreifen – eine Konzeption, die sich im Wesentlichen dadurch auszeichnete, dass das Hören mit dem Prozess der Mustererkennung gleichbedeutend und (etwa durch Licklider) als äquivalent zur mathematischen Funktion der Autokorrelation beschrieben wurde.[44] Akustische Kommunikation wurde infolgedessen nicht mehr als unmittelbarer und unproblematischer Austausch zwischen einem Sender und einem Empfänger gedacht, sondern im Verhältnis zu einem im Kommunikationskanal bzw. Übertragungsweg permanent anwesenden und störenden Dritten. So deutete der hauptsächliche Mitbegründer der mathematischen Theorie der Kommunikation, Claude Shannon, den englischen Begriff *noise*, der in der psychoakustischen Forschung in Form von Umgebungslärm und Störgeräuschen konkret und alltäglich präsent war, informationstheoretisch in ein allgemeines und abstraktes Rauschen des Kanals (*channel noise*) um.

---

[42] Die Kompressor/Limiter-Technik wurde in den USA bereits seit 1936 von Radiostationen eingesetzt. Vgl. Jonathan Sterne, „Compression. A Loose History", in: Lisa Parks u. Nicole Starosielski (Hg.), *Signal Traffic. Critical Studies of Media Infrastructures*, Urbana, IL 2015, S. 31–52.
[43] Einen Überblick über die durchgeführten Gerätetests geben George A. Miller, F. M. Wiener u. S. Smith Stevens, *Transmission and Reception of Sounds under Combat Conditions* (= Summary Technical Report of NDRC, Division 17, Section 3, Vol. 17-3), Washington, D. C. 1946, sowie Leo L. Beranek et al., *Audio Characteristics of Communication Equipment*, Cambridge, MA 1946.
[44] Vgl. J. C. R. Licklider, „A Duplex Theory of Pitch Perception", in: *Experientia* 7.4 (1951), S. 128–134.

Die Etablierung dieses neuen Hör-Wissens auf der Grundlage der Psychoakustik, der kognitiven Psychologie und der Theorie der Störung trug so zu einer wesentlichen *Ökologisierung* des Wissens über das Hören bei. Hörprozesse vollziehen sich selbstverständlich immer in den räumlichen und medialen Kontexten einer Umwelt – in der Logik der psychoakustischen Kriegsforschung ließ sich das Hören allerdings ohne die Präsenz einer störenden Umgebung und damit ohne eine relationale Beziehung zwischen Nutz- und Störsignal bzw. Signal und Rauschen grundsätzlich nicht mehr denken. Was als Studium von Kommunikation in *noisy environments* während des Zweiten Weltkriegs begann, wird in der Nachkriegszeit zu einer grundlegenden Auffassung über das Hören selbst: Hören wird seitdem umweltlich und das heißt letztlich ökologisch gedacht.[45] Michel Serres konstatiert daher nicht zufällig in einem frühen Essay über die Musik von Iannis Xenakis: „Was ist Hören? Das Aufspüren eines Signals inmitten des Hintergrundrauschens."[46] Auch die 1952 uraufgeführte Komposition *4'33"* von John Cage wurde vor allem deshalb zu einem Schlüsselwerk der Neuen Musik, weil Cage die Aufmerksamkeit der Zuhörer ebenfalls auf den akustischen Hintergrund der musikalischen Aufführung lenkte, indem er das musikalische Signal schlicht unterschlug – während der gesamten Spieldauer wird bekanntlich kein einziger Ton gespielt.

Die psychoakustische Forschung zum Hören unter der Einwirkung von Störschall wurde nach dem Krieg als Studium der auditiven Wahrnehmungsfähigkeit, Signale bei Anwesenheit von Rauschphänomenen zu erkennen, weitergeführt und infolge dieser Reformulierung verallgemeinert und weitgehend entmilitarisiert. Die Generalisierung der Forschungsergebnisse und der Fragestellung selbst trug zu einer nachhaltigen Stabilisierung des ökologischen Hör-Wissens im Diskurs der psychologischen Akustik bei. Als Doktorand an der Columbia University und den Bell Labs kam auch Sheridan Speeth mit den Folgeproblemen dieses Forschungsstrangs in Kontakt. Zusammen mit Max Mathews, dem damaligen Leiter des Visual and Acoustics Research Laboratory, führte er um 1960 Studien zum Einfluss häufiger Wiederholungen auf die Entscheidung von Signalerkennungstests durch. In der Versuchsreihe wurde das Verhalten von Hörern, die bestimmen sollten, ob Sinustöne in kurzen Rauschsignalen vorhanden waren oder nicht, mit psychologischen Methoden erfasst und mithilfe von informati-

---

45 Für ökologische Konzeptionen des Hörens vgl. auch Sophia Roosth, „Screaming Yeast. Sonocytology, Cytoplasmic Milieus, and Cellular Subjectivities", in: *Critical Inquiry* 35.2 (2009), S. 332–350; Stefan Helmreich, „An Anthropologist Underwater. Immersive Soundscapes, Submarine Cyborgs, and Transductive Ethnography", in: *American Ethnologist* 34.4 (2007), S. 621–641.
46 Michel Serres, *Hermes*, Bd. II: *Interferenz*, Berlin 1992, S. 256.

onstheoretischen Modellen beschrieben.⁴⁷ Wenn Speeth also das seismologische Unterscheidungsproblem mit dem Heraushören von Stimmen über ein technisches Kommunikationsmedium in lärmbehafteten Umgebungen vergleicht, stellt das eine nachvollziehbare rhetorische Strategie dar, um seine Forschung in der Tradition der psychoakustischen Forschung zum Problem des Hörens bei der Anwesenheit von Umgebungsrauschen zu verorten.

Zwischen Signal und Rauschen: Ökologisches Hör-Wissen als taktisches Mittel auf elektroakustischen Schlachtfeldern

Die ökologische Hörsituation, in der Kommunikation prinzipiell als prekär und von Rauschen und Umgebungslärm bedroht gedacht wird, erklärt allerdings noch nicht, weshalb Speeth auf die Idee kam, Seismogramme, d. h. graphische Aufzeichnungen von Wellenphänomenen, die nicht eigentlich zum Hören bestimmt waren, in eine akustische Form zu überführen und von geschulten menschlichen Testhörern auswerten zu lassen. Um diese Hinwendung zu einer auditiven Form der Datenanalyse nachvollziehen zu können, muss man einer weiteren Transformationsbewegung des psychologischen Hör-Wissens im Zweiten Weltkrieg folgen. Nachdem Lärm, Störgeräusche und Hintergrundrauschen, mit Hans-Jörg Rheinberger gesprochen, zu den ‚epistemischen Dingen' des Experimentalsystems der psychoakustischen Kriegsforschung geworden waren, avancierten diese nicht nur zum Katalysator für die Produktion neuer Wissensbestände, sondern zunehmend auch zu ‚technischen Dingen' bzw. taktischen Mitteln im Rahmen eines sich zuspitzenden Signalkriegs. Informationsgenerierende Hörtechniken, das Wissen um akustische Maskierungseffekte und Rauschsignale selbst fanden dort auf vielfältige Weise militärische Anwendung.⁴⁸

Die psychoakustische Forschung am PAL zielte beispielsweise nicht ausschließlich auf die *Bekämpfung* von Lärmproblemen und Störgeräuschen in Kommunikationssystemen, sondern widmete sich auch der Erforschung des genauen Gegenteils: der aktiven *Produktion* akustischer Störung. Mit dem Ziel, gegnerische Funkkommunikation durch Störsendungen zu erschweren, untersuchten S.

---

47 Vgl. Sheridan D. Speeth u. Max V. Mathews, „Sequential Effects in the Signal-Detection Situation", in: *The Journal of the Acoustical Society of America* 33.8 (1961), S. 1046–1054.
48 Vgl. Hans-Jörg Rheinberger, *Experimentalsysteme und epistemische Dinge. Eine Geschichte der Proteinsynthese im Reagenzglas*, Göttingen 2001, S. 18–34.

Smith Stevens, Joseph Miller, Ida Truscott und Andere, welche künstlich erzeugten Signale sich am besten dazu eigneten, Sprachkommunikation unverständlich zu machen.[49] George A. Miller, der in der Nachkriegszeit zu einem bedeutenden Vertreter der Kognitionspsychologie werden sollte, schrieb über diese als *Jamming* (von engl. ‚verstopfen') bezeichnete Praxis seine Doktorarbeit.[50] Wie heuristische Testreihen zeigten, maskierten obertonreiche Signale und kontinuierliches breitbandiges Rauschen besonders gut, während hochfrequente und unterbrochene Signale von Testhörern als besonders lästig empfunden wurden.[51] Die gewonnenen Erkenntnisse wurden schließlich dazu verwendet, um aktiv in die gegnerische Kommunikation einzugreifen.

Darüber hinaus wurde das Wissen über die Maskierungseigenschaften von Signalen zu Tarnzwecken genutzt. Vor dem Hintergrund des Seekriegs führte etwa die Notwendigkeit, U-Boote aufzuspüren und die Küsten vor feindlichen Angriffen zu schützen, zu einer systematischen Erforschung von Meeresgeräuschen.[52] Zu diesem Zweck initiierte das aus dem NDRC hervorgegangene Office of Scientific Research and Development (OSRD) im Jahr 1941 die Gründung der University of California Division of War Research (UCDWR). Ähnlich wie das PAL und das EAL erhielt die am US Navy Radio and Sound Laboratory untergebrachte Einrichtung die Aufgabe, die akustischen Bedingungen der Kommunikation unter Wasser zu erforschen, technische Verfahren zu verbessern und Methoden zur Auswahl und Schulung von Rekruten, in diesem Fall vor allem von

---

[49] Vgl. S. Smith Stevens, Joseph Miller u. Ida Truscott, „The Masking of Speech by Sine Waves, Square Waves, and Regular and Modulated Pulses", in: *The Journal of the Acoustical Society of America* 18 (1946), S. 418–424; George A. Miller, *The Design of Jamming Signals for Voice Communications*, unveröff. Doktorarbeit, Harvard University, Cambridge, MA 1946; ders., „The Masking of Speech", in: *Psychological Bulletin* 44 (1947), S. 105–129; Wiener/Stevens/Miller, *Transmission and Reception of Sounds*.
[50] Miller, *The Design of Jamming Signals*; vgl. auch Wiener/Stevens/Miller, *Transmission and Reception of Sounds*.
[51] Vgl. George A. Miller u. Joseph C. R. Licklider, „The Intelligibility of Interrupted Speech", in: *The Journal of the Acoustical Society of America* 22 (1950), S. 167–173; Thomas W. Reese u. Karl D. Kryter, *The Relative Annoyance Produced by Various Bands of Noise*, Cambridge, MA 1944.
[52] Ich beziehe mich hier hauptsächlich auf unveröff. Arbeiten von Alistair Sponsel, Alix Hui und Lino Camprubi: Alistair Sponsel, „The Life Acousmatic. *Musique concrète*, Underwater Listening, and the Number 1 Crackling Noise", unveröff. Manuskript zu einem Vortrag, gehalten am Max-Planck-Institut für Wissenschaftsgeschichte im Sommer 2015; Alexandra Hui u. Lino Camprubi, „Testing the Underwater Ear. Hearing, Standardizing, and Classifying Marine Sounds During the Cold War", unveröff. Manuskript zu einem Vortrag, gehalten im Rahmen des Autorenworkshops „Testing Hearing" am Max-Planck-Institut für Wissenschaftsgeschichte, 21./22.10.2016.

Sonartechnikern, zu entwickeln.[53] Während heute vor allem die aktive Variante der Sonartechnik bekannt ist, mit der ähnlich wie bei der Radartechnik Impulse ausgesendet werden, um mittels der Rückwürfe die Entfernungen zu Objekten zu messen, stand hier jedoch vor allem die Erforschung der passiven Variante, die Unterwasserortung mithilfe von Hydrophonen und geschulter Ohren, im Vordergrund. Da das Hören im Ozean durch eine Vielzahl von Hintergrundgeräuschen erschwert wurde, entstand 1942 unter der Leitung des Elektroingenieurs F. Alton Everest eine eigene ‚listening section'.

Viele Unterwassergeräusche wurden von Meerestieren verursacht. Daher regte Everest eine Zusammenarbeit mit Meeresbiologen an, die die diversen Hintergrundgeräusche identifizieren und klassifizieren sollten. Die Biologen, darunter Martin Wiggo Johnson von der Scripps Institution of Oceanography, widmeten sich daraufhin der systematischen Erfassung der in der Bucht von San Diego auftretenden Geräusche.[54] Wie sich herausstellte, waren viele der verzeichneten Geräuscharten selbst den Biologen unbekannt. Um Ordnung in die Kakophonie der Unterwasserwelt zu bringen und um die Ursachen bzw. Urheber der unbekannten Geräusche zu ergründen, untersuchten die Forscher zahlreiche Spezies unter Laborbedingungen, also im Aquarium, und fertigten Tonaufnahmen diverser Tierlaute an. Johnson konnte auf diese Weise etwa zeigen, dass ein lautes und oft beobachtetes mysteriöses Knattern von sogenannten Knall- oder Pistolenkrebsen (engl. ‚snapping shrimp' oder ‚pistol shrimp') erzeugt wurden.[55] Aufgrund der hohen Lautstärken, die insbesondere größere Gruppen der Tiere verursachen konnten, warnte Johnson davor, dass die Geräusche feindlicher U-Boote von den Knacklauten der Shrimps verdeckt und infolgedessen einer Detektion durch aufmerksame Hörer entgehen könnten. Schiffe sollten daher Zonen, die gute Lebensbedingungen für Knallkrebspopulationen boten, nach Möglichkeit meiden. U-Boote dagegen könnten diesen Umstand zu ihrem eigenen Vorteil nutzen: „Military implications [of biological ocean noises would include] aid especially to submarines in approaching strategic enemy areas or in the stalking of enemy

---

53 Vgl. F. N. D. Kurie u. G. P. Harnwell, „The Wartime Activities of the San Diego Laboratory of the University of California Division of War Research", in: *The Review of Scientific Instruments* 18.4 (1947), S. 207–218.

54 Zur Zusammenarbeit zwischen Meeresbiologen und der US-Navy während des Zweiten Weltkriegs vgl. auch Gary E. Weir, *An Ocean in Common. American Naval Officers, Scientists and the Ocean Environment*, College Station, TX 2001.

55 Vgl. Martin W. Johnson, F. Alton Everest u. Robert W. Young, „The Role of Snapping Shrimp (Crangon and Synalpheus) in the Production of Underwater Noise in the Sea", in: *Biological Bulletin* 93.2 (1947), S. 122–138. Vgl. zur Geschichte dieser Forschung auch Sponsel, „The Life Acousmatic", u. Hui/Camprubi, „Testing the Unterwater Ear".

ships which pass through or near waters characterized by such sounds".[56] Zur praktischen Nutzung erstellte Johnson Karten mit potenziellen Krebshabitaten und konnte so die Bedrohung, die von störendem Unterwasserlärm für die Praxis des überwachenden Hörens ausging, für die amerikanische U-Boot-Flotte in den offensiven taktischen Vorteil einer akustischen Camouflage wenden.

Während sich die psychologische Forschung am PAL vor allem auf den Austausch und die Verständlichkeit von Sprachbotschaften richtete, steht die Erkundung der Klanglandschaften unter Wasser durch die UCDWR exemplarisch für ein Hören, das speziell die Erkennung, Differenzierung und Referenzierung von Geräuschen zum Gegenstand hatte. Da die richtige Unterscheidung zwischen akustischem Vordergrund und -grund bzw. zwischen anthropogenen und natürlichen (d. h. biologischen und geologischen) Geräuschen im Seekrieg über Leben und Tod entscheiden konnte, floss das an der UCDWR entstandene Klangwissen auch in die Verbesserung der Auswahlverfahren und Ausbildungsprogramme von Rekruten ein. Wie Alix Hui und Lino Camprubi dargestellt haben, hatte das Bureau of Naval Personnel der US-Navy aufgrund des rapide wachsenden Bedarfs an gut ausgebildeten Sonaroperateuren nach dem Kriegseintritt der USA den Experimentalpsychologen William D. Neff mit der Entwicklung und Optimierung standardisierter Eignungstests beauftragt.[57] Um Schiffe und U-Boote mittels des Gehörs identifizieren zu können, mussten die Rekruten nicht nur mit den Motoren- und Schraubengeräuschen der verschiedenen Schiffstypen, sondern auch mit den variierenden Umweltbedingungen der gesamten akustischen Unterwasserlandschaft vertraut sein. Daher arbeitete unter anderem ein 50-köpfiges Team der Columbia University Division of War Research am U. S. Navy Underwater Sound Laboratory in New London, Connecticut, daran, Schulungsmaterialien zusammenzustellen und Lehrwerke wie das *Submarine Sonar Operator's Manual* zu verfassen.[58] Im Zuge dessen wurden auch mehrere Trainingsschallplatten mit Erklärungen und Tonbeispielen charakteristischer Unterwassergeräusche produziert. Die Aufnahmen reichten von Einzelgeräuschen (etwa Schiffsschrauben, Torpedos oder Meerestiere) über die akustischen Effekte von Filtereinstellungen bis hin zu verschiedenen Szenarien wie Suche, Angriff oder Flucht. Auf den letzten beiden Schallplatten, dem ‚recognition drill', wurden noch einmal 36

---

[56] Martin W. Johnson, „Underwater Sounds of Biological Origin", unveröff. Typoskript; Scripps Institution of Oceanography Archive, San Diego, CA, Martin Johnson Papers, SIO 84-29, Schachtel 7, Ordner 3 („Sound, 1942–1947"), 1942/1943; hier zit. nach Sponsel, „The Life Acousmatic".
[57] Der Bedarf an Sonaroperateuren stieg zwischen 1941 und 1942 um das Zehnfache von etwa 50 auf 500 pro Monat; vgl. Hui/Camprubi, „Testing the Underwater Ear".
[58] Vgl. Bureau of Naval Personnel, *Submarine Sonar Operator's Manual* (= Navpers 16167, erstellt durch die Columbia University Division of War Research), o. O. 1944.

wichtige Geräuschtypen (Schiffe, Torpedos, Nebengeräusche) vorgestellt, deren akustische Merkmale die Rekruten verinnerlichen sollten.[59]

Mithilfe der Tonaufnahmen konnten die Rekruten ihre Grundausbildung zunächst im geschützten Raum einer akustischen Simulation absolvieren. Die Welt der Unterwassergeräusche wurde gewissermaßen zum angewandten Hörspiel, mit dem Gehör und Gedächtnis auf das Erkennen spezifischer Klangspektren trainiert wurden. Die Fähigkeit der differenzierten Bestimmung und Zuordnung von Hörereignissen bildete dabei die wichtigste Voraussetzung dafür, dass die Ohren, metaphorisch gesprochen, zu den Augen der Sonaroperateure werden konnten. Die Praxis eines nach Referenzen und Referenten suchenden konfirmierenden Hörens unter Wasser bildete weniger einen kommunikativen als vielmehr einen epistemologischen Prozess der Signalanalyse und ist damit in gewisser Weise den diagnostischen Hörtechniken der Medizin vergleichbar, mit deren Hilfe Ärzte Krankheiten und andere physiologische Veränderungen im Inneren des Körpers lokalisieren und bestimmen.[60] Durch die sorgfältige Auswahl, medientechnische Fixierung und Kommentierung der Geräusche wurde das Hören der Sonaroperateure jedoch, anders als das Hören in der Medizin, in einer ganz spezifischen Weise gelenkt und geformt – das Schallplattenalbum fungierte sozusagen als akustischer Atlas der Hydroakustik.[61] Die sukzessive Erschließung, Referenzierung und Memorierung des Korpus an charakteristischen und, wie Hui und Camprubi betonen, standardisierten Geräuschmustern – im doppelten Sinne des Begriffs ‚Muster' als Struktur und Vorbild – erzeugte ein hochspezialisiertes und verdichtetes Hör-Wissen, das in relativ kurzer Zeit auch an Rekruten ohne Vorbildung vermittelt werden konnte. Zusammen mit den Hinweisen zum richtigen Hören und zum praktischen Einsatz der Horchgeräte und Signalfilter ermöglichte die akustische Anleitung zur Referenzierung von Meeresgeräuschen eine grund-

---

59 Audiodateien von Trainingsschallplatten zur Bedienung des verbreiteten JP-1 Sonic Listening Gear stellt die Historic Naval Ships Association online zur Verfügung: http://www.hnsa.org/resources/historic-naval-sound-and-video/jp-sonar/ (22.2.2017).

60 Zur Bedeutung medizinischer Hörtechniken, speziell der Perkussion und der Auskultation, vgl. Jens Lachmund, *Der abgehorchte Körper. Zur historischen Soziologie der medizinischen Untersuchung*, Opladen 1997; Jacalyn Duffin, *To See with a Better Eye. A Life of R. T. H. Laennec*, Princeton, NJ 1998; Tom Rice, *Hearing and the Hospital. Sound, Listening, Knowledge and Experience*, Canon Pyon 2013; Volmar, *Klang-Experimente*, S. 7–59.

61 Lorraine Daston und Peter Galison bestimmen Atlanten als „Auswahlsammlungen der Bilder, die die signifikantesten Forschungsgegenstände eines Fachs bestimmen." Diese Definition lässt sich jedoch ebenso gut auf Auswahlsammlungen von Tondokumenten übertragen. Vgl. Lorraine Daston u. Peter Galison, *Objektivität*, Frankfurt a. M. 2007, S. 17.

legende Orientierung unter Wasser, verringerte das Risiko falscher Zuordnungen und steigerte so die Kompetenzen aufseiten der Sonaroperateure erheblich.[62]

Ich habe die Entwicklung von *Jamming*-Techniken und differenzierter Hörpraktiken im Bereich der passiven Sonartechnik hier angeführt, um zu verdeutlichen, wie die Bedingungen auf den globalen Schlachtfeldern des Zweiten Weltkriegs neben der psychoakustischen Forschung zur Verbesserung von Sprachkommunikation auch Auseinandersetzungen mit den signaltechnischen und hörpsychologischen Eigenschaften von Rauschphänomenen bedingten und auf diese Weise ein Wissen über das Zusammenspiel von Signalen und Rauschen innerhalb von komplexen Klangumgebungen entstand, das – wie etwa im Fall der akustischen Maskierung – in neuen Taktiken der elektroakustischen Störung und Camouflage mündete. Die Beispiele zeigen darüber hinaus, dass die systematische Erforschung von akustischen Landschaften („soundscapes'), die üblicherweise mit den Arbeiten von R. Murray Schafer, dem von diesem Ende der 1960er Jahre gegründeten World Soundscape Project sowie dem Ansatz der Akustischen Ökologie („acoustic ecology') verbunden wird, bereits im Zweiten Weltkrieg eine gängige Praxis der angewandten militärischen Forschung darstellte.[63] Wie im Fall des PAL fungierte auch hier das psychologische Labor als ‚obligatorischer Passagepunkt' der Wissensproduktion über und durch das Hören.[64] Aus diesem Grund ist es wenig überraschend, dass sich Speeth als Psychologe auch für ein Problem der Signalerkennung und -unterscheidung zuständig fühlte, das nicht aus dem Bereich der Psychoakustik, sondern aus der Seismologie stammte.

Signalanalyse als Hörprozess – Hören als Signalanalyse: Globale Überwachung und die Metaphorisierung des Hörens im Kalten Krieg

Hörsituationen blieben auch nach dem Ende des Zweiten Weltkriegs prekär. Infolge der zunehmenden Spannungen zwischen den Alliierten und der Sowjetunion wurden Hörpraktiken Teil weltweiter Abhör- und Spionagesysteme, die

---

62 Sponsel belegt das anhand der Auswertung von Schiffstagebüchern; vgl. Sponsel, „The Life Acousmatic".
63 Zur Entwicklung des Soundscape-Begriffs vgl. Jonathan Sterne, „The Stereophonic Spaces of Soundscape", in: Paul Théberge, Kyle Devine u. Tom Everrett (Hg.), *Living Stereo. Histories and Cultures of Multichannel Sound*, New York 2015, S. 65-83.
64 Vgl. Edwards, „Noise, Communications, and Cognition", S. 220.

neben dem Abfangen von Nachrichten in Telekommunikationssystemen auch die Überwachung einer zunehmenden Bandbreite an kriegsrelevanten Frequenzbereichen und Umgebungen umfassten. Das Wissen um die Möglichkeit, die eigene Anwesenheit bzw. Tätigkeit durch akustische Maskierung verschleiern zu können, hatte dabei nicht nur im Bereich des Seekriegs zu der Einsicht geführt, dass sich hinter jedem Rauschphänomen potenziell auch schwächere bzw. schmalbandigere Signale – wie zum Beispiel verräterische Spuren von Feinden – verbergen könnten. Der Zweite Weltkrieg markierte damit letztlich auch den Eintritt in eine Ära paranoischer Signalverarbeitung. Militärische Aufklärung entwickelte sich während des Kalten Krieges zu einem Wechselspiel von diversen Techniken der Signalerkennung (auf der Grundlage neuer technischer Sinnesorgane wie Ultraschallempfängern, Radaranlagen oder Geigerzählern) und der gezielten Täuschung dieser Verfahren. So wurden beispielsweise die Erdatmosphäre, der erdnahe Weltraum, die Ozeane und die Erde selbst zu einer globalen Arena der Detektion und Überwachung von Atombombentests. Im Ergebnis entstand eine Kultur des globalen Abhörens, die aus der akribischen Überwachung natürlicher Umwelten resultierte, weil im Rauschen der Natur stets die Anwesenheit von Feinden angenommen werden musste.

Im Zuge der Globalisierung wissenschaftlicher Abhörpraktiken erfuhr das Hören eine wesentliche Metaphorisierung als Bezeichnung für alle möglichen Formen der Signalerkennung und -analyse. Speeths psychoakustische Forschung, die nicht zuletzt genau im Kontext dieses Signalkriegs entstanden war, bildet einen signifikanten Kristallisationspunkt dieser zeithistorischen Entwicklungen.[65] Speeth hatte sein ‚auditory display' zur Auswertung seismischer Daten explizit als Baustein für ein mögliches globales System zur internationalen Rüstungskontrolle entworfen und ließ die Testhörerinnen und -hörer seiner Studie in das Rauschen der Natur hineinhören, um die Aktivität des Feindes herauszuhören. Die unterirdische Atombombenexplosion bildete sozusagen das U-Boot im Ozean der seismischen Signale. Meine These ist hier, dass Speeth das Unterscheidungsproblem zwischen Erdbeben und unterirdischen Atombombenexplosionen vor allem auch deshalb als akustisches Verfahren konzipierte, weil er das

---

65 Signal-Camouflage war genau das, was die führenden US-Seismologen der russischen Seite unter dem Begriff der sogenannten Entkopplungstheorie (‚decoupling theory') unterstellten. Diese hypothetische Theorie besagte, dass die seismischen Wellen von Atomtests, die in großen unterirdischen Hohlräumen durchgeführt würden, prinzipiell so weit abgeschwächt werden könnten, dass sie eine Unterscheidung vom mikroseismischen Hintergrundrauschen erschwerten und so der Detektion durch ein internationales Überwachungssystem entgehen könnten. Vgl. Jacobson/Stein, *Diplomats, Scientists, and Politicians*, S. 151–154; Carl Romney, *Detecting the Bomb. The Role of Seismology in the Cold War*, Washington, D. C. 2009, S. 124–126.

erweiterte Verständnis des Hörbegriffs als Prozess der Datenanalyse mit dem psychoakustischen Wissen um die Fähigkeiten des Gehörs zur Identifizierung akustischer Muster in rauschbehafteten Umgebungen kurzschloss. In Speeths Detektionssystem nahmen die Testhörer die Funktion von Signalanalysatoren ein. Die Besonderheit der vorgeschlagenen Methode zeichnet sich also dadurch aus, dass Speeth die Metapher des Hörens als Signalanalyse wörtlich nahm und das Experimentalsystem der psychoakustischen Kriegswissenschaft für die Analyse graphisch aufgezeichneter Messdaten epistemisch produktiv machte.

Die Metapher vom Hören als Datenanalyse bildete in den 1950er und 1960er Jahren einen Topos, der sich in zahlreichen Diskursen naturwissenschaftlicher Forschung wiederfindet. Als Extremfall dieser Entwicklung kann sicherlich die SETI-Forschung gelten. SETI, kurz für ‚Search for Extraterrestrial Intelligence', bezeichnet einen Forschungszweig innerhalb der Astronomie, der nach Belegen für die Existenz außerirdischer Zivilisationen sucht. Dazu wird vor allem der Radiobereich des elektromagnetischen Spektrums nach möglichen, von technischen Nachrichtensystemen stammenden Signalen abgesucht. Die Entstehung der SETI-Forschung ist eng mit der Geschichte von Radioteleskopen verknüpft. In einem Artikel im *Scientific American* beschrieb der Physiker John D. Kraus im März 1955 seine Vision, das Weltall mithilfe großflächiger Parabolantennen auf natürliche Radiosignale abzusuchen.[66] Ausgestattet mit einer Forschungsförderung von 71.000 US-Dollar wurde wenig später auf einer Fläche von acht Hektar das Ohio State University Radio Observatory errichtet. Die Metaphorik des generalisierten Hörens drückt sich nicht zuletzt darin aus, dass das Teleskop den Beinamen ‚Big Ear Radio Observatory' erhielt.[67] 1959 regten Philip Morrison und Giuseppe Cocconi in der Zeitschrift *Nature* dazu an, Radioteleskope nicht nur zu Zwecken der astronomischen Beobachtung, sondern auch zur systematischen Suche nach außerirdischer Kommunikation zu nutzen:

> The reader may seek to consign these speculations wholly to the domain of science-fiction. We submit, rather, that the foregoing line of argument demonstrates that the presence of interstellar signals is entirely consistent with all we now know, and that if signals are present the means of detecting them is now at hand. Few will deny the profound importance, practical and philosophical, which the detection of interstellar communications would have. We therefore feel that a discriminating search for signals deserves a conside-

---

[66] John D. Kraus, „Radio Telescopes", in: *Scientific American* 192.3 (März 1955), S. 36–43.
[67] Vgl. Robert S. Dixon, „History of the Ohio State Big Ear Radiotelescope", in: *SETIQuest* 1.3 (1995), S. 3–7.

rable effort. The probability of success is difficult to estimate; but if we never search, the chance of success is zero.[68]

Wie ihr Hinweis auf die ‚nun vorhandenen' technischen Mittel der Signalerkennung andeutet, kann die SETI-Forschung als eine zivile Aneignung bzw. Umnutzung existierender militärischer Aufklärungspraktiken verstanden werden, mit denen neben diversen Frequenzbereichen und Weltgegenden nicht zuletzt auch das Weltall nach Feindaktivitäten abgesucht wurden.[69] Bei der forensischen Spurensuche nach nicht-natürlicher Signalaktivität im All traten mögliche Botschaften außerirdischer Urheber an die Stelle des politisch-militärischen Feinds als Objekt der Signalanalyse.

1960 führte der Astronom Frank Drake das erste empirische SETI-Experiment durch.[70] Dazu richtete er das Radioteleskop des National Radio Astronomy Observatory in Green Bank, West Virginia, auf die Umgebungen der Sterne Tau Ceti und Epsilon Eridani und suchte diese auf Radiosignale ab. Aus der Richtung des ersten Sterns empfing Drake lediglich ein Grundrauschen, beim zweiten verzeichnete der Rekorder jedoch tatsächlich ein pulsierendes Signal. Als Verursacher stellte sich allerdings recht bald keine außerirdische Zivilisation, sondern ein militärisches Projekt heraus. Das Experiment erwies sich als symptomatisch für den weiteren Verlauf der Forschungsaktivität, denn SETI blieb auch zukünftig nicht nur technologisch, sondern auch ontologisch mit militärischer Kommunikationstechnik verbunden, da viele der Signale, die als potenziell extraterrestrisch klassifiziert wurden, militärischen Ursprungs waren. Obwohl Drakes Vorstoß keinen unmittelbaren Erfolg zeitigte, hatte das Experiment dennoch einen hohen symbolischen Wert. Eine größere öffentliche Aufmerksamkeit erfuhren die Ideen der SETI-Forschung im Jahr 1966, als der US-amerikanische Physiker Carl Sagan und der sowjetische Astronom Iosif Samuilovič Šklovskij ihr Buch *Intelligent Life in the Universe* veröffentlichten.[71] In den 1970er Jahren startete schließlich das

---

[68] Giuseppe Cocconi u. Philip Morrison, „Searching for Interstellar Communications", in: *Nature* 184.4690 (1959), S. 844–846, hier S. 846.

[69] So hatten US-amerikanische Wissenschaftler nach dem Sputnik-Schock ernsthaft die Möglichkeit in Erwägung gezogen, die Sowjetunion könnte heimliche Atombombentests im Weltraum, etwa auf der erdabgewandten Seite des Mondes, durchführen. Vgl. Jacobson/Stein, *Diplomats, Scientists, and Politicians*, S. 191–192.

[70] Am Green Bank Observatory fand 1961 auch die erste SETI-Konferenz statt. Zu den theoretischen Übelegungen von SETI vgl. Frank D. Drake, „How Can We Detect Radio Transmissions from Distant Planetary Systems?", in: *Sky and Telescope* 19 (1960), S. 140.

[71] I. S. Šklovskij u. Carl Sagan, *Intelligent Life in the Universe*, San Francisco 1966.

weltweit erste kontinuierliche SETI-Programm am Ohio State University Radio Observatory unter der Leitung von Robert S. Dixon.[72]

SETI-Physiker verwenden für die aufmerksame Suche nach außerirdischer Kommunikation bis heute die Metapher des Hörens. So schreibt etwa Alan MacRobert, einer der Redakteure der Zeitschrift *Sky and Telescope*, 2009 in einem Überblicksartikel zur SETI-Forschung:

> Is life common in the universe? Biologists today tend to think so. Are intelligent, technological species of life – like us – common or rare? Long-lasting or short-lived? No one knows, and scientific opinions are sharply divided. Are any such civilizations broadcasting their existence to the cosmos? There's only one way to find out, and that's to listen.[73]

Auch das 2015 ins Leben gerufene und mit einem Etat von rund 100 Millionen US-Dollar bisher größte SETI-Projekt steht in dieser Tradition: Es trägt den Namen ‚Breakthrough Listen'.[74] Die in der SETI-Forschung praktizierte Suche nach Signalen intelligenten Lebens im natürlichen Rauschen des Universums bewegt sich an der ‚final frontier' der vielleicht größtmöglichen Unwahrscheinlichkeit und kann damit als ein Grenzwert des metaphorisierten bzw. generalisierten Hörens als Datenanalyse gelten.

Alle bisher empfangenen möglichen Signale – darunter das sogenannte Wow!-Signal aus dem Jahr 1997 sowie ein im Mai 2016 in Russland detektiertes ‚sehr starkes' Signal – stellten sich als terrestrische Sendungen heraus.[75] Welche Konsequenzen der Empfang von Botschaften außerirdischer Zivilisationen tatsächlich haben könnte, wurde bisher lediglich im Raum der Fiktion durchge-

---

72 Vgl. Dixon, „History of the Ohio State Big Ear Radiotelescope".
73 Alan MacRobert, „SETI Searches Today", *Sky and Telescope Online*, 29.3.2009, http://www.skyandtelescope.com/astronomy-news/seti-searches-today/ (22.2.2017).
74 Vgl. Rachel Feltman, „Stephen Hawking Announces $100 Million Hunt for Alien Life", in: *Washington Post*, 20.7.2015; Zeeya Merali „Search for Extraterrestrial Intelligence Gets a $100-Million Boost", in: *Nature* 523.7561 (2015), S. 392–393.
75 Der Ursprung des schmalbandigen sogenannten Wow!-Signals, das nur ein einziges Mal registriert wurde, konnte nie geklärt werden; vgl. Jerry R. Ehman, „‚Wow!' A Tantalizing Candidate", in: H. Paul Shuch (Hg.), *Searching for Extraterrestrial Intelligence. SETI Past, Present, and Future*, Heidelberg 2011, S. 47–63. Das im Mai 2016 aus der Richtung des Sterns HD 164595 empfangene Signal stellte sich später als eine ‚terrestrische Störung' heraus, die durch einen alten, in Vergessenheit geratenen Militärsatelliten verursacht worden war; vgl. James Griffiths, „Hear Me Now? ‚Strong Signal' from Sun-like Star Sparks Alien Speculation", CNN Online, 31.8.2016, http://www.cnn.com/2016/08/30/health/seti-signal-hd-164595-alien-civilization/index.html (22.2.2017).

spielt, prominent in dem 1985 veröffentlichten Roman *Contact* von Carl Sagan.[76] In der Verfilmung von 1997 spielt Jodie Foster die SETI-Forscherin Ellie Arroway, der es im Laufe des Films gelingt, Signale einer außerirdischen Zivilisation aufzufangen und mit dieser in Kontakt zu treten. In der Schlüsselszene, in der die außerirdische Radiobotschaft zum ersten Mal entdeckt wird, liegt Arroway auf der Motorhaube ihres Cabriolets vor der Kulisse des Very-Large-Array-Radioteleskop-Clusters in der Wüste New Mexicos und lauscht mit Kopfhörern und Laptop auf das weiße Rauschen, das die Teleskope empfangen, während sie gemächlich den Himmel sondieren. Nachdem Arroway die Botschaft am pulsierenden Klang des Signals erkannt hat, errichtet sie zusammen mit ihren Kollegen im Kontrollzentrum zunächst ein akustisches Ad-hoc-Display aus herbeigeholter Stereoanlage und Hi-Fi-Boxen, um die Beschaffenheit der Botschaft näher zu untersuchen. Erst danach kommen digitale Verfahren der Datenanalyse und -visualisierung zum Einsatz.

Diese Darstellung ist insofern bemerkenswert, als die Auswertung der unüberschaubaren Datenmengen der SETI-Projekte in Wirklichkeit automatisiert und ohne menschliche Beteiligung mithilfe selbsttätig arbeitender Algorithmen erfolgt. Die Metapher vom ‚Hineinhören in den Weltraum' wird im Film *Contact* wörtlich genommen, um den üblicherweise im Hintergrund ablaufenden Prozess der digitalen Signalanalyse sinnlich greifbarer zu machen und das Publikum stärker affektiv zu involvieren. Obwohl eine Auswertung von SETI-Daten durch menschliche Hörer real wenig aussichtsreich wäre (im Rahmen von ‚Project Phoenix', das erst wenige Jahre vor dem Film angelaufen war, wurden 28 Millionen Funkkanäle gleichzeitig ausgewertet),[77] führen uns diese Hörpraktiken zur Identifizierung von Mustern im Rauschen der Messdaten schließlich zurück zu den Verfahren der Datensonifikation, wie sie etwa von Speeth erprobt wurden und heute in unterschiedlichen Bereichen wissenschaftlicher Forschung eingesetzt werden. Wie nicht zuletzt das Beispiel des LIGO-Projekts zeigt, gibt die verbreitete Metapher vom Hören als Datenanalyse immer wieder dazu Anlass, Hörpraktiken auch für die Detektion und Auswertung von nicht-akustischen Signalen zu mobilisieren.

---

76 Carl Sagan, *Contact. A Novel*, New York 1985. Die Idee zum Roman entstand Ende der 1970er Jahre in Zusammenarbeit mit seiner späteren Frau Ann Druyan.
77 Zu den Unterschieden zwischen der SETI-Forschungspraxis und ihrer Darstellung im Film vgl. die Webseite des SETI-Instituts: http://www.seti-inst.edu/seti-institute/project/details/sci-fi-movies (22.2.2017).

Wissenschaftliches Hör-Wissen zwischen Psychoakustik und Signalanalyse

Wie ich zu zeigen versucht habe, basiert wissenschaftliches Hör-Wissen wesentlich auf einem epistemologischen Fundament, das aus dem Umgang mit Lärm und Rauschphänomenen in spezifischen Hörsituationen und einer psychoakustischen und informationstheoretischen Reformulierung von Hörprozessen im und nach dem Zweiten Weltkrieg resultierte. Seit den militärisch motivierten Forschungen zur Sprachverständlichkeit in lärmbehafteten Kommunikationsumgebungen wird die Beziehung zwischen hörenden Subjekten und akustischen Objekten nicht mehr als unmittelbar und voraussetzungslos gedacht, sondern als ein prekäres Hören am Limit, an der Grenze der Verständlichkeit, das in Form von Signal-Rausch-Verhältnissen zwischen Nutzsignalen, Störsignalen und Hintergrundrauschen konzeptionalisiert wird. Im Verständnis dieses ökologischen Hör-Wissens fungiert der Mensch nicht mehr als rein passiver Empfänger sinnhafter Sinneswahrnehmungen, sondern als informationsverarbeitende Einheit, die sinnvolle Signale zunächst mittels eines aktiven kognitiven Prozesses aus dem Hintergrundrauschen heterogener Umwelten herausfiltern muss, bevor der eigentliche Prozess der Rezeption bzw. Interpretation erfolgen kann.

Die Forschung zum prekären Hören hatte jedoch auch gezeigt, dass das Hörverständnis in solchen Umgebungen durch die Reduzierung der Anzahl und der Ambivalenz möglicher Botschaften sowie durch Vorwissen wesentlich gesteigert werden konnte. Deshalb wurden zur Vermeidung von Missverständnissen in der militärischen Funkkommunikation u. a. standardisierte, phonetisch optimierte Alphabete und Vokabularien eingeführt. Im Fall des Unterwasserhörens im Zweiten Weltkrieg wurde die Orientierung in komplexen Klangökologien und die Identifizierung spezifischer Zielsignale durch die detaillierte Erfassung und Referenzierung der akustischen Umwelt, die medientechnische Fixierung charakteristischer Geräusche sowie die gezielte Schulung von Expertenhörern mithilfe eines Korpus aus standardisierten Referenzgeräuschen wesentlich erleichtert. Taxonomien und Sammlungen in Form ‚akustischer Atlanten' bilden daher oft eine wichtige Grundlage für erkenntnisgenerierende Hörtechniken.

Die Globalisierung von Abhör- und Überwachungspraktiken im Kalten Krieg trug zudem zu einer Metaphorisierung des Hörens bei, die zur Folge hatte, dass der Begriff des Hörens zu einer Sammelbezeichnung für unterschiedlichste Formen der Signalanalyse – von der Registrierung geheimer Nukleartests bis zur Suche nach Botschaften außerirdischer Zivilisationen – wurde. Das Zusammenspiel bzw. der ‚rhetorische Nachhall' (Helmreich) zwischen dem psychoakustischen und informationstheoretischen Hör-Wissen und der Metaphorik über das Hören als Signalanalyse gab dabei immer wieder Anlass zur Entwicklung analytischer Hörtechniken in den Wissenschaften und verwandten Bereichen. Ähnlich wie die SETI-Physiker hoffen auch Vertreter der aktuellen Sonifikationsforschung, sinntragende Muster – und damit letztlich Erkenntnisse und Wissen – aus dem Rauschen komplexer Datenmengen extrahieren zu können. In diesem Zusammenhang ist interessant, dass Sonifikationen vor allem dann zur Option werden, wenn die Auswertung des Datenmaterials nicht automatisiert bzw. an Maschinen delegiert werden kann und stattdessen menschliche Hörer – wie im Fall von Speeths auditiver Methode zur Unterscheidung von Erdbeben und Nukleartests – den Prozess der Mustererkennung übernehmen. Sonifikationsverfahren, so könnte man abschließend sagen, ist damit immer auch eine gewisse Vorläufigkeit eigen.

Umgekehrt informiert das psychoakustische bzw. kognitive Wissen über das prekäre Hören, das in konkreten Hörsituationen während des Zweiten Weltkriegs entstand und später als Wissen über die Beziehung zwischen Signalen und Rauschen verallgemeinert wurde, heute zunehmend die Wahrnehmungsfähigkeit digitaler Maschinen. In diesem Zusammenhang stehen auch die eingangs beschriebenen Sonifikationen computersimulierter Gravitationswellen, die sich nur teilweise in Form von Klängen an menschliche ‚Hörer' richten, sondern vor allem dazu dienten, Algorithmen für die automatische Auswertung der von den LIGO-Detektoren produzierten Daten zu trainieren.[78] Ebenso wurden hörende Sonaroperateure längst von Algorithmen abgelöst, die auf der Grundlage neuronaler Netze operieren und die Ergebnisse der Signalanalysen in visueller bzw. graphischer Form darstellen.[79] Die Verbindung von Verfahren des maschinellen Lernens und der Big-Data-Analyse wird in Zukunft mehr und mehr die technische Modellierung und Substitution von analytischen Hörprozessen ermöglichen, wie etwa die zunehmende Verbreitung von Spracherkennungsalgorithmen wie der von Apple kommerzialisierten Militärsoftware Siri (Abkürzung für Speech Interpretation and Recognition Interface)[80] heute bereits zeigt. Es ist daher

---

[78] Vgl. Radü, „Gravitationswellen-Astronomie".
[79] Vgl. Shintaro Miyazaki, „Das Sonische und das Meer. Epistemogene Effekte von Sonar 1940 | 2000", in: Andi Schoon u. Axel Volmar (Hg.), *Das geschulte Ohr. Eine Kulturgeschichte der Sonifikation* (= Sound Studies 4), Bielefeld 2012, S. 129–145.
[80] Der Kern der Siri-Software wurde unter dem Projektnamen CALO (Cognitive Agent that Learns and Organizes) als Teil des PAL-Programms (the Personalized Assistant that Learns) der US-amerikanischen Defense Advanced Research Projects Agency (DARPA) entwickelt, sodass sich auch hier wieder der direkte Bezug zwischen kognitivem Hör-Wissen und Militär offenbart; vgl. die Websites von SRI International, Artificial Intelligence Center, Menlo Park, CA: http://www.ai.sri.com/project/CALO (22.2.2017) sowie https://pal.sri.com (22.2.2017).

davon auszugehen, dass das wissenschaftliche ‚Hören', allgemein verstanden als Prozess der Sondierung und Auswertung komplexer Signal- und Datenökologien, zukünftig verstärkt zum Bestandteil einer nicht-menschlichen, technischen Wahrnehmung werden wird.

Mary Helen Dupree
Arthur Chervins *La Voix parlée et chantée*
Zur Internationalisierung der Deklamationskunst um 1900

Seit Ende des 17. Jahrhunderts wird das Wort *Deklamation* (mit verwandten Wörtern in fast allen europäischen Sprachen) als allgemeine Bezeichnung für eine große Vielfalt an Sprechpraktiken in der Öffentlichkeit verwendet: auf der Bühne, im literarischen Salon, im Gericht, in der Kirche und im universitären Hörsaal. Der Begriff entstammt der klassischen Rhetorik, in der er eine Art argumentativer Improvisation kennzeichnet (*declamatio*).[1] Seit der Aufklärung wird ‚Deklamation' allerdings nicht mehr als improvisatorische Praxis verstanden, sondern vielmehr als allgemeine Bezeichnung für das stilisierte Lautlesen oder die Rezitation selbstverfasster oder fremder Texte verwendet. Im Frankreich des 18. Jahrhundert wurde die Verbindung zwischen Deklamation und Druckkultur durch den Begriff der *declamation théâtrale* weiter unterstützt; damit war nicht der mündliche Vortrag selbst gemeint, sondern eine gedruckte Rede, die auf der Bühne vorgetragen werden sollte.[2] In einer durch das Aufkommen der Schrift- und Druckkultur zutiefst geprägten Epoche diente die Deklamation dazu, die ‚toten Buchstaben' der Schrift wieder lebendig zu machen, d.h. die emotionale Kraft der improvisierten Rede für das Lautlesen gedruckter oder geschriebener Texte wiederzugewinnen.[3] Diese Assoziation lebt im heutigen Sprachgebrauch fort, in dem das Wort oft eine besonders emotionale Argumentation kennzeichnet. Im aktuellen Duden wird die Deklamation zum Beispiel als eine „auf Wirksamkeit bedachte, auch pathetisch vorgetragene Äußerung, Meinung" definiert.[4]

So konzipiert hing der ‚Erfolg' der Deklamation als Kommunikationsakt in jeder Epoche weitgehend vom (Hör-)Wissen sowohl des Deklamators als auch des

---

1 Vgl. George Alexander Kennedy, *A New History of Classical Rhetoric*, Princeton, NJ 1994, S. 83 f.
2 Vgl. dazu z.B. Claude-Joseph Dorat, *La déclamation théâtrale: Poème didactique en trois chants*, Paris 1766.
3 Zur Konkurrenz zwischen Schriftlichkeit und Mündlichkeit im 18. Jahrhundert vgl. Friedrich Kittler, *Grammophon, Film, Typewriter*, Berlin 1986, S. 17.
4 Vgl. *Duden Online*, http://www.duden.de/rechtschreibung/Deklamation (22.2.2017). In der aktuellen Begriffsbestimmung ist der Nachhall von Johann Christoph Adelungs früherer Definition zu hören; für ihn hieß „Declamiren" in einer Nebenbedeutung: „Figürlich, mit unnöthiger Feyerlichkeit und Ausführlichkeit vortragen". Johann Christoph Adelung, *Grammatisch-kritisches Wörterbuch der Hochdeutschen Mundart*, 1. Tl.: A–E, Wien 1811, Sp. 1432, auch online unter: http://lexika.digitale-sammlungen.de/adelung/lemma/bsb00009131_6_0_302 (22.2.2017).

DOI 10.1515/9783110523720-005

Zuhörers ab: Während der Deklamator die Ausdrucksfähigkeit seiner Stimme am eigenen Ohr prüfte, musste das Ohr des Zuhörers darauf trainiert werden, akustische Zeichen mit Affekten zu verbinden und eine Affektensprache daraus zu ‚lesen'. Sowohl der Deklamator als auch der Zuhörer mussten lernen, die Sprechstimme von der Gesangsstimme zu unterscheiden, um die Melodie, das Timbre und das Tempo der Deklamation zu erkennen und ästhetisch zu bewerten. Darüber hinaus musste der Zuhörer über eine gewisse Bandbreite an kulturellem Wissen verfügen, um den vorgetragenen Text zu verstehen und die dazu passenden Affekte zu empfinden. Wie manche Techniken der Instrumentalmusik, so etwa das Portamento im 19. Jahrhundert, handelt es sich beim deklamatorischen Hör-Wissen um implizites Wissen, das oft rein intuitiv wahrgenommen wird und daher keine weitere Erklärung zu benötigen scheint.[5]

Doch wie der vorliegende Beitrag zeigen wird, entstanden ab 1800 immer komplexere ‚Systeme' der Deklamation in schriftlicher Form, nicht zuletzt durch die Vermutung der frühen Akustiker angespornt, dass das Ohr dazu fähig war, Schwingungen wahrzunehmen, die dem Auge unsichtbar blieben.[6] So wurde nicht nur das deklamatorische Sprechen, sondern auch das (Zu-)Hören Gegenstand der ästhetischen Spekulation und der wissenschaftlichen Untersuchung. Durch die Einführung neuer (Massen-)Medien und Kommunikationstechniken im 18. und 19. Jahrhundert entstanden neue Möglichkeiten, deklamatorisches Hör-Wissen sowohl schriftlich als auch graphisch darzustellen, einzusammeln, zu reproduzieren und massenweise zu verbreiten. So erwies sich eine ursprünglich aus der Antike stammende Kulturpraxis als impulsgebend für eine neue Wissenschaft der Stimme, die sich durch systematische Theorien und Notierungs-, später Visualisierungsversuche kennzeichnete.

---

[5] Zur Verschriftlichung des Portamentos siehe den Beitrag von Camilla Bork im vorliegenden Band.

[6] Dazu z. B. Gustav Anton von Seckendorff, *Vorlesungen über Mimik und Deklamation*, Bd. 1., Braunschweig 1816, S. 18: „An der Unzulänglichkeit unserer Sinne liegt es, dass wir das Beben der Saite am Kontrabass sehen, und den analogen Ton in der Luft nicht, dass wir den Kanonenschuss meilenweit hören, aber nicht sehen, dass wir die Sonne mit dem Blicke erreichen, und die schnelle, mithin kraftvolle Strömung ihrer Strahlen durch den Luftraum nicht hören."

Deklamatorisches Hör-Wissen im Wandel: Das 18. und 19. Jahrhundert

In Theorie und Praxis der Deklamation seit dem späten 18. Jahrhundert sind mehrere Strömungen zu verfolgen, die in der Regel stark durch nationale, sprachliche und kulturelle Unterschiede beeinflusst sind. Sowohl die Aufführungsgeschichte als auch die französisch-, englisch- und deutschsprachigen Schriften über Deklamation aus dem 18. und 19. Jahrhundert zeugen von langfristigen und sehr produktiven Kulturtransfers zwischen England, Deutschland und Frankreich, was letztlich zum Aufkommen von Deklamationskulturen in allen drei Sprach- und Kulturgebieten beitrug. Im Frankreich des 17. und 18. Jahrhunderts waren die Pariser Bühnen, vor allem die Comédie-Française, zum zentralen Ort der deklamatorischen Praxis avanciert. In den Abhandlungen von René Bary, Grimarest und Jean Poisson wurde die Auseinandersetzung mit der Rhetorik (*oratoire*) langsam durch Überlegungen zum Wesen der *déclamation théâtrale* erweitert, bis sie schließlich (zum Beispiel bei Pierre Rémond de Sainte-Albine und Antoine-François Riccoboni) durch einen ausschließlichen Fokus auf die Schauspieltheorie ersetzt wurde.[7] Ab 1784 diente die Pariser École royale de chant et de déclamation (später Teil des Conservatoire National de musique et de déclamation) als weiterer Knotenpunkt für die Verbreitung deklamatorischen Hör-Wissens, nämlich durch die Beschäftigung renommierter Mimen der Comédie-Française, wie etwa Préville (Pierre-Louis Dubus, 1721–1799), als Professoren der Deklamation.[8] So wurde das Hör-Wissen bekannter Schauspieler und Theaterregisseure nicht nur in Handbüchern, sondern auch im mündlichen Unterricht systematisiert und der nachkommenden Generation vermittelt. Auch in England war die deklamatorische Praxis weitgehend auf die Hauptstadt konzentriert, spezifisch auf die zwei offiziell genehmigten Bühnen, Covent Garden und Drury Lane. In Großbritannien wurde um 1800 die Deklamationstheorie vielleicht noch systematischer und anschaulicher betrieben als in Paris: In Gilbert Austins *Chironomia; or a Treatise on Rhetorical Delivery* (1806) und Joshua Steeles *Prosodia Rationalis* (1779) werden dem Leser systematische Theorien der Deklamation nicht nur in Worten, sondern auch durch visuelle Notationssysteme zugänglich gemacht (Abb. 1).

---

[7] Vgl. dazu Sabine Chaouche, *Sept traités sur le jeu du comédien et autres textes. De l'action oratoire à l'art dramatique (1657–1750)*, Paris 2001, S. 14–16.
[8] Vgl. Préville (Pierre-Louis Dubus), *Mémoires de Préville, membre associé de l'Institut national, professeur de déclamation au Conservatoire et comédien français*, Paris 1812, S. 26 f.

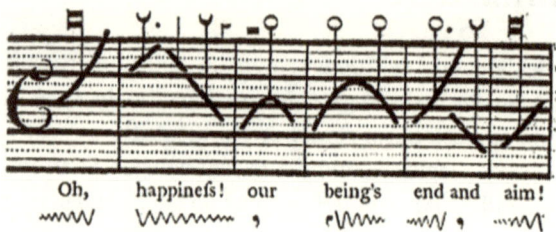

Abb. 1: Joshua Steele, *An Essay Towards Establishing the Melody and Measure of Speech to be Expressed and Perpetuated by Peculiar Symbols*, London 1775, S. 13.

Ab dem späten 18. Jahrhundert wurden sowohl englische als auch französische Schauspieler (David Garrick, Mary Ann Yates, Sarah Siddons, Hippolyte Clairon, François-Joseph Talma) durch die Erweiterung der Theaterpresse zu internationalen Stars, die sich durch ihre Deklamation und Gestik auszeichneten. So verbreitete sich das deklamatorische Hör-Wissen entlang einer internationalen Achse, mit entschiedener Resonanz auch im deutschsprachigen Gebiet.

In den deutschsprachigen Ländern war die Deklamationstheorie und -praxis zugleich viel dezentrierter. Im 18. Jahrhundert bildeten hier die im Zuge der sogenannten Nationaltheaterbewegung etablierten großen Schauspielhäuser in Leipzig, Gotha, Hamburg, Mannheim und Wien die wichtigsten Knotenpunkte deklamatorischen Hör-Wissens. Allerdings fand eine wesentliche Transformation der literarischen Deklamation außerhalb des Theaters statt. Zum Teil von Klopstocks Experimentalpoetik inspiriert, beförderte eine weitverbreitete Kultur des literarischen Vortrags im späten 18. Jahrhundert die Praxis der literarischen Deklamation, hier als „gesteigerte Rezitation"[9] oder als kunstvoller Vortrag von Gedichten und Prosatexten verstanden.[10] Neben der Generation

---

9 Johann Wolfgang von Goethe, „Regeln für Schauspieler", in: *Goethes Werke*, hg. im Auftrage der Großherzogin Sophie von Sachsen [WA], Abt. I, Bd. 40, Weimar 1901, S. 146.
10 Vgl. dazu Johannes Birgfeld, „Klopstock, the Art of Declamation and the Reading Revolution: An Inquiry into One Author's Remarkable Impact on the Changes and Counter-Changes in Reading Habits between 1750 and 1800", in: *Journal for Eighteenth-Century Studies* 31.1 (2008), S. 101–117; die Einleitung in Reinhart Meyer-Kalkus, *Stimme und Sprechkünste im 20. Jahrhundert*, Berlin 2001, S. 1–28; Mary Helen Dupree, „From ‚Dark Singing' to a Science of the Voice: Gustav Anton von Seckendorff, the Declamatory Concert and the Acoustic Turn Around 1800", in: *Deutsche Vierteljahrsschrift für Literaturwissenschaft und Geistesgeschichte* 86.3 (Herbst 2012), S. 365–396; dies., „Theorie und Praxis der Deklamation um 1800", in: Nicola Gess u. Alexander Honold (Hg.), *Handbuch Literatur und Musik* (= Handbücher zur kulturwissenschaftlichen Phi-

von reisenden Deklamatoren (mit heute weitgehend vergessenen Namen wie Karl Friedrich Solbrig, Gustav Anton von Seckendorff, Sophie Albrecht und Elise Bürger) erschien um 1800 eine Vielzahl an Aufsätzen und praxisorientierten Handbüchern, die in ihrer technischen Spezifizität und komplexen Systematik mit Austin, Steele und den französischen Abhandlungen des vorangegangenen Jahrhunderts wetteiferten. Steeles Konzept eines auf Notenschrift basierenden Notationssystems für die ‚Töne' der Deklamation wurde 1791 von dem Leipziger Professor Christian Gotthold Schocher in dessen Konzept einer ‚Sprechtonleiter' integriert und weiterentwickelt.[11] Sein System inspirierte mehrere Generationen von ‚Rhapsoden', reisenden Deklamatoren und Theoretikern, die diese neue Kunstform durch immer aufwendigere systematische Abhandlungen über die Deklamationstheorie zu legitimieren versuchten. Im Sinne der Aufklärung boten Schocher und seine Nachfolger eine durch Notation sichtbar gemachte, synoptisch dargestellte, leicht verständliche Methode der Deklamation, mittels derer der einzelne Leser seine eigene Stimme befreien konnte: Mündlichkeit als Weg zur Mündigkeit. Im Rahmen der Befreiungskriege wurde das animierende Potenzial des mündlichen Vortrags zunehmend politisiert, wie etwa in den *Reden an die deutsche Nation* des Schocher-Schülers Johann Gottlieb Fichte.[12] In der ‚Rhapsodenzeit' des frühen 19. Jahrhunderts wurden massenweise Handbücher und Sammlungen markierter Texte für den mündlichen Vortrag veröffentlicht, die als Basis einer weitverbreiteten Kultur der häuslichen Deklamation erbaulichen und unterhaltsamen Zwecken dienten, die ihr englischsprachiges Pendant im *elocution movement* hatte.[13]

---

lologie 2), Berlin 2016, S. 362–370. Irmgard Weithases ausführliche Recherchen zur Geschichte der gesprochenen deutschen Sprache sind hier noch zu erwähnen, vor allem ihre *Anschauungen über das Wesen der Sprechkunst von 1775–1825* (Berlin 1930) und *Zur Geschichte der gesprochenen deutschen Sprache* (Tübingen 1961).
11 Christian Gotthold Schocher, *Soll die Rede auf immer ein dunkler Gesang bleiben, und können ihre Arten, Gänge und Beugungen nicht anschaulich gemacht, und nach Art der Tonkunst gezeichnet werden?*, Leipzig 1791.
12 Vgl. dazu Dupree, „From ‚Dark Singing' to a Science of the Voice".
13 Vgl. Günter Häntzschel, „Die häusliche Deklamationspraxis: Ein Beitrag zur Sozialgeschichte der Lyrik in der zweiten Hälfte des 19. Jahrhunderts", in: Häntzschel, John Ormrod u. Karl N. Renner (Hg.), *Zur Sozialgeschichte der deutschen Literatur von der Aufklärung bis zur Jahrhundertwende. Einzelstudien* (= Studien und Texte zur Sozialgeschichte der Literatur 13), Tübingen 1985, S. 203–233. Zur Deklamation im ‚Elocution Movement' vgl. Jason Camlot, „Early Talking Books: Spoken Recordings and Recitation Anthologies, 1880–1920", in: *Book History* 6 (2003), S. 147–173; Marian Wilson Kimber, „Mr. Riddle's Readings: Music and Elocution in Nineteenth-Century Concert Life", in: *Nineteenth Century Studies* 21 (2007), S. 163–181.

In diesen Texten und Institutionen wurde eine große Fülle an Hör-Wissen zur Deklamationstheorie und -praxis gesammelt, die heute nur zum Teil wissenschaftlich bearbeitet ist. Hier bekam auch der Laie (als Leser, Schüler oder im Publikum) direkten Zugang zum professionellen Hör-Wissen von Schauspielern, Regisseuren, Deklamatoren, Sängern, Literaten – alles, was das Ohr eines solchen Berufssprechers nach langjähriger Auseinandersetzung mit der Deklamationstheorie und -praxis wissen konnte. Dieser Wissenskorpus umfasste diverse Gebiete: literarische und künstlerische Praktiken ebenso wie Sprachpraktiken im Alltag, anatomisches und physiologisches Wissen, Musik und Notation, Öffentlichkeiten und Typologien des Zuhörers, Affekte und Emotionen sowie Akustik als Wissenschaft. In den oben erwähnten Abhandlungen und Aufsätzen über Deklamation diente solches Wissen als empirische Basis von Argumenten in Diskussionen zu Ästhetik, (Kunst-)Geschichte, Philosophie, Anthropologie und Poetik, ja sogar Theologie und Metaphysik. Trotz nationaler Unterschiede zwischen Deklamationskulturen war dieses Wissen durchaus mobil: Die Deklamation wurde zum Fokus zahlreicher Wissenstransfers zwischen Nationen und Kulturen. Dabei handelte es sich nicht nur um *mutable mobiles* wie reisende Schauspieler (etwa Sarah Bernhardt im späten 19. Jahrhundert), sondern auch um *immutable mobiles*: Bilder, Zeitschriften und Bücher, die Wissen über deklamatorische Theorie und Praxis über nationale Grenzen hinweg transportierten.[14] Ende des 19. Jahrhunderts beschleunigte sich das Tempo solcher Wissenstransfers innerhalb Europas durch neue Technologien wie die Eisenbahn oder den Telegraph – später auch das Radio –, während sich eine neue Achse des Transfers zwischen Nordamerika und Europa etablierte. Obwohl sich die deklamatorische Stimme noch nicht zuverlässig über weite Entfernungen übertragen ließ, war es wenigstens möglich, Wissen über die Deklamation sowie die Physiognomie und Ästhetik der Stimme in schriftlicher Form zu sammeln und an ein internationales Publikum zu vermitteln. Um das rasch sich erweiternde deklamatorische Hör-Wissen einer internationalen, gebildeten Leserschaft zu vermitteln, waren neue Gattungen und Medien gefragt.

---

14 Zu ‚Immutable Mobiles' vgl. Bruno Latour, „Visualization and Cognition: Drawing Things Together", in: *Knowledge and Society: Studies in the Sociology of Culture Past and Present* 6 (1986), S. 1–40, hier S. 7–13.

Grammophon und Affensprache: Arthur Chervins *La Voix parlée et chantée*, 1890–1903

In dem von 1890 bis 1903 erscheinenden, französischen Wochenmagazin *La Voix parlée et chantée. Anatomie, physiologie, hygiène et éducation*[15] wird die Internationalisierung des deklamatorischen Hör-Wissens um 1900 sichtbar gemacht und reflektiert. Herausgeber war Arthur Chervin (1850–1921), Arzt an der Pariser Oper und zugleich Direktor des Institut des Bègues (Institut für Stotternde), das Chervins Vater Claudius 1867 gegründet hatte.[16] Sprachstörungen waren aber nur ein Thema, dem sich die Zeitschrift *La Voix* verschrieben hatte. Sie versammelte Beiträge zur gesamten Bandbreite des stimmlichen Ausdrucks, von allgemeiner Kommunikation über Artikulation, Gesang, Gelächter, Geschrei, künstlerischer Rezitation, freier Improvisation bis zur Hochsprache; daneben standen Beiträge zu Entwicklungen im Bereich der Tontechnik und des Musikinstrumentenbaus. Zu Wort kamen Vertreter ganz unterschiedlicher, heute disziplinär getrennter Perspektiven: Gesangslehrer, Anatomen, Theaterschaffende, Physiologen, Psychologen, Toningenieure und Akustiker.

Chervin gab sich 1903, im 14. Jahrgangsband der Zeitschrift, überrascht über das mittlerweile ‚respektable Alter' und den so lang anhaltenden Erfolg von *La Voix parlée et chantée*.[17] Indes befand sich die an der Schnittstelle von wissenschaftlichem und künstlerischem Wissen angesiedelte Zeitschrift um 1900 in guter Gesellschaft. Populärwissenschaftliche Zeitschriften boomten, nicht nur in Frankreich, sondern auch in den USA und Deutschland.[18] So kamen im natur-

---

15 *La Voix parlée et chantée. Anatomie, physiologie, hygiène et éducation, publiée par Arthur Chervin*, 14 Bde., Paris 1890–1903. Siehe dazu auch die Beiträge von Viktoria Tkaczyk und Rebecca Wolf im vorliegenden Band.
16 Zur Biographie Arthur Chervins vgl. M. Jacquet, „Chervin, Arthur-Claudius-Felix", in: M. Prévost und Roman D'Amat (Hg.), *Dictionnaire de biographie française*, Bd. 18, Paris 1959, Sp. 1033–1034. Vgl. dazu auch den kurzen Beitrag von Danièle Pistone, „La Voix parlée et chantée", auf der Homepage der Bibliothèque Interuniversitaire de Santé, unter: http://www.biusante.parisdescartes.fr/histoire/medica/voix.php (22.2.2017); vgl. ferner Claire Pillot-Loiseau, „Place de la phonétique dans le revue *La Voix parlée et chantée*", in: Danièle Pistone (Hg.), *La Voix parlée et chantée. Etude et indexation d'un périodique français*, Sonderausgabe des *Observatoire musical français*, Série „Conférences et Séminaires", 47 (2011), S. 53–71, hier S. 53.
17 Chervin schreibt: „Fondée en 1890, *la Voix parlée et chantée* achève aujourd'hui sa quatorzième année. C'est un âge respectable pour une publication que les plus indulgents n'avaient l'espoir de ne voir vivre que ce que vivent les roses". *La Voix parlée et chantée* 14 (1903), S. 410.
18 Vgl. für den deutschsprachigen Zeitschriftenmarkt z. B. Andreas Daum, *Wissenschaftspopularisierung im 19. Jahrhundert. Bürgerliche Kultur, naturwissenschaftliche Bildung und die deutsche Öffentlichkeit 1848–1914*, 2. Aufl., München 2002; Arne Schirrmacher, „Kosmos, Koralle und

kundlichen Bereich in dichter Folge gleich mehrere deutschsprachige Zeitschriften auf den Markt: 1887 *Der Naturwissenschaftler* und die *Naturwissenschaftliche Wochenschrift*, 1889 *Himmel und Erde*, 1890 *Prometheus* sowie *Der Naturfreund*, 1892 folgte *Natur und Haus* und 1897 *Natur und Glaube*, die ab 1907 *Natur und Kultur* hieß. Im Bereich von Musik, Stimme und Tontechnik fand *La Voix parlée et chantée* deutsche Pendants in Zeitschriften wie *Die redenden Künste. Zeitschrift für Musik und Litteratur* aus Leipzig (1895–1900), der *Phonographischen Zeitschrift* (1900–1938) oder *Die Stimme. Zentralblatt für Stimm- und Tonbildung, Gesangsunterricht und Stimmhygiene* (1906–1935). Das US-amerikanische Pendant *The Voice* erschien ab 1879, ab 1902 unter dem Titel *Werner's Magazine: A Magazine of Expression*, nach nochmaliger Umbenennung als *Philharmonic*.

Als Arzt und Wissenschaftler widmete sich Chervin sowohl der Physiognomie der Stimme als auch Zentralfragen der Anthropologie und der Demographie; 1901 übernahm er die Präsidentschaft des von Paul Broca vormals gegründeten Anthropologischen Instituts in Paris.[19] Neben zahlreichen Artikeln und Berichten zu anthropologischen, archäologischen, und demographischen Themen veröffentlichte er 1907 seine *Anthropologie bolivienne* sowie zwei Jahre später in Zusammenarbeit mit seinem Mentor Alphonse Bertillon ein Handbuch der Anthropometrie (*Anthropologie métrique*, 1909), das anderen ‚wissenschaftlichen Missionaren' („missionaires scientifiques") erklären sollte, wie man die neuesten fotografischen Techniken bei der anthropometrischen Feldforschung – genauer gesagt, bei der Vermessung der Körper von Nicht-Europäern zu rassenwissenschaftlichen Zwecken – einzusetzen habe.[20]

Kultur-Milieu. Zur Bedeutung der populären Wissenschaftsvermittlung im späten Kaiserreich und in der Weimarer Republik", in: *Berichte zur Wissenschaftsgeschichte* 31.4 (2008), S. 353–371; weiterführend auch Ulrich Mölk u. Heinrich Detering (Hg.), *Perspektiven der Modernisierung. Die Pariser Weltausstellung, die Arbeiterbewegung, das koloniale China in europäischen und amerikanischen Kulturzeitschriften um 1900*, Berlin 2010; Louise Henson u. Jonathan R. Topham (Hg.), *Culture and Science in the Nineteenth-Century Media*, Aldershot 2004.

19 Jacquet, „Chervin", Sp. 1033 f. Zur Geschichte und Wirkung dieses Instituts, mit besonderem Fokus auf seine Bedeutung für die Geschichte des Freidenkertums im 19. Jahrhundert, vgl. Jennifer Michael Hecht, *The End of the Soul: Scientific Modernism, Atheism, and Anthropology in France*, New York 2003.

20 Alphonse Bertillon u. Arthur Chervin, *Anthropologie métrique*, Paris 1909. Zum Verhältnis von Bertillon und Chervin vgl. Hecht, *The End of the Soul*, S. 151. Chervin hatte schon 1896 ein Werk über militärische Anthropometrie (*Anthropométrie militaire*) veröffentlicht; Bertillon war zudem Erfinder des ‚Portrait parlé', einer Methode der genauen Beschreibung der Stimme von Straffälligen. Mein herzlicher Dank gilt an dieser Stelle Viktoria Tkaczyk für den Hinweis auf diesen Aspekt in Bertillons wissenschaftlicher Laufbahn.

Abb. 2: „Specimen de portrait métrique profil et face obtenu avec l'appareil spécial. Réduction photographique: 1/7 – Point de vue: 2 mètres." Der Anthropologe als eigener Forschungsgegenstand: Anthropometrische Aufnahme von Arthur Chervin. Aus: Arthur Chervin u. Alphonse Bertillon, *Anthropologie métrique*, Paris 1909, S. 70.

In *La Voix parlée et chantée* wird die Stimme zum Gegenstand eines weitreichenden interdisziplinären Wissenskorpus: Zusätzlich zu dem bereits erwähnten Themenspektrum und neben Aufsätzen über Deklamation erscheinen Berichte über Sprachpathologie und Aphasie, Aufsätze über allgemeine und vergleichende Sprachwissenschaft, wissenschaftliche Berichte über akustische Experimente, Theaterrezensionen und nicht zuletzt auch Werbung für Elixiere und Tonika, die die strapazierten Stimmbänder von professionellen Sängern und Oratoren zu heilen versprachen. Darüber hinaus finden sich Berichte über neue Techniken der Stimme und des Klangs, von Kommunikationstechniken wie Grammophon und Telefon bis hin zu Visualisierungstechniken wie „diagrammes phoneidoscopiques", die gesprochene Vokale durch Abdrücke auf einer Glyzerinschicht visuell darstellen sollten.[21]

---

[21] A. Guébhard, „Analyse physique de voyelles", in: *La Voix* 1 (1890), S. 83–90. Vgl. dazu auch Claire Pillot-Loiseau, „Place de l'acoustique dans le revue *La Voix parlée et chantée*", in: Danièle Pistone (Hg.), *La Voix parlée et chantée. Etude et indexation d'un périodique français*, Sonderausgabe des *Observatoire musical français*, Série „Conférences et Séminaires", 47 (2011), S. 32–44, hier S. 43.

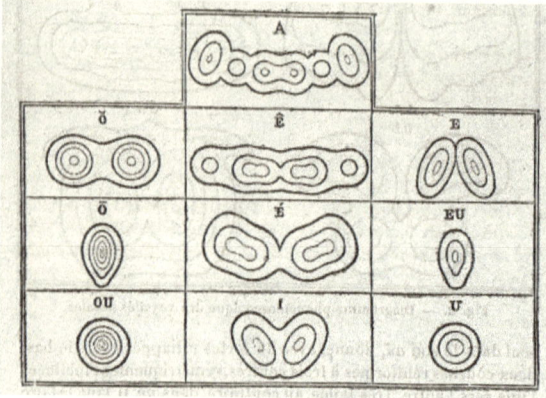

Abb. 3: „Diagrammes phonéïdoscopiques des dix sons voyelles principaux." Phoneidoskopische Darstellung der Hauptvokale. Aus: A. Guébhard, „Analyse physique des voyelles", in: *La Voix* 1 (1890), S. 87.

Die Themen- und Artikelauswahl von *La Voix* war allerdings nicht nur durch ein rein wissenschaftliches Interesse, sondern auch durch die Faszination am Neuen, Fremden, Exotischen motiviert, der die Kunst, Unterhaltungs- und Konsumkultur der *Belle Époque* und die sich stets erweiternde Kolonialpolitik des späten 19. Jahrhunderts entgegenkam: In der Ausgabe von 1892 ist zum Beispiel ein Bericht über die ‚pfeifende Sprache' („le langage sifflé") der Kanarischen Inseln sowie eine Rezension von André Lefèvres rassentheoretisch und sozialdarwinistisch geprägtem Werk zur Sprachanthropologie, *Les races et les langues*, enthalten.[22] Seiner gebildeten, wenigstens zum Teil auch fachkundigen Leserschaft bot *La Voix* zwar eine Fülle an Fachwissen über die Stimme, war aber bemüht, den Wissenstransfer durch lustige Geschichten und Anekdoten, etwa kleine Essays über die Sprache der Affen („Le langage des singes"), unterhaltsamer zu gestalten.[23] Der *La Voix*-Leser war zugleich Fachkollege und Konsument, der unterhalten werden sollte.

Neben den Berichten über das Telefon, das Grammophon und die Sprachen ferner Länder mögen die *La Voix*-Abhandlungen über die Deklamation dem heutigen Leser vielleicht seltsam altmodisch erscheinen. Doch bleibt die literarische und theatralische Deklamation ein zentrales Thema der Zeitschrift bis hin zum letzten Erscheinungsjahr 1903. Sie widmet sich immer wieder der Deklamations-

---

22 M. Lajard, „Le langage sifflé aux îles Canaries", in: *La Voix* 3 (1892), S. 191–192, 382.
23 [Anon.,] „Variété fantaisiste: Le langage des singes", in: *La Voix* 2 (1891), S. 377–379.

theorie und -praxis im Theater, in der Schule und im Berufsleben. Vor allem der Deklamationsunterricht wird mehrfach thematisiert, beispielsweise in Berichten aus dem Conservatoire und in Essays bekannter Schauspieler wie Léon Brémont, einem Kollegen von Sarah Bernhardt.[24] Gleichzeitig bilden die in *La Voix* veröffentlichten Berichte über Deklamationspraxis und -unterricht in anderen Ländern sowie die Übersetzungen fremdsprachiger Texte über Deklamation und Sprachpraxis einen internationalen Korpus an deklamatorischem Hör-Wissen.

Doch welche Theorie(n) der Deklamation wollten Chervin und seine Kollegen nun genau vermitteln? Und inwiefern waren sie bemüht, ihre Ideen mit den sich rasch verbreitenden neuen kulturellen und technischen Innovationen, über die sie jeden Monat berichteten, in Einklang zu bringen?

Der Schlüsseltext in dieser Hinsicht ist zweifellos der von Claudius Chervin verfasster Aufsatz „Principes de lecture à haute voix: de récitation, de conversation et d'improvisation", der 1891, im zweiten Jahrgang von *La Voix*, veröffentlicht wurde.[25] Es handelt sich dabei um Auszüge aus den *Exercices de lecture à haute voix et de récitation*, die 1880 als Teil eines geplanten siebenbändigen Lehrbuchs im Selbstverlag Arthur Chervins („MM. Chervin") veröffentlicht wurden und primär für den pädagogischen Gebrauch gedacht waren.[26] Das Buch gehört in eine Reihe einer zeitgenössischen Vielzahl didaktischer Regelwerke über Aussprache und Phonetik, die in den frühen Jahren der *Troisième Republique* veröffentlicht wurden und in einigen Fällen – etwa Ernest Legouvés *L'Art de la lecture* (1877) – mit konkreten Reformen in den französischen Schulen verbunden waren, die sich als impulsgebend für die Einführung des Deklamationsunterrichts in französische Schulen erwiesen.[27] Während Legouvé seine Ideen in essayistischer Form

---

[24] L[éon] Brémont, „La Poésie et la musique", in: *La Voix* 6 (1895), S. 29–35.

[25] Claudius Chervin („Chervin ainé"), „Principes de lecture à haute voix: de récitation, de conversation et d'improvisation", in: *La Voix* 2 (1891), S. 212–251, 257–302, 321–346, 359–375. Die französische Phrase ‚lecture à haute voix' ist eine allgemeine Bezeichnung für das Lautlesen, für Rezitation und Deklamation; in diesem Zusammenhang ist ‚haut' als ‚laut' zu übersetzen. Zum Lebenswerk von Claudius Chervin vgl. Aimé Vingtrinier, *Un homme utile. Claudius Chervin ainé, fondateur de l'institution des bègues de Paris*, Lyon 1892.

[26] Das Vorwort des Bandes gibt einen Überblick über die sieben Bände; heute ist jedoch nur noch dieser eine Band verfügbar, die anderen sind entweder verschollen oder gar nicht veröffentlicht worden. Vgl. Arthur Chervin (Hg.), *Exercices de lecture à haute voix et de récitation, divisions élémentaires: prononciation française, Méthode-Chervin*, Paris 1880, S. v–xiii.

[27] Vgl. dazu auch den Beitrag von Viktoria Tkaczyk im vorliegenden Band. Legouvé wird schon im Vorwort zur ersten Ausgabe von *La Voix* zitiert; in Bd. 7 (1896) wird das Protokoll eines Gesprächs mit Legouvé veröffentlicht, in dem die Wirkung von Legouvés Handbuch bewertet wird: „C'est en 1876 que, sur l'invitation de M. Bersot, le spirituel académicien fit aux élèves de L'Ecole normale supérieure une série de conférences sur *L'Art de la lecture*, publia l'ouvrage portant ce

vermittelt und dabei mit etlichen Anekdoten anreichert (und in der 1900 gedruckten erweiterten Ausgabe mit Abbildungen klassischer französischer Schriftsteller und Dramatiker verzieren lässt),[28] ist der Chervin-Aufsatz schlicht und synoptisch, in Paragraphen organisiert. In diesem kurzen Werk, das im Folgenden näher untersucht werden soll, steht die Deklamation im Mittelpunkt eines anthropologischen, sprachpathologischen und pädagogischen Programms, dessen Ziele sich mit den späteren anthropologischen und statistischen Projekten Arthur Chervins decken. Ziel war die Normierung des einzelnen Subjekts (zum Beispiel durch die Abschaffung von Sprachfehlern) und die Erweiterung seines Potenzials durch die Disziplinierung der menschlichen Stimme.

Zwischen antiker Rhetorik und moderner Wissenschaft: Die *Méthode-Chervin* und die „Principes de lecture à haute voix"

Dass Theorie und Praxis der Deklamation von zentraler Bedeutung für Arthur Chervins Auseinandersetzung mit der Stimme in *La Voix* waren, zeigt sich schon in der Vorrede zur ersten Ausgabe von *La Voix* („A nos lecteurs"), in der der jüngere Chervin das ästhetische und wissenschaftliche Programm der Zeitschrift festschreibt. *La Voix parlée et chantée* wird hier in erster Linie als Forum für den Wissenstransfer unter Spezialisten (*specialistes*) konzipiert. Das waren erstens die Mediziner, die sich mit anatomischen, physiologischen, hygienischen und pathologischen Fragen auseinandersetzen; zweitens die Schauspieler, Sänger, Professoren und Lehrer der Musik und der Deklamation; und drittens die Kritiker, deren Aufgabe es ist, einzelne Stimm-Aufführungen systematisch, nach ästhetischen Prinzipien zu beurteilen. An dieser Stelle nimmt Arthur Chervin die Gelegenheit, über den aktuellen Stand der Sprecherziehung zu reflektieren: „Les

---

titre, qui fut tout de suite dans toutes les mains, et détermina M. Bardoux, alors ministre de l'instruction publique, à prescrire, par une circulaire aux recteurs, l'enseignement de cet art dans les lycées et dans écoles"; Paul Souday, „Le monde où l'on dit", in: *La Voix* 7 (1896), S. 19. Nach Pillot-Loiseaus Rechnung widmen sich 103 Artikel in *La Voix* phonetischen Themen, also fast ein Fünftel der gesamten Zeitschrift (18,4 %); fast 13 % der Artikel über Phonetik setzen sich mit der Diktion, vor allem im Theater, auseinander; vgl. Pillot-Loiseau, „Place de la phonétique", S. 55, 61.

28 Vgl. Ernest Legouvé, *L'Art de la lecture par Ernest Legouvé de l'Academie Française. Nouvelle édition, revue et augmentée de huit chapitres*, Paris 1877.

artistes, les professeurs de chant, de diction ou de déclamation, se préoccupent surtout de la mise en valeur des qualités naturelles par une éducation aussi rationnelle que possible, mais ou l'empirisme tient quelquefois malheureusement plus de place qu'il ne convient".[29] Mit dem Empirismus („l'empirisme") ist dabei nicht die Empirie als wissenschaftliches Prinzip gemeint, sondern ein eher provisorisches, unwissenschaftliches Sich-Verlassen auf individuelle Erfahrung, die Chervin keinesfalls als Ersatz für eine systematische Theorie gesehen haben wollte. So teilt sich schon in der Einleitung eine gewisse Sehnsucht nach Verwissenschaftlichung und Rationalisierung der Stimmkunst mit.

Letztlich stilisiert sich *La Voix* bereits in der ersten Ausgabe als Forum für vielfältige wissenschaftliche, künstlerische, ästhetische und pädagogische Perspektiven, die weiterhin durch einen gemeinsamen rational-wissenschaftlichen Anspruch miteinander verbunden sind. Um potenzielle Spannungen zwischen Ästhetik und Wissenschaft abzufedern, plädiert Arthur Chervin für eine Annäherung von Kunst und Theorie, ohne die keine künstlerische Ausbildung möglich sei: „Nous savons par expérience, que la théorie, loin d'être inutile, facilite considérablement l'éclosion, le perfectionnement, le développement des facultés naturelles".[30] In diesem Sinn entwickelt Chervin vier thematische Schwerpunkte für seine Zeitschrift. Erstens sollen Abhandlungen über akustische, anatomische und physiologische Themen veröffentlicht werden, mit besonderem Augenmerk auf die Funktion des Kehlkopfs beim Sprechen und Singen. Einen zweiten Schwerpunkt bilden Artikel über Entzündungen und medizinische Störungen des Kehlkopfs. Den dritten Schwerpunkt machen Berichte und Abhandlungen über Techniken und Theorien der Stimm- und Sprechkunst sowie über sprachwissenschaftliche Fragen aus; zu dieser Kategorie gehört auch der Aufsatz des schon sehr renommierten Vaters zur „Lecture à haute voix". So wird die Auseinandersetzung mit Fragen zur Deklamation, zur Spracherziehung und zu den Regeln der gebildeten Sprache („les regles de la bonne diction") in den Mittelpunkt des pädagogischen und wissenschaftlichen Hauptprogramms der Zeitschrift gerückt. Eine vierte und letzte Kategorie stellt der Rezensionsteil („la bibliographie") dar, in dem Bücher aus aller Welt zu den obigen Themen zusammengefasst und bewertet werden sollen.

Ähnlich wie in den deutschsprachigen ‚Deklamierbüchern' des frühen 19. Jahrhunderts ist auch der Aufsatz Claudius Chervins, „Principes de lecture à haute voix: de récitation, de conversation et d'improvisation", von einer klar formulierten Zielsetzung und einer strengen Systematik beherrscht. Chervins

---

29 Arthur Chervin, „À nos lecteurs", in: *La Voix* 1 (1890), S. 1 f.
30 Ebd., S. 3.

Deklamationstheorie wird hier in synoptischer Form, mithilfe von schematischen Tabellen, dargestellt. Die Deklamation gehört dabei zu einem von drei Hauptbereichen, die unter dem Oberbegriff *prononciation* subsumiert werden: Prosodie (*prononciation élémentaire*), Diktion (*prononciation expressive*) und eben Deklamation (*prononciation oratoire*).

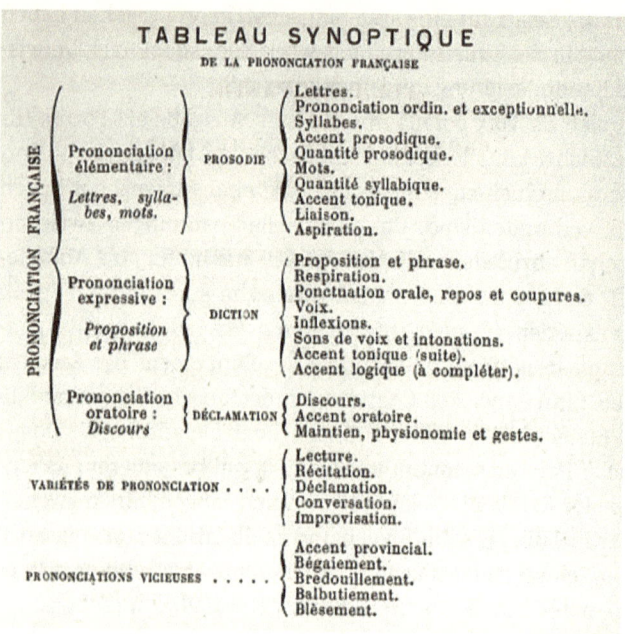

Abb. 4: Synoptische Tabelle. Aus: Claudius Chervin, „Principes de lecture à haute voix: de récitation, de conversation et de l'improvisation", in: *La Voix* 2 (1891), S. 216.

Hier wird die Deklamation oder oratorische Aussprache von den anderen beiden Kategorien vor allem durch den Einsatz von Gestik und die Variation einzelner Töne unterschieden: Deklamatorisch sei „la prononciation des discours avec le ton et les gestes convenables".[31] Seine Theorie betont, wie der ältere Chervin schon in der Einleitung zu seinem Beitrag deutlich macht, insbesondere die physiologische Dimension, vor allem die Funktion des Kehlkopfs beim vokalen Ausdruck. Gleiches gilt für seine Definition der Stimme im zweiten Teil des Aufsatzes („Prononciation expressive"): „La *voix* est le résultat des vibrations sonores

---

[31] Claudius Chervin, „Principes de lecture à haute voix: de récitation, de conversation et de l'improvisation. Introduction", in: *La Voix* 2 (1891), S. 215.

produites dans des conditions déterminées, par le passage de l'air, à travers le larynx."[32] Gleichermaßen wird aber die ästhetische Wirkung der Stimme auf den Zuhörer in den Vordergrund gerückt, die als „une charme puissante, indéfinissable" beschrieben wird. Weiterhin wird eine Analogie zwischen den Modulationen der Stimme und dem Gedankenfluss postuliert und der alte Topos der Stimme als Spiegel der Innerlichkeit des Sprechenden wiederbelebt. Wie Arthur Chervin als Herausgeber denn auch anmerkt, schließe die ästhetische, subjektive Dimension die Möglichkeit einer systematischen Verbesserung der Stimme nicht aus, solange die grundlegenden Prinzipien stimmen.[33]

In seinen streng gegliederten Überlegungen zur Ausbildung der Stimme nähert sich nun der ältere Chervin der Systematik der englischen und deutschen Deklamationstheoretiker des 18. und 19. Jahrhunderts an. Seine Hervorhebung des Tons verweist zugleich auf die lange Tradition der französischsprachigen Deklamationstheorie seit dem 18. Jahrhundert – schon in Marmontels Eintrag über die „déclamation théatrale" in der *Encyclopédie* ist derlei zu finden.[34] Wie Marmontel weist auch Chervin auf die zweifache Bedeutung des Stimm-Tons (*le ton de la voix*) hin: einerseits als Bezeichnung für die Tonhöhe, die quantitativ messbar ist („le plus ou moins de l'élévation de la voix"), andererseits als Synonym für die qualitative Dimension der menschlichen Stimme(n), die er taxonomisch in Rubriken wie „simple, tempéré, sublime", „ordinaire", „distinguée", „héroïque" einordnet.[35]

Diese Fokussierung auf die ‚Töne' der gesprochenen Sprache war, wie schon erwähnt, auch für die deutschsprachige Sprach- und Stimmtheorie von Herder bis Helmholtz prägend, wenn auch bei Letzterem nur in Bezug auf Vokale.[36] Allerdings leugnet der ältere Chervin energisch jede weitere Ähnlichkeit zwischen dem Gesang und dem gesprochenen Vortrag: „Les tons de la lecture et les tons du chant n'ont rien de commun, parce que la lecture ne ressemble en

---

32 Claudius Chervin, „Principes de lecture à haute voix: de récitation, de conversation et de l'improvisation (Suite)", in: *La Voix* 2 (1891), S. 283; Hervorh. im Orig.
33 Arthur Chervin, „À nos lecteurs", in: *La Voix* 1 (1890), S. 2 f.
34 Vgl. Jean-François Marmontel, „Déclamation théatrale", in: Denis Diderot u. Jean-Baptiste Le Rond d'Alembert, *Encyclopédie ou Dictionnaire raisonné des sciences des Arts et des Métiers*, Paris 1751–1780, Bd. IV (1754), S. 680–686. Online im Rahmen des ARTFL Encyclopédie Project, http://artflsrv02.uchicago.edu/cgi-bin/philologic/getobject.pl?c.3:1766.encyclopedie0416.7094480 (22.2.2017). Vgl. dazu auch Virginia Scott, *Women on the Stage in Early Modern France 1540–1750*, Cambridge 2010, S. 221, Anm. 79.
35 Claudius Chervin, „Principes (Suite)", S. 284 f.
36 Vgl. Hermann von Helmholtz, *Die Lehre von den Tonempfindungen als physiologische Grundlage für die Theorie der Musik*, 4. Aufl., Braunschweig 1877, S. 168–192.

rien au chant."³⁷ So distanziert er sich von der Musikbesessenheit der früheren deutschen Deklamatoren, für die die (weitgehend spekulative) ‚Sprechtonleiter' eine besondere Faszination hatte und die in ‚deklamatorischen Konzerten' die Annäherung von Gesang- und Sprechstimme zu demonstrieren versuchten.³⁸ Er stellt damit auch die Grundthese von Rousseau in dessen *Essai sur l'origine des langues* klar infrage, dass nämlich die Ursprünge der Sprache in der Musik liegen. In diesem Punkt waren die Chervins und ihre Mitarbeiter freilich nicht immer einer Meinung: Brémont zum Beispiel spricht in einem Aufsatz von einer „intimité profonde de la parole et du chant".³⁹

Claudius Chervins weitere Überlegungen zur Deklamation finden sich konzentriert vor allem im zweiten und dritten Teil seines Aufsatzes. Das Wort *déclamation* ist hier – wie bereits erwähnt – gleichbedeutend mit *la prononciation oratoire*, also mit einer durch Ton und Gestik verstärkten deklamatorischen Aussprache, die den ganzen Körper in Anspruch nimmt: „[L]a prononciation du discours avec l'accent, le maintien, la physionomie et le geste convenables, à la tribune, au barreau et à la chaire."⁴⁰ Dabei wird die *déclamation théâtrale* erst gar nicht berücksichtigt, was sich vielleicht durch die pädagogische Intention der Methode erklären lässt: es geht vielmehr um die bürgerlichen Berufe, auf die die Schüler vorbereitet werden sollen. Wie bei früheren Deklamationstheoretikern steht auch bei Claudius Chervin die rhetorische *actio* im Mittelpunkt der Theorie, hier in präzisierter Form als „l'animation de la voix et de l'extérieur de l'orateur, double étude destinée à charmer, à la fois les oreilles et les yeux."⁴¹ Hier wie dort ist es die Aufgabe des Deklamators, die ‚toten Buchstaben' der Literatur zu ‚verlebendigen'.⁴² Differenziert wird weiterhin zwischen der gestischen Dimension der *actio* (*action oratoire extérieure*) und der ‚innerlichen' *actio*, die sich ausschließlich auf die Stimme und die inneren Emotionen bezieht (*action oratoire intérieure*). Letztere bestehe aus zwei Komponenten: die schöne Diktion und „l'accent oratoire", die dem Herzen und der Seele des Redners direkt entspringe.⁴³

Das Pendant zur Verlebendigung ist hier das Natürlichkeitsprinzip. Claudius Chervins Aufsatz steht unter dem Motto ‚natürlich und nüchtern' („naturel

---

[37] Claudius Chervin, „Principes (Suite)", S. 284.
[38] Vgl. dazu Dupree, „From ‚Dark Singing' to a Science of the Voice".
[39] Brémont, „La Poésie et la musique", S. 30. Zur Diskussion von „parole et chant" in *La Voix* vgl. Pillot-Loiseau, „Place de la phonétique", S. 54.
[40] Claudius Chervin, „Principes de lecture à haute voix: de récitation, de conversation et de l'improvisation. Troisième partie", S. 321.
[41] Ebd.
[42] Dupree, „From ‚Dark Singing' to a Science of the Voice".
[43] Claudius Chervin, „Principes. Troisième partie", S. 321–322.

et sobre"). Dem Leser wird beispielsweise von übertriebenen Gesten abgeraten, die leicht in ‚Kontorsionen' ausarten können.[44] Auch in dieser Hinsicht lässt der ältere Chervin eine gewisse Sympathie für die deutschsprachigen Deklamationstheoretiker um 1800 erkennen, die sich zugunsten eines anthropologisierenden Natürlichkeitsideals von der gestischen Sprache der alten französischen Bühne distanziert und eine ‚malende Deklamation' absolut abgelehnt hatten.[45] Am Schluss seines kurzen Aufsatzes (‚Récapitulation générale') resümiert Claudius Chervin seine Regeln für den öffentlichen Vortrag eines Textes.[46] Hier ist die Aufführungssituation eines französischsprachigen Redners um 1900 wie in einer Momentaufnahme abgebildet. Es handelt sich um eine *lecture publique* oder *lecture spectacle*, in der aus einem selbst oder von einem fremden Autor verfassten Buch vorgelesen wurde. Laut Jan Baetens liegt der größte Unterschied zwischen den *cénacles* des 19. Jahrhunderts und den *lectures publiques* darin, dass Letztere eher nach dem Applaus einer größeren Gruppe trachteten, statt Einzelkritiken von einer intimen, als kollegial wahrgenommenen Zuhörerschaft zu erbitten.[47] Claudius Chervin zufolge solle der laut Lesende in dieser Situation den Ton und die Lautstärke seiner Stimme dem Raum, in dem er sich befindet, anpassen; er solle stets auf die korrekte Aussprache und Pausen achten; um eine ‚natürliche' Wirkung zu erzielen, solle er bei seine Rede mit einem ‚mittleren' Ton anheben und immer wieder dorthin zurückkehren.[48] Das heißt auch, die Töne der Rede sollen variiert werden, damit das Interesse der Zuhörer nicht abebbt. Wichtig sei vor allem, dass der Redner den Text verstehe und ihn den Zuhörern durch Intonation, Akzente, Pausen und Körperhaltung („maintien") verständlich mache. Darüber hinaus solle er mit Gesten sparsam umgehen („faire peu de gestes") und das Buch, aus dem er vorträgt, ein wenig unter dem Mund halten, damit der Luftstrom frei fließen kann. Hier wie überall in dem Aufsatz gelten Natürlichkeit und Nüchternheit als Grundprinzipien der effektiven Kommunikation zwischen dem Redner und seinen Zuhörern. Nonverbale Aspekte wie die Gestik, die Körperhal-

---

[44] Ebd., S. 322.
[45] Zur ‚Transformation der Rhetorik' wie zum aufkommenden Natürlichkeitsideal im Diskurs der ‚körperlichen Beredsamkeit' des 18. Jahrhunderts vgl. Dietmar Till, *Transformationen der Rhetorik. Untersuchungen zum Wandel der Rhetoriktheorie im 17. und 18. Jahrhundert*, Berlin 2008; Alexander Košenina, *Anthropologie und Schauspielkunst. Studien zur „Eloquentia Corporis" im 18. Jahrhundert*, Tübingen 1995. Lily Tonger-Erk, *Actio. Körper und Geschlecht in der Rhetoriklehre*, Berlin 2012, analysiert eine ähnliche Konstellation im Hinblick auf den Wandel der Geschlechterdiskurse im 18. Jahrhundert.
[46] Vgl. Claudius Chervin, „Principes. Troisième partie", S. 323 f.
[47] Vgl. Jan Baetens, À voix haute. Poésie et lecture publique, Brüssel 2016, S. 26 f.
[48] Claudius Chervin, „Principes. Troisième partie", S. 323 f. Hiernach auch das Folgende.

tung und die Lautlichkeit der Sprache werden dabei nur insofern berücksichtigt, als sie zur Fokussierung der Aufmerksamkeit des Zuhörers beitragen können.

Als Ergänzung des Aufsatzes wurden im Anhang der Ausgabe zwei kurze Übungen publiziert. Es handelt sich dabei um zwei kommentierte Prosatexte, eine kurze Geschichte der Schrift („l'*Écriture*") und einen didaktisch-sentimentalen Text, offensichtlich an junge Leser gerichtet, den „Lettre d'un père à son fils sur le choix d'une profession".[49] Durch das Einstudieren und langsame Vorlesen einzelner Phrasen (*morceaux*) der beiden Texte soll der Schüler schrittweise seine Intonation verbessern, indem er den Text sein Gefühl ansprechen lässt (*faire sentir*). Mit den zwei Beispielen in *La Voix* gibt Claudius Chervin seiner Leserschaft einen kurzen Einblick in seine Methode der deklamatorischen Ausbildung, vermutlich nicht zuletzt als Werbung für seine im Selbstverlag veröffentlichten Lehr- und Übungsbücher. Die Übungstexte stammen aus den *Exercices de lecture à haute voix et de récitation*, die ein breites, nach Altersgruppe unterteiltes Repertoire an Übungstexten für den mündlichen Vortrag in Schulen enthalten.[50] Solche Sammlungen waren im späten 19. Jahrhundert nichts Neues, weder im französischen noch im deutschsprachigen Kontext. Aber anders als in früheren französisch- und deutschsprachigen ‚Deklamierbüchern', anders als in Larives dreibändiger *Cours de Declamation* (1804–1810) oder Solbrigs *Taschenbuch für Freunde der Deklamation* (1816–1818) werden in den *Exercices* weder lyrische Gedichte noch Monologe aus der hohen Tragödie als Übungstexte geboten. Stattdessen beschränkt man sich auf relativ einfache, erbauliche Prosastücke auf Grundschulniveau, die dem jungen Leser eine moralische Lektion erteilen. Biographien sollten den Schülern wohl historische Persönlichkeiten (darunter Raffael, Jeanne d'Arc, Mozart, Shakespeare und Descartes) näher bringen; Texte über das Kunstgewerbe nach Art der *Encyclopédie* sollten ihnen vermutlich dieses Handwerkswissen vor Augen führen („Narrations sur les arts industriels").[51] Sowohl in seinen theoretischen Überlegungen als auch in seinen Übungsbeispielen steht vor allem die pädagogische Funktion der Deklamation im Mittelpunkt: als Mittel zur akustischen Wis-

---

49 Ebd., S. 330–346; Hervorh. im Orig.
50 Vgl. Arthur Chervin (Hg.), *Exercices de lecture à haute voix*.
51 Ein weiterer Band mit 50 Deklamationsübungen aus bekannten literarischen Texten für fortgeschrittene Schüler war wenigstens geplant, wie im Vorwort angekündigt: „[T]ous les morceaux de prose et de vers, au nombre de cinquante, qui composent ce volume, sont choisis dans les auteurs les plus estimés, et le débit en est expliqué par les artistes les plus éminents de la Comédie-Française, de l'Odéon et des autres grands scènes de Paris". Arthur Chervin (Hg.), *Exercices de lecture à haute voix*, S. ix. – Der geplante Band ist – wie bereits erwähnt – nicht erschienen oder nicht mehr auffindbar.

sensvermittlung sowie als Grundpraxis der Stimmausbildung, die für die künftige bürgerliche Karriere des jungen Schülers unumgänglich ist.

Mit Claudius Chervins Aufsatz „Principes de lecture à haute voix" liegt also eine Theorie der Deklamation vor, die fast ausschließlich auf die pädagogische, anthropologische und pragmatische Dimension reduziert ist. Nüchternheit und Natürlichkeit sind die Grundprinzipien, auf die der ältere Chervin immer wieder zurückkommt. Akustische Schönheit und Ausdruck werden zwar als Hauptziele der *diction* und der *prononciation oratoire* genannt, aber damit wird noch kein ästhetisches Programm artikuliert. Der akustische Schönheitsbegriff ist auf den harmonischen, im weitesten Sinne ‚charmanten' und keineswegs ‚unnatürlichen' Vortrag von Texten beschränkt. Künstlerische Sprechpraktiken wie die theatralische Deklamation, der Vortrag lyrischer Gedichte oder die experimentelle Improvisation werden hier nur am Rande erwähnt, wenn überhaupt. Im Fall der *Exercices de lecture à haute voix* lässt sich das zum Teil mit der pädagogischen Ausrichtung des Ansatzes erklären: Das Zielpublikum bestand schließlich aus Schülern unter 15 Jahren. Für sie wären klassische Theaterreden und komplexere lyrische Gedichte nicht altersgerecht gewesen. Umso bemerkenswerter ist, dass in der für *La Voix* verkürzten Version der *Méthode-Chervin* auf Textbeispiele dieser Art verzichtet wird. Hier darf man über die Auswahlprinzipien des Sohnes etwas weiter spekulieren. Die Schlichtheit, Systematik und pragmatisch-pädagogische Orientierung des Aufsatzes erleichtert die Integration in das allgemeine wissenschaftliche und wissensverbreitende Programm von *La Voix parlée et chantée* durchaus.

Die Stimme wird also in Claudius Chervins Methode des laut Lesens wie auch in seinen sprachpathologischen Forschungen und in der Zeitschrift seines Sohnes zum Gegenstand des (Hör-)Wissens. Gleichzeitig wird die Stimme zum Ort vielfacher pädagogischer, technischer und wissenschaftlicher Interventionen, die auf die Normierung und Disziplinierung des einzelnen Subjekts abzielen. Dabei werden die Affekte nicht außen vor gelassen. Ganz im Gegenteil: Der Textvortrag soll als Mittel dienen, dem Schüler bzw. der Schülerin gesellschaftlich anerkannte Werte und Normen näherzubringen. Auch die Mädchenerziehung wird dabei nicht vergessen: die *Exercices* enthalten eine Reihe pädagogischer Briefe zur Erziehung von jungen Mädchen, die „Lettres d'un mère à sa petite fille", in denen eine Mutter ihrer jungen, im Internat lebenden Tochter moralische Lektionen erteilt.[52] Das spiegelt die eher progressive und philanthropische Orientierung

---

[52] Die Briefe sind über mehrere Kapitel der *Exercices* verteilt; einzelne moralische und pädagogische Themen (z. B. „L'impatience", „La prudence", „La gymnastique") behandelnd, bilden sie zusammengenommen einen kurzen Erziehungsroman. Die „Lettres d'un père à son petit gar-

sowohl des Vaters als auch des Sohnes wider, auch wenn der Inhalt der Briefe die gesellschaftliche Festlegung der Rolle der Frau auf den häuslichen Bereich teilweise unterstützt. So gesehen ist die Deklamation nicht Mittel künstlerischer oder gattungstechnischer Innovation, sondern eher Methode der affektiven und moralischen Erziehung junger Bürger.

„On ne saurait le faire sûrement que par les chiffres": Internationale Kulturtransfers und Visualisierungstechniken in *La Voix parlée et chantée*

Wegen ihrer Überschaubarkeit und ihres eher prosaischen Charakters war die Aussprache-, Prosodie- und Deklamationstheorie des älteren Chervins potenziell auch auf andere Sprachen und kulturelle Kontexte übertragbar. In der Tat durfte sich die *Méthode-Chervin* schon einige Jahre vor der Gründung von *La Voix parlée et chantée* internationaler Bekanntheit rühmen. Als junger Arzt hatte Arthur Chervin die logopädische Methodik seines Vaters an den Universitäten von Barcelona und Madrid vertreten; später, 1896, erschien auch eine spanische Übersetzung seiner Überlegungen zur Sprachpathologie.[53] Zwei Jahre vor der ersten Ausgabe von *La Voix* wurde der jüngere Chervin zudem von einem russischen General nach Russland eingeladen, um Kindern mit Sprachstörungen in den Militärschulen von St. Petersburg und Moskau logopädischen Unterricht zu erteilen. Wie bei seinen späteren ethnographischen Forschungsreisen sind diese frühen Reisen wohl durch seine Ausbildung als Mediziner und Anthropologe motiviert gewesen. Wie sein Vorgänger Broca, der anlässlich des Falls des ‚Monsieur Tan' 1860 zum ersten Mal eine kausale Verbindung zwischen lokalisierter Gehirnfunktion und Aphasie herstellte, interessierte sich auch Arthur Chervin sowohl für die physiologischen wie die psychologischen Ursachen von Sprachstörungen: Neben seiner Dissertation, einer physiologischen Analyse der Elemente der gesprochenen Sprache, schrieb er 1895 eine Abhandlung zu ‚verbalen Phobien' (*Des phobies verbales*).[54] Auch wenn sich seine Überlegungen zu den Regeln französischer

---

çon, sur la première éducation" sind dazu das männliche Pendant. Bezüglich der Erziehung und Rolle der Frau sind Nr. 292 („La ménagerie") und Nr. 304 („L'éducation") besonders interessant. Vgl. Arthur Chervin (Hg.), *Exercices de lecture à haute voix*, S. 273 f. u. 285 f.
53 Arthur Chervin, *Tartamudez y otros defectos de la pronunciación*. Paris 1896. Vgl. dazu Jacquet, „Chervin", Sp. 1033 f.
54 Jacquet, „Chervin", Sp. 1033.

Aussprache und Deklamation an ein ausschließlich französischsprachiges Publikum richteten, wäre es doch ein Leichtes gewesen, die logopädischen Techniken seines Vaters und die Grundprinzipien seiner Sprachtheorie, wie etwa die Prinzipien der Nüchternheit und der Natürlichkeit, in andere Länder und Kulturen zu transportieren und dort zu vermarkten.

Dass die Deklamationstheorie um 1900 nationale, sprachliche und kulturelle Grenzen leicht überwinden konnte, zeigt auch die Häufigkeit fremdsprachiger Texte zur Sprach- und Stimmtheorie in *La Voix*. Mit Blick auf Artikel und Aufsätze über Deklamation sind in *La Voix* die englisch- und französischsprachigen Länder am stärksten vertreten. Der Einfluss des anglo-amerikanischen *elocution movement* ist hier nicht zu verkennen. Die Ausgabe vom Februar 1901 enthält zum Beispiel die Übersetzung eines Aufsatzes von Emma Griffith Lumm aus Saint Louis, Missouri, einer Autorin zahlreicher, vor allem an Frauen gerichteter Lehrbücher der Deklamation. In dem kurzen Beitrag beklagt die Autorin die Mängel der amerikanischen Sprachkultur und preist die Schönheit der englischen Sprache.[55] In der Tat haben manche französische Verfechter des Sprach- und Deklamationsunterrichts wie Legouvé in Amerika ein Vorbild für die erfolgreiche Integration der Deklamation in Schulen gefunden.[56] Diese ‚Wahlverwandtschaft' der beiden Republiken spiegelt sich nicht selten auf den Seiten von *La Voix* wider. Im Vergleich zu den anglo-amerikanischen Beiträgen sind Artikel deutschsprachiger Deklamationstheoretiker weniger stark vertreten. Der Einfluss früherer deutschsprachiger Akustiker und Deklamatoren zeigt sich denn auch anderswo – etwa in Chervins Aufsatz über Deklamation. In den medizinischen Abhandlungen und technischen Berichten sind die deutschsprachigen Länder dagegen viel stärker vertreten. Ein oft (vor allem im Rezensionsteil) wiederholter Name ist der des Wiener Ohrenarztes Viktor Urbantschitsch, Entwickler einer bahnbrechenden Methode der Hörerziehung für Gehörlose. Auch die Namen Chladni und Helmholtz tauchen immer wieder in *La Voix* auf; allein 1901 wird Helmholtz zehnmal – wenn auch sehr kritisch – erwähnt.[57] So zeigt sich die Deklamationstheorie in *La Voix* nicht als isoliertes, auf einen nationalen Kontext reduziertes Phänomen, vielmehr ist sie Gegenstand eines transnationalen, interdisziplinären Ideenaustausches, der auch auf den Innovationen deutschsprachiger Wissenschaftler, Ärzte und Akustiker basiert.

---

55 Emma Griffith Lumm, „L'harmonie de la voix parlée", in: *La Voix* 12 (1901), S. 33–40.
56 Vgl. Legouvé, *L'Art de la lecture*, S. 1 f.
57 „Table analytique des matières", in: *La Voix* 11 (1900), S. 379. Nur die Jahrgänge 1901 und 1902 enthalten ein Sach- und Personenregister. Zur Akustik in *La Voix* vgl. auch Pillot-Loiseau, „Place de la acoustique".

Die Internationalisierung der Deklamationskultur um 1900 wird nicht zuletzt deutlich in den zahlreichen, in *La Voix* publizierten Berichten über erneute und erweiterte Versuche, die ‚Töne' und Klänge der gesprochenen Sprache aufzunehmen und visuell zu reproduzieren. In jeder Ausgabe wurden ausführliche, mitunter illustrierte Berichte über neue Fortschritte im Bereich der akustischen Mess- und Kommunikationstechnik sowie des Instrumentenbaus veröffentlicht. 1901 erscheint etwa ein Bericht über eine frühe Form elektronisch erzeugter Musik, dem sogenannten *singing arc* des britischen Physikers William Duddell.[58] Außerdem wurden schon etablierte Technologien – wie das elektrische Licht, das Telefon und sogar das Fahrrad – im Hinblick auf ihre Wirkung auf die menschliche Stimme bewertet.[59] Techniken der Visualisierung der gesprochenen Sprache waren für Arthur Chervin und seine Kollegen allerdings von größtem Interesse, denn diese stellten den letzten Schritt zur Verwissenschaftlichung der Deklamation dar. Nach dem schon erwähnten Bericht über phoneidoskopische Bilder in der ersten Ausgabe von *La Voix* folgten mehrere weitere Berichte über Versuche, die Frequenzen der Vokale zu messen bzw. zu visualisieren.[60] Den wohl erfolgreichsten Versuch in dieser Hinsicht beschreibt 1900 der niederländische Sprachwissenschaftler Johan Hendrik Gallée in *La Voix*. Es handelt sich hierbei um ein im Labor des Physiologen Hendrik Zwardemaaker an der Universität Utrecht entwickeltes Gerät, mit dem die Mund- und Kieferbewegungen beim Sprechen vermessen wurden. Dieses Instrument war eine mehr oder wenige exakte Kopie des von Étienne-Jules Marey in Zusammenarbeit mit Michel Bréal und Charles Rosapelly erfundenen Stimm-Polygraphen.[61] Dem Wissenschaftshistoriker Robert M. Brain zufolge spielte gerade dieses wissenschaftliche Gerät eine entscheidende Rolle bei der Etablierung der modernen Sprachwissenschaften, schließlich basierte auf diesen Messergebnissen Ferdinand de Saussures Theorie des akustischen Zeichens (Phonem).[62]

---

[58] [Anon.,] „Variétés", *La Voix* 12 (1901), S. 190–192.
[59] Vgl. dazu [Anon.,] „Variétés. Influence de la lumière électrique sur la voix", in: *La Voix* 4 (1893), S. 20 f.; [Anon.,] „L'altération de la voix dans le téléphone", in: *La Voix* 7 (1896), S. 264–266; [Anon.,] „Variétés. La Voix humaine et la bicyclette", in: *La Voix* 7 (1896), S. 268.
[60] Vgl. z. B. Loewenberg, „Recherches acoustiques des voyelles nasales", in: *La Voix* 1 (1890), S. 120–126; Félix Léconte, „Curiosités acoustiques. Conférence fait au cercle artistique d'Anvers", in: *La Voix* 2 (1891), S. 161–175.
[61] Vgl. dazu Pillot-Loiseau, „Place de la acoustique", S. 43.
[62] Robert M. Brain, „Representation on the Line: Graphic Recording Instruments and Scientific Modernism", in: Bruce Clarke u. Linda Dalrymple Henderson (Hg.), *From Energy to Information: Representation in Science and Technology*, Stanford 2002, S. 155–177, hier S. 168 f.

Abb. 5: „Vue générale des instruments; le cercle de la tête est suspendu et le cylindre est rattaché par un ressort à la mâchoire artificielle; l'appareil placé sur la table est destiné à l'enregistrement des mouvements de la mâchoire; sur la table se trouve le recepteur des mouvements de la pointe ou des parties latérales de la lèvre supérieure." Der Stimm-Polygraph, nach dem Modell von Marey und Rosapelly. Aus: Gallée, „Les sons de la voix. Representés par la graphique les mouvements de l'articulation", in: *La Voix* 11 (1900), S. 98.

Gleich zu Beginn seines Berichts betont Gallée, wie begeistert er von dieser graphischen Methode der wissenschaftlichen Analyse (*méthode graphique*) sei, die im Gegensatz zu der *méthode auditive* von Melville Bell auf der Visualisierung des Klangs und nicht auf bloßem Hören beruht.[63] Teil des Beitrags ist – neben einer Abbildung des Geräts selbst – auch eine Graphik, in der die entsprechenden Bewegungen des Kiefers, der Oberlippe, der Unterlippe und des Mundbodens (*plancher buccal*) beim Aussprechen französischer Wörter und Phrasen durch lineare Figuren dargestellt werden.

Gallée zufolge zeige sich der wissenschaftliche Mehrwert der Ergebnisse des vokalen Polygraphen zum Beispiel darin, dass das Gerät sowohl die Länge der Vokale als auch winzige Unterschiede zwischen Vokallauten in verschiedenen Dialekten messen und sichtbar machen kann. Durch die Visualisierung des Gehörten erreiche man eine Genauigkeit, die im rein akustischen Bereich gar nicht denkbar sei:

---

[63] [Johan Hendrik] Gallée, „Les sons de la voix. Representés par la graphique les mouvements de l'articulation", in: *La Voix* 11 (1900), S. 97.

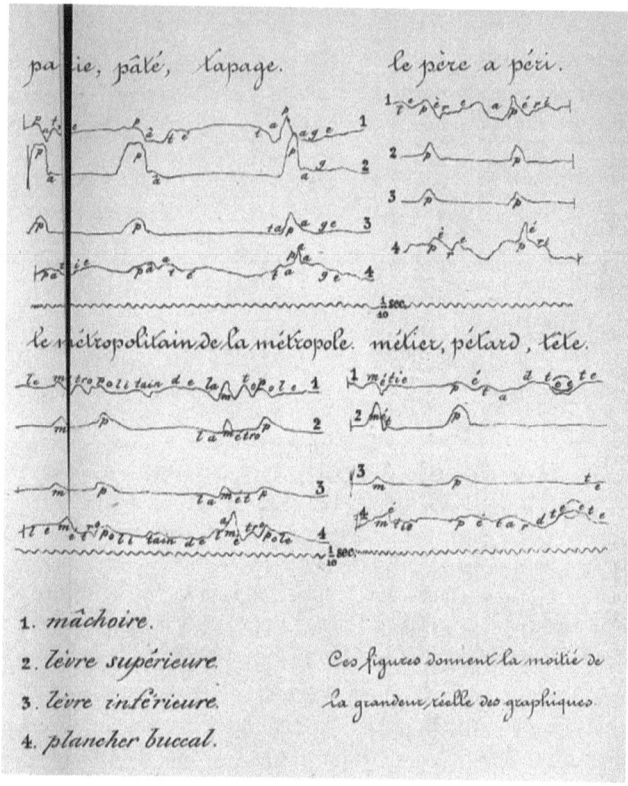

Abb. 6: Gallée, „Les sons de la voix. Representés par la graphique les mouvements de l'articulation", in: *La Voix* 11 (1900), o. S.

> L'ouïe, aussi bien que les autre sens, est exposée à se tromper; en outre la comparaison des différentes durées n'est guère possible de cette manière. Là où l'on prend le temps [...] comme point de départ d'une démonstration des lois phonétiques, il import que les sons soient groupés aussi exactement que possible d'après leur durée. On ne saurait le faire sûrement que par les chiffres.[64]

Hier werden die Grenzen des Hör-Wissens (wortwörtlich) sichtbar: Gallée zufolge steht das Hör-Wissen (die *méthode auditive*) eigentlich für Ungenauigkeit und Subjektivismus, die erst durch die Erstellung sichtbarer, quantitativer Daten aufgehoben werden könnten. Das erklärt unter anderem, warum keine Notenbeispiele und Notationsversuche in *La Voix* zu finden sind: Hier sind die speku-

---

64 Gallée, „Les sons de la voix", S. 107.

lativen, provisorischen Notationssysteme für die Deklamation, etwa die frühen Versuche Joshua Steeles und Gustav Anton von Seckendorffs, fehl am Platz. Die Vermessung der Stimme erfolgt nunmehr nur durch die Erzeugung quantitativer Ergebnisse, *chiffres* also.

Gallées Visualisierungsprojekt wurde offensichtlich auch durch internationale Kooperationen (und Konkurrenzen) angespornt. So verweist er am Ende seines Berichts auf ähnlich gelagerte sprachwissenschaftliche Studien von Hans M. Schmidt-Wartenberg in Chicago oder von Philipp Wagner in Reutlingen (*Der gegenwärtige Lautbestand des Schwäbischen*, 1891). Als geradezu vorbildliches Beispiel der interdisziplinären (und internationalen) wissenschaftlichen Kooperation ist *La Voix parlée et chantée* für die Verbreitung und Vernetzung des Hör-Wissens in der Moderne (und schließlich auch für die Umwandlung von Hör-Wissen in graphisches Wissen) maßgeblich.

In *La Voix* zeigt sich die schlichte, überschaubare Deklamationstheorie der *Méthode-Chervin* als angemessen für ein neues, durch technische Innovationen und die Entwicklung internationaler Kommunikationsnetzwerke geprägtes Zeitalter: eine Deklamationstheorie, die zwar im Dienst von älteren ästhetischen Regimes und nationalen Identitäten noch problemlos funktionieren kann, die aber von diesen auch leicht entkoppelt werden könnte. Ohne sich ganz und gar von ihren Wurzeln in der antiken Rhetorik zu distanzieren, ist diese Deklamationstheorie dennoch beweglich, als Telos einer zukunftsorientierten, interdisziplinären Auseinandersetzung mit neuem Fachwissen aus möglichst vielen Bereichen. Und dieses Wissen ist dezidiert international: Sowohl an den äußeren Grenzen Europas als auch in der neuen Welt ist Chervin mit dieser Deklamationstheorie zu Hause. Die in *La Voix* versammelten Texte über Deklamation bieten also nicht nur einen Einblick in den französischen Deklamationsunterricht um 1900, sie sind auch Dokumente der internationalen Vernetzung des Hör-Wissens mit besonderem Fokus auf die Ausbildung der Gesang- und Sprechstimme im Einklang mit den neuesten medizinischen, psychologischen und anthropologischen Erkenntnissen. In den ersten Jahren des 20. Jahrhunderts war das deklamatorische Hör-Wissen – des Zuhörers wie des Deklamators – immer noch zentraler Bestand dieses Wissenskorpus. So bestätigt sich der wissenschaftliche Wert von *La Voix* als Archiv von deklamatorischem Hör-Wissen – eines Wissens, das seinen hohen Stellenwert in der europäischen und amerikanischen Massenkultur erst mit der Verbreitung weiterer Aufnahme- und Ausstrahlungstechniken nach dem Ersten Weltkrieg einbüßte. Denn die neuen Technologien stellten wieder neue Anforderungen an die öffentliche Sprachpraxis.

Viktoria Tkaczyk
Hochsprache im Ohr
Bühne – Grammophon – Rundfunk

Wer sich seit Juli 2009 in Deutschland niederlassen möchte, sollte den „Deutsch-Test für Zuwanderer" bestehen. In diesem Zusammenhang hat das Goethe-Institut ein Rahmencurriculum für Integrationskurse entwickelt.[1] Wichtiger Bestandteil dieser Kurse und der entsprechenden Sprachprüfungen ist die korrekte Aussprache des Deutschen, die häufig mithilfe von Lern-CDs trainiert wird. Die Sprechweise von Vokalen wie ‚A' oder ‚O' hört man hier zunächst langsam und isoliert, dann im Kontext einzelner Worte und Sätze.[2]

Verfolgen wir einmal historisch, wie weit die Herstellung von Audiomaterial für den Deutschunterricht zurückreicht, so treffen wir etwa auf eine 1925 durch den Germanisten Theodor Siebs eingesprochene Serie von Grammophonaufnahmen zur Aussprache von Vokalen und Konsonanten. Die Serie der sogenannten Lautplatten war in Kooperation mit dem Sprachlehrer und Phonetiker Wilhelm Doegen entstanden, der seinerzeit die Lautabteilung der Preußischen Staatsbibliothek in Berlin leitete. Heute befinden sich die Aufnahmen im Lautarchiv an der Humboldt-Universität zu Berlin.[3]

Auf den Lautplatten liest Siebs aus seinem Buch *Die Deutsche Bühnenaussprache* vor, das erstmals 1898 und bis ins Jahr 2000 in 19 weiter überarbeiteten Auflagen erschien. Bis weit in die Nachkriegszeit galt der ‚Siebs' nicht nur als Standardwerk für Schauspieler und Sänger, sondern auch als erste Referenz für den Schul- und Hochschulunterricht, für Rundfunk, Telekommunikation, Film

---

[1] Goethe-Institut, Bundesministerium des Inneren u. Bundesamt für Migration und Flüchtlinge (Hg.), *Rahmencurriculum für Integrationskurse. Deutsch als Zweitsprache*, 2007, online: https://www.bamf.de/SharedDocs/Anlagen/DE/Downloads/Infothek/Integrationskurse/Kurstraeger/KonzepteLeitfaeden/rahmencurriculum-integrationskurs.pdf?__blob=publicationFile (22.2.2017).
[2] Vgl. etwa Doris Middleman, *Sprechen, Hören, Sprechen. Übungen zur deutschen Aussprache*, Arbeitsbuch u. 3 Audio-CDs, 3. Aufl., München 2012.
[3] Siehe die Einträge zu „Theodor Siebs" und „Deutsch" unter: http://www.sammlungen.hu-berlin.de/search/ (22.2.2017). Zur Lautabteilung unter Doegen vgl. Dieter Mehnert, „Historische Schallaufnahmen – Das Lautarchiv an der Humboldt-Universität zu Berlin", in: Mehnert (Hg.), *Elektronische Sprachsignalverarbeitung. Tagungsband der siebenten Konferenz, Berlin, 25.–27.11.1996*, Dresden 1996, S. 28–45.

und Fernsehen.⁴ Und obgleich mittlerweile eine Reihe anderer Regelwerke vorliegt, lässt sich der Einfluss des ‚Siebs' bis in die heutige Aussprache des Hochdeutschen nachvollziehen.

Die politisch nicht unproblematische Rezeption dieses Regulariums wird abschließend eingehender zu behandeln sein. Vorerst widmet sich der Beitrag aber der Frage, warum sich in Deutschland um 1900 das Bühnendeutsch als Hochsprache durchsetzte und welche Rolle das Sprech- und Hör-Wissen von Schauspielern dabei spielte.

Der Erfolg des ‚Siebs' – dies wird zu zeigen sein – war nur vordergründig ein Resultat des Wissenstransfers zwischen Theaterkunst und Sprachwissenschaft. Den Ausschlag gaben vor allem sprachwissenschaftliche Entwicklungen, die eine Hochsprachenregelung und neue Forschungs- und Lehransätze begünstigten. Dass sich dabei ausgerechnet Siebs' Regelwerk durchsetzen konnte, ist nicht zuletzt dem Geschick des Verfassers in der Präsentation seiner Forschungsgegenstände und -methoden geschuldet. Die Anerkennung des ‚Siebs' lässt sich zudem auf den durch Theodor Siebs selbst mitverantworteten Medienwechsel der korrekten Aussprache von der Theaterbühne in die Wörterbücher, auf Grammophonplatten und in den Rundfunk zurückführen. Nahe läge nun die Annahme, dass den jeweiligen Medien bzw. Medientechnologien in der Prägung der Aussprachestandards dabei eine bedeutende Rolle zukam – und auch Siebs wollte sein Projekt so verstanden wissen. Beim genaueren Hinsehen wird allerdings deutlich, dass Siebs über einen Zeitraum von rund 40 Jahren mehrere Leitmedien gleichermaßen geschickt als Lehrmedien zu nutzen wusste, um sein Regelwerk durchzusetzen. Zum Tragen kam dabei eine Medienperformanz im Sinne einer Doppelstrategie des erfolgreichen Einsatzes von Medien bei gleichzeitiger Durchsetzung ihrer Inhalte.⁵

---

4 Zur Publikationsgeschichte vgl. Eva-Maria Krech, Eberhard Stock, Ursula Hirschfeld u. Lutz Christian Anders (Hg.), *Deutsches Aussprachewörterbuch*, Berlin/New York 2009, S. 6–17; Karoline Ehrlich, *Wie spricht man „richtig" Deutsch? Kritische Betrachtung der Aussprachenormen von Siebs, GWDA und Aussprache-Duden*, Wien 2008; Utz Maas, *Was ist Deutsch? Die Entwicklung der sprachlichen Verhältnisse in Deutschland*, München 2012.

5 Es ist hier nicht der Ort für ausführliche Explikationen zur Medienperformanz. Knapp gesagt geht es im Folgenden weniger um eine Gleichsetzung von Performativität und Medialität im Sinne des wirklichkeits- und wissensdeterminierenden Potenzials von Medien (vgl. dazu Sybille Krämer, „Sprache – Stimme – Schrift. Sieben Gedanken über Performativität als Medialität", in: Uwe Wirth [Hg.], *Performanz. Zwischen Sprachphilosophie und Kulturwissenschaften*, Frankfurt a. M. 2002, S. 323–346). Von Interesse sind hingegen Nutzungsstrategien von Medien. In seiner frühen Sprechakttheorie beschrieb John L. Austin mit den „performative utterances" eine Sorte von Sprechakten, deren Gelingen an selbstreferenzielle Akte gebunden ist und die einer öffentlichen und kulturell etablierten Sprechsituation bedürfen. Beispielhaft ist das ‚Hiermit erkläre ich

PERSONAL-BOGEN

Lautabteilung an der Preussischen Staatsbibliothek, Berlin

Nr.   Ort: *Berlin*
Datum: *4. 12. 1925*
Laut-Aufnahme Nr.: *Lt 567* Zeitangabe: *1⁵⁵ Uhr*
Dauer der Aufnahme: *Lt* Durchmesser der Platte: *30*
Raum der Aufnahme:
Art der Aufnahme und Titel (Sprechaufnahme, Gesangsaufnahme, Choraufnahme, Instrumentenaufnahme, Orchesteraufnahme): *Die Laute der deutschen Hochsprache in Beispielen – o – ö – u – ü-Laute Diphtonge ai ei, au äu eu (nach Siebs)*

Name (in der Muttersprache geschrieben):
Name (lateinisch geschrieben): *Siebs*
Vorname: *Theodor*
Wann geboren (oder ungefähres Alter)? *26. VIII. 1862*
Wo geboren Heimat? *Bremen*
Welche grössere Stadt liegt in der Nähe des Geburtsortes?
Kanton — Kreis (Ujedz):
Departement — Gouvernement (Gubernija) — Grafschaft (County):
Wo gelebt in den ersten 6 Jahren? *Bremen*
Wo gelebt vom 7. bis 20. Lebensjahr? *"*
Was für Schulbildung? *Human. Gymnasium*
Wo die Schule besucht? *Bremen*
Wo gelebt vom 20. Lebensjahr? *Schwaben, Sachsen, Italien (½ Jahr), Schlesien, Greifswald, Breslau*
Aus welchem Ort (Ort und Kreis angeben) stammt der Vater?
Aus welchem Ort (Ort und Kreis angeben) stammt die Mutter? *Heverland*
Welchem Volksstamm angehörig? *Friese*
Welche Sprache als Muttersprache? *Deutsch*
Welche Sprachen spricht er ausserdem? *italienisch, englisch, französ.*
Kann er lesen?   Welche Sprachen:
Kann er schreiben?   Welche Sprachen:
Spielt er ein Instrument aus der Heimat? *Geige*
Singt oder spielt er modern europäische Musikweisen? *singt*
Religion: *evgl.*   Beruf: *Univ. Professor*
Vorgeschlagen von: 1.
2.
Beschaffenheit der Stimme: 1. Urteil des Fachmannes (des Assistenten):

2. Urteil des Direktors der Lautabteilung (seines Stellvertreters): *hell, hart mit 1. 565 weichem, dunkle[m] im Unterton*

Die Lauturkunde wird beglaubigt: *gez. Wiehdregen*

Abb. 1a

...' (vgl. John L. Austin, *How to Do Things with Words. The William James Lectures*, hg. v. James O. Urmson u. Marina Sbisà, Cambridge, MA 1962, S. 1–5). In vergleichbarer Weise lassen sich auch künstlerische und technische Medien performativ einsetzen. Siebs' Strategie der Mediennutzung war allerdings mehr als ein ‚Hiermit'. Es handelte sich um rhetorische Akte der Mediendistinktion und -initiation im Sinne von ‚mit diesem Medium und keinem anderen erkläre ich ...'

Abb. 1a und 1b: Personalbogen zu Aufnahmen von Theodor Siebs' „deutscher Hochsprache" und Portrait von Siebs. Humboldt-Universität zu Berlin, Lautarchiv, LA 567.

Die Bühne als Feld

Der seinerzeit in Greifswald lehrende Mediävist und Mundartforscher Theodor Siebs bezog sich in seinen Reformen der deutschen Aussprache auf die Sprachpraxis an Theaterbühnen. In England waren dafür hingegen traditionell die Queen und das akademische Oxford zuständig. So hatte der Linguist Alexander Ellis 1869 mit der *Received Pronunciation* zwar eine vordergründig am Shakespeare-Englisch orientierte Ausspracheregelung angeregt, tatsächlich aber bezog sich diese auf den an den Universitäten Oxford und Cambridge gesprochenen Akzent.[6] In *A Primer of Spoken English* (1890) studierte der Experimentalphone-

---

6 Vgl. Alexander J. Ellis, *On Early English Pronunciation, with Especial Reference to Shakspere and Chaucer*, 5 Bde., London 1869–1889. Mitte der 1920er Jahre griff der Phonetiker Daniel Jones dies in der zweiten Ausgabe seines *English Pronouncing Dictionary* (London 1924) auf und bezog

tiker Henry Sweet dann ‚die gebildete Sprache Londons' und bezeichnete diese als ‚Ursprung des Standard-Englischen'.[7] Sweet entwickelte später auch neue Methoden für das Studium lebender Fremdsprachen. Als Referenz für das Englische benannte er hier ebenfalls den alten Londoner Dialekt.[8] Bekannt ist, dass Sweet im Ausspracheunterricht bereits den Phonographen nutzte und empfahl. Allerdings zog er Muttersprachler und, mehr noch, ausgebildete Phonetiker der Schallaufzeichnung vor – denn der Phonograph unterschlage ‚leise Atemklänge und weniger sonore Elemente der Sprache'.[9] Seit den späten 1920er Jahren wurde in England der Rundfunk, und allen voran der Sender BBC, dann doch zum Leitmedium der Standardsprache.[10]

Anders in Frankreich: Hier lag die Zuständigkeit für Aussprachregelungen historisch zwar beim Pariser Hof und der Académie française. Bis ins späte 19. Jahrhundert wurde in vielen Regionen jedoch starker Dialekt oder lokaler *patois* gesprochen. Mit der Verpflichtung auf die *langue française* durch die Schulreformen der Dritten Französischen Republik ging seit den 1880er Jahren dann die Publikation neuer Aussprachewörterbücher, didaktischer Werke und experimentalphonetischer Studien einher.[11] Modellfunktion nahm in diesem Zusammenhang die elitär-bürgerliche Aussprache an, die man der Pariser Oberschicht ablauschte. Dies zeigt etwa ein Blick auf die experimentalphonetischen Studien des Abbé Pierre-Jean Rousselot. Mithilfe von Resonatoren, Stimmgabeln und dem gesamten Arsenal verfügbarer Mess- und Aufzeichnungsapparate erforschte der

---

sich explizit auf die britischen Eliteuniversitäten. Vgl. hierzu Lynda Mugglestone, „*Talking Proper*": *The Rise of Accent as Social Symbol*, Oxford 1995.
7 Henry Sweet, *A Primer of Spoken English*, Oxford 1890, S. V (Übers. V. T.). Bei *A Primer of Spoken English* handelt es sich um die ins Englische übersetzte und erweiterte Ausgabe von Sweets *Elementarbuch des gesprochenen Englisch* (1886).
8 Vgl. Henry Sweet, *The Practical Study of Languages: A Guide for Teachers and Learners*, London 1899, S. 42.
9 Ebd., S. 46 f. (Übers. V. T.).
10 Vgl. Peter Roach, „British English: Received Pronunciation", in: *Journal of the International Phonetic Association* 34.2 (2004), S. 239–245; David Crystal, *The Stories of English*, London 2005.
11 Auch französische Pädagogen plädierten gegen einen zu stark grammatikorientierten Sprachunterricht und stattdessen für lautes Lesen und mündliche Übungen. Zu den wichtigsten Lehrbüchern zählten *L'art de la lecture* (1877) des Dramatikers Ernest Legouvé, darauf aufbauend sein *Petit traité de lecture à haute voix* (1878) sowie *La lecture en action* (1881), ferner die Werke des Philologen Michel Bréal, darunter *Quelques mots sur l'instruction publique en France* (1872), sowie das dreibändige *Dictionnaire de pédagogie et d'instruction primaire* (1882–1887) von Ferdinand Buisson. Wichtigstes Aussprachregelwerk war Paul Passys *Les sons du français* (1887) mit der darin präsentierten phonetischen Schrift IPA. Vgl. Katherine Bergeron, *Voice Lessons: French Mélodie in the Belle Epoque*, Oxford 2010, S. 69–94.

Abbé zunächst den Dialekt seiner westfranzösischen Heimatstadt Cellefrouin.[12] Später wurde er ans Collège de France berufen und richtete dort ein experimentalphonetisches Labor ein. Hier entstanden 1899 *Les articulations parisiennes étudiées à l'aide du palais artificiel*.[13] Im selben Jahr entwickelte der Abbé auch Sprachkurse für die Alliance française und mit *Précis de prononciation française* entwarf er ein Lehrbuch für die ‚gute französische Aussprache' – orientiert an der Aussprache Pariser Oberschichtskinder.[14] Schauspielern und Sängern attestierte man hingegen zunächst eine (zu) progressive, zu melodiöse Aussprache. Dies verdeutlichen auch die Einträge in der Zeitschrift *La Voix parlée et chantée*, die einen künstlerisch wie wissenschaftlich interessierten Leserkreis adressierte.[15] In der Erstausgabe von 1890 berichtet der Theaterkritiker Francisque Sarcey von einem Disput mit der Schauspielerin Sarah Bernhardt über ihre moderne Aussprache des Wortes ‚mai' mit offenem ‚AI' anstelle eines geschlossenen ‚E'. Bernhardts Aussprache der letzten Zeile eines Chansons aus dem Gedichtband *(Les) Quatre vents de l'esprit* von Victor Hugo – „Le mois de mai sans la France / Ce n'est pas le mois de mai" [Der Monat Mai ohne Frankreich ist nicht der Monat Mai] – setzte sich ihrem Kritiker zufolge über die Sprachpraxis der Comédie-Française ebenso hinweg wie über die Reimformen traditioneller französischer Poesie.[16]

---

12 Vgl. Pierre-Jean Rousselot, *Les modifications phonétiques du langage étudiées dans le patois d'une famille de Cellefrouin (Charente)*, Paris 1891; ders., *Principes de phonétique expérimentale*, 2 Bde., Paris 1897–1901.
13 Vgl. Pierre-Jean Rousselot, *Les articulations parisiennes étudiées à l'aide du palais artificiel*, Paris 1899.
14 Pierre-Jean Rousselot u. Fauste Laclotte, *Précis de prononciation française*, Paris 1902, S. 10–12 (Übers. V. T.). Vgl. dazu Bergeron, *Voice Lessons*, S. 101–107.
15 Zur Relevanz der Zeitschrift *La Voix parlée et chantée* für den Transfer von Hör-Wissen um 1900 vgl. auch die Beiträge von Mary Helen Dupree und Rebecca Wolf im vorliegenden Band.
16 Francisque Sarcey, „Question de prononciation", in: *La Voix* 1 (1890), S. 12–16, hier S. 13: „Eh bien! Victor Hugo, dans cette pièce, fait rimer *le mois de mai* avec *je semai, je fermai, j'aimai*; et vous prononcez le mois de MAIS comme s'il y avait un accent grave, un E largement ouvert. Vous me rompez toute l'harmonie du morceau: vous lui enlevez sa sonorité triste; vous ne donnez plus à l'oreille, en la privant du retour de la rime, la sensation qu'a cherchée la poète. / Comment, s'écria-t-elle stupéfaite et indignée, vous voulez que je prononce le mois de *mé*!" [Also! Victor Hugo reimt in diesem Gedicht „le mois de mai" mit „je semai, je fermai, j'aimai", und Sie sprechen „le mois de MAIS" aus, als hätte es einen Accent grave, mit einem weit geöffneten ‚E'. Sie zerreißen damit die ganze Harmonie des Stücks: Sie nehmen ihm seinen traurigen Klang; Sie enthalten dem Ohr den Reim vor und damit das Gefühl, das der Dichter gesucht hat. / Wie bitte, schrie sie verdutzt und empört auf, Sie wollen also, dass ich „le mois de *mé*" sage!] (Übers. V. T.) Der Literaturprofessor Marie Louis Ferdinand Talbert fasste 1891 die seinerzeit rege geführte Diskussion um die Anpassung der traditionellen französischen Orthographie an die Orthoepie zusammen und verwies auf die mögliche Modellfunktion der Bühnenaussprache, worauf Auguste

Erst Anfang des 20. Jahrhunderts wurde die progressive, an der *mélodie française* orientierte Bühnensprache (*l'art de dire*) dann als eine wichtige Referenz anerkannt.[17] Als der Linguist Ferdinand Brunot 1911 die Archives de la parole gründete, sollten Grammophonaufnahmen populärer Schauspieler, darunter auch Aufnahmen Sarah Bernhardts, die französische Aussprachepraxis repräsentieren. Die Aufnahmen fanden zudem als Lehrmaterial Verbreitung.[18]

Verglichen mit England und Frankreich erfolgte die Regelung der Aussprache im deutschsprachigen Raum weitaus fragmentierter. Entsprechende Bemühungen reichen zwar auch hier bis in die Reformationszeit (lutherische Kanzleisprache), und zu der Einführung deutschsprachiger Vorlesungen und rhetorischer Übungen an den frühneuzeitlichen Universitäten zurück, doch gewann keiner dieser Vorstöße überregional an Bedeutung.[19] Für das frühe 19. Jahrhundert lässt sich dann zwar von einem regelrechten Boom an Ausspracheempfehlungen sprechen, geleitet von dem Ansinnen, in der Sprache ein Medium nationaler Identitätsbildung zu finden.[20] Pfarrer, Philologen, Rezitatoren, Deklamatoren, Vorleser, vor allem aber Theaterleiter und Sprecherzieher setzten sich für allgemeingültige Aussracheregeln ein – besonders prominent: Goethes *Regeln für Schauspieler*, 1803 vom Weimarer Theaterintendanten den Schauspielern Pius Alexander Wolff und Karl Franz Grüner in die Feder diktiert und 1824 in einer Bearbeitung durch Johann Peter Eckermann veröffentlicht. Goethe plädierte für eine an der Schrift

---

Laget, Tenor an der Opéra Comique, sogleich für die Rückbindung der Bühnensprache an das *Dictionnaire de l'Académie française* plädierte. Vgl. Marie Louis Ferdinand Talbert, „Orthographe et prononciation", in: *La Voix* 2 (1891), S. 42-55, hier S. 44; Auguste Laget, „Prononciation Française", in: *La Voix* 2 (1891), S. 314-316.

17 Publikationen wie René Marages *Petit manuel de physiologie de la voix, à l'usage des chanteurs et des orateurs* (1911) vermittelten Schauspielern die neuen Aussracheregeln aus experimentalphonetischer Sicht. Der Schauspieler Léon Brémont betonte in *L'art de dire les vers* (1903) und *L'art de dire et le théâtre* (1908), dass sein Berufstand die Standardisierung und Popularisierung der *mélodie française* vorantreibe. Vgl. Bergeron, *Voice Lessons*, S. 108-112 u. 202-208.

18 Die von Rousselot herausgegebene *Revue de phonétique* veröffentlichte monatlich den *Cours de gramophonie*, für den die Schulpädagogin Marguerite de Saint-Genès Grammophonaufnahmen von Schauspielern in phonetischer Schrift transkribierte, damit Leser ihr Französisch zu Hause verbessern konnten. Vgl. Bergeron, *Voice Lessons*, S. 118 u. 208-210.

19 Vgl. Uwe Hollmach, *Untersuchungen zur Kodifizierung der Standardaussprache in Deutschland*, Frankfurt a. M. u. a. 2007, S. 19-27.

20 Vgl. Irmgard Weithase, *Anschauungen über das Wesen der Sprechkunst von 1775 bis 1825*, Berlin 1930; dies., *Die Geschichte der deutschen Vortragskunst im 19. Jahrhundert. Anschauungen über das Wesen der Sprechkunst vom Ausgang der deutschen Klassik bis zur Jahrhundertwende*, Weimar 1940; dies., *Zur Geschichte der gesprochenen deutschen Sprache*, 2 Bde., Tübingen 1961. Dazu kritisch: Reinhart Meyer-Kalkus, *Stimme und Sprechkünste im 20. Jahrhundert*, Berlin 2001, S. 223-250.

orientierte, klar artikulierte Bühnenaussprache ohne dialektale Färbung.[21] Aufgrund regional differierender und politisch konnotierter Sprachpraxen konnte allerdings bis ins späte 19. Jahrhundert keine dieser Standardisierungsinitiativen landesweit greifen. So forderte etwa der Ludwigsburger Gymnasialrektor Karl Erbe noch 1897 in *Fünf mal sechs Sätze über die Aussprache des Deutschen* die Einführung des Schwäbischen als Nationalsprache.[22]

Hier nun setzte der Sprachwissenschaftler Theodor Siebs an. Während die bisherigen Ausspracheregelwerke mit Theater, Schule oder Kirche unterschiedliche Adressaten hatten, brachte Siebs diese Institutionen erstmals an einen Tisch. Im April 1898 tagte im Königlichen Schauspielhaus Berlin eine durch Siebs geleitete Kommission, um die Bühnensprache zum Ausgangspunkt von Sprachreformen zu machen.[23]

Siebs' Kommission gehörten renommierte Vertreter des Deutschen Bühnenvereins ebenso wie Sprachwissenschaftler an: die Theaterintendanten Graf Bolko von Hochberg (Berlin), Karl Freiherr von Ledebur (Schwerin) und Eduard Tempeltey (Coburg) sowie der Phonetiker Eduard Sievers (Leipzig) und der Philologe Karl Luick (Graz). Zur Überarbeitung des Werks band Siebs in spätere Kommissionen weitere namhafte Experten aus Kunst und Wissenschaft ein, darunter den Regisseur und Leiter der Schauspielschule des Deutschen Theaters, Berthold Held, oder Wilhelm Viëtor, Autor des seit 1885 (zunächst) führenden Aussprachewerks für den Schulunterricht.[24]

---

[21] Johann Wolfgang von Goethe, „Regeln für Schauspieler" [1803], in: Goethe, *Berliner Ausgabe*, Bd. 17, Berlin 1970, S. 82–105. Vgl. dazu Irmgard Weithase, *Goethe als Sprecher und Sprecherzieher*, Weimar 1949.

[22] Karl Erbe, *Fünfmal sechs Sätze über die Aussprache des Deutschen*, Stuttgart 1897.

[23] Siebs' Kommission folgte vermutlich dem Vorbild der von Rudolf von Raumer geleiteten staatlichen Rechtschreibkonferenz, die 1876 in Berlin zunächst ohne Einigung endete. Die Kommission war durch Sprachwissenschaftler und Schulpädagogen besetzt – darunter Konrad Duden, dessen Orthographie sich wenig später durchsetzte. Vgl. dazu Ehrlich, *Wie spricht man „richtig" Deutsch?*, S. 27.

[24] Wilhelm Viëtor, *Die Aussprache der in dem Wörterverzeichnis für die deutsche Rechtschreibung zum Gebrauch in den preußischen Schulen enthaltenen Wörter*, Heilbronn 1885; ders., *Die Aussprache des Schriftdeutschen*, Leipzig 1885. Im Vorwort zum *Deutschen Aussprachewörterbuch* (1912) betont Viëtor, er selbst habe bereits 1885, der Sprachwissenschaftler Hermann Paul in den *Principien der Sprachgeschichte* sogar schon 1880 vorgeschlagen, das Hochdeutsche nach der Bühnensprache zu modellieren. Er habe zudem schriftlich an der Erstausgabe des ‚Siebs' mitgewirkt, ohne auf der Titelseite der Erstausgabe genannt zu werden. Vgl. Wilhelm Viëtor, *Deutsches Aussprachewörterbuch*, Leipzig 1912, S. VI f.

DEUTSCHE BÜHNENAUSSPRACHE.

Ergebnisse der Beratungen
zur ausgleichenden Regelung der deutschen Bühnenaussprache,
die vom 14. bis 16. April 1898
im Apollosaale des Königlichen Schauspielhauses zu Berlin
stattgefunden haben.

Vertreter des deutschen Bühnenvereins:
Graf Bolko von Hochberg, Exc., Generalintendant der
Königlichen Schauspiele in Berlin, als Vorsitzender;
Karl Freiherr von Ledebur, Generalintendant in Schwerin;
Dr. Eduard Tempeltey, Exc., Wirkl. Geh. Rat in Koburg;
wissenschaftliche Vertreter:
Prof. Dr. Eduard Sievers in Leipzig, Prof. Dr. Karl Luick
in Graz, Prof. Dr. Theodor Siebs in Greifswald.

Im Auftrage der Kommission herausgegeben
von
Theodor Siebs.

Berlin, Köln und Leipzig.
Verlag von Albert Ahn.
1898.

Abb. 2: Titelblatt von Theodor Siebs, *Deutsche Bühnenaussprache*, Berlin/Köln/Leipzig 1898.

Die Kommissionsbesetzung sollte ganz den Eindruck einer künstlerisch-wissenschaftlichen Zusammenarbeit erwecken. Im Eröffnungsvortrag von 1898 betonte Siebs dementsprechend, vollkommen unbegründet sei

> die Befürchtung, dass die Wissenschaft oder, besser gesagt, die Theorie in unserem Falle die künstlerische Überlieferung, die Praxis, vergewaltigen wolle. Gerade das Gegenteil ist richtig: die schon fast vorhandene Einheit, die in der Kunstaussprache herrscht, wollen wir zu einer vollkommenen erheben und sie uns dann für praktische Zwecke zu Nutze machen. Und ich glaube, es giebt keine ehrenvollere Aufgabe für die Bühne als die, in dieser Sache zur Lehrmeisterin Deutschlands zu werden.[25]

Siebs schlug eine Orientierung an der Bühnensprache vor – allerdings ohne sich tatsächlich für das künstlerische (Aussprache-)Wissen von Schauspielern und Sängern zu interessieren. Genauer besehen war Siebs' Adressierung der Bühne eher dem kulturellen Ansehen und der politischen Wirkungsmacht geschuldet, die sich das Theater um 1900 erworben hatte. Im deutschsprachigen Raum gab es mehr Bühnen als in jedem anderen europäischen Land. Das Theater bewegte sich an der Schwelle zwischen Hoch- und Massenkultur. Schauspielhäuser waren frei zugänglich – teuer, aber doch für einen Großteil der Bevölkerung erschwinglich. Im Volkstheater pflegte man die Dialekte. Das bürgerliche Theater galt seinerzeit als Bildungsinstitution, das ernste Drama als stilbildend für die deutsche Aussprache. Man ging davon aus, dass die Mobilität des Schauspielerberufs eine überregionale Sprache begünstigte – obgleich auch im bürgerlichen Sprechtheater de facto weiterhin regionale Dialekte vorherrschten.[26]

Dies fiel in Siebs' Reformprojekt allerdings nicht weiter auf, da der Projektleiter allein ins Theater ging. Die Kommissionsarbeit im Königlichen Schauspielhaus Berlin basierte vor allem auf Siebs' eigenen Theaterbesuchen, wie dieser 1899 auf der 45. Versammlung der deutschen Philologen und Schulmänner in Bremen recht unbefangen erläuterte: „Reiches Material habe ich gesammelt, indem ich im ernsten Drama und im Konversationsstücke stundenlang alle e-Aussprachen phonetisch verzeichnet habe". Gemeinsam mit seinen philologischen Kollegen habe er daraufhin „die verschiedensten Möglichkeiten der Regelung

---

[25] Theodor Siebs, *Deutsche Bühnenaussprache*, Berlin/Köln/Leipzig 1898, S. 8.
[26] Vgl. Hilde Haider-Pregler, *Des sittlichen Bürgers Abendschule. Bildungsanspruch und Bildungsauftrag des Berufstheaters im 18. Jahrhundert*, Wien/München 1980; Erika Fischer-Lichte u. Jörg Schönert (Hg.), *Theater im Kulturwandel des 18. Jahrhunderts. Inszenierung und Wahrnehmung von Körper – Musik – Sprache*, Göttingen 1999; Hans-Joachim Jakob u. Hermann Korte (Hg.), *„Das Theater glich einem Irrenhause". Das Publikum im Theater des 18. und 19. Jahrhunderts*, Heidelberg 2012.

reiflich erwogen, in der Kommission haben wir stundenlang über diesen Punkt verhandelt."[27]

Dass Siebs es im Rahmen der Erforschung des „Lautstands einer Mundart" für richtig hielt, die „unbefangene Rede" zu beobachten, anstatt den Rednern Fragen zu stellen und sich auf ihr Wissen zu stützen, machte er bereits in der Erstausgabe seines Werks deutlich. Man gelange zu den Ausspracheregeln nicht, indem „man die Schauspieler nach der Aussprache dieses oder jenes Wortes fragt, sondern dadurch, dass man während der Vorstellung die Aussprache mit ihren feinen Unterschieden phonetisch aufzeichnet."[28]

Theodor Siebs gestand hier nicht nur ein, dass auf deutschsprachigen Bühnen seinerzeit noch Mundarten gesprochen wurden. Er ahmte die Mundartforschung auch methodisch nach. Das am Ende des 19. Jahrhunderts wohl bekannteste dialektologische Projekt, der durch Georg Wenker initiierte und später von Ferdinand Wrede vervollständigte *Deutsche Sprachatlas*, arbeitete vorwiegend mit der Methode der indirekten Befragung, d. h. man befragte nicht die lokalen Sprecher, sondern die häufig zugezogenen Lehrer an den Schulen der jeweiligen Regionen. Prominenz erlangten in diesem Zusammenhang die Wenker'schen Sätze – ein Set von Sätzen, deren Aussprache per Fragebogen abgefragt wurde.[29] Auch Theodor Siebs bediente sich der Wenker'schen Sätze für seine Erforschung des Friesischen und Schlesischen. Allerdings bereiste er die Sprachregionen persönlich und stützte sein Gehör und Gedächtnis durch Grammophonaufnahmen.[30] Eine vergleichbare Methode der teilnehmenden Beobachtungen wandte Siebs dann für das Studium des Bühnendeutsch an – auch hier betrieb er Feldforschung, auch hier erwarb er sein Wissen über das Gehör.

---

27 Siebs, *Deutsche Bühnenaussprache*, 2. Aufl., Berlin/Köln/Leipzig 1901, S. 88. Zur erwähnten Diskussion vgl. auch ders., *Deutsche Bühnenaussprache*, 3. Aufl., Berlin/Köln/Leipzig 1905, S. 37–40.
28 Siebs, *Deutsche Bühnenaussprache*, 1898, S. 13.
29 Vgl. Ulrich Knoop, „Die Marburger Schule. Entstehung und frühe Entwicklung der Dialektgeographie", in: Knoop, Werner Besch, Wolfgang Putschke u. Herbert Ernst Wiegand (Hg.), *Dialektologie. Ein Handbuch zur deutschen und allgemeinen Dialektforschung*, Berlin/New York 1982, Bd. 1, S. 38–92; Alfred Lameli, „Zur Edition der Wenkerschriften", in: Georg Wenker, *Schriften zum Sprachatlas des Deutschen Reichs. Gesamtausgabe*, hg. v. Alfred Lameli, Hildesheim/Zürich/New York 2013, Bd. 1, S. XVII–XXXII.
30 Etliche Aufnahmen sind im Lautarchiv der Humboldt-Universität zu Berlin erhalten. Im Archiv der Humboldt-Universität zu Berlin finden sich auch ausführliche Korrespondenzen zwischen Siebs und Doegen zu den Dialektaufnahmen. Vgl. dazu auch Tobias Weger, „Bühnensprache, Frisistik und schlesische Volkskunde – der Breslauer Germanist Theodor Siebs (1862–1941)", in: Marek Halub (Hg.), *Identitäten und kulturelles Gedächtnis*, Wrocław/Dresden 2013, S. 25–46.

Fachkollegen beäugten die Methoden und Resultate von Siebs' Projekt jedoch kritisch. Der Leipziger Mediävist und Lexikograph Hermann Paul bemängelte, die Regeln der *Deutschen Bühnenaussprache* leiteten sich zu stark aus Siebs' eigenen Beobachtungen, seiner niederdeutschen Herkunft und willkürlichen Entscheidungen ab. „Wir haben es also eigentlich nur mit den privaten Ansichten eines Einzelnen zu thun, von denen nicht einzusehen ist, wie sie den Anspruch erheben können, für die Allgemeinheit maßgebend zu sein."[31] Siebs entgegnete darauf, er habe seine Beobachtungen stets in ein strenges Protokoll übersetzt und er lasse den Vorwurf der methodischen „Oberflächlichkeit" nicht gelten.[32] Zugleich wehrte er sich gegen die Kritik, die grammatischen Wissenschaften, den Sprachverein und die Schulen aus dem Projekt ausgeschlossen zu haben. Denn durch die Kommissionsmitglieder seien diese Instanzen „unbewusst" vertreten gewesen.[33]

Um den Eindruck zu zerstreuen, eine kleine Gruppe von Wissenschaftlern hätte ganz subjektiv über den Wohlklang der Bühnensprache entschieden, führte Siebs neben seinen eigenen Beobachtungen bereits 1898 auch eine Reihe objektiver Recherchemethoden an. Das deutschsprachige Gebiet sei zunächst in drei Regionen unterteilt worden: Niederdeutschland (plattdeutsche Mundarten), Mitteldeutschland (fränkisch, obersächsisch-thüringisch und schlesisch), Oberdeutschland (schwäbisch-alemannisch und bayerisch-österreichisch). Durch folgende Berechnungen habe man dann Aussprachemehrheiten ermittelt: In Fällen, in denen die Aussprache eines Wortes in zwei der drei Regionen übereinstimmte, entschied man sich für die Mehrheit – so überwog zum Beispiel die Aussprache des Wortes ‚Glas' mit langem ‚a' gegenüber der niederdeutschen Aussprache mit kurzem ‚a'. Sprach man ein Wort aber in zwei Regionen unterschiedlich aus, während die Aussprache in der dritten Region geteilt war, wurden die am weitesten entfernten Regionen geeinigt, die Mittleren mussten sich fügen – der Plural ‚Tage' zum Beispiel wurde in Mitteldeutschland mit Reibelaut ‚g' gesprochen, in Oberdeutschland mit Verschlusslaut ‚g', Niederdeutschland war unentschieden; weil Nieder- und Oberdeutschland eine Mehrheit erzielten, musste sich Mitteldeutschland fügen (‚Tage' mit Verschlusslaut).[34] Siebs war also bemüht, einen anderen Regelbegriff ins Spiel zu bringen, als dies etwa bei Goethes *Regeln für*

---

[31] Hermann Paul, „Gutachten" [Teilbeitrag zu: „Gutachten und Berichte über die Schrift ‚Deutsche Bühnensprache'"], in: *Zeitschrift des Allgemeinen Deutschen Sprachvereins. Wissenschaftliche Beihefte* 16 (1899), S. 177–195, hier S. 189.
[32] Siebs, *Deutsche Bühnenaussprache*, 1901, S. 88.
[33] Ebd.
[34] Vgl. Siebs, *Deutsche Bühnenaussprache*, 1898, S. 19–20.

Schauspieler der Fall war: Dort hatte der Weimarer Intendant selbst als regelgebende Instanz gewirkt. Siebs hingegen führte mit der Statistik und algorithmischen Berechnungen auch Methoden aus den Sozial- und Naturwissenschaften in die Hochsprachenforschung ein – mit dem Ziel, den Eindruck wissenschaftlicher Objektivität zu vermitteln. Allerdings, so Siebs, gab die Methode der „Kopfzählung"[35] lediglich Aufschluss über Aussprachemehrheiten, nicht aber über die jeweilige Qualität der Sprachpraxis. Man habe daher zuweilen auch das Kriterium des phonetischen Wertes angelegt – so bei der Entscheidung für die Betonung des eingeschlossenen Vokals in ‚Tag'/‚Tage' (mit langem ‚a'), um Unterschiede in der Deklination zu vermeiden.

Weil die Kritik von Fachkollegen anhielt, sah sich Siebs 1907 gezwungen, einen Arbeitsausschuss mit Mitgliedern der Genossenschaft deutscher Bühnenangehöriger zu gründen. Man einigte sich auf die Versendung von 200 Fragebögen an die Leiter deutschsprachiger Bühnen, um die „vielleicht strittigen Punkte der ‚Bühnensprache' zusammenzustellen".[36] Zur Auswertung der Fragebögen wurde im März 1908 im Kammerspielhaus des Deutschen Theaters zu Berlin eine erneut hochkarätig besetzte Konferenz einbestellt. Interessant ist diese Maßnahme insofern, als Siebs auch mit der Umfrage eine neuartige Methode der Dialektforschung und der frühen Arbeitersoziologie aufgriff, um einmal mehr den Anschein der wissenschaftlichen Objektivität seines Projekts zu stärken.[37] Umfangreiche Korrekturen der Siebs'schen Regeln hatte die Umfrage allerdings nicht zur Folge. Eher wurde die *Bühnenaussprache*, wie Siebs es ausdrückte, „durchberaten und in einigen Punkten geändert oder schärfer gefaßt".[38]

Siebs und der Phonetiker Eduard Sievers forderten eine von der Schrift unabhängige Erforschung und Regulierung der Aussprache – ein Ansatz, der nicht unwesentlich auf Sievers' phonetischer Grundlagenforschung basierte. Sievers' *Grundzüge der Lautphysiologie* waren 1876 erstmals erschienen und lagen zum Zeitpunkt der Berliner Kommissionsarbeit bereits in der vierten verbesserten Auflage vor. Zu diesem Zeitpunkt teilte Sievers auch noch das Interesse Theodor Siebs' an der unmittelbaren Beobachtung von Sprechern – ohne Zuhilfenahme der Instrumente und Aufzeichnungstechniken der Experimentalphonetik, da

---

35 Ebd., S. 20.
36 Theodor Siebs, *Deutsche Bühnenaussprache*, 8. u. 9. Aufl., Köln 1910, S. 9.
37 Der Fragebogen ist dabei keine alleinige Errungenschaft der Neuzeit; vgl. Justin Stangl, „Vom Dialog zum Fragebogen. Miszellen zur Geschichte der Umfrage", in: *Kölner Zeitschrift für Soziologie und Sozialpsychologie* 31 (1979), S. 611–637. Für Siebs' Projekt sind als Vorläufer aber vermutlich die Dialektforschung Wenkers und die *enquête* in der frühen Soziographie zu nennen; vgl. dazu Anthony R. Oberschall (Hg.), *The Establishment of Empirical Sociology*, New York 1972.
38 Siebs, *Deutsche Bühnenaussprache*, 1910, S. 9.

die „Abweichungen von der Sprechnorm die durch die psychische Befangenheit vor dem Apparate entstehen im Durchschnitt mindestens ebenso häufig und ebenso gross sein werden, als die Fehler die einem gut geschulten Phonetiker bei der Beobachtung naiver Sprecher ohne Apparate mit unterlaufen."[39] Ausgestattet mit den einfacheren Mitteln des Phonetikers (Laryngoskop, Stimmgabel etc.) eröffnete Sievers trotzdem im buchstäblichsten Sinne eine neue Sicht auf die Bildung der Laute im Mund- und Rachenraum.[40] Davon ausgehend mischten Siebs und Sievers das Spiel der Wortbeziehungen neu. So betonte Siebs etwa, es bestehe, anders als im Schriftbild, in der Aussprache kein Unterschied zwischen den f-Lauten in ‚Futter', ‚Feder', ‚Vater' und ‚Vogel'.[41] Erklärtes Ziel war also die Umkehrung der sprachwissenschaftlichen Hierarchie von Schriftlichkeit und Mündlichkeit. Orthographie und Orthoepie galten somit als separate Wissensbestände – der eine Bestand war durchs Auge, der andere durchs Ohr erwerbbar.

Doch lässt sich diese Haltung nur bedingt als ‚Phonozentrismus' bezeichnen – zumindest nicht in dem Sinne, in dem Jacques Derrida ihn der frühen Linguistik später vorwarf.[42] Worüber in Siebs' Reformprojekt verhandelt wurde, war keine bestehende Sprachidentität, sondern eine aus vielerlei Beobachtungen – im Theater, im phonetischen Labor, am Kommissionstisch – neu zusammengesetzte Sprache. Man hielt sie zunächst im Medium der Schrift (Wörterbücher) und ab 1910 in einer durch Siebs und Sievers eigens entwickelten phonetischen Schrift fest.[43] Siebs war sich wohl dessen bewusst, dass man mit dem Regelwerk eine neue Sprache und folglich auch neue Ansätze der Sprachwissenschaft schaffen könnte: „Mit einer Beeinflussung der Sprache handelt es sich stets auch um eine Beeinflussung sprachwissenschaftlichen Materials".[44] Auch Eduard Sievers betonte, es ginge nicht darum, die Aussprache deutscher Schauspieler zu übernehmen oder überhaupt bei irgendeiner natürlichen Aussprachekultur anzusetzen, sondern darum, die Grundlagen für eine „phonetische Ausbildung für die Erlernung und Pflege einer mustergültigen Aussprache"[45] zu schaffen.

---

39 Eduard Sievers, *Grundzüge der Phonetik zur Einführung in das Studium der Lautlehre der indogermanischen Sprachen*, 4. Aufl., Leipzig 1893, S. XI.
40 Vgl. Eduard Sievers, „Die Bedeutung der Phonetik für die Schulung der Aussprache", in: Theodor Siebs, *Deutsche Bühnenaussprache*, 1. Aufl., Berlin/Köln/Leipzig 1898, S. 25–30.
41 Vgl. Siebs, *Deutsche Bühnenaussprache*, 1910, S. 11.
42 Vgl. Jacques Derrida, *Grammatologie*, übers. v. Hans-Jörg Rheinberger u. Hanns Zischler, Frankfurt a. M. 1974; ders., *Die Schrift und die Differenz*, übers. v. Rodolphe Gasché, Frankfurt a. M. 1976.
43 Vgl. Siebs, *Deutsche Bühnenaussprache*, 1910.
44 Siebs, *Deutsche Bühnenaussprache*, 1898, S. 12.
45 Sievers, „Die Bedeutung der Phonetik für die Schulung der Aussprache", S. 30.

Neben der Publikation eines entsprechenden Regelwerks sollten daher Kurse für Schauspieler und Sprecher eingerichtet werden, um experimentalphysiologisches Wissen über die Erzeugung von Stimmen und Geräuschen durch Kopf-, Mund- und Nasenapparat zu vermitteln.[46] Die durch Siebs einbestellte Kommission einigte sich somit auf Ausspracheregeln, die zwar, in Teilen, der Theaterpraxis abgelauscht waren. Um die wissenschaftliche Aneignung künstlerischen Sprech- und Hör-Wissens ging es aber nur bedingt. In der Theorie machte man aus den gesammelten Höreindrücken etwas Neues, eine Kunstsprache. Folglich war Siebs' Bühnenaussprache auch für die Sprechwissenschaft kein herkömmliches Forschungsobjekt wie die natürlichen Sprachen, sondern ein ‚epistemisches Ding'[47] im Sinne eines sich im Forschungsprozess stetig wandelnden und daher nur vorläufig und vage bestimmbaren Gegenstandes. Denn mit jeder Auflage des Regelwerks wurde Siebs' Bühnenaussprache neu adressiert und definiert – ohne dass sie jemals real existiert hätte.

Den Deutschen Bühnenverein hielt all dies nicht davon ab, *Die Deutsche Bühnenaussprache* sofort, also noch 1898, sämtlichen Bühnen und Schauspielschulen als „Kanon der deutschen Aussprache"[48] zu empfehlen und diese Empfehlung jahrzehntelang aufrechtzuerhalten. Ein Blick in die Curricula der Schauspielschulen zeigt allerdings, dass der ‚Siebs' nicht überall gleichermaßen gut ankam. So finden sich in den Berichten der Schauspielschule des Deutschen Theaters in Berlin – die ja durch den Schulleiter, Regisseur und Sprecherzieher Berthold Held auch in Siebs' Kommission von 1908 vertreten war – zwar keine expliziten Verweise auf die Verwendung des ‚Siebs' im Sprechunterricht.[49] Allerdings diente als Lehrbuch in Berlin vermutlich *Die Technik des Sprechens* (1898) von Karl Hermann, das bereits auf Siebs' im selben Jahr erschienenes Aussprachewerk verwies und von Berthold Held 1930 im Zuge einer von ihm „teilweise

---

46 Vgl. ebd.
47 Ich verwende den Begriff frei nach Hans-Jörg Rheinberger, *Experimentalsysteme und epistemische Dinge. Eine Geschichte der Proteinsynthese im Reagenzglas*, Göttingen 2001, insbes. S. 18–34.
48 Siebs, *Deutsche Bühnenaussprache*, 1898, S. 4.
49 In den Jahresberichten von 1915 heißt es lediglich, der Schule falle die Aufgabe zu, „unter Berücksichtigung der künstlerischen Bestrebungen des Deutschen Theaters sich besonders mit einer gründlichen technischen Vorbereitung des Schauspielers zu befassen, seine körperlichen und stimmlichen Mittel frei und geschmeidig zu entwickeln, um schliesslich auf dieser Grundlage einen technisch fehlerfreien Vortrag zu erlangen, wie es die Pflege des klassischen und modernen Stildramas unerlässlich erfordert." *Schauspiel-Schule des Deutschen Theaters zu Berlin, Direktion: Professor Max Reinhardt, Zehntes Schuljahr*, 1915, S. 1.

umgearbeitete[n]" Auflage noch stärker an den ‚Siebs' angepasst wurde.⁵⁰ An der Düsseldorfer Theaterakademie setzte man indessen weniger auf die Bewahrung als auf die Erneuerung des Bühnensprechstils und somit auf die Abgrenzung gegen rigide Regelwerke. Die Leiterin Louise Dumont versuchte hier zwischen 1905 und 1932 den traditionellen Sprechstil und Bühnenton zu modernisieren, gestützt auf den Linguisten Guido von List und dessen völkisch-nationalistischen Ansatz symbolisch aufgeladener ‚Keimworte' der deutschen Sprache.⁵¹

Es wäre eines eigenen Beitrags wert, genauer zu untersuchen, wie der ‚Siebs' im deutschsprachigen Theater gerade deshalb Erfolg hatte, weil sich Schauspieler wie Josef Kainz oder später Fritz Kortner daran abarbeiteten, weil Sprachavantgardisten wie Kurt Schwitters das Regelwerk parodierten oder weil Schauspieltheorien wie die Bertolt Brechts andere Ansprüche an die Aussprache stellten.⁵² Wichtig ist aber zunächst festzuhalten, dass Siebs' Feier der Bühne als „Lehrmeisterin Deutschlands"⁵³ ein rhetorischer Kniff war. Siebs wollte gar nicht, dass ganz Deutschland ins Theater ginge – zumal er die Kritik, dass das Theater noch immer ein Platz der „Geldaristokratie" sei, nicht gänzlich zu entschärfen wusste.⁵⁴ Und eigentlich, so Siebs, eigne sich die Bühne auch nur bedingt als Medium der Ausspracheschulung. Im Alltag könne man auf die Geziertheit der auf Fernwirkung ausgerichteten Deklamation auch getrost verzichten, und überhaupt verfälsche die pathetische Stimmgebung des Schauspiels das Regelwerk

---

50 Helds Unterstützung des ‚Siebs' spricht aus einer Fußnote zur hier empfohlenen Lautschrift: „Hermann benutzte neben den von Siebs angegebenen Lautzeichen auch solche von Vietor. Ich bin der Meinung, daß insbesondere dem Schauspieler alles theoretische Beiwerk nicht leicht genug gemacht werden kann. Dieser Forderung entsprechen die leicht verständlichen Zeichen in der ‚Deutschen Bühnenaussprache' (Hochsprache). Da dieses Werk vom Ministerium anerkannt und zum Gebrauch an den staatlichen Theater- und Musikschulen als der einzig autoritative Leitfaden für die richtige deutsche Aussprache empfohlen ist, erscheint es mir ein Unding, die Gewöhnung an diese Zeichen und deren Einbürgerung zu erschweren. Ich habe darum die Zeichenerklärung und Lauttabelle nach den Angaben der ‚Deutschen Bühnenaussprache' in diesem Buch einheitlich eingeführt." Karl Hermann, *Die Technik des Sprechens, begründet auf der naturgemässen Bildung unserer Sprachlaute. Ein Handbuch für Stimm-Gesunde und -Kranke. Neu durchgesehen und teilweise umgearbeitet von Berthold Held*, Leipzig/Frankfurt a. M. 1930, S. 67.
51 Vgl. Wolf-Dieter Ernst, „Subjekte der Zukunft. Die Schauspielschule und die Rhetorik der Institution", in: Friedemann Kreuder, Michael Bachmann, Julia Pfahl u. Dorothea Volz (Hg.), *Theater und Subjektkonstitution. Theatrale Praktiken zwischen Affirmation und Subversion*, Bielefeld 2012, S. 159–172, insbes. S. 166 f.
52 Vgl. dazu ansatzweise Meyer-Kalkus, *Stimme und Sprechkünste im 20. Jahrhundert*, S. 240 u. 251–281.
53 Siebs, *Deutsche Bühnenaussprache*, 1898, S. 8.
54 Ebd., S. 9.

nur.⁵⁵ Siebs' Einwände gegen die schauspielerisch-melodische Sprechweise mögen auch als verdeckte Abgrenzung gegen den jiddischen, häufig als Singsang charakterisierten Sprechstil interpretiert werden.⁵⁶ Letztlich jedenfalls erklärte Siebs die Theaterbühne lieber zum Laboratorium der Sprechwissenschaft: „Die Aussprache erscheint hier gleichwie unter dem Mikroskop vergrössert, und Falsches erscheint daher um so gröber."⁵⁷ So genau nahm Theodor Siebs die Bühne dann aber nicht in den Blick. Lieber erfand er die Bühnenaussprache selbst. Sein Regelwerk richtete sich neben Schauspielern und Sängern vor allem an Schulklassen, Studierende und Fremdsprachenschüler. Und entsprechend sollten auch nicht Schauspieler, sondern Lehrer und Redner das neue Aussprachewissen zu Gehör bringen.⁵⁸

Nach einer Dekade des Zögerns wurde Siebs' Regelwerk dann tatsächlich für den Schulunterricht empfohlen: Zunächst, 1908, von den Leiterinnen deutscher Mädchenschulen, ab 1922 auch vom Verein der deutschen Philologen und Schulmänner – ein Jahrzehnt lang sprachen Absolventinnen der höheren Mädchenschulen also Hochdeutsch, junge Männer hingegen weiterhin Dialekt.⁵⁹ Als sich Siebs' Regelwerk schließlich als Hochsprache durchsetzte, betitelte dieser die 13. Auflage sogleich triumphierend mit *Deutsche Bühnenaussprache. Hochsprache.*⁶⁰

Grammophon und Experimentalpädagogik

Warum es ausgerechnet der Bezug auf die Bühnensprache war, der Siebs' Regelwerk zur Akzeptanz in der Sprachpädagogik verhalf, lässt sich besser verstehen, wenn man einen Blick auf das besondere Verhältnis von Theater und Experimentalpädagogik um 1900 wirft. Die Bedeutung der Aussprache für den Sprachunterricht wurde in der deutschsprachigen Pädagogik in der Zeit zwischen 1900 und 1910 erkannt – also kurz nach Erscheinen von Siebs' Erstausgabe. Zentral

---

55 Vgl. Siebs, *Deutsche Bühnenaussprache*, 1910, S. 4.
56 Zu vergleichbaren Polemiken gegen die Sprechweise von ‚Nicht-Assimilierten' in der Sprechkunstbewegung des 19. Jahrhunderts vgl. Meyer-Kalkus, *Stimme und Sprechkünste im 20. Jahrhundert*, S. 247.
57 Siebs, *Deutsche Bühnenaussprache*, 1898, S. 17.
58 Vgl. ebd., S. 9.
59 Vgl. dazu Klaudius Bojunga, „Hochsprache und Höhere Schule", in: Walther Steller (Hg.), *Festschrift Theodor Siebs zum 70. Geburtstag, 26. August 1932*, Breslau 1933, S. 463–478.
60 Theodor Siebs, *Deutsche Bühnenaussprache. Hochsprache*, 13. Aufl., Bonn 1922.

auf diesem Forschungsgebiet waren die Arbeiten des Experimentalpädagogen Ernst Meumann und des eingangs erwähnten Leiters der Berliner Lautabteilung, Wilhelm Doegen.

Ernst Meumann, ein Schüler des Experimentalpsychologen Wilhelm Wundt, baute in seiner pädagogischen Forschung auf Methoden und Erkenntnissen der experimentellen Psychophysiologie des späteren 19. Jahrhunderts auf. Sein besonderes Interesse galt der Gedächtnisforschung. Denn seit Neuroanatomen in den 1860er Jahren im menschlichen Gehirn verschiedene Gedächtniszentren lokalisiert hatten (Seh-, Hör- und motorisches Zentrum), beschäftigte sich die Psychophysiologe damit, wie diese Zentren assoziiert sind und welche Rolle sie für die menschliche Sprech-, Merk- und Lernfähigkeit spielen.[61]

Zur Untersuchung einzelner Sinnesgedächtnisse bezogen sich Physiologen häufig auf den Theaterbesuch. Sie gingen davon aus, dass die im Theater gewonnenen Sinneseindrücke besonders nachhaltig in Erinnerung bleiben. So fragte der französische Psychophysiologe Gilbert Ballet mit Blick auf das Wortklanggedächtnis:

> Sind wir nicht oftmals beim Verlassen des Theaters ganz in Anspruch genommen durch das Gehörsbild, welches hübsche Verse oder eine Kraftstelle eines Lieblingsdarstellers bei uns zurückgelassen hat? Wir hören nun diese Verse oder diese Stelle genau so wie kurz vorher, als wir noch auf unserem Platz sassen. Freilich spricht der Schauspieler jetzt mit leiser Stimme, aber diese Stimme hat die nämlichen Eigenschaften, die uns soeben entzückten.[62]

Auf dieser Beobachtung aufbauend entwickelte Ballet eine Theorie des „inneren Souffleurs"[63], der den Menschen zum Denken und Sprechen befähigt. Er nahm an, dass Menschen innere Stimmen hören, die nicht zwingend mit der eigenen

---

[61] Siehe dazu mein aktuelles Buchprojekt „Auditory Memory: A Shared Topos in the Arts and Sciences around 1900", online unter: https://www.mpiwg-berlin.mpg.de/de/node/9596 (22.2.2017). Zur Gedächtnisforschung im späten 19. Jahrhundert allgemein vgl. Anna Harrington, *Medicine, Mind and the Double Brain: A Study in Nineteenth-Century Thought*, Princeton 1987; Edwin Clarke u. Stephen Jacyna, *Nineteenth-Century Origins of Neuroscientific Concepts*, Berkeley 1987; Olaf Breidbach, *Die Materialisierung des Ichs. Zur Geschichte der Hirnforschung im 19. und 20. Jahrhundert*, Frankfurt a. M. 1997; Charles G. Gross, *Brain, Vision, Memory: Tales in the History of Neuroscience*, Cambridge, MA 1999; Michael Hagner, *Homo cerebralis. Der Wandel vom Seelenorgan zum Gehirn*, Berlin 1997; ders. (Hg.), *Ecce Cortex. Beiträge zur Geschichte des modernen Gehirns*, Göttingen 1999; ders., *Der Geist bei der Arbeit. Historische Untersuchungen zur Hirnforschung*, Göttingen 2006; Juergen Tesak u. Chris Code, *Milestones in the History of Aphasia: Theories and Protagonists*, Hove/New York 2008, S. 1–108.
[62] Gilbert Ballet, *Die innerliche Sprache und die verschiedenen Formen der Aphasie*, übers. v. Paul Bongers, Leipzig/Wien 1890, S. 35.
[63] Ebd., S. 30.

Stimme identisch sind, sondern sich aus vielen Höreindrücken (Theaterbesuchen, Alltagsgesprächen) zusammensetzen und variieren, im Gedächtnis ein Eigenleben entfalten und den Erinnernden gerade dadurch zum eigenen Sprechen befähigen.

Interessant ist nun, dass der deutsche Pädagoge Meumann diesen Aspekt der Eigentümlichkeit der inneren Stimme ignorierte. In seinen *Vorlesungen zur Einführung in die experimentelle Pädagogik* (1907) referierte Meumann die Assoziationstheorie Ballets, verschwieg aber die von Ballet thematisierte Differenz zwischen äußeren und inneren Stimmen.[64] Ein Jahr später, in *Intelligenz und Wille* (1908), betonte Meumann allein die erinnerungsprägende Kraft des Theaters und die exakte Reproduzierbarkeit des Erlebten:

> Wenn ein Ereignis lebhaft unser Gefühl erregt hat, so ruft die Erinnerung an einen bestimmten einzelnen Vorgang desselben oft mit besonderer Leichtigkeit die ganze Kette der übrigen Vorgänge ins Gedächtnis zurück. Eine Theatervorstellung, eine Abendgesellschaft, an der wir mit Interesse teilnahmen, kann oft in allen Einzelheiten längere Zeit nachher noch reproduziert werden, während andere Ereignisse von gleicher Dauer, die uns gleichgültig ließen, oft kaum eine Spur in unserm Gedächtnis zurücklassen.[65]

Die Thematisierung der dem Theater eigenen Aufmerksamkeitsökonomie durch Sprachpädagogen wie Meumann erklärt, weshalb auch Theodor Siebs das Theater (zunächst) zum Adressaten seiner Ausspracheregeln gemacht hatte. Weder Siebs noch Meumann interessierten sich dabei jedoch für den Nachklang der Schauspielerstimme und das Eigenleben, das diese Stimme im Theatergänger entfaltete, wie durch Ballet beschrieben. Sie waren auf der Suche nach Medien und Praktiken mechanischer, kollektiver Gedächtnisbildung. Es ging ihnen um die Erziehung von Schulklassen bzw. einer ganzen Sprachnation, die nur Teil einer umfassenden „Nationalerziehung" sein sollte, wie Meumann in einer 1914 gehaltenen Vorlesungsreihe, nicht ohne nationalistische Parolen, darlegte.[66] Dabei betonte er, dass die Sprache „die allergrößte Bedeutung für die innere Einheit der Nation und für ihr Verwandtschaftsbewußtsein" habe: „Die Gleichheit der Sprache bedingt daher die Gemeinsamkeit einer ganzen Geisteswelt für ein Volk

---

64 Vgl. Ernst Meumann, *Vorlesungen zur Einführung in die experimentelle Pädagogik und ihre psychologischen Grundlagen*, 3 Bde., 2. Aufl., Leipzig 1911, Bd. 3, S. 552.
65 Ernst Meumann, *Intelligenz und Wille*, Leipzig 1908, S. 106.
66 Ernst Meumann, „Die Notwendigkeit einer deutschen Nationalerziehung" [Vorlesung, WS 1914, Philologisches Seminar und psychologisches Laboratorium, Universität Hamburg], in: Meumann, *Zeitfragen deutscher Nationalerziehung*, hg. v. Georg Anschütz, Leipzig 1917, S. 1–11.

und begründet ein Maß von Geistesverwandtschaft, das fast durch nichts anderes ersetzt werden kann."[67]

Dies ist der Punkt, an dem auch Meumanns frühere Experimente zur Sprachdidaktik im Grunde schon ansetzten. In *Ökonomie und Technik des Gedächtnisses* (1908) stellte er fest, dass Ausspracheregeln im Schulunterricht doch anders zu vermitteln seien, als dies in einer Theatervorstellung geschehe: Worte müssten laut und deutlich gesprochen, in größeren Textzusammenhängen präsentiert und im immer selben Rhythmus wiederholt werden. Zur Vermittlung der richtigen Aussprache gehöre ferner eine explizite Reflektion der Regeln.[68] Bei diesen didaktischen Überlegungen berief sich Meumann unter anderem auf seine Habilitation *Zur Psychologie und Ästhetik des Rhythmus* von 1893[69] und zitierte zahlreiche seit den 1890er Jahren entstandene Studien zur Funktion und Struktur des akustischen Gedächtnisses – so zum Beispiel zum Tongedächtnis in der Musik,[70] zur Gedächtnisstörung durch äußere Klänge,[71] zum Verhältnis von lautem Lesen, Rezitieren und Wortgedächtnis[72] und zur innerlichen Sprache des Lesers.[73]

---

[67] Ernst Meumann, „Solidaritätsbewußtsein" [Vorlesung, WS 1914, Philologisches Seminar und psychologisches Laboratorium, Universität Hamburg], in: Meumann, *Zeitfragen deutscher Nationalerziehung*, hg. v. Georg Anschütz, Leipzig 1917, S. 32–54, hier S. 40 f.

[68] Vgl. Ernst Meumann, Ökonomie und Technik des Gedächtnisses. Experimentelle Untersuchungen über das Merken und Behalten, Leipzig 1908, S. 204, 218–219 u. 262–263.

[69] Ernst Meumann, „Untersuchungen zur Psychologie und Aesthetik des Rhythmus", in: *Philosophische Studien* 10 (1894), S. 249–322.

[70] Harry Kirke Wolfe, „Untersuchungen über das Tongedächtnis", in: *Philosophische Studien* 3 (1886), S. 534–571; Guy Montrose Whipple, „An Analytic Study of the Memory Image and the Process of Judgement in the Discrimination of Clangs and Tones", in: *The American Journal of Psychology* 12.4 (1901), S. 409–457; Frank Angell u. Henry Harwood, „Experiments on Discrimination of Clangs for Different Intervals of Time", in: *The American Journal of Psychology* 11.1 (1899), S. 67–79; Louis Grant Whitehead, „A Study of Visual and Aural Memory Processes", in: *Psychological Review* 3.3 (1896), S. 258–269.

[71] Gisela Alexander-Schäfer, „Zur Frage der Beeinflussung des Gedächtnisses durch Tuschreize", in: *Zeitschrift für Psychologie und Physiologie der Sinnesorgane*, Bd. 39 (1905), S. 206–215.

[72] Alfred Binet u. Victor Henri, „Mémoire des mots", in: *L'année psychologique* 1 (1894), S. 1–23; Walther Jacobs, „Über das Lernen mit äußerer Lokalisation", in: *Zeitschrift für Psychologie und Physiologie der Sinnesorgane*, Bd. 45 (1907), S. 43–187; Stephan Witasek, „Über Lesen und Rezitieren in ihren Beziehungen zum Gedächtnis", in: *Zeitschrift für Psychologie und Physiologie der Sinnesorgane*, Bd. 44 (1907), S. 161–185; Dimitre Katzaroff, „Le rôle de la récitation comme facteur de la mémorisation", in: *Archives de Psychologie* 7.27 (1908), S. 224–259; Robert Morris Ogden, *Untersuchungen über den Einfluß der Geschwindigkeit des lauten Lesens auf das Erlernen und Behalten von sinnlosen und sinnvollen Stoffen*, Leipzig 1903; Adolf Pohlmann, *Experimentelle Beiträge zur Lehre vom Gedächtnis*, Berlin 1906.

[73] Ballet, *Die innerliche Sprache und die verschiedenen Formen der Aphasie*.

Zweierlei gilt es also vorerst festzuhalten: Die frühe experimentelle Forschung zur Aussprachedidaktik ging – wie Theodor Siebs – zunächst vom Theater als idealem Medium der Wortgedächtnisbildung aus; erst in einem zweiten Schritt distanzierte sie sich vom Theater und entwickelte eigene Methoden und Medien der massentauglichen Sprecherziehung, die dann ihrerseits auf Ergebnissen der psychophysiologischen Gedächtnisforschung basierten.

In diesen Kontext sind auch die Lautplatten für den Sprachunterricht einzuordnen, die Siebs 1924 gemeinsam mit Wilhelm Doegen erstellte. Doegen, ein Schüler des eingangs erwähnten prominenten englischen Phonetikers Henry Sweet und zunächst Englischlehrer in Berlin, hatte mit dem Einsatz des Grammophons im Fremdsprachenunterricht früh experimentiert. Ab 1909 gab er mit den Odeon-Werken in Weißensee bei Berlin (später: Berlin-Weißensee) die weltweit ersten *Unterrichtshefte für die selbständige Erlernung fremder Sprachen mit Hilfe der Lautschrift und der Sprechmaschine* heraus. Ein Jahr nach Erscheinen von Meumanns Gedächtnisstudie bezog sich Doegen auf Erkenntnisse zum rhythmisch-akustischen Spracherwerb: „Am letzten Ende ist die Erlernung einer lebenden Fremdsprache nur möglich", schrieb Doegen, „wenn man das gesprochene oder gelesene Wort laut und immer wieder auf dieselbe Weise, will sagen gleichförmig laut hört, denn nur so prägen sich die mundartlichen Eigentümlichkeiten der Fremdsprache dem menschlichen Gehör ein."[74] Doegen pries die Sprachlernplatte als ideales Lehrmedium an. Diese funktioniere ganz mechanisch, wie „ein aufgezogener Engländer, der keine sprachlichen Erklärungen gibt, abtritt, wenn er gesprochen hat", und der „nach Belieben langsam und schnell spricht und dem Lernenden jederzeit und allerorten zur Verfügung steht."[75] Doegen erhielt für seine pädagogische Leistung 1910 auf der Weltausstellung in Brüssel die silberne Medaille.[76]

---

74 Wilhelm Doegen, *Doegens Unterrichtshefte für die selbständige Erlernung fremder Sprachen mit Hilfe der Lautschrift und der Sprechmaschine*, Bd. 1, H. 1: *Englisch*, Berlin 1909, S. 4.
75 Ebd.
76 Doegen behauptet dies in seiner Autobiographie; vgl. Wilhelm Doegen, Autobiographie, Kapitel 1, S. 2f; Archiv des Deutschen Historischen Museums, Do2 98/2154 Rep. XVIII/K1/F4/M1 (1). Vgl. Jürgen-Kornelius Mahrenholz, „Zum Lautarchiv und seiner wissenschaftlichen Erschließung durch die Datenbank IMAGO", in: Marianne Bröcker (Hg.), *Traditionelle Musik von/für Frauen. Bericht über die Jahrestagung des Nationalkomitees der Bundesrepublik Deutschland im International Council for Traditional Music (UNESCO) am 8. und 9. März 2002 in Köln. Freie Berichte* (= Berichte aus dem ICTM-Nationalkomitee Deutschland XII), Bamberg 2003, S. 131–152, hier S. 133.

Abb. 3a : „Wilhelm Doegen unterrichtet mit dem Lautapparat (aus dem Jahre 1905)", aus: Wilhelm Doegen, *Jahrbuch des Lautwesens*, Berlin 1931, S. 43.

Abb. 3b: „Ein Schüler lernt Sprache nach der Platte und mit dem Doegen-Odeon-Lautapparat (Doppeltrichter-Apparat)", aus: Wilhelm Doegen, *Jahrbuch des Lautwesens*, Berlin 1931, S. 123.

Später, als Leiter der Lautabteilung der Preußischen Staatsbibliothek, veröffentlichte Doegen mit den Odeon-Schallplattenwerken in Berlin eine neue Lautplattenserie, die *Kulturkundliche Lautbücherei* (1925/1926).[77] Neben englischen und französischen sollten in dieser Reihe auch deutschsprachige Lernplatten erscheinen – einschließlich der Aufnahmen von Siebs' Regelwerk. Mit diesem Projekt hatte Siebs nun die Theaterbühne endgültig gegen ein neues Lehrmedium eingetauscht und berücksichtigte fortan die von Meumann und Doegen geforderte Rhythmik der Lernplattenästhetik. 1927 wurden Siebs' Lernplatten auf der Magdeburger Theaterausstellung in Form eines 'Lauttheaters' (mit großformatigen Portraits des Sprechers) präsentiert.[78] In den Rezensionen zur Magdeburger Ausstellung bleiben sie jedoch unerwähnt und scheinen nicht die erwünschte Aufmerksamkeit erhalten zu haben.[79] Die Veröffentlichung der Platten für den Schulunterricht blieb ebenfalls aus.

Ein umfangreicher Briefwechsel zwischen Doegen und Siebs zeigt indessen, dass Letzterer vier Jahre lang auf die Publikation der Lautplatten drängte und Doegen mit verschiedenen Strategien unter Druck zu setzen versuchte. So wollte Siebs etwa ein Publikationsprojekt Friedrichkarl Roedemeyers, des damaligen Lektors für Sprechkunde an der Universität Frankfurt am Main, unterbinden. Roedemeyer hatte seit 1925 in Doegens Lautabteilung Tonaufnahmen produziert, zunächst gedacht als Begleitmaterial für sein Buch *Vom künstlerischen Sprechen* (1924), später für *Sprechtechnik und mundartfreie Aussprache* (1929).[80]

---

[77] Wilhelm Doegen, *Kulturkundliche Lautbücherei. In Verbindung mit Lautplatten für Unterricht und Wissenschaft*, Bd. 1: *Auswahl englischer Prosa und Poesie. Mit Anhang: 3 Tafeln zur Intonation, Proben graphisch dargestellter Satzmelodie*, Berlin 1925; Bd. 2: *Auswahl französischer Poesie und Prosa. Zusammengestellt und bearbeitet v. Dr. Paul Milléquant, mit einer Intonationstafel dargestellt v. Wilhelm Doegen*, Berlin/Leipzig 1926.

[78] Vgl. Wilhelm Doegen, „Lauttheater", in: *Die Vierte Wand. Organ der Deutschen Theater-Ausstellung Magdeburg 1927* 9 (März 1927), S. 4 f.

[79] Die Magdeburger Ausstellung wird im Briefwechsel zwischen Siebs und Doegen mehrfach erwähnt. Doegen beteuert am 17.12.1926 noch, er erhoffe mit der Ausstellung und einer neuen Kommission „die Grundpfeiler zu haben für unsern grossen Plan, die Bühnenaussprache auf Lautplatten festzuhalten." In einem Brief vom 1.5.1927 stellt Siebs dann bedauernd fest, es sei mit der Ausstellung „wohl nicht viel geworden? Schade, es wäre eine gute Gelegenheit gewesen, die Platten der Bühnenaussprache in Szene zu setzen." Beide Briefe im Archiv der Humboldt-Universität zu Berlin, Bestand: Institut für Lautforschung, Nr. 7, 1920/1931.

[80] Vgl. Friedrichkarl Roedemeyer, *Vom künstlerischen Sprechen, zugleich eine Einstellung auf die von der Lautabteilung (Prof. Doegen) der Preuß. Staatsbibliothek Berlin vorgesehene Lautausgabe „Das künstlerische Sprechen"*, Frankfurt a. M. 1924. Erhalten ist eine Serie von Aufnahmen zum „künstlerischen Sprechen" (23.4.1925), eingesprochen/gesungen von Roedemeyer, vgl. Lautarchiv, Humboldt-Universität zu Berlin, PK 1679/1–4, 1681/1–2, 1680/1–4. Gemäß einem kurz darauf einsetzenden Briefwechsel zwischen Roedemeyer und Doegen waren die Aufnahmen zunächst

Doch Siebs, in den 1920er Jahren (noch) politisch einflussreicher als Roedemeyer, warnte Doegen davor, andere Sprachaufnahmen als die seinen für den Deutschunterricht zu publizieren. „Was nun Ihre Mitteilungen über Herrn Roedemeyers Lautplatten anlangt, so verstehe ich Sie schlechterdings nicht", liest man in Siebs' Brief an Doegen im Februar 1929. Und weiter:

> Sie schreiben, daß Roedemeyer etwas ganz anderes bearbeitet hat. Ihm lag in 1. Linie daran, die Sprechkunst so ähnlich wie Sievers sie behandelt, aber nach eigener Methode auf die Platte zu bannen. Was hier der Name Sievers bedeutet, verstehe ich nicht, denn Sievers hat sich hinsichtlich der Sprechkunst nur in der „Bühnenaussprache" betätigt. Nur nachdem wir, nämlich Sie und ich, auf *meine* Anregung hin Lautplatten der „Bühnenaussprache" für die praktische Erlernung fertiggestellt und auch noch weitere Verwertung der Gestenkunst [?] in Aussicht genommen hatten, war ich aufs höchste verwundert, daß Sie – ohne es mich vorher wissen zu lassen – mit anderer Seite ähnliche Veranstaltungen [?] getroffen haben.[81]

Doegen ließ sich durch Siebs zunächst nicht an der Zusammenarbeit mit Roedemeyer hindern.[82] Doch mag es neben finanziellen Engpässen auch ein Resultat dieses Konflikts gewesen sein, dass schließlich weder Siebs' noch Roedemeyers Aufnahmen veröffentlicht wurden. Roedemeyer allerdings gewann während der NS-Zeit als Experte für Sprechtechniken und Sprechkultur an Einfluss und publizierte eine Flut an Lehrbüchern,[83] darunter auch eines zum *Einsatz der Schallplatte in Forschung und Unterricht* (1939): Empfohlen wurden hier Platten

---

für das Buch *Künstlerisches Sprechen* gedacht. Roedemeyer erwähnte dann mehrfach den Doppelzweck der Platten für die Bühnenkunst und Schulpädagogik. Noch am 19.7.1928 erläuterte er, weshalb Siebs' Platten für den Sprechunterricht ungenügend seien. Für die Publikation schlug er dann folgenden Titel vor: „Sprechtechnik u. mundartfreie Aussprache. Unter besonderer Berücksichtigung der Atemfragen. Zugleich Beispielmaterial für den sprechtechnischen und Ausspracheteil der Lautausgabe ‚Sprechkunst' d. Lautabt. d. Preuss. Staatsbibl. Berlin. Besorgt von (Dir. Prof. W. Doegen) F. K. Roedemeyer". Vgl. die Briefe in: Archiv der Humboldt-Universität zu Berlin, Best.: Institut für Lautforschung, Nr. 7, 1920/1931. Die Publikation wurde unter exakt diesem Titel 1929 im Bärenreiter Verlag Kassel veröffentlicht.

81 Theodor Siebs an Wilhelm Doegen, Breslau, 24.2.1929; Archiv der Humboldt-Universität zu Berlin, Best.: Institut für Lautforschung, Nr. 7, 1920/1931; Hervorh. im Orig., dort als Unterstreichung. Der Briefwechsel setzt 1926 ein und dokumentiert die Diskussion zwischen Siebs und Doegen über die Korrektur und Drucklegung des Begleitbuchs zu den Platten sowie Siebs' ausstehendes Honorar.

82 Vgl. Briefwechsel Roedemeyer und Doegen; Archiv der Humboldt-Universität zu Berlin, Best.: Institut für Lautforschung, Nr. 7, 1920/1931.

83 1933 der NSDAP beigetreten, wurde Roedemeyer 1937 von der Reichsrundfunkkammer zusammen mit Karl Graef und Ewald Geißler mit der wissenschaftlichen Bearbeitung eines Sprachwerks mit dem Titel „Deutsche Aussprache" beauftragt, 1939 trat er eine Professur für Rundfunkwissenschaft an der Universität Freiburg an und leitete dort bis 1945 das Institut für

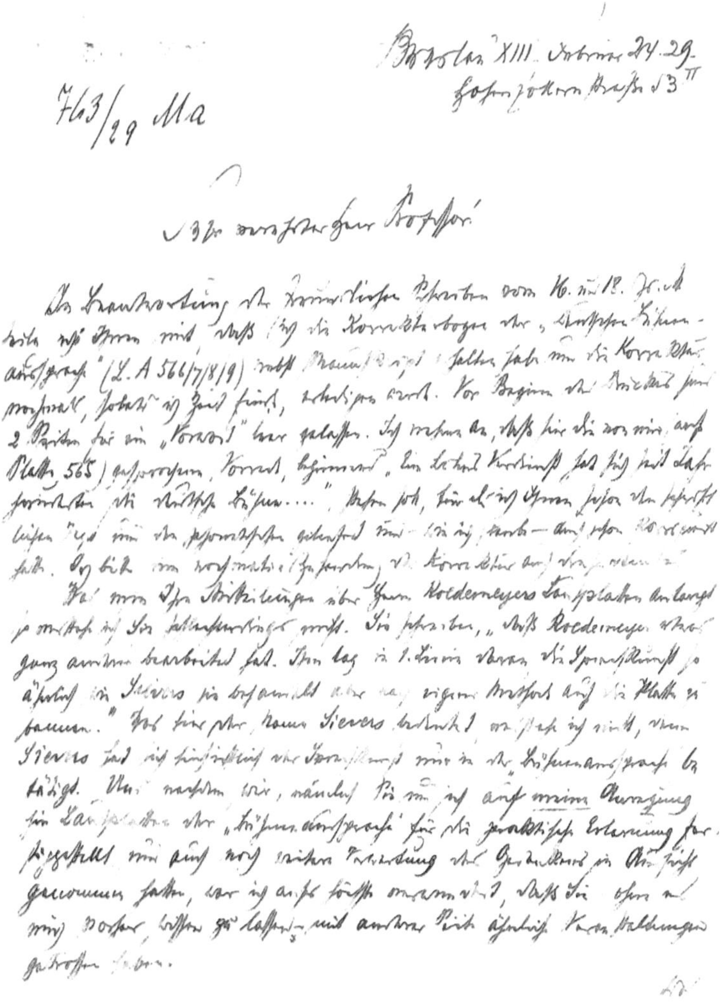

Abb. 4: Theodor Siebs an Wilhelm Doegen, 13. Februar 1929. Archiv der Humboldt-Universität zu Berlin, Bestand: Institut für Lautforschung, Nr. 7, 1920/1931.

Rundfunkwissenschaft. Vgl. Helmut Geissner, *Wege und Irrwege der Sprecherziehung. Personen, die vor 1945 im Fach anfingen und was sie schrieben*, St. Ingbert 1997, S. 248 f.

für den Unterricht von Fremdsprachen, Geschichte, Erdkunde, Musik, Biologie, Physik, Kurzschrift und Turnen. Für den Deutschunterricht warb Roedemeyer mit einer eigenen Plattenserie, „Deutsche Sprache / Deutsches Lied" – nicht ohne zu betonen, dass die Schulung der Aussprache auch dazu diene „Bezüge zwischen [Aus-]Sprache und Rasse klarzumachen".[84]

Rundfunk und Hörerforschung

Siebs förderte sein Ausspracheregelwerk ebenfalls weiter und entdeckte im Rundfunk bald ein neues Medium, das die Massenwirkung versprach, die er von Anfang an gesucht hatte. Das entsprechende Regelwerk trägt den Titel *Rundfunkaussprache* (1931). „Der Sender ist nicht für einen örtlich beschränkten Kreis da, sondern für die Allgemeinheit, für die gesamte völkische Gemeinschaft", heißt es hier, und:

> Nie darf man vergessen, daß der Rundfunk eine gewaltige Wirkung auf die Hörer üben kann und schon durch die Art seiner Sprache eine bedeutsame Kulturmacht ist. Der Hörer wächst mit dem Redner und besonders mit dem täglich zu ihm sprechenden Ansager zusammen, und dieser kann dem Hörer – mehr oder weniger bewusst – geradezu zum Lehrer und Vorbilde werden.[85]

Klar zeichnet sich hier der Schritt von der Sprachpädagogik zur Demagogie und Propaganda ab: Siebs' Worte spiegeln den Diskurs über die Kollektivwirkung des Rundfunks seiner Zeit, wie sie etwa der Soziologe Leopold von Wiese in „Die Auswirkung des Rundfunks auf die soziologische Struktur unserer Zeit" (1930) nicht ohne Anspielungen auf den politischen Nutzen des neuen Mediums skizzierte. Noch deutlicher wurde der spätere Rundfunkintendant Richard Kolb in der nationalistisch gefärbten Schrift *Das Horoskop des Hörspiels* (1932).[86] In *Rundfunkaussprache* bezeichnete Siebs die Hochsprache auch als „Band, das inner-

---

[84] Friedrichkarl Roedemeyer, *Der Einsatz der Schallplatte in Forschung und Unterricht*, Berlin 1939, S. 22.
[85] Theodor Siebs, *Rundfunkaussprache. Im Auftrag der Reichs-Rundfunk-Gesellschaft*, Berlin 1931, S. 2 f.
[86] Vgl. Leopold von Wiese, „Die Auswirkung des Rundfunks auf die soziologische Struktur unserer Zeit" [1930], in: Hans Bredow (Hg.), *Aus meinem Archiv. Probleme des Rundfunks*, Heidelberg 1950, S. 98–111; Richard Kolb, *Das Horoskop des Hörspiels*, Berlin 1932. Vgl. dazu Dominik Schrage, *Psychotechnik und Radiophonie. Subjektkonstitution in artifiziellen Wirklichkeiten 1918–1932*, München 2001, S. 267–297.

halb und außerhalb der augenblicklichen staatlichen Grenzen die Deutschen fest umschlingt"; der Rundfunk müsse diesem „treuesten Spiegel der Kultur" eine Plattform bieten und die Hochsprache auch unter nicht-deutschen Hörern verbreiten.[87] Deutlich klingen hier Bezüge zu Versuchen der Reetablierung des Deutschen als ‚Weltsprache' in der Weimarer Republik an, wie sie im Zuge der Gründung der Deutschen Akademie (heute Goethe-Institut) 1923 sowie des Deutschen Akademischen Austauschdienstes und der Alexander von Humboldt-Stiftung 1925 erfolgten. Diese Institutionen förderten den Unterricht von Deutsch als Fremdsprache, unter Einbeziehung der in der experimentellen Pädagogik entwickelten Lehrmethoden und -medien (darunter Lernplatten und Rundfunk).[88]

Bemerkenswert ist in diesem Zusammenhang, dass Siebs für die *Rundfunkaussprache* kaum neue Regeln vorlegte; als Referenz galt die 15. Auflage der *Bühnenaussprache* von 1930.[89] Siebs begründete dies mit dem Erfolg seines sorgfältig erstellten Regulariums. Allein im Bereich der Fremdworte ergänzte er die *Rundfunkaussprache* und plädierte für die weitgehende Eindeutschung fremder Wörter.[90] Wie bereits bei der Theaterbühne ging es Siebs also nicht um die Aussprache, die mit und durch das Medium geprägt worden war, sondern um die Durchsetzung der von ihm geprägten Regeln im neuen Medium.[91]

Siebs publizierte ab 1931 keine weitere Auflage des Aussprachewerks. Als 1933 ein vom Deutschen Ausschuss für Sprechkunde und Sprecherziehung eingesetzter ‚Beratungsausschuss für deutsche Hochsprache' tagte, stand eine grundlegende Überarbeitung des Regelwerks zur Disposition. Siebs gelang es aber weitgehend, dies abzuwenden.[92] In den Folgejahren setzte er sich – als Leiter des in Deutschland zweitgrößten Instituts für Germanistik in Breslau, als Senator der ‚Akademie zur Wissenschaftlichen Erforschung und zur Pflege des Deutschtums', und als Leiter der Sektion für Volkskunde in Alfred Rosenbergs ‚Kampfbund für

---

87 Siebs, *Rundfunkaussprache*, S. 2.
88 Vgl. etwa Franz Thierfelder, *Deutsch als Weltsprache*, Berlin 1938; ders., *Sprachpolitik und Rundfunk*, Berlin 1941. Vgl. dazu Eckard Michels, „Deutsch als Weltsprache? Franz Thierfelder, the Deutsche Akademie in Munich and the Promotion of the German Language Abroad, 1923–1945", in: *German History* 22.2 (2004), S. 206–228; ders., *Von der Deutschen Akademie zum Goethe-Institut. Sprach- und auswärtige Kulturpolitik 1923–1960*, München 2005.
89 Siebs, *Rundfunkaussprache*, S. 3.
90 Ebd., S. 4–7.
91 Zur Einführung von Siebs' Regelwerk in den Rundfunk vgl. Wolfgang Hagen, „‚Körperlose Wesenheiten'. Über die Resonanz der Radio-Stimme", in: Karsten Lichau, Viktoria Tkaczyk u. Rebecca Wolf (Hg.), *Resonanz. Potentiale einer akustischen Figur*, München 2009, S. 193–204, hier S. 197 f.
92 Vgl. Ehrlich, *Wie spricht man „richtig" Deutsch?*, S. 49.

deutsche Kultur' – dezidiert für die Anwendung seiner im Nachhinein als übersteigert empfundenen Sprachregelung im nationalsozialistischen Theater, Rundfunk und Schulunterricht ein.[93]

Eine kritische Reflektion dieses schwierigen sprachlichen Kulturerbes blieb im Nachkriegsdeutschland im Großen und Ganzen aus. Zumindest auf zwei Entwicklungen innerhalb der langen Rezeptionsgeschichte des ‚Siebs' sei daher abschließend hingewiesen.

Erstens: 1957 legte Theodor Siebs' Schwiegersohn Helmut de Boor das Aussprachegelwerk nahezu unverändert neu auf. Zudem floss der Nachname des Verfassers nun in den Titel des Werks ein: *Siebs Deutsche Hochsprache. Bühnenaussprache*.[94] Anstelle einer kritischen Rezeption heißt es hier nur, „das Verständnis für die Notwendigkeit einer einheitlichen Ausspracheregelung [habe sich, V. T.] erheblich verbreitet."[95] Bewusst kehrte man also an den Ort zurück, wo Siebs' Arbeit 1898 begonnen hatte. Die Bühne wurde (wieder) zur „strengste[n] Hüterin der Hochsprache"[96] stilisiert, die Modell sein sollte für Rundfunk und Schule sowie nun auch für Film und Fernsprechdienst. Ähnlich argumentierte das 1962 publizierte *Duden. Aussprachewörterbuch*.[97] Erst in den Auflagen des ‚Siebs' von 1969 und des *Dudens* von 1974 wurde die Hochsprache zaghaft zurückgenommen, zugunsten einer gemäßigten und hier so genannten „Hochlautung".[98] Diese Bücher blieben bis zur deutschen Wende unangefochten. Die Ausgabe des ‚Siebs' von 1969 wurde im Jahr 2000 neu herausgeben und gilt an einigen Schauspielschulen nach wie vor als Referenzwerk.[99]

Zweitens: In der DDR distanzierte man sich deutlicher von Siebs' elitärem Hochdeutsch. Sprechwissenschaftler in Halle unternahmen umfangreiche empirische Studien unter Nachrichtensprechern zur Ermittlung des deutschen Aus-

---

[93] Vgl. dazu Weger, „Bühnensprache, Frisistik und schlesische Volkskunde".
[94] Theodor Siebs, *Siebs Deutsche Hochsprache. Bühnenaussprache*, hg. v. Helmut de Boor u. Paul Diels, 16. Aufl., Berlin 1957.
[95] Ebd., S. 5.
[96] Ebd., S. 10.
[97] Vgl. *Duden. Aussprachewörterbuch*, bearb. v. Max Mangold u. der Dudenredaktion unter Leitung v. Paul Grebe, Mannheim 1962.
[98] Theodor Siebs, *Siebs Deutsche Aussprache. Reine und gemäßigte Hochlautung mit Aussprachewörterbuch*, hg. v. Helmut de Boor, Hugo Moser, Christian Winkler, 19. Aufl., Berlin 1969; *Duden Aussprachewörterbuch. Wörterbuch der deutschen Standardaussprache*, bearb. v. Max Mangold u. der Dudenredaktion, 2. Aufl., Mannheim 1974.
[99] Theodor Siebs, *Theodor Siebs, Deutsche Aussprache. Hochsprache – Bühnensprache – Alltagssprache*, hg. v. Helmut de Boor u. Hugo Moser, Wiesbaden 2000 [ND der 19. Aufl. v. 1969]. Zur heutigen Verwendung des ‚Siebs' vgl. Ehrlich, *Wie spricht man „richtig" Deutsch?*, S. 136–139 u. 153.

sprachestandards und publizierten 1964 das *Wörterbuch der deutschen Aussprache*.[100] Inwiefern allerdings die hier untersuchte Rundfunksprache ihrerseits noch von Siebs' Regeln beeinflusst war, blieb ebenso unberücksichtigt wie die Tatsache, dass auch die empirischen Studien durch eine Kommission mit recht expliziten Normvorstellungen initiiert und ausgewertet wurden.[101] Dies ist interessant, weil das DDR-Wörterbuch seinerseits dann Modell stand für das 2009 neu erarbeitete und bei De Gruyter herausgegebene *Deutsche Aussprachewörterbuch*, das heute als wichtige Referenz für die Sprecherausbildung und den Deutschunterricht gilt.[102] Diesem Wörterbuch liegen Hörbeispiele bei, die zurückdenken lassen an Theodor Siebs' Bemühungen um die Produktion von Lautplatten für den Deutschunterricht.

***

Wenn Deutschschüler heute das ‚A' und ‚O' üben, mischt sich in die Stimmen der Lern-CDs eine Geschichte, die von der deutschen Bühne über die Sprachpädagogik zur Rundfunk-Demagogie und zurückführt. Man sieht an diesem Beispiel, welche kulturprägende Kraft dem Theater um 1900 zukam bzw. welches kulturprägende Potenzial dem Theater als Bildungsinstitution zugeschrieben wurde – weit mehr als etwa in England oder Frankreich. Siebs wusste dies geschickt zu nutzen. Denn nur vordergründig basierte die *Deutsche Bühnenaussprache* auf einem Wissenstransfer vom Theater über die Wissenschaft in die Alltagssprache. Die Aussprache der Schauspieler klang nicht direkt, oder nur bedingt, im Ohr der ganzen Nation nach. Es war der durch Siebs gesteuerte Diskurs unter Theaterschaffenden, Phonetikern und Philologen, Pädagogen, Rundfunksoziologen und Demagogen, der aus der Bühnensprache eine wissenschaftlich legitimierte und regulierte Aussprache und schließlich eine Hoch- und Alltagssprache werden ließ. In der Untersuchung des Sprachmaterials beeinflussten Siebs und seine Kollegen dieses willentlich. Theater, Grammophon und Rundfunk prägten die deutsche Hochsprache also nur bedingt, in zweiter Instanz: Siebs nutzte die drei Leitmedien im performativen Sinne zur Durchsetzung seines Regelwerks. Das Regelwerk an sich zeigte sich vom Medienwechsel aber wenig beeinflusst. Schließlich galt es für Siebs, die einmal formulierten Regeln und das damit einhergehende Aus-

---

100 Eva-Maria Krech, Hans Krech u. Ursula Stölzer (Hg.), *Wörterbuch der deutschen Aussprache*. Leipzig 1969.
101 Vgl. dazu Hollmach, *Untersuchungen zur Kodifizierung der Standardaussprache*, S. 78–85; Ehrlich, *Wie spricht man „richtig" Deutsch?*, S. 37–39.
102 Krech et al., *Deutsches Aussprachewörterbuch*, Berlin/New York 2009.

sprachewissen vor weiterem Wandel zu bewahren und – trotz Medienwechsels – zu stabilisieren. Einmal standardisiert, ging das explizite Wissen der Sprachwissenschaftler ins implizite Wissen einer Sprachnation über. Die weite Distribution machte das Regelwerk träge und das entsprechende Sprech- und Hör-Wissen immuner gegen Wandel.

Bemerkenswert ist in diesem Kontext nicht zuletzt, welche Forschungsmethoden (teilnehmende Beobachtung, Befragung bzw. statistische Erhebung, Kommissionsarbeit, algorithmische Berechnung, wissenschaftliche Wertebildung) Siebs herbeizitierte, um seinem Projekt den Anschein wissenschaftlicher Objektivität zu verleihen. Dass diese Methoden zeitgleich in vielen sozial-, geistes- und naturwissenschaftlichen Disziplinen zur Anwendung kamen, mag dem Projekt zur Akzeptanz verholfen haben. Daneben kann Siebs' *Hochsprache* auch als Antwort auf Fragen verstanden werden, die die Psychophysiologie und Experimentalpädagogik um 1900 verstärkt umtrieben: Hier erforschte man das Wortklanggedächtnis und das damit erworbene Hör-Wissen, das zunächst (ab den 1860er Jahren) als Bedingung für die menschliche Sprechfähigkeit galt, dann (1900–1920) als Stütze beim Erlernen von Sprachen und später (ab den 1930er Jahren) als Bestandteil nationaler Identitätsbildung und Propaganda. Einmal im kulturellen Gedächtnis verankert, wurden und werden deutsche Sprecher das Deutsch, das Siebs auf der Hinterbühne der Sprachwissenschaft erfunden und popularisiert hatte, nicht mehr los.

Rebecca Wolf
Musik im Zeitsprung

Victor-Charles Mahillons Instrumente zur Rekonstruktion und
Neubelebung von historischem Klang

Das späte 19. Jahrhundert zeichnet sich musikalisch nicht zuletzt durch die Verwendung großer Orchestergruppen und Instrumentenvielfalt aus. Vorläufer sind spätestens seit der Jahrhundertmitte bekannt, doch Komponisten wie Gustav Mahler, Richard Strauss und Richard Wagner prägten mit ihrer bis dahin unbekannten Verwendung von Großbesetzungen einen Reichtum instrumentaler Klangfarben und dynamischer Schattierungen, die Aufführungskonzepte, Hörgewohnheiten und das Konzert- und Musiktheaterleben nachhaltig erneuerten und für nachfolgende Generationen prägten. Das Verständnis des Orchesters als Musikinstrument und Klangkörper ist bereits bei Hector Berlioz angelegt, theoretisch in seinem 1844 erschienenen *Grand Traité d'instrumentation et d'orchestration moderne* ausformuliert und praktisch in seinen Orchesterkompositionen auf den Weg gebracht.

Um ein solches ‚Instrument' den Klangvorstellungen entsprechend anzuwenden, bedarf es theoretischer Orientierung, denn das klangliche Ideal, sei es noch so transzendent, lässt sich für diese Zeit nur mithilfe der Instrumente und ihrer materialen Eigenschaften realisieren. Schon vor Berlioz wurden Instrumentationslehren geschrieben, doch sein *Traité* wurde aufgrund seiner Ausführlichkeit, seiner umfassenden Konzeption und praxisbezogenen Anlage zu einem zentralen Werk dieses Genres.[1] In enger Nachbarschaft zu solchen Instrumentationslehren sind Klassifizierungssysteme angesiedelt, die zum einen in der Geschichte der Organologie weit zurückreichen und zum anderen Ende des 19. Jahrhunderts ein besonderes Beispiel praxisbezogener Konzeption hervorbrachten: Mit Letzterem ist die *Classification méthodique de tous les instruments anciens et modernes* des Belgiers Victor-Charles Mahillon (1841–1924) aus dem Jahr 1893 angesprochen, die direkt auf einer Musikinstrumentensammlung aufbaut und für die unmittelbare Anwendung im Museum erstellt wurde.

Was den historischen Rückbezug innerhalb der Instrumentenkunde angeht, ist Sebastian Virdungs Einteilung in *Musica getutscht* von 1511 für alle weiteren Klassifikationssysteme von zentraler Bedeutung. Der vorliegende Beitrag setzt

---

[1] Zu früheren Instrumentationslehren vgl. Hans Bartenstein, „Die frühen Instrumentationslehren bis zu Berlioz", in: *Archiv für Musikwissenschaft* 28.2 (1971), S. 97–118.

bei Virdungs oberstem Ordnungskriterium an, wonach er das Instrumentarium seiner Zeit dem schwingenden Medium nach unterteilt in Saite, Luft und Metall.² Erst im zweiten Schritt spielt das menschliche Agieren mit den Instrumenten eine strukturierende Rolle. Interessant ist also die oberste Teilungsebene nach dem klingenden Material. Vor allem die Luft, Virdung spricht von Wind, wird eine besondere Rolle spielen.

Im Folgenden werde ich den Einfluss Virdungs auf die gut dreieinhalb Jahrhunderte später von Mahillon entwickelten theoretischen und praktischen Arbeiten nachzeichnen. Neben zahlreichen Schriften zur Instrumentenklassifizierung und Akustik hinterließ Mahillon auch Musikinstrumente. Als Blasinstrumentenmacher kombinierte er frühe, zu seiner Zeit teils nicht mehr gebräuchliche Instrumente mit modernen Applikationen. Zu diskutieren wird sein, ob es sich hierbei um Repliken, freie Nachbauten, Neuerfindungen oder eine eigene Kategorie handelt. Es ist zu überlegen, ob mit dem Begriff der ‚Re-Invention' dieses besondere Instrumentenverständnis näher beschrieben werden kann.

Mahillon baute diese Instrumente mit dem Ziel, Musik früherer Jahrhunderte originalgetreu aufzuführen und zu erforschen, doch wie sind die Instrumente einzuordnen? Der Beitrag soll diesen Instrumenten Mahillons nachgehen, nach deren Auswirkung auf die Musik- und Spielpraxis fragen, nach dem zeitgenössischen Verständnis von historischem Klang, nach dem Bezug zum (musikalischen) Historismus des späten 19. Jahrhunderts und damit nach dem Hör-Wissen eines Instrumentenbauers und Musiktheoretikers.

Sammeln und Klassifizieren als Praxis, als praktische Wissenschaft, spielen längst nicht nur in der Musik- oder Kulturgeschichte eine prägende Rolle, sondern sind als Praktiken der Wissenserzeugung und -darstellung für die Wissens- und Wissenschaftsgeschichte erforscht. Natur- und Feldforschung sind wertvolle Praktiken des Sammelns und Grundlagen des Klassifizierens, die für die historische Beschäftigung mit Musikinstrumenten angewandt werden sollen.³ Hier

---

2 Virdungs *Musica getutscht* ist in Dialogform gehalten: „Se. Du must das glid der musica von den instrumenten in dryerley geschlecht aufteylen / somagst du mich recht verstan. A. wellichs synd die selben dry geschlecht Se. Das erst ist aller der instrument die mit seyten bezogen werden / und die heisset man alle seyten spill / Das ander geschlecht ist aller der instrument die man durch den windt Lauten oder Pfeiffen macht Das dritt geschlecht ist aller der instrument / die von den metallen oder ander clingenden materien werden gemacht". Sebastian Virdung, *Musica getutscht und auszgezogen*, Basel 1511, o. S.
3 Vgl. u. a. Robert E. Kohler, „Finders, Keepers: Collecting Sciences and Collecting Practice", in: *History of Science* 45.4 (2007), S. 428–454. Mein herzlicher Dank gilt an dieser Stelle den KollegInnen aus der Wissenschaftsgeschichte der LMU München, Kärin Nickelsen und Christian Joas, für ihre hilfreichen Anmerkungen zu diesem Text.

schließt sich zudem die Frage an, ob dieser praktisch-wissenschaftliche Zugang Mahillons auch in die Kunst und Musik eingegangen ist. Methodisch kreist der Beitrag um eine historische Zeitschriftenannonce, die Mahillons Arbeit in den Kontext der menschlichen Stimme setzt. Stimme, Ton und Luft sollen im Folgenden über Klangvorstellungen der Zeit Auskunft geben und das klingende Material der Instrumentenbeispiele fokussieren.

1891, in ihrem zweiten Jahrgang, veröffentlicht die Zeitschrift *La Voix parlée et chantée. Anatomie, physiologie, pathologie, hygiène et éducation. Revue mensuelle* einen vom Herausgeber Dr. Arthur Chervin (1850–1921) verfassten kurzen Bericht, der für diese Zeitschrift auf den ersten Blick unerwartet erscheint.[4] Unter der Rubrik „Variété" berichtet Chervin über eine im Jahrbuch des Königlichen Musikkonservatoriums in Brüssel erschienene Notiz. Diese gibt Auskunft über drei Instrumente, die Victor-Charles Mahillon nach- und neu bildete. Diese Instrumente wurden in früheren Partituren gefordert. Man konnte daraufhin in den Konzerten des Brüsseler Konservatoriums beispielsweise die Werke Johann Sebastian Bachs in der von ihm vorgegebenen Orchestrierung hören. Auch den Grund für die Neubildung der Instrumente liefert Chervin. So seien die frühen Instrumente sehr schwierig zu spielen und ihre Genauigkeit nicht zufriedenstellend gewesen, sodass ihre Verwendung eingestellt worden sei. Mahillon nun habe durch seine Nachbauten die Nachteile überwunden, dabei aber das Timbre, das die Instrumente charakterisiere, bewahrt:

> L'Annuaire du Conservatoire royal de musique de Bruxelles contient une notice intéressante sur trois instruments reconstitués par M. V. Mahillon, et dont les anciens compositeurs ont fait usage dans leurs partitions. On a pu ainsi entendre, dans les concerts du Conservatoire, des œuvres de J.-S. Bach avec l'orchestration telle que le maître l'avait conçue. Ces instruments étaient très difficiles à jouer et de plus ils n'étaient pas d'une justesse satisfaisante; on les avait donc abandonnés. M. V. Mahillon, qui est un chercheur, a su faire disparaître ces défauts tout en leur conservant le timbre qui les caractérise.[5]

Im Folgenden geht Chervin genauer auf die Instrumente ein: Es handelt sich um eine Piccolotrompete, eine Oboe d'amore und einen Zink. Blasinstrumente also, die die technische Bandbreite der Spieltechnik auffächern, denn die Piccolotrom-

---

4 Vgl. zur Ausrichtung und Geschichte der Zeitschrift die Beiträge von Mary Helen Dupree und Viktoria Tkaczyk im vorliegenden Band. Während sich Mary Helen Dupree *La Voix* aus der Perspektive der Literaturwissenschaft mit Blick auf eine Geschichte der Deklamationskunst widmet, bezieht sich Viktoria Tkaczyk in ihrem Artikel zur Entwicklung der deutschen Hochsprache auf dieses Publikationsorgan.
5 Arthur Chervin, „Variété", in: *La Voix parlée et chantée. Anatomie, physiologie, hygiène et éducation* 2 (1891), S. 128. Siehe im vorliegenden Band auch den Anhang zu diesem Beitrag.

pete ist mit einem Ventilsystem ausgestattet, die Oboe d'amore wird mit Klappen gespielt und der Zink über Grifflöcher – üblicherweise, wie die folgenden Erläuterungen zeigen werden.

Warum wird nun aber in einer Zeitschrift, die die menschliche Stimme so zentral im Titel trägt, auf neue Erfindungen im Musikinstrumentenbau und deren Anwendung im Konzert eingegangen? Hierfür ist eine genauere Einordnung Victor-Charles Mahillons wichtig, da er längst nicht nur die drei genannten Instrumente baute, sondern eine wichtige Figur im belgischen Blasinstrumentenbau war. Durch den Bau, die Rekonstruktion und die Überarbeitung alter Instrumente erforschte er in gewisser Weise die Musik vergangener Jahrhunderte und wirkte zugleich auf die zeitgenössische Musikpraxis ein. Das Konservieren des Timbres, das Chervin anspricht, spielt hier eine bedeutende Rolle, auf die noch genauer einzugehen ist. Zudem war Mahillon Sammler von Musikinstrumenten, Kurator eines der wichtigsten europäischen Museen dieser Sparte, schuf maßgeblich die Grundlage der bis heute angewendeten Klassifikation und verfasste vielfältige Schriften zur Akustik der Musikinstrumente und zum Klang allgemein. In dieser wissenschaftlichen wie praktisch-schöpferischen Vielfalt mag ein Grund für die Bekanntgabe der Brüsseler Konzerte in *La Voix parlée et chantée* zu finden sein.

La Voix parlée et chantée

Die Sparte „Variété" hat Notizcharakter. Die Notiz zu Mahillon bezieht sich nicht darauf, dass der Autor die Instrumente selbst gesehen oder gehört oder etwas von Mahillon gelesen oder etwa das Brüsseler Konservatorium besucht habe. Vielmehr bezieht sich Chervin gleich zu Beginn ausdrücklich auf einen anderen Text und gibt den Lesern seines Journals diese Neuigkeit weiter. Ein Journal wie *La Voix parlée et chantée*, das recht spezifisch ausgerichtet war und eine ausgewählte Leserschaft ansprach, lässt erwarten, dass das Themenspektrum ebenso fokussiert ist. Die Erforschung von Stimme und Sprache, Deklamation, Intonation, künstlerischer Anwendung, Aspekte der Disziplinen Linguistik, Phonetik und Medizin stehen im Mittelpunkt des Journals. Zunächst macht es also stutzig, dass hier Musikinstrumente und deren Aufführung im Konzert besprochen werden. Mit dem Bericht über die drei Instrumente endet dann auch Chervins Notiz. Es folgt keine weitere Erläuterung, keine eigene Einschätzung oder sonstiger Bezug zu anderen Artikeln des Journals.

Der Bericht über Mahillon ist eingebettet in Artikel zu Themen, die viel deutlicher der inhaltlichen Schwerpunktsetzung des Journals entsprechen, so geht es um die Entstehung der Sprache beim Säugling, um Atemtherapie, um die Gesangsstimme, um die Stimmlage und die Gesangstechnik ebenso wie um physiologische Gefahren für die Stimme. Die Rubrik „Variété" taucht zuvor nicht auf. Ähnliche Sparten sind beispielsweise „Boîte aux lettres", in der es einmal um die Bewahrung der Sprache geht, oder „Avis", in der über Musikkonzerte an der Musikakademie in Toulouse berichtet wird. Im Jahrgang 1891 folgen unter dem Titel „Variété" mehrere Einträge zum Thema „Conserve de voix et de gestes", zur französischen Akzentuierung und zur Sprache der Affen.[6] Aber auch Musik ist immer wieder Thema, dazu Stimme und Gesang und Berichte aus Musikkonservatorien.[7] Selten behandeln Artikel Instrumentalmusik, der Beitrag „La diction musicale" von Charles Gounod im ersten Band, in dem es um Mozarts *Don Giovanni* geht, ist in dieser Hinsicht eher die Ausnahme.[8]

Die Sparten der kurzen Mitteilungen sind thematisch recht vielfältig, mehrheitlich aber der Stimme und Sprache gewidmet. Die Aufnahme eines Artikels zu Musikinstrumenten erfolgte vermutlich durch den Bezug zum Brüsseler Musikkonservatorium, da dort nicht nur die Instrumentalmusik, sondern auch die Stimmausbildung stattfand. Auch die theoretischen Schriften Mahillons – die zwar nicht im Artikel genannt werden, aber mit Sicherheit allein mit der Nennung seines Namens aufgerufen wurden, da sie zu dieser Zeit und im französischsprachigen Umfeld eine bedeutende Rolle spielten – erkunden die Entstehung des Tons, fassen das Wissen über Akustik der Zeit zusammen, besprechen die Klangfarbe, Klangkörper generell und sind damit für die Erforschung der menschlichen Stimme und ihrer Tonerzeugung von zentraler Bedeutung.[9] Zudem eröffnet der Aspekt des Konservierens und Speicherns von Klang Gemeinsamkeiten. Hier ist an eine Parallele zur Speicherung von Deklamationskunst mittels Notationsformen zu denken, die im vorliegenden Band von Mary Helen Dupree als Visualisierungstechniken untersucht werden. Stimme und Musikinstrument weisen möglicherweise durch ähnliche Strategien der Konservierung eine wichtige Verbindung auf. Mahillons Versuche, durch erneuerte Instrumente historische Musik aufzuführen und damit den historischen Klang zu erforschen, vielleicht auch neu zu beleben, mögen den genannten Beiträgen zu „Conserve de voix et de gestes", die sich der Speicherung und Rekonstruktion von Sprache widmen, thematisch am nächsten kommen.

Doch ist das Bewahren, Konservieren und Speichern von Stimme, Klang und Gesten dasselbe wie Mahillons Idee der Neubelebung von historischem Klang?

---

[6] Vgl. die entsprechenden Beiträge in *La Voix* 2 (1891), S. 160, 317 f. u. 376–379.
[7] Vgl. z. B. A. Landely, „Les conservatoires de musique", in: *La Voix* 2 (1891), S. 180–188.
[8] Charles Gounod, „La diction musicale", in: *La Voix* 1 (1890), S. 304–312.
[9] Félix Leconte, „Curiosités acoustiques. Conférence faite au cercle artistique d'anvers", in: *La Voix* 2 (1891), S. 161–175, verweist u. a. auf Mahillons Bedeutung für die Erforschung der Akustik.

Schließlich würde dieser Klang – und somit das spezifische Timbre eines Instruments – wiederholbar und wäre dadurch ganz anders zu erforschen als sonst flüchtige Musik oder Klänge. Welche Vorstellung von Authentizität liegt hier zugrunde? Herrscht hier nur die Vorstellung der Rekonstruktion und Konservierung vor oder gibt es auch einen starken Bezug zur aktuellen Musik und Ästhetik?

Victor-Charles Mahillon: Sammeln und klassifizieren

Das Œuvre Victor-Charles Mahillons ist vielfältig: Er publizierte zur Akustik und weiteren Themen des Musikinstrumentenbaus, war Blasinstrumentenbauer, Sammler, Kurator und Organologe. Bereits sein Vater Charles-Borromée Mahillon (1813–1887) gründete 1836 in Brüssel eine Werkstatt für Blech- und Holzblasinstrumente.[10] Große Erfolge verzeichneten sie auf nationalen und europäischen Ausstellungen, wie auf der Weltausstellung in London 1851. So entwickelte sich die Firma Mahillon zur bedeutendsten Manufaktur für Blasinstrumente in Belgien, die auch die belgische Armee mit Instrumenten ausstattete und vermutlich deshalb ihr Repertoire um Perkussionsinstrumente erweiterte. Filialen wurden eröffnet, so 1883 in London, um auch in England den Orchester- und Militärmarkt zu bedienen. Victor-Charles arbeitete ab 1865 in der Firma, seine jüngeren Brüder folgten. Die Bandbreite der produzierten Instrumente erweiterten sie stetig, ab 1882 bauten sie Harmonien, ab 1894 Klaviere. Mit *L'echo musical* entstand zudem ein firmeneigenes Journal, in dem Victor-Charles Artikel zu Akustik und Instrumenten veröffentlichte. Politisch engagierten er und sein Vater sich für die Standardisierung des Stimmtons in Belgien. Vater und Sohn reichten zahlreiche Patente zur Verbesserung von Musikinstrumenten ein. Diese 18 verschiedenen Patente belegen Verbesserungen an bereits etablierten oder erfundenen Instrumenten, aber keine völlig neuen Instrumente. Die Firma Mahillon war wegweisend bei der Herstellung von erneuerten Instrumenten, verbesserte Versionen historischer Instrumente wie das Tenorhorn, die Wagner-Tuba, die Bach-Trompete und die Oboe d'amore.

Victor-Charles Mahillon wurde 1889, zwölf Jahre nach seinem Eintritt in die Firma seines Vaters, Kurator am neu gegründeten Musikinstrumentenmuseum

---

10 Für den folgenden Absatz vgl. William Waterhouse u. Ignace De Keyser, [Art.] „Mahillon", in: Laurence Libin (Hg.), *The Grove Dictionary of Musical Instruments*, 2. Aufl., New York 2014, Bd. 3, S. 366 f.

des Brüsseler Konservatoriums für Musik.[11] Bis zu seinem Tod 1924 vergrößerte er die Sammlung auf über 3.100 Instrumente. Gleich in seiner neuen Position als Kurator gründete Mahillon im Museum eine Restaurierungswerkstatt, um die Instrumente der Sammlung zu erhalten und darüber hinaus Kopien von Instrumenten anderer Sammlungen anzufertigen, denn die Bandbreite sollte möglichst umfassend gestaltet werden. Ein Ziel des Museums war didaktischer wie künstlerischer Art; so konnten die Studierenden des Konservatoriums anhand der Kollektion Instrumente erforschen und spielen. Auf historischen Instrumenten ebenso wie auf Kopien wurden ab 1880 zahlreiche Konzerte des Brüsseler Konservatoriums gespielt. Auf eben eine solche Aufführung spielt somit der Bericht in *La Voix parlée et chantée* 1891 an. Die Erforschung alter Musik wurde in institutionellem Rahmen anhand der Instrumente theoretisch wie praktisch umgesetzt, zudem öffentlich präsentiert. Dies geschah nicht solitär, die Institutionalisierung von Instrumentensammlungen war vielmehr Teil einer europaweiten Bewegung im 19. Jahrhundert, die in Wien 1814 startete und vor allem deutsch- und englischsprachige Regionen beeinflusste. Die Brüsseler Kollektion setzte sich anfangs hauptsächlich aus zwei Sammlungen zusammen: der des belgischen Musikwissenschaftlers François-Joseph Fétis (1784–1871) und einer Sammlung von über einhundert indischen Instrumenten, die König Leopold II. 1876 von Raja Sourindro Mohun Tagore (1840–1914) angeboten worden war. Die Sammlung Fétis' hatte die belgische Regierung bereits 1872 angekauft, Fétis war zudem erster Direktor des Konservatoriums.

V.-C. Mahillon verfasste von 1880 bis 1912 einen vier Bände umfassenden Katalog der Brüsseler Sammlung, der in vielerlei Hinsicht zum Vorbild für weitere Forschungen und Publikationen wurde.[12] Besonders der einleitende „Essai de classification méthodique de tous les instruments anciens et modernes" setzte methodische Maßstäbe. Er wurde Grundlage für die bis heute gebräuchliche Klassifikation nach Hornbostel-Sachs aus dem Jahr 1914; die Verfasser, Erich Moritz von Hornbostel und Curt Sachs, beziehen sich ausdrücklich auf Mahillon.[13] Sie verweisen auf sein Teilungsprinzip nach der Art des schwingenden Körpers und

---

11 Zum Musikinstrumentenmuseum in Brüssel vgl. Malou Haine, „Introduction", in: Musical Instruments Museum (Hg.), *Visitor's Guide*, Sprimont 2000, S. 7–14. Seit 1992 ist das Brüsseler Museum Teil der Koninklijke Musea voor Kunst en Geschiedenis. 2000 eröffnete im sogenannten Old-England-Haus die aktuelle Dauerausstellung.
12 Victor-Charles Mahillon, *Catalogue descriptif et analytique du Musée Instrumental du Conservatoire Royal de Musique de Bruxelles*, Gent 1880–1912, Bde. 1–4.
13 Vgl. Erich M. von Hornbostel u. Curt Sachs, „Systematik der Musikinstrumente. Ein Versuch" [1914], in: Hornbostel, *Tonart und Ethos. Aufsätze zur Musikethnologie und Musikpsychologie*, hg. v. Christian Kaden u. Erich Stockmann, Leipzig 1986, S. 151–206.

übernehmen seine Struktur der Unterteilung nach Selbstklingern, Membraninstrumenten, Saiten- und Windinstrumenten. Der Ausgangspunkt für ein umfassendes Klassifikationssystem, das die ganze Bandbreite der Musikinstrumente benennen und strukturieren sollte, liegt demzufolge in der Katalogisierung einer bestimmten Kollektion, die bereits in ihrer Gründungssammlung regionale wie historische Vielfalt vereinte. Mahillon wurde durch die Klassifikation zu einem der bedeutendsten Organologen. Seine Arbeit im Museum war beeinflusst von seiner wissenschaftlichen-experimentellen Tätigkeit, deren Grundlage Musikinstrumente als Klang produzierende Geräte bildeten. Ihre akustische Beschaffenheit war für ihn von großem Interesse, ihre dekorativen Eigenschaften vermutlich weniger.[14] Mahillons vielfältige Arbeiten hatten Einfluss auf die Aufführung sogenannter Alter Musik, wobei er für die Konzerte des Brüsseler Konservatoriums Instrumente des Museums verwendete. Konzerte fanden nicht nur in Belgien, sondern auch in London und mehreren italienischen Städten statt.[15]

Wie ist nun aber Mahillon neben seiner Bedeutung für die Organologie als Sammler, Kurator und auch Wissenschaftler in einen sozialen und wissenschaftlichen Kontext einzuordnen? Robert E. Kohlers Studie zu „Finders, Keepers"[16] und der Bedeutung des Sammelns als Praktik und Wissenschaft eröffnet deutliche Parallelen zwischen Mahillons Arbeiten und Entwicklungen in der Naturkunde und Feldforschung des 19. Jahrhunderts. Konjunkturen des Sammelns sind durch die Jahrhunderte hindurch festzumachen. Einschneidend war in dieser Hinsicht beispielsweise das Sammeln für die Kunstkammer der Frühen Neuzeit. Eine andere Konjunktur führt im 19. Jahrhundert zur Herausbildung von Disziplinen des Sammelns. Das Sammeln wurde zentraler Bestandteil von Wissenschaft und Forschung. Gesammelt wurde längst nicht ohne System, so verweist Kohler auf dezidiert wissenschaftliches Sammeln als ausdrückliche Praktik.[17] Auch Museen und Kuratoren nehmen an dieser Praktik regen Anteil. Sie sind aktiv an der Suche von Objekten und der Integration dieser Objekte in Sammlungen beteiligt.

Ähnliches ist auch, wie schon benannt, bei Mahillon der Fall. Systematisch erweiterte er als Museumskurator die Sammlung. Dort, wo keine Originale zu finden waren, ließ er Kopien anfertigen. Der oberste Anspruch an eine möglichst umfassende Bestandsaufnahme des Instrumentariums zeigt sich hier. Ziel

---

14 So fassen es Waterhouse und De Keyser im Artikel „Mahillon" zusammen.
15 Vgl. ebd.; Waterhouse und De Keyser nennen im Übrigen die erneuerten Musikinstrumente „updated prototypes".
16 Kohler, „Finders, Keepers".
17 Kohler bezieht sich dabei auf Anke te Heesen u. Emma Spary (Hg.), *Sammeln als Wissen. Das Sammeln und seine wissenschaftsgeschichtliche Bedeutung*, Göttingen 2001.

scheint also weniger der Besitz des einen originalen Kunstwerks zu sein, sondern die Präsentation einer vollständigen Sammlung. Das einzelne Objekt wird in das große Ganze eingegliedert, zweitrangig, ob es original oder eine Kopie ist. Schon im Grundstock zur von Mahillon betreuten Sammlung fanden Instrumente europäischer und indischer Herkunft zusammen. Dieser Fokus, der weit über das bis dahin übliche, regionale Inventar hinausging, zeigt die Verbindung zum Sammeln von Objekten der Naturkunde; auch Tiere und Pflanzenspezies wurden weltweit gesammelt und in Systematiken vereint. Das Anwachsen der Sammlungen erforderte Ordnung. Taxonomien und Klassifikationen sind die logische Konsequenz und bieten die Möglichkeit, Objekte, bei Mahillon Musikinstrumente, zu bestimmen, zu vergleichen, in Bezug zu setzen und unter diesen Voraussetzungen weiter zu erforschen. Schließlich bildet eine Klassifikation die Grundlage für eine systematisch ausgerichtete Ausstellung. Für Kohler zentral wird die Frage nach der Auswirkung der verschiedenen Praktiken auf die Bedeutung des Sammlers selbst. Das Auffinden und vor allem das Sammeln und Bewahren von Objekten lässt ihn manches Mal vom Amateur und Liebhaber zum Wissenschaftler werden, seine professionelle Identität verschiebt sich. Dieser Wandel lässt sich festmachen an der Erzeugung von Aufzeichnungen, an der standardisierten Erhebung von Daten. Mahillons vierbändiger Sammlungskatalog mag ein Beispiel dafür sein. Die Sammeltätigkeit wird oftmals in universitäre Strukturen eingebettet, im Falle der Musikinstrumente ist dies die enge Zusammenarbeit mit dem Musikkonservatorium. Bei Mahillon kommt hinzu, dass er nicht nur wissenschaftlicher Sammler, Museumskurator und Musiktheoretiker war, sondern auch Instrumentenbauer. Nicht (mehr) vorhandene Instrumente baute er selbst.

Mahillons Instrumente in *La Voix parlée et chantée* von 1891

Die Instrumententypen, die in *La Voix parlée et chantée* genannt werden, stellte Mahillon bereits ab 1875 her.[18] Dass sie 1891 beschrieben werden, mag darauf

---

18 Freundliche Auskunft von Ignace De Keyser, dem ehem. Leiter der Sektion für Alte Musik am Musikinstrumentenmuseum in Brüssel, per Mail vom 11.9.2015 an die Autorin: „Die Piccolo Trompete, das Hautbois d'amour und der Zinck [...] sind (Victor) Mahillons erste Versuche von Nachbauten historischer Musikinstrumente und sie datieren bereits von 1875. Allein der gerade Zinck – mit einem Klappenmechanismus versehen – steht im Brüsseler MIM zur Verfügung (Inv. Nr. M1226) und ist in der Dauerausstellung im Themenkreis ‚Historische Konzerte' zu sehen. Dieser Zinck wurde 1889 bei einer Aufführung von Glucks *Orphée* in der Brüsseler Oper verwendet".

zurückzuführen zu sein, dass sie nicht nur für das Jahr ihrer Herstellung, den einmaligen Gebrauch oder als reiner Versuch relevant waren, sondern im Brüsseler Konservatorium über einen längeren Zeitraum hinweg gespielt wurden. Möglicherweise wurden die ‚Neukonstruktionen' auch mehrfach in Mahillons Werkstatt produziert, so ist beispielsweise der – bis heute in Brüssel erhaltene – gerade Zink auf ca. 1890 datiert.

Chervin nennt drei Instrumente: die kleine Trompete in hoch D, die im 19. Jahrhundert ‚Clarino' genannt wurde, die Oboe d'amore und den Zink. Alle drei Instrumententypen haben eine Tradition, die bis mindestens in die Barockzeit zurückreicht. Auch erwähnt Chervin den Hintergrund für die Entwicklung und Aufführung der Instrumente, nämlich die Wiederbelebung der Musik Johann Sebastian Bachs in der von ihm vorgegebenen instrumentalen Besetzung. Das Interesse Mahillons als Blasinstrumentenbauer an der Bach-Zeit ist mehr als verständlich. Die Fülle an Instrumenten, die in Bachs Kompositionen zum Einsatz kommt, weist auf eine reiche Tradition und vielfältige Möglichkeiten vor allem in seiner Zeit als Thomaskantor in Leipzig hin. In Leipzig konnte er Stadtpfeifer ebenso einsetzen wie Kunstgeiger, auch Musikstudenten spielten die sonntäglichen Kantaten. Die Bezeichnungen der beiden ersten Berufsgruppen bedeutet nicht, dass die Stadtpfeifer ausschließlich Blasinstrumente spielten und die Kunstgeiger Saiteninstrumente, im Gegenteil, sie spielten jeweils auch Instrumente aus dem anderen Bereich, sodass auch eine Vielfalt an Musikern zur Verfügung stand.[19] Bach komponierte auch Soli für verschiedene Trompeten, für Jagdhorn, für Quer- und Blockflöte, für Oboe d'amore, für Fagott und viele mehr. Mahillon leistet mit seinen Instrumenten einen zentralen Beitrag zur Wiederentdeckung der Musik des Barock, die schon in der ersten Hälfte des 19. Jahrhunderts u. a. mit Fokus auf Bach und Händel ein interessantes Phänomen der Emanzipation der bürgerlichen Musiktradition darstellte. Erinnert sei hier an den Beginn der Händel-Rezeption in Halle, die mit Daniel Gottlob Türk, einem das bürgerlich-städtische Musikleben prägenden Musiker und Pädagogen, ihren Anfang nahm. Mahillon lieferte das Wissen um eine Handwerkstradition sowie wissenschaftliche Erläuterungen zu den musikalisch-akustischen Grundlagen, die auf praktischer Erfahrung beruhten und die der Zeit angepasste Instrumente hervorbrachten.

Doch wie lassen sich diese Instrumente einordnen? Terminologien wie Replik als Nachbildung eines (Kunst-)Werks oder der Nachbau von historischen Instrumenten kommen hier in den Sinn. Auch Reproduktion kann infrage kommen; im musikalischen Kontext jedoch bezieht sich Reproduktion auf die Wiederho-

---

19 Vgl. Haine, *Visitor's Guide*, S. 110 f.

lung eines Musikstücks und lässt an Programm- und Tonträger denken. All diese Begriffe betonen die möglichst genaue Orientierung am Vorbild bei der Erstellung eines Nachbaus, haben die größtmögliche Ähnlichkeit von Original und Kopie zum Ziel. Die Kopie steht in enger Relation zum Vorbild, ohne die sie ihre Legitimation möglicherweise einbüßen müsste. Im Folgenden wird jedoch klar, dass mit Mahillons Instrumenten etwas anderes gemeint ist. Eine Verschiebung scheint hier stattzufinden. Ziel ist die Wiederholung des längst verklungenen Timbres, nicht der exakte Nachbau des dafür nötigen Musikinstruments. Um dies zu erreichen, musste sich Mahillon auf sein Hör-Wissen verlassen. Er musste eine Vorstellung des historischen Klangs entwickeln, vermutlich auf Basis der erhaltenen alten Instrumente und der musikalischen Notate. Für den Bau seiner Instrumente lehnt sich Mahillon zwar an den Vorbildern an, doch er verändert sie stark. Dieses Changieren zwischen historischem Rückbezug auf ein vielleicht gar nicht mehr existierendes Artefakt und Anwendung von modernem Instrumentenbauwissen möchte ich an dieser Stelle mithilfe des bereits erwähnten Begriffs ‚Re-Invention' untersuchen.[20] Der Begriff vereint den historischen Rückbezug mit der Idee einer in die Zukunft gerichteten Erfindung.

Die Beschreibung der drei folgenden Instrumente fällt in *La Voix parlée et chantée* nicht allzu ausführlich aus. Im Zusammenhang mit der Kontextualisierung dieses Reports innerhalb der Zeitschrift lohnt es daher, genauer auf die drei Instrumente einzugehen.[21]

Piccolo-Trompete

„La petite trompette en *ré* aigu qu'on appelait au dix-neuvième siècle *clarino*, avait plusieurs notes fausses dans la région supérieure de son étendue. Les difficultés qu'elle offrait aux instrumentistes étaient telles que ceux-ci en étaient rebutés."[22]

---

20 ‚Re-Invention' schlug Alexander Rehding im Workshop und Netzwerktreffen „Künstlerisches Hör-Wissen" am German Department der Georgetown University, Washington, D. C., im Herbst 2015 vor. Hierfür und für seine weiteren Hinweise möchte ich ihm herzlich danken.
21 Vgl. für die folgenden Erläuterungen Curt Sachs, *Real-Lexikon der Musikinstrumente zugleich ein Polyglossar für das gesamte Instrumentengebiet* [1913], Hildesheim 1979; Wolfgang Ruf (Hg.), *Lexikon Musikinstrumente*, Mannheim u. a. 1991; Anthony Baines, *Lexikon der Musikinstrumente*, übers. v. Martin Elste, Stuttgart 2005; Edward H. Tarr, „The ‚Bach Trumpet' in the Nineteenth and Twentieth Centuries", in: Michael Latcham (Hg.), *Musique ancienne – instruments et imagination. Actes des Rencontres Internationales harmoniques 2004, Lausanne 2004. Music of the Past – Instruments and Imagination*, Bern 2006, S. 17–48.
22 Chervin, „Variété", S. 128; Hervorh. im Orig.

Die Piccolo-Trompete hoch D, die im 19. Jahrhundert ‚Clarino' genannt wurde, kritisiert Chervin hier für ihre Unsauberkeiten in den hohen Spiellagen. Zudem nennt er die Schwierigkeiten, die sie für die Instrumentalisten beim Spielen bot. Es scheinen sich dabei die Eigenschaften der frühen Naturtrompete und der von Mahillon veränderten in der Zusammenfassung durch Chervin zu vermischen. Im Gegensatz dazu geht der Artikel, auf den sich Chervin bezieht und der ein Jahr zuvor im Jahrbuch des Brüsseler Konservatoriums veröffentlicht wurde, detaillierter auf die Instrumente ein. So wird hier klar benannt, dass die Naturtrompete der Bach-Zeit teils ungenau zu spielen gewesen sei, was auch durch schlechte Spieltechnik wie schwierigen Ansatz zustande gekommen sei, und dass diese Probleme durch leichtgängiges Spiel der neuen Clarino-Trompete von Mahillon behoben worden seien. Dasselbe Timbre würde erzeugt, nur auf einfachere Spielweise; die Erforschung der Luftsäule, die dem neuen Instrument zugrunde liege, ergab demnach auch eine saubere Intonierung und Homogenität in der Klangfarbe.[23]

‚Clarino' war zunächst keine Bezeichnung für eine Trompete, kein Musikinstrument selbst, sondern in der Zeit des Barock die Bezeichnung einer Stimmlage – der des hohen Trompetenregisters. Bei Naturtrompeten war es üblich, für das Clarinoregister vom 8. Partialton aufwärts, bis zum 18. oder höher zu spielen, um Melodien erzeugen zu können, die aus kleinen Intervallen bestehen. Eine eigene Spieltechnik war dafür erforderlich, die über Johann Ernst Altenburgs *Versuch einer Anleitung zur heroisch-musikalischen Trompeter- und Pauker-Kunst* (1795) bekannt ist. Altenburg vergleicht das Spielen des Clarinoparts mit dem Singen einer hellen Sopranstimme. Die strahlende Brillanz dieser hohen Trompetenlage ist vermutlich paradigmatisch für die Trompetenstimme und die Trompetenarien des Barock. Trompetenarien boten Gelegenheit zu einem regelrechten Wettstreit zwischen hoher Trompeten- und Gesangsstimme, im späten 17. und frühen 18. Jahrhundert speziell zwischen der Trompete und der Stimme eines Kastraten.[24] Die hohe Kunst der musikalischen Virtuosität wurde ebenso dargeboten wie der hörbare Vergleich der klanglichen Ähnlichkeit beider Stimmen. Doch die Verwendung der Trompete änderte sich bei den Wiener Klassikern. Die Funktion der Trompete im Orchester orientierte sich mehr an der Rhythmusgruppe als an melodiöser Brillanz. Der singende Charakter in extrem hohen Lagen der Trompetenpartien war nicht mehr gefragt. Hinzu kamen die zahlreichen Versuche, die

---

23 Victor-Charles Mahillon, „Notice", in: *Annuaire du Conservatoire Royal de Musique de Bruxelles* (1890), S. 141–143.
24 Vgl. Edward H. Tarr, *Die Trompete. Ihre Geschichte von der Antike bis zur Gegenwart*, Bern/Stuttgart 1977, S. 88.

Naturtrompete, ebenso wie das Horn, zu chromatisieren. Schließlich setzte sich ab 1815 die Ventiltechnik durch. Mit der Verwendung der Ventile änderte sich die Form der Instrumente. Die Bohrung und das Schallstück wurden dahingehend verändert, dass mittlere und tiefe Lagen gut ansprachen. Die neuen Möglichkeiten, in den tiefen Lagen chromatisch spielen zu können, wurden in Kompositionen umgesetzt. Der Einsatz des Instruments im orchestralen Gesamtgefüge änderte sich – und damit der Klangcharakter. Der weiche Klang des Horns galt als Vorbild, was dem mittleren und tieferen Trompetenregister eher entsprach als der strahlenden Verwendung der Barocktrompete. Die Spieleigenschaften, die von den Musikern gefordert wurden, umfassten, wie für viele andere Instrumente, eine ausgeprägte und feinstufige dynamische Bandbreite.[25] Die virtuose Kunst des Spielens der Naturtrompete in hoher Lage ging verloren, und im Laufe des 19. Jahrhunderts wurden viele Trompetenparts von Johann Sebastian Bach für unspielbar gehalten. Vermutlich geht Chervin hierauf ein, wenn er von ‚falschen Tönen' und ‚Schwierigkeiten für die Instrumentalisten' spricht. Genau diese Probleme wollte Mahillon mit seiner Piccolotrompete mit Ventiltechnik lösen. Ventiltrompeten hoher Lage werden seit dem Ende des 19. Jahrhunderts demzufolge auch Bach-Trompeten genannt. Obwohl sie genau genommen eine Neuerfindung darstellen, rekurrieren sie deutlich auf ihr Vorbild. Nicht die Form wird nachgebildet, sondern die Möglichkeit des chromatischen Spiels in hohen Lagen – und dies verknüpft mit den modernen Möglichkeiten einer praktikablen Spielweise.

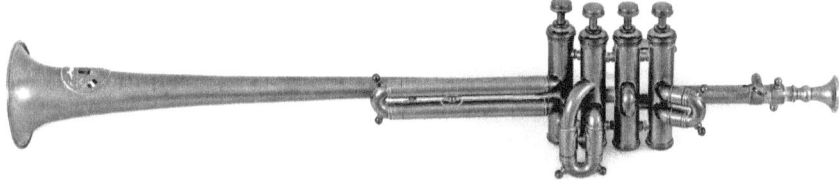

Abb. 1: Piccolotrompete hoch B mit 4 Ventilen, Charles Mahillon, Brüssel, um 1930. Heute in der Musikinstrumentenkollektion der University of Edinburgh, Inv. Nr. 3900. Abdruck mit freundlicher Genehmigung der University of Edinburgh.

Eine Piccolotrompete hoch B der Firma C. Mahillon ist heute Teil der Musikinstrumentenkollektion der University of Edinburgh (vgl. Abb. 1). Sie wurde später, um

---

25 Vgl. Tarr, „The ‚Bach trumpet'", S. 17 f.

1930, hergestellt und wohl für Aufführungen des *2. Brandenburgischen Konzerts* von Bach im Brüsseler Konservatorium verwendet.[26]

Wie kam es aber nun zu Mahillons Entwicklung der hohen Trompete in D, von der Chervin 1891 berichtet? Im Zuge der Bach-Renaissance seit der Mitte des 19. Jahrhunderts wurden vermehrt historische Qualitäten von den Trompetern gefordert. Die Naturinstrumente zu verwenden, galt als unbefriedigend, da in den hohen Tonlagen Unsauberkeiten und teils schlechte Ansprache der virtuosen und professionellen Aufführung schadeten. Möglicherweise lag dies aber nicht nur an den Instrumenten selbst, sondern auch an dem verloren gegangenen Wissen um die Clarinospielpraxis. Es wurde nach hohen und durchwegs deutlich und einheitlich spielbaren Ventiltrompeten gesucht. 1861 stellte die Firma Courtois in Paris eine hohe D-Trompete her, die Hippolyte Duhem, Kornettspieler und Lehrer am Brüsseler Konservatorium, in Auftrag gegeben hatte. Diese D-Trompeten wurden bis Mitte des 20. Jahrhunderts in Orchestern eingesetzt. Ab 1870 begann auch die Brüsseler Firma Mahillon, solche hohen D-Trompeten herzustellen und entwickelte sich zu einem der Pioniere für Piccolotrompeten. Diese Beispiele zeigen den interessanten Versuch, historisches Hör-Wissen anzuwenden. Nicht die historische Spielweise wurde wieder erlernt, vielmehr galt auch hier ein klangliches Ziel vieler Instrumentenentwicklungen des 19. Jahrhunderts als Maßstab: der durchweg einheitliche Klang von der tiefsten zur höchsten Note. Die Forderung nach Einheitlichkeit bezog sich ebenso auf die Dynamik wie auf die Klangfarbe, Ansprache und Tondauer. Bei Blasinstrumenten, vor allem bei Naturtoninstrumenten, erreichten die neuen Techniken wie Ventile einiges und hatten sich mit Sicherheit in den Hörgewohnheiten zu Mahillons Zeit längst etabliert. Alte Instrumente, wie sie sicherlich in seiner Sammlung ebenfalls vorhanden waren, erklangen, wenn sie denn noch spielbar waren, fremd. Spielpraxis fehlte genauso wie Hörpraxis. Die besondere klangliche Ästhetik historischer Instrumente mag hier als Unsauberkeit abgetan worden sein. Die Zukunft gehörte Instrumenten, die auf dem Hör-Wissen eines Akustikers und Instrumentenspezialisten basierten. Er bezeugt durch seine Publikationen, durch seine akademische Anbindung und die wissenschaftliche Sammlung den Authentizitätsanspruch, der an die neu konstruierten Instrumente gelegt wird.

---

26 Vgl. Sabine K. Klaus, „Piccolo trumpet in high B-flat by Mahillon, Brussels 1930 or before", in: *International Trumpet Guild Journal* 32.1 (2007), S. 48: „The instrument has a much less cylindrical bore profile than later piccolo trumpets, providing it with a gentler and mellower sound than we have come to expect. It could be argued that this gives a better approximation to the true clarino sound than today's bright and brassy piccolos".

Darüber, ob es Mahillon gelang, mit seiner Piccolotrompete den historischen Clarinoklang zu erreichen, gibt Chervin keine Auskunft – im Gegensatz zu seiner Artikelvorlage, die davon überzeugt ist. Da im Zuge der ‚Alte-Musik-Bewegung' das Spiel historischer Instrumente wieder professionalisiert wurde, lassen sich heute Einspielungen vergleichen. Eines der wohl wichtigsten Werke für den virtuosen und sanglichen Einsatz der hohen Trompetenlage ist das *2. Brandenburgische Konzert* BWV 1047, mit dessen Komposition Johann Sebastian Bach 1717 noch in Weimar begonnen hatte. Der Unterschied von kleiner Trompete mit Ventilen zur Naturtrompete ist deutlich hörbar: Etliche – auch im Internet frei zugängliche Aufnahmen – geben einen Eindruck davon, wie unterschiedlich die Klangeigenschaften dieser beiden Trompetentypen sind.[27] Die Piccolotrompete mit Ventilen im Stile einer Trompete Mahillons klingt oftmals um einiges strahlender, heller und scheint sich daher auch weniger ins Gesamtgefüge der vier solistischen Instrumente einzupassen, sondern vielmehr die anderen zu überstrahlen.

Hierin finden wir ein starkes Argument dafür, dass Mahillon mit der Piccolotrompete nicht die Trompete der Bach-Zeit kopierte, sondern ein deutlich erneuertes Instrument schuf, das die Vorstellungen seiner Zeit wiederum prägte. Auch in gängigen Klassifikationssystemen fallen diese beiden Instrumente nicht genau in dieselbe Kategorie. Natürlich gehören sie beide zu den Trompeten, allein schon wegen des ähnlichen Mundstücks und des Prinzips der Tonerzeugung. Doch die Ventile, die sogenannte Maschine, sind technisch ein so großer Unterschied, dass das Instrument in eine andere Kategorie fällt. So gründet sich das Teilungsprinzip zunächst auf technischen Aspekten. Die Spielweise und der deutlich erweiterte Tonumfang sind freilich die entscheidenden Konsequenzen daraus.

Die frappierenden Klangunterschiede und die deutliche Abweichung in der Spielpraxis und Anmutung zeigen, wie deutlich die Re-Invention ein eigentlich neues Instrument hervorbrachte. Seine Anwendung jedoch wird legitimiert durch

---

27 Auf youtube finden sich mit Blick auf das *2. Brandenburgische Konzert F-Dur*, BWV 1047, zwei interessante Aufnahmen. Zum einen ist dies – heute bereits historisch anmutend – die des Münchener Bach-Orchesters unter der Leitung von Karl Richter aus dem April 1970, bei der im Rahmen eines Konzerts in München eine kleine Trompete mit Ventilen (gespielt von Pierre Thibaud) zum Einsatz kommt; vgl. u. a. https://youtu.be/hVhHIzJV_z8 (22.2.2017). Wobei in dieser Aufnahme die Aufstellung der Solisten noch auf die frühere Sichtweise auf dieses Stück als Trompetenkonzert verweisen mag. Heute dagegen werden die vier solistischen Instrumente als gleichwertig gesehen. So auch in der Aufnahme des ‚Brandenburg Concerto No. 2' bei den BBC Proms 2010, eingespielt von den English Baroque Soloists unter der Leitung von John Eliot Gardiner in der Londoner Cadogan Hall am 14.8.2010 (Proms Saturday Matinee 02 – Bach Day), bei der eine Naturtrompete zum Einsatz kommt; vgl. https://youtu.be/RNiKx8yHp1w (22.2.2017).

den Bezug zur Musiktradition, zumal, wenn die Instrumente zur Zeit Mahillons zur Aufführung barocker Musik verwendet wurden.

Oboe d'amore

> Le *hautbois d'amour*, également employé par Bach, a un timbre qui tient un peu de celui du cor anglais, par suite de la forme de sa colonne d'air, et qui est plus doux que celui du hautbois, auquel il est infiniment supérieur dans les morceaux d'un caractère calme et poétique. Le hautbois d'amour joue une tierce mineure plus bas que le hautbois ordinaire, et son pavillon, au lieu d'affecter la forme conique usitée pour ce dernier, a plutôt les courbes sphériques, ce à quoi on attribue sa sonorité voilée et mystérieuse même.[28]

Auch bei diesem zweiten Instrument, das Chervin beschreibt, verweist er auf die Musik Bachs, geht aber nicht weiter darauf ein.[29] Er beschreibt das zarte Timbre des Instruments und vergleicht es mit dem tieferen Englisch Horn, dem nahen Verwandten in der Oboenfamilie. Die Form des Instruments ist in der Tat interessant und wird auch von Chervin angesprochen. Die besondere kugelförmige Stürze, die er „pavillon" nennt, gibt als sogenannter Liebesfuß dem Instrument seinen Namen und hatte sogleich mit Dämpferfunktion Auswirkungen auf das Timbre. Chervin schreibt ihrer Verwendung die etwas belegte („voilée") und mysteriöse Klanglichkeit zu.

Freilich erfuhr auch dieses Instrument durch Mahillon deutliche Veränderungen. Zur Zeit Bachs hatten Oboi d'amore etwa zwei oder drei Klappen, das heute erhaltene Instrument in Edinburgh (vgl. Abb. 2) dagegen weist ein Klappen- und Ringklappensystem auf, das im 19. Jahrhundert für Holzblasinstrumente entwickelt wurde. Die Oboe d'amore ist an sich ein recht junges Instrument, sie wurde kurz vor 1720 vermutlich in Frankreich erfunden, trotzdem geriet sie in der zweiten Hälfte des 18. Jahrhunderts in Vergessenheit. Mit der Wiederauflage der Oboe d'amore ab 1875 brachte Mahillon ein Instrument auf die Bühne, das auch von Komponisten seiner und der darauf folgenden Zeit verwendet wurde. Richard Strauss setzt sie beispielsweise in seiner Symphonischen Dichtung *Sinfonia domestica*, op. 53, ein, die er 1902/03 komponiert. In diesem Fall scheint die Re-Invention eine regelrechte Wiederentdeckung eines fast unbekannten Ins-

---

28 Chervin, „Variété", S. 128; Hervorh. im Orig.
29 Zumindest die erste Forderung Bachs nach diesem Instrument in der Johannes-Passion, BWV 245, hätte Chervin durchaus anführen können.

truments zu sein, und sie wird nun nicht mehr nur zur Aufführung historischer Musik verwendet, sondern beeinflusst wie bei Strauss Musik zur Zeit Mahillons.

Abb. 2: Oboe d'amore in A, Rosenholz mit Klappen aus Neusilber, Charles Mahillon, Brüssel, um 1880. Heute in der Musikinstrumentenkollektion der University of Edinburgh, Inv. Nr. 957. Abdruck mit freundlicher Genehmigung der University of Edinburgh.

Nur zwei Jahre später, 1905, erscheint die von Strauss „ergänzt[e] und revidiert[e]" Fassung von Hector Berlioz' *Instrumentationslehre*, die in ähnlicher Weise wie die Klassifikation nach Hornbostel-Sachs bis heute eine grundlegende Quelle nicht nur instrumentenkundlichen Arbeitens ist, sondern auch über zeitgenössische Ideale der Instrumentation und Vorstellungen von Orchester und der Funktion des Dirigenten informiert. Strauss beschäftigte sich aber, wie das Beispiel der Oboe d'amore zeigt, nicht nur in theoretischer Weise mit Instrumenten und Fragen der Instrumentierung, er setzte sie vielmehr gezielt in seinen musikalischen Werken ein. So auch die zu seiner Zeit längst vergessene Glasharmonika, die am Ende der *Frau ohne Schatten* noch einmal von Neuem ihre unheimliche und überirdische Klangqualität entfaltet.

Kurz nach Strauss schreibt Claude Debussy in „Gigues" der *Images* (1905–1912) ein Solo für die Oboe d'amore („doux et mélancolique"). Der Einsatz bei Strauss bleibt also keineswegs einmalig. Die Beschäftigung Mahillons mit einem rund einhundert Jahre lang kaum beachteten Instrument, wirkt sich praktisch-künstlerisch aus, sodass dieses Instrument wieder neu, mit technischer Veränderung, in Kompositionen verwendet wurde.

Zink

> Le *cornetto* ou *cornet à bouquin*, que les Allemands appellent *zinke*, également ressuscité et perfectionné, a fait bonne figure dans l'orchestre des concerts du Conservatoire. L'auteur de la notice qui nous occupe rappelle que Gluck est le dernier compositeur qui ait fait usage du *cornetto*: „A une époque, dit-il, où cet instrument était déjà en train de disparaître, il le produisit, associé à trois trombones, dans son *Orfeo*."[30]

---

[30] Chervin, „Variété", S. 128; Hervorh. im Orig.

Auch dieses dritte Instrument wurde von Mahillon ‚perfektioniert', wie es Chervin ausdrückt. Was die künstlerisch-praktische Anwendung des Instruments angeht, taucht hier erstmals neben Bach ein anderer historischer Komponist auf, der für seinen besonderen Einsatz von Instrumenten bekannt war: Christoph Willibald Gluck. Ihm wird die letzte Verwendung des Zinks in einer Komposition vor Mahillons Re-Invention zugeschrieben. Zu Beginn des ersten Aktes von *Orfeo ed Euridice* (UA 1762) wird der Zink gefordert. Zwei Zinkstimmen werden mit drei Posaunenstimmen chorisch geführt. Die Regieanweisung führt in die Szene ein, ein „Lorbeer- und Zypressenhain, der in einer künstlichen Lichtung auf einer kleinen Einebnung das Grabmal Eurydikes umschließt".[31] Orpheus wird begleitet von einer Schar Schäfer und Nymphen. So ist anzunehmen, dass die Zinken die Funktion hatten, Arkadien musikalisch darzustellen. Als ursprünglich relativ einfaches Blasinstrument aus Naturmaterialien (Holz oder Elfenbein, oft mit Leder bezogen) wurde es über Grifflöcher gespielt. Bereits in der Blütezeit des Instruments, im 16. und 17. Jahrhundert, wurde es vielfach als Diskantstimme im Posaunensatz verwendet. Obwohl es meist mit einem Trompetenmundstück gespielt wird, erreicht es ein relativ geringes Tonvolumen, passt also demnach sehr gut zur Erzeugung von zarten Klangfarben einer pastoralen Szene. Allerdings ergaben sich beim Spiel dieses Instruments immer wieder intonatorische Probleme, sodass Mahillons überarbeitete Version diese Fehlerhaftigkeit beheben sollte. Die Ankündigung im Jahrbuch des Brüsseler Konservatoriums geht darauf detaillierter ein, als Chervin dies zusammenfasst. Dem Jahrbuch zufolge hatte Mahillon den Zink mit einem Klappensystem ergänzt, was die Intonation verbesserte und dieses eigentlich alte Instrument angemessen in die Klanglichkeit der anderen, modernen Orchesterinstrumente einfügte: „L'application des clefs et des autres améliorations de la facture contemporaine ont fait disparaître ses défauts et ont permis au vieil instrument de figurer dignement à côté des autres sonorités de l'orchestre moderne".[32]

Im Musikinstrumentenmuseum in Brüssel ist heute der Zink erhalten, auf dem 1889 Glucks *Orfeo ed Eurydice* in der Brüsseler Oper gespielt wurde (vgl. Abb. 3).[33]

---

31 Claudio Monteverdi, *Orfeo* / Christoph Willibald Gluck, *Orpheus und Eurydike. Texte, Materialien, Kommentare*, hg. v. Attila Csampai u. Dietmar Holland, Reinbek 1988, S. 193.
32 Mahillon, „Notice", S. 143.
33 Freundliche Auskunft von Ignace De Keyser.

Musik im Zeitsprung —— 171

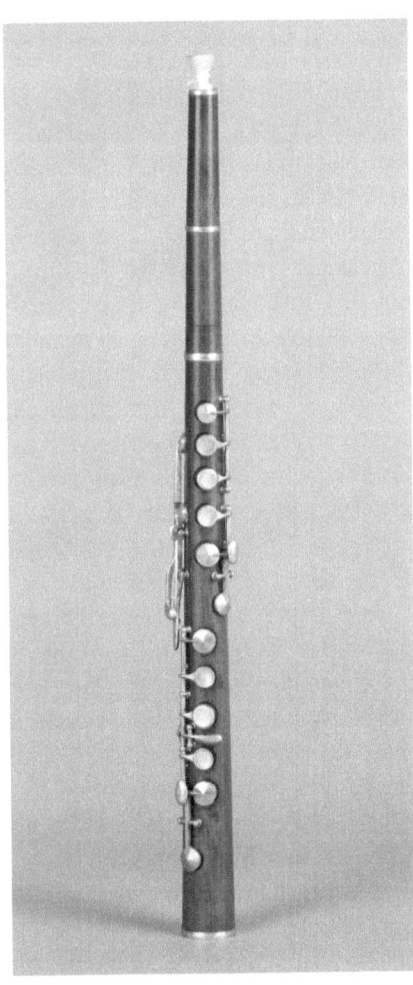

Abb. 3: Cornet droit, gerader Zink mit Klappenmechanismus, Horn und Silber, Victor-Charles Mahillon, Brüssel, um 1889. Heute im Musikinstrumentenmuseum Brüssel, Inv. Nr. 1226. © Musée des Instruments de Musique, Bruxelles.

Es ist ein gerader Zink mit einem, im Vergleich zu den ursprünglich verwendeten Grifflöchern, aufwendigen Klappensystem. Auch hier hat Mahillon die aktuellen Entwicklungen im Blasinstrumentenbau angewandt, um die Intonation zu vereinheitlichen. Dazu veränderte er die Spieltechnik. Die Notiz im Brüsseler Jahrbuch hebt diese Erneuerung als besonders gelungen hervor. Nebenbei bemerkt fällt auch dieses Instrument, wie die Piccolotrompete mit Ventilen, im Klassifikationssystem in eine andere Unterkategorie. Grifflöcher und Klappen sind unterschiedliche Techniken, die nach Hornbostel-Sachs grundlegend für die Unterteilung sind.

Der Aspekt des Bewahrens

Letztlich ist die materielle und funktionale Vielfalt der drei beschriebenen Instrumente recht beeindruckend: Es handelt sich um ein Blechblasinstrument, das Mahillon mit Ventilen versieht, um ein Holzblasinstrument, das mit deutlich mehr Klappen als die Vorläuferversion ausgestattet ist, und um ein Instrument mit Kesselmundstück, das aufgrund seiner Materialvielfalt und technischen Ausstattung letztlich zwischen diesen beiden Kategorien zu verorten ist und das Mahillon mit Klappen versieht. Die Instrumente stellen, folgt man Chervin, Zeugnisse dar, die dazu dienten den historischen Klang zu erforschen, Fehler zu erkennen und mit aktuellen Mitteln und Errungenschaften zu beheben. Diese Instrumente wurden zum einen Zeugnisse einer Bewegung historischer Aufführungspraxis, die frühere Kompositionen neu zum Erklingen brachten, zum anderen regten sie neue Kompositionen und Verbindungen mit aktuellen Orchesterinstrumenten an. Die Erforschung von Klanggeschichte geht in die aktuelle Kunst ein und wird in einem neuen Kontext hörbar.

Doch widmen wir uns noch einmal dem Aspekt des Bewahrens und eines damit einhergehenden konservatorischen Hör-Wissens. Dieser Aspekt führt uns zum Phänomen des musikalischen Historismus des 19. Jahrhunderts. In dieser Hinsicht unterscheidet Carl Dahlhaus zwei Formen: die Denkform und die Form der Praxis.[34] Die Denkform beschreibt er als die Vorstellung, dass alle Anteile der Musik historische Gebilde seien, sie seien Geschichte. Woraus für die Denkform im Bereich des musikalischen Historismus eine negative Konnotation entsteht, da eine Idee von einzelnen Elementen, die aus der Geschichte herausragen könnten oder, wie er es nennt, einen ästhetischen Gehalt bewahren, abgelehnt wird. Die sonst gängige Vorstellung von einer natürlichen Tonalität und Harmonie oder überdauernden Empfindungen von Dissonanz und Konsonanz wird, so Dahlhaus, von den Protagonisten dieser Denkform abgelehnt. Die meisten Musiktheoretiker der Zeit waren denn auch keine Historisten. Vielmehr suchten sie nach unveränderlichen Aspekten in der Musik. Die musikalische Praxis als zweite Form bezieht Dahlhaus auf „ein Übergewicht des Alten über das Neue [...], das als Last empfunden wird."[35] Allgemein führt dieser praktische Teil des Historismus zu einem Überbegriff für Retrospektives, was Stil, Technik und Repertoire angeht. Interessant ist Dahlhaus' Unterscheidung von Tradition und Historismus. Erstere zeichnet eine ununterbrochene Kontinuität aus. „Dagegen ist der

---

34 Carl Dahlhaus, [Art.] „Historismus", in: *Die Musik in Geschichte und Gegenwart*, Sachteil Bd. 4: *Hamm–Kar*, 2. neubearb. Ausg., hg. v. Ludwig Finscher, Kassel u. a. 1996, Sp. 335–342.
35 Ebd., Sp. 335.

Historismus des 19. Jh. ein Versuch, Überlieferungen zu restaurieren, die abgebrochen oder verebbt waren: ein Versuch, dem fast immer ein Zug von Vergeblichkeit anhaftet."[36] Dieses Restaurieren sogenannter Alter Musik ist auch der Kontext für Mahillons Instrumente und zeigt, wie stark seine Arbeiten im Bereich der Praxis angesiedelt sind. Alte Musik versteht Dahlhaus für das 19. Jahrhundert als Musik, die vor Mitte des 18. Jahrhunderts entstanden ist, er setzt einen Umbruch auf die Zeit des Todes von Bach und Händel fest. Rekonstruktionsversuche wie die ‚historischen Konzerte' zur Wiederherstellung einer vergangenen Konzertsituation, die bereits Anfang des 19. Jahrhunderts aufgeführt wurden, ergänzten das Repertoire um Alte Musik und dienen Dahlhaus als Beispiel eines „retrospektiven" Historismus.[37] Wogegen wir heute und nach Dahlhaus mit der erfolgreichen Etablierung einer historisch-informierten Aufführungspraxis oder Originalklang-Bewegung eine deutliche zeitliche Erweiterung des Repertoires Richtung Moderne erleben. Dahlhaus nun spricht im Zusammenhang mit den ‚historischen Konzerten' von deren Funktionalität als Dokument, sie verdeutlichen und demonstrieren die Musik und Kompositionstechnik einer bestimmten Vergangenheit. Die ästhetische Erfahrung stünde oftmals an zweiter Stelle; jedoch seien auch restaurative Züge auszumachen, denn es gebe für das 19. Jahrhundert durchaus Versuche, ein Stück Vergangenheit eines musikalischen Werks wiederzugewinnen. In diese Form des Historismus scheinen auch die Konzerte am Brüsseler Konservatorium zu fallen. Als Studienobjekte während der musikalischen Ausbildung hatten diese Konzerte Dokument- und Demonstrationscharakter. Hier nehmen dann auch die Instrumente Mahillons einen zentralen Platz ein, denn Instrumente sind generell mehr als Werkzeuge zur Herstellung von Musik; sie werden sinnlich erfahrbar während des Musizierens, sie sind Kommunikationsmittel und eng mit dem ästhetischen Ausdruck der einzelnen Musiker verbunden. Die Retrospektive dieser Konzerte lässt die Instrumente zu Dokumenten oder gar Monumenten, zu Studienobjekten werden, anhand derer historische Musik erforscht werden kann, sie wird dokumentiert, demonstriert, wahrscheinlich sogar klassifizierbar. Die Musik lässt sich analysieren und erforschen. Sie wird für den Moment neu belebt und macht einmal mehr deutlich, dass mit jeder musikalischen oder sonst am Klang orientierten Aufführung etwas Lebendiges entsteht. Dies lässt zudem an die Belebung der Sprache durch die Deklamationskunst denken, auch hier wird etwas zuvor (schriftlich) Fixiertes zum Leben erweckt – letztlich mit einem besonderen Musikinstrument, der menschlichen Stimme. Durch Mahillons Instrumente kommt, zumindest aus heutiger Perspektive, der Aspekt des Neuen

---

36 Ebd., Sp. 337.
37 Ebd., Sp. 340.

hinzu. Wie Dahlhaus bemerkt, müssen die Versuche einer historisch exakten Rekonstruktion Idee oder gar Utopie bleiben, die umfassende Authentizität kann nicht erreicht werden, aber, so ist mit den Beispielen Mahillons zu ergänzen, sie ist Antrieb für Erfindungen. Ein eigener Stil, eine eigene musikalische Ästhetik bildet sich auf Grundlage dieser Idee heraus.

Timbre und Akustik

Mahillons Instrumente, so Chervin in *La Voix*, konservierten das Timbre der historischen Instrumente. Das Timbre sei das, was diese Instrumente charakterisiert. Es geht hier beim Timbre, der Klangfarbe[38], nicht, wie sonst so oft in den bekannten Instrumentationslehren, um das Zusammenspiel verschiedener Instrumente im Orchester, sondern um den Klang eines einzelnen Instruments. Durch Rekonstruktion wird dem längst verklungenen Ton nachgespürt – vielleicht ergänzend zum musikalischen Historismus und seinem Verständnis von Rekonstruktion eines musikalischen Werks, handelt es sich hier um ein Teilelement des großen Ganzen, um den einzelnen Ton. Interessanterweise fällt ein Begriff nicht, der beim Thema der Rekonstruktion eigentlich zu erwarten wäre, der des Authentischen. Ganz klar scheint hier das Verständnis auf, dass mit aktuellen Mitteln ein historisches Instrument zu verbessern ist und trotzdem das alte bleibt. Welche Vorstellung der Entstehung des Klanges ist hier abzulesen?

Mahillon selbst berichtet über die Ergebnisse seiner Versuche zum Beispiel 1921 in *Notes théoriques et pratiques sur la résonance des colonnes d'air dans les tuyaux de la facture instrumentale*. Bevor er ausführlicher auf das Timbre zu sprechen kommt, beginnt er zunächst mit grundlegenden Bemerkungen zur Tonerzeugung an sich: „1. Le son est une sensation produite sur nos organes auditifs par la vibration du milieu qui nous entoure, l'air."[39] Die Idee der Tonentstehung durch Vibration der uns umgebenden Luft im Ohr erinnert sehr stark an Helmholtz' Schriften über die Tonempfindung und verweist darauf, wie grundlegend dessen Theorie Rezeption und Anwendung fand. Auch in den *Eléments d'acoustique musicale et instrumentale* von 1874 geht Mahillon auf zeitgenössische

---

[38] Vgl. zur Klangfarbe den Beitrag von Julia Kursell im vorliegenden Band. Weiter sei verwiesen auf Emily I. Dolan, *The Orchestral Revolution: Haydn and the Technologies of Timbre*, Cambridge u. a. 2013; Christoph Reuter, *Klangfarbe und Instrumentation. Geschichte – Ursachen – Wirkung*, Frankfurt a. M. 2002; Daniel Muzzulini, *Genealogie der Klangfarbe*, Bern u. a. 2006.
[39] Victor-Charles Mahillon, *Notes théoriques et pratiques sur la résonance des colonnes d'air dans les tuyaux de la facture instrumentale*, Beaulieu-sur-Mer 1921, S. 5.

Versuche ein, so nennt er die Helmholtz-Resonatoren, Versuche mit Stimmgabeln und Orgelpfeifen.[40] Mahillon bezieht sich also auf aktuelle Schriften seiner Kollegen, die Grundlagen auf diesem Forschungsfeld gelegt haben. Auch die weiteren Erläuterungen Mahillons in den *Notes théoriques*, die Vibration, die eines elastischen Körpers bedürfe, um sich fortzusetzen, erinnert an frühere Schriften der Akustikgeschichte des 19. Jahrhunderts, in diesem Fall an die Ernst F. F. Chladnis. Doch sehr schnell führt dies Mahillon zu seinem eigentlichen Thema, der Qualität des Tones:

> On reconnait trois qualités au son:
> La *hauteur* ou degré d'acuité; elle est due à la vitesse vibratoire: plus la vitesse est grande, plus le son est aigu.
> L'*intensité*, elle a pour cause l'amplitude de vibration, plus elle est grande, plus le sons est fort.
> Le *timbre* ou couleur du son; il est uniquement dû aux innombrales formes vibratoires que le corps vibrant, le moteur, imprime à l'air. La matière dont se compose le corps moteur n'a d'autre influence sur le timbre que celle qui peut naître de formes vibratoires aériennes différentes.[41]

Neben der Tonhöhe, bestimmt durch die Frequenz, und der Stärke, also dem Ausschlag der Amplitude, folgt an dritter Stelle das Timbre. Dafür macht Mahillon die Form der Vibrationen im schwingenden Instrumentenkörper verantwortlich, da der Körper die Luft leitet. Das Material dagegen, aus dem das Instrument hergestellt ist, habe keinen Einfluss auf die Klangfarbe, abgesehen davon, dass die unterschiedlichen Vibrationen der Luft darin entstehen können. Das klingende Material ist ihm zufolge also die Luft selbst. Das Material des Instruments, zu dem auch die Mechanik gehört, hätte demnach nur die Funktion, die klingende Luftsäule zu formen. Hier scheint die Grundlage zu liegen für die Vorstellung, dass ein historisches Musikinstrument mit moderner Mechanik versehen werden kann, ohne dass sich die Klangfarbe dadurch verändert.

Wenn der Instrumentenkorpus nur als Hülle definiert wird, in der die Luftsäule schwingt – und diese Regel gilt in akustischer Hinsicht bis heute im Blasinstrumentenbau –, dann kann an die Außenseite des Instruments weitere

---

[40] Victor-Charles Mahillon, *Eléments d'acoustique musicale et instrumentale comprenant l'examen de la construction théorique de tous les instruments de musique en usage dans l'orchestration moderne*, Brüssel 1874. Zu Mahillons Schriften zur Akustik vgl. auch Ignace De Keyser, *De geschiedenis van de Brusselse muziekinstrumenten-bouwers Mahillon en de rol van Victor-Charles Mahillon in het ontwikkelen van het historisch en organologisch discours omtrent het muziekinstrument*, unveröff. Diss., Universität Gent, 1995, Kap. 3.

[41] Mahillon, *Notes théoriques*, S. 5 f.; Hervorh. im Orig.

Spielmechanik angebracht werden, ohne klanglich Einfluss zu nehmen. Die Erneuerung des Instruments durch Klappen und Ventile bringt die in der Zeit längst geforderten Merkmale der Gleichheit aller Töne, der chromatischen Bandbreite, der guten Ansprache, der Möglichkeit des virtuosen Spiels mit praktikablem Fingersatz. Beinahe scheint es so, als nähme Mahillon die Instrumente selbst gar nicht so wichtig. So beginnt er seinen *Essai* zur Klassifikation der Instrumente nicht, wie vielleicht zu erwarten wäre, mit einer Bestimmung des Instrumentenbegriffs, sondern vielmehr mit der Definition von Ton: „Le son est le résultat d'un mouvement vibratoire transmis à l'oreille par le milieu élastique qui nous environne: l'air".[42] In einer Fußnote erläutert er die Tonproduktion durch die vibrierende Bewegung der Luft, die durch eine mechanische Aktion angestoßen wird. An diesem Punkt setzt er mit den Musikinstrumenten an. Sie seien zu Geräten bestimmt, um diese mechanische Aktion auf die Luft auszuüben, und das Timbre ihres Klangs sei die Differenz, mit der diese Aktion ausgeführt werde. Beim Versuch, sein Œuvre zu überblicken, wird deutlich, wie er an die aktuellen und prominenten Forschungen zum Klang anknüpft, diese sogar nutzt, um sein Forschungsfeld prominent einzubinden.

Die Annahme, dass das Material eines Blasinstruments keinen Einfluss auf die Klangfarbe habe, sondern die Luftsäule selbst, untermauert er durch direkte Umsetzung. Er konstruiert eines der prominentesten Blechblasinstrumente, die Trompete, aus Holz (vgl. Abb. 4).

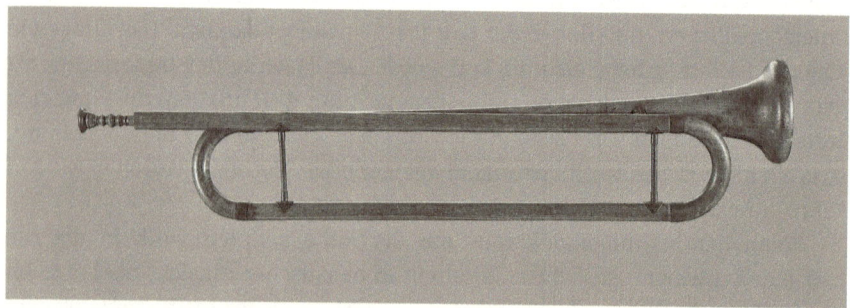

Abb. 4: Trompete aus Holz, Akazienholz und Messing, Victor-Charles Mahillon, Brüssel, 1880. Heute im Brüsseler Musikinstrumentenmuseum, Inv. Nr. 572. © Musée des Instruments de Musique, Bruxelles.

---

42 Mahillon, *Catalogue descriptif*, Bd. 1, S. 1.

Diese Trompeten wurden in Journalen des Instrumentenbaus heftig diskutiert. So wird bereits 1881, ein Jahr nach dem Bau dieser Trompete, in der deutschen *Zeitschrift für Instrumentenbau* Folgendes berichtet:

> Mahillon zeigte mir darauf eine Trompete von ganz genau derselben Gestalt wie die gewöhnliche Signal-Trompete, nur mit dem Unterschiede, dass sie ganz in Holz construirt war. Die Wände waren natürlich dadurch etwas dicker. Ich gestehe offen, wie ich das Machwerk in die Hand nahm, war meine erste Gedanke, dss ich einen recht schwachen, trockenen und dumpfen Ton zu hören bekommen würde.[43]

Die Erwartung des Autors wird nicht bestätigt, er ist vielmehr verblüfft darüber, wie hell und durchdringend die Holztrompete klingt. Er bestätigt ihr denselben Klang wie den einer Messingtrompete.

Mit diesen Instrumenten entwickelt Mahillon einen Beitrag zur Geschichte der akustischen Forschungen, die spätestens seit Ernst F. F. Chladni eine imposante Entwicklung nahm und maßgeblich Theorie und Praxis verbindet. Zugleich präsentierte Mahillon ein Argument gegen detaillierte Versuche, die andere Blasinstrumentenmacher der Zeit bei der Weiterentwicklung ihrer Instrumente unternahmen. Als prominentestes Beispiel gelten die Flöten Theobald Boehms, die dieser im Zuge zahlreicher Experimente mit dem Naturforscher und Musiktheoretiker Karl Emil von Schafhäutl entwickelt hatte. Gemeinsam experimentierten sie mit unterschiedlichen Materialien wie Holz, Silber, Neusilber und Gold für Pfeifen und später für Flöten. Sie kamen zum gegenteiligen Ergebnis wie Mahillon, für Boehm und Schafhäutl spielt das Material der Flöte eine durchaus zentrale Rolle für die Klangfarbe.

Mit Chladni, Boehm, Schafhäutl und Mahillon sind letztlich Forscher von Klang und Musik genannt, die alle auch einen wichtigen Bezug zum Hör-Wissen lieferten, das direkten Einfluss auf die Musik ihrer Zeit nahm; sie sind zentrale Beispiele für einen Wissenstransfer zwischen Akustikern und Musikinstrumentenbauern des 19. Jahrhunderts.[44] Chladni beschreibt dabei in seiner *Akustik* von 1802 als einer der ersten ausführlich die Funktionsweise des menschlichen Gehörs im Kontext der akustischen Wissenschaft, zur Erforschung bestimmter Klänge baut er auch eigens Musikinstrumente. Schafhäutl und Boehm setzen zur Verbesserung der Flöte das geschulte Gehör ein, um den Klang von Pfeifen

---

[43] P. d. W., „Eine Trompete in Holz", in: *Zeitschrift für Instrumentenbau* 1.18 (1881), S. 246; fehlerhafte Rechtschreibung u. Grammatik im Orig.
[44] Vgl. zum Wissenstransfer von Physiker und Instrumentenbauern Myles W. Jackson, *Harmonious Triads: Physicists, Musicians, and Instrument Makers in Nineteenth-Century Germany*, Cambridge, MA 2006.

verschiedener Materialien miteinander zu vergleichen, und entwickeln die heute noch heute standardmäßig verwendete Boehmflöte. In den Schriften Mahillons spielt durch seinen engen Bezug zu Helmholtz die zeitgenössische Vorstellung eines analytischen Gehörs eine wichtige Rolle. Stimmgabeln, Resonatoren und weitere Instrumente, die Helmholtz anwendet, um Klang hörbar zu ‚zerlegen', zielen auf das Gehör als Instrument. Diese Vorstellung scheint auch für Mahillon Gültigkeit zu haben, wenn er ein verklungenes Timbre wiederholbar machen möchte.

Mahillon baut nicht nur selbst ein Instrument, mit dessen Hilfe er seine Thesen entwickelte oder zumindest verfestigte. Er publizierte auch dazu. So dient ihm eine Holztrompete, bereits von der Firma seines Vaters hergestellt, um das Kapitel „Vibrations des colonnes d'air" seiner *Eléments d'acoustique* näher zu erläutern.[45] Wirkungsmächtig ruft er dafür das Schmettern der Kavallerietrompete in Erinnerung – wohl kaum ein Instrument wird so stark mit Metall assoziiert. Das Holzinstrument, dessen Proportionen streng nach der Vorlage, der Kavallerietrompete, konstruiert waren, widersprach den Hörerwartungen von erfahrenen Künstlern, ebenso wie dem Autor von 1881. Das Hören der Künstler scheint hier als Referenz zu dienen. Ihre Erfahrung und Praxis stärken die Argumentation.

Mahillon also baut selbst ein solches Instrument, nachdem er dazu publizierte, er berichtet von Hörerfahrungen und liefert damit einen empirischen Beweis. Als Ergebnis präsentiert er eine Innovation auf wissenschaftlicher Basis: „[T]oute innovation faite dans le domaine de la science!"[46]

Zusammenfassung

Arthur Chervins kurze Notiz vermag einen Einblick zu geben in eine grundlegende musikalische ebenso wie akustische Forschungspraxis, die mit der Person Mahillons große Prominenz erreichte. Die detaillierte Untersuchung, Beschreibung und Anwendung der Funktionsweise von Blasinstrumenten für die Publikation akustischer Grundlagen zeigt mehreres: die Beschäftigung mit der Form der schwingenden Luftsäule zur Erzeugung der Klangfarbe eines Instruments, die Einordnung in Klassifikationssysteme mit umfassendem Anspruch, die sich in verschiedenen naturforschenden Disziplinen der Zeit etablierten, und ein Beispiel aus der aufkommenden Mode des musikalischen Historismus, das das

---

45 Mahillon, *Eléments d'acoustique*, S. 63 ff.
46 Ebd., S. 64.

Wechselspiel zwischen Alt und Neu in besonderem Maße umsetzt. Aus heutiger Sicht ist das Ergebnis eine eigenständige Erfindung mit stark rekonstruierendem Ansatz, das – historisch gesehen – Dokumentcharakter hat und für den pädagogischen Einsatz im Rahmen der Rekonstruktion und Analyse von Musik gebaut wurde. Das Umfeld dieser Erfindungen gibt einen Einblick in die zeitgenössische Praktik des Sammelns und der sich daraus entwickelnden Wissenschaft, die sich in organisierten Sammlungen zeigte. Wissen über Bauweise und Herstellungserfahrung, anhand der Musikinstrumente auch Hör-Wissen, wird hergestellt; Instrumente, originale ebenso wie Nach- und Neubauten, bieten klangliche Vergleichsmöglichkeiten. Über die Instrumente aus Mahillons Sammlung kann die Konservierung von Klang und Wissen erfahrbar gemacht werden. Die Instrumente als Museumsobjekte und Instrumente des Musikkonservatoriums speichern das Wissen der früheren Instrumentenbauer und sind zugleich Objekte, die erneut zum Klingen gebracht werden können; durch sie wird historisches Timbre neu belebt. Das Hör-Wissen Mahillons, das die Instrumente transportieren und das zu ihrer Re-Invention nötig war, verdeutlicht einmal mehr den Wissenstransfer zwischen einem Naturforscher der Akustik und einem Instrumentenbauer. Dieser Transfer beschränkt sich in diesem Fall auf ein und dieselbe Person und äußert sich in vielfältigen Kunst- und Wissensformen: in Publikationen, Konzerten, Ausstellungen und Musikinstrumenten.

Die Arbeiten Mahillons sind für das Themenfeld, dem sich *La Voix parlée et chantée* widmet, deshalb zentral, weil er Überlegungen und praktische Umsetzungen anbietet, wie Klang rekonstruiert, in gewissem Sinn auch konserviert werden kann. Für ein Journal, das sich mit der Stimme und Sprache beschäftigt, teilweise nach deren Konservierungsmöglichkeiten fragt, kann auch die Instrumentenforschung grundlegende Impulse geben, wenn sie sich, wie bei Mahillon, mit der Entstehung von Ton und Klangfarbe allgemein beschäftigt. Auch wenn Chervin längst nicht die Bandbreite Mahillons Schaffens anspricht, so eröffnet seine Notiz seiner Leserschaft doch ein benachbartes Forschungsfeld und künstlerisches Gebiet. Der Gang ins Konzert oder in die Oper mag sich hiernach auch als Erfahrung des Suchens nach dem historischen Klang entpuppen. Moderne Handwerkskunst verbindet sich mit der Rekonstruktion eines längst verklungenen Timbres.

Das klingende Material eines Blasinstruments ist, analog zur menschlichen Stimme, die Luft selbst. Hierin liegt auch die Gemeinsamkeit von Mahillons Schriften und Instrumenten mit der zeitgenössischen Untersuchung der Stimme, ihres Tons, ihrer Anwendung und ihres Zustandekommens in *La Voix*. Mahillon selbst unterteilt 1874 in seinen *Eléments d'acoustique* die Vibrationen der klingenden Körper gemäß den schwingenden Medien – in die Schwingung der Saite, die Schwingung der Luft in einer Röhre und die Schwingung der Membran – und folgt damit Virdungs Dreiteilung von 1511.[47]

„M. V. Mahillon, qui est un chercheur", schreibt Chervin und macht deutlich, was Mahillon neben aller wissenschaftlich-praktischer Arbeit als Instrumentenbauer, Sammler und Kurator ist: ein Forscher der Klangfarbe.

Anhang

La Voix parlée et chantée. Anatomie, physiologie, hygiène et éducation 2 (1891), S. 128.

VARIÉTÉ

L'Annuaire du Conservatoire royal de musique de Bruxelles contient une notice intéressante sur trois instruments reconstitués par M. V. Mahillon, et dont les anciens compositeurs ont fait usage dans leurs partitions. On a pu ainsi entendre, dans les concerts du Conservatoire, des œuvres de J.-S. Bach avec l'orchestration telle que le maître l'avait conçue. Ces instruments étaient très difficiles à jouer et de plus ils n'étaient pas d'une justesse satisfaisante; on les avait donc abandonnés. M. V. Mahillon, qui est un chercheur, a su faire disparaître ces défauts tout en leur conservant le timbre qui les caractérise.

La petite trompette en *ré* aigu qu'on appelait au dix-neuvième siècle *clarino*, avait plusieurs notes fausses dans la région supérieure de son étendue. Les difficultés qu'elle offrait aux instrumentistes étaient telles que ceux-ci en étaient rebutés.

Le *hautbois d'amour*, également employé par Bach, a un timbre qui tient un peu de celui du cor anglais, par suite de la forme de sa colonne d'air, et qui est plus doux que celui du hautbois, auquel il est infiniment supérieur dans les morceaux d'un caractère calme et poétique.

Le hautbois d'amour joue une tierce mineure plus bas que le hautbois ordinaire, et son pavillon, au lieu d'affecter la forme conique usitée pour ce dernier, a plutôt les courbes sphériques, ce à quoi on attribue sa sonorité voilée et mystérieuse même.

---

47 Mahillon, *Eléments d'acoustique*, S. 31: „La construction des instruments de musique est basée sur les vibrations des corps sonores et conséquemment sur: 1° Les vibrations des cordes; 2° La vibration de l'air dans les tuyaux; 3° Les vibrations des verges, lames, plaques et membranes."

Le *cornetto* ou *cornet à bouquin*, que les Allemands appellent *zinke*, également ressuscité et perfectionné, a fait bonne figure dans l'orchestre des concerts du Conservatoire. L'auteur de la notice qui nous occupe rappelle que Gluck est le dernier compositeur qui ait fait usage du *cornetto*: „A une époque, dit-il, où cet instrument était déjà en train de disparaître, il le produisit, associé à trois trombones, dans son *Orfeo*."

Le Directeur: Dr CHERVIN.

Hansjakob Ziemer
Konzerthörer unter Beobachtung

Skizze für eine Geschichte journalistischer Hörertypologien zwischen 1870 und 1940

Seit spätestens Ende des 18. Jahrhunderts gehören Beschreibungen von Hörertypen zu journalistischen Darstellungen über das Konzertleben. 1799 veröffentlichte der Zeitungsgründer und Schriftsteller Friedrich Rochlitz Beobachtungen von Hörern im Konzertsaal und stellte eine grundlegende Unterscheidung von Wahrnehmungsweisen fest. Das Publikum ließe sich, so Rochlitz, in vier Gruppen einteilen: Es gäbe zunächst diejenigen, die „mit ganzer Seele hörten" und sich nur für die Musik interessierten; dann die „Verstandeshörer", die ihre Kenntnis der Musik in den Mittelpunkt stellten; die „Virtuosenhörer", die nur wegen der technischen Fertigkeiten der Musiker kamen; und schließlich die „jämmerlichen Hörer", die nur aus „Eitelkeit und Mode" in das Konzert gingen und keine Beziehung zur Musik hätten.[1] Bis heute gilt Rochlitz' Typologisierung als beispielhafte Beschreibung, um zu gültigen Aussagen über die Hörer, ihre Verhaltensweisen und ihre musikalische Erfahrung zu gelangen. Aber Rochlitz beließ es nicht bei der scheinbar objektiven Schilderung über das Hören; vielmehr scheute er nicht davor zurück, seine lokalen Beobachtungen mit weiter reichenden sozialen Interpretationen zu verknüpfen und den Konzertsaal als einen Mikrokosmos zu behandeln, in dem sich Probleme der Gesellschaft widerspiegeln. Die Begeisterung für Äußerlichkeiten, die Dominanz von technischen Fertigkeiten, die Oberflächlichkeit des Erlebens oder das Desinteresse an der Kunst – all diese beobachtbaren Facetten des Konzertbesuchs waren für ihn typische Merkmale einer zeitgenössischen Gesellschaft, die nach Reform verlangte. Soziale Probleme zu beschreiben, zu reflektieren und zu verbreiten, sah er als zentrale journalistische Aufgabe an, und das populäre Musikfeuilleton erschien ihm als der am besten geeignete Ort hierfür.[2]

---

[1] Friedrich Rochlitz, „Die Verschiedenheit der Urtheile über Werke der Tonkunst", in: *Allgemeine Musikalische Zeitung*, Nr. 32 (8.5.1799), S. 497–506.
[2] Zu Rochlitz und seiner journalistischen Mission vgl. Celia Applegate, *Bach in Berlin: Nation and Culture in Mendelssohn's Revival of the St. Matthew Passion*, Ithaca 2005; zu Rochlitz' Hörertypologie vgl. ausführlich Daniel Fuhrimann, *„Herzohren für die Tonkunst". Opern- und Konzertpublikum in der deutschen Literatur des langen 19. Jahrhunderts*, Freiburg 2005, S. 45–66.

Die Geschichte von Rochlitz' Hörertypologie ist – wie die der Musikkritik insgesamt – oft als eine Geschichte ästhetischer Haltungen, eines Genres und des Wissens über die Musik geschrieben worden; aber sie ist auch eine Geschichte der Beobachtung von Hörern. Um das Wissen über den Hörer aus Sicht der Musikkritiker als ein historisches Phänomen zu beschreiben, erscheint es daher sinnvoll, ‚Beobachtung' als ein Konzept zu nutzen, wie es jüngst in der Wissenschaftsgeschichte etabliert worden ist. Dabei ist die Beobachtung als soziale Praxis definiert worden, mit der unterschiedliche Phänomene als Untersuchungsgegenstände identifiziert und beschrieben werden können. Die wissenschaftliche Beobachtung, die Forschungsgegenstände schuf und oft auf gemeinschaftlichen Aktivitäten beruhte, war selbst das Ergebnis einer Disziplinierung und Schulung der Sinne:

> Observation educates the senses, calibrates judgment, picks out objects of scientific inquiry, and forges „thought collectives." [...] [O]bservation has always been a form of knowledge that straddled the boundary between art and science, high and low sciences, elite and popular practices. As a practice, observation is an engine of discovery and a bulwark of evidence.[3]

Solche Praktiken der Beobachtung wurden nicht nur für wissenschaftliche und kommerzielle Ziele und medizinische Anwendungen genutzt,[4] sondern auch für journalistische Zwecke. Ein Musikkritiker wie Rochlitz agierte wie ein *teilnehmender Beobachter*, der Teil des Konzertpublikums war und dessen Praktiken zugleich reflektierte. Der Ausgangspunkt war hierfür eine sinnliche Wahrnehmung auf mehreren Ebenen, weil die Kritiker betrachteten, wie andere Konzertbesucher hörten, und weil sie ihre visuellen Eindrücke mit ihrem eigenen auralen Erlebnis in Verbindung brachten.[5] Als teilnehmende Beobachter bestand ihre Tätigkeit darin, die Konzerthörer als Beobachtungsobjekte zu identifizieren, zu beschreiben und zu interpretieren – und ihre Beobachtungen dann einem weiten Kreis an Zeitungslesern zugänglich zu machen. Auf diese Weise bildeten sie Typen und führten sie zu Typologien zusammen, die einem Erklärungsanspruch

---

3 Lorraine Daston u. Elizabeth Lunbeck, „Introduction: Observation Observed", in: Daston/Lunbeck (Hg.), *Histories of Scientific Observation*, Chicago 2011, S. 1–11, hier S. 1 u. 7 (das Zitat bezieht sich hier auf Ludwik Fleck). Zusammenfassend zu diesem Ansatz vgl. Peter Burke, *What is the History of Knowledge?*, Cambridge/Malden 2015, S. 48–50.
4 Vgl. hierzu im vorliegenden Band die Beiträge von Alexandra Hui und Manuela Schwartz.
5 Zur Verknüpfung von visueller und auraler Wahrnehmung in Konzert und Oper vgl. Richard Leppert, „The Social Discipline of Listening", in: Hans Erich Bödeker, Patrice Veit u. Michael Werner (Hg.), *Le concert et son public. Mutations de la vie musicale en Europe de 1780 à 1914 (France, Allemagne, Angleterre)*, Paris 2002, S. 459–485, hier S. 478.

gerecht werden sollten. Als Experten für das Musikalische waren Musikkritiker geübt im Umgang mit der Beschreibung von nicht sichtbaren Phänomenen und der Wirkung von Klängen auf die Hörer; zugleich waren sie als Journalisten an der Alltäglichkeit dieser musikalischen Erfahrungen interessiert und verbanden ihre Arbeit mit bestimmten kulturellen, politischen und sozialen Zielen.[6] Aber warum wurde der Konzerthörer zu einem Beobachtungsgegenstand? Und warum erwies sich die Typenbildung als ein geeignetes Erkenntnismittel, um Wissen über den Hörer zu generieren?

Obwohl James H. Johnson mit Blick auf die Repräsentativität von musikjournalistischen Quellen für eine Geschichte des Musikhörens Bedenken angemeldet hat,[7] werden Musikkritiker weiterhin als eine Art Modellhörer angesehen, und journalistische Quellen gelten als direkte Beschreibungen der Hörpraxis im Konzertsaal. Dies hat dazu geführt, dass von ihnen auf scheinbar zeitlose „Hörerparadigmen" geschlossen werden konnte, die sich seit der französischen Renaissance aus einem Grundmodell „Kenner" – „Liebhaber" entwickelt haben und bis heute zu erkennen sind.[8] In diesem Aufsatz soll hingegen der journalistische Kontext rekonstruiert werden, in dem diese Beobachtungen stattfanden. Es geht hierbei um Fragen nach dem Ort der Veröffentlichung, nach dem Selbstverständnis der Journalisten, nach deren Zielen oder nach den Erwartungen der Zeitungsleser. Auf diese Weise soll gezeigt werden, wie die Offenheit journalistischer Genres wie des Feuilletons es Musikkritikern ermöglichte, Beobachtungen festzuhalten.

Feuilletons fungierten als ein kognitives Werkzeug, das dazu diente, das Publikum und seine soziale Ordnung verstehbar zu machen und zu interpretieren. Die innere Differenzierung nach Typen war ein fester Bestandteil für Vorstellungen von Gesellschaft, die wir im Sinne von „reports on society" als essenziell für das Selbstverständnis einer Gesellschaft ansehen können.[9] In den

---

[6] Zu Ansätzen für eine Geschichte der journalistischen Beobachtung für die Zeit um 1900 vgl. Anke te Heesen, „„Ganz Aug', ganz Ohr". Hermann Bahr und das Interview um 1900", in: Torsten Hoffmann u. Gerhard Kaiser (Hg.), *Echt inszeniert. Interviews in Literatur und Literaturbetrieb*, Paderborn 2014, S. 129–150; dies., „Naturgeschichte des Interviews", in: *Merkur* 67.4 (2013), S. 317–328.
[7] Vgl. James H. Johnson, *Listening in Paris: A Cultural History*, Berkeley u. a. 1995, S. 5.
[8] Fuhrimann, „Herzohren für die Tonkunst", S. 66. Vgl. auch Erich Reimer, „Kenner – Liebhaber – Dilettant", in: Hans Heinrich Eggebrecht (Hg.), *Handwörterbuch der musikalischen Terminologie*, Stuttgart 1972, S. 1–17.
[9] Vgl. Howard S. Becker, *Telling About Society*, Chicago 2007, S. 5 ff.; sowie Christiane Reinecke u. Thomas Mergel, „Das Soziale vorstellen, darstellen, herstellen: Sozialwissenschaften und gesellschaftliche Ungleichheit im 20. Jahrhundert", in: Reinecke/Mergel (Hg.), *Das Soziale ordnen. Sozialwissenschaften und gesellschaftliche Ungleichheit im 20. Jahrhundert*, Frankfurt a. M. 2012, S. 7–33.

Hörerbeschreibungen der Musikkritiker entstand Hörerwissen als ein soziales Ordnungswissen, das vorwissenschaftlich und allgemein zugänglich, das weitverbreitet und bewusst subjektiv war, ohne einen Wahrheitsanspruch aufzugeben. In Feuilletons, Skizzen, Charakterstudien, Zeichnungen oder proto-wissenschaftlichen Analysen beschrieben Journalisten ihre Beobachtungen, reflektierten ihre eigenen Normen und Ideale und verknüpften ihre Einsichten mit dem sozial- und kulturkritischen Diskurs ihrer Zeit. Als in der Mitte des 20. Jahrhunderts die neu entstehenden Disziplinen Musiksoziologie und Musikpädagogik damit begannen, die Position von Musikhörern in der Gesellschaft zu erforschen und theoretisch zu erklären, konnten sie an eine Tradition von Hörerbeschreibungen anknüpfen, die in einem journalistischen Kontext entstanden waren.[10]

Der vorliegende Aufsatz skizziert, wie die Geschichte einer solchen Evolution zwischen 1870, als sich das Feuilleton als Genre etabliert hatte, und 1940, als der Diskurs in wissenschaftliche Fachzeitschriften übergegangen war, geschrieben werden könnte. Diese Skizze zeichnet eine Entwicklung über diesen längeren Zeitraum nach, ohne ihr aber eine Zwangsläufigkeit oder Linearität zu unterstellen. Zugleich erhebt sie keinen Anspruch auf Vollständigkeit: Thematisch beschränkt sie sich auf einige Beispiele aus dem unmittelbaren journalistischen Kontext und geht nur am Rande auf die Verbindungen in angrenzende Gebiete wie der Literatur oder der Philosophie ein, in denen Hörertypologien gerade in dieser Zeit eine wichtige Rolle spielten.[11] Räumlich befasst sie sich mit Beispielen aus dem deutschsprachigen Raum, obwohl die Geschichte der Hörertypologien keineswegs darauf reduziert werden kann.[12] Ich beginne mit der Konstruktion des bürgerlichen Hörers in den Feuilletons der Kaiserzeit, gehe dann auf die studienhaften Beschreibungen in den neu entstandenen populären Musikzeitschriften nach dem Ersten Weltkrieg ein und schließe ab mit einem Ausblick auf Theodor W. Adornos musiksoziologische Konzepte aus den 1930er Jahren, die an diese journalistische Tradition anknüpften und Themen aus den allgemein zugänglichen Feuilletons in die exklusive Wissenschaft überführten.[13]

---

[10] Für ein Beispiel einer Geschichte sozialwissenschaftlicher Beobachtung vgl. Theodore M. Porter, „Reforming Vision: The Engineer Le Play Learns to Observe Society Sagely", in: Lorraine Daston u. Elizabeth Lunbeck (Hg.), *Histories of Scientific Observation*, Chicago 2011, S. 281–302.
[11] Vgl. insbes. die Abschnitte zur Literatur bei Fuhrimann, „*Herzohren für die Tonkunst*".
[12] Für die Diskussionen in den USA vgl. z. B. Sophie P. Gibling, „Types of Musical Listening", in: *Musical Quarterly* 3.3 (1917), S. 385–389.
[13] Ich danke an dieser Stelle Agnes Bauer und Leon Kokkoliadis, die frühere Versionen dieses Textes kommentiert haben. Ich habe Teile aus diesem Projekt im Forschungscolloquium „Musiksoziologie und Historische Anthropologie" des Centre Marc Bloch (Berlin) sowie bei der von Anna Langenbruch organisierten Tagung „Klang als Geschichtsmedium" am Hansekolleg Del-

Hörerbeobachtung in Feuilletons am Ende des 19. Jahrhunderts

Das soziale Verständnis von Hörweisen war im 19. Jahrhundert unmittelbar mit dem Aufstieg des Feuilletons und populärer Musikzeitschriften verbunden. Wie der Musikhistoriker Ulrich Tadday festgestellt hat, prägten zwei Richtungen den Musikjournalismus dieser Zeit. Die eine Richtung entwickelte sich vorwiegend in musikalischen Zeitschriften entlang der Werkgeschichte, über die informiert und diskutiert wurde und die zu einer Spezialisierung führte. Neben diesem zunehmend fachspezifischen Diskurs, der ein eigenes Vokabular ausbildete, wandte sich die zweite Richtung laut Tadday an die „sozial-kommunikativen Bedürfnisse des bildungsbürgerlichen Publikums", das sich eher für soziale als für musikalische Themen interessierte.[14] Selbst wenn diese beiden Richtungen sich häufig überschnitten und sich bis ins 20. Jahrhundert in der Praxis keineswegs klar voneinander trennen ließen, erfüllte die populäre Presse die sozialen Erwartungen der Öffentlichkeit. Innerhalb der Tageszeitung eignete sich insbesondere das Feuilleton als ein Zwischenraum, der gegenüber den eher faktisch orientierten politischen und wirtschaftlichen Teilen offener für soziale Themen und Interpretationen war.[15] Seit seinen Anfängen entzog sich das Feuilleton einer klaren Definition; es diente eher als Sammelbegriff, um – wie es in der ersten deutschsprachigen Erwähnung des Begriffs ‚Feuilleton' 1804 hieß – Dinge „zur Kenntniß" zu bringen.[16] Hier wurden Themen, Gedanken und Informationen versammelt, die keine klare Bestimmung besaßen und nicht nur zur abgesicherten Faktenwelt gehörten. Daher eignete sich das Feuilleton als ein Ort für das Äußern subjektiver Meinungen und für die Reflexion von sozialen und politischen Themen: ein ideales Forum für das Berichten von Beobachtungen und Beschreiben von Verhaltensweisen aus der alltäglichen musikalischen Welt.

In diesem Rahmen schrieben die Musikjournalisten über ihre Erfahrungen mit der Musik, aber auch über die Bedingungen, unter denen sie erklang, sowie

---

menhorst vorgestellt – ich danke den Teilnehmerinnen und Teilnehmern für ihre Fragen und Hinweise.
14 Ulrich Tadday, *Die Anfänge des Musikfeuilletons. Der kommunikative Gebrauchswert musikalischer Bildung in Deutschland um 1800*, Stuttgart 1993, S. 208 f.
15 Vgl. zur Geschichte des Musikfeuilletons auch Hansjakob Ziemer, „Der ethnologische Blick: Paul Bekker und das Feuilleton zu Beginn des 20. Jahrhunderts", in: Hans-Joachim Hahn, Tobias Freimüller, Elisabeth Kohlhaas u. Werner Konitzer (Hg.), *Kommunikationsräume des Europäischen – Jüdische Wissenskulturen jenseits des Nationalen*, Leipzig 2014, S. 113–131.
16 Zit. nach Renate Heidner, *Die Theaterkritik von 1815–1850. Nachgewiesen am „Korrespondenten von und für Deutschland" in Nürnberg*, unveröff. Diss., München, 1954, S. 19.

über die Verhaltensweisen der Hörer in den spezifischen Konzertsituationen. Während sich Ratgeber für das Verhalten im Konzert in die bürgerliche Literatur von Benimmbüchern und Lebensratgebern einreihten, gingen Musikjournalisten darüber hinaus, indem sie ihre Beobachtungen von bestimmten Hörweisen skizzierten und die Konzertsaalhörer porträtierten, um ein Bild des Publikums in seiner Ganzheit zu zeichnen. Ein Beispiel war hierfür das Feuilleton „Concerttypen" des Münchner Musikkritikers Franz Joseph Stetter, das 1874 in der Leipziger *Illustrirten Zeitung* erschien und in unmittelbarem Zusammenhang mit einer Zeichnung von einem gewissen A. Palm abgedruckt wurde (vgl. Abb. 1), die den Text illustrierte.[17]

Die Germanistin Martina Lauster hat auf die zu diesem Zeitpunkt etablierte Verwandtschaft zwischen skizzenhaften Texten und Zeichnungen im Feuilleton hingewiesen, die die Akte des Sehens und des Erkennens miteinander verknüpften und das Sichtbare mit dem Unsichtbaren verbanden:

> What places sketches in the centre of a visual-cognitive culture is their multiple nexus between the visible and the invisible; between observation and abstraction, entertainment and education, popular culture and science, journalism and high art, fragmentary and totalising views, commercial interest and the dissemination of encyclopaedic knowledge.[18]

Übertragen auf die Beobachtung von Hörweisen heißt dies, dass Beobachter wie Stetter und Palm ihre – vermutlich umfänglichen – Beobachtungen im Konzertsaal dokumentierten, indem sie sie aufschrieben, zeichneten und aufeinander bezogen. Vor allem nutzten sie diesen Raum, um das Publikum zu differenzieren und zu klassifizieren. Sie konnten sich hierbei auf verschiedene kulturelle Quellen stützen: auf eine Viererteilung, die seit der Frühen Neuzeit auch religiöse Darstellungen von Himmel und Hölle geprägt hatten, auf charakterologische Studien aus dem Beginn des 19. Jahrhunderts und die physiologischen Skizzen, die um die 1830er Jahre ein eigenständiges Genre im Feuilleton geworden waren.[19] Die *Illustrirte Zeitung*, die als die erste illustrierte Zeitung in Deutschland gilt, war eine Vorreiterin, was die Verwendung von Abbildungen (insbesondere Holzstichillustrationen), publizierten Bilderserien und später Bildreportagen anging. Ihr Ziel war es, die „Geschichte der Gegenwart" zu dokumentieren und das, „was wirklich geschehen ist [...] [,] in übersichtlicher Weise" zusammenzufassen.[20]

---

[17] Franz Joseph Stetter, „Concerttypen", in: *Illustrirte Zeitung*, 6.6.1874, S. 431–434.
[18] Martina Lauster, *Sketches of the Nineteenth Century: European Journalism and its Physiologies, 1830–50*, New York 2007, S. 1.
[19] Vgl. Lauster, *Sketches of the Nineteenth Century*. Palm selbst, über den sehr wenig bekannt ist, hat solche Gliederungen mehrfach in Zeichnungen angewendet.
[20] So das Vorwort zum ersten Jahrgang vom 1.7.1843, online unter: http://www.mdz-nbn-resolving.de/urn/resolver.pl?urn=urn:nbn:de:bvb:12-bsb10498693-2 (22.2.2017).

Abb. 1: Illustration von A. Palm zu Franz Joseph Stetter, „Concerttypen", in: *Illustrirte Zeitung*, 6. Juni 1874, S. 436.

In diesem journalistischen Kontext stellte Stetter, der u. a. auch für die *Allgemeine Musikalische Zeitung* schrieb, vier Hörertypen nebeneinander. Die erste Gruppe charakterisierte er als die „Kunstjünger und Enthusiasten", die die Wirkungen der Musik ungehindert zu genießen verstünden. Als zweite Gruppe identifizierte Stetter die „Kenner und Kritiker", die aus beruflichen Gründen ins Konzert kamen und gewohnt waren, kritisch zu hören, die ihr Werk- und Aufführungswissen anwenden wollten und nach Fehlern und Mängeln suchten. Die dritte Gruppe subsumierte er unter der Kategorie „elegante Modewelt", in der es seiner Meinung nach darum ging, soziale Kontakte während des Konzertbesuchs herzustellen und zu pflegen. Die vierte Gruppe nannte Stetter schließlich die „Pietätlosen", die aus Langeweile das Konzert besuchten, für die Wirkungen der Musik nicht empfänglich waren und kein Interesse am Hörerlebnis zeigen würden. Stetter führte seinen Feuilletonlesern die reiche soziale Welt eines Konzertsaalbesuchs vor Augen und hob insbesondere die emotionale Qualität einer musikalischen Erfahrung hervor. Die „Kunstjünger" seien „glückliche Menschen" und hörten „mit ganzer Seele, mit vollem Herzen". Sein besonderes Interesse ging dahin, durch seine Differenzierung Normen für das Hörverhalten zu setzen, indem er diese Gruppe als ein Ideal beschrieb, das die anderen Hörergruppen nicht zu erreichen vermochten. Der kritische Vergleich zeigte zum Beispiel, dass der Kritikergruppe nur an einer Selbstdarstellung gelegen war und ihre Hörweisen sich nicht am Kunsterleben ausrichteten; vielmehr hörten sie mit „oppositionellen Anwandlungen" und erhoben sich, wie Stetter kritisierte, über die anderen Hörer, indem sie mit der „Unfehlbarkeit des Papstes" nur auf Fehler achteten. Selbst wenn das Konzertpublikum nach außen hin eine herausgehobene Gruppe darstellte, „ein exquisites Völklein", wie Stetter sagte, so bedurfte es der Differenzierung nach innen, um das Geschehen im Konzertsaal plausibel zu erläutern.[21] Diese Typologie ging über andere Hörertypisierungen hinaus, die in dieser Zeit entstanden. Eduard Hanslick etwa entwarf zwar in seiner Schrift *Vom Musikalisch-Schönen* Idealtypen von Hörern oder konstruierte andernorts nationale Eigenheiten von englischen Konzerthörern in London,[22] aber das Interesse von Stetter galt gerade der Übersicht und der Differenzierung des gesamten Publikums als einer Einheit; ihm ging es also nicht darum, sich auf einen bestimmten Hörertypen zu fokussieren.

---

21 Stetter, „Concerttypen".
22 Vgl. Eduard Hanslick, *Vom Musikalisch-Schönen. Ein Beitrag zur Revision der Ästhetik der Tonkunst*, 16. Aufl., Wiesbaden 1966, S. 138; ders., „Musikalisches aus London IX", in: Hanslick, *Sämtliche Schriften*, Bd. 1.6, hg. v. Dietmar Strauß, Wien/Köln/Weimar 2008, S. 172–179.

Stetter bediente sich einer phänomenologischen Beobachtungsweise, die sich daran orientierte, was seine Feuilletonleser mitverfolgen konnten. Er wählte eine Reihe von äußeren Merkmalen aus, die ihm signifikant für die Beschreibung des Hörerlebnisses schienen: der musikalische Bildungsstand, das Erscheinungsbild und die Kenntnis der Verhaltensregeln im Konzert. Solche Merkmale verknüpfte Stetter und gruppierte sie zu einzelnen „Concerttypen", die er jeweils mit seinem Ideal des Hörens abglich. Diese Methodik war typisch für einen Feuilletonjournalisten, der ephemere Details mit sozialer Interpretation verknüpfte und zugleich das Bild eines allgemeinen Zustands zeichnete. Stetter bediente sich eines ‚ethnologischen Blicks'. Der Feuilletonist nahm also die Position des distanzierten Beobachters ein, der – scheinbar von außerhalb – politische, soziale und kulturelle Situationen beschreiben und soziale Zusammenhänge herstellen konnte.[23] Diese Form der Beobachtung rekurrierte bewusst auf Stetters subjektives und emotionales Erleben der Beobachtungssituation im Konzert: Dies lässt sich aus seinem emotionalen Vokabular herauslesen, wenn er über die „Pietätlosen" schrieb, die „ebensogut zu Hause bleiben [könnten], um zu schlummern, zu gähnen oder zu schwatzen".[24] Ihr Hörerlebnis sei nur als bürgerliche Pflichtübung zu verstehen, was Stetters ästhetischer Idealvorstellung widersprach.

Darüber hinaus wurzelte Stetters Beobachtung in einer spezifischen Gesellschaftsvorstellung und einem spezifischen Verständnis von ‚Musik' – und somit in einer mehr oder minder reflektierten Vorstellung davon, welche Rolle die Musik in der Gesellschaft spielen sollte und welche Wirkungsmöglichkeiten ihr zugeschrieben wurden. Für Stetter war die Musik ein universales Gut, deren Wirkung allgemein zugänglich und verständlich war. Die Musik „hat ihre in das graue Alterthum reichende Geschichte und ist heimisch bei den Menschenfressern wie bei parfümirten Salonmenschen", schrieb er und verwies darauf, dass ihre Macht auch „über das Menschgeschlecht" hinausreiche: „Kamel, Hirsch, Elefant, Katze, Fisch, Schlange, Eidechse, ja selbst die Ratte, die Maus, die Spinne lauschen ihrer bezaubernden Sprache", und das „Volk der Vögel manifestirt vollends feines Verständniß für ihre Melodien".[25] In einem Konzert könne man nun die Wirkung der Musik „in potenzierter Gestalt" erfahren, was Stetter zu der Vermutung Anlass gab, dass auf der Grundlage eines solchen universalen Verständnisses von

---

23 Vgl. ausführlich zur journalistischen Arbeitsweise Rolf Lindner, *Die Entdeckung der Stadtkultur. Soziologie aus der Erfahrung der Reportage*, Neuaufl., Frankfurt a. M. 2007. Zur Verknüpfung der journalistischen Arbeitsweise mit der Musikkritik vgl. auch Ziemer, „Der ethnologische Blick".
24 Stetter, „Concerttypen", S. 434.
25 Stetter, „Concerttypen", S. 431.

Musik im Konzert eine soziale Einheit erreicht werden könne: „Denn, in ihrer Allgemeinheit genommen, sind Melodien Sinnbilder unserer stummen Gefühle, unserer Ahnungen und Hoffnungen, unserer Freuden und Schmerzen, gleichviel auf welchem Instrument sie ertönen, zu wessen Herzen sie sprechen, es sei das eines Königs oder eines Bauern."[26]

Der Universalitätsgedanke der Musik war für Stetter eine Voraussetzung für die egalitäre Vorstellung, dass das Hören – unabhängig von sozialen und kulturellen Vorbedingungen – allen zugänglich sein und zugleich einen positiven Einfluss auf die Hörer haben konnte. Damit befand er sich zwar im Einklang mit dem allgemeinen musikjournalistischen Diskurs über die zivilisierende Rolle der Musik, etwa im Sinne von Willy Seibert, der 1906 in der *Frankfurter Musik- und Theaterzeitung* schrieb: „Der Konzertsaal ist ein guter Erzieher in dieser Richtung, denn er zwingt die Menschen von Zeit zu Zeit Sinn und Ohr für Stimmungen zu schärfen".[27] Aber Stetter bezog in diese Deutung nicht die Welt außerhalb des Konzertsaals mit ein, die durch wachsende soziale Spannungen und Konflikte gekennzeichnet war, und in der es angesichts des rasanten Bevölkerungswachstums immer schwerer wurde, Zugang für alle städtischen Gruppen zu den kulturellen Veranstaltungen des Bürgertums zu sichern.

Dennoch waren viele musikjournalistische Beobachter – so unterschiedliche Autoren wie Karl Storck, Hermann Kretzschmar oder Georg Göhler – zu dieser Zeit damit beschäftigt, nach Beispielen für die Wirkung der Musik auf den Hörer zu suchen, insbesondere für ihre soziale Bindungskraft. Einerseits kritisierten sie, dass Regeln nicht eingehalten wurden, dass die Besucher zu spät kamen oder dass sie während der Aufführung aßen oder Backrezepte tauschten; andererseits waren sie daran interessiert, das Entstehen von Gemeinschaft zu belegen. Oscar Teuber, stellvertretender Chefredakteur des *Wiener Fremden-Blatts*, beschrieb, wie die Einheit des Konzerts durch das gemeinsame Hören erreicht wurde:

> Und wenn wir gar nicht auf das Programm blicken, wenn wir die Augen schließen und uns ganz hingeben dem machtvollen Eindrucke dieser Musik [...] – wir möchten ewig schwelgen in den Wonnen dieser Stunde. Und sie schwelgen ja auch darin, die Verständigen und die Unverständigen, die Echten und die Affectirten.[28]

---

26 Ebd.
27 Willy Seibert, „Stimmung. Eine Mahnung", in: *Frankfurter Musik- und Theaterzeitung* 1.6 (1906), S. 3 f.
28 Oscar Teuber, „In Wiener Concert-Sälen", in: *Wienerstadt. Lebensbilder aus der Gegenwart, geschildert von Wiener Schriftstellern*, Prag/Wien/Leipzig 1895, S. 284 f.

Die Beschreibung von Hörertypen diente Teuber, einen erwünschten sozialen Zusammenhang im Konzertsaal herzustellen. Dies konnte er tun, indem er ausgehend von der Heterogenität der Hörer diese als Gesamtheit mit Fragen nationaler und urbaner Identität verknüpfte: „Und wie sie spielen, die Philharmoniker [...]. Ja, es gibt nur a' Kaiserstadt, s' gibt nur a' Wien! Wenn wir es irgendwo seelenvergnügt und ohne Widerspruch ausrufen dürfen, hier ist es erlaubt, und der Amerikaner, der Engländer und Franzose applaudirt begeistert dazu."[29] Das Ziel vieler Hörerbeschreibungen lag gerade darin, das Funktionieren einer Gemeinschaft zu beschreiben. Dies dokumentierte eine Grundüberzeugung vieler Journalisten, dass die Musik die Macht habe, „die stärksten Kräfte für die Erzeugung des Gefühls der Zusammengehörigkeit" zu besitzen, wie der Berliner Journalist Karl Storck 1906 feststellte.[30] Die Hörerbeschreibungen standen somit in diesem Spannungsfeld zwischen idealen Erwartungen von Einheit und einem gleichzeitigen Feststellen von Diversität in der Praxis.[31]

Die Konstruktion von sozialen Zusammenhängen erfolgte durch Journalisten, die häufig ungebunden waren, keine musikwissenschaftliche Ausbildung hatten und durch ihre mobile Lebensweise prädestiniert dafür waren, zwischen der musikalischen und der sozialen Sphäre zu vermitteln.[32] Oscar Teuber ist hierfür ein gutes Beispiel. Er stammte aus Böhmen und wandte sich nach dem Abbruch seiner Offiziersausbildung dem Publizieren zu; zunächst übernahm er verschiedene Redaktionsstellen in Graz und Wien, unter anderem als Theaterreferent, als Kunstreferent und als politischer Berichterstatter. Seinen Durchbruch als Journalist erlebte Teuber 1883, als er zum *Wiener Fremden-Blatt* kam, wo er als Leitartikler, Feuilletonist, Musik- und Militärredakteur und schließlich stellvertretender Chefredakteur arbeitete. Ähnlich weitgefächert waren seine Veröffentlichungen, die neben Zeitungsartikeln auch Monographien zur österreichischen Militärgeschichte, humoristische Skizzen zur Armee oder eine grundlegende Geschichte des Prager Theaterwesens einschlossen.

---

29 Ebd., S. 284.
30 Karl Storck, *Die kulturelle Bedeutung der Musik. Die Musik als Kulturmacht des seelischen und geistigen Lebens*, Stuttgart 1906, S. 33.
31 Vgl. als weiteres Beispiel für die Differenzierung in Hörertypen den Beitrag „Feuilleton: Unser Konzertpublikum", in: *Fremden-Blatt*, 25.11.1888, zit. in: Margaret Notley, „,Volksconcerte' in Vienna and Late Nineteenth-Century Ideology of the Symphony", in: *Journal of the American Musicological Society* 50.2–3 (1997), S. 421–453, hier S. 442.
32 Vgl. Jörg Requate, *Journalismus als Beruf. Entstehung und Entwicklung des Journalistenberufs im 19. Jahrhundert*, Göttingen 1995; ders., „Der Journalist", in: Ute Frevert und Heinz-Gerhard Haupt (Hg.), *Der Mensch des 20. Jahrhunderts*, Essen 2004, S. 138–163.

Otto Groth, Begründer der Zeitungskunde in Deutschland, beschrieb 1928 die Schwierigkeiten von Musikredakteuren, sich zu etablieren. Viele Zeitungen behalfen sich mit „Reportage", so Groth, „d. h. sie betraute[n] mit dem Amt des Kritikers ein Redaktionsmitglied, das, ursprünglich ohne eigentliche Musikkenntnisse, sich allmählich etwas Wissen und Schulung auf den Gebrauch einiger Fachausdrücke aneignete, das die Geschmacksrichtung des Publikums kannte und teilte."[33] Musikjournalisten sahen sich in diesem Verständnis als Berichterstatter aus dem Publikum, und es ging darum, „in erster Linie auch hier zu ‚berichten', das Ereignis im Theater oder im Konzertsaal zu schildern."[34] Teuber, Stetter, zuvor Heinrich Heine oder Ludwig Börne folgten dieser Tradition und agierten als Musikliebhaber, die sich als Anwälte des Publikums verstanden.

In den Jahren vor dem Ersten Weltkrieg mehrten sich schließlich die Stimmen, die eine ‚Professionalisierung der Sinne' forderten, d. h. eine Reform der Musikkritik.[35] Es gab zunehmend Kritik an den musikjournalistischen Methoden, an fehlender Professionalität sowie an der wachsenden Zahl von Musikkritiken bei gleichzeitiger Abnahme der Qualität. Richard Wallaschek bemängelte beispielsweise 1904 das fehlende Fachwissen bei Musikkritikern und stellte fest, dass sie keine „gewissenhaften Beobachter" seien und nur noch als „Annonceur" auftreten würden.[36] Wallaschek bezog sich auf die insbesondere in den Musikzentren wie Wien und Berlin üblich gewordene Praxis, mehrere Konzerte zur gleichen Zeit zu besuchen. Er forderte eine größere Distanz zwischen den Kritikern und dem Publikum, und der verbreitete Eindruck war, dass Journalisten sich zu sehr mit den Interessen des Publikums identifiziert hätten, aber nicht ihren kritischen Auftrag wahrnehmen würden, Urteile auf der Grundlage ihres eigenen musikalischen Wissens zu fällen.[37]

---

[33] Otto Groth, *Die Zeitung. Ein System der Zeitungskunde (Journalistik)*, Bd. 1, Mannheim 1928, S. 872.
[34] Ebd.
[35] Vgl. Suzanne Marchand, „Professionalizing the Senses: Art and Music History in Vienna, 1890–1920", in: *Austrian History Yearbook* 21 (1985), S. 23–57.
[36] Richard Wallaschek, „Das ästhetische Urteil und die Tageskritik", in: *Jahrbuch der Musikbibliothek Peters* 11 (1904), S. 57–76, hier S. 63 u. 66.
[37] Vgl. auch Benjamin M. Korstvedt, „Reading Music Criticism beyond the Fin-de-siècle Vienna Paradigm", in: *Musical Quarterly* 94.1–2 (2011), S. 156–210, hier insbes. S. 174.

Hörerstudien in den Musikzeitschriften der 1920er Jahre

Diese Debatte nahm in den 1920er Jahren eine Wende, als sich den Journalisten im Zuge der Pluralisierung der Presselandschaft neue Möglichkeiten eröffneten.[38] Der Münchner Kritiker Paul Marsop schrieb seinem Frankfurter Kollegen Paul Bekker wenige Tage nach der Novemberrevolution 1918, dass „man jetzt in der Zeitung und Zeitschrift so manches sagen […] *darf*, was die Herren früher aus ‚Opportunitätsgründen', das heisst aus schundigster Portemonnaie-Politik, nicht zu drucken erlaubten."[39] Die neue Offenheit führte nicht nur dazu, dass sich Inhalte änderten, auch die Funktion des Musikkritikers wurde überdacht. Adolf Aber, Redakteur bei den *Leipziger Neuesten Nachrichten*, stellte 1928 fest, dass „der Universalredakteur von ehedem" verschwunden sei und „einem Stab von Fachleuten das Feld [hat] räumen müssen, die nunmehr in ihrer Gesamtheit Tag für Tag die riesige Arbeit des Zusammenstellens der Zeitung leisten".[40] Die neue Meinungsvielfalt im Pressespektrum, die Spezialisierung hin zu ‚Fachreferenten' in den Zeitungen und die zahlreichen neuen Musikzeitschriften stellten die Musikjournalisten vor Fragen nach ihrem Selbstverständnis: Sollten sie praktische Kenntnisse vermitteln? Sollten sie der Musikerziehung dienen? Oder sollten sich die Kritiker doch nur auf die Interpretation von Kompositionen beschränken?

Adolf Aber selbst vertrat die Meinung, dass der Musikkritiker sich um eine „Überwachung des in unseren musikalischen Vereinen Geleisteten mit Rücksicht auf die musikalische Volkserziehung" kümmern und die „Auseinandersetzung mit irgendwelchen problematischen Werken der Moderne, die in ihrem artistischen Wert zu verstehen noch nicht ein Tausendstel der Leser einer Tageszeitung überhaupt in der Lage ist", vermeiden sollte. Für ihn stand es außer Frage, dass das Wissen von Musikjournalisten nun pädagogischen Zwecken zu dienen und er damit seine Nützlichkeit unter Beweis zu stellen habe. Selbst wenn diese Position nicht unumstritten war und die Musikkritiker der Weimarer Republik keineswegs eine homogene Gruppe bildeten, so fand sich eine Zahl an Kritikern, die sich als „ein konstruktiver Partner bei der Neugestaltung des Musiklebens" verstanden,

---

[38] Zum Wandel der Presselandschaft vgl. z. B. Fabian Lovisa, *Musikkritik im Nationalsozialismus. Die Rolle deutschsprachiger Zeitschriften, 1920–1945*, Laaber 1993; vgl. ferner Andreas Eichhorn, „Republikanische Musikkritik", in: Giselher Schubert u. Wolfgang Rathert (Hg.), *Musikkultur in der Weimarer Republik*, Mainz 2001, S. 198–212.
[39] Schreiben von Paul Marsop an Paul Bekker vom 2.12.1918; Yale University, Paul Bekker Yale Collection; Hervorh. im Orig., dort als Unterstreichung.
[40] Adolf Aber, „Die Musik in der Tagespresse", in: *Die Musik* 21 (1929), S. 865–875, hier S. 868.

wie der Historiker Andreas Eichhorn festgestellt hat, der dafür den Begriff der „republikanischen Musikkritik" geprägt hat.[41] Dieser Konsens ließ sich insbesondere in den neuen Musikzeitschriften verfolgen, die sich nun zu einem neuen Leitmedium in der musikalischen Öffentlichkeit entwickelten und mehr Raum boten, was sich auf Form und Inhalt der Hörerbeschreibungen auswirken sollte.

In diesen Jahren schrieben die Kritiker im Kontext von dramatisch sinkenden Konzertbesucherzahlen und des Aufstiegs von Radio und Grammophon, die als Konkurrenz zum Konzerthören angesehen wurden.[42] Neue Fragen mussten nun gestellt werden, insbesondere wo sich die Hörer überhaupt noch finden ließen. Hanns Gutman stellte fest, dass der Konzerthörer eine „sehr eigenartige Gattung Mensch" sei, „von der es gar nicht mehr allzu viele echte Exemplare gibt, die aber von Konzertgebern und ihren Agenten künstlich nachgezüchtet wird".[43] Beschreibungen bauten zwar auf bereits etablierten Kategorien auf, aber nun wurden neue Typen im Konzertsaal entdeckt, beobachtet und dokumentiert. Es gab nun ‚Kleinstadthörer', ‚Großstadthörer', ‚Beethovenhörer' oder ‚Massenhörer', und das Ziel der Beobachtung war oft, einen allgemeinen Typus zu definieren – der ‚Durchschnittshörer' wurde zum Gegenstand journalistischer Aufmerksamkeit. In einer Sonderausgabe von *Melos*, in der es um den „Querschnitt" der Musikinteressierten in der Gesellschaft gehen sollte, hieß es 1930: „Erst der im praktischen Leben stehende Techniker, noch mehr die in der Großstadt lebende Angestellte denken über Musik und neue Musik so, daß wir sagen können: hinter ihnen stehen neunzig Prozent des Volkes."[44]

Viele Musikkritiker argumentierten vor dem Hintergrund einer allgemeinen Sorge, dass die Musik als eine Ressource für das soziale Leben verloren gehen könnte. Zugleich fokussierten sie ihre Beobachtungen auf die konkreten biographischen Hintergründe der Hörer, die nun in den Kontext der kapitalistischen Warengesellschaft gestellt wurden. Die Redakteure des *Melos* stellten das Konzerthören in Konkurrenz zu anderen, neuen Formen des Musikhörens, und sie argumentierten, dass insbesondere jene nicht mehr ins Konzert kamen, die zwar die materiellen und kulturellen Voraussetzungen mitbrachten, aber Alternativen zum Konzertbesuch hatten. Als Beleg für diese These veröffentlichen sie die Selbstbeschreibung einer gewissen Therese Lüttcke, die laut *Melos* in Berlin lebte und dem „Typus des Durchschnittshörers" entsprach, der für diese Konkurrenzsituation stand. Lüttcke schrieb, wie sie zwar häufig „ein starkes Bedürf-

---

41 Eichhorn, „Republikanische Musikkritik", S. 199.
42 Vgl. Kurt Westphal, „Das neue Hören", in: *Melos* 8.7 (1928), S. 352–354.
43 Hanns Gutman, „Der Berliner Konzerthörer", in: *Melos* 10.1 (1931), S. 7–10, hier S. 9.
44 [Schriftleitung,] „Zum Inhalt", in: *Melos* 9.1 (1930), S. 1.

nis, Musik zu hören", verspürt habe, und dass sie Freundinnen habe, die „musikalisch seien". Sie sei aber selbst ratlos, wie sie einen Konzertbesuch bewerten solle: „[E]ine schöne Stimme, eine Handfertigkeit auf dem Klavier sagen mir gar nichts." Darum habe sie „die Bemühungen um die Musik aufgegeben; ich will sie nicht mehr." Stattdessen seien ihr nun andere Angebote wichtiger geworden. Sie sei sportbegeistert, trainiere regelmäßig und gehe lieber zu Sportveranstaltungen: „Im Eishockey der Kanadier, im gefüllten Sportpalast, bei Titelkämpfen der Boxer, beim Fußball, da spüre ich den Atem meiner Zeit, die ich suche und die ich liebe und die ich, vor allem, leben will, mit all ihrer Brutalität und all ihrer wunderbaren Kraft und Lebendigkeit." Die Autorin begründete ihr Desinteresse an der Musik und an Hörerfahrungen mit einer bestimmten emotionalen Verfasstheit: „Es fehlt mir wohl das Gefühl und die Einstellung zum Leben, die dieser Musik einmal die Grundlage war. Ich weiß auch genau, daß ich das von Musik ja gar nicht will; ich will meine Zeit finden, ihren Rhythmus, ihren Ausdruck und ihr Tempo."[45] Mit der Veröffentlichung einer solchen Selbstbeobachtung einer nur noch potenziellen Hörerin, die für das Konzertleben verloren gegangen war, lenkten die Herausgeber die Aufmerksamkeit auf ihre eigene politische Agenda, bei der es darum ging, das Musikhören im Konzert vor dem endgültigen Verlust zu retten.

Aber die Suche nach einem allgemeinen Hörertypus fand nicht nur außerhalb, sondern auch innerhalb des Konzertsaals statt. Adolf Weißmann, Kritiker der *Vossischen Zeitung* und der *Musikblätter des Anbruch* in Berlin, beschrieb 1925 das Publikum bei einem Klavierkonzert von Strawinsky, um herauszufinden, „was der Abonnent im Durchschnitt sei."[46] Als neue grundlegende Kriterien für die Bewertung von Hörerverhalten galten ihm Klassenzugehörigkeit des „Abonnementhörers" und der Warencharakter des Hörerlebnisses. Der „Abonnementhörer" sei – seiner Beobachtung nach – der dominierende Hörertypus, wie sich während des „Kampfs im Konzertsaal" zwischen den unterschiedlichen Hörergruppen herausgestellt habe. Den Abonnementhörer definierte Weißmann als denjenigen, der an „Wohlklang" interessiert sei, dessen Geschmack von „Bach bis Strauß" geprägt sei und der vor allem eine bestimmte „Qualität" erwarte. Wenn diese Erwartungshaltung enttäuscht werde, so Weißmann, könnte dessen „Sentimentalität" verletzt werden, und ihm fehle es an Fähigkeiten, die künstlerische Eigenart von Musik zu erfassen. Die Gründe für solche Defizite im Hörverhalten suchte Weißmann in der mangelnden Bildung der Hörer, vor allem aber in der

---

45 Therese Lütticke, „Musik unserer Zeit?", in: *Melos* 9.1 (1930), S. 13–15, hier S. 14.
46 Adolf Weißmann, „Die neue Musik und der Abonnent", in: *Musikblätter des Anbruch* 2 (1925), S. 75–77.

Kommerzialisierung des Konzerts: „Der Abonnent hat mit der Konzertdirektion einen Vertrag geschlossen", der dem Hörer „prima Ware – pardon Werke in bester Qualität" sichere. Er habe eben das „verbriefte Recht" auf Genuss: „[D]er Dirigent ist patentiert, das Werk ist patentiert; ihm kann nichts passieren."[47] Obwohl die Kritik an einer zunehmenden Kommerzialisierung des Hörens nicht zum ersten Mal geäußert wurde, so dominierten in den 1920er Jahren kritische Anmerkungen zu den kapitalistischen Merkmalen des Konzertbesuchs die Beschreibungen von Hörsituationen, in denen sich der sozialkritische Diskurs der Zeit spiegelte.

Die sozialen Themen dieser Beschreibungen knüpften an die Diskussionen in anderen Teilen der Gesellschaft an, in denen es um Urbanität, Lebensstil, technologische Innovationen und Ähnliches ging. Hanns Gutman traf den „Großstadthörer" überall in Berlin an, denn dieser ging nicht mehr aus eigenem Antrieb ins Konzert, sondern weil er im Besitz von Freikarten war. So käme „die deprimierende Atmosphäre eines durchschnittlichen Berliner Konzertabends" zustande. Gutman berief sich auf seine „jahrelange und tägliche Erfahrung" und schilderte die „künstlichen Begeisterungsstürme" und eine „extreme Äußerlichkeit" bei den „Musikliebhabern wider Willen", die nur aus Verpflichtung ins Konzert kämen. Solche kritischen Tropen fanden sich häufig in den Hörerbeschreibungen in diesen Jahren; neu aber war, dass der „Kleinstadthörer" als ein neues Ideal dem „Berliner Hörer" gegenübergestellt wurde: Er war bisher der Beobachtung von Hörweisen entgangen, und wurde nun entdeckt als eine Lösung für die Probleme der Großstadt: „Es besteht kaum ein Zweifel, daß in der Provinz der freiwillige, echte Konzerthörer einen viel höheren Prozentsatz ausmacht."[48] Fritz Thöne stellte in einem Beitrag über „Konzerterfahrungen in der Kleinstadt" zwar fest, dass das „durchschnittliche Gesamtniveau der Kleinstadthörer" sehr niedrig sei, weil sie „mit abgestandenen und kitschigen Konzertprogrammen" bedacht würden. Aber das „Konzertleben in der Kleinstadt" habe im Vergleich mit der Großstadt „eine sinnvolle Funktion", denn es läge hier „ein Bedürfnis vor, Musik zu hören" und tatsächlich habe das Konzert hier noch den Charakter „eines besonderen Ereignisses".[49] Idealisierungen der Kleinstadt und des Konzerterlebnisses in dieser Art erinnerten an die Idealisierung des Landlebens und an die Rückprojektion einfacher und idealer Formen des Zusammenlebens in die

---

47 Ebd., S. 76.
48 Gutman, „Der Berliner Konzerthörer", S. 9.
49 Fritz Thöne, „Konzerterfahrungen in der Kleinstadt", in: Melos 9.11 (1930), S. 469 f., hier S. 470.

Frühe Neuzeit, wie sie sich etwa auch in den Beiträgen Heinrich Besselers zur Geschichte des Musikhörens fanden.[50]

Solche neuen Interessen an den Hörerbeschreibungen erforderten neue journalistische Methoden und eine Reflexion der komplexen Umstände, in denen die Musikhörer zu erfassen waren. Bei Gutman heißt es über den Hörer: „Seine Beweggründe sind so komplex, sind aus Geltungstrieb, gesellschaftlichen Bindungen, privaten Sehnsüchten, ebenfalls aus Bildungsverpflichtung und aus wahrer Liebe zur Musik so verwirrend gemischt, daß sie zu analysieren nicht die Aufgabe einer kurzen Studie sein kann."[51] Während Gutman davon ausging, dass ihm nichts anderes übrig bleibe, als sich auf „Beobachtungen und Vermutungen" zu stützen, gab es eine Reihe von neuen Techniken wie die schon erwähnte Selbstbeobachtung, die statistische Erhebung, das Interview oder die Umfrage, mit denen der Hörer eingefangen werden sollte.[52] Sie stellten eine neue empirische Basis für weiterführende Überlegungen zum Hörer bereit. 1925 erschien beispielsweise in der Zeitschrift *Pult und Taktstock* eine Serie mit Interviews mit Dirigenten, in denen es darum ging, herauszufinden, warum und wie Musik wirkt, auf welchen Wegen Urteile gefällt werden, was den Erfolg eines Konzerts ausmacht und wie die Urteilskraft der Hörer beeinflusst werden kann.[53]

Auch eine Untersuchung über „Massenhörer" in Leningrad zeigt, wie das Sammeln von Informationen eine neue Aufmerksamkeit erfuhr: Roman Gruber berichtete über „selbstgeschriebene Umfragen, aufgeschriebene Gespräche sowie Angaben über die äußerliche Beobachtung des Auditoriums während der Vorführung", mit denen er versucht habe, die „Erforschung des musikalischen Aufnahmeprozesses bei einem wenig kultivierten und musikalisch nicht entwickelten Typus des Hörers" – eben des „Massenhörers" – zu unterstützen.[54] Solche neuen journalistischen Methoden führten zu einem Paradox: Sie folgten einerseits politischen oder sozialreformerischen Interessen; andererseits dienten sie dazu, die subjektiven Beobachtungen aus dem Konzertsaal zu objektivieren und zu allgemeingültigen Aussagen über das Hörverhalten zu gelangen.

---

50 Zu Besseler und zum Diskurs über die Krise des Konzerts in der Musikästhetik vgl. Matthew Pritchard, „Who Killed the Concert? Heinrich Besseler and the Inter-War Politics of ‚Gebrauchsmusik'", in: *Twentieth-Century Music* 8.1 (2011), S. 29–48, hier S. 32.
51 Gutman, „Der Berliner Konzerthörer", S. 9.
52 Ebd., S. 8.
53 Vgl. [Anon.,] „Drei Rundfragen", in: *Pult und Taktstock* 2.7 (1925), S. 123–127, und 2.8 (1925) S. 144–149.
54 Roman Gruber, „Der Massenhörer und seine Einstellung zur Musik", in: *Melos* 9.1 (1930), S. 25–29, hier S. 26.

Soziologisierung der Hörer: Adornos Hörerstudien

In diesen Debatten über die Hörer im Konzertsaal zeichnete sich ein Trend hin zu einer Soziologisierung der journalistischen Beobachtung ab.[55] Dieser Wandel ließ sich auf die manifest gewordene Krise des Konzerts und, ab 1933, auf die fundamentale Rekonzeptualisierung der Öffentlichkeit und die Einschränkung der journalistischen Arbeitsmöglichkeiten durch die Nationalsozialisten zurückführen. Parallel zu diesen Entwicklungen änderte sich auch das journalistische Selbstverständnis: In den ersten Dekaden des 20. Jahrhunderts waren viele Musikjournalisten wie Paul Bekker noch Autodidakten und besaßen keine universitäre musikwissenschaftliche Ausbildung, oder sie hatten Abschlüsse als Juristen oder Ärzte und waren auf Umwegen zum Journalismus gekommen; im Zuge einer allmählichen Professionalisierung des Kritikerberufs verfügten in den 1920er Jahren Kritiker wie Adolf Aber, Adolf Weißmann oder Hans Mersmann allerdings sehr wohl über eine musikwissenschaftliche Ausbildung und hatten zum Teil promoviert.[56] Einige von ihnen äußerten die Hoffnung, dass sich ein Abschluss als „staatlich geprüfte Musikkritiker und Musikredakteure" durchsetzen würde, mit dem sich eine „endgültige Bereinigung" von künstlerischen und organisatorischen Fragen verbinden ließe.[57] Aber es waren nicht nur das gewandelte Arbeitsumfeld und die neuen publizistischen Rahmenbedingungen, die die Selbstdefinition von Journalisten in den 1930er Jahren veränderten, sondern auch ein vermehrt theoretisches Interesse an den Beobachtungsgegenständen wie dem Musikhörer, das Hörerbeschreibungen aus dem unmittelbaren journalistischen Kontext hinausführte und nach neuen publizistischen Veröffentlichungsorten suchte.

Einer der wichtigsten Protagonisten einer solchen Soziologisierung war Theodor W. Adorno, der wie kaum ein anderer für diesen Wandel von der sozialen Interpretation im Feuilleton zur wissenschaftlichen Theoriebildung stand. Adorno hatte in frühester Jugendzeit begonnen, mindestens einmal pro Woche Konzerte zu besuchen, und war eng mit den etablierten und neuen Musikinitiativen in seiner Heimatstadt Frankfurt am Main vertraut; zugleich begann er, Konzertkritiken zu verfassen, die sich gesammelt für die 1920er Jahre wie eine

---

55 Vgl. Eichhorn, „Republikanische Musikkritik", S. 209.
56 Vgl. Kurt Rasch, „Musikwissenschaft und Beruf. Ein Versuch zu einem organisatorischen Abriß", in: *Zeitschrift für Musikwissenschaft* 15.2 (1932), S. 69–76, hier S. 74.
57 Ebd.

Chronik des musikalischen Lebens von Frankfurt lesen.[58] Adorno publizierte zunächst in lokalen Kulturzeitschriften, im Feuilleton der *Frankfurter Zeitung* oder in Zeitschriften wie *Die Musik* und *Musikblätter des Anbruch*. Bei den *Musikblättern* beteiligte er sich 1928 an der Redaktionsleitung, die nicht mehr „bloß journalistisch eine auffällige Strömung heutigen Musiklebens verfolgen" wollte, „sondern erhellen, was eigentlich [...] gemeint ist."[59] Er wurde zu einem präzisen und einflussreichen Beobachter der musikalischen Welt und war, wie David Gramit festgestellt hat, zutiefst Teil einer bürgerlichen Welt, in der Musik ein zentrales Element war und deren Niedergang er beschrieb und erklärte.[60] Die zunehmende Entfremdung der Hörer von der Musik, die er dabei diagnostizierte, war für Adorno ein Symptom dafür, dass die gesamte Gesellschaft in eine tiefe Krise geraten war. Dies war die Perspektive, aus der Adorno Musikhörer beobachtete und beschrieb.

Adorno unternahm einen Schritt hin zu einer radikalen Kritik des Hörens im Konzert und nutzte diese Hörsituation als eine Möglichkeit zur philosophischen Reflexion, die sich in seinen journalistischen Deutungen des Konzerts seit den 1920er Jahren abgezeichnet hat. In seinen Studien „Zur gesellschaftlichen Lage der Musik" (1932) und „Über den Fetischcharakter der Musik und die Regression des Hörens" (1938), die inzwischen zu den Klassikern der Musiksoziologie gehören, machte Adorno die Hörer im Konzertsaal zu Gegenständen einer marxistisch orientierten Gesellschaftsanalyse, die sich auf Beobachtungen im Konzertsaal stützte. Adorno knüpfte zwar an die Traditionen der Sozial- und Kulturkritik an, die in den Feuilletons und Zeitschriften schon – wie beschrieben – eine wichtige Rolle gespielt hatten, und übernahm Perspektiven wie die Frage der Klassenzugehörigkeit und der Kommerzialisierung der Hörer-Musik-Beziehung aus den 1920er Jahren. Aber er entfernte sich immer mehr vom unmittelbaren Bezug zur Praxis, der typisch gewesen war für die Musikpublizistik der 1920er Jahre. Im Unterschied zu Musikkritikern wie Aber, Weißmann oder Mersmann oder zum Kreis der Autoren um die Berliner Zeitschrift *Musik und Gesellschaft* galt ihm die Musiksoziologie als eine theoretische Wissenschaft, die nicht bestimmten praktischen und reformerischen Zielen folgte. Daher veröffentlichte Adorno

---

58 Adornos Kritiken sind gesammelt veröffentlicht worden in: Theodor W. Adorno, „Frankfurter Opern- und Konzertkritiken", in: Adorno, *Gesammelte Schriften*, Bd. 19: *Musikalische Schriften VI*, hg. v. Rolf Tiedemann, Frankfurt a. M. 2003, S. 9–257.
59 Theodor W. Adorno, „Zum Jahrgang 1929 des ‚Anbruch'" [1929], in: Adorno, *Gesammelte Schriften*, Bd. 19: *Musikalische Schriften VI*, hg. v. Rolf Tiedemann, Frankfurt a. M. 2003, S. 605–608, hier S. 607.
60 Vgl. David Gramit, *Cultivating Music: The Aspirations, Interests, and Limits of German Musical Culture, 1770–1848*, Berkeley 2002, S. 163.

nicht mehr nur in den Feuilletons und allgemein zugänglichen Musikzeitschriften, denen er später eine „Verachtung der Wahrheit"[61] vorwarf, sondern vermehrt auch in Fachzeitschriften wie der *Zeitschrift für Sozialwissenschaft*, dem Publikationsorgan des Frankfurter Instituts für Sozialforschung.

Trotz Adornos Bezügen zu journalistischen Traditionen brach er mit der Idee eines harmonischen Miteinanders in der Gesellschaft, die lange den Diskurs über das Verhältnis von Hörerlebnis und Gesellschaft bestimmt hatte und zumindest als potenzielle Möglichkeit auch in den 1920er Jahren Bestand hatte. Einer der wichtigsten Protagonisten dieser soziologischen Utopie war der ebenfalls in Frankfurt am Main tätige Kritiker Paul Bekker, der in den Jahren im und um den Ersten Weltkrieg das Musikleben aus journalistischer und soziologischer Sicht gedeutet hatte.[62] Statt eine solche Utopie von Gesellschaftsbildung durch Klangerlebnis weiter zu fördern, sah Adorno in den Hörerbeobachtungen die Möglichkeit, die kapitalistische Wirklichkeit zu kritisieren. Er beschrieb eine fundamentale Krise des Hörens: Die Hörer in den Konzertsälen hörten nicht mehr Musik als Kunst, sondern gaben sich nur den Äußerlichkeiten hin. Musik diente als ein Fetisch, nicht als Mittel für Wissen und Erkenntnis. Die Hörer unterwarfen sich dem Geschmack der Massen und hörten nicht mehr zusammenhängend, sondern „atomistisch".[63] Das Resultat sei eine Reduktion der Musik auf Unterhaltungs- und Warencharakter, die aus Adornos Sicht auf Kosten der individuellen Freiheit ging: „Die Lust des Augenblicks und der bunten Oberfläche wird zum Vorwand, den Hörer vom Denken des Ganzen zu entbinden, dessen Anspruch im echten Hören enthalten ist, und der Hörer wird auf der Linie seines geringsten Widerstandes in den akzeptierenden Käufer verwandelt."[64]

Eine Weiterführung dieser Interpretation des Hörverhaltens im Konzertsaal entstand mit seiner Typologisierung der Hörer in den „Typen des musikalischen Verhaltens", einem Text, der erst 1962 als Teil seiner musiksoziologischen Vorlesungen erschien, aber bereits 1939 im amerikanischen Exil geschrieben worden war. Dieser Beitrag zog die Schlussfolgerungen aus seinen früheren Arbeiten zum Hörer. Das Ziel seiner Musiksoziologie sei, so Adorno, „Erkenntnisse über das

---

[61] Theodor W. Adorno, „Rede über ein imaginäres Feuilleton" [1963], in: Adorno, *Gesammelte Schriften*, Bd. 11: *Noten zur Literatur*, hg. von Rolf Tiedemann, 4. Aufl., Frankfurt a. M. 1996, S. 358–366, hier S. 361.
[62] Vgl. hierzu Hansjakob Ziemer, „Klang der Gesellschaft: Zur Soziologisierung des Klangs im Konzert, 1900–1933", in: Axel Volmar u. Jens Schröter (Hg.), *Auditive Medienkulturen. Techniken des Hörens und Praktiken der Klanggestaltung*, Bielefeld 2013, S. 145–163.
[63] Theodor W. Adorno, „Über den Fetischcharakter der Musik und die Regression des Hörens", in: *Zeitschrift für Sozialforschung* 7 (1938), S. 321–356, hier S. 339.
[64] Ebd., S. 327.

Verhältnis zwischen den Musikhörenden, als vergesellschaftetes Einzelwesen, und der Musik selbst" zu gewinnen.[65] Daher befasste er sich mit den „typischen Verhaltensweisen", um das Hören als einen „soziologischen Index" verwenden zu können, der etwas über die Beziehungen von Musik und Gesellschaft aussagen könne. Die „Absicht der Typologie ist, im Bewußtsein gesellschaftlicher Antagonismen, von der Sache, nämlich der Musik selbst her, die Diskontinuität der Reaktionen auf jene plausibel zu gruppieren."[66] Die Musik blieb der Ausgangspunkt von Adornos theoretischer Arbeit, bei der er sich auf seine Kompetenz als Komponist und Musikwissenschaftler berufen konnte.

Adornos Typologie ist inzwischen ausführlich in der Forschung beschrieben und kritisiert worden.[67] Im Kontext der Geschichte der Hörerbeobachtungen soll daher an dieser Stelle nur knapp umrissen werden, auf welche Weise Adorno seine Beobachtungen zu Typen verdichtete. Adorno unterschied acht Hörertypen, von denen er den „Expertenhörer" als idealen Hörer beschrieb.[68] Adornos Ideal des Hörers ging zurück auf ein Musikverständnis, das eine musiktheoretische Kompetenz erforderte und auf die Kenntnis der musikalischen Strukturen setzte. Einer solchen Vorstellung des Hörprozesses lag ein „stimulus-response-model" (Tia DeNora) von Hören zugrunde, welches das musikalische Werk anstelle der Erfahrung der Interaktionen zwischen den Klängen und den Hörern als reziproken Prozess in das Zentrum stellte.[69] Die Traditionen dieses Modells reichen zurück bis ins 19. Jahrhundert, beispielsweise zu Hanslicks formalistischen Theorien zum Hören im Konzertsaal. Adorno selbst verwies auf den idealen und unerreichbaren Charakter des strukturellen Hörers. Aber die Signifikanz des „Expertenhörers" als ein Leitbild des Konzerts schien ihm umso dringlicher, je weiter sich die Praxis im Konzert davon zu entfernen schien. Seine Erfahrung der Verhaltensweisen im Konzert fasste er daher in weiteren Kategorien zusammen, die er als „Kristallisationspunkte" musikalischen Verhaltens definierte. Dazu zählten der „Unterhaltungshörer", der „emotionale Hörer", der „Bildungshörer", „der gute Hörer", der „Ressentiment-Hörer", die „Jazz-Experten" und schließlich der Typus der „musikalisch Gleichgültigen, Unmusikalischen und Antimusika-

---

[65] Theodor W. Adorno, „Typen musikalischen Verhaltens" [1939/1962], in: Adorno, *Einleitung in die Musiksoziologie. Zwölf theoretische Vorlesungen*, 9. Aufl., Frankfurt a. M. 1996, S. 12–30, hier S. 14.
[66] Ebd., S. 16.
[67] Vgl. z. B. Max Paddison, *Adorno's Aesthetics of Music*, Cambridge/New York 1993, S. 209 ff.; Vladimir Karbusicky, „Zur empirisch-soziologischen Musikforschung", in: Bernhard Dopheide (Hg.), *Musikhören*, Darmstadt 1975, S. 280–329.
[68] Adorno, „Typen musikalischen Verhaltens", S. 18 f.
[69] Vgl. Tia DeNora, *After Adorno: Rethinking Music Sociology*, Cambridge 2003, S. 13.

lischen". Während die Beschreibung dieser Hörertypen die bereits bekannten Merkmale früherer journalistischer Hörerbeschreibungen aufnahm, verdichtete Adorno seine Beobachtungen in einer neuen Weise zu einem theoretischen Konstrukt, das Ansprüchen von Wissenschaftlichkeit und Objektivität genügen sollte.

Die theoriegenerierende Methode verband seine Erfahrungen in der journalistischen Beobachtung mit seiner wissenschaftlichen Ausbildung als Soziologe. Zu dieser Typologie hätten „die Reflexion auf die tragende gesellschaftliche Problematik der Musik ebenso wie ausgebreitete Beobachtungen und deren vielfache Selbstkorrektur" geführt, stellte er fest und hob dabei hervor, dass sie „nicht willkürlich" entstanden sei.[70] Adorno knüpfte explizit nicht an die neuen empirischen Untersuchungen von Hörern an, die in den 1920er Jahren erprobt worden waren, beispielsweise von Paul Lazarsfeld in Wien. Adornos Konflikte mit Lazarsfeld über die empirische Forschungsmethodik für das Princeton Radio Research Project, insbesondere die Rolle von Befragungen und Statistik, zeigen, wie sehr Adorno der theoretisch abgesicherten Beobachtung vertraute.[71] Daher können wir in Adornos Typologie des Musikhörers einen Höhepunkt in der populären Beschäftigung mit den Verhaltensweisen im Konzert sehen: Die journalistischen Traditionen der Hörerbeobachtung werden von ihm in einen wissenschaftlichen Kontext überführt; zugleich distanziert er sich vom journalistischen Charakter der Hörerbeschreibung. Adorno verdichtete also das Wissen über die Hörer in einer Weise, die ein Erscheinen in den Feuilletons erschweren musste, weil auf soziale Referenzpunkte für die Zeitungsleser verzichtet wurde.

Zusammenfassung und Ausblick

Die Geschichte der Hörerbeobachtung vom Feuilleton hin zur Fachzeitschrift blieb in dieser Zeit letztlich keineswegs auf Kritiker und Soziologen beschränkt. So entwickelten auch Musikpsychologen verschiedene Anwendungsformen für ihre empirischen Hörerbeobachtungen. Sie konnten kommerziell genutzt werden, wie von der Edison Company, die Testhörer für Musik befragte und beob-

---

70 Adorno, „Typen musikalischen Verhaltens", S. 14.
71 Schreiben von Adorno an Lazarsfeld vom 24.1.1938; Gödde, Christoph; Lonitz, Henri (Hrsg.): Theodor W. Adorno Max Horkheimer Briefwechsel 1927–1969. Band II: 1938–1944. Frankfurt a. M. 2004. S. 427–436. Vgl. auch Thomas Y. Levin u. Michael von der Linn, „Elements of a Radio Theory: Adorno and the Princeton Radio Research Project", in: *The Music Quarterly* 78.2 (1994), S. 316–324; Stefan Müller-Doohm, *Adorno. Eine Biographie*, Frankfurt a. M. 2003, S. 376–383.

achtete, oder im Rahmen der Erforschung von Radiohörern.[72] Sie konnten genutzt werden, um musikalische Begabung zu untersuchen.[73] Sie konnten aber auch für die Konstruktion von rassistisch orientierten Hörertypen genutzt werden.[74] Die empirische Hörerforschung bildet bis heute einen festen Bestandteil der Musikpädagogik, der Konzertforschung und der Musiksoziologie,[75] aber auch in den Sound Studies spielt die Typologisierung von Hörformen eine unverändert wichtige Rolle in der kritischen Analyse von Klangwahrnehmung.[76]

Eingedenk einer solchen Vielfalt der bis in die Gegenwart reichenden Forschungsansätze fokussierte der vorliegende Aufsatz auf eine spezifische Form der Hörerbeobachtung, die in der journalistischen Tradition wurzelte, den Konzerthörer zum Gegenstand machte und ihre Methoden, Formen und Inhalte an neue journalistische Kontexte anpasste und in die Sozialwissenschaften überführte. Es ging in dieser Skizze einer Geschichte von Hörerbeobachtungen darum, deutlich zu machen, wie Typologisierungen als Werkzeuge eingesetzt wurden, um ‚Wirklichkeit' zu strukturieren und Normtypen und Abweichungen von diesen zu etablieren. Welche Typen dies waren, welche Klassifikationen und Differenzierungen auf die ‚Hörer' angewendet wurden, wurde bestimmt vom historischen und journalistischen Kontext und war abhängig von der Selbstreflexion der Journalisten. Christiane Tewinkel hat zu Recht auf eine Langlebigkeit in den Hörformen und in der Reflexion über Hörertypen bis weit ins 20. Jahrhundert hingewiesen, und selbst bei Adorno finden wir Merkmale, die ins 19. Jahrhundert zurückreichen: die Kritik an der Äußerlichkeit und am Warencharakter lassen sich schon bei Rochlitz und bei Heinrich Heine finden.[77] Das Lamento über den Niedergang der

---

72 Vgl. Alexandra Hui, „First Re-Creations: Psychology, Phonographs, and New Cultures of Listening at the Beginning of the Twentieth Century", in: Christian Thorau u. Hansjakob Ziemer (Hg.), *Oxford Handbook for the History of Listening in the 19th and 20th Centuries*, New York [in Vorbereitung]; Gertrud Wagner, „Die Programmwünsche der Radiohörer", in: *Archiv für die gesamte Psychologie* 90 (1934), S. 157–164.
73 Vgl. z. B. Albert Wellek, *Typologie der Musikbegabung im deutschen Volke. Grundlegung einer psychologischen Theorie der Musik und Musikgeschichte*, München 1939.
74 Vgl. z. B. Hermann Waltz, „Musikhörer-Typen", in: *Völkische Musikerziehung* 3 (1937), S. 263–268.
75 Vgl. z. B. Kurt Blaukopf, „Über die Veränderung der Hörgewohnheit. Aktuelle Bemerkungen zum akustisch-technischen Einfluß auf den musikalischen Geschmack", in: *Schweizerische Musikzeitung* 94.2 (1954), S. 60 f.; Gunter Kreutz, „Konzertpublikum: Quo Vadis? Eine Untersuchung des heutigen Konzertpublikums", in: *Das Orchester*, H. 12 (2003), S. 8–19.
76 Vgl. Alexandra Supper u. Karin Bijsterveld, „Sounds Convincing: Modes of Listening and Sonic Skills in Knowledge Making", in: *Interdisciplinary Science Review* 40.2 (2015), S. 124–144.
77 Vgl. Christiane Tewinkel, „‚Performer or listener, everybody in the concert hall should be devoted entirely to the music': On the Actuality of Not Listening to Music in Symphonic Concerts",

Hörweisen war ein ständiger Begleiter des Diskurses über das Hören seit dem Aufstieg des Konzerts. Aber die Hörerbeobachtung war zugleich tief verwurzelt in spezifischen historischen Kontexten und trug dazu bei, ein Wissen über soziale Zusammenhänge wie bürgerliche Ordnungsvorstellungen, Reformen in der Massengesellschaft oder wirtschaftliche Funktionsweisen von Kultur zu prägen, die zeittypisch waren. Die Funktion der Musikkritiker war es dabei, ihrer journalistischen Aufgabe nachzukommen und implizite Kategorien von sozialen Gruppen und Klassen in explizite zu übersetzen – „into taxonomies that have a coherent and systematic air to them", wie Pierre Bourdieu dies zusammenfasste.[78]

Schließlich waren für den doppelten Prozess der Beobachtung und Beschreibung spezifische journalistische Praktiken notwendig. Journalisten agierten wie teilnehmende Beobachter und der ethnologische Blick war eine Grundvoraussetzung für ihre Arbeit, im Rahmen derer sie sich bis zu Beginn des 20. Jahrhunderts oft als Anwälte des Publikums verstanden. Sie übten eine journalistische Praxis ein, deren Ausgangspunkt eine oft langjährige Beobachtung von Hörweisen im Konzert war. In Verbindung mit Interpretationen machten sie so das Unsichtbare des Hörens sichtbar, hielten das Ephemere des Hörvorgangs dauerhaft fest und bemühten sich um eine Rationalisierung des Emotionalen. Ihre Deutungen und Interpretationen hierzu waren bewusst subjektiv gehalten, auch wenn sie sich dadurch selbst mit ihrem Anspruch, Wahrheiten zu verbreiten, in eine paradoxe Situation begaben. Sie entwarfen hierfür Differenzierungen, die sich als historisch bedingte Konstruktionen erklären lassen und die abhängig waren vom beruflichen Selbstverständnis, vom sozialen Diskurs der Zeit, von politischen Intentionen der Kritiker, vom Stand der Methodologie und – last but not least – vom Erscheinungsort ihrer Studien. Das Ziel der Journalisten war es, der Vielfalt der Hörerlebnisse gerecht zu werden; aus historischer Perspektive entstand hierbei ein Wissen über das Hören, das eingebettet war in eine Vielzahl von sozialen und politischen Referenzen.

---

in: Christian Thorau u. Hansjakob Ziemer (Hg.), *The Oxford Handbook for the History of Music Listening in the 19th and 20th Centuries*, New York [in Vorbereitung].
78 Pierre Bourdieu, „The Political Field, the Social Science Field, and the Journalistic Field", in: Rodney Benson u. Erik Neveu (Hg.), *Bourdieu and the Journalistic Field*, Cambridge/Malden 2005, S. 29–47, hier S. 37.

Manuela Schwartz
Therapieren durch Musikhören

Der Patient als musikalischer Zuhörer

„Mit der Psychorhythmie nehmen wir in Anspruch, einen neuen Heilungsweg der Seele auf dem Wege über das Hören darzutun. Die Zukunft mag weisen, ob dieser Anspruch zu Recht besteht."[1] Als Aleks Pontvik 1954 mit diesem Satz die Bedeutung seiner neuen Methode erläuterte, transformierte er einen sich seit dem 19. Jahrhundert entwickelnden Diskurs über die wissenschaftliche Legitimation therapeutischer Arbeit mit Musik. Pontvik hatte Anfang der 1940er Jahre begonnen, mit der Wirkung von ‚konservierter' Musik auf Kinder zu experimentieren. Im Rahmen seiner Präferenzforschungen[2] konzentrierte er sich schließlich auf die Musik Johann Sebastian Bachs, abgespielt auf einem Grammophon, und erweiterte den Klientenkreis um erwachsene Patienten.[3] Pontviks Versuche, erfolgreich behandelte Fälle in Verbindung mit medizinischen und tiefenpsychologischen Erklärungsansätzen zu legitimieren, führten jedoch nach seinem Bekunden in eine methodologische und berufspolitische Sackgasse der von ihm so benannten ‚Musiktherapie'. Dem Gehör würde als Zugang zur seelischen Erlebnisebene und als Mittler zwischen Umwelt und Innenwelt im Vergleich zum optischen Sinn viel zu wenig Beachtung geschenkt werden. Im Hinblick auf die erzieherische Aufgabe des Verfahrens ergänzte er daher die Methode der Psychorhythmie und ihre psycho-akustische Übungen zur gehör-seelischen Schulung um eigenes, aktives und elementares Musizieren der Klienten. Der heilende Impuls einer kombinierten Methodik ging nach Pontviks Vorstellungen dennoch weiterhin von den medizinisch-therapeutischen Möglichkeiten einer veränderten Hörhaltung aus und lag auf dem forcierten Erlernen eines neuen Hörens – eines „Hören[s] im Sinne einer inneren Aufmerksamkeit".[4]

---

1 Aleks Pontvik, „Psychorhythmie", in: *Schweizer musikpädagogische Blätter* 42.2 (April 1954), S. 61–66, hier S. 66.
2 Vgl. Saga Norlén, „Musik är Både medicin och gift", in: *Hemmets Journal* 24.50 (7.12.1944), S. 3–6; Aleks Pontvik, „Krankheit und Heilung in der Musik", in: *Schweizer musikpädagogische Blätter* 41.15 (1953), S. 11–18.
3 Aleks Pontvik, *Grundgedanken zur psychischen Heilwirkung der Musik. Unter besonderer Berücksichtigung der Musik von J. S. Bach*, Zürich 1948.
4 Pontvik schreibt: „Ich habe versucht, in dieser Arbeit den Weg der Schulung, wie er als psycho-akustische Übung entwickelt wird, anzudeuten und ein Bild von den Möglichkeiten zu entwerfen, die in diesem erweiterten Verfahren enthalten sind. Zweifelsohne ist heute das Problem

Pontviks Ausführungen zur Funktion und zur Bedeutung des Hörens in Verbindung mit den Anfängen des sich professionalisierenden Handlungsfeldes Musiktherapie[5] verdienten ohne Zweifel eine eigene Darstellung. Denn in seinen Überlegungen zur Funktion und zur Bedeutung des Hörens bündelt sich medizinisch-musikalisches Wissen zum Hören, zu den Hörweisen und -reaktionen von Patienten und ihre im Anschluss gezeigten und daraus resultierenden Auswirkungen auf den Krankheitszustand. Vor dem Hintergrund verschiedener medizinischer Berichte zu Hörvorgängen, Hörerfahrungen und Hörreaktionen mit und auf Musik erscheint Pontviks langjährige Forschung dabei wie die Zielgerade und moderne Synthese verschiedenster Experimente zum Hören von Musik im Kontext medizinischer Intervention. Pontviks Psychorhythmie ist jedoch keine Vollendung oder abschließende Professionalisierung theoretischen Hör-Wissens in der Medizin und am Kranken. Seine Arbeiten stellen lediglich eine moderne Facette der verschiedenen Versuche, Experimente, Überlegungen und Beobachtungen dar, die Pontvik, obwohl er viele der hier behandelten Autoren und Schriften kannte, auf seine Art wiederholte und modifizierte.

Bei dem nun folgenden Versuch, das seit dem Beginn des 19. Jahrhunderts entstehende Wissen um die Anwendung und das Hören von Musik als epistemisches Feld in der Medizin zu definieren, steht die Frage im Zentrum, in welcher Form das Hören von Musik am Krankenbett als Bestandteil medizinischer Therapie und Beobachtung erkennbar, inszeniert und formuliert wird und wie sich dabei ein expliziter Diskurs zu diesem speziellen Hör-Wissen entwickelt hat. Damit verbunden sind Fragen nach den Produktionsbedingungen von Musik, nach der Effektivität von aktivem eigenen Spiel und passiv-rezeptivem Hören, nach der räumlichen Anordnung von akustischer Quelle und Zuhörer wie auch nach der ästhetisch-psychologischen Einordnung der Hörerreaktionen und einer darauf aufbauenden Typologisierung wie bei Eduard Hanslick. Wie aus den ersten knappen Beobachtungen zu unerwarteten Hörreaktionen bei psychisch Kranken groß angelegte Experimente entstehen, lässt die Konstituierung eines Lerngegenstandes und damit eines für die praktische Anwendung bestimmten

---

des Hörens im oben erwähnten Sinne bereits so weit aktualisiert, daß es einer methodischen Entwicklungslehre bedarf, um eine gehörseelische Schulung zu begründen und verwirklichen zu können." Aleks Pontvik, „Der tönende Mensch. Psychorhythmie als gehör-seelische Erziehung", in: Pontvik, *Der tönende Mensch. Gesammelte musiktherapeutische Schriften* (= Heidelberger Schriften zur Musiktherapie 9), Stuttgart/Jena/Lübeck/Ulm 1996, S. 81–258, hier S. 96.
5 Pontviks Publikationen haben die Entstehung anderer Verfahren und die Professionalisierung der Disziplin mit ausgelöst. Dass die Deutsche Gesellschaft für Musiktherapie 1996 die drei wichtigsten Schriften als Sammelpublikation erneut edierte, bestätigt die andauernde Rezeption von Pontviks Arbeiten bis zum Ende des 20. Jahrhunderts.

Hör-Wissens erkennen, das auch in experimenteller Psychologie, Psychophysiologie, Akustik oder Phonologie eine gleichermaßen wichtige Rolle gespielt hat.[6] Denn im Zentrum steht der Kranke und dessen sich wandelnde Wahrnehmung als reagierender, mitfühlender, erschreckter, sensibler und aktiver Hörer, der ähnlich wie die vielfältigen Typen des bürgerlichen Konzertgängers[7] häufig in Gruppensituationen dem Hören von Musik ausgesetzt war. Die folgenden deskriptiven Beschreibungen von Psychiatern, Physiologen und Musikästhetikern zu wissenschaftlichen Versuchsanordnungen im Labor und konzertähnlichen Situationen an unterschiedlichen Orten medizinischer Versorgung und Forschung ergeben weder ein kontinuierliches Narrativ noch eine Geschichte des Hörens im Krankenhaus. Aber sie skizzieren die Entstehung eines Hör-Wissens, das im 20. Jahrhundert zu einer therapeutischen Methode mittels Musikhören zur praktischen Anwendung und zu methodologischen Überlegungen führt.[8]

Die Entdeckung hörender Patienten in der Psychiatrie

Vielfältige Beobachtungen wie sie Psychiater und Mediziner im ausgehenden 18. Jahrhundert zur Wirkung von Musik auf psychotisch Erkrankte festgehalten haben, zeigten, dass es mittels gehörter Musik möglich war, Kranke aus ihrem jeweiligen Zustand – und sei es nur kurz – herauszulösen und eine psychische Verfassung herzustellen, an der der Arzt unter Umständen weiterarbeiten konnte. Die Frage, was von der Musik während des Hörvorgangs auf den Patienten wirkte, wurde als physiologische, psychologische oder auch – in Kombination – als gemeinsame Reaktion erklärt. In den Dokumenten zur Psychiatriegeschichte im frühen 19. Jahrhundert finden sich diverse Beschreibungen von Reaktionen der Patienten auf einen musikalischen Höreindruck,[9] die die Möglichkeit, Musik grundsätzlich akustisch aufnehmen zu können, voraussetzte, auch wenn der

---

6 Vgl. dazu die drei Beiträge zum künstlerischen Hör-Wissen von Viktoria Tkaczyk, Rebecca Wolf und Mary Helen Dupree im vorliegenden Band.
7 Vgl. dazu den Beitrag von Hansjörg Ziemer im vorliegenden Band.
8 Zur Arbeit von Aleks Pontvik wie auch zu anderen Aspekten des vorliegenden Textes entsteht derzeit eine Monographie über historische Narrative der therapeutischen Anwendung von Musik im 19. und 20. Jahrhundert (vorgesehen für 2018).
9 Für eine Übersicht vgl. Rudolf Schumacher, *Die Musik in der Psychiatrie des 19. Jahrhunderts* (= Marburger Schriften zur Medizingeschichte 4), Frankfurt a. M. u. a. 1982.

Patient ansonsten nicht in der Lage zu sein schien, die Wahrnehmung seiner Umgebung sichtbar zu reflektieren.

> Ein Hauptpunkt bey der medicinischen Anwendung der Musik ist die Receptivität des Kranken gegen dieselbe. Sie hat so gut ihre Grade, als die Brownische Erregbarkeit, und es liesse sich eine Skale davon fertigen, bey welcher mit No. 1 angefangen, und mit Zero, – als der höchsten und inkurabelsten Gehörlosigkeit – aufgehört werden könnte. Die Musik muss analogisch auf diese Receptivität würken, wie die Erregung auf die Erregbarkeit.[10]

Obwohl Friedrich August Weber 1802 hier mit Verweis auf frühere Literatur die „mechanische Erklärung der Einwürkung der Tonkunst auf das Gehör" und eine Erklärung zum „medicinischen Gebrauche der Musik" im Sinne des schottischen Arztes John Brown andeutet,[11] setzt er seine allgemeinen Ausführungen mit einer nach Krankheiten geordneten Systematik von Einzelbeispielen fort.[12] Insbesondere in einer dieser Fallbeschreibungen hält Weber zwei wichtige Komponenten des Hörens fest, die wenig später bei der systematischen Erforschung der durch die Musik bedingten Wirkungen von Étienne Esquirol in Paris aufgegriffen wurden. Einerseits ist es der auf die zeitlich begrenzte Dauer des musikalischen ‚Eingriffs' begrenzte medizinische Effekt,[13] andererseits die Einwirkung durch einen ‚konzert'-artigen Vortrag, an dem der Kranke durch seine hörende Wahrnehmung und durch sich daran anschließende gestische und mimische Reaktionen sichtbar beteiligt ist.[14]

---

10 Friedrich August Weber, „Von dem Einflusse der Musik auf den menschlichen Körper und ihrer medicinischen Anwendung", in: *Allgemeine Musikalische Zeitung* 4 (1801/02), Sp. 561–569 (26.5.1802), Sp. 577–589 (2.6.1802), Sp. 593–599 (9.6.1802), Sp. 609–617 (15.6.1802), hier Sp. 568.
11 Ebd., Sp. 563 f. u. 567.
12 Diesen Aufbau differenzierte der Arzt und Musiker Peter Lichtenthal fünf Jahre später noch einmal. Lichtenthal bezeichnete Musik im fünften Kapitel seiner Abhandlung *Der musikalische Arzt* – „In welchen Krankheiten hat man sich also von der Anwendung der Musik etwas zu versprechen" – als „Reiz auf das Gehörorgan"; vgl. Peter Lichtenthal, *Der musikalische Arzt, oder: Abhandlung von dem Einfluße der Musik auf den Körper, und von ihrer Anwendung in gewissen Krankheiten; nebst einigen Winken zur Anhörung einer guten Musik*, Wien 1807, S. 159.
13 So heißt es in einem Bericht von 1707: „Il fut sans fiévre [sic!] durant tout le concert, & dés [sic!] que l'on eut fini, il retomba dans son premier état." [Anon.,] *Histoire de l'Académie Royale des Sciences, Année 1707*, Paris 1730, S. 8. Das Beispiel bezieht sich auf einen schwer erkrankten Komponisten. Vorgespielt wurden dem anonymen Kranken Kantaten von Nicolas Bernier.
14 Auch hierfür sei noch einmal der französische Bericht von 1707 zitiert: „Dés [sic!] les premiers accords qu'il entendit, son visage prit un aire serein, ses yeux furent tranquilles, les convulsions cesserent absolument, il versa des larmes de plaisir, & eut alors pour la musique une sensibilité, qu'il n'voit jamais euë". [Anon.,] *Histoire de l'Académie Royale des Sciences*, S. 7 f.

Als der Psychiater Étienne Esquirol in den Jahren 1824 und 1825 systematische Versuche am Hôpital de la Salpêtrière zur Wirkungsweise verschiedener Musiken unternahm, entstanden erstmals ausführlichere Beschreibung der Vorgehensweise, der Effekte und ein erstes Resümee des behandelnden Arztes.[15] Esquirols Fazit gehörte anschließend zu den bekanntesten und im 19. Jahrhundert vielfältig rezipierten Quellen.[16] Sein Gruppenexperiment – eine Untersuchung des Hörens und Wirkens im ‚natürlichen' Laborraum der Psychiatrie – zielte auf die Erfassung und Beobachtung physiologischer Reaktionen der Kranken auf unterschiedliche Musikgattungen, -stile, -tempi oder -tonarten in einer als Konzert gestalteten Aufführung.[17] Die beobachteten Veränderungen – als „Reiz-Reaktions-Mechanismus"[18] – bei den Patientinnen umfasste eine belebte und aufmerksame Haltung, glänzende Augen, körperliche Bewegungen (Tanzen und Singen) und Weinen wie auch psychologische Veränderungen durch das Hören in Form von gezeigten Emotionen und aufgeregtem Affekt. Beiden Reaktionsarten, der physischen wie der psychologischen Form, waren in den Augen Esquirols jedoch mit dem Verstummen der Musik ein Ende gesetzt: Die zeitliche Begrenzung des Konzerts limitierte den unmittelbar beobachtbaren Effekt. Die Befristung des musikalischen Hörvorgangs setzte damit auch seiner wohltuenden Beeinflussung einen zeitlichen Schlusspunkt. Von Langzeitfolgen der musikalischen Intervention ist in seinen Schriften nicht die Rede.[19]

Esquirols Versuche stellten die ersten systematisch durchgeführten und dokumentierten Experimente mit Menschen dar, in denen über einen längeren Zeitraum die Reaktionen von Patientinnen beim Erklingen von Musik getestet

---

15 Vgl. Dieter Jetter, *Grundzüge der Geschichte des Irrenhauses*, Darmstadt 1981, S. 133 f.
16 Für eine ausführliche Darstellung dieses Experiments und das vollständige Zitat siehe Manuela Schwartz, „Und es geht doch um die Musik. Zur musikalischen Heilkunde im 19. und 20. Jahrhundert (Teil 1)", in: *Musiktherapeutische Umschau* 33.2 (2012), S. 113–125.
17 Vgl. Étienne Esquirol, *Die Geisteskrankheiten in Beziehung zur Medizin und Staatsarzneikunde*, Berlin 1838, S. 256 f.
18 Vgl. Matthias Rieger, *Helmholtz Musicus. Die Objektivierung der Musik im 19. Jahrhundert durch Helmholtz' Lehre von den Tonempfindungen*, Darmstadt 2006, S. 12. Der Terminus steht in Abgrenzung zu einem Verständnis von Sinneswahrnehmung, das auf der Proportionalität von Sinnesorgan und Referent beruht.
19 Vgl. Esquirol, *Die Geisteskrankheiten*, S. 257: „Ich will hieraus nicht schliessen, dass es unnütz ist, diesen Kranken etwas vorspielen zu lassen, oder sie selbst zum Musicieren zu bewegen; denn wenn die Musik auch nicht die Heilung herbeiführt, so zerstreut sie doch, und erleichtert hierdurch den Zustand. Sie ist augenscheinlich für die Reconvalescenten nützlich, und man darf ihre Anwendung nicht gänzlich verwerfen."

werden sollten.[20] Nicht das Phänomen einer Spiegelung musikalischer Ereignisse im Verhalten von Patienten, sondern die hierbei erstmals festgehaltenen Zusammenhänge zwischen der Form, der Länge und der Intensität des Hörens, das unter Umständen von weiteren musikalischen und körperlichen Handlungen wie Singen oder Tanzen begleitet wurde, zeigt, wie sich der methodische Ansatz in der Psychiatrie veränderte. Die beobachtenden Psychiater versuchten in späteren Versuchen am Hospice de Bicêtre zu ergründen, wie dieses Hören gestaltet war, aus welchen Komponenten das Hören in Verbindung mit Sehen bestand und was genau den Eindruck des Hörens, die Intensität und damit auch die Wirkung der Musik beeinflusste.

Ohrenzeugen auditiver Reaktion

Im Erkennen der sich im Hörvorgang artikulierenden ‚Response' der Patienten und eines möglichen Zugangs zur inneren Erlebniswelt der Patienten, waren in den knappen Andeutungen der Ärzte immer wieder Überlegungen zu einer programmatischen Trennung zwischen den passiv Hörenden und aktiven Musiktätigen herauszulesen.

> Wenn ich der Musik als Heilmittel erwähne, so glaube man ja nicht, daß die Gemüthskranken immer nur Zuhörer dabey seyn sollen: Wenn sie Kenntniß der Musik und Kunstfertigkeit besitzen, so wird es mir sehr leicht seyn, sie dahin zu bringen, daß sie sich gemeinschaftlich durch Instrumental-Begleitung unterhalten.[21]

In diesen Worten Bruno Goergens, der von 1805 bis 1808 in der Wiener Irrenanstalt Musik bei der Behandlung von Kranken verschiedentlich eingesetzt hatte, klingt die Dichotomie von direkter Kommunikation mit anderen Patienten via instrumentalem Zusammenspiel und der nach innen gerichteten Aufmerksamkeit des Hörsinns an. Auch wenn das Zitat in knapper Form einen ganzen Komplex an bislang unbekannten Therapien andeutet, kann es bei der Frage nach Trennung oder Kombination von aktivem Spiel und rezeptivem Hören als

---

20 Bereits Werner Friedrich Kümmel hat in seiner Habilitation *Musik und Medizin. Ihre Wechselbeziehungen in Theorie und Praxis von 800 bis 1800*, Freiburg/München 1977, S. 408 f., abschließend auf Esquirols Pionierarbeit hingewiesen. Davor gab es im Pariser Jardin des Plantes ein wissenschaftlich gestaltetes Hörexperiment mit zwei Elefanten, vgl. dazu u. a. James H. Johnson, *Listening in Paris: A Cultural History*, Berkeley u. a. 1995, S. 129–132.
21 Bruno Goergen, *Privat-Heilanstalt für Gemüthskranke. In Wien eröffnet von Dr. B. Goergen ausübendem Arzt daselbst*, Wien 1820, S. 26.

sehr frühes Beispiel angesehen werden, über den eigentlichen Wirkungsfaktor bei der Anwendung von Musik nachzudenken – ein Punkt, der Aleks Pontvik 150 Jahre später erneut beschäftigen sollte. Erst diese bewusst gewordene Trennung von Hören und Spielen führte dazu, dass Ärzte, Psychiater und Pflegepersonal – denn nur diese Berufsvertreter hatten kontinuierlichen Zugang zu den Kranken – den unterschiedlichen Formen, Musik zu erfassen, eine neue Bedeutung und unterschiedliche Möglichkeiten medizinischer Einflussnahme zusprachen.

Diese Differenzierung deutete auch Johann Friedrich Rochlitz an, als er 1830 die Veränderung artikulierte, die die gehäufte Anwendung von Musik in der Psychiatrie mit sich gebracht habe und kurz die Gleichzeitigkeit von Hören und Spielen wie auch damit einhergehende „Effekte" erläuterte:

> Wohlthätige Wirkungen der Musik auf Irre oder sonst Geisteskranke kannten schon die Alten; [...] Unsern Tagen aber ist es vorbehalten gewesen, diesen wichtigen Gegenstand geistig mehr zusammen zu fassen, und praktisch ohne allen Vergleich zweckmäßiger in das Leben einzuführen. In mehrern der trefflichsten öffentlichen Anstalten für jene Unglücklichen wird sogar – wie in der, des Sonnensteins, bei Pirna in Sachsen – von Musik und zwar ihrem Anhören und Ausüben, als einem feststehenden Mittel der Beruhigung, der Ablenkung von fixen Ideen, der Erweichung starrer Gemüther und Zurückführung zu geselligem Antheil – einem Mittel der Erheiterung und (als Auszeichnung und Belohnung vorgestellt und anerkannt) der Geisteserquickung – bald in dieser, bald in jener Anwendung benutzt, je nachdem für die eine oder die andere die verschiedenen Kranken fähig sind oder ihrer zu bedürfen scheinen.[22]

In der Systematisierung der Beobachtungen, die Rochlitz hier als einen Akt des Zusammenfassens sporadischer Erkenntnisse betreibt, trennt der Musikschriftsteller und Komponist 1830 das „Anhören" und „Ausüben" von Musik ohne in diesem Beispiel eine Beschreibung von Hörreaktionen zu geben, wie es in seinem umfangreichen Bericht „Der Besuch im Irrenhause" von 1804 erfolgt war.[23] Verbanden sich bei Rochlitz, der zu einem nicht näher bestimmten Zeitpunkt als musikalischer Laie eigene Erfahrungen „mit zwei periodisch Kranken"[24] gemacht hatte, die einführende Feststellung mit der anschließenden Forderung nach systematischer Untersuchung der beobachteten Wirkung, so entwickelten Ärzte und Psychiater wie Christian Roller ihre umfassenden Pläne zur Anwendung von Musik, ohne dem ‚Wunsch' der nach Aufklärung drängenden Laien nachzugeben.

---

22 Friedrich Rochlitz, „Wunsch", in: *Für Freunde der Tonkunst* 3 (1830), S. 321–326, hier S. 321 f.
23 Vgl. Friedrich Rochlitz, „Der Besuch im Irrenhause", in: *Allgemeine Musikalische Zeitung* 6 (1804), Ausgaben vom 27.6.1804, 4.7.1804 u. 11.7.1804, hier Ausgabe 39 vom 27.6.1804, S. 39.
24 Rochlitz, „Wunsch", S. 324.

Roller schuf seit Mitte der 1830er Jahre an der Heidelberger Anstalt ein sich immer weiter ausdehnendes Musiksystem. Im Unterschied zu Esquirol stellte Roller fest, dass die Patienten der Heidelberger Anstalt auf die gehörte Musik über einen längeren Zeitraum Reaktionen gezeigt hatten. Roller nahm einen das ‚Gemüth' der Kranken ausgleichenden Langzeiteffekt wahr: ruhigeres Verhalten bei aufgeregten, stilleres Betragen bei lebendigeren Charakteren. In einer Veröffentlichung von 1842, und damit kurz vor der Eröffnung seiner Illenauer Heil- und Pflegeanstalt,[25] ging Roller ausführlich auf die unmittelbar und direkt beobachtete Einwirkung von Musik ein und hielt das auslösende Medium sowie kollektive und individuelle Reaktionen fest:

> Dass aber die heilsamen Wirkungen mit dem Augenblick nicht ganz verschwanden, dass aus den oft sich wiederholenden Klängen ein erhebender Eindruck übrig blieb, dass das sonst in monotonem Einerlei dahin schleichende Leben solcher Anstalten hierdurch freundlich sich umgestaltete, bedarf der Versicherung nicht. Manche Kranke, deren musikalische Anlagen und Fertigkeiten sonst gar nicht bekannt geworden wären, schlossen sich der Hauskapelle an, die oft auf 10 und mehr Mitglieder heranwuchs. Im Allgemeinen herrscht während der Musik grössere Ruhe und in einem oft von 80 und mehr Irren besuchten Saale kann die musikalische Unterhaltung ohne Störung gehalten werden. Mehrere drängen sich vorzugsweise hinzu, während Andere nach dem Takte sich bewegen. Zu den aufmerksamsten Zuhörern gehörte ein älterer Landmann, welcher an Täuschungen des Gehörs litt und durch die Stimmen, welche er beständig hören musste, fast in Verzweiflung gerieth, während der Musik aber von seinen lästigen Plagegeistern verschont blieb. Auch andere versicherten, so lange die Musik dauere, wenige oder keine Stimmen zu hören. Ein früherer Pferdeknecht, der zarteren Gefühlen eben nicht zugänglich ist, meidet beharrlich den Gesellschaftssaal, verlässt ihn aber so lange musicirt wird keinen Augenblick, und hört mit gespannter Aufmerksamkeit zu. Es würde ihm – gibt er an – dadurch die Traurigkeit genommen.[26]

Der Musik kam in Rollers Verständnis eine ordnende, den alltäglichen Lärm reduzierende Funktion im Rahmen von anstaltseigenen Konzerten zu. Musik konnte zudem bei einzelnen Kranken weitere Hörgeräusche bzw. Stimmillusionen und stimmliche Halluzinationen eliminieren und dadurch zu einer vorübergehenden Erleichterung beitragen. Roller deutete zudem seine Wahrnehmung verschiedener Grade an Aufmerksamkeit an, indem er die aufmerksamsten Hörer isoliert

---

25 Vgl. Cheryce Kramer, *A Fool's Paradise: The Psychiatry of „Gemüth" in a Biedermeier Asylum*, unveröff. Diss., University of Chicago/UMI, 1998.
26 Christian Roller, „Ueber den Betrieb der Musik in der Irrenanstalt zu Heidelberg. Auszug aus einem Schreiben des Direktors dieser Anstalt, Herrn Dr. Roller, an die Redaction vom 3. Maerz 1842", in: *Zeitschrift für Deutschlands Musik-Vereine und Dilettanten* 2 (1842), S. 187–191, hier S. 189 f.

‚betrachtete' und in Verbindung mit der damit verbundenen Diagnose zu Wort kommen ließ.

Der kranke Hörer in der Psychiatrie und somit innerhalb einer Institution, deren architektonische wie auch medizinische Gesamtgestaltung in dieser Zeit einem ideologisch und politisch beeinflussten Fachdiskurs unterworfen war, bildete im Kollektiv eine ästhetisch wahrgenommene Gemeinschaft, deren Verhalten von dem eines ‚normalen' Konzertpublikums weniger stark abwich als erwartet. Möglicherweise sind es diese Erfahrungen und die dazugehörigen Berichte von Esquirol oder Goergen, die dazu führten, dass – im Zuge einer verbesserten und humanen Anstaltspolitik im Sinne von Philippe Pinels *traitement moral* – Angehörige der Patienten, aber auch Verwaltungsbeamte, Wissenschaftler oder Angehörige des Adels das groß angelegte Experiment einer modernen und liberalen ‚Irrenbehandlung' mithören konnten. Wie stark der Eindruck einer zuhörenden Gemeinschaft von psychisch Kranken gewesen sein muss, verdeutlicht eine Passage aus dem eben erwähnten Text Rollers von 1842, in dem dieser sich als beobachtender „Ohrenzeuge" eines musikalischen Vortrags in der Anstalt Prag bezeichnet. Roller kombinierte in seiner Narration von der Reaktion eines kranken Musikers die mimischen, gestischen und emotionalen Veränderungen mit dem eigenhändigen Spiel einer Violine durch den Kranken.

> In denen [den Irrenhäusern, M. S.] zu Prag und Hall bei Inspruck [sic!] ist der musikalische Sinn der Böhmen und Tyroler nicht zu verkennen. In der ersteren Anstalt war ich Ohrenzeuge eines Quartetts, das in ernsten Zuhörern – es war die Zeit der Naturforscher-Versammlung – Thränen der Rührung hervorlockte. Einer der Mitspieler, ein früherer Musiker, dem die Künstlerlaufbahn nur Dornen gebracht hatte, war in Stumpfsinn versunken, bis nach längerer Zeit ihm eine Violine in die Hand gegeben wurde. Die erstorbenen Züge belebten sich neu, und die heitern Töne, die er aus dem bekannten Instrument hervorrief, zwangen seinem Antlitz ein längst entwöhntes Lächeln ab.[27]

Die durch das Hören ausgelöste sichtbare Reaktion aller Zuhörer erfasste Roller mit Blick und Ohr sowohl bei dem ‚gesunden' Konzertpublikum als auch bei dem spielenden ‚kranken' Musiker: Emotionen in Gestalt von Tränen bei den versammelten Gelehrten, Wiederbelebung erstarrter Gesichtszüge in einem Lächeln bei dem in sich gekehrten Musiker. Roller schrieb die veränderte Physiognomie des Patienten (die in der Literatur der damaligen Zeit auch im Rahmen anderer therapeutischer Maßnahmen notiert wurde)[28] allerdings nicht ausschließlich oder

---

27 Roller, „Ueber den Betrieb der Musik in der Irrenanstalt zu Heidelberg", S. 190.
28 Vergleichbare mimische Beschreibungen bei überraschenden „Gemüthsverwandlungen", die durch andere therapeutische Maßnahmen ausgelöst worden waren, hält z. B. Johann Tschallener, Arzt und Direktor der Provinzial-Heil-Irrenanstalt zu Hall in Tirol, bei einer Patientin fest:

dezidiert dem gehörten Ton zu. Da der Patient eigenhändig musizierte, konnte das Lächeln durch das Spiel der Hände und die Motorik des Instrumentalspiels ausgelöst worden sein. Spielen und Hören, aktives Musizieren und rezeptive Aufnahme der Musik: Wie es auch Rollers umfangreiches Musikkonzept an der Illenauer Heil- und Pflegeanstalt wenige Jahre später verdeutlichen sollte, gehörten für ihn beide Formen des Musikerlebens im Alltag einer psychiatrischen Anstalt zusammen.

Roller, der Prager Arzt Leopold Raudnitz oder Eduard Hanslick konnten sich dank teilnehmender Beobachtung von der Wirkung der Konzerte an der Königlich-Böhmischen Landesirrenanstalt in Prag persönlich überzeugen. Raudnitz beobachtete Kranke im Moment des Zuhörens bzw. auch im Moment der allerersten, auf die Musik gerichteten Hörhaltung. In einem der seltenen Beispiele, in dem auch die zu hörende Musik vermerkt ist, beschrieb er sowohl die individuelle als auch die kollektive Hörsituation im Gesellschaftszimmer der Irrenanstalt:

> Ich habe in der hierortigen k. k. Irrenanstalt zu wiederholten Malen einen mehr als 60jährigen Offizier beobachtet, den seine fixen Ideen beinahe ununterbrochen beschäftigen. Mürrisch und verdrüßlich geht er oft stundenlang auf dem Coridore herum, und hadert mit seinen vermeintlichen Plagegeistern. Da schlägt die Musikstunde. Es öffnet sich das Gesellschaftszimmer und heraus dringen die muntern Klänge von Strauß und Labitzky; und siehe da, der alte Herr rückt seine Schlafmütze zurecht, streift sich die Stirn und geht ins Gesellschaftszimmer, um zuzuhören. –
> Und so gewöhnlich hier die musikalischen Unterhaltungen sind: so scheinen sie für die Geisteskranken doch immer neuen Reiz zu haben. Unaufgefordert kommen Kranke aller Formen während der Musikstunde zusammen, nehmen ruhig ihre Sitze ein, und horchen bald mit größerer, bald geringerer Aufmerksamkeit auf das muntere Saitenspiel. Nicht selten ist die Gruppe der Zuhörer in dieser Beziehung von äußerstem psychologischen Interesse. So geschwätzig der Verwirrte sonst zu seyn pflegt, so still verhält er sich während der Musikstunde. Als hätten sich die düstern Wolken am Horizonte seines Gemüthes auf einige Zeit ganz verzogen, sitzt der Melancholische, und scheint in den heitern Klängen Beruhigung und Trost zu finden.[29]

Ausführlich formulierte der Arzt, dessen Schriften von Pontvik rezipiert wurden,[30] die beim Anhören von Musik beobachteten Verhaltensmodifikationen des Geis-

---

„[D]er Blick klärte sich auf, die Miene wurde heiter, Freudenthränen strömten aus ihren Augen, und sie rief nun auf einmal aus ‚nun glaube ich es', nachdem der Patientin vom leitenden Direktor Briefe ihrer Angehörigen übergeben worden waren." Johann Tschallener, *Beschreibung der k. k. Provinzial-Heil-Irrenanstalt zu Hall in Tirol*, Innsbruck 1842, S. 199.
29 Leopold Raudnitz, *Die Musik als Heilmittel, oder Der Einfluß der Musik auf Geist und Körper des Menschen, und deren Anwendung in verschiedenen Krankheiten*, Prag 1840, S. 59.
30 Vgl. Aleks Pontvik, *Heilen durch Musik*, Zürich 1955, S. 21.

teskranken. Stundenlang anhaltende Verschlossenheit des einzelnen Kranken schlug beim Hören der ersten „muntern" Töne von Joseph Labitzky und Johann Strauß in gesellschaftliche Anteilnahme um. Melancholische bzw. depressive Kranke – deren Leiden am Ende des 19. Jahrhunderts als Neurasthenie diagnostiziert wurden – zeigten eine erkennbare Aufheiterung ihrer Gesichtszüge und reagierten, so Raudnitz, im Kollektiv auf den akustischen Impuls des Konzerts.

Die Reihung der Beispiele verdeutlicht, dass das Hören im Kontext medizinischer Intervention mehr und mehr geadelt und der Hörsinn damit als derjenige Sinn hervorgehoben wurde, der, so der Arzt und Schriftsteller Peter Joseph Schneider, „von Natur so beschaffen [ist], daß er die zartesten Bewegungen sehr leicht auffaßt, wodurch es geschieht, daß Alles, was das Ohr betrifft, sehr leicht vom Geiste empfunden wird."[31] Schneider, dem die Medizingeschichte eine umfangreiche Abhandlung über das System der medizinischen Musik verdankt, beurteilte das Gehör als den einflussreicheren Sinn. Einerseits betonte Schneider in seinen Ausführungen, dass diesem Sinn eine feine, differenzierte, und „aufs Genaueste beurtheilende" Fähigkeit eigen ist, in der, so seine Vermutung, sich sehr oft Frauen hervortäten. Andererseits artikulierte der Mediziner den Zusammenhang zwischen einem erwarteten bzw. unerwarteten Hörereignis und einer stärkeren oder schwächeren Wirkung auf den Geist und die Gehirnaktivität des Hörers. Dieser Aspekt, die Frage nach der akustischen ‚Überrumpelung' und der Wirkung eines akusmatischen Klangs, erlangte in der späteren Wissensgeschichte zum Hörvorgang am Krankenbett größere Eigenständigkeit.[32] Schneider schreibt in seiner Abhandlung *System einer medizinischen Musik* von 1835:

> Obgleich man nicht läugnen kann, daß wir durch den angenehmen Anblick der Gegenstände der Natur, schöner Gemälde und der Mannichfaltigkeit der Dinge sehr gereizt werden können, so ist doch offenbar, daß das Gehör auf unsern Geist einen noch größern Einfluß habe, entweder einen angenehmen [...] oder einen unangenehmen [...], besonders wenn sie ganz plötzlich in die Wahrnehmung fallen.[33]

---

[31] Peter Joseph Schneider, *System einer medizinischen Musik. Ein unentbehrliches Handbuch für Medizin-Beflissene, Vorsteher der Irren-Heilanstalten, praktische Aerzte und unmusikalische Lehrer verschiedener Disciplinen*, 2 Bde., Bonn 1835, Bd. 1, S. 54. Der Untertitel darf nicht darüber hinwegtäuschen, dass es sich um eine vorrangig musikhistorische, -ästhetische und -ethnologische Arbeit handelt.
[32] Zur Weiterentwicklung der wissenschaftlichen Untersuchung von Reaktionen auf einen äußeren Hörreiz vgl. Stefan Koelsch u. Erich Schröger, „Neurowissenschaftliche Grundlagen der Musikwahrnehmung", in: Herbert Bruhn, Reinhard Kopiez u. Andreas C. Lehmann (Hg.), *Musikpsychologie. Das neue Handbuch*, Reinbek 2008, S. 393–412.
[33] Schneider, *System einer medizinischen Musik*, Bd. 1, S. 55.

Musik wurde damit in erster Linie zu einem hörbaren – und somit aus Schneiders Sicht für Taube/Gehörlose[34] nicht erfahrbaren – Schallereignis besonderer Art erklärt, dessen globale und situative Wirkung in der visuellen Erfassung des Hörvorgangs durch die mimische Reaktion der Kranken beobachtet werden konnte.[35]

Neben wissenschaftlichen Ansätzen zur Erforschung der Zusammenhänge zwischen einzelnen musikalischen Klängen, Melodien oder Rhythmen und ihrer unmittelbaren wie auch vorhersehbaren Einflussnahme auf seelische und körperliche Gebrechen, wozu auch Schneiders *System einer medizinischen Musik* zu zählen ist, bildete sich innerhalb des medizinischen Alltags ein empirisch erworbenes Wissen um Hörphänomene und Hörreaktionen bei psychisch Kranken heraus, das sich einerseits auf umfangreiche und wieder gelesene Berichte antiker Autoren und andererseits auf eigene klinische Erfahrungen in der Psychiatrie stützte. Die sich mehrheitlich in der Psychiatrie wiederholenden Beobachtungen blieben nicht auf den medizinischen Fachdiskurs beschränkt: Musik-Hören bei psychisch Kranken wurde auch aus musikästhetischer Sicht als eine erste Stufe kultureller Hörpraxis erkannt.

Der sinnliche Hörer

Dass mit den umfassenden Beobachtungen (und Einzelfallbeschreibungen) innerhalb der Psychiatrie ein neues Wissensgebiet im Entstehen begriffen war und die nicht zuletzt im Zusammenhang mit der Renaissance antiker Schriften stehende Aufwertung des Gehörs und des Hörens als Objekt wissenschaftlichen Erkenntnisinteresses auch innerhalb musikästhetischer und philosophischer Theorie erfolgte, lässt sich auch an Eduard Hanslicks Schrift *Vom Musikalisch-Schönen* (1854) erkennen. Hanslick setzte sich in seiner Habilitation über die Frage nach den Möglichkeiten und Gefahren einer Gefühlsästhetik hinaus mit den Bedingungen des Wahrnehmens und Hörens auseinander und verwies an einigen Stellen auf die Haltung des Hörers wie auch die Bedeutung des Gehörs

---

34 Zur Forschung über Taube und das Hören des menschlichen Körpers seit dem 17. Jahrhundert vgl. Ingrid J. Sykes, „,Le corps sonore': Music and the Auditory Body in France 1780–1830", in: James Kennaway (Hg.), *Music and the Nerves, 1700–1900*, New York 2014, S. 72–97.

35 Musikpsychologische Arbeiten benennen diese als ‚physical responses' charakterisierten Reaktionen durch ganzkörperliche Bewegungen wie Tanzen, Marschieren, Trainieren oder Arbeiten zu Musik; vgl. Donald A. Hodges, „Bodily Responses to Music", in: Susan Hallam, Ian Cross u. Michael Thaut (Hg.), *The Oxford Handbook of Music Psychology*, Oxford 2009, S. 121–130.

bei der Erfassung der Musik – eine Perspektive, die sich auch in seinen späteren Musikkritiken wiederfinden lässt. Durch eigene – oder in Berichten Dritter vermittelte – Erfahrungen von Hörreaktionen bei psychisch Erkrankten mit ausgelöst,[36] definierte Hanslick eine zwischen dem Verstand und dem Gefühl angesetzte sinnliche Wahrnehmung beim Hören, eine dritte, in seinem Verständnis erste, untergeordnete Ebene des Hörens, die er als eine eigene Zugangsform bzw. Hörhaltung gelten ließ.

Bereits auf den ersten Seiten seiner Schrift grenzte Hanslick den ausschließlich die musikalischen Verläufe wahrnehmenden Hörer gegen den seinen eigenen Affekten zugeneigten und empfindenden Hörer ab und entwickelte eine duale Hörertypologie.[37]

> In reiner Anschauung genießt der Hörer das erklingende Tonstück, jedes stoffliche Interesse muß ihm fern liegen. Ein solches ist aber die Tendenz, Affekte in sich erregen zu lassen. Ausschließliche Betätigung des Verstandes durch das Schöne verhält sich logisch anstatt ästhetisch, eine vorherrschende Wirkung auf das Gefühl ist noch bedenklicher, nämlich gerade pathologisch.[38]

Nicht das Gefühl, sondern die Phantasie sei die für die Musik vorherrschende „ästhetische Instanz". Hanslick stand damit jeder Form der Behandlung von Musik als – wie er es nennt – „polizeiliche, pädagogische oder medizinische Maßregel" skeptisch gegenüber und charakterisierte jene Hörhaltung, die Musik zur Gefühlsregulierung nutzt, als pathologisch. Wie er im dritten Kapitel seiner Schrift ausführte, ermögliche die in der Gefühlstheorie vernachlässigte sinnlich-auditive Wahrnehmung über die Phantasie einen adäquaten ästhetischen Zugang zur Musik:

> Jede Kunst geht vom Sinnlichen aus und webt darin. Die „Gefühlstheorie" verkennt dies, sie übersieht das Hören gänzlich und geht unmittelbar ans Fühlen. Die Musik schaffe für das

---

36 So publizierte Leopold Raudnitz 1840 in Prag seine bereits zitierte Schrift *Die Musik als Heilmittel* und ging in seinem Vorwort explizit auf den Gehörsinn, eines auf der bewussten Wahrnehmung beruhenden, „bis in die Tiefe der Organe, ja in die Tiefe der Seele" dringenden Organs (S. I). Ob Hanslick die Schrift Raudnitz' kannte, ist nicht belegt. Da Hanslick aber über Literaturkenntnisse verfügte, die ältere, ähnlich orientierte Autoren wie Ernst Anton Nicolai, Johann Jakob Engel, Johann Joseph Kausch oder Robert Whytt einschlossen, ist das Wissen um Raudnitz' breit rezipierte Abhandlung wahrscheinlich.
37 Vgl. Dietmar Strauß, „Einleitung", in: Eduard Hanslick, *Vom Musikalisch-Schönen. Ein Beitrag zur Revision der Ästhetik der Tonkunst*, Teil 2: *Eduard Hanslicks Schrift in textkritischer Sicht*, hg. v. Dietmar Strauß, Mainz 1990, S. 8.
38 Eduard Hanslick, *Vom Musikalisch-Schönen*, 21. Aufl., Wiesbaden 1989 [ND der 8. Aufl. 1891], S. 8.

> Herz, das Ohr sei ein triviales Ding. Ja, was sie eben Ohr nennen – für das „Labyrinth" oder „Trommelfell" dichtet kein Beethoven. Aber die Phantasie die auf Gehörsempfindungen organisiert ist, und welcher der Sinn etwas ganz anderes bedeutet, als ein bloßer Trichter an die Oberfläche der Erscheinungen, sie genießt in bewußter Sinnlichkeit die klingenden Figuren, die sich aufbauenden Töne, und lebt frei und unmittelbar in deren Anschauung.[39]

In dieser Formulierung sprach Hanslick dem Hören, dem rezeptiven, unvoreingenommenen Aufnehmen im Vorgang des Wahrnehmens von Musik eine eigene Qualität zu, die sich vom rationalen Erfassen musikalischer Formqualität und dem auf den ausgelösten Affekt, das Gefühl und die Emotion gerichteten Hören von Musik prinzipiell unterscheide.[40]

Wenn Hanslick schließlich im vierten Kapitel von der „vorzugsweise geistigen Seite der musikalischen Wirkung" bei der „Behandlung von Irrsinnigen" schreibt,[41] schlägt er als Musikästhetiker die ‚diagnostische' Brücke von der Hörreaktion der Kranken hin zu ihrer Anerkennung als selbstständige wahrnehmende Subjekte. Es musste, aus seiner Sicht, eine bestimmte Stufe geistiger und das heißt sinnlicher Aktivität zur in der Phantasie möglichen Wahrnehmung der Musik bei Irrsinnigen vorhanden sein. Entscheidend für ihn war die bei den Kranken häufig betonte und beobachtete Beruhigung, Linderung, Besänftigung oder Erheiterung in Verbindung mit dem Hören eines „halb zerstreuende[n], halb fesselnde[n] Tonspiel[s]". Nicht starke Affekte seien die Folge, sondern die umgekehrte Wirkung ließe sich beobachten, die Abmilderung starker pathologischer Zustände: „Lauscht der Geisteskranke auch dem Sinnlichen, nicht dem Künstlerischen des Tonstücks, so steht er doch, wenn er mit Aufmerksamkeit hört, schon auf einer, wenngleich untergeordneten Stufe ästhetischer Auffassung."[42]

Das Verb ‚lauschen' in diesem kurzen Zitat in einer Passage, die seine Belesenheit im ‚musiko-medizinischen' Feld belegt, deutet Hanslicks Auffassung an, dass er auch innerhalb der Psychiatrie von einem bewussten Akt des Zuhörens

---

39 Ebd., S. 61 f.
40 Auch in Ernst von Feuchterslebens 1845 veröffentlichtem *Lehrbuch der ärztlichen Seelenkunde* wird der Gehörsinn als ein Sinn behandelt, der durch seine „innere" Lage – „durch seine Innerlichkeit" – einerseits mehr Bezug zum Verstand hat und andererseits zum Gemüt den direkten Zugang habe. Ratio und Affekt wurden nach Feuchtersleben durch das Gehör gleichermaßen und weitaus stärker als durch die anderen Sinne angesprochen; vgl. Ernst Freiherr von Feuchtersleben, *Lehrbuch der ärztlichen Seelenkunde*, Wien 1845, S. 101 ff.
41 Hanslick, *Vom Musikalisch-Schönen*, 1989, S. 110.
42 Hanslick, *Vom Musikalisch-Schönen*, 1989, S. 110 f. In der ersten Ausgabe heißt es: „[...] da er mit Aufmerksamkeit hört [...]"; Hanslick, *Vom Musikalisch-Schönen* [Historisch-kritische Ausgabe], 1990, Teil 1, S. 117.

als kultureller Praxis ausging.[43] Damit gelang ihm in dieser Formulierung eine über die Fähigkeit des ästhetischen Hörens mögliche Rehabilitierung psychisch Kranker, indem er, ohne allerdings detailliertere Beobachtungen des Hörens bei kranken Hörern wiederzugeben, ihre überraschenden Reaktionen als kulturell auffassende Gabe beim Hören von Musik – als Zuhören – wertete. Der Kranke hätte – wenn auch auf einer unteren Stufe – gesunde Anteile beim Hören von Musik. Gleichzeitig kritisierte Hanslick wiederholt jene Hörer, die sich der Musik ausschließlich aus einem emotionalen Bedarf heraus zuwenden, ihr eine nervliches Einwirkungspotenzial zuordnen und – wie manche Theoretiker – sogar „das Prinzip des Schönen in der Musik auf Gefühlswirkungen bauen" und selbiges beforschen wollen.[44]

Hanslicks vielfach untersuchte Auffassung[45] widersprach damit der damaligen Empfindungs- und Gefühlsästhetik, vor allem den Ansichten des Prager Philosophieprofessors Johann Heinrich Dambeck, mit dem er sich dennoch in der Betonung der rezeptiven Seite des Musikhörens in Übereinstimmung befand.[46] Beide erkannten – unter dem Einfluss romantischer Musikanschauung – das ‚Phantasie-Potenzial' von Musik an, das nur über das Ohr – das reine, rezeptive Hören – und nicht über das Fühlen des Herzens erfasst werden könne. Pathologisch ist somit in Hanslicks Verständnis nicht der ‚Kranke' im Kontext einer psychiatrischen Anstalt – eine medizinisch aufmerksam beobachtete Minderheit zu jener Zeit –, sondern der sich nur über das Gefühl der Musik zuwendende Hörer in seiner übergroßen Mehrheit des romantischen 19. Jahrhunderts. Hanslick hat die sinnliche Erfahrung des Hörens in einer Irrenanstalt angedeutet und in seiner Ablehnung des sogenannten pathologischen Hörens eine dritte Form des Hörens, spezifisch für geistig Kranke erfasst und eingeführt, die er als die „unterste Stufe ästhetischer Auffassung"[47] bezeichnete.

---

[43] Neurowissenschaftler definieren dieses Zuhören neuerdings als „intensive Aufmerksamkeit", was die Beobachtung der Kliniker im 19. Jahrhundert nachträglich stützt; vgl. Felix Baumann, „Hören als aktiver Prozess. Was die Neurowissenschaft und Komponisten Neuer Musik über das Hören sagen", in: *Trajekte*, Nr. 29 (Oktober 2014), S. 33–42.
[44] Hanslick, *Vom Musikalisch-Schönen*, 1989, S. 116.
[45] Neben der Edition von Hanslicks Schriften durch Strauß (Eduard Hanslick, *Sämtliche Schriften*, Bd. 1.1–7, hg. u. komm. v. Dietmar Strauß, Wien/Köln/Weimar 1993–2011) vgl. Nicolas Cook, *Music, Imagination, and Culture*, Oxford 1990; Nicole Grimes, Siobhán Donovan u. Wolfgang Marx (Hg.), *Rethinking Hanslick: Music, Formalism, and Expression*, Rochester, NY 2013.
[46] Vgl. Ines Grimm, *Eduard Hanslicks Prager Zeit. Frühe Wurzeln seiner Schrift „Vom Musikalisch-Schönen"*, Saarbrücken 2003, S. 33–36.
[47] Hanslick, *Vom Musikalisch-Schönen*, 1989, S. 111.

Hören ohne Sehen: Medizinisches Hör-Wissen in neuen Therapien

Hanslicks Wissen über das Hören hatte sich vor dem Hintergrund einer „ganze[n] Literatur über die körperlichen Wirkungen der Musik und deren Anwendung zu Heilzwecken", die er als „kurios", „unzuverlässig" und „unwissenschaftlich" bezeichnete, selbstständig ausgeprägt.[48] Richtete sich seine Art des Hör-Wissens um die Nutzbarkeit von Hörvorgängen am Krankenbett somit vorrangig auf den Patienten und seine Reaktionen, so drehten sich die Beobachtungen von Medizinern auch um die Frage nach der Form akustischer Vermittlung und des räumlichen Verhältnisses zwischen Sender und Empfänger. In den unterschiedlichen musikalischen Arrangements der Anstalten – in der Konzertsaalsituation, am Krankenbett wie auch beim eigenen Musiklernen und Musizieren der Patienten – bewahrheitete sich Esquirols vorsichtige Einschätzung hinsichtlich einer vorteilhaften, den Heilungsprozess meist unterstützenden Wirkung des musikalischen Hörens. Beispiele wie jenes im Nachgang kritisch bewertete Experiment an der Berliner Charité von 1902, bei dem 200 Patienten einmalig einem großen Orgel- und Chorkonzert ausgesetzt wurden, verdeutlichen zudem, dass das wachsende medizinische Wissen um die Bedeutung des Hörens in einem medizinisch-musikalischen Kontext auch die Möglichkeit des Scheiterns mit einschloss.[49] Zeitlich parallel zur optischen Beschreibung von Hörreaktionen begann sich das Hör-Wissen von der ‚teilnehmenden' Beobachtung psychisch Kranker und ihrer körper-

---

[48] Ebd., S. 106–119, hier S. 106. Studien zur affektregulierenden Wirkung von Musik, die bis heute einen wichtigen Bereich musikpsychologischer Forschung darstellt (vgl. z. B. die Beiträge von Jobst P. Fricke, Christoph Louven, Jürgen Hellbrück und Reinhard Kopiez in: Herbert Bruhn, Reinhard Kopiez und Andreas C. Lehmann [Hg.], *Musikpsychologie. Das neue Handbuch*, Reinbek 2008), behandeln u. a. die Frage, in welchem Krankheitsstadium die Anwendung der verschiedenen möglichen Musikarten und -formen geeignet scheint. Auch wenn in die Versuche, ein diagnostisches und therapeutisches Manual zu finden, das Hör-Wissen zum Patienten und die Beobachtung der hörenden Kranken einfloss, wird dieser Aspekt hier vorläufig ausgeklammert.

[49] „Aus dem Bestreben, in der Medicin neben der mehr materialistisch-anatomischen Richtung auch wieder stärker die psychische Seite zu betonen, hat man die Anregung geschöpft ‚durch gelegentliche musikalische Vorträge den Kranken eine schöne Stunde zu bereiten'": Das war der Vorsatz jenes Experiments an der Berliner Charité, dessen Wirkung in einer ausführlichen Beschreibung der Hörreaktionen kritisch eingeschätzt wurde. So hieß es hierzu: „Diese Häufung schwermüthiger Melodien war jedoch, wie wir fürchten, dem Zweck nicht zuträglich." Alfred Bruck, „Die Musik als Heilmittel", in: *Klinisch-therapeutische Wochenschrift* 9 (1902), Sp. 501–507, hier Sp. 502.

lich-seelischen Veränderungen im Moment des Hörens hin zu einer Analyse des Hörprozesses und seiner daran beteiligten Komponenten auszudifferenzieren.

Vereinzelte Beobachtungen seit Beginn des 19. Jahrhunderts zu besonderen Hörreaktionen, wenn etwa der akustische Impuls den Patienten überrascht, entwickelten sich im weiteren Verlauf des 19. Jahrhunderts zu systematischen Versuchsanordnungen mit unterschiedlicher Zielsetzung: die Aufnahmebereitschaft der Kranken zu steigern, den musikalischen ‚Eingriff' als Einstieg in andere Verfahren einzusetzen oder das unbewusste Hören von Musik als Forschungsmethode zu der Frage zu entwickeln, inwieweit im Schlaf gehört werden kann. Verschiedene im Folgenden dargestellte Beispiele setzten sich dabei mit der räumlichen Trennung von musikalischer Quelle und Empfänger, mit dem darin enthaltenen Effekt der akustischen Überraschung und der im unvorhergesehenen Akt eines arrangierten Hörens größeren Wirkung des Gehörten auseinander.

Bereits 1811 präsentierte der Mediziner Alexander Haindorf in seinem *Versuch einer Pathologie und Therapie der Geistes- und Gemüthskrankheiten* die Idee einer von Musik unterstützten Gesprächstherapie für an Melancholie Erkrankte, in der ein zweifacher Überraschungseffekt der musikalischen Aufführung genutzt werden sollte. In dieser als „Cur" beschriebenen Vorgehensweise sollte ein gezielt herbeigeführter, unerwarteter akustischer Impuls den Patienten herausfordern. Zunächst sollte beim Kranken Erstaunen über das musikalisch Gehörte provoziert, schließlich seine Überraschung über die Wiederholung der von ihm angenommenen Musik noch gesteigert werden.[50] Der sich an das Hörerlebnis anschließende Dialog mit dem Arzt nutzte – ähnlich wie in den Berichten von Roller, Goergen u. a. – den akustischen ‚Türöffner' zur veränderten Psyche des Patienten. Welche Musik wiederholt wurde, hing alleine von der Reaktion des einzelnen Patienten ab. Das allererste Musikprogramm, das einer Suche nach den gewünschten Reaktionen diente, musste somit – unter vielerlei musikalischen Parametern betrachtet – vielfältig angelegt sein.

Hinter den allgemeinen Formulierungen Haindorfs lassen sich die angedeuteten Beobachtungsmethoden der Ärzte und Psychiater erahnen: Man beobachtete, welche Musik den Kranken – so Haindorf – „afficirte",[51] was nur durch eine wie auch immer geartete körperliche, mimisch-gestische Reaktion auf das Gehörte, herausgefunden werden konnte, um dann genau diese Musik bewusst für die weitere ‚Öffnung' des Patienten hin zu einer Gesprächssituation einzusetzen.

---

50 Vgl. den ausführlichen Bericht bei Alexander Haindorf, *Versuch einer Pathologie und Therapie der Geistes- und Gemüthskrankheiten*, Heidelberg 1811, S. 219 (§ 214 Melancholie).
51 Ebd.

Ob es sich bei dieser Vorgehensweise aus Sicht der Ärzte um die bereits 1803 von Johann Christian Reil vorgestellte Schocktherapie im Bad, erzeugt mit dröhnender Musik, kaltem Wasser oder anderen extremen Interventionen,[52] oder um ein neuartiges medizinisches Arrangement von musikalischer Quelle und Hörer handelte: Der irritierende und unerwartete ‚Eingriff' der Kliniker sollte auf einer ersten Stufe der auditiven Verunsicherung eine soziale Reaktion des Patienten auslösen.

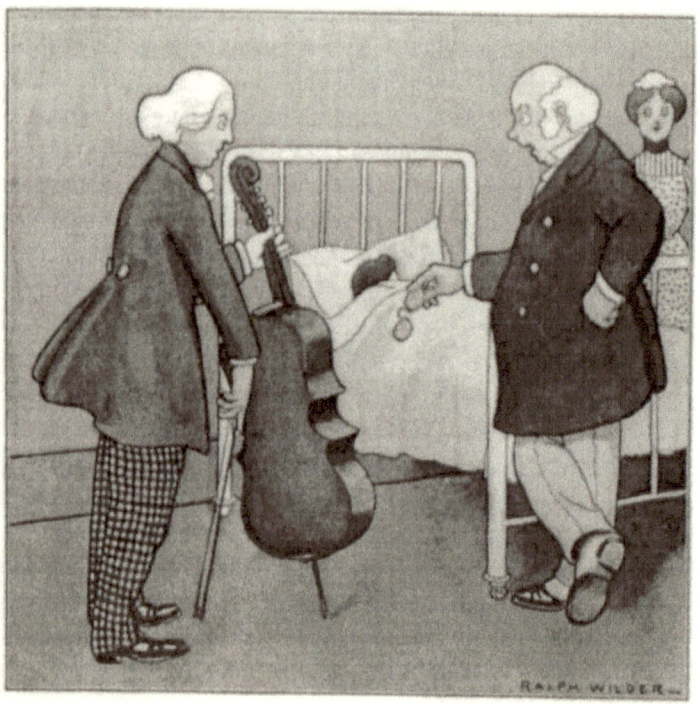

Abb. 1: "If she could be roused … she would probably recover". Illustration von Ralph Wilder zu Felix Borowski, „Unconsidered Trifles: Regarding Music as Medicine", in: *The Philharmonic. A Magazine Devoted to Music, Art, Drama* 2.2 (April 1902), S. 97–100, hier S. 98.

---

52 Zu Johann Christian Reil vgl. Schumacher, *Die Musik in der Psychiatrie des 19. Jahrhunderts*, S. 29ff; vgl. auch Wilhelm Horns Bericht von 1831 über eine Kombination von lauter Musik durch Orgel, Pauke und Becken in einem Badesaal (*Reise durch Deutschland, Ungarn, Holland, Italien, Frankreich, Großbritannien und Irland; in Rücksicht auf medicinische und naturwissenschaftliche Institute, Armenpflege u. s. w.*, Bd. 2: *Italien, Frankreich*, Berlin 1831, S. 373). Zum auditiven Schockimpuls, über Ohr und Körper wahrgenommen, als auslösendes Moment für die Veränderung des Selbst vgl. Sykes, „,Le corps sonore'", S. 81.

Ähnlich, wenn auch mit der Hoffnung auf einen spontanen Heilungseffekt verbunden, wurde dieser anvisierte Moment 100 Jahre nach Haindorf und Reil zeichnerisch festgehalten: Die Kranke liegt im Bett, das noch nicht erfolgte Cello-Spiel könnte als akustischer Stimulus, der von ihr in dieser Lage nur gehört werden kann, eine physische Reaktion der Patientin provozieren. Ein Umdrehen, ein Heben des Körpers und die mit dieser physischen Veränderung einhergehende psychische Anteilnahme könnte gegebenenfalls die Heilung einleiten: „If she could be roused ... she would probably recover."[53]

Die Zeichnung von Ralph Wilder erweitert die Suche nach den Wirkungskomponenten des musikalischen Eingriffs um die Frage nach der räumlichen Anordnung und nach der Notwendigkeit (oder der Vermeidung) eines visuellen Verhältnisses zwischen der akustischen Quelle, dem Musikproduzenten, und seinem Hörer, dem Patienten. Einige Jahre vor Wilders Bild hatte Frederick K. Harford eine institutionell eingebettete Anwendung von Musik methodisch ausgearbeitet und die spatiale Trennung der Musikproduktion wie auch die notwendige Anonymität der Musiker in das Zentrum seiner Überlegungen gestellt:

> Certain rules ought to be strictly observed – viz., that the music be played in a room adjoining that of the patient and not in the sick room; that the patient be never, on any pretext whatever, seen or spoken to, since all suspicion of ‚visiting' must be kept apart form this mission of music. The violins should always be muted, the musicians should be always unseen, and their names unknown.[54]

Harfords Versuchsanordnung ging davon aus, die Musik zu entkörperlichen, ihre akustische Quelle zu verdecken und die Musiker zu anonymisieren. Anders als bei Pontvik, der 50 Jahre später diese Anordnung mithilfe des Grammophons wiederholen sollte, war eine Konzertsituation mit Musikern vorgesehen, aber getrennt und entpersonalisiert, entfernt von dem Kranken in einem zweiten Raum. Harford griff damit bereits vorhandene Überlegungen zur Organisation und Steuerung eines akusmatischen Hörens in der Therapie auf und ergänzte sie um neue Regeln.

Aus dem ehemaligen Badezimmervorhang wurde eine solide Zimmerwand. Nicht mehr laut, geräuschhaft, schockartig mit Orgel, Pauke und Becken, sondern

---

[53] Felix Borowski verweist mit dieser Abbildung auf die „Musico-Therapeutic Successes" des englischen Cellisten Auguste van Biene; vgl. Felix Borowski, „Unconsidered Trifles: Regarding Music as Medicine", in: *The Philharmonic. A Magazine Devoted to Music, Art, Drama*, 2.2 (April 1902), S. 97–100, hier S. 98. Vgl. außerdem Brenda Neece, „Auguste van Biene. Performer, Composer and Fixer: the Complete Cellist", in: *The Strad* 112.1338 (Oktober 2001), S. 1102–1109.
[54] Frederick K. Harford, „Music in Illness: To the Editors of The Lancet", in: *The Lancet* 2 (1891), S. 43 f.

gedämpft und dadurch auch in scheinbar größerer räumlicher Distanz sollte Vokal- und Instrumentalmusik erklingen. Die Ursache des plötzlichen akustisch-musikalischen Reizes bliebe dem Patienten unerkannt. Die Anordnung beabsichtigte anstelle eines groben, direkten, massiven Eingriffs in die Hörwelt des Kranken eine subtile, unbewusste und – durch Mauern und Instrumentation erreichte – dezentere Störung der akustischen Umgebung der Patienten. Die Wirkung des Höreindrucks bliebe damit auf das hinsichtlich seiner Produktionsbedingung anonymisierte musikalische Material und seine Gestaltung im Raum reduziert.[55]

Die Versuchsanordnung lässt erkennen, dass Harford in der medizinischen Anwendung von Musik eine Form der Klangproduktion vorsah, die der an der makellosen technischen Reproduzierbarkeit interessierten *Sound Fidelity* entgegengesetzt war. Der originale Klang einer musikalischen Aufführung im klinischen Alltag sollte von der Charakteristik eines intentional arrangierten Konzerts befreit werden. Zu den Maßnahmen gehörte in einer ansonsten gewährten ‚Live'-Situation der fehlende Sichtkontakt zu den Musikern, die unmögliche Identifizierung von Absicht, Zeit und Ort sowie die klangliche Verfremdung des musikalischen Ereignisses durch die Dämpfung der Saiteninstrumente. Die Aura im Sinne Walter Benjamins bliebe nur partiell erhalten, da Harford die Einheit von Zeit und Raum, die eindeutige Identifizierung einer konkreten Hör- und Spielsituation aufzulösen gedachte.

Harfords Vision steuerte auf der Suche nach neuem Hör-Wissen – wie im folgenden Pariser Experiment – die Frage an, in welcher Form die Gestaltung einer musikalischen Situation für eine Gruppe von Kranken (oder für einzelne Patienten) die Wirkung des Hörens und damit die Wirkung der musikalischen Intervention stärker beeinflusste als die Musik selbst. Dies führte dazu, die Anwendung einer Art bürgerlicher Konzertsituation mit Kranken – was ebenso wie das gemeinsame Singen zu den häufigsten Formen musikalisch-medizinischer Anwendung im 19. Jahrhundert gehörte – infrage zu stellen.

Nicht mehr alle Patienten zusammengenommen sollten der ‚musikalischen Dusche' kollektiv ausgesetzt sein. Stattdessen zielten neue Therapieansätze wie jener von Jean-Baptiste Vincent Laborde, der zusammen mit dem Psychiater Jacques-Joseph Moreau an der Irrenanstalt von Bicêtre mit Musik im Rahmen der Behandlung von Patienten arbeitete, auf die Vereinzelung der Hörsituation: Noch vor der Einführung des Kopfhörers wurde die räumliche Annäherung des musi-

---

[55] Die Musiker befanden sich zudem in einer größeren Gruppe von Sängerinnen („lady vocalists") mit Violinspielern beiderlei Geschlechts; vgl. Harford, „Music in Illness", S. 44: „Let a large number of lady vocalists and violinists (of either sex) be enrolled who would be content to be formed into a regular society under a governing body of council."

kalischen Schalls an das Ohr, und damit das Raumarrangement einer nur für ein Individuum bestimmten Musikproduktion geschaffen. In einem Bericht von 1901 heißt es dazu:

> Laborde versuchte [...], die Quelle der Musik gewissermaassen in den Patienten selbst hineinzuverlegen, da er glaubte, dass bei Moreau's ‚musikalischen Douchen' der Misserfolg in der grossen Distanz zwischen dem Ort der Schallerzeugung und dem Ohr des Patienten liege. Er suchte sich einen maniakalischen, aber trotzdem für das Experiment hinreichend dozilen Patienten aus, brachte ihm eine Geige unter das Kinn, und hinter dem Patienten stehend spielte er auf diesem Instrument. Der Erfolg war ein unmittelbarer, der Patient beruhigte sich nicht nur während des Spielens, sondern die Wirkung dauerte nach, so dass der Patient selbst dringend um Wiederholung dieses Experimentes bat. [...] Heutzutage besitzt man nun einen musikalischen Automaten, den Phonographen, der das früher Erstrebte ersetzen kann und dem nunmehr das Bürgerrecht im ärztlichen Instrumentarium zu verleihen ist.[56]

Labordes Experiment entstand aus dem Wunsch heraus, die Wirkungszusammenhänge zwischen Schallerzeugung, akustischer Quelle und einer optimierten Beeinflussung des Hörens von Musik beim Patienten zu erforschen. Während die rein rezeptive Form des Hörens erhalten blieb, rückte der Klangkörper, die akustische Quelle, anders als in Harfords frühem Ansatz der heutzutage sogenannten Community Music Therapy, näher an den Patienten heran. Der Arzt bespielte von hinten, und damit als Person unsichtbar, eine Geige, die dem Patienten unter das Kinn gelegt wurde. Der Patient hörte eben *nicht* das eigene Violinspiel. Weniger durch die Anordnung dieser musikalischen Intervention als durch den fremdartigen Klangeindruck einer so nah gestrichenen Violine, die über das Kinn am eigenen Körper vibrierte, war der Patient in seinem Höreindruck beeinflusst.

Darüber hinaus ging es Laborde um den Versuch, das räumliche Hören und die unterschiedliche Wirkung analog und live erzeugter oder aufgezeichneter Musik zu erforschen. Ein abschließender Hinweis auf die Verwendung des nunmehr gesellschaftsfähigen Phonographen im klinischen Alltag der Anästhesie scheint mit der auch bei Harford im Zentrum stehenden Absicht von Distanzierung und Anonymisierung der Klangerzeugung vergleichbar zu sein. Harford und Laborde hoben auf eine durch indirekte und verfremdete Vermittlung des Klanges stärkere musikalische Wirkung ab: Wo die im Konzert in der Psychiatrie erlebte Klanglichkeit als die bekannte, natürliche, vertraute musikalische Klangwelt keine Wirkung mehr zeigte, musste neue, medial aufgezeichnete (Phonograph) oder am Körper vibrierende Musik das am kurativen Prozess beteiligte Hören intensivieren.

---

56 Paul Schober, „Auswärtige Correspondenzen. Pariser Brief", in: *Deutsche Medicinische Wochenschrift* 27.27 (1901), S. 450.

Die beiden Beispiele zeigen eine teils theoretisch konzipierte (Harford), teils bereits praktisch realisierte Therapiesituation (Laborde), in der die medizinische oder ästhetische Analyse der Gestaltung und Steuerung des Hörens bei Kranken im Hinblick auf zwei Fragen an Bedeutung gewinnt: Wie bewusst oder unbewusst können erstens Gefühle und Emotionen mittels Musik angeregt und stimuliert werden und wie kann dieser Vorgang zweitens wissenschaftlich erklärt werden?

Was Laborde anregte, nämlich unbewusste Hörprozesse im Zustand des natürlichen oder anästhetischen Schlafes zu untersuchen,[57] beschäftigte im gleichen Zeitraum mehrere Wissenschaftler, so auch den französischen Psychologen Théodule Ribot.[58] In diesem sich neu orientierenden Forschungsfeld entwickelte der Amerikaner James Leonard Corning mit seinem 1899 erstmals öffentlich vorgestellten Chromatoskopen einen Apparat, dessen akustisch-visuelle Steuerung des menschlichen Schlafverhaltens operative Ähnlichkeiten mit Aleks Pontviks 50 Jahre später entwickelter Methodik aufweist.

Good unconscious vibrations

Corning entwickelte seine Überlegungen anhand von medizinischen Erfahrungen, die er und andere Ärzte bei der Behandlung von Neurasthenie, leichten depressiven Erkrankungen bzw. Schlafstörungen mit einem im Schlaf eingesetzten Phonographen gemacht hatten.[59] Ziel seiner Forschungen war die Suche nach einer Möglichkeit, wie die Blockade angenehmer emotionaler Zustände aufgehoben werden könnte. Cornings grundsätzliche Hypothesen bei der Versuchsanordnung (vgl. Abb. 2) stützte sich auf die Vorannahmen, dass zum einen in einer ‚Somnolent'- oder ‚Pre-Solomnent'-Phase der Verstand offen für Eindrücke jeglicher Art ist, da das volle Bewusstsein nicht eingreifen kann; zum anderen kann das Hören von Musik – und damit ihre Wirkung – im Schlaf durch die Vibration im Gehirn dank des konstruierten Apparats ausgelöst werden. Mit diesen Annah-

---

57 Vgl. auch Jean-Baptiste Vincent Laborde, „De l'intervention et de l'influence des sensations auditives, en particulier des sensations musicales dans l'anesthésie opératoire", in: *Bulletin de l'Académie de Médecine* 45.3 (1901), S. 574–582.
58 Vgl. Serge Nicolas, *Théodule Ribot (1839–1917): Philosophe breton fondateur de la psychologie française*, Paris 2005.
59 James Leonard Corning, „The Use of Musical Vibrations Before and During Sleep. Supplementary Employment of Chromatoscopic Figures. A Contribution to the Therapeutics of the Emotions", in: *Medical Record* 55 (1899), S. 79–86; vgl. auch William B. Davis, „The First Systematic Experimentation in Music Therapy: The Genius of James Leonard Corning", in: *Journal of Music Therapy* 49.1 (Frühjahr 2012), S. 102–117.

men bezog sich Corning auf eine Reihe medizinischer Untersuchungen und Erfindungen von Mortimer Granville, August Vigouroux und Maurice Boudet de Paris, in deren Folge Musik als eine Form von ‚vibrative medicine'[60] angesehen wurde. Über eine strikt physiologische Auffassung ging Cornings Ansatz jedoch insofern hinaus, als er mit dem Chromatoskopen sowohl auf das zentrale Nervensystem eingreifen als auch Bilder, Ideen und Gefühle im Traum beeinflussen wollte, weil, so Corning, der Effekt der Musik nicht nur durch ‚irgendwelche okkultischen Tricks' produziert werde, sondern durch die ‚Vibrationen', die mittels des akustischen Apparats direkt ins Gehirn transportiert werden.[61]

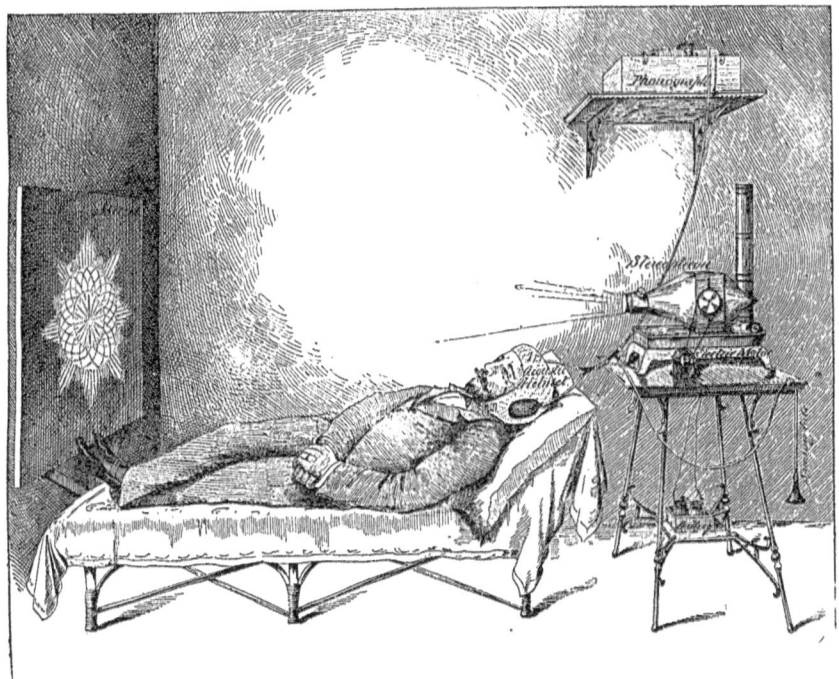

Abb. 2: Illustration zu Cornings Verfahren. Aus: James Leonard Corning, „The Use of Musical Vibrations Before and During Sleep. Supplementary Employment of Chromatoscopic Figures. A Contribution to the Therapeutics of the Emotions", in: *Medical Record* 55 (1899), S. 79–86, hier S. 82.

---

60 In Verbindung damit ist die Kapitelüberschrift zu verstehen. „Good unconscious vibrations" wurde in Abgrenzung zu James Kennaways Band *Bad Vibrations: The History of the Idea of Music as a Cause of Disease* (Farnham 2012) gewählt.
61 Vgl. Corning, „The Use of Musical Vibrations", S. 80.

Corning entwickelte für sein Experiment – wie die Abb. 2 zeigt – einen weichen Lederhut, der mit Ausnahme der Ohren den ganzen Kopf bedeckt. Über den Ohren des liegenden Patienten saßen zwei kopfhörerähnliche Metallbügel, die mit einem Edison-Phonographen verbunden waren. Obwohl nach Cornings Ansicht der Edison-Phonograph keineswegs perfekt war, weil er die Klangfarbe nicht befriedigend wiedergeben würde,[62] war er mit dessen vibratorischer Kraft zufrieden. Um einerseits eine Verlängerung eines halbschlafähnlichen Zustandes zu erreichen oder andererseits zu verhindern, dass sich der Patient zu sehr auf die Lederkappe und das ungewöhnliche Arrangement konzentrierte, arbeitete er zudem mit Hypnose sowie mit Bildprojektionen, die von einer Fixierung auf den Gesamtapparat ablenken sollten, wie auch mit Kaffee- und Tee-Verabreichungen, die einen zu schnellen Tiefschlaf verhindern sollten.

Über teilweise vier Stunden wurden, wie Corning an fünf Einzelbeispielen erläuterte, die Patienten in einem geschlossenen zeltartigen Raum mit Figuren und Bildern aus dem Chromatoskopen und Musik aus dem Phonographen beeinflusst, sei es im wachen Erleben („during waking"), sei es im Schlafzustand („during profound unconsciousness"). Um dennoch eine Kommunikation mit dem Patienten zu ermöglichen, hatte Corning zusätzlich eine schmale „speaking tube" angebracht, die mit dem Kabel, das die musikalischen Vibrationen vom Phonographen übertrug, verbunden war. Der Patient wurde – dies wird aus der Anordnung ersichtlich – mit den durch die Geräte produzierten akustischen und visuellen Eindrücken über mehrere Stunden allein gelassen. Der Phonograph sollte sich dabei immer in einem zweiten Raum befinden, die Verbindung zwischen Kappe und Apparat erfolgte über ein Schlüsselloch. (In Abb. 2 ist der Phonograph allerdings abweichend von Cornings obiger Beschreibung zum Zwecke der visuell vollständigen Demonstration der Methode – und weniger zur bildlich korrekten Dokumentation – über dem Patienten auf einem Brett abgestellt.)

Das hier nur zusammenfassend geschilderte Experiment entfernte sich von der eingangs formulierten Frage nach dem Anteil des Hörens in einem musikalisch ausgerichteten therapeutischen Verfahren – und beantwortete sie gleichzeitig. Cornings Verfahren drehte sich bei Patienten, bei denen Neurasthenie diagnostiziert worden war, ausschließlich um die durch Musik erzielte Beeinflussung des Hörens in wachem wie schlafend-unbewusstem Zustand. Die Analyse der Hörvorgänge bei Kranken hatte sich, ausgehend von der Anerkennung psychisch Kranker als wahrnehmende, kulturell agierende Wesen, zu einem medizinischen Behandlungsverfahren entwickelt, das dem passiv-rezeptiven Hören von technisch vermittelter Musik – in Kombination mit optischen Effekten – den

---

62 Vgl. ebd., S. 82.

zentralen Wirkungseffekt zuerkannte. In Cornings „Methode'[63] war der Patient als aktiver Musikant im Sinne eines eigentätigen Musizierens nicht erforderlich und gleichzeitig durch die ästhetische Konzentration nur auf die Musik gefordert. Die Wirkung der eingespielten Musik beruhte auf dem materiellen Effekt der musikalischen Vibration eines unsichtbaren Phonographen auf das Gehör, den Gehörapparat und das Gehirn des Patienten und ließ trotz sorgfältiger Auswahl der Musik – Corning setzte nicht näher bestimmte Kompositionen von Richard Wagner wie auch Musik, die dem Patienten vertraut war, ein – den Anteil des Kunstwerks am Gesamteffekt etwas außer Acht.

Dies mehr räumliche und materiell orientierte Verständnis des Corningschen Experiments hat Pontvik ein halbes Jahrhundert später insofern abgewandelt, als er die vibratorischen Effekte der Apparatur zwar anerkannte, sich aber im Wesentlichen auf die musikalischen Abläufe der Musik Bachs fixierte und ein auf die musikalischen Vorgänge ausgerichtetes Hören betonte. Der Patient wurde in seinem Hörprozess demzufolge auch nicht mehr beobachtet und der Effekt des Hörens ausschließlich am Grad der anschließenden Reflexions- und Kommunikationsfähigkeit, wie auch an der Verbesserung der Beschwerden gemessen. Obwohl Pontvik, wie das folgende Zitat verdeutlicht, den Erfolg seiner Therapie auf die Wirkmacht der Komposition zurückführte, worauf in diesem Rahmen nicht näher eingegangen werden kann, berücksichtigte er dennoch bereits bekannte sekundäre Wirkungen in der Hörsituation: Effekte, die einerseits durch die Kaschierung der musikalischen Quelle und andererseits durch die in der technischen Aufnahme räumlich distanzierten Musiker besser zu erzielen sind als in einem nahen Konzertverhältnis zwischen Musiker und Patient:

> Die Verwendung von Schallplatten in der Musiktherapie hat den Vorteil, eine Ablenkung der Aufmerksamkeit des Patienten durch die Gegenwart eines ausübenden Künstlers zu unterbinden, eine Tatsache, der schon aus psychologischen Ursachen Bedeutung beigemessen werden muß. In vielen Fällen wurde es dem Patienten überhaupt nicht klar, woher die Musik kommt, worin ich einen Vorteil zugunsten des Heileffektes sehe. Oft ist auch das sehr persönlich interpretierende Spiel gewisser Künstler als ein Nachteil für die psychische Wirkung auf den Patienten anzusehen. Ich ziehe daher in diesem Zusammenhang eine erstklassige Grammphoneinspielung einem stark emotionierten Spieler vor. [...] Jede Übertragung persönlicher Gefühlsbewegungen des Künstlers auf den Patienten durch die Musik kann das Resultat der Behandlung nachhaltig beeinflussen.[64]

---

63 Die Forschungen, für die der Neurologe Corning berühmt wurde, gehören in den Bereich der Anästhesie; weitere musikalisch ausgerichtete Methoden hat Corning – mit Ausnahme des hier besprochenen Beitrags – nicht veröffentlicht.
64 Pontvik, *Heilen durch Musik*, S. 86.

Die ‚Methode' von Aleks Pontvik, der im europäischen Raum der erste umfassend publizierende Praktiker auf dem Gebiet der Musiktherapie war, kann als moderne Ausprägung eines älteren, impliziten Diskurses zum medizinisch-therapeutischen Hör-Wissen oder Wissen über das Hören von Musik bei Patienten verstanden werden. Die Beantwortung der Frage, wie ein langsam aufgebautes und gewandeltes Erfahrungswissen um Verlauf, Form und Wirkung dieses Hörens von Musik bei meist psychisch kranken Menschen in einer praktischen Methode Anwendung findet, erfordert jedoch – wie eingangs bereits betont – eine weitergehende biographische, musikpsychologische und musikästhetische Untersuchung.[65]

Dass auch Pontvik mit fortschreitender medizinischer Erfahrung wie auch mit Blick auf die berufspolitischen Konsequenzen seiner mechanisch gesteuerten Hörtherapie einen methodischen Paradigmenwechsel einleiten musste, der im aktiven Spiel des Patienten das Hören „im Sinne einer inneren Aufmerksamkeit"[66] erzieherisch aktivieren sollte, ist Teil einer sich anschließenden Geschichte. Pontviks ausschließlich auf das Hören fokussierter erster Anlauf blieb dennoch kein Einzelfall. Drei Praktiker haben parallel oder etwas später andere musiktherapeutische Hörmethoden entwickelt: Alfred A. Tomatis die Audio-Psycho-Phonologie, Christoph Schwabe und Helmut Röhrborn die Regulative Musiktherapie und Helen Bonny die Guided-Imagery-and-Music Therapy.[67]

---

[65] Vgl. den Beitrag von Alexandra Hui im vorliegenden Band sowie ihre anderen Forschungsarbeiten zu Helmholtz, insbes. *The Psychophysical Ear. Musical Experiments, Experimental Sounds, 1840–1910*, Cambridge 2013.
[66] Pontvik, „Der tönende Mensch", S. 96.
[67] Vgl. den Überblick der verschiedenen Methoden bei Isabelle Frohne-Hagemann, *Rezeptive Musiktherapie*, Wiesbaden 2004.

Camilla Bork
Das Hör-Wissen des Musikers im Spiegel ausgewählter Violinschulen des 19. Jahrhunderts

Die Rolle des Wissens beim Hören von Musik ist in der aktuellen Diskussion immer wieder betont worden: Es manifestiere sich in der schweigenden Übereinkunft der Konzerthörer darüber, was Musik sei und was nicht,[1] ebenso wie in Programmhefttexten und Konzertführern, die als Anleitungen ein Wissen zum Hören bereitstellen.[2] Hör-Wissen wird dabei als „Erfahrungswissen" bestimmt, das „aus der individuellen und damit auch der gemeinschaftlichen Hörgeschichte einer Zeit herrührt. Es wird durch (vielfach) wiederholte hörende Erfahrung gewonnen und mit jedem Hören eines neuen, unbekannten Stücks sozusagen auf die Probe gestellt und bereichert."[3]

Im Folgenden möchte ich mich allerdings nicht mit dem Hör-Wissen des Konzerthörers, sondern schwerpunktmäßig mit dem bislang wenig erforschten Hör-Wissen des Musikers beschäftigen. Musizieren gehört in der Wissensdiskussion immer wieder zu den klassischen Beispielen der Anwendung impliziten Wissens.[4] Unter implizitem Wissen wird dabei ein Wissen verstanden, das dem Menschen ermöglicht, Leistungen zu erbringen, ohne diese sprachlich zu explizieren. Es geht vielmehr aller sprachlichen Explikation von Wissen voraus. Der einzig verlässliche Indikator eines solchen impliziten Wissens oder Könnens sei die „Performanz dieses Handelns selbst".[5] Implizites Wissen ist darüber hinaus an Orte und Personen gebunden, die dieses Wissen im persönlichen Kontakt – etwa durch Zeigehandlungen – vermitteln. Es ist daher nur schwer zu verbreiten und lässt sich allein dadurch erwerben, dass man einer bestimmten Gruppe

---

[1] Vgl. den Text von Hansjakob Ziemer im vorliegenden Band sowie Ulrich Mosch, „Hörwissen als implizites Wissen – zur philosophischen Diskussion", in: *Positionen. Texte zur aktuellen Musik* 105 (2015), S. 2–5.
[2] Vgl. z. B. Christian Thorau, „Werk, Wissen und touristisches Hören. Popularisierende Kanonbildung in Programmheften und Konzertführern", in: Klaus Pietschmann u. Melanie Wald-Fuhrmann (Hg.), *Der Kanon der Musik*, München 2013, S. 535–561.
[3] Mosch, „Hörwissen", S. 5.
[4] Vgl. Jens Loenhoff (Hg.), *Implizites Wissen. Epistemologische und handlungstheoretische Perspektiven*, Weilerswist 2012.
[5] Jens Loenhoff, „Einleitung", in: Jens Loenhoff (Hg.), *Implizites Wissen. Epistemologische und handlungstheoretische Perspektiven*, Weilerswist 2012, S. 7–30, hier S. 9.

DOI 10.1515/9783110523720-010

oder Schule angehört.⁶ Implizites Wissen kann sich aber auch als fehlerhaft oder unbrauchbar erweisen, etwa in neuen sozialen oder kulturellen Kontexten. Seine Anwendung wird in der Regel „durch eine responsive Anerkennungshandlung bewertet oder besser: sanktioniert, zumal die Qualifikation praktischen Handelns als angemessen, korrekt etc. einer solchen impliziten Normativität geschuldet ist."⁷ Als Ort des impliziten Wissens gilt der Körper, als Beispiele werden immer wieder körperliche Praktiken wie Fahrradfahren, Schwimmen, Tennisspielen etc. angeführt. Der Körper erscheint dabei als Träger von Fertigkeiten, „die ihm kulturelle Lebensformen gleichsam eingraviert haben und die nicht als artikulierbares Wissen, sondern als körperliches Können in Erscheinung treten."⁸ Überträgt man nun diese Kriterien auf das Musizieren, so lässt sich das Spielen eines Instruments in der Tat als ein Anwendungsfeld impliziten Wissens beschreiben: Es handelt sich um ein Wissen, das im Instrumentalunterricht in der Regel praktisch erlangt wird, vermittelt durch das Zeigen und Vorspielen des Lehrers und durch mündliche Erklärungen. Fertigkeiten und Geschicklichkeiten werden erworben, wobei beim Üben die einzelnen Prozesse der motorischen Feinkoordination häufig weder bewusst gesteuert werden, noch explizit mitgeteilt werden können, weil sie zu komplex sind.⁹ Stattdessen besteht Üben oftmals im ‚Sich-Einspielenlassen' sensorischer und motorischer Feinkoordination. Allerdings greift es natürlich zu kurz, Musizieren nur als Ablauf automatisierter muskulärer Prozesse zu beschreiben. Selbst automatisierte Körperbewegungen müssen immer wieder hörend daraufhin überprüft werden, ob sie die gewünschten Resultate erzielen, und dann gegebenenfalls korrigiert werden. Hierzu ist ein langjähriges, unter anderem durch Hören erworbenes Wissen nötig, das dem Musiker zu beurteilen erlaubt, ob ein Lagenwechsel oder Lauf gelungen oder misslungen ist. Natürlich werden Läufe, Triller oder Ähnliches auch über das Sehen und Nachahmen von Gesehenem (etwa der Handhaltung des Lehrers) oder über das Körpergefühl erlernt. Die letzte Kontrolle aber vollzieht sich über das Hören. Schließlich entscheidet sich über das Hören, ob etwas ‚richtig' oder ‚falsch' klingt, angemessen oder unangemessen.

Die Ausführungen zum impliziten Wissen des Musikers machen zugleich deutlich, wie schwer es ist, diese Wissensform zu untersuchen. Die Entschei-

---

6 Vgl. Harry Collins, „Drei Arten impliziten Wissens", in: Jens Loenhoff (Hg.), *Implizites Wissen. Epistemologische und handlungstheoretische Perspektiven*, Weilerswist 2012, S. 91–107, hier S. 92.
7 Loenhoff, „Einleitung", S. 12.
8 Ebd., S. 14.
9 Vgl. z. B. Adina Mornell, „Der verschlungene Pfad zum musikalischen Ziel. Absichtsvoll üben in drei Stufen auf dem Weg zur Expertise", in: Andreas Dorschel (Hg.), *Kunst und Wissen in der Moderne. Otto Kolleritsch zum 75. Geburtstag*, Wien u. a. 2009, S. 273–288.

dung, ihr mithilfe historischer Violinschulen auf die Spur zu kommen, verändert zugleich die Situation des Wissens: Es ist klar, dass es sich nun nicht mehr ausschließlich um implizites Wissen handelt, sondern um Wissen, das in den Quellen zumindest zum Teil aufgeschrieben und erklärt und damit in explizites Wissen transformiert ist.[10] Dennoch sind diese Quellen in besonderer Weise interessant für unsere Fragestellung, da sie nicht nur Wissen fixieren, sondern zugleich eine Anleitung zur Beobachtung bzw. zum Hören liefern, indem sie Bewegungsabläufe und Klänge bewusst machen, die – wie zu zeigen ist – oft genug unbewusst überhört werden.

Am Beispiel des Portamentos im Violinspiel, dem hörbaren Gleiten eines Fingers zur möglichst lückenlosen Verbindung zweier Töne, möchte ich im Folgenden untersuchen, inwiefern und auf welche Weise hier ein Hör-Wissen zur Anwendung gelangt. Dabei interessiert erstens, welches Hör-Wissen notwendig ist, um eine Unterscheidung zu treffen zwischen dem Gleiten als Geräusch oder Missklang, der nicht der Musik zugerechnet bzw. als fehlerhaftes Spiel bewertet wird, und dem Gleiten als ausdruckshaftes Zeichen. Darüber hinaus soll zweitens danach gefragt werden, welches (Hör-)Wissen nötig ist, um das Gleiten so auszuführen, dass es als ausdruckshaftes Zeichen wahrgenommen werden kann.

Dieser Gleitklang kann dabei unterschiedliche Funktionen übernehmen. Im Rahmen von Lagenwechselübungen dient er dazu, die Treffsicherheit zu erhöhen und die Distanz zwischen den Lagen für die Hand fühlbar zu machen. Der Violinpädagoge Carl Flesch spricht in diesem Zusammenhang von dem ‚Portamento-Bus', den man nehmen solle, um Lagenwechsel zu trainieren. Wichtig ist hierbei jedoch, dass es sich nur um eine Übung handelt, mit dem Ziel, das Gleiten im perfektionierten Lagenwechsel unhörbar werden zu lassen. Über diese technische Funktion hinaus kann das Portamento aber auch als expressives Zeichen eingesetzt werden, d. h. als hörbarer Klang, dem im vortragsästhetischen Diskurs eine Bedeutung zugeschrieben wird. Begleitet werden diese Deutungen des Portamentos als expressives Zeichen von Mahnungen, das Gleiten nur sparsam einzusetzen. Nie fehlt die Warnung vor dem „Heulen" und anderen Missklängen. So schreibt der Gesangspädagoge August Ferdinand Häser 1822 in der *Allgemeinen Musikalischen Zeitung*:

> Vom Portamento aber ist streng zu unterscheiden das widerliche distonirende Ueberziehen eines Tons in den andern, ähnlich dem Klange, der auf Saiteninstrumenten durch schnelles, jedoch allmähliges Fortgleiten des Fingers erzeugt werden kann, welches manche Sänger irrigerweise für portamento halten. Dieses Ziehen, *tirare*, und wenn es sehr auffallend ist,

---

10 Vgl. Collins, „Drei Arten impliziten Wissens", S. 98 ff.

dieses Heulen, *urlare*, [...] ist, oft und besonders zwischen entfernten Tönen angebracht, geradezu unausstehlich und daher mit aller Achtsamkeit zu vermeiden.¹¹

In ähnlicher Weise hatte sich einige Jahre zuvor schon Antonio Salieri geäußert, der in „jenem Missbrauche des Auf- und Niederfahrens mit den Fingern auf den Saiten" den Klang „wimmernder Kinder oder miaulender Katzen" hörte.¹²

Diese wortreichen Ermahnungen verweisen dabei auf grundlegende Probleme, die der Gleitklang des Portamentos innerhalb eines Verständnisses von Musik als Tonkunst aufwirft. Indem die übertriebene, langsame Ausführung an das Heulen von Kindern oder das Miauen der Katzen erinnert, werden Klänge assoziiert, die mit der Kunstsphäre von Musik schlechterdings nicht in Einklang zu bringen sind. Doch neben diesen kunstfernen Geräuschen ist es vor allem der Zusammenhang von Portamento und Lagenwechsel, der kontrovers diskutiert wird. Während die Violinschulen darauf zielen, einen möglichst egalen Klang in allen Lagen und auf allen Saiten zu unterrichten,¹³ konterkariert das Portamento diesen Anspruch, indem es ein technisches Moment, den Lagenwechsel, der normalerweise unhörbar bleiben soll, hörbar macht. Durch den Einsatz des Portamento läuft der Musiker also Gefahr, den Eindruck eines womöglich nicht kunstmäßig beherrschten Spiels zu vermitteln.¹⁴ Daher lässt sich am Einsatz des Portamentos oft der sozialen Status des Musikers ablesen, es markiert die Grenze zwischen *high* und *low*. So schreibt Carl Flesch in den 1920er Jahren in *Die Kunst des Violinspiels*: „Ein Portamento an einer bestimmten Stelle kommt einem künstlerischen Glaubensbekenntnisse gleich, soll einer inneren Notwendigkeit und nicht einer täglich wechselnden Laune entsprechen. Der sogenannte ‚geniale' Leichtsinn streift hier bedenklich das Kaffeehaus."¹⁵

---

11 August Ferdinand Häser, „Versuch einer systematischen Uebersicht der Gesangslehre (Fortsetzung)", in: *Allgemeine Musikalische Zeitung* 24 (1822), Sp. 73–78, hier Sp. 73; Hervorh. im Orig. Ähnliche Bedenken äußert beispielsweise auch Louis Spohr gegen das aufwärtsgerichtete Portamento mit dem Endfinger; vgl. Louis Spohr, *Violinschule*, München/Salzburg 2000 [ND der Ausg. Wien 1833], S. 120.

12 Antonio Salieri, „Miszellen", in: *Allgemeine Musikalische Zeitung* 13 (1811), Sp. 201–209, hier Sp. 207 f.

13 Hiervon unterscheidet Pierre Baillot die Bariolage-Technik als eigenes Stilmittel. In seiner Schule heißt es zu Bariolage: „[B]untscheckiger Vortrag: Man gibt diesen Namen einer Art von Passagen in denen dadurch eine scheinbare Unordnung und Sonderbarkeit legt, dass die Töne nicht folgerecht auf der nämlichen Saite gespielt werden." Pierre Baillot, *L'art du violon*, frz./dt., Mainz/Anvers 1834, S. 120.

14 Vgl. ebd., S. 151.

15 Carl Flesch, *Die Kunst des Violinspiels*, Bd. 2: *Künstlerische Gestaltung und Unterricht*, Berlin 1928, S. 76.

Noch 1975 kritisiert der Geiger Rudolf Kolisch, das Portamento resultiere aus einer veralteten Vorliebe für häufige Lagenwechsel. Es diene nicht der Verdeutlichung musikalischer Strukturen, sondern mache eine mangelhafte Technik hörbar und sei daher abzulehnen:

> Meiner Ansicht nach ist es längst an der Zeit, mit der veralteten Idee des konventionellen Lagensystems überhaupt aufzuräumen. [...] Diese fortschrittliche Praxis hätte neben vielen anderen besonders den Vorteil, das exzessive Glissando auszuschalten, welches in der konventionellen Technik unvermeidlich ist. Es erscheint dort nicht als besonderes Ausdrucksmittel oder zur Verdeutlichung von motivischen Zusammenhängen, als welches es musikalisch gerechtfertigt wäre, sondern lediglich der technischen Not gehorchend. Für den konventionellen Streicherstil ist es charakteristisch, daß aus dieser Not eine Vortragstugend gemacht wird, indem dies Glissando ganz unreflektiert als ein absolutes Element von Schönheit etabliert wird.[16]

Kolisch beschreibt hier eine Spielpraxis, die bereits seit den 1930er Jahren zunehmend im Verschwinden begriffen ist. Die Ursachen für dieses Verschwinden sind vielfältig: Hierzu gehört eine sich verändernde Interpretationsästhetik, die einer ‚älteren' Ästhetik des spontanen, fast improvisatorischen Musizierens mit sparsamem, raschem Vibrato, einer großen Flexibilität im Tempo zur Intensivierung von Spannungshöhepunkten und der Akzentuierung durch Verlängerung und Verkürzung von Noten zunehmend kritisch gegenübersteht. Aber auch Neuerungen in der Violintechnik – etwa Otakar Ševčiks System, die Häufigkeit von herkömmlichen Lagenwechseln durch ein Überstrecken der Finger über die normale Lagenposition hinaus (Abgreifen) oder ein Zusammenziehen der Hand einzuschränken – limitierten die Möglichkeiten zum Portamento.[17] Schließlich weisen einige Quellen daraufhin, dass auch eine neue Form des Hör-Wissens, das durch die Möglichkeit entstand, sein eigenes Spiel auf Aufnahmen anzuhören, mit dazu beigetragen hat, dass das Portamento mehr und mehr aus der Violinpraxis verschwand. „Wie unsicher der subjektive Eindruck sein kann", so Carl Flesch in seiner *Kunst des Violinspiels*, „kommt jedem Geiger zum Bewußtsein, wenn er sich selbst zum erstenmal im *Grammophon* hört. Zu seinem Entsetzen fallen ihm hier plötzlich gewisse Eigentümlichkeiten seines Spiels (z. B. unbeab-

---

16 Rudolf Kolisch, „Religion der Streicher", in: Vera Schwarz (Hg.), *Violinspiel und Violinmusik in Geschichte und Gegenwart* (= Beiträge zur Aufführungspraxis 3), Wien 1975, S. 175–177, hier S. 176; auch in: Rudolf Kolisch, *Zur Theorie der Aufführung. Ein Gespräch mit Berthold Türcke* (= Musik-Konzepte 29/30), München 1983, S. 113–119, hier S. 117.
17 Vgl. Otakar Ševčik, *Schule der Violintechnik: op. 1*, London/Bonn u. a. [1995]; ders., *Lagenwechsel und Tonleiter-Vorstudien: op. 8*, London/Bonn u. a. [1995].

sichtigte *Portamenti*) unangenehm auf, von deren Vorhandensein er bisher keine Ahnung hatte."[18]

Durch das Hören der eigenen Aufnahme wird das eigene Spiel scheinbar objektiviert und völlig verändert wahrgenommen, nicht mehr nur über den Schall des Instrumentenkörpers und die Vibrationen des eigenen Körpers, sondern als entfremdete „deboned voice" (Douglas Kahn),[19] die jede Körperlichkeit verloren hat und allein über die Luftschwingungen übertragen wird. Unbewusste Klänge, wie etwa Portamenti, rücken hierdurch nicht allein erst ins Bewusstsein, sie verändern ohne den Kontext des spielenden Körpers oder gegebenenfalls den visuellen Kontext der Konzertsituation auch ihren Charakter und erscheinen als unangenehme Eigentümlichkeiten des Spiels. Verstärkt wurde dieser Effekt noch durch die Einführung des Mikrofons, das als ‚akustische Vergrößerung' wirkte und scheinbar beiläufige Klänge wie Portamenti noch deutlicher hörbar werden ließ. Der Dirigent und Bratscher Leon Barzin betonte in dieser Hinsicht in einem Interview:

> There are certain violinists – a lot of singers too, by the way – that know the mike so well that they can sound fantastic. For instance, a violinist today who's in front of a mike never slides anymore. You take a man like [Louis] Kaufman out on the West Coast. He has done all the recordings for movies. He's been doing it for years. Why? Because he's impeccable. He has developed a technique for the instrument so you never hear a slide.[20]

Das Mikrofon bringt damit das neue Ideal eines ‚makellosen' und damit auch portamentofreien Klanges hervor. Doch kehren wir zurück zu unseren Ausgangsfragen nach dem Hör-Wissen, was eine Unterscheidung zwischen Missklang und ausdrucksvollem Zeichen ermöglicht und dem Wissen, das zu einer Ausführung des Gleitklangs führt, die eine Wahrnehmung als ‚ausdrucksvoll' zulässt. Bevor wir uns diesen beiden Fragen zuwenden, ist es zunächst notwendig zu klären, was genau in der Violintechnik unter Portamento verstanden wird und welche Bewegungsabläufe konkret in der Violintechnik dem Portamento zugerechnet werden.

---

18 Flesch, *Die Kunst des Violinspiels*, Bd. 2, S. 4.
19 Douglas Kahn, *Noise, Water, Meat: A History of Sound in the Arts*, Cambridge/London 1999, S. 7.
20 Leon Barzin, „Interview with John Harvith and Susan Edwards Harvith", in: John Harvith u. Susan Edwards Harvith (Hg.), *Edison, Musicians, and the Phonograph: A Century in Retrospect*, Westport 1987, S. 167–174, hier S. 173.

Portamento

Portamento, französisch ‚port de voix, traîner' (ziehen) oder auf Deutsch ‚Tragen der Töne', bezeichnet die möglichst lückenlose Verbindung zweier Töne. Dabei ist im Violinspiel zwischen Legato und Portamento zu unterscheiden: Im Legato wird die Verbindung zweier Töne dadurch erreicht, dass sie auf einem Bogen gespielt werden. Ein mögliches Portamento kommt erst dann ins Spiel, wenn zwischen den beiden Tönen von der linken Hand ein Lagenwechsel ausgeführt werden soll. Unter Portamento versteht man den glissandoähnlichen Gleitklang, der entweder durch das Gleiten des Fingers der Ausgangsnote oder desjenigen der Endnote entsteht.

In der Gesangstechnik hingegen ist die Abgrenzung zwischen Legato und Portamento weniger trennscharf. Manuel García weist in seinem *Traité complet de l'art du chant* (2 Tle., 1840 bzw. 1847) darauf hin, dass es insbesondere bei weiter auseinander liegenden Noten kaum möglich ist, ein Legato ohne hörbare Zwischentöne auszuführen.

Abb. 1: Manuel García, *Traité complet de l'art du chant*, Teil II, Paris 1847, S. 31.

Die Abbildung aus seiner Gesangschule (vgl. Abb. 1) verdeutlicht den graduellen Unterschied zwischen Legato und Portamento, der vor allem darin liegt, dass das Gleiten zwischen Tönen im Portamento langsamer ausgeführt wird als im Legato.

Hieraus ergibt sich zugleich ein weiterer wesentlicher Unterschied: Während die Gesangsstimme durch das Portamento beide Noten lückenlos verbindet, ist dies im Violinspiel nur dann möglich, wenn der Lagenwechsel mit demselben Finger ausgeführt wird (vgl. Abb. 2, Bsp. 1). Wird der Lagenwechsel mit unterschiedlichen Fingern ausgeführt, suggeriert man ein durchgehendes Gleiten entweder dadurch, dass der Ausgangsfinger durch einen Teil des Tonraums gleitet, bevor der Finger der Zielnote in seine Position fällt (vgl. Abb. 2, Bsp. 2), oder dadurch, dass der Endfinger die Gleitbewegung bis zur Zielnote ausführt (vgl. Abb. 2, Bsp. 3). Im ersten Fall hört man einen Gleitklang von h' zu d'', im zweiten von d'' zu fis''.

Abb. 2: Carl Flesch, *Die Kunst des Violinspiels*, Bd. 1: *Allgemeine und angewandte Technik*, Berlin 1923, S. 18.

Romantische Tonbildung: Violine und Stimme

Zentral für die Unterscheidung von Geräusch und ausdrucksvollem Zeichen ist die spätestens seit den Instrumentalschulen des späten 18. Jahrhunderts zur Wissensformel erstarrte Analogie von Geige und Stimme.[21] Diese Analogie bestimmt auch die Ausführungen zum Portamento in drei der einflussreichsten Violinschulen des 19. Jahrhunderts, die hier als Grundlage für eine genauere Untersuchung des Hör-Wissens zum Portamento gewählt werden. Die Schulen Louis Spohrs, Pierre Baillots und Charles de Bériots haben den violinpädagogischen und vortragsästhetischen Diskurs nachhaltig beeinflusst. Spohr, selbst großer Bewunderer der französischen Geigentradition und tief geprägt durch das Spiel Pierre Rodes, schuf mit seiner 1832 publizierten *Violinschule* und durch seine langjährige Lehrtätigkeit die Grundlagen einer deutschen Geigerschule.[22] Pierre Baillot gehörte gemeinsam mit Pierre Rode und Rodolphe Kreutzer zu den Professoren für Violine am Pariser Conservatoire und zugleich zu den Verfassern der vom Conservatoire initiierten *Méthode de Violon*, die 1803 mit dem Ziel publiziert wurde, die Violin- wie auch die sonstige Musikausbildung in ganz Frankreich zu standardisieren und damit eine von europäischen, insbesondere von italienischen Einflüssen unabhängige nationale Schule zu schaffen. 1834 publizierte Baillot eine umfassend überarbeitete Neuausgabe dieser Schule unter dem Titel *L'art du violon*.[23] Charles de Bériot schließlich, zeitweilig Schüler Baillots, wurde 1843 an

---

[21] Vgl. Silke Leopold, „Die Musik der Generalbaßzeit", in: Hermann Danuser u. Thomas Binkley (Hg.), *Musikalische Interpretation* (= Neues Handbuch der Musikwissenschaft 11), Laaber 1992, S. 217–270, hier S. 260 f.
[22] Vgl. Louis Spohr, *Lebenserinnerungen*, Bd. 1, hg. v. Folker Göthel, Tutzing 1968, S. 66.
[23] Zu den Schulen des Conservatoires vgl. Emmanuel Hondré, „Les méthodes officielles du Conservatoire", in: Hondré (Hg.), *Le Conservatoire de Paris. Regards sur une institution et son histoire*, Paris 1995, S. 73–107. Die unterschiedlichen Titel der beiden Ausgaben der ‚Violinschule' reflektieren verschiedene pädagogische Konzeptionen: „Méthode" war der Standardtitel für

das Brüsseler Konservatorium berufen und begründete hier eine Violinklasse, aus der u. a. Berühmtheiten wie Henri Vieuxtemps hervorgingen. 1854 legte er eine dreibändige ‚Violinschule' vor, mit der er eine Reorientierung des Violinspiels am Gesang anstrebte. Als langjähriger künstlerischer Partner und Gatte der Sängerin Maria Malibran modellierte er seine Violinschule nach dem Vorbild der Gesangsschule seines Schwagers Manuel García, indem er dessen Abhandlung an einigen Stellen zitierte und vor allem eine Fülle opernmusikalischer Beispiele in seine Violinschule integrierte.

Pflichtgemäß weisen auch Spohr, Baillot und de Bériot zu Beginn ihrer Schulen auf die enge Beziehung der Violine zur menschlichen Stimme bzw. zum Gesang hin, um den Vergleich jedoch unterschiedlich zu akzentuieren. Während Spohr eine historisch ältere Position formuliert und sich ihm zufolge die Violine der Stimme nur mittels Nachahmung anzunähern vermag, ohne sie jedoch jemals zu erreichen,[24] geht Baillot nicht von einer Vorrangstellung, sondern von einer Äquivalenz von Stimme und Geige aus: „Ihr Ton ist gleichsam eine zweite Menschenstimme, welche durch ihre Tonlage u. Ausdehnung ihres Umfangs als Ergänzung der natürlichen Stimme erscheint."[25] Bériot schließlich zeichnet das Verhältnis von Stimme und Geige als Konkurrenzsituation, er schreibt:

---

alle Lehrwerke des Conservatoires. Ziel war es, eine systematische Methode zu präsentieren, die unabhängig von individuellen Gegebenheiten jederzeit Erfolg versprechend anwendbar ist. Demgegenüber ist Baillots *L'art du violon*, deren Titelgebung eine Formel des 18. Jahrhunderts aufgreift (vgl. etwa Jean-Baptiste Cartier, *L'art du violon*, Paris 1798), im Aufbau der Übungen weitaus instrumentenspezifischer ausgerichtet. Darüber hinaus geht er ausführlich darauf ein, wie Haltung und Bogentechnik je nach körperlichen Eigenheiten des Schülers modifiziert und individualisiert werden können.

24 Bei Spohr heißt es: „Der Violine gebührt unter allen bis jetzt erfundenen musikalischen Instrumenten der erste Rang [...] hauptsächlich aber, weil sie sich zum Ausdruck des tiefsten Gefühls eignet und hierin von allen Instrumenten der Stimme am nächsten kommt." Zum Portamento schreibt er in diesem Zusammenhang: „Die Violine besitzt neben anderen Vorzügen vor den Tasten- und Blas-Instrumenten auch den, dass sie das der menschlichen Stimme eigenthümliche Fortgleiten von einem Ton zum anderen täuschend nachahmen kann, sowohl in sanften als leidenschaftlichen Stellen." Spohr, *Violinschule*, S. 7 u. S. 126.

25 Baillot, *L'Art du violon*, S. 4. 1835 verfasst Baillot eine Schrift über die Ausrichtung des Concours des Conservatoires. Darin fordert er, die Jury solle sich aus drei Geigern, dem Direktor des Conservatoires und einem Gesangsprofessor zusammensetzen. Die Aufgabe des Letzteren sei es, „veiller à ce que le rapport qui existe entre l'instrument et la voix (considérée comme type du violon) soit maintenu; pour juger enfin si le jeu de l'élève est conforme à la manière de bien chanter." Pierre Baillot, *Observations relatives aux concours de violon du Conservatoire de musique*, Paris 1872, S. 23.

> Das krampfhafte, einseitige Ringen nach Technik, welches sich in letzter Zeit der Violinvirtuosen bemächtigt hat, führte dieselben oft von ihrer wahren Aufgabe ab, welche darin besteht, mit der menschlichen Stimme zu wetteifern, während doch gerade diese edle Aufgabe es ist, von deren Bewältigung der Violine der glorreiche Name ‚Königin der Instrumente' entstand.[26]

Trotz dieser unterschiedlichen Gewichtungen erfüllt der Vergleich in allen drei Fällen eine ähnliche Funktion: Er vermittelt eine im weitesten Sinne wirkungsästhetische Sichtweise des musikalischen Vortrags,[27] dessen Ziel es sein soll, durch die Übermittlung der in dem Tonstück angelegten Leidenschaften den Hörer zu rühren.

Fundstellen

Alle drei Schulen gliedern sich in einen ersten Teil zu technischen Grundlagen und in einen zweiten zur Vortragslehre, wobei die Ausführungen zum Portamento in der Regel in beiden Teilen Erwähnung finden. Will man nun das Portamento als Ausdruckszeichen und die Relevanz des Vorbilds ‚Stimme' besser verstehen, reicht es nicht aus, wie in den bislang vorliegenden Arbeiten von Clive Brown und David Milsom allein die unterschiedlichen Anweisungen zur technischen Ausführung in den Schulen miteinander zu vergleichen. Vielmehr müssen wir auch die jeweilige Vortragsästhetik und die Überlegungen zur Anwendung des Portamentos in unsere Diskussion miteinbeziehen.[28]

---

[26] Charles de Bériot, *Méthode de Violon, op. 102*, 1. Abt.: *Elementartechnik*, dt./frz., Mainz 1898, S. I.

[27] Baillot und de Bériot beziehen sich dabei explizit auf die Ausführungen Jean-Jacques Rousseaus, der bekanntlich eine ursprüngliche Einheit von Musik und Sprache, von Rede und Gesang annimmt. Die frühesten menschlichen Äußerungen waren ihm zufolge solche der Leidenschaften, die zum Sprachlaut wie zum melodischen Ausdruck drängen. Instrumentalmusik ist nach Rousseau nur dann sinnvoll möglich, wenn sie sich der Nachahmung dieser ursprünglichen Einheit der Leidenschaften verschreibt. Daraus ergibt sich bei Rousseau ein Primat der Melodie, die der im Verlauf der Musikgeschichte verloren gegangenen Einheit von Musik und Sprache und damit zugleich der Stimme der Natur (Leidenschaften) am nächsten komme. Vgl. Jean-Jacques Rousseau, „Essay über den Ursprung der Sprachen, worin auch über Melodie und musikalische Nachahmung gesprochen wird" [1781], in: Rousseau, *Musik und Sprache. Ausgewählte Schriften*, hg. u. übers. v. Dorothea u. Peter Gülke, Wilhelmshaven 1984, S. 99–168.

[28] Beide Autoren dokumentieren anhand zahlreicher Belege, wie das Portamento im 19. Jahrhundert gelehrt wurde, und zeigen u. a. anhand früher Tonaufnahmen, dass das Portamento sowohl in der Violin- wie auch in der Gesangspraxis zum gängigen Ausdrucksmittel gehörte.

Beginnen wir mit Louis Spohr, in dessen Schule sich einer der ersten ausführlicheren Einträge zu Ausführung und zum Einsatz des Portamentos findet (vgl. Abb. 3a). Spohr gibt im Falle zweier gebundener Noten, die durch einen Lagenwechsel getrennt sind, eine einzige Art des Portamentos an und zwar das Portamento mit dem Ausgangsfinger. Den Einsatz dieses Portamentos empfiehlt er, wenn zwei Töne auf unterschiedlichen Saiten durch Lagenwechsel verbunden werden und die Anbindung von Flageoletttönen an normal gegriffene Töne erfolgen soll. Das Portamento mit dem Zielfinger verwirft er, da „das unangenehme Heulen gar nicht zu vermeiden"[29] sei (vgl. Abb. 3b).

und lasse erst dann den vierten Finger auf das zweite *c* niederfallen; eben so im 11ten Takt, mit dem zweiten Finger von *e* bis *h*.

Da aber bey dieser Methode das unangenehme Heulen gar nicht zu vermeiden ist, so muss sie als fehlerhaft verworfen werden.

Abb. 3a und 3b: Louis Spohr, *Violinschule*, Wien 1833, S. 120.

Bei Spohr ist das Portamento Teil der Vortragslehre und zwar nicht des problemlos erlernbaren ‚richtigen Vortrags', sondern der technischen Voraussetzungen zum schönen Vortrag. Dieser besteht nach Spohr nicht allein darin, den notier-

---

Die vortragsästhetische Dimension dieser Diskussion bzw. Praxis blenden sie allerdings weitgehend aus; vgl. Clive Brown, „Portamento", in: C. Brown (Hg.), *Classical and Romantic Performing Practice 1750–1900*, New York u. a. 1999, S. 558–587; ders. „Singing and String Playing in Comparison: Instructions for the Technical and Artistic Employment of Portamento and Vibrato in Charles de Bériot's ‚Méthode de violon'", in: Claudio Bacciagaluppi, Roman Brotbeck u. Anselm Gerhard (Hg.), *Zwischen schöpferischer Individualität und künstlerischer Selbstverleugnung. Zur musikalischen Aufführungspraxis im 19. Jahrhundert*, Schliengen 2009, S. 83–108; David Milsom, *Theory and Practice in Late Nineteenth-Century Violin Performance: An Examination of Style in Performance, 1850–1900*, Aldershot u. a. 2003, S. 75–110.

29 Spohr, *Violinschule*, S. 120.

ten Text zum Klingen zu bringen, der schöne Vortrag werde vielmehr erst dann erreicht, wenn der Ausführende „von dem Seinigen" hinzutue und „das Vorgetragene geistig zu beleben" vermag, „so dass vom Hörer die Intentionen des Komponisten erkannt und mitempfunden werden können".[30] Neben Dynamik, Vibrato, Tempo und Artikulation zählt Spohr „die künstlichen Applicaturen" zum schönen Vortrag, „die nicht der Bequemlichkeit oder leichtern Spielbarkeit, sondern des Ausdrucks und des Tons wegen angewendet werden, wozu auch das Fortgleiten von einem Ton zum anderen" gehört.[31] Der schöne Vortrag realisiert sich bei Spohr also erst in der spezifischen Abweichung vom notierten Text, in der geschmackvoll angewandten individuellen Gestaltung. Daher finden sich bei ihm auch keine allgemein verbindlichen Regeln zum Einsatz des Portamentos. Stattdessen empfiehlt er, den Geschmack an guten Beispielen zu bilden, und liefert selbst in seiner Schule eine Reihe solcher Exempel.

Ein besonders aussagekräftiges Beispiel für den Einsatz des Portamentos bietet das Adagio aus dem 7. Violinkonzert von Pierre Rode, zu dem Spohr im Kommentar schreibt: „Das sanfte Gleiten von einem Ton zum andern muss nicht bloß aufwärts wie im ersten Takt von g zu e, sondern auch abwärts, wie im selben Takt von c zum leeren e und im folgenden Takt von g zu h stattfinden" (vgl. Abb. 4).[32]

Abb. 4: Louis Spohr, *Violinschule*, Wien 1833, S. 209 (Adagio aus dem 7. Violinkonzert von Pierre Rode).

---

30 Ebd., S. 195.
31 Ebd., S. 195 f.
32 Ebd., S. 209.

Die Fingersätze, die zum Teil ein Portamento implizieren, verdeutlichen die Formanlage des Adagios: Innerhalb der achttaktigen Periode ist der erste Viertakter in zwei Zweitaktgruppen untergliedert. Diese sind nicht nur dynamisch voneinander abgesetzt (mf, piano), sondern werden von Spohr auch in der Tonfarbe differenziert, indem er den ersten Zweitakter auf der E-Saite, den zweiten auf der A-Saite spielen lässt und den kontrastierenden Mittelteil dann vollständig auf die G-Saite verlegt. Durch Fingersatz und Portamento realisiert Spohr also einerseits eine größtmögliche Homogenität innerhalb einer Phrase, andererseits variiert er die Klangfarbe im Gesamtverlauf und verdeutlicht damit zugleich die formale Anlage des Adagios.

Baillot geht zunächst davon aus, dass Tonsprünge prinzipiell nicht durch ein Portamento verbunden werden. Davon unterscheidet er allerdings den Sonderfall einer Bindung und den eines besonderen Ausdruckscharakters, den er als *tendre expression* beschreibt. Anders als Spohr differenziert Baillot in diesen Fällen zwischen auf- und absteigendem *port de voix*: Während im aufsteigenden Portamento der Ausgangsfinger gleitet, führt Baillot das abwärtsgerichtete Portamento mit dem Zielfinger aus.

Darüber hinaus koppelt er das Portamento an die Dynamik: Aufwärtsgerichtet geht das Portamento mit einer Intensivierung der Dynamik einher, abwärts mit einem Decrescendo. Deutlicher noch als Spohr bezieht sich Baillot in seiner Vortragslehre auf Modelle des 18. Jahrhunderts, indem er dem Ausführenden vielfach eine Mittlerfunktion zuspricht, die dieser bei der Übertragung der Affekte auf die Gemüter der Zuhörer zu erfüllen hat. So gliedert Baillot etwa mit Verweis auf Rousseau die Musik analog zu den Lebensaltern in vier Charaktere: einfach/naiv, leer/unbestimmt, leidenschaftlich/dramatisch, ruhig/religiös.[33] Jedem dieser Charaktere sind musikalische Ausdrucksbezeichnungen zugeordnet (vgl. Abb. 5).

Dem ersten Charakter einfach/naiv entspricht die Ausdrucksbezeichnung ‚Semplice ... smorfioso'. *Smorfioso* bedeutet im Italienischen ‚affektiert, launisch, gekünstelt'. Wir kennen den Begriff vor allem aus den Komödien Carlo Goldonis, der sich über die *smorfie* der eingebildeten und affektierten Sängerinnen mokiert, die zum Lachen reizen.[34] In diesem Sinne klagt auch Antonio Salieri über die

---

[33] Baillot, *L'art du violon*, S. 193.
[34] Vgl. Elisabeth Le Guin, „‚One Says That One Weeps, but One Does Not Weep': ‚Sensible', Grotesque, and Mechanical Embodiments in Boccherini's Chamber Music", in: *Journal of the American Musicological Society* 55 (2002), S. 207–254, hier S. 233 f.; sowie die anschließende Diskussion über *smorfioso* bei Beverly Jerold, „Maniera smorfiosa, a Troublesome Ornament: A Response to Elisabeth Le Guin", in: *Journal of the American Musicological Society* 59 (2006), S. 459–461; Marco Mangani, „More on smorfioso", in: ebd., S. 461–465; sowie Elisabeth Le Guin, „This Matter of smorf: A Response to Berverly Jerold and Marco Magnani", in: ebd., S. 465–472.

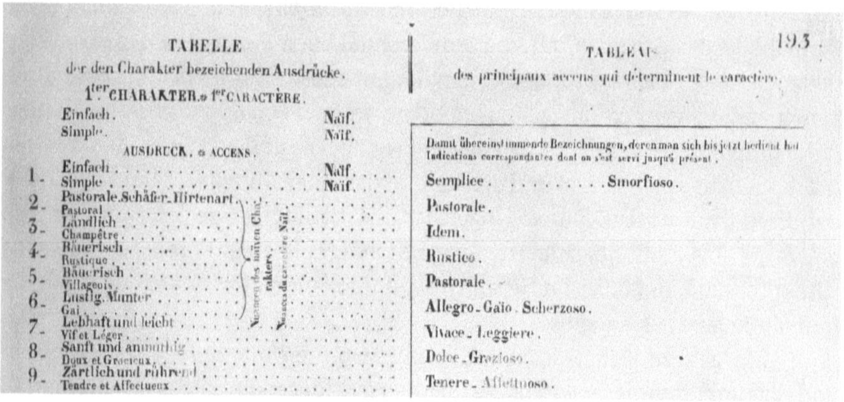
TABELLE
der den Charakter bezeichenden Ausdrücke.
1ter CHARAKTER. 1er CARACTÈRE.

TABLEAU
des principaux accens qui déterminent le caractère.

193

Einfach. Naïf.
Simple. Naïf.

AUSDRUCK. ACCENS.

Damit übereinstimmende Bezeichnungen, deren man sich bis jetzt bedient hat
Indications correspondantes dont on s'est servi jusqu'à présent.

1.	Einfach . . . Naïf. / Simple . . . Naïf.	Semplice . . . Smorfioso.
2.	Pastorale. Schäfer_Hirtenart / Pastoral	Pastorale.
3.	Ländlich / Champêtre	Idem.
4.	Bäuerisch / Rustique	Rustico.
5.	Bäuerisch / Villageois	Pastorale.
6.	Lustig. Munter / Gai	Allegro_Gaio. Scherzoso.
7.	Lebhaft und leicht / Vif et Léger	Vivace_Leggiere.
8.	Sanft und anmuthig / Doux et Gracieux	Dolce_Grazioso.
9.	Zärtlich und rührend / Tendre et Affectueux	Tenere_Affettuoso.

Nuancen des naïven Charakters. Nuances du caractère Naïf.

Abb. 5: Pierre Baillots „Tableau des principaux accens qui déterminent le caractère. 1er caractère simple, naïf". Aus: Pierre Baillot, *L'art du violon*, Mainz/Anvers 1834, S. 193.

„weibische Art" manch schwacher Solo-Violinisten, ihr Instrument zu behandeln, „welche die Italiener *maniera smorfiosa* nennen und die in einem Missbrauche des Auf- und Niederfahrens mit dem Finger auf den Saiten besteht".[35] *Smorfioso* bezieht sich also aller Wahrscheinlichkeit nach bei Baillot auf ein deutlich hörbares und als übertrieben und affektiert empfundenes Portamento, das, wenn es als Ausdruck des naiven Charakters erwähnt wird, wohl am ehesten in einem parodistischen Sinne eingesetzt werden soll.

Baillot war in Paris nicht nur als Violinlehrer des Conservatoires bekannt, sondern ebenso als Interpret von Kammermusik, insbesondere der Quartette Haydns und Mozarts, Boccherinis und der frühen Beethoven-Quartette. Im Verlauf seiner Schule, die reich mit Beispielen dieses kammermusikalischen Repertoires gespickt ist, verweist er mehrfach auf die Tendenz jüngerer, zeitgenössischer Komponisten, möglichst genau alle Nuancen bis hin zu Fingersätzen (und damit auch die Gelegenheit zum Portamento) zu notieren:

> Der Ueberfluss von Zeichen, weil er die unrichtige Auffassung verhindert und Denen zum Führer dienet, die der Leitung bedürfen, ist etwas sehr nützliches; dieser könnte aber auch dahin führen, das Talent des Vortrags auszulöschen, welches sich darein gefällt alles zu errathen, und auf seine eigenthümliche Weise zu schaffen.[36]

35 Salieri, „Miszellen", S. 207.
36 Baillot, *L'art du violon*, S. 162.

Das Genie des Musikers manifestiert sich Baillot zufolge jedoch nicht allein in der phantasievollen Ornamentierung und Ausschmückung, die durch die verbindliche Textgestalt neuerer Kompositionen an Bedeutung verloren hat. Vielmehr imaginiert er die gelungene Aufführung als eine Seelengemeinschaft zwischen Komponist und Musiker, indem der vortragende Künstler – geleitet durch plötzliche Inspiration – sich zur Position des Komponisten aufschwingt:

> Nur im Besitze einer solchen Anlage [das Genie des Musikers, C. B.] lassen sich in schnellem Ueberblick [im Orig.: „par une inspiration soudaine", C. B.], die unterschiedlichen Charaktere (Eigenthümlichkeiten) der Musik auffassen, welche durch augenblickliches Ergreifen der Eigenthümlichkeit des Componisten gleich zu ordnen verstehet, allen seinen Absichten zu folgen, und diese eben leicht und pünktlich wiederzugeben fähig ist, ja selbst die Wirkungen in dem Grade vorempfindet, um sie desto glänzender hervorheben zu können und dem Spiele die Klangfarbe zu geben, welche der Eigenthümlichkeit des Componisten entspricht.[37]

Wie sehr bei Baillot werk- und wirkungsästhetische Überlegungen ineinandergreifen, zeigt sich in seiner Diskussion des Portamento. Portamento ist für ihn eines der Zeichen, das bei aller Abgeschlossenheit des notierten Werks die Freisetzung der Interpretensubjektivität, seines ‚Ich', musikalisch sinnfällig werden lässt, und zwar insbesondere dann, wenn es wie im Adagio um *tendre expression*, um den Ausdruck von Schmerz und Klage geht:

> Tief bewegt bei einem Adagio hält er [der Musiker, C. B.] die rührendsten Töne langsam und feierlich an, bald lässt er sein Spiel und seine Gedanken unter ernsten und religiösen Harmonien umherschweifen, bald erseufzt er in einem klagenden und zärtlichen Tonstücke und versteht seinem Ausdrucke mit der Hingebung des Schmerzes Mannigfaltigkeit zu geben. Bald [...] gibt er sich der Inspiration hin, die Violine ist in seinen Händen kein blosses Werkzeug mehr, sie wird zur klingenden Seele.[38]

Die rührendsten Töne, die portamentoreichen Seufzer und der mannigfaltige Ausdruck des Schmerzes lassen die Materialität des Instruments („Werkzeug") unsichtbar werden und beleben es zu einer klingenden Seele. Diese ‚Belebung' der Violine, die – wie Lydia Goehr gezeigt hat – um 1800 einen rhetorischen Topos bildet, bezieht sich nun nicht darauf, dass der ausübende Musiker notwendigerweise seine individuelle Deutung oder Auffassung einer Komposition hören lasse; stattdessen übermittelt er in seinen rührenden Tönen den Affektgehalt von

---

37 Ebd., S. 274.
38 Ebd., S. 276.

Klage und Trauer.[39] Dieser affektive Gehalt, den Baillot hier erstmals dem Portamento zuschreibt, ist es auch, der in der letzten hier untersuchten Schule im Vordergrund steht, derjenigen Charles de Bériots.

Für den belgischen Geiger Bériot ist das Portamento Teil einer Reorientierung des Violinspiels am Gesang.

> Wir können es nicht oft genug wiederholen: der Instrumentalist ist unvollkommen, so lange er nicht die feinsten Accente des Gesanges hervorzubringen vermag. Unter Gesang verstehen wir aber nicht nur die Musik, sondern auch das Gedicht, welchem jenen zum glänzenden Schmucke dient und ohne welches die Melodie nichts als eine Vokalise wäre. [...] Dies sind also die verschiedenen Nuancen, [...] indem er mit seinem Bogen der ruhigen und heiteren Musik eine sanfte Betonung, der ausdrucksvollen Melodie aber Accente gesteigerter Kraft verleiht. Dieses Betonungsvermögen verleiht dem Instrumente die Macht des Wortes, kurz: die Violine spricht unter den Händen des Meisters.[40]

Zu diesen Elementen der musikalischen „Prosodie"[41], wie er es nennt, gehört auch das Portamento. Anders als seine Vorgänger differenziert Charles de Bériot in seinen Ausführungen zum Portamento allerdings kaum die instrumententechnische Seite. So erläutert er zum Beispiel an keiner Stelle die Unterschiede zwischen einem Portamento mit dem Ausgangs- bzw. dem Zielfinger. Es bleibt daher unklar, ob er eher die französische Spielweise vertritt (Portamento mit dem Ausgangs- und Zielfinger) oder die deutsche (Portamento nur mit dem Ausgangsfinger). Stattdessen konzentriert er seine Ausführungen völlig auf jene Eigenschaften des Portamentos, die Violine und Gesang gemeinsam sind, nämlich der dynamische und der tempomäßige Verlauf. Beide bestimmt er, indem er eine neue, semiotechnische Notierung einführt: Drei unterschiedliche Typen von Bögen geben über Geschwindigkeit, Dynamik und Ausdrucksgehalt des Portamentos Aufschluss. Je runder der Bogen, umso langsamer und deutlich hörbarer soll das Portamento ausgeführt werden (vgl. Abb. 6). Durch die Notation in unterschiedlichen Bögen unternimmt Bériot den Versuch, das durch das Spielen und Hören erlangte Wissen vom Portamento zu verschriftlichen. Allerdings konnte er sich mit seiner Notationsweise nicht durchsetzen, und in der Folge wurden Möglichkeiten zum Portamento allein indirekt durch Fingersätze notiert, die gegebenenfalls durch Lagenwechsel ein Portamento nahelegen, so etwa in der Violinschule

---

39 Vgl. Lydia Goehr, *The Quest for Voice: Music, Politics, and the Limits of Philosophy*, Berkeley/Los Angeles 1998, S. 121 f.
40 Charles de Bériot, *Méthode de violon, op. 102*, 3. Abt.: *Vom Vortrag und seinen Elementen*, dt./frz., Mainz 1898, S. 38.
41 Ebd., S. 237.

Spohrs oder auch in zahlreichen praktischen Ausgaben, etwa August Wilhelmjs Arrangement von Franz Schuberts *Ave Maria* für Violine und Klavier.[42]

Lebhaftes Trainiren: ◄━

Angewandt bei Noten welche graziös hingeworfen, oder in energischen Sprüngen zu erreichen sind.

Sanftes Trainiren: ╯

Angewandt bei gefühlvollem Ausdruck.

Gedehntes Trainiren: ╯

Klagender oder schmerzlicher Ausdruck.

Abb. 6: Charles de Bériot, Méthode de Violon, op. 102, 3. Abt.: *Vom Vortrag und seinen Elementen*, dt./frz., Mainz 1898, S. 237.

---

42 Wilhelmjs Fingersätze bieten an elf Stellen die Möglichkeit zum Portamento, und Jascha Heifetz markierte einige Jahre später in seiner Ausgabe derselben Transkription diese Portamenti durch eine diagonale Linie; vgl. Franz Schubert, *Ave Maria*, transkr. v. August Wilhelmj, hg. v. Jascha Heifetz, New York 1933. Zu Fragen der Notation vgl. auch den Beitrag von Mary Helen Dupree im vorliegenden Band.

Den unterschiedlichen klanglichen Realisationen des Portamentos entsprechen Bériot zufolge verschiedene Ausdruckscharaktere:

> Es verhält sich mit diesem Ausdrucksmittel wie mit allen andern, die wir bisher abgehandelt haben, d. h. man muß es immer in richtigem Verhältnis zum Geiste des vorzutragenden Stückes verwenden. Das Trainieren [das meint das Portamento, C. B.] passt vorzugsweise für die dramatische Ausdrucksweise, allein es zerstört geradezu die ernste und majestätische Einfachheit der Kirchenmusik. In Stücken harmlosen, naiven oder pastoralen Charakters macht es sich oft albern [...]. Viel besser ist es am Platze bei traurigem und schmerzlichem Ausdruck, muß aber auch da mit Maß gebraucht werden. Wo aber Leidenschaft, Verzweiflung ausgedrückt werden sollen, da darf es öfter und in seiner klagenden Art angewandt werden, allemal jedoch im Einklang mit dem Charakter des Bogenstrichs.[43]

Durch welche Bewegungsverläufe diese Differenzierungen des Portamentos in verschiedene Ausdruckscharaktere erreicht werden sollen, verschweigt Bériot. Er geht sogar so weit, zur Illustration der verschiedenen Portamentoarten auf der Geige Gesangsbeispiele abzudrucken. So gesehen überspringt er in seiner Schule die instrumentaltechnischen und instrumentenspezifischen Voraussetzungen und entwickelt stattdessen das Phantasma einer Kunst des Gesangs auf der Geige.

Vor diesem Hintergrund lassen sich die Äußerungen Spohrs, Baillots und Bériots als Strategien einer Sinngebung betrachten, als Versuch, dem Portamento immer konkreter einen affektiven Gehalt zuzuschreiben. Was bei Spohr noch als eher sparsam anzuwendendes Ornament Erwähnung findet, wird bei Baillot und Bériot zum Ausdruck von Schmerz, Verzweiflung und Klage – zu einem Weg, die Seele aus den Fingerspitzen hinauszusenden. Die Zusammenschau der drei Schulen hat gezeigt, wie sich das Portamento immer weiter ausdifferenziert: Zu dem Aufwärts- bzw. Abwärtsgleiten mit dem Anfangsfinger bei Spohr treten das Portamento mit dem Zielfinger und die dynamische Formung bei Baillot und schließlich die tempomäßige und dynamische Feinabstufung bei Bériot. Bei allen Parallelen in der Verwendung von Portamento in Violin- und Gesangspraxis werden in dieser Vielfalt unterschiedlicher Portamentotypen zugleich fundamentale Unterschiede erkennbar. Vor allem Spohr und Baillot entwickeln das Portamento als eine instrumentenspezifische Figur, die in dieser Weise nicht mehr vom Gesang ausgeführt werden kann. Die Stimme bleibt dabei zwar Bezugspunkt, aber weniger als konkretes Vorbild für die Ausführung des Portamentos, sondern eher als Modell eines unverfälschten Ausdrucks der Leidenschaften im Sinne Rousseaus. So streben die Geiger im Portamento zwar tatsächlich dem Vorbild

---

[43] Bériot, *Méthode de violon*, 3. Abt., S. 235.

des Gesangs nach – paradoxerweise allerdings zusehends mit instrumentenspezifischen Mitteln.

Die Instrumental- und Gesangsschulen unternehmen auf diese Weise den Versuch, den Gleitklang, der immer gefährlich nahe an der Grenze zum Geräusch oder Missklang angesiedelt ist, zu ‚domestizieren', indem sie ihm eine Bedeutung zuschreiben und ihn so ‚kunstfähig' machen (Wissen). Die Unterscheidung von kunstfähigem Klang und Geräusch sowie das Wissen um das ‚richtige' Portamento werden dabei durch das Hören erlangt. Im Falle der Instrumentalschulen haben wir es also in mehrfachem Sinn mit einem Hör-Wissen zu tun. So sind sie der Versuch, ein durch Hören gewonnenes Wissen zu verschriftlichen. Dabei findet eine Übersetzung von praktischem in explizites Wissen statt, das nicht nur mit Sprache, sondern oftmals auch mit Abbildungen arbeitet. Es ist aber nicht nur ein durch Hören erworbenes Wissen, das – als Regeln formuliert – weitergegeben wird, um eine Spielbewegung, hier eine Gleitbewegung, in einer bestimmten Weise auszuführen, sondern es ist auch ein Wissen zum Hören, das den Schüler konditionieren möchte, etwas in einer bestimmten Weise zu hören und zu bewerten. Indem Schulen, vor allem ältere Instrumentalschulen, nicht nur Anleitung zur Spieltechnik, sondern musik- und interpretationsästhetische Anschauungen vermitteln, geben sie zugleich auch regulativ vor, wie ein Hörer hören soll.

Nicola Gess
Narrative akustischer Heimsuchung um 1800 und heute: Hören und Erinnerung in Hoffmanns „Johannes Kreislers Lehrbrief"

Der Dokumentarfilm *Alive Inside* von Michael Rossato-Bennett, der 2014 auf dem Sundance Film Festival den World Cinema Jury Prize erhielt, erzählt, so der Untertitel, eine „Story of Music and Memory". Er zeigt, wie demente Alzheimerpatienten durch Musik, die ihnen einst viel bedeutet hat, ‚aufgeweckt' werden können, sodass sie sich an ihr vergangenes Selbst, seine Vorlieben und Abneigungen, wieder lebhaft erinnern und sich sogar darüber unterhalten können. Das 2008 erschienene und von *Washington Post, Chicago Tribune* und *Financial Times* zum Best Book of the Year gewählte Buch *Musicophilia* des kürzlich verstorbenen Neuropsychiaters Oliver Sacks demonstriert, „what happens when music and the brain mix it up" (*Newsweek*).[1] Sacks erzählt Fallgeschichten von Patienten, die von Musikeinfällen heimgesucht werden, ohne diese „hint[s] from [the] unconscious" entschlüsseln zu können,[2] oder die mithilfe von Musik Zugang zu „emotions and associations" finden, „that had been long forgotten, giving the patient access once again to moods and memories, thoughts and worlds that had seemingly been completely lost".[3] Die 2000 erschienene und bis 2011 jährlich neu aufgelegte Studie von Tia DeNora *Music in Everyday Life* behandelt „music as a technology of self".[4] Aus Befragungen von Probanden schließt sie, dass das Hören von „biographically key music" nicht nur dem Nacherleben eines Ereignisses oder eines bedeutsamen Lebensabschnitts dient und die damit verbundenen Emotionen zurückbringt, sondern als solches auch der Selbstvergewisserung zuarbeitet: Musik als „prosthetic biography".[5]

---

[1] „FIRST to WORST: Books", in: *Newsweek* 150.10 (3.9.2007), S. 60.
[2] Oliver Sacks, *Musicophilia: Tales of Music and the Brain*, London 2007, S. 40.
[3] Ebd., S. 380.
[4] Tia DeNora, *Music in Everyday Life*, Cambridge 2010, S. 46.
[5] Ebd., S. 63 u. 66. Dass Musik das kann, macht DeNora nicht zuletzt an ihrer temporalen Struktur fest: „[M]usical structures may provide a grid or grammar for the temporal structures of emotional and embodies patterns as they were originally experienced" (ebd., S. 68). Das vermutet auch Matussek, wenn er in der „Wiedererkennungsfunktion musikalischer Strukturen [...] und deren Subversion" letztlich den Grund für *déjà entendu*-Effekte erkennt; Peter Matussek, „Déjà-entendu. Zur historischen Anthropologie des erinnernden Hörens", in: Günter Oesterle (Hg.), *Déjà-vu in Literatur und bildender Kunst*, München 2003, S. 289–309, hier S. 309. Vgl. ebenso jüngst

DOI 10.1515/9783110523720-011

Diese Beispiele zeigen, dass die Frage nach dem Zusammenhang von Musik und Erinnerung gegenwärtig im populärwissenschaftlichen Bereich auf großes Interesse stößt. Aus anderen Feldern ließe sich Ähnliches berichten, etwa aus der Philosophie. Philippe Lacoue-Labarthe stellt sich in „The Echo of the Subject" schon 1979 die Frage: „What connection is there between *autobiography* and *music*? [...] What is it that ties together autobiography, that is to say, the autobiographical compulsion [...], and music – the haunting by music or the musical obsession?"[6] Er ist seiner Zeit voraus. Andere Philosophen beschäftigen sich erst seit der Jahrtausendwende mit ähnlichen Themen. Jean Luc Nancy etwa formuliert in seiner phänomenologisch getränkten Studie „À l'écoute" von 2002 die These: „[L]auschen, das ist also in die Spannung und Obacht eines Selbstbezuges treten [...], [eines] Bezug[s], der ein ‚Selbst' bildet oder ein ‚zu sich' überhaupt. [...] [D]as Hören [erscheint] uns [...] als die Wirklichkeit dieses Zugangs [zum Selbst]".[7] Esoterischer geht es bei Peter Sloterdijk zu, der sich in seinem Essay „Klangwelt" von 2007 zu der These versteigt, über das Musikhören würde das Dasein im Mutterleib erinnernd nacherlebt. Der Fötus sei im Mutterleib „in ein internes sonores Kontinuum eingebettet", sodass alles spätere Hören von Musik „immer auch das Register der tiefen Regressionen" anspreche: „Musik [vermag] noch im erwachsenen, von der Härte des Realen geprägten Subjekt seine intime Vorgeschichte zu evozieren".[8]

Man könnte über jede einzelne dieser Studien ein eigenes Buchkapitel schreiben;[9] man könnte sich auch der Frage widmen, warum gerade in den letzten ca. 15 Jahren ein solches Interesse an Musik und Erinnerung aufgeflammt

---

Kai Preuß, der schreibt: „[Musik vermag] das Erinnerte in einer, wenn nicht der wesentlichen Eigenschaft anzusprechen: als etwas Zeitliches"; Kai Preuß, „Erinnerung und Zeitlichkeit", in: Lena Nieper u. Julian Schmitz (Hg.), *Musik als Medium der Erinnerung. Gedächtnis – Geschichte – Gegenwart*, Bielefeld 2016, S. 39–50, hier S. 39.

6 Philippe Lacoue-Labarthe, „The Echo of the Subject", in: Lacoue-Labarthe, *Typography: Mimesis, Philosophy, Politics*, hg. v. Christopher Fynsk, Cambridge/London 1989, S. 139–207, hier S. 140. Da es nach meiner Kenntnis keine deutsche Übersetzung gibt, habe ich hier der besseren Lesbarkeit halber auf die englische zurückgegriffen.

7 Jean Luc Nancy, *Zum Gehör*, übers. v. Esther von der Osten, Zürich/Berlin 2010, S. 20–22.

8 Peter Sloterdijk, „Klangwelt", in: Sloterdijk, *Der ästhetische Imperativ. Schriften zur Kunst*, hg. v. Peter Weibel, Berlin 2007, S. 8–82, hier S. 10 f. Vgl. zu meiner Kritik an dieser und ähnlichen Positionen Nicola Gess, „Ideologies of Sound: Longing for Presence from the Eighteenth Century until Today", in: *Journal for Sonic Studies* 10 (2015); online unter: https://www.researchcatalogue.net/view/220291/220292 (22.2.2017).

9 Vgl. zu psychologischen Studien den Beitrag von Manuela Schwartz zur Musiktherapie im vorliegenden Band, in dem sie allerdings nicht auf die musiktherapeutische Kur von Demenzerkrankungen eingeht.

ist. Doch möchte ich in diesem Artikel die aktuellen Studien lediglich als Sprungbrett nutzen, um über die literarische Vorgeschichte dieses Trends zu sprechen.[10]

Dass es eine solche Vorgeschichte gibt, scheint den meisten der erwähnten Studien durchaus bewusst zu sein. Lacoue-Labarthe beginnt mit Hölderlin und Mallarmé, greift für die Motti seiner Kapitel u. a. auf Valéry, Schiller, Tieck, Schlegel, Arnim/Brentano und Rückert zurück, und endet mit einem Gedicht von Wallace Stevens, in dem es u. a. heißt: „The self is a cloister full of remembered sounds".[11] Nancy zitiert Valéry und Wagner und integriert zudem ein eigenes Lautgedicht.[12] Da Lacoue-Labarthe und Nancy die Grenzziehung zwischen Literatur und Philosophie nicht akzeptieren, ist ihre Bezugnahme auf literarische Texte vielleicht noch nicht besonders bemerkenswert. Doch beziehen sich auch die psychologischen Studien von Sacks und DeNora auf Literatur, indem sie *en passant* den Namen Prousts und damit dessen Roman *À la recherche du temps perdu* bzw. das Konzept der *mémoire involontaire* anführen: „[F]amiliar music acts as a sort of Proustian mnemonic, eliciting emotions and associations that

---

10 Mit Bezugnahme auf einige Filmszenen (wie Veronika Voss' Performance des Songs *Memories Are Made of This* in Fassbinders *Die Sehnsucht der Veronika Voss* [BRD 1982] oder auch, ein klassisches Beispiel, Ilsa Lunds „Play it, Sam" in Curtiz' *Casablanca* [USA 1942] in Bezug auf den Song *As Time Goes By*, den Sam dann auch tatsächlich spielt) machte mich Mary Helen Dupree darauf aufmerksam, dass ein wichtiger Grund für diesen Trend auch in bestimmten filmischen Verfahren liegen könnte, die Musik als Erinnerungsmarker einsetzen und etwa als Auslöser für narrative *flash backs* verwenden. Zugleich ist jedoch wichtig zu berücksichtigen, dass der Film hier seinerseits bereits auf ältere Strategien des Musiktheaters rekurriert, über musikalische Motive (,Erinnerungsmotive', ,Leitmotive') dem Hörer und bisweilen auch den Bühnenfiguren bestimmte Personen oder Ereignisse wieder in Erinnerung zu rufen (vgl. dazu u. a. Nicola Gess, „,Hoffmanns Erzählungen' erzählen, oder: Die Oper als Erzählung", in: Pascal Nicklas [Hg.], *Literatur und Musik*, Berlin [in Vorbereitung]). Verbunden werden solche Strategien insbesondere mit den Musikdramen Wagners, und nicht von ungefähr finden sich etwa in der empirischen Psychologie um 1900 immer wieder Assoziationen zu Wagners Leitmotivik, wenn von Musik und Erinnerung die Rede ist (z. B. bei Sándor Ferenczi, „Zur Deutung einfallender Melodien", in: Ferenczi, *Bausteine zur Psychoanalyse*, Bd. III: *Arbeiten aus den Jahren 1908–1933*, 2., unveränd. Aufl., Bern/Stuttgart/Wien 1964 [ND der Ausg. 1938], S. 23–25, hier S. 24; oder bei Sigmund Exner, *Entwurf zu einer physiologischen Erklärung der psychischen Erscheinungen* [1894], Frankfurt a. M. 1999, S. 317). Wagner aber ist seinerseits in seiner Konzipierung von Musik als Stimme der Erinnerung/des Unbewussten maßgeblich von romantischen Konzeptionen beeinflusst, wie sie im vorliegenden Artikel behandelt werden.
11 Lacoue-Labarthe, „The Echo of the Subject", S. 207.
12 Auf den ersten Seiten des Kapitels „Interludium. Stumme Musik" (Nancy, *Zum Gehör*, S. 33–34), verfasst ursprünglich für das 2000 erschienene Buch *Mmmmmm* der Künstlerin Susanna Fritscher.

had been long forgotten";[13] „music [...] is a mediator of, in Proust's sense, the aesthetic, memory-encrusted unconscious".[14]

Aber bevor der literarische Faden aufgenommen wird, soll noch auf eine weitere Nuance des gegenwärtigen Zusammendenkens von Musik und Erinnerung hingewiesen werden. In den Fallgeschichten der erwähnten Studien wird die musikalische Auslösung einer Erinnerung von den Betroffenen in der Regel positiv valorisiert. Sacks und Lacoue-Labarthe sprechen hingegen auch von einer Heimsuchung, wenn sie den Charakter der mit Erinnerung beladenen Musik beschreiben wollen.[15] Sie verwenden den Terminus des ‚musical haunting' und berufen sich dabei auf Theodor Reiks autobiographisch geprägte Studie *Haunting Melody* (1953), in der der Psychoanalytiker zu begreifen versucht, warum er in den Wochen nach dem Tod seines Lehrers und Freundes Karl Abraham von einer Melodie aus dem letzten Satz der zweiten Sinfonie Gustav Mahlers heimgesucht wurde.[16] Reik schreibt über diese Erfahrung:

> I seemed to hear the ghostlike onset of the choir, the voices, [...], first *misterioso*, solemnly. [...] [I]t began to haunt me whenever I thought of Dr. Abraham. [...] But it also interfered with other trains of thought which had nothing to do with him. [...] It haunted me from that evening until New Year's day, and rarely left me for more than an hour. It was as if that melody had thrown a spell over me. I could not get rid of it, however much I tried to shake it off.[17]

Die Erinnerung an Mahlers Choral ist mit der Erinnerung an einen Toten verbunden, der sich über die Musik immer wieder in die Gedanken des Betroffenen drängt. Passenderweise handelt es sich bei dem Choral um eine Totenklage bzw. Auferstehungsmusik, die zudem bereits als Chor von Geisterstimmen („ghost-

---

13 Sacks, *Musicophilia*, S. 380; vgl. auch ebd., S. 40.
14 DeNora, *Music in Everyday Life*, S. 68.
15 Auch der so häufig referierte Proust macht von dieser Metapher Gebrauch, wenn er „das kleine Thema [der Sonate de Vinteuil, N. G.]" als einen „gefangenen Geist" beschreibt, der von den Instrumenten heraufbeschworen wird, um in Swann die unwillkürliche Erinnerung an seine verlorene Geliebte auszulösen. So wohltuend dieser Spuk letztlich für Swann ist, indem er ihn zur nachträglichen Trauerarbeit zwingt, so schmerzvoll ist er doch zunächst: „Plötzlich aber war es, als sei sie eingetreten, und diese Erscheinung bereitete ihm einen Schmerz, der ihn so reißend durchfuhr, daß er die Hand an sein Herz führen mußte. [...] [A]lle seine Erinnerungen [...], die er bis zu diesem Tag unsichtbar in den Tiefen seines Innern zurückzuhalten vermocht hatte, [...] [waren] aufgewacht"; Marcel Proust, *Werke*, Abt. 2: *Auf der Suche nach der verlorenen Zeit*, Bd. 1: *Unterwegs zu Swann*, übers. von Eva Rechel-Mertens, Frankfurt a. M. 1994, S. 503 u. 499.
16 Vgl. Theodor Reik, *The Haunting Melody: Psychoanalytic Experiences in Life and Music*, New York 1953.
17 Ebd., S. 221 f.

like" und „misterioso") vertont wurde. Doch zur quälenden Heimsuchung wird die erinnerte Musik erst dadurch, dass sie Reik gegen seinen Willen, in unpassendsten Momenten aufsucht und bei seinen alltäglichen Verrichtungen stört und dass sie ihm etwas sagen zu wollen scheint, das er nicht entschlüsseln kann: „I pondered about what the motif wanted to convey to me. I heard its message, but I did not understand it; it was as if it had been expressed in a foreign language I did not speak".[18] Als Freud-Schüler geht Reik davon aus, dass Spukphänomene Ausdruck der Wiederkehr eines Verdrängten sowie in aller Regel auch eines Schuldkomplexes sind. Das ‚haunting' durch den Choral Mahlers interpretiert er darum als Symptom: Als Geisterstimme weist sie ihn auf etwas hin, das er verdrängt hat und das mit seinem toten Lehrer und Freund Karl Abraham zu tun haben muss. In seiner jahrzehntelangen Selbstanalyse gelangt Reik dann wenig überraschend zu dem Schluss, dass ein ödipaler Schuldkomplex (der uneingestandene Wunsch, Abrahams Position einnehmen zu können) der Grund für die musikalische Heimsuchung war.

Reiks Studie ist interessant für das hier zu verhandelnde Thema, weil sie zeigt, dass es eine dunkle Kehrseite des musikalischen Aufrufens von Erinnerungen zu geben scheint, die mit dem traumatischen Charakter des vergangenen Erlebnisses zu tun hat. Und sie greift, um diese Kehrseite zu verbalisieren, zu einem Spuknarrativ, das durch die Aufnahme bei Lacoue-Labarthe und Sacks auch gegenwärtig wieder Konjunktur im Zusammendenken von Musik und Erinnerung hat.[19]

Eine literarische Urszene zu diesem Narrativ hat Cathy Caruth in *Unclaimed Experience: Trauma, Narrative, and History* (1996) ausgemacht.[20] Sie weist darauf hin, dass Sigmund Freud in *Jenseits des Lustprinzips* den traumatischen Wiederholungszwang mit einer Passage aus Torquato Tassos Epos *Gerusalemme liberata* (1581) illustriert, in der ebenfalls die akustische Heimsuchung, hier durch die Stimme der Geliebten, eine zentrale Rolle spielt. Der Held Tancredi hat, ohne es zu wollen, seine Geliebte Clorinda im Kampf getötet; nach ihrem Tod verwundet er sie unwissentlich ein zweites Mal, indem er eine Zypresse verletzt, in die die Seele Clorindas eingewandert war. Erst als aus dem Baum eine klagende Stimme

---

18 Ebd., S. 223.
19 Vgl. für ein Pendant in der Popkultur etwa auch das zu Reik in etwa zeitgenössische *screen printing* von Roy Lichtenstein, *The Melody Haunts My Reverie* (1965).
20 Vgl. Cathy Caruth, *Unclaimed Experience: Trauma, Narrative, and History*, Baltimore 1996, S. 1 f. Den Hinweis auf Caruth verdanke ich Philipp Schweighauser. Weitere Ur-Szenen könnte man in antiken Mythen, wie vor allem dem Echo-Mythos finden, in dem die von Narziss verschmähte Nymphe Echo in einer Höhle verkümmert, sodass nur noch die Stimme von ihr übrig bleibt.

ertönt, mit der sich Clorinda zu erkennen gibt – „Du hast aus meinem Körper mich vertrieben [...]. Warum zerstörst du nun den armen Stamm, / In den mein hartes Schicksal mich gebannt hat? / So willst du, Unbarmherz'ger, deine Feinde / Auch nach dem Tode noch im Grabe kränken? // Clorinda war ich [...]"[21] –, erkennt Tancredi sein doppeltes Verbrechen und flieht vor der geisterhaften Mahnung an seine Taten. Während Freud, andernorts durchaus hellhörig für stimmliche Symptome, diesem Detail keine weitere Aufmerksamkeit schenkt, hebt Caruth den Zusammenhang hervor, den Tassos Epos zwischen der traumatischen Erfahrung und der akusmatischen Stimme knüpft:

> The voice of his beloved addresses him and [...] bears witness to the past he has unwittingly repeated. [...] Tancred's story thus represents traumatic experience [...] as the enigma of the otherness of a human voice that cries out from the wound, a voice that witnesses a truth that Tancred himself cannot fully know.[22]

Ich möchte diese Hinweise zum Anlass nehmen, um die literarische Vorgeschichte des Zusammendenkens von Musik und (traumatischer) Erinnerung näher zu beleuchten. Hör-Wissen soll hier also erstens in dem Sinne verstanden werden, dass es um ein vergessenes/verdrängtes Wissen von der Vergangenheit geht, dessen Erinnerung durch Musik oder andere klangliche Phänomene bei ihren Hörern wiederbelebt werden kann.[23] Zweitens soll das Augenmerk dabei auf die

---

21 Torquato Tasso, „Die Befreiung Jerusalems", in: Tasso, *Werke und Briefe*, übers. u. eingel. v. Emil Staiger, München 1978, S. 183–674, hier S. 486.
22 Caruth, *Unclaimed Experience*, S. 3.
23 Vgl. zum Begriff der ‚Wiederbelebung' Edgar Erdfelder, [Art.] „Wiederbelebte Erinnerung", in: Nicolas Pethes u. Jens Ruchatz (Hg.), *Gedächtnis und Erinnerung. Ein interdisziplinäres Lexikon*, Reinbek 2001, S. 639. Erdfelder versteht darunter „wiedereinsetzende Erinnerungen an traumatische Ereignisse, die in einer amnestischen Phase zuvor nicht erinnert werden konnten" (ebd.). Musik oder andere klangliche Phänomene werden von mir im vorliegenden Artikel zum einen als Trigger einer unwillkürlichen Erinnerung verstanden, zum anderen als Medium des Erinnerns, d. h. – nach Gudehus et al. – auf der „Schnittstelle von Gedächtnis und Erinnerung" positioniert; vgl. Christian Gudehus, Ariane Eichenberg u. Harald Welzer (Hg.), *Gedächtnis und Erinnerung. Ein interdisziplinäres Handbuch*, Stuttgart 2010, S. 127 (allerdings wird von Gudehus et al. Musik selbst nicht als ein Medium des Erinnerns geführt). Die Begriffe ‚Gedächtnis' und ‚Erinnerung' werden im vorliegenden Beitrag im Sinne der basalen Definition von Gedächtnis als „System zur Aufnahme, zur Aufbewahrung [...] jeder Art von Informationen" und Erinnerung als „Abrufen" dieser Informationen verwendet (ebd., S. vii). Außerdem ist mir in Bezug auf die Abgrenzung von Gedächtnis und Erinnerung um 1800 die zeitgenössische Unterscheidung Jean Pauls wichtig: „Er unterschied Gedächtnis und Erinnerung durch ihre differierenden Ordnungsstrukturen des räumlichen Nebeneinanders und des zeitlichen Nacheinanders [...]. Jean Paul band diese Unterscheidung an ein Verständnis von Erinnerung als Tätigkeit, während er das Gedächtnis ‚ein

Geschichte dieses Hör-Wissens und, genauer, auf den literarischen Diskurs um dieses Hör-Wissen in den Jahren um 1800 gelegt werden, aus dem vor allem die Erzählung einer akustischen Heimsuchung von E. T. A. Hoffmann herausgegriffen wird.[24] Diese Konzentration auf den literarischen Diskurs nehme ich aus drei hier nur thesenartig formulierbaren Gründen vor, von denen der dritte im weiteren Verlauf des Artikels ausgearbeitet wird.

a) Das Hör-Wissen, von dem hier die Rede ist, ist auf Narrativierung angewiesen. Nicht nur, weil seine Darstellung über die Erzählung (zum Beispiel von Fallgeschichten, die sich um 1800 ebenso häufig in der entstehenden Psychologie wie in der Dichtung finden und wissenschaftlichen wie literarischen Ansprüchen Genüge zu tun suchen)[25] funktioniert; das ist übrigens auch in den eingangs genannten Werken von Rossato-Bennett, Sacks und DeNora so, die eine Fallgeschichte an die nächste reihen. Sondern auch, weil die vergessene/verdrängte Erinnerung, die in diesen Erzählungen durch Musik oder andere quasi-musikalische Phänomene aufgerufen wird, der Narrativierung bedarf. Diese Notwendigkeit ist insbesondere in der Trauma-Literatur wiederholt herausgearbeitet worden: Das traumatische Ereignis entzieht sich der bewussten Erinnerung ebenso wie der sprachlichen Darstellung, ist aber gerade deswegen auf seine nachträgliche Narrativierung angewiesen, weil es nur so aufgearbeitet und in die autobiographische oder auch kollektive Selbsterzählung integriert werden kann.[26]

b) Um 1800 entsteht nicht nur das Konzept des Unbewussten, das seine wohl eindrücklichste Formulierung in literarischen Texten wie denen E. T. A. Hoff-

---

nur aufnehmendes, nicht schaffendes Vermögen' nannte" (Günter Oesterle, „Erinnerung in der Romantik. Einleitung", in: Oesterle [Hg.], *Erinnern und Vergessen in der europäischen Romantik*, Würzburg 2001, S. 7–23, hier S. 12).

24 Die Untersuchung von Narrativen akustischer Heimsuchung wird hier also nur in einem sehr beschränkten Umfang vorgenommen; sie könnte stark ausgeweitet werden, z. B. auf akustische Heimsuchungen im Kontext des Spiritismus (vgl. dazu etwa Leigh Eric Schmidt, *Hearing Things: Religion, Illusion, and the American Enlightenment*, Cambridge 2002) und ihren Niederschlag in der Literatur oder auch auf die Rezeption neuer akustischer Medien, die in den literarischen Texten des 19. bis frühen 20. Jahrhunderts häufig als Geister-Medien beschrieben werden.

25 Vgl. zur Fallgeschichte um 1800 u. a. Nicolas Pethes, *Literarische Fallgeschichten. Zur Poetik einer epistemischen Schreibweise*, Konstanz 2016.

26 Vgl. dazu z. B. Gabriele Rippl et al. (Hg.), *Haunted Narratives: Life Writing in an Age of Trauma*, Toronto 2013. Inzwischen ist in der Forschung zu Gedächtnis und Erinnerung allgemein akzeptiert, dass nicht erst die Artikulation von Erinnerung narrativ organisiert ist, sondern auch die strukturelle Ordnung der Erinnerung selbst; vgl. J. Straub u. W. Ernst, [Art.] „Narration", in: Nicolas Pethes u. Jens Ruchatz (Hg.), *Gedächtnis und Erinnerung. Ein interdisziplinäres Lexikon*, Reinbek 2001, S. 399–405.

manns findet, in denen vor allem die unheimliche Wiederkehr des Verdrängten thematisiert wird und auf die auch Freud später in seiner Theoriebildung zurückgreifen wird. Sondern um diese Zeit entsteht auch das Konzept einer besonderen Wirkungsmacht der Musik, das sich unter anderem aus der Überzeugung eines unmittelbaren, nicht zuletzt auch physiologisch begründeten Zusammenhangs von Klangkunst und Seelenleben herleitet.[27] Musik als Sprache des Unbewussten – diese schon bald zum *common place* herabsinkende, von Psychologen, Musikphilosophen und Schriftstellern geteilte Annahme war um 1800 so neu wie literarisch produktiv. Zugleich ist es prägend für die Literatur um 1800, ein neues Konzept von Erinnerung beschrieben und mitentwickelt zu haben, das deren Unwillkürlichkeit und Partikularität betont: „[D]ie Darstellung schreckhaften Auftauchens zusammenhangloser Bruchstücke, unvermittelter *flash backs*, wie sie die Traumaforschung heute analysiert, ist erst in der Romantik poesiefähig geworden", so Günter Oesterle zusammenfassend in der Einleitung zu *Erinnern und Vergessen in der europäischen Romantik*.[28] Damit ändert sich aber auch das Metaphernfeld der Erinnerung, in dem die „traditionelle Gedächtnismetaphorik von Magazin und Wachstafel" sowie des „Augensinns als bislang privilegiertem Erinnerungsträger" durch ein „raumzeitliches Intermedium", wie zum Beispiel die Musik, und „andere, niedere Sinne als Erinnerungsstimuli", wie zum Beispiel den Hörsinn, abgelöst werden.[29]

c) Literatur um 1800 interessiert sich in besonderer Weise für das hier diskutierte Hör-Wissen, weil es ihr eine Reflexion auf die eigenen medialen Bedingungen erlaubt. Dabei lassen sich zwei Positionen unterscheiden, die Hoffmanns Erzählung „Kreislers Lehrbrief" souverän aufgreift und zugleich hinterfragt. Zum

---

27 Für eine Auseinandersetzung mit den Merkmalen und Gründen des Diskurses über die Wirkungsmacht von Musik vgl. Nicola Gess, *Gewalt der Musik. Literatur und Musikkritik um 1800*, 2. Aufl., Freiburg/Berlin 2011; Caroline Welsh, *Hirnhöhlenpoetiken. Theorien zur Wahrnehmung in Wissenschaft, Ästhetik und Literatur um 1800*, Freiburg 2003.
28 Oesterle, „Erinnerung in der Romantik. Einleitung", S. 15.
29 Ebd., S. 9. Bettine Menke hat in ihrer Studie *Prosopopoiia* die große Bedeutung der rhetorischen Figur der Prosopopoiia für die romantische Literatur herausgestellt. Sie schreibt: „In der Formel ‚Giving a Voice to the Voiceless' wurde die Prosopopoiia als Figur für das Erinnern vorgeschlagen, das als eine Vergegenwärtigung des Abwesenden und Toten in der Stimme gedacht wird". In der Auseinandersetzung mit den Texten zeigt sie dann aber vor allem die Dialektik von Erinnern und Vergessen auf; denn die Prosopopoiia macht „in der Restitution das Vergessen- und Verlorensein [...] vergessen. Die fantasmagorische fiktive Stimme *der* Texte und Stimme zugleich *für* die Texte verschleiert, indem sie in ihrer Fiktion ihre Rhetorizität leugnet, die Abwesenheit und Stummheit, den Tod, die sie voraussetzt; *und* sie *markiert* diese – als Figur – noch in deren figurativer Verstellung"; Bettine Menke, *Prosopopoiia. Stimme und Text bei Brentano, Hoffmann, Kleist und Kafka*, München 2000, beide Zit. S. 260.

einen besinnt sich Literatur um 1800 auf ihre eigenen ‚musikalischen' Qualitäten und möchte selbst wieder als sonale Kunst verstanden und praktiziert werden.³⁰ Angelehnt an die Sprachursprungstheorien der Zeit spielt dabei die Vorstellung, dass in den Klängen und Rhythmen der literarisch geformten Sprache die Stimmen einer längst vergangenen Vorzeit wieder laut werden können, eine zentrale Rolle. Eine meiner Hypothesen ist daher, dass Literatur, die sich um 1800 mit dem hier zu verhandelnden Hör-Wissen befasst, selbst als akusmatischer Klang verstanden werden möchte, der der unbekannten, dafür aber umso potenteren Vergangenheit eine unsichtbare Präsenz in der Gegenwart verschafft.³¹ Zum anderen ist dieses Hör-Wissen, so eine weitere Hypothese, auch für das um 1800 entstehende Genre der Schauerliteratur von großer Bedeutung,³² weil es erstens als Stilmittel des Unheimlichen Verwendung findet, weil zweitens die referenzielle Unbestimmtheit, die die Tonkunst im Allgemeinen und den akusmatischen Klang im Besonderen auszeichnet, dort als Qualität der literarischen Beschreibung wertgeschätzt wird, und weil sich drittens auch die Schauerliteratur (Hoffmanns) selbst durch akusmatische Erzähler auszeichnet, die nicht nur das, wovon sie erzählen, im Dunkeln belassen, sondern auch selbst im Dunkeln bleiben.

Ein ursprünglicher Gewaltakt

E. T. A. Hoffmanns „Kreislers Lehrbrief" (1815) enthält die Erzählung einer musikalischen Heimsuchung. In einem Wald liegt ein von rötlichen Moosen bewachsener Stein, der den jungen Komponisten Chrysostomus auf rätselhafte Weise

---

30 Vgl. den Beitrag von Mary Helen Dupree im vorliegenden Band.
31 Unter einem akusmatischen Klang verstehe ich mit Michel Chion (*Audio-Vision: Sound on Screen*, New York 1994), der den Begriff wiederum von Pierre Schaeffer (*Traité des objets musicaux*, Paris 1966) entlehnt, einen Klang, den man hört, ohne seine Quelle sehen zu können. Ursprünglich stammt der Begriff der Akusmatik aus dem Griechischen, wo er sich auf die Schüler des Pythagoras bezog, die der Lehre ihres Meisters lauschen mussten, während dieser hinter einem Vorhang stand; vgl. Mladen Dolar, *His Master's Voice. Eine Theorie der Stimme*, übers. v. Michael Adrian u. Bettina Engels, Frankfurt a. M. 2007, S. 82–84.
32 Dies lässt sich auch als Gegengewicht zu der in der Forschung mehrfach hervorgehobenen Bedeutung des Visuellen für die *gothic novel* verstehen. So schreibt etwa Robert Miles, dass man die *gothic romance* als eine „form of visual technology" verstehen könne, die „alongside the forerunners of modern cinema" zu stellen sei; Robert Miles, „Introduction: Gothic Romance as Visual Technology", in: Miles (Hg.), *Gothic Technologies: Visuality in the Romantic Era. Romantic Circles: Praxis Series*, 2005, online unter: https://www.rc.umd.edu/praxis/gothic/intro/miles.html. (22.2.2017).

anzieht und aus dem die geisterhaften Gesänge einer jungen Frau zu tönen scheinen:

> [J]ene Gesänge, die mich wie Geisterstimmen umtönten, wären in den Moosen des Steins [...] aufbewahrt [...]. Wirklich geschah es auch, daß den Stein betrachtend, ich [...] dann herrlichen Gesang des Fräuleins vernahm [...]. [...] [A]n den Stein gelehnt, hörte ich oft, wenn der Wind durch des Baumes Blätter rauschte, es wie holde herrliche Geisterstimmen ertönen [...].[33]

Schließlich materialisiert sich aus den Geisterstimmen tatsächlich der Geist eines Fräuleins:

> Ich sah den Stein – seine roten Adern gingen auf wie dunkle Nelken, deren Düfte sichtbarlich in hellen tönenden Strahlen emporfuhren. In den langen anschwellenden Tönen der Nachtigall verdichteten sich die Strahlen zur Gestalt eines wundervollen Weibes, aber die Gestalt war wieder himmlische herrliche Musik![34]

Die Rede von Geisterstimmen kann bei Hoffmann vielerlei implizieren: Sie kann darauf hinweisen, dass es um eine Stimme aus dem Innern des Hörers bzw. in der vorliegenden Erzählung um die akustische Imagination eines Komponisten geht; sie kann darauf hinweisen, dass es um Emanationen einer fremden Psyche geht, die vom Hörer Besitz ergreifen will – häufig ist hier an magnetistische bzw. mesmeristische Kontexte zu denken, wie sie in „Kreislers Lehrbrief" durch den geheimnisvollen Fremden aufgerufen werden. Entscheidend für mich ist in diesem Zusammenhang jedoch eine dritte Implikation, die die Geisterstimmen als Stimmen der Toten bzw. als Mahnung an ein vergangenes Verbrechen versteht. Sie steht im Kontext zahlreicher anderer Erzählungen des späten 18. bis mittleren 19. Jahrhunderts, in denen auf ein – mehr oder weniger kapitales Verbrechen – die akustische Heimsuchung folgt, von Johann Wolfgang von Goethes „Die Sängerin Antonelli" und „Das rätselhafte Klopfen" aus dessen Novellensammlung *Unterhaltungen deutscher Ausgewanderten* (1795) bis zu Edgar Allan Poes „Tell-Tale Heart" (1843) oder „The Fall of the House of Usher" (1839), um nur einige Beispiele zu nennen.

Auch in Hoffmanns Erzählung ist der akustische Spuk durch einen Mord motiviert: Einst kam ein geheimnisvoller Fremder auf die Burg, der der Musiklehrer und Geliebte des Burgfräuleins wurde. Sie treffen sich nachts im Wald, um

---

33 E. T. A. Hoffmann, „Kreisleriana", in: Hoffmann, *Sämtliche Werke in 6 Bdn.*, Bd. 2.1: *Fantasiestücke in Callot's Manier. Werke 1814*, hg. v. Hartmut Steinecke, Frankfurt a. M. 1993, S. 32–455, hier S. 451 f.
34 Ebd., S. 452 f.

zu musizieren: Sie singt, er spielt die Laute, und weithin hört man ihre „schauerlich" klingenden „Melodien".³⁵ Das Burgfräulein wird ermordet, vermutlich von dem verschwundenen Fremden. Man findet ihre Leiche nebst der zertrümmerten Laute verscharrt unter einem großen Stein, auf dem sie mit dem Fremden gesessen hatte und aus dem nun Blutstropfen quellen. Aus dem Blut wachsen später die Moose, und seit dieser Zeit „nistet alljährlich auf dem Baum eine Nachtigall und singt um Mitternacht in klagenden, das Innerste durchdringenden Weisen".³⁶

Freud hat, wie bereits erwähnt, nicht zuletzt im Rückgriff auf Erzählungen E. T. A. Hoffmanns Spukphänomene als Wiederkehr eines Verdrängten sowie auch als Ausdruck eines Schuldkomplexes interpretiert. Ohne auf diesen *common place* hier noch einmal eingehen zu müssen, liegt es nahe, die Geisterstimmen des „Lehrbriefs" entsprechend zu deuten: Der Spuk im Wald gemahnt die Nachkommen des Rittergeschlechts an ein kollektives Trauma, das ungesühnte Verbrechen, das in der von Generation zu Generation weitergegebenen Erzählung als düstere Lücke (das Verbrechen wird nie aufgeklärt) präsent ist; als Geisterstimme kehrt die ermordete Sängerin zurück und betört ihren musikalischen Nachfahren durch ihren Gesang, so wie sie einst selbst durch den Gesang des musikalischen Fremden betört wurde. Chrysostomus hört die Stimme der ermordeten Sängerin; und der junge Kreisler, dem der alte Kreisler die Geschichte des Chrysostomus wiedergibt, hört die Stimme des in seinem „Innern versteckten Poeten"³⁷ – eine Stimme, die von Gotthilf Heinrich von Schubert, auf den sich Hoffmann an dieser Stelle bezieht, in der *Symbolik des Traums* (1814) als „Stimme des Gewissens" bezeichnet wird, die den Menschen im Traum ebenso wie in der „poetischen Begeisterung" heimsuche. Eines der Beispiele, die Schubert dafür gibt, ist bezeichnenderweise „das Wimmern des Ermordeten", das „Verbrecher", „wachend und träumend", „lange Jahre begleitet".³⁸

Verglichen mit Hoffmanns anderen Musikerzählungen ist die blutige Drastik dieses Geschehens recht einmalig. Und sie ist auch beunruhigend, weil sie im Kontext eines Lehrbriefs steht, der den jungen Musiker über das Wesen der Musik und der Komposition aufklären soll: Der „Lehrbrief" liefert also einen Musik-Entstehungs-Mythos, der auf einen ursprünglichen Gewaltakt gegründet ist – hier ist man wieder versucht, an Freuds *Totem und Tabu* (1913) zu denken. Sei es das Singen der Natur, das in vielen anderen Musikerzählungen Hoffmanns eine

---

35 Ebd., S. 449.
36 Ebd., S. 450.
37 Ebd., S. 448.
38 Gotthilf Heinrich von Schubert, *Die Symbolik des Traumes. Faksimiledruck nach der Ausgabe von 1814*, Heidelberg 1968, S. 65.

so bedeutende Rolle spielt, sei es die Inspiration des Komponisten: Keines von beiden wäre möglich, wenn die Sängerin nicht ermordet worden wäre. Kunst entsteht hier als die bzw. aus der klingende(n) Erinnerung an ein Verbrechen, das im Prozess der künstlerischen Inspiration immer wieder nachgestellt wird: Wurde der erste Musiker zum Mörder, so wird es auch der zweite, wenn seine musikalischen Eingebungen nicht nur den Mord des ersten zur Voraussetzung haben, sondern erneut ‚Adern aufgehen' müssen,[39] damit die Geisterstimme erklingt, die ihm das Material für die eigenen Kompositionen liefert. Später im Lehrbrief heißt es entsprechend, der Musiker – nun vollends in die Fußstapfen des geheimnisvollen Fremden getreten – müsse den Geist der Natur beschwören wie der Magnetiseur (d. h. der geheimnisvolle Fremde) den der Somnambulen (d. h. des Burgfräuleins),[40] um sie zum Singen zu bringen und diesen Gesang dann als sein eigenes Werk festhalten zu können. Der Musiker Chrysostomus ist so in die Reihe derjenigen Künstlerfiguren Hoffmanns zu stellen, die aus dem Tod oder Verstummen der weiblichen Muse den Stoff für die eigene Erzählung ziehen, so etwa auch der reisende Enthusiast in seinem Verhältnis zu Antonie („Rat Krespel"), Bettina („Das Sanctus") oder Donna Anna („Don Juan").[41] Aus produktionsästhetischer Perspektive erscheint der Mord darum auf problematische Weise gerechtfertigt bzw. wird nachträglich umgewertet: „[vom] dämonische[n] Mißbrauch [...] [zum] Aufschwung zum Höheren",[42] wie Kreisler zusammenfasst, und man darf hierin wohl abermals eine Referenz auf Schubert erkennen, der mit dem Impetus der moralischen Läuterung vom „Mißbrauch" der ursprünglich göttlichen Stimme des Gewissens durch einen „bösen Dämon" schreibt,[43] welcher es dennoch nie vermocht habe, die „höhere Stimme" ganz auszulöschen; Erinnerungen an „Bilder und Empfindungen der besseren Stunden und Handlungen" könnten demnach „Führer zurück zu dem höheren Ursprung" werden.[44]

---

[39] Hoffmann, „Kreisleriana", S. 452.
[40] Vgl. ebd., S. 454.
[41] In Anlehnung u. a. an die seit Elisabeth Bronfens Untersuchung *Over Her Dead Body: Death, Femininity and the Aesthetic* (1992) vertraute Figur gehen u. a. folgende Studien dieser Künstlerfigur bei Hoffmann nach: Gabriele Brandstetter, „Die Stimme und das Instrument. Mesmerismus als Poetik in E. T. A. Hoffmanns ‚Rat Krespel'", in: Brandstetter (Hg.), *Jacques Offenbachs „Hoffmanns Erzählungen". Konzeption, Rezeption, Dokumentation*, Laaber 1988, S. 15–39, insbes. S. 31 ff.; Christine Lubkoll, *Mythos Musik. Poetische Entwürfe des Musikalischen in der Literatur um 1800*, Freiburg 1995, S. 276 ff.; Corina Caduff, *Die Literarisierung von Musik und bildender Kunst um 1800*, München 2003, insbes. S. 261–300.
[42] Hoffmann, „Kreisleriana", S. 454.
[43] Schubert, *Die Symbolik des Traumes*, S. 58 u. 60.
[44] Ebd., S. 65 f.

Dichtung als akusmatische Stimme einer goldenen Vorzeit

Caroline Welsh hat in einem Artikel zum Stimmungsbegriff an den Texten des ästhetischen Theoretikers und empirischen Psychologen Johann Georg Sulzer zwei Aspekte überzeugend herausgearbeitet, die für das Verständnis des akustischen Spuks in der Literatur um 1800 hilfreich sind.[45] Erstens: Sulzer steht am Beginn einer psychologischen Theoriebildung des Unbewussten. Er behandelt „‚dunkle Gegenden der Seele', die dem Bewusstsein nicht oder nur schwer zugänglich seien" und an deren Schwelle zum bewussten Seelenleben er die Stimmung als „diffuse emotionale Grundbefindlichkeit" verortet, die im bewussten Seelenleben als ein Indiz für unbewusste Prozesse, als ein Hinweis, dass sich im Unbewussten „etwas zusammenbraut", zu verstehen sei.[46] Zweitens: Der Begriff der Stimmung ermöglicht es Sulzer, die emotionale Verfassung des Gemüts und deren klanglichen Ausdruck immer schon zusammenzudenken. Denn mit dem ursprünglich musiktheoretischen Begriff der Stimmung kann Sulzer an die alte Tonartenlehre anschließen, in der bestimmte Tonarten bestimmten Affekten entsprechen, an stimmphysiognomische Vorstellungen, nach denen sich an der Stimmung der Stimme die des Gemüts ablesen lässt, sowie an die nervenphysiologische Resonanztheorie, der zufolge die ‚Saiten der Seele' wie die (und auch mit denen) eines ge- oder verstimmten Musikinstruments resonieren. An diese Prämissen anschließend kann Sulzer die These formulieren, dass jede das Unbewusste indizierende Gemütsstimmung ihren eigenen Ausdruck hat, der sich im ‚Ton' manifestiere. Dass Musik aus dem Unbewussten des Komponisten, des Musikers oder – die Resonanztheorie macht es möglich – des Hörers oder gar aus einem kollektiven Unbewussten künden soll, ist in der Folgezeit dann eine von zahlreichen Musikschriftstellern (man denke neben Hoffmann etwa an Wackenroder oder auch – willensmetaphysisch gewendet – an Schopenhauer) vertraute Annahme. Aus Welshs Ausführungen kann also zunächst festgehalten werden:

---

[45] Caroline Welsh, „Zur psychologischen Traditionslinie ästhetischer Stimmung zwischen Aufklärung und Moderne", in: Anna-Katharina Gisbertz (Hg.), *Stimmung. Zur Wiederkehr einer ästhetischen Kategorie*, München 2011, S. 131–155. Welsh bezieht sich insbesondere auf den Artikel „Ton (Redende Künste)", in: Johann Georg Sulzer, *Allgemeine Theorie der Schönen Künste*, 2 Bde., Leipzig 1771–1774, Bd. 2, S. 1158, sowie auf „Erklärung eines psychologisch paradoxen Satzes: Daß der Mensch zuweilen nicht nur ohne Antrieb und ohne sichtbare Gründe sondern selbst gegen dringende Antriebe und überzeugende Gründe handelt und urtheilet" [1759], in: Johann Georg Sulzer, *Vermischte philosophische Schriften*, Hildesheim/New York 1974 [ND der Ausg. 1773], S. 99–121.

[46] Welsh, „Zur psychologischen Traditionslinie", S. 138 f.

Aus dem Ton spricht das Unbewusste. Kein Wunder also, dass sich die Geister akustisch zu erkennen geben!

Vielleicht weniger vertraut, aber für die hier verhandelte Fragestellung wichtiger, ist jedoch Sulzers Annahme, dass nicht nur dem musikalischen Ton, sondern mehr noch dem „Ton *der Rede*" eine solche Funktion zukommt, zu dem „[i]n der Dichtung [...] neben dem Klang der Stimme ‚alles [gehört], was wir recht sinnlich vom Charakter der Rede empfinden', in Prosodie, der Rhythmus – aber auch die verwendeten Metaphern, Redefiguren und Tropen."[47] Diese Perspektive auf den Ton der Rede soll im Folgenden weiter vertieft und dabei der Blick vom (individuellen) Unbewussten ab- und dem kollektiven bzw. kulturellen Gedächtnis zugewendet werden, das ja schon mit Hoffmanns Erzählung in den Blick gerückt ist.[48] Liest man dichtungstheoretische Schriften um 1800, so fällt – knapp resümiert – die Forderung auf, dass Dichtung laut gelesen bzw. deklamiert werden solle; damit hängt auch die Wiederkehr der Vorstellung des Dichter-Sängers und Rhapsoden um diese Zeit zusammen, wie wir sie auch in Hoffmanns „Lehrbrief" wiederfinden. Diese Forderung hat vielerlei Gründe, etwa didaktischer und wirkungsästhetischer Natur, auf die hier nicht im Einzelnen eingegangen werden muss.[49] Für mich interessant ist im vorliegenden Zusammenhang nur ein Punkt, nämlich die – auch in sprachphilosophischen Schriften der Zeit anzutreffende –

---

[47] Sulzer, [Art.] „Ton (Redende Künste)", zit. nach Welsh, „Zur psychologischen Traditionslinie", S. 136; Hervorh. N. G.

[48] Der Begriff des kulturellen Gedächtnisses steht für „eine Gruppe identitätsstiftende Wissensbestände, die in Speichermedien oder symbolischen Formen bzw. Praktiken externalisiert werden": „Beim kulturellen Gedächtnis geht es um Kollektives, das ausschließlich in der Vergangenheit seinen Wurzelgrund hat und erst von da auf die Zukunft ausstrahlt", so D. Bering, [Art.] „Kulturelles Gedächtnis", in: Nicolas Pethes u. Jens Ruchatz (Hg.), *Gedächtnis und Erinnerung. Ein interdisziplinäres Lexikon*, Reinbek 2001, S. 329–332, hier S. 329.

[49] Zur Deklamationspraxis und -theorie um 1800 vgl. den Beitrag von Mary Helen Dupree im vorliegenden Band, darüber hinaus: Joh. Nikolaus Schneider, *Ins Ohr geschrieben. Lyrik als akustische Kunst zwischen 1750 und 1800*, Göttingen 2004; Johannes Birgfeld, „Klopstock, the Art of Declamation and the Reading Revolution: An Inquiry into One Author's Remarkable Impact on the Changes and Counter-Changes in Reading Habits Between 1750 and 1899", in: *Journal for Eighteenth-Century Studies* 31.1 (2008), S. 101–117; Mary Helen Dupree, „From ‚Dark Singing' to a Science of the Voice: Gustav Anton von Seckendorff, the Declamatory Concert and the Acoustic Turn Around 1800", in: *Deutsche Vierteljahrsschrift für Literaturwissenschaft und Geistesgeschichte* 86.3 (2012), S. 365–396; dies., „Sophie Albrechts Deklamationen. Schnittstellen zwischen Musik, Theater, und Literatur", in: Rüdiger Schütt (Hg.), *Die Albrechts – Erfolgsautor und Bühnenstar. Aufsätze zu Leben, Werk und Wirkung des Ehepaars Johann Friedrich Ernst Albrecht (1752–1814) und Sophie Albrecht (1757–1840)*, Hannover 2015, S. 353–368; Sean Franzel, *Connected by the Ear: The Media, Pedagogy, and Politics of the Romantic Lecture*, Evanston, IL 2013; Reinhart Meyer-Kalkus, *Stimme und Sprechkünste im 20. Jahrhundert*, Berlin 2001.

Annahme, dass im Klang der Sprache die Erinnerung an eine goldene Vorzeit archiviert sei, in der orale Dichtung als natürliche Form der Kommunikation und Selbstvergewisserung einer Gemeinschaft fungierte.[50] Um dies zu illustrieren, seien hier drei kurze Beispiele angeführt.

Als ein erstes Beispiel lässt sich Johann Gottfried Herders Interesse an mündlicher Dichtung anführen, wie er es zum Beispiel in den Vorreden zu seinen Volksliedsammlungen artikuliert. In seiner Vorlesung „Ueber die menschliche Unsterblichkeit" (1792) legt Herder ganz grundsätzlich nahe, Sprache überhaupt als Geisterrede zu verstehen. Denn: „Wir denken in einer *Sprache*, die unsre Vorfahren erfunden, in einer Gedankenweise, an der so viele Geister bildeten und formten [...] und uns damit den edelsten Teil ihres Daseins, ihr innerstes Gemüt, ihre erworbnen Gedankenschätze huldreich vermachten."[51] Herder stellt den Philosophen und Dichter der Gegenwart also zum einen als Geisterseher und -hörer dar: „[W]ir sind mit uns selbst nicht allein; die Geister andrer, abgelebter Schatten, alter Dämonen [...] wirken in uns. Wir können nicht umhin, ihre Gesichte zu sehn, ihre Stimmen zu hören".[52] Zum anderen als Bauchredner, in dem die Stimmen verstorbener Denker wieder lebendig werden:

> So gingen in uns als Jünglinge die Gedanken derer über, die am meisten auf uns gewirkt haben; ihre Töne flossen in uns, wir sahen ihre Gestalten, verehrten ihre Schatten [...]. [Was, N. G.] im dunkeln Grunde unsres Gedankenmeeres tot und begraben zu liegen [scheint]; zu rechter Zeit steigets doch hervor [...]; alles [...] ist da, daß es zum Leben geweckt werde [...].[53]

In den Vorreden zu seinen Volksliedsammlungen (1778–1779) geht es Herder dabei um eine ganz besondere Erbschaft, die den organischen Zusammenhang von Dichtung und Gemeinschaft ebenso wie von Wort und Ton betrifft. Herder

---

50 Prägnant findet sich diese Annahme z. B. auch im frühromantischen Ursprachenmythos wieder, den Sabrina Hausdörfer stichwortartig zusammenfasst: „Ursprache als Zugang zum verlorenen und künftigen Paradies; [...] Analogie von Ursprache und Poesie (A. W. Schlegel, Görres); Ursprache/Poesie als Korrektiv der entfremdeten Allgemeinsprache; Novalis' Theoreme über Ursprache und Poesie: Bestimmung von Ursprache als Ausdruck eines integren Zusammenhangs von Ich und Welt; Musikalität, Kunstcharakter der Ursprache". Sabrina Hausdörfer, „Die Sprache ist Delphi. Sprachursprungstheorie, Geschichtsphilosophie und Sprach-Utopie bei Novalis, Friedrich Schlegel und Friedrich Hölderlin", in: Joachim Gessinger u. Wolfert von Rahden (Hg.), *Theorien vom Ursprung der Sprache*, 2 Bde., Berlin 1989, Bd. 1, S. 468–497, hier S. 468.
51 Johann Gottfried Herder, „Über die menschliche Unsterblichkeit. Eine Vorlesung", in: Herder, *Werke*, Bd. 8: *Schriften zu Literatur und Philosophie 1792–1800*, hg. v. Hans Dietrich Irmscher, Frankfurt a. M. 1998, S. 203–219, hier S. 207.
52 Ebd., S. 209.
53 Ebd., S. 208 u. 209.

formuliert hier, wie Johann Nikolaus Schneider ausführt, „eine Poetik [...], die das Wesen der Poesie jenseits der Schriftlichkeit sucht" und in deren Zentrum der „Ton" als „organische[r] Zusammenhang von Wort, Melodie und Vortrag" steht.[54] Einen ‚Nachklang' dieses Tons findet Herder in den alten Volksliedern, und er sammelt sie, damit seine Zeitgenossen die klingende Ahnung einer Gemeinschaft bekommen können, deren „Blume der Eigenheit [...], seiner [des Volkes, N. G.] Sprache und seines Landes, seiner Geschäfte und Vorurteile, seiner Leidenschaften und Anmaßungen" die Poesie war: „[W]as die ältern Geschichtschreiber von den *alten Barden*, und die mittlern Geschichtschreiber von den Würkungen ihrer *Minstrels* und *Meistersänger* so viel sagen, kann man, dünkt mich, hier [in diesen Liedern, N. G.] noch immer *im kleinen Nachklange ahnden!*"[55]

Ähnlich ist auch August Wilhelm Schlegel in seinen „Briefen über Poesie, Silbenmaß und Sprache" (1795) davon überzeugt, dass in der gegenwärtigen Sprache eine ursprüngliche Sprache archiviert sei, die die tönende Sprache der Jugendzeit des Menschengeschlechts gewesen sei, in der Kunst und Poesie, „von der gütigen Natur selbst gepflegt und erzogen",[56] „an allen Angelegenheiten des Lebens den wichtigsten Anteil"[57] gehabt und die „Zeichen der Mitteilung und [das] Bezeichnete[ ]" noch in einem „notwendigen Zusammenhang" gestanden hätten.[58] „Indessen liegt doch jene innige, unwiderstehliche [...] Sprache der Natur in ihnen [den gebildeten Sprachen, N. G.] verborgen."[59] Es ist die Aufgabe der Poesie, diese verborgene Sprache in der gegenwärtigen Sprache wieder zu offenbaren: „Der ist ein Dichter, der die unsichtbare Gottheit nicht nur entdeckt, sondern sie auch andern zu offenbaren weiß".[60] Das wiederum bedeutet, dass der Dichter bestrebt sein muss, seine Sprache wieder tönen zu lassen, „Gesang und gleichsam Tanz in die Rede zu bringen [...]. Dies hängt genau mit ihrem [der Poesie, N. G.] Bestreben zusammen, die Sprache durch eine höhere Vollendung zu ihrer ursprünglichen Kraft zurückzuführen".[61]

---

54 Schneider, *Ins Ohr geschrieben*, S. 27 f.
55 Johann Gottfried Herder, „Volkslieder", in: Herder, *Werke*, Bd. 3: *Volkslieder, Übertragungen, Dichtungen*, hg. v. Ulrich Gaier, Frankfurt a. M. 1990, S. 9–430, hier S. 18.
56 August Wilhelm Schlegel, „Briefe über Poesie, Silbenmaß und Sprache", in: Schlegel, *Kritische Briefe und Schriften*, Bd. 1: *Sprache und Poetik*, hg. v. Edgar Lohner, Stuttgart 1962, S. 141–180, hier S. 148.
57 Ebd., S. 164.
58 Ebd., S. 145.
59 Ebd., S. 146.
60 Ebd.
61 Ebd., S. 148.

Das dritte, etwas ausführlichere Beispiel führt mich zu E. T. A. Hoffmann zurück. Die Erzählung „Die Automate" (1814) enthält ein längeres, stark auf Gotthilf Heinrich von Schuberts *Ansichten von der Nachtseite der Naturwissenschaft* (1808) rekurrierendes Gespräch über die geheimnisvolle ‚Naturmusik'.[62] Auch hier geht es darum, aus gegenwärtigen Klängen Rückschlüsse auf eine ferne Vorzeit zu ziehen, in der Natur und Mensch noch in einer allumschließenden Harmonie – durchaus auch im musikalischen Sinne verstanden – lebten: „In jener Urzeit des menschlichen Geschlechts, als es [...] in der ersten heiligen Harmonie mit der Natur lebte, [...] da umfing sie [die Natur, N. G.] den Menschen wie im Wehen einer ewigen Begeisterung mit heiliger Musik, und wundervolle Laute verkündeten die Geheimnisse ihres ewigen Treibens."[63] Der gegenwärtige Mensch vermag in manchen Naturphänomenen noch eine Ahnung von dieser Musik zu erhalten: „[N]och sind jene vernehmlichen Laute der Natur [...] nicht von der Erde gewichen".[64] Hoffmanns Musiker Ludwig jedoch geht es in diesem Zusammenhang darum, ein Instrument ähnlich der Glasharmonika zu imaginieren, das diese Naturlaute nachahmen und eine ebenso intensive Wirkung auf den Hörer haben könnte.

Schubert aber, auf den Hoffmann in diesen Passagen wörtlich rekurriert, geht es in diesem Zusammenhang um den Ursprung der Sprache: Sprache als „höhere Offenbarung" des Wesens der Natur oder auch des „ewigen Geists".[65] Bezogen auf Vorstellungen der Sphärenharmonie spekuliert Schubert: „Den Rhythmus der Bewegungen der Welten [...] habe der Mensch zuerst nachgesprochen. [...] Auf diese Weise sei die älteste Naturweisheit und die Sprache selber durch unmittelbare Offenbarung der Natur an den Menschen entstanden."[66] Diese Sprache war „metrisch, in Versen", war – obwohl die erste – gerade nicht „die unvollkommenste", sondern „die vollkommenste, reichste und doch einfältigste, die wohlklingendste und rythmischeste". In der Gegenwart sei sie zwar verloren, dennoch findet auch Schubert ein Residuum dieser alten Sprache in der Dichtung der Gegenwart: „Hierin glich die Sprache der Vorwelt dem Dichten".[67] In der Ergänzung zur vierten Auflage (1840) wird er noch deutlicher: „Was nun besonders diese Ansicht von einer lebendigen und belebenden Kraft der leben-

---

62 E. T. A. Hoffmann, „Die Automate", in: Hoffmann, *Sämtliche Werke in 6 Bdn.*, Bd. 4: *Die Serapions-Brüder*, hg. v. Wulf Segebrecht, Frankfurt a. M. 2001, S. 396–427.
63 Ebd., S. 421.
64 Ebd., S. 422.
65 Gotthilf Heinrich von Schubert, *Ansichten von der Nachtseite der Naturwissenschaft* [1808], 4. Aufl., Dresden 1840, S. 36.
66 Ebd., S. 38.
67 Alle vier Zit. ebd., S. 36.

digen Rede betrifft, so ist sie wohl [...] auf unmittelbare, nicht blos älteste und alte, sondern *auch neue und neueste Erfahrung* gegründet."⁶⁸ Angespielt wird hier unter anderem auf christlich-sprachmystische Praktiken, zu denen Schubert sich hier selbst bekennt: „Wer den Weg [worauf das Menschenwort wieder Tat, [...] Name wieder Sache geworden], selbst gegangen ist, der weiß, daß es so wahr ist."⁶⁹ Hoffmanns Ludwig will also in der Musik, Schubert in der dichterischen oder sakralen Sprache dem klingenden Ursprung wieder nahe kommen.⁷⁰

Durch Schubert sensibilisiert, fällt nun aber auch im Gespräch in „Die Automate" auf, dass Ludwig den Nachhall der alten Naturmusik nicht nur in den beschriebenen Naturlauten, sondern zunächst einmal in einer *Sage* hört: „Ein Nachhall aus der geheimnisvollen Tiefe dieser Urzeit ist die herrliche Sage von der Sphärenmusik, welche mich schon als Knabe [...] mit inbrünstiger Andacht erfüllte".⁷¹ Insofern ist es auch hier die Dichtung, und zwar die mündliche Dichtung – aus der Sage hört man noch das Sagen heraus – kollektiven Ursprungs, die als klingendes Residuum („Nachhall") des goldenen Zeitalters aufgerufen wird; aufgerufen zudem in einer mündlichen Kommunikationssituation, in der Ludwig seinen Freund Ferdinand durch sein Erzählen allererst mit der Naturmusik vertraut macht. Wenn sich im Anschluss an das Gespräch dann in der Tat ereignet, wovon Ludwig erzählt hat – die Naturmusik erklingt im Garten des geheimnisvollen Mechanikers X –, so lässt sich das auch so lesen, dass Ludwig sie mit seiner mündlichen Erzählung herbei beschworen hat: Wort wird Tat, wie Schubert formuliert.

---

68 Ebd., S. 255; Hervorh. N. G.
69 Ebd., S. 261 f.
70 Erwähnt sei, dass Schubert auch in dem oben erwähnten Kapitel zum „Versteckten Poeten" aus der *Symbolik des Traums* (1968 [1814]) von einer „ursprünglichen Geistersprache" (ebd., S. 57) – eine „Bilder- und Gestensprache", „allgemein verständlich" und „furchtbar laut (ebd., S. 64 f.) – spricht, in der sich dem Menschen ursprünglich die „Stimme Gottes" (ebd., S. 59) mitgeteilt habe über das „Organ des Gewissens" (ebd., S. 57), die aber nun infolge der „großen Sprachenverwirrung" (ebd.) durch den „bösen Dämon" (ebd., S. 60) missbraucht werde: „Wir vernehmen [...] durch jenes Organ eine Geistersprache, die sich zwar zum Theil derselben Vorstellungen bedient, als die ursprüngliche, aber diese in einem ganz anderen ungeheuer verschiedenen Sinne gebraucht, sie zu einem ganz entgegengesetzten Zwecke mißbraucht" (ebd., S. 58). Die Geschichte des ‚Sprachfalls' wird auf der psychologischen Ebene gespiegelt.
71 Hoffmann, „Die Automate", S. 421.

Chrysostomus als Tancredi, oder: Die Wiederkehr der Erinnerung

Wenn es also der Ton der Dichtung ist, über den die Vorwelt in die Zeit der Lebenden hineinreicht, mehr noch: Wenn Sprache wesentlich Nach-Hall, akustisches Erinnern des Vergangenen ist, dann verwundert es – um auf die musikalische Heimsuchung im Lehrbrief zurückzukommen – nicht, dass die Geister der Vergangenheit primär sonal mit den Lebenden kommunizieren. Zumal auch im „Lehrbrief" auf den Topos der geheimnisvollen ‚Sprache/Musik der Natur' verwiesen wird, auf die unten noch einzugehen sein wird. Zugleich verhält es sich auch hier so, dass eine Szenerie mündlichen Erzählens gleich mehrfach aufgerufen wird, um die Geschichte der akustischen Heimsuchung zu erzählen: Die Erzählung besteht aus einem Brief des alten Kreisler an den jungen Kreisler, in den die mündliche Erzählung des Chrysostomus eingelassen ist, in die wiederum die Erzählung von Chrysostomus' Vater eingelassen ist, in der wiederum von Erzählungen und Liedern eines Fremden erzählt wird. Darüber hinaus ist in Chrysostomus' Erzählung auch noch die Rede von einem Lied, das der Vater ihm fast täglich vorgesungen hat und das den Jungen an den Moose-Stein hat denken lassen; und schließlich erwähnt Chrysostomus auch noch ‚wunderliche Erzählungen' der Mutter, die ihm beim Anblick des Moose-Steins immer wieder in den Kopf kamen. Die Suggestionskraft des mündlichen Erzählens und Singens wird hier überdeutlich beschworen: Der Geist des toten Fräuleins taucht zuerst aus den Erzählungen und Liedern der Eltern auf, und der Musiker Chrysostomus gibt ihn mit seiner Erzählung an den alten Kreisler weiter, der ihn an den jungen Kreisler weitergibt, um ihm eine Lehre über das Wesen der Musik (und der Erzählung, wie noch zu zeigen sein wird) zu erteilen.

Und doch ergeben sich einige signifikante Differenzen zu den Theorien, die Dichtung als akusmatische Stimme einer goldenen Vergangenheit verstehen wollen, und diese Differenzen erlauben es, Hoffmanns Text als skeptischen Kommentar auf diese zu lesen. Der innerste Kern der ineinander verschachtelten Erzählungen spielt zwar auch in einer „fremden fabelhaften Zeit",[72] in der Dichtung und Musik noch nicht voneinander getrennt waren und deren Lieder sich durch das Ineinanderfallen von „Sprache" und „Tönen",[73] von Bedeutung und Klang auszeichneten. Sie werden darum auch mit der Ursprungssprache der Engel verglichen, die wie die Lieder des fremden Rhapsoden „geheimnis-

---

72 Hoffmann, „Kreisleriana", S. 453.
73 Ebd.

volle Dinge" „verständlich" ausspricht, obwohl ihre Sprache dem Hörer „unbekannt" und „ohne Worte" ist.[74] Zugleich wird mit dieser fabelhaften Zeit auch die bereits angesprochene Idee einer Naturmusik/Natursprache verbunden. Die Rede ist von einem Wald „voll Ton und Gesang",[75] vom „Säuseln des Windes" und dem „Geräusch der Quellen",[76] aus denen der Komponist Akkorde, Melodien und Harmonien heraushört: „[D]ie Musik bleibt allgemeine Sprache der Natur, in wunderbaren geheimnisvollen Anklängen spricht sie zu uns";[77] und die Berufung des Musikers ist „das bewußtlose oder vielmehr das in Worten nicht darzulegende Erkennen und Auffassen d[ieser] geheimen Musik der Natur".[78] Eine zentrale Rolle spielen dabei die aus dem Blut der Toten gewachsenen, auch als ‚Speicher-Medien' verstehbaren Moose, über deren Figuren sich ein intertextueller, hier aber nicht weiter auszuführender Bezug vor allem zu Novalis (der u. a. auf die Physiker Chladni und Ritter zurückgreift) herstellen lässt. Novalis hatte solche arabesken Figuren der Natur als Chiffrenschrift verstanden, aus denen die ursprüngliche Musik/Sprache der Natur wieder herausgelesen bzw. zum Klingen gebracht werden kann.[79] So erzählt Chrysostomus von dem „Stein, an dessen Moosen und Kräutern, die die seltsamsten Figuren bildeten, ich mich nicht satt sehen konnte. Oft glaubte ich die Zeichen zu verstehen";[80] und er dachte, „jene Gesänge [...] wären in den Moosen des Steins wie in geheimen wundervollen Zeichen aufbewahrt".[81] Und in der Tat gelingt es dem zum Musiker berufenen Jüngling, vermittelt über die Naturgeräusche, die Lieder und Erzählungen der

---

[74] Ebd., S. 449.
[75] Ebd., S. 448.
[76] Ebd., S. 454.
[77] Ebd.
[78] Ebd., S. 453.
[79] So schreibt Novalis in den *Lehrlingen zu Sais* (1802): „Figuren, die zu jener großen Chiffernschrift zu gehören scheinen, die man überall, auf Flügeln, Eierschalen, in Wolken [...], im Innern und Äußern der Gebirge, der Pflanzen, der Tiere, der Menschen [...] erblickt. In ihnen ahndet man den Schlüssel dieser Wunderschrift, die Sprachlehre derselben" (Novalis, „Die Lehrlinge zu Sais", in: Novalis, *Werke*, hg. v. Gerhard Schulz, 3. Aufl., München 1987, S. 95–198, hier S. 95). Zur Chiffrenschrift der Natur als „Klangfiguren einer romantischen Poetik" im Ausgang von Novalis vgl. Welsh, *Hirnhöhlenpoetiken*, S. 205–252. Zu Novalis' Rückgriff auf Chladnis Klangfiguren und deren Fortschreibung bei Ritter vgl. Bettine Menke, „Töne-Hören", in: Joseph Vogl (Hg.), *Poetologien des Wissens um 1800*, München, S. 69–95. Zu Arabesken der Natur bei Hoffmann (aber hier mit Bezug auf den „Goldnen Topf") vgl. Günter Oesterle, „Arabeske, Schrift, Poesie in E. T. A. Hoffmanns Kunstmärchen ‚Der goldne Topf'", in: *Athenäum. Jahrbuch für Romantik* 1 (1991), S. 69–107.
[80] Hoffmann, „Kreisleriana", S. 450.
[81] Ebd., S. 451.

Eltern und die Moos-Figuren, die Musik/Sprache der Natur wieder zum Klingen zu bringen und sie sich für die eigene Kunst anzueignen: „[A]us einer fremden fabelhaften Zeit [trat] die hohe Macht in sein Leben, die ihn erweckte! – Unser Reich ist nicht von dieser Welt, sagen die Musiker".[82]

Doch die fabelhafte Zeit ist im „Lehrbrief" keine des organischen Zusammenhangs von Musik und Gemeinschaft, sondern eine der Zerstörung der Gemeinschaft durch die klingenden Erzählungen eines Fremden, die den Sündenfall – d. h. sowohl die Erkenntnis (zum Beispiel die Unterscheidung von eigen/fremd, von gut/böse, die Entdeckung neuer Welten) als auch die Sexualität – in die Gemeinschaft tragen. Und die Natur hebt in dieser fabelhaften Zeit auch erst zu singen an als Reaktion auf den Mord, den der Rhapsode an dem Burgfräulein verübt. Als akusmatische Stimme gemahnt sie die Nachfahren an das Verbrechen, ist Ausdruck des kollektiven Traumas, das von Generation zu Generation weitererzählt wird, ohne dass jemals das Geheimnis rund um das Geschehen – die traumatische Erinnerungslücke – wirklich gelöst werden könnte. Es ist, um an Caruths Tasso-Lektüre zu erinnern, eine „voice that cries out from the wound".[83]

In der Tat sind die Gemeinsamkeiten zwischen Tassos epischer Episode und Hoffmanns in den „Lehrbrief" eingebetteter „fabelhaft[er]" Erzählung erstaunlich.[84] Chrysostomus tritt gewissermaßen in die Fußstapfen Tancredis: Beide bewegen sich in einem Wald, in dem es akustisch spukt, weil die Seelen Verstorbener in ihm hausen – bei Tasso ist die Rede vom Brausen, Sausen, Stöhnen, Ächzen, Brüllen, Zischen, Heulen, Seufzen, Krächzen, Dröhnen sowie auch von „eine[m] Laut [...], kläglich, / Wie Seufzen und wie Schluchzen eines Menschen" und vom „Schmerzens-Ach", das aus den beseelten Zweigen und Stämmen dringt, in welche die Seelen der Toten eingewandert sind.[85] Sowohl Tancredi als auch Chrysostomus treffen dann auf einen „herrlichen Baum",[86] an bzw. unter dem geheimnisvolle Chiffren erkennbar sind. Bei Tasso handelt es sich um ägyptisch anmutende Hieroglyphen (eines der Vorbilder für die um 1800 beliebten Chiffrenschriften) und um „[arabische] Zeichen", die ihn mahnen, die Seelen im Tal des Todes nicht zu stören.[87] Doch Tancredi kann, wie zunächst auch Chrysostomus, deren „[v]erborgene[ ] Bedeutung" nicht ersinnen.[88] Clorindas Stimme lässt sich erst hören, nachdem Tancredi den Baum verletzt hat und Blut aus der

---

82 Ebd., S. 453.
83 Caruth, *Unclaimed Experience*, S. 3.
84 Hoffmann, „Kreisleriana", S. 449.
85 Tasso, „Die Befreiung Jerusalems", S. 486.
86 Hoffmann, „Kreisleriana", S. 448.
87 Tasso, „Die Befreiung Jerusalems", S. 485.
88 Ebd., S. 486.

Rinde fließt, das ringsum das Erdreich rötet; bei Hoffmann sind es die aus dem Blut gewachsenen roten Moose, aus denen der Gesang der Toten herausgehört wird; und die „roten Adern des Steins" ‚gehen auf', beginnen gewissermaßen abermals zu bluten, als die Gestalt der Toten und ihr Gesang daraus ‚empor fahren'.[89] Während sich für Tancredi damit sein individuelles Trauma wiederholt, wiederholt Chrysostomus gleichsam den Tötungsakt, der seit Generationen im kollektiven Gedächtnis seines Volkes verankert ist, und tritt damit das Erbe des fremden Rhapsoden an.

Die Gemeinsamkeiten zwischen beiden Erzählungen enden jedoch hier. Tassos mag man als literarische Urszene des traumatischen Wiederholungszwangs lesen; Hoffmanns macht daraus aber eine Ursprungstheorie der Musik/ Dichtung, durch die das Mordgeschehen, wie oben bereits geschildert, seine moralisch zweifelhafte Rechtfertigung erfährt. Hoffmann entwirft hier ein konsequent sentimentalisches Dichtungskonzept, das im Besingen der heilen Vorwelt immer schon die Notwendigkeit erkennt, diese Vorwelt verloren und, schärfer noch, selbst vernichtet zu haben – die Rückseite des ‚janusgesichtigen'[90] Chry-

---

[89] Hoffmann, „Kreisleriana", S. 452 f.
[90] Vgl. Schubert, *Symbolik des Traumes*, S. 69, der hier von der Janusgesichtigkeit des inneren Poeten schreibt. Und zwar ist die Vernichtung als Konsequenz der Bewusstwerdung, des Unterscheidungen-Vornehmens, des Erkenntnisgewinns zu verstehen, die mit der Sprache und den Erzählungen des Rhapsoden in die ursprüngliche Gemeinschaft gekommen sind. Es handelt sich hierbei um eine fundamentale philosophische Denkfigur der (Früh-)Romantik. Hölderlin schreibt z. B. über das Urteil (womit sowohl der Erkenntnisakt als auch eine in der sprachlichen Form eines Satzes ausgedrückte Behauptung gemeint ist): „*Urteil*. ist im höchsten und strengsten Sinne die ursprüngliche Trennung des in der intellektualen Anschauung innigst vereinigten Objekts und Subjekts, diejenige Trennung, wodurch erst Objekt und Subjekt möglich wird, die Ur-Teilung. Im Begriffe der Teilung liegt schon der Begriff der gegenseitigen Beziehung des Objekts und Subjekts aufeinander, und die notwendige Voraussetzung eines Ganzen wovon Objekt und Subjekt die Teile sind" (Friedrich Hölderlin, „Urteil und Sein", in: Hölderlin, *Sämtliche Werke und Briefe in 3 Bdn.*, Bd. 2: *Hyperion. Empedokles. Aufsätze. Übersetzungen*, hg. v. Jochen Schmidt, Frankfurt a. M. 1994, S. 502–503, hier S. 502). Die Sehnsucht nach dem heilen Ganzen, das für die Ursprungsmythen und Erinnerungskonzepte der Zeit prägend ist, hat diese unvermeidliche Ur-Teilung also immer schon zur Voraussetzung. Ruth Johnson schreibt dazu: „Romantic depictions of origin and of remembering aim to memorialize and to reconstruct aesthetically the fundamental moment of loss, or original trauma, or of separation. The Romantic term for this moment of separation is ‚Ursprung' or ‚Urhandlung' – the initial split between feeling and reflection, between subject and object – the first separation of the individual from the infinite" (Laurie Ruth Johnson, *The Art of Recollection in Jena Romanticism: Memory, History, Fiction, and Fragmentation in Texts by Friedrich Schlegel and Novalis*, Tübingen 2002, S. 1). Normalerweise wird in den (früh-)romantischen Konzepten der Dichter dann als derjenige idealisiert, der den Weg zurück in diese Einheit weisen kann; Hoffmann macht mit seinem fremden Dichter-Sänger aber darauf

sostomus ist gleichsam der fremde Sänger. Zugleich macht Hoffmann deutlich, dass die Geisterstimmen, die dann zur Sprache kommen, immer schon Ergebnis des literarischen Imaginären, sei es des Dichters oder seines Lesers, sind. Jean Pauls Einsicht, dass die Erinnerung (im Unterschied zum Gedächtnis) immer schon ein schaffendes Vermögen ist,[91] wird hier auf ihr poietisches Potenzial hin untersucht.

Sonale Phantasien

Eine weitere, auf den ersten Blick recht unscheinbare, aber auf den zweiten umso bedeutsamere Differenz zu Tassos Epos liegt nämlich darin, dass in Hoffmanns Erzählung die akusmatische Stimme der Toten gerade *nicht* laut wird. Bei Tasso ist Clorindas Rede als wörtliche Rede in die Erzählung eingelassen, Hoffmanns Erzählung aber bleibt konsequente Diegesis. Auch auf intradiegetischer Ebene affiziert ihr Gesang Chrysostomus gerade nicht, weil er ihn *tatsächlich* hören würde, sondern weil die suggestiven Erzählungen und Lieder seiner Eltern die sonale Phantasie des Hörers in Gang bringen. Chrysostomus' Hören der Geisterstimmen ist im „Lehrbrief" zuverlässig mit einem träumerischen Zustand verbunden, in dem ihm, angeregt durch die Erzählungen und Lieder von Vater und Mutter, durch die Naturgeräusche und die Chiffrenschrift der Moose die Gesänge des toten Fräuleins aufgehen: „Wirklich geschah es auch, daß [...] ich [...] in hinbrütendes Träumen geriet und dann den herrlichen Gesang des Fräuleins vernahm",[92] „der Traum erschloß mir sein schimmerndes herrliches Reich".[93] Der Moment des Geisterhörens ist hier zugleich der der künstlerischen Inspiration, und künstlerische Inspiration erscheint als akustische Heimsuchung. Über den jungen Kreisler behauptet der alte Kreisler entsprechend, er halte die „Stimme" des in seinem „Innern versteckten Poeten" für eine von außen kommende (Geister-)Stimme.[94] In seiner Adaption von Erzählungen Hoffmanns für

---

aufmerksam, dass dieser idealische ‚Aufschwung' durch den Dichter immer schon die vorherige ‚dämonische' Zerstörung durch denselben zur Voraussetzung hat. In jüngerer Zeit hat Derrida (in der *Grammatologie*) diese Einsicht breitenwirksam in der Figur einer ursprünglichen Gewalt (*archi-violence*) aufgegriffen und auf den Einsatz der Schrift (*archi-écriture*) bezogen, allerdings ohne dabei auf Hoffmann zu sprechen zu kommen.

91 Vgl. Oesterle, „Erinnerung in der Romantik. Einleitung", S. 12.
92 Hoffmann, „Kreisleriana", S. 451.
93 Ebd., S. 452.
94 Ebd., S. 448.

Offenbachs Oper *Les Contes d'Hoffmann* (1881) hat der Librettist Jules Barbier diesen Moment anschaulich herausgestellt. Er verändert Hoffmanns Erzählung „Rat Krespel" (1818) dergestalt, dass er die Figur eines dämonischen Arztes – Dr. Mirakel – einfügt, der die Sängerin Antonia durch seine suggestive Erzählung allererst dazu bringt, die Stimme der toten Mutter zu imaginieren, welche sie zum verbotenen (und für sie tödlichen) Singen inspiriert: Dr. Mirakel: „Ecoute! [...] C'est ta mère, c'est elle [...] son âme t'appelle / Comme autrefois [...] entends sa voix!" Antonia: „Ma mère! [...] J'entends sa voix!"[95]

Als sonale Phantasie verstehe ich also Imaginationen, die durch suggestive mündliche Erzählungen ausgelöst werden und gegebenenfalls auch akustische Phänomene zum Gegenstand haben. Wie im Folgenden gezeigt werden soll, spielt für ihre Entstehung die Unbestimmtheit (visuell, semantisch) des Klanglichen eine zentrale Rolle. In der Musikästhetik um 1800 ist zum Beispiel eine Variante der sonalen Phantasie sehr präsent, die sich an Instrumentalmusik knüpft. Die Musikästhetiker dieser Zeit gehen nämlich davon aus, dass diese Musik aufgrund ihrer semantischen Unbestimmtheit dazu neigt, die Phantasie des Hörers in eine unwillkürliche und anarchische Tätigkeit zu versetzen.[96] Forkel klagt zum Beispiel, dass „wir [...] häufig mit musikalischen Werken heimgesucht werden, wo eigensinnige aus einer zügellosen Phantasie entstandene Einfälle blos willkührlich [...] aufeinander folgen", sodass der Hörer dazu verführt wird, sich „in die unsichern Gegenden einer wilden Einbildungskraft zu wagen".[97] Diese Gegenden werden häufig als Labyrinthe oder Irrgärten beschrieben, und die strukturlose Struktur und den sinnleeren Sinn ihrer Bilderfolgen versucht man mit dem Begriff der Arabeske zu fassen. Einschlägig ist dafür abermals E. T. A. Hoffmann, der zum Beispiel in „Beethovens Instrumental-Musik" Kreislers Hören von Beethovens Klaviertrio op. 70 wie folgt beschreibt und dabei von der negativen Bewertung Forkels abweicht, indem er die Inspirationskraft dieser Hör-Erfahrung betont: „[W]ie einer, der in den mit allerlei seltenen Bäumen, Gewächsen und wunder-

---

[95] Trio des 3. Akts; Jacques Offenbach, *Hoffmanns Erzählungen. Phantastische Oper in fünf Akten [Les contes d'Hoffmann]*, quellenkrit. Neuausg. v. Fritz Oeser, dt. Übertr. v. Gerhard Schwalbe, Klavierauszug u. Vorlagenbericht, Kassel 1977–1981, hier Klavierauszug auf S. 229–231.

[96] Vgl. ausführlich Gess, *Gewalt der Musik*, S. 253–261. Zum Begriff der Phantasie: Kant unterscheidet zwischen einer Einbildungskraft, die willkürlich Einbildungen reproduziert, und einer, die unwillkürliche Einbildungen hervorbringt und die er Phantasie nennt; vgl. Immanuel Kant, „Anthropologie in pragmatischer Hinsicht", in: Kant, *Werke in 6 Bdn.*, Bd. VI: *Schriften zur Anthropologie, Geschichtsphilosophie, Politik und Pädagogik*, hg. v. Wilhelm Weischedel, Darmstadt 1998, S. 395–690, hier S. 466.

[97] Johann Nikolaus Forkel, *Musikalisch-kritische Bibliothek*, 3 Bde., Gotha 1778–1779, Bd. 1, S. XIVf.

baren Blumen umflochtenen Irrgängen eines fantastischen Parks wandelt und immer tiefer und tiefer hineingerät, [vermag ich] nicht aus den wundervollen Wendungen und Verschlingungen deiner Trios herauszukommen".[98] Hoffmann bezeichnet das Klaviertrio in seiner Rezension auch als „ein freies Spiel der aufgeregtesten Phantasie", das den Hörer „in lichten, funkelnden Kreisen um[fängt], und seine Phantasie, sein innerstes Gemüt entzünde[t]".[99]

Das Konzept der sonalen Phantasie greift ebenso, wie oben bereits angedeutet, für die Literatur um 1800, insbesondere wenn sie als Ton-Kunst verstanden wird.[100] Erneut spielt hier die Unbestimmtheit eine zentrale Rolle, und zwar zum einen die Unbestimmtheit im Sinne der mangelnden Präsenz dessen, *wovon* erzählt wird, zum anderen die Unbestimmtheit als mangelnde Präsenz dessen, *der* erzählt. Das soll anhand von Edmund Burkes poetologischen Überlegungen in seiner Theorie des Erhabenen und anhand der Poetik der *gothic novel* kurz erläutert werden, um im Anschluss auf Hoffmann zurückzukommen. Burke beschäftigt sich in der *Philosophical Enquiry into the Origin of Our Ideas of the Sublime and Beautiful* (1757), die in Deutschland (u. a. von Lessing, Mendelssohn, Nicolai, Herder, Garve, Kant und Schiller) nicht nur intensiv rezipiert wurde,[101] sondern auch für die Poetiken der Schauerliteratur, zu der auch viele Texte Hoffmanns gerechnet werden, von großer Wichtigkeit war, unter anderem mit der Frage, wie

---

98 Hoffmann, „Kreisleriana", S. 57 f.
99 E. T. A. Hoffmann, „Beethoven, Zwei Klaviertrios Op. 70 (September 1812 und Januar/Februar 1813)", in: Hoffmann, *Schriften zur Musik. Nachlese*, hg. v. Friedrich Schnapp, Darmstadt 1963, S. 118–144, hier S. 138 u. 143.
100 Vgl. hierzu auch das Fragment von Novalis (*Das Allgemeine Brouillon*, Nr. 245), in dem ebenfalls die Unbestimmtheit der Musiksprache den Geist zu freier Tätigkeit anregt und von dort der Link zur Ursprungssprache der Menschen geschlagen wird, die ein Gesang war: „Über die allg[emeine] n Sprache der Musik. Der Geist wird frey, *unbestimmt* angeregt [...] – das dünkt ihm so bekannt, so vaterländisch – er ist auf diese kurzen Augenblicke in seiner indischen Heymath. [...] Unsre Sprache – sie war zu Anfang viel musicalischer und hat sich nur nach gerade so prosaisirt – so *enttönt*. [...] Sie muß wieder *Gesang* werden"; Novalis: „Das Allgemeine Brouillon 1798/99", in: *Werke, Tagebücher und Briefe Friedrich von Hardenbergs*, Bd. 2: *Das philosophisch-theoretische Werk*, hg. v. Hans-Joachim Mähl, Darmstadt 1999, S. 473–720, hier S. 517.
101 Am Anfang dieser Rezeption stehen Lessing, Nicolai und Mendelssohn; denn Lessing macht die anderen beiden noch im Jahr des Ersterscheinens auf die Publikation aufmerksam, und im folgenden Jahr schreibt Mendelssohn einen unpublizierten Kommentar (für Lessing) und eine Rezension, die in der *Bibliothek der schönen Wissenschaften und freyen Künste* publiziert wird. Zur Kritik Mendelssohns, insbes. auch an Burkes Dichtungskonzept, vgl. Tomá Hlobil, „Two Concepts of Language and Poetry: Edmund Burke and Moses Mendelssohn", in: *British Journal for the History of Philosophy* 8.3 (2000), S. 447–458. Sie differieren vor allem darin, dass Burke Dichtung *nicht* als Nachahmungskunst verstehen will und statt in die Nähe der Malerei in die Nähe der Musik rückt: Worte als Töne, die eher über *sympathy* als über mentale Bilder wirken.

man am besten *terror* beim Rezipienten auslösen könne. Eine Grundvoraussetzung, die er dabei ausmacht, ist „obscurity": „To make any thing very terrible, obscurity seems in general to be necessary."[102] Obscurity – zu deutsch: Unbestimmtheit, Unklarheit, Dunkelheit – ist bei Burke die wichtigste Voraussetzung zur Erzeugung von *terror*, weil sie das Schreckliche nicht fassbar werden lässt (bzw. die Nicht-Fassbarkeit es allererst schrecklich werden lässt), und weil sie die Einbildungskraft des Rezipienten in eine unendliche Beschäftigung („power on the fancy", „approach towards infinity")[103] versetzt, in der sie sich das Schreckliche immer noch schrecklicher vorstellt, als es jemals gemalt werden könnte.

Diese Beobachtung Burkes ist für die Bedeutsamkeit der akustischen Heimsuchung in der (Schauer-)Literatur um 1800 zentral. Denn für die „obscurity", die Burke hier beschreibt, ist der Ausfall des Sehsinns wesentlich: Kann man etwas sehend erfassen, verliert es an Unbestimmtheit und damit an Schrecken – und umgekehrt: „consider[ ] how greatly night adds to our dread, in all cases of danger".[104] Konsequenterweise bezieht sich ein wichtiges Beispiel, das Burke für die Erzeugung von *terror* durch Unbestimmtheit gibt, auf „sounds", genauer: auf unspezifische Geräusche:

> A low, tremulous, intermitting sound [...]. I have already observed, that night increases our terror more perhaps than any thing else; it is our nature, that, when we do not know what may happen to us, to fear the worst that can happen us; and hence it is, that uncertainty is so terrible [...]. Now some low, confused, uncertain sounds, leave us in the same fearful anxiety concerning their causes, that no light, or an uncertain light does [...].[105]

Das unbestimmte Geräusch lässt es gewissermaßen Nacht um den Hörer werden, weil er nicht sehen, und das heißt, nicht bestimmen kann, was ihn erwartet – Michel Chion hat eben diese Psychodynamik als wesentliches Charakteristikum der ‚akusmatischen Stimme' gefasst.[106] Als Spukereignis scheinen solche Geräusche darum geradezu prädestiniert zu sein, stammen doch auch „ghosts and goblins", wie Burke schreibt, aus derselben Region der Unbestimmtheit: Sie affizieren das Gemüt deshalb so stark, weil „none can form clear ideas [of them]".[107]

Diese doppelte Unbestimmtheit des akustischen Spuks nun kann, folgt man Burke weiter, ausgerechnet Literatur besser als jede andere Kunstform ausspie-

---

102 Edmund Burke, *A Philosophical Enquiry into the Origin of our Ideas of the Sublime and Beautiful*, Oxford/New York 1990, S. 54.
103 Ebd., S. 58.
104 Ebd., S. 54.
105 Ebd., S. 76 f.
106 Chion, *Audio-Vision: Sound on Screen*, S. 63.
107 Burke, *A Philosophical Enquiry*, S. 54.

len. Er argumentiert zum einen, dass Literatur als eine Ton-Kunst zu verstehen sei (Worte werden hier primär als Klänge bzw. Klangfolgen gedacht), die nicht über die Nachahmung und das Aufrufen von klaren Vorstellungsbildern wirke, sondern über die „sympathy" mit den Affekten, die die von den Tönen bezeichneten – gemeint ist ein arbiträres, aber durch Gewohnheit naturalisiertes Zeichenverhältnis – Dinge auf das Gemüt der beteiligten Personen haben. Er argumentiert zum anderen, dass die Malerei der „clarity" verpflichtet sei und über das Aufrufen von entsprechend bestimmten Vorstellungen auf den Betrachter wirke. Es sei daher für die Malerei unmöglich oder mindestens lächerlich, an sich obskure Gegenstände (wie Geistererscheinungen) abbilden zu wollen. Ganz anders die Literatur: Im Vergleich mit der Nachahmungskunst der Malerei ist sie defizitär, denn sie kann nur eine „very obscure and imperfect *idea* of such objects [hier: Paläste, Tempel, Landschaften, N. G.]" geben;[108] aber dieses Defizit wird dort zur Überlegenheit, wo es darum geht, die Leidenschaften des Rezipienten zu erregen. Denn „great clearness helps but little towards affecting the passions".[109]

> So that poetry with all its obscurity, has a more general as well as a more powerful dominion over the passions than the other art. And I think there are reasons in nature why the obscure idea [...] should be more affecting than the clear. It is our ignorance of things that [...] excites our passions.[110]

In gewisser Weise lässt es also auch die Literatur Nacht um den Rezipienten werden, insofern sie ihm die Dinge nicht klar vor Augen stellt, sondern stattdessen über deren Unbestimmtheit und die dadurch angeregte „power on the fancy"[111] einmal mehr seine Affekte, insbesondere seine Ängste anspricht. Diese Überlegenheit der Literatur kommt insbesondere dort zum Tragen, wo es um die Beschreibung von Gegenständen geht, die an sich unbestimmt sind (als da wären übernatürliche Kreaturen oder Ereignisse, wie zum Beispiel Spukgeschehen) und sich der Malerei daher vollständig entziehen. Burkes Text ist voll mit solchen Beispielen aus Miltons *Paradise Lost* (1667), etwa „his description of Death", dem „king of terrors", die für Burke vor allem aus einem Grund so wirkungsvoll ist: „In this description all is dark, uncertain, confused, terrible, and sublime to the last degree".[112]

---

108 Ebd.
109 Ebd., S. 56.
110 Ebd., S. 57.
111 Ebd., S. 58.
112 Ebd., S. 55.

In den späteren *gothic novels* wird diese Einsicht hervorragend umgesetzt. Ein Beispiel: In *The Mysteries of Udolpho* (1794) von Ann Radcliffe wird die Heldin immer wieder von Geräuschen aufgeschreckt, die *wie* Schritte, *wie* ein Klopfen, *wie* ein Atmen usw. klingen, in unregelmäßigen Abständen wiederkehren und in ihrer Herkunft und Bedeutung schwer einzuschätzen sind. Bald ist sie überzeugt, dass es sich um Spukgeräusche handeln muss, und Furcht und *terror* bestimmen ihre Gemütslage, wie ausführlich beschrieben wird, sodass der Leser entsprechend – über die *sympathy* – mit ihr mitfühlen muss. Die sympathetische Übertragung von *terror* wird im Übrigen auch im Roman selbst thematisiert, wenn die abergläubische Furcht einer Bediensteten die Heldin des Romans, wie es heißt, infiziert. Diese „infection" findet statt auf dem Weg einer mündlichen Erzählung vom angeblichen Spuk im Schloss, die immer wieder durch die geheimnisvollen Geräusche selbst unterbrochen wird, welche bald von der Bediensteten und dann auch von der Heldin als Spukgeräusche interpretiert werden:

> „Did you ever hear, ma'amselle, of the strange accident, that made the Signor lord of this castle?" „What wonderful story have you now to tell?" said Emily, concealing the curiosity, occasioned by the mysterious hints she had formerly heard on that subject. [...] „[...] – Holy Virgin! what noise is that? did not you hear a sound, ma'amselle?" [...] Emily, whom Annette had now infected with her own terrors, listened attentively; but every thing was still, and Annette proceeded: „[...] – There, again!" cried Annette, suddenly [...]. They listened, and, continuing to sit quite still, Emily heard a low knocking against the wall. It came repeatedly. Annette then screamed loudly, and the chamber door slowly opened.[113]

Literatur operiert also in der Region der Unbestimmtheit, in der der Leser nicht auf klare Vorstellungen setzen kann, sondern im Wesentlichen auf seine affektiven Reaktionen verwiesen ist, die sowohl durch die unbestimmten Dinge selbst bzw. das dadurch in Gang gesetzte haltlose Tasten der Phantasie im Katastrophenmodus ausgelöst werden als auch durch ‚sympathy' mit den Reaktionen der fiktionalen Charaktere. In der gleichen Region der Unbestimmtheit sind auch die Geister zu Hause sowie auch alle akustischen Phänomene unklarer Herkunft. Beide ahmt Literatur nicht nach (wie Malerei es – nach Burkes Überzeugung – tun würde), sondern sie potenziert deren Unbestimmtheit durch die suggestive Unbestimmtheit ihrer sprachlichen Beschreibung. Im Fall der akustischen Phänomene ist dafür die Abwesenheit des Tons in der Diegese mitentscheidend: *Weil* er abwesend ist, muss der Text zu obskuren Beschreibungen greifen, die im Leser den Schrecken des Unbestimmten erregen. Ein illustratives Beispiel dafür bietet die sehr viel spätere, aber ebenfalls in der Tradition der *gothic literature* stehende

---

113 Ann Radcliffe, *The Mysteries of Udolpho*, London 1992, S. 236–239.

novel of terror „Randolph Carter" (1919) von H. P. Lovecraft, in der der „horror", welcher den Überlebenden eines übernatürlichen Massakers in den Wahnsinn getrieben hat, eine vom Text unbeschreibbare, den Text schließlich sogar abbrechende Stimme ist – genauer: eine Telefonstimme aus dem Grab:

> And then there came to me the crowning horror of all – the unbelievable, unthinkable, almost unmentionable thing. [...] [I] heard the thing which has brought this cloud over my mind. I do not try, gentlemen, to account for that thing – that voice – nor can I venture to describe it in detail, since the first words took away my consciousness and created a mental blank [...].[114]

Die Stimme erscheint hier als das Andere, das Abwesende des Textes. Wie das übernatürliche Monster seinen Schrecken dadurch gewinnt, dass es unsichtbar bleibt bzw. durch das Telefon nur partiell vermittelt wird, erhält die Stimme ihren Schrecken dadurch, dass sie unhörbar bleibt bzw. durch den Text nur ungenügend beschrieben wird. Die Stimme als das Monster des Textes: Welchen besseren Grund gäbe es, die Geister der Literatur akustisch spuken zu lassen! Der akustische Spuk erweist sich vor dem Hintergrund von Burkes Überlegungen als probate Wirkungsstrategie des literarischen Textes, der es auf den *terror* des Lesers anlegt.

Die akusmatische Stimme als narratives Verfahren

Kommen wir vor diesem Hintergrund zurück zu Hoffmann, der ein eifriger Leser von *gothic novels* in der Tradition von Walpole, Radcliffe und Lewis war, für die Burkes Überlegungen zur Erzeugung von „terror" beim Leser von zentraler Bedeutung waren.[115] Den „Lehrbrief" (als zwölftes Stück der *Kreisleriana* im zweiten Teil der *Fantasiestücke*) publizierte Hoffmann im gleichen Jahr (1815)

---

114 H. P. Lovecraft, „Randolph Carter", in: *The H. P. Lovecraft Omnibus 1: At the Mountains of Madness and other Novels of Terror*, London 1987, S. 353–360, hier S. 359. Der Text von Lovecraft deutet an, was ich hier auslasse: Einen großen Korpus von Erzählungen akustischer Heimsuchung, in denen die neuen akustischen Medien – hier das Telefon – eine zentrale Rolle spielen und in denen deren Unheimlichkeit thematisiert wird, übrigens unter Verwendung zahlreicher Topoi der früheren Schauerliteratur. Mein Text dürfte allerdings zeigen, dass die Narrative akustischer Heimsuchung keineswegs erst mit diesen neuen Medien zu ‚boomen' beginnen, sondern bereits in den Jahrzehnten davor prominent sind.
115 Radcliffe bezieht sich in ihrem poetologischen Essay „On the Supernatural in Poetry" explizit auf Burkes Überlegungen zur Erzeugung von *terror*; vgl. Ann Radcliffe, „On the Supernatural in Poetry", in: *New Monthly Magazine* 16 (1826), S. 145–152.

wie *Die Elixiere des Teufels*, seinem eigenen, eng an Matthew G. Lewis' *The Monk* (1796) angelehnten Schauerroman, der wiederum durch Radcliffes *The Mysteries of Udolpho* inspiriert war. Insofern überrascht es wenig, in der schauerlichen Binnenerzählung des „Lehrbriefs" manche Stilmittel der *gothic novel* umgesetzt zu finden, die schon Burke empfiehlt: so etwa „power"[116] (bannende Wirkung des Fremden, Andeutung übernatürlicher Kräfte), „suddenness"[117] (‚plötzliches' Verschwinden des Sängers)[118] und „infinity"/„repetition"[119] (alljährliches Nisten der Nachtigall, tägliches Singen um Mitternacht, Wiederholungszwang des Chrysostomus).

Besonders wichtig sind aber all jene Merkmale, die die Unbestimmtheit des Geschehens einerseits, die unbestimmte Beschreibung dieses Geschehens andererseits betreffen. Zum ersten Punkt gehört zum Beispiel der faszinierende, aber zutiefst ambivalente Gefühle auslösende Fremde, der von „unbekannten Ländern" und „sonderbaren Menschen und Tieren" zu erzählen weiß.[120] Dazu gehört auch das wiederholt aufgerufene mitternächtliche Setting: die Treffen um Mitternacht, der Mord um Mitternacht, der Gesang der Nachtigall um Mitternacht. Sowie vor allem die akusmatischen Klänge (der von Ferne hinüberhallende Klang von Stimme/Laute; die Geisterstimmen aus dem Stein/im Baum). Hinzu kommt die Unbestimmtheit der Beschreibung. Wie der Fremde aussieht, erfährt man nicht, wohl aber, wie sein Aussehen auf die Betrachter wirkt: Er war „seltsamlich" gekleidet, er kommt ihnen „wunderlich" vor, man kann ihn nicht „ohne inneres Grausen" anblicken.[121] Was der Fremde erzählt, erfährt man ebenfalls nicht, sondern abermals nur, dass die Länder den Zuhörern „unbekannt" und die Menschen „sonderbar" sind, ebenso wie die Sprache des Fremden, in der er „unbekannte geheimnisvolle Dinge" ausspricht.[122] Indem die Beschreibungen also ganz und gar unbestimmt bleiben, zugleich aber die Wirkung des Fremden und seiner Erzählung auf die anderen Figuren geschildert wird, ergeht die Forderung an den Leser, sich seine eigene Vorstellung von einem Fremden zu machen, der ihm die gleichen „eiskalte[n] Schauer", „folternde[ ] Angst" und „Starrkr[ä]mpf[e] des Entsetzens" bereiten würde wie den Figuren, mit denen er mitfühlt.[123] Der Text selbst gibt diesen Rezeptionsmodus vor, indem er wiederholt von dem

---

116 Burke, *A Philosophical Enquiry*, S. 59–65.
117 Ebd., S. 76.
118 Hoffmann, „Kreisleriana", S. 449.
119 Burke, *A Philosophical Enquiry*, S. 67–68.
120 Hoffmann, „Kreisleriana", S. 449.
121 Ebd.
122 Ebd.
123 Ebd., S. 449 f.

„dunkle[n] gestaltlose[n] Ahnen" spricht,[124] mit dem die Figuren auf den Fremden oder auf die Geisterstimmen reagieren – ein Ahnen, das Novalis auch als eine „ins Offene", d. h. sowohl in die Imagination als auch in die Zukunft gerichtete Erinnerung verstanden hat.[125] Der Binnentext, dessen Erzähler Chrysostomus ist, operiert also souverän mit dem Verfahren der Unbestimmtheit. Es betrifft auch die akustische Heimsuchung, insofern die Geisterstimme nie in direkter Rede erscheint, sondern immer nur vom Erzähler, auch in ihrer Wirkung auf den Hörer, beschrieben wird. Wie die Stimme klingt, ist somit der sonalen Phantasie des Rezipienten überlassen, der sie sich aufgrund ihrer Unbestimmtheit und seiner *sympathy* mit dem textimmanenten Hörer viel mysteriöser vorstellt, als sie jemals hätte hörbar werden können.

Aber darüber hinaus wirkt die Erzählung auch durch die Unbestimmtheit der Erzählerfigur: Die akusmatische Stimme wird hier in ein narratives Verfahren transformiert. Hoffmann überträgt gleichsam Goethes Einsicht, dass der Rhapsode „am allerbesten [hinter einem Vorhang]" rezitieren solle, da sein Vortrag auf diese Weise umso intensiver wirken würde, in den Erzähltext, wenngleich mit ganz anderer Intention.[126] Der „Lehrbrief" weist Chrysostomus schon allein durch

---

124 Ebd., S. 449; vgl. auch ebd., S. 451.
125 Oesterle, „Erinnerung in der Romantik. Einleitung", S. 8.
126 Johann Wolfgang von Goethe, „Über epische und dramatische Dichtung", in: Goethe, *Sämtliche Werke, Briefe, Tagebücher und Gespräche in 40 Bdn.*, Abt. I, Bd. 18: Ästhetische Schriften 1771–1805, hg. v. Friedmar Apel, Frankfurt a. M. 1998, S. 445–456, hier S. 447. Diesen Hinweis verdanke ich Reinhart Meyer-Kalkus, der mich während der Endredaktion meines Aufsatzes auf seinen noch nicht erschienenen Aufsatz aufmerksam gemacht hat, in dem er darauf eingeht: „Goethe als Vorleser, Sprecherzieher und Theoretiker der Vortragskunst", erscheint in: *Deutsche Vierteljahrsschrift für Literaturwissenschaft und Geistesgeschichte* 90 (2016) [in Vorbereitung]. Auch Meyer-Kalkus spricht hier von der „akusmatische[n] Stimme des Erzählers", die die „phantasiestiftende Kraft des dichterischen Wortes [...] entbinde", jedoch liegt die Konzentration bei Meyer-Kalkus auf der Praxis des Vorlesens und seinem Mehrwert für die Rezeption von Literatur: „Bildschaffender als alle Medien wirkt der durchs gesprochene Worte angeregte innere Sinn der Zuhörer. Vorlesen ist insofern [...] eine der vornehmsten Kunstgattungen, weil sie die Spontaneität der Einbildungskraft des Zuhörers oder Betrachters wie keine andere aktiviert". Bei mir geht es hingegen um die Transformation der akusmatischen Stimme in ein narratives Verfahren, das seine Wirksamkeit unabhängig davon entfaltet, ob der Text laut gelesen/vorgelesen wird oder nicht. Zudem sollten die Differenzen zwischen Goethes und Burkes akusmatischer Stimme nicht unterschlagen werden. Während Burke mit ihr auf die Unklarheit (auch der Vorstellung) und den dadurch erregten stärksten Affekt (des *terror*) setzt, erhofft sich Goethe vom unsichtbaren Rhapsoden eine „größere Klarheit des inneren Sinns"; Goethe steht dabei, wie Meyer-Kalkus zu Recht schreibt, in der Tradition der rhetorischen Enargeia-Lehre, nach der uns „Dinge und Vorgänge so plastisch und lebhaft vors innere Auge [geführt werden sollen], dass uns ist, als sähen wir sie leibhaftig vor uns" (Meyer-Kalkus). In der *gothic literature* wird hingegen, ebenso wie in der

seinen Namen als äußerst potenten Redner aus. Chrysostomus ist griechisch und heißt übersetzt „Goldmund".[127] Historisch lässt er sich auf den antiken Redner Dion Chrysostomos beziehen (ca. 40–120 n. Chr.), vor allem aber auf den Kirchenvater Johannes Chrysostomos (ca. 344–407 n. Chr.), Erzbischof von Konstantinopel, der als einer der größten christlichen Prediger gilt. Die besondere Potenz von Chrysostomus' Rede liegt nun nicht nur in seiner virtuosen Anwendung einer Rhetorik der Unbestimmtheit, sondern auch darin, dass diese Rhetorik den Erzähler selbst nicht ausnimmt. Denn Chrysostomus taucht im Text lediglich als akusmatische Stimme auf, und zwar als einzige wörtliche Rede des „Lehrbriefs", die in die Erzählung des alten Kreisler eingelassen ist. Doch damit nicht genug, denn auch der alte Kreisler ist im Text nur als Stimme präsent, insofern er mit seinem Brief den jungen Kreisler direkt anspricht. Aus dem Brief tönt gewissermaßen die Rede eines Verstorbenen, der sich am Ende mit dem Zeichen des Grabeskreuzes verabschiedet. Sowohl bei Chrysostomus als auch beim alten Kreisler handelt es sich aber möglicherweise um bloße ‚innere Stimmen' des jungen Kreisler, der im Text selbst nicht als Erzählinstanz auftaucht. Denn wie der alte Kreisler dem jungen Kreisler sagt, hat der junge Kreisler – um das Zitat abermals aufzugreifen – sein „Hörorgan so geschärft, daß [er] bisweilen die Stimme des in [s]einem Innern versteckten Poeten (um mit Schubert zu reden) vernimm[t], und wirklich nicht glaub[t], [er selbst] sei[ ] es nur, der gesprochen".[128] Der ‚innere Poet' des jungen Kreisler: Das ist also – man denke an Schuberts „Janusgesicht[igkeit]"[129] der inneren Stimme – entweder der als Geisterstimme in den Schüler eingegangene verstorbene Mentor oder Chrysostomus als geisterhafte Abspaltung des kreativen Persönlichkeitsteils des jungen Kreisler.[130] In jedem Fall bleibt

---

romantischen Literatur, gerade nicht auf die innere Klarheit der Bilder, sondern auf das Dunkle, das Verworrene, die Ahnung und emotionale Erregung gesetzt. Goethe will ‚Abstraktion' und einen Schein von ‚Allgemeinheit' durch die Unsichtbarkeit des Rhapsoden gewinnen (vgl. die bei Meyer-Kalkus vollständig zitierte Aussage); man kann sagen, sein Ideal ist die entkörperte Stimme; in der *gothic literature* geht es jedoch um die Unheimlichkeit des fehlenden Körpers, um den *terror* des Nicht-Wissens und um das Monströse der Abwesenheit. Interessant ist in diesem Zusammenhang auch die um 1800 wieder aufkommende Mode des unsichtbaren Chores, etwa in den Schiller-Gedächtnisfeiern; vgl. dazu Mary Helen Dupree, „Early Schiller Memorials (1805–1809) and the Performance of Literary Knowledge", in: Dupree und Sean B. Franzel (Hg.), *Performing Knowledge, 1750–1850*, Berlin 2015, S. 137–164.
127 Ich verdanke diesen Hinweis Britta Herrmann, für deren kritische Lektüre ich mich bedanke.
128 Hoffmann, „Kreisleriana", S. 448.
129 Schubert, *Die Symbolik des Traumes*, S. 69.
130 Zur Möglichkeit einer solchen Abspaltung vgl. Schubert: „Nicht selten stellen sich, in der Bilder- und Gestaltensprache des Geistes, jene verschiedenartigen Stimmen, der Seele als besond-

durch dieses Manöver (zwei akusmatische Erzählstimmen, für die drei mögliche Quellen infrage kommen) die für jeden Erzähltext zentrale Frage – wer spricht? – unbeantwortbar. Die Erzählung spricht gewissermaßen mit mehreren Stimmen; in Hoffmanns Referenztext von Schubert findet sich die Monstrosität dessen in einem Beispiel wieder, „wo zu der Rede des Predigers der keine Arme hat, eine andere mit in sein Gewand versteckte Person die Gebärden macht, traurige, wenn jener fröhliche, fröhliche, wenn er traurige Worte spricht".[131] Auf diese Weise wird das ‚gothische' Motiv der Heimsuchung durch akusmatische Stimmen in ein narratives Verfahren transformiert, das auf die Selbsttätigkeit des Lesers zielt.[132] Als akusmatische Stimmen setzen die Erzählstimmen dessen sonale Phantasie in Gang, die dann sowohl mögliche Quellen der Stimmen imaginiert, eine dämonischer als die andere, als auch im Raum des Imaginären die diversen Geisterstimmen laut werden lässt. Sie sind dann einerseits das vom Text heraufbeschworene Abwesende, die Stimme als ‚Monster des Textes', als auch ‚innere Stimme' des Lesers, womit sowohl dessen poietische Kraft als auch – man denke an Schuberts Stimme des Gewissens – das individuelle oder sogar kollektive Unbewusste angesprochen ist.

Coda

Ausgehend von der gegenwärtigen Konjunktur des (immer wieder auf literarische Motive) zurückgreifenden Zusammendenkens von Musik und (traumatischer) Erinnerung habe ich eine literarische Vorgeschichte dieser Verbindung in Narrativen akustischer Heimsuchung um 1800 offengelegt, unter Konzentration auf eine Fallstudie von E. T. A. Hoffmanns „Kreislers Lehrbrief". Dabei wurden fünf Thesen erarbeitet.

Erstens: Hoffmann formuliert in diesem Text einen auf einen ursprünglichen Gewaltakt gegründeten Musik-Entstehungs-Mythos, in dem Kunst als die bzw.

---

re, selbstständige Wesen dar, und der gute oder schlimme Dämon wird dieser wirklich sichtbar" (Schubert, *Die Symbolik des Traumes*, S. 66). Bei Hoffmann werden sie nicht sichtbar, sondern als von außen kommend hörbar. Zu der These, dass Chrysostomus' Geschichte sich in Kreislers Leben wiederhole (bezogen sowohl auf die „Kreisleriana" als auch auf Kreisler im „Kater Murr") vgl. Alexis B. Smith, „Ritter's Musical Blood Flow Through Hoffmann's Kreisler", in: John A. McCarthy et al. (Hg.), *The Early History of Embodied Cognition, 1740–1920. The ‚Lebenskraft'-Debate and Radical Reality in German Science, Music, and Literature*, Leiden 2016, S. 145–162.
131 Schubert, *Die Symbolik des Traumes*, S. 70.
132 Ich danke Caroline Welsh für ihre hilfreichen Anregungen zu diesem Punkt.

aus der klingenden Erinnerung an ein Verbrechen entsteht, das im Prozess der künstlerischen Inspiration immer wieder nachgestellt wird.

Zweitens: Dichtungstheorien um 1800 verstehen Dichtung als akusmatische Stimme einer goldenen Vorzeit, die im Klang der Sprache bzw. im Ton der Rede archiviert ist und in der Dichtung wieder laut werden soll.

Drittens: Hoffmann reflektiert diese frühromantische Sprachutopie kritisch, indem er danach fragt, was durch selbige verdrängt wird: die Komplizenschaft von Dichtung und (ur-teilender)[133] Aufklärung/Sprache.

Viertens: Aus Hoffmanns Text lässt sich das Konzept einer sonalen Phantasie gewinnen, die durch suggestive mündliche Erzählungen gespeist wird und/oder akustische Phänomene zum Gegenstand hat. Die Suggestionskraft der Erzählung basiert dabei auf einer – hier an Burke entwickelten – Rhetorik der Unbestimmtheit, die die *gothic literature* gezielt zur Erzeugung von *terror* beim Leser einsetzt. Diese Rhetorik bezieht sich sowohl auf die erzählten Inhalte, zu deren bevorzugten die akusmatische Stimme gehört, als auch auf die Diegese selbst, die die Dinge unsichtbar und unhörbar bleiben lässt.

Fünftens: Bei Hoffmann betrifft diese Unbestimmtheit auch die Erzählstimme selbst. Sein Text führt die Umwandlung des ‚gothischen' Motivs der akusmatischen Stimme in ein narratives Verfahren – die Erzählstimme als akusmatische Stimme – vor, das auf die sonale Phantasie des Lesers zielt.

Die gegenwärtig populäre Idee einer musikalisch getriggerten Erinnerung demonstriert auf diese Weise die Wirkmächtigkeit eines literarischen Narrativs, das es nicht nur auf suggestive Erzählungen anlegt, sondern auch ein Bewusstsein von der Janusgesichtigkeit der sentimentalischen Sehnsucht nach dem Vergangenen mit sich führt. Über die musikalisch getriggerte Erinnerung lässt sich daraus entnehmen, dass es sich bei diesem Hör-Wissen immer schon (auch) um eine sonale Phantasie des Hörers handelt. Der Kurzschluss von Musik und Erinnerung profitiert demnach von der relativen Unbestimmtheit der Klangeindrücke ebenso wie von unserer emotional durchwirkten Imaginationslust.[134] In diesem Sinne handelt es sich beim ‚Hören der Erinnerung' eher um ein produktives Ahnen der Vergangenheit denn um die Reproduktion eines Wissensbestandes, sodass sich das im vorliegenden Buch behandelte Hör-Wissen hier in besonderer

---

[133] Erinnert sei hier noch einmal an Hölderlin und seine Rede von der „ursprüngliche[n] Trennung des in der intellektualen Anschauung innigst vereinigten Objekts und Subjekts", der „Ur-Teilung" (Hölderlin, „Urteil und Sein", S. 502). Siehe dazu auch die obige Fußnote.

[134] Matussek fasst diese Einsicht in seinen Überlegungen zum *déjà entendu* übrigens in die Formel: Vagheit/Ferne der Klangeindrücke plus Konfabulation des Hörers – daraus entstehe das erinnernde Hören; vgl. Matussek, „Déjà-entendu", S. 302.

Weise als prozessual und als einer historisch und subjektiv bestimmten Poiesis unterworfen erweist.

Jan-Friedrich Missfelder
Wissen, was zu hören ist
Akustische Politiken und Protokolle des Hörens in Zürich um 1700

Der folgende Beitrag stellt den Versuch dar, die Bedeutung von Hör-Wissen für die politische und soziale Ordnung der frühneuzeitlichen Stadt zu taxieren. Dabei zeigt sich, dass die doppelte Bedeutung des Begriffs ‚Hör-Wissen' – als Wissen vom Hören und als Wissen, das durch Praktiken des Hörens gewonnen werden kann – im vormodernen Kontext eine besondere Qualität gewinnt. Die Spezifik vormoderner politischer Ordnungen und Verfahren insbesondere im urbanen Kontext lässt sich, so die These, durch Aufmerksamkeit auf Hör-Wissen im oben skizzierten doppelten Sinn besonders gut konturieren.

Sensorische Politiken

Dass sensorische Praktiken, zu denen auch das Hören zählt, bei der Produktion politischer Ordnung generell eine zentrale Rolle spielen, hat die sozialwissenschaftliche, philosophische und nicht zuletzt historische Forschung der letzten Jahre zunehmend betont.[1] Dass sich Gesellschaften über Formen wechselseitiger sinnlicher Wahrnehmung integrieren und politische Macht durch Überwachung oder Ausschluss aus dem Raum des Wahrnehmbaren ausgeübt wird, zeigt, dass Politik nicht nur als Konflikt organisierter Interessen, sondern auch als sensorisches Aufmerksamkeitsmanagement konzipiert werden kann. Wenn man also mit Andreas Reckwitz davon ausgehen kann, dass „soziale Ordnungen immer auch zugleich sinnliche Ordnungen bilden"[2] und sich diese in spezifischen Anordnungen und sensorischen Praktiken, kurz: als „Sinnesregime"[3] aktualisieren, stellt sich die Frage nach der spezifischen, historischen wandel-

---

[1] Vgl. etwa Uli Linke, „Contact Zones. Rethinking the Sensual Life of the State", in: *Anthropological Theory* 6.2 (2006), S. 205–225, sowie die Beiträge in: Hanna Katharina Göbel u. Sophia Prinz (Hg.), *Die Sinnlichkeit des Sozialen. Wahrnehmung und materielle Kultur*, Bielefeld 2015.
[2] Andreas Reckwitz, „Sinne und Praktiken. Die sinnliche Organisation des Sozialen", in: Hanna Katharina Göbel u. Sophia Prinz (Hg.), *Die Sinnlichkeit des Sozialen. Wahrnehmung und materielle Kultur*, Bielefeld 2015, S. 441–455, hier S. 446.
[3] Ebd.

baren Form dieser Sinnesregime im Ganzen ebenso wie nach dem Status einzelner Sinne darin. Indem etwa Axel Honneth seine politische Philosophie der Anerkennung als gesellschaftliche Verhandlung von Sichtbarkeit und Unsichtbarkeit reformuliert, verwischt er bewusst die Grenze zwischen einem metaphorischen und einem konkreten, sensorischen Verständnis von Visualität im Bereich des Sozialen.[4] Politische Konflikte wie Kämpfe um Anerkennung werden also, folgt man Honneth, Reckwitz und anderen, als soziale Praktiken der Interaktion im konkreten, häufig urbanen Raum verortet und damit als sensorische Politiken fassbar.[5] Die Pointe dieses Ansatzes liegt darin, dass die Präsenz politischer Akteure im sozialen ebenso wie im konkret topographischen Raum nicht einfach vorausgesetzt wird, sondern an die historisch je unterschiedliche Form ihrer Wahrnehmung geknüpft wird. Als sozialer Akteur existiert nur, wer legitimerweise gesehen oder gehört wird. In dieser Hinsicht lässt sich der postulierte Zusammenhang von Sinnesregime und politischer Ordnung näher spezifizieren. Jacques Rancière beschreibt das Feld des Politischen in diesem Sinne als „Aufteilung des Sinnlichen" (*partage du sensible*).[6] Im kritischen Anschluss an Michel Foucaults Diskursbegriff wird Politik als ästhetisch im Wortsinne konzipiert. Sie zielt auf die „Formen" der politischen Artikulation, „insofern sie bestimmen, was der sinnlichen Erfahrung überhaupt gegeben ist."[7] Dieses ‚Geben' ist allerdings schon als politisches Handeln selbst zu verstehen. Sehen und Gesehenwerden, Hören und Gehörtwerden etc. sind selbst Handlungen innerhalb einer historisch bestimmbaren Ordnung des Wahrnehmbaren, welche soziale Akteure überhaupt erst sichtbar, hörbar etc. machen:

---

[4] Vgl. Axel Honneth, „Unsichtbarkeit. Über die moralische Epistemologie von ‚Anerkennung'", in: Honneth, *Unsichtbarkeit. Stationen einer Theorie der Intersubjektivität*, Frankfurt a. M. 2003, S. 10–27; zum Hintergrund vgl. ders., *Kampf um Anerkennung. Zur moralischen Grammatik sozialer Konflikte*, erw. Ausg. m. neuem Vorw., Frankfurt a. M. 2003.

[5] Vgl. dazu systematisch Davide Panagia, *The Political Life of Sensation*, Durham/London 2009; mit Blick auf Sichtbarkeit vgl. Andrea Mubi Brighenti, *Visibility in Social Theory and Social Research*, Houndmills/Basingstoke 2010; ders., „Visibility: A Category for the Social Science", in: *Current Sociology* 55 (2007), S. 323–342.

[6] Vgl. Jacques Rancière, *Die Aufteilung des Sinnlichen. Die Politik der Kunst und ihre Paradoxien*, hg. v. Maria Muhle, Berlin 2006; zum philosophischen Kontext vgl. ders., *Das Unvernehmen. Politik und Philosophie*, Frankfurt a. M. 2008. Zu Rancières Ansatz vgl. Davide Panagia, „‚Partage du sensible'. The Distribution of the Sensible", in: Jean-Philippe Deranty (Hg.), *Jacques Rancière. Key Concepts*, Durham 2010, S. 95–103; Yves Citton, „Political Agency and the Ambivalence of the Sensible", in: Gabriel Rockhill u. Philip Watts (Hg.), *Jacques Rancière. History, Politics, Aesthetics*, Durham/London 2009, S. 120–139.

[7] Rancière, *Aufteilung des Sinnlichen*, S. 26.

Die Unterteilungen der Zeiten und Räume, des Sichtbaren und des Unsichtbaren, der Rede und des Lärms geben zugleich den Ort und den Gegenstand der Politik als Form der Erfahrung vor. Die Politik bestimmt, was man sieht und was man darüber sagen kann, sie legt fest, wer fähig ist, etwas zu sehen, und wer qualifiziert ist, etwas zu sagen, sie wirkt sich auf die Eigenschaften der Räume und die der Zeit innewohnenden Möglichkeiten aus.[8]

Die historisch jeweils gültige Aufteilung des Sinnlichen gibt demnach vor, welche sensorischen Artikulationen legitim und damit überhaupt der sozialen Wahrnehmung gegeben sind und welche konzeptionell ausgeschlossen und etwa als Lärm oder als unsichtbar qualifiziert werden. Rancière belegt im französischen Original diesen Begriff von Politik mit dem Terminus *police* und grenzt davon *politique* im eigentlichen Sinne ab. Während *police* durchaus analog zu Foucaults Idee einer diskursiven Formation die Rahmung des Sichtbaren, Hörbaren etc. beschreibt und damit auf die gültige Wahrnehmungsordnung einer Epoche, einer Gesellschaft oder eines Raumes verweist, stellt *politique* als Aktion diese Ordnung fundamental infrage. Politisches Handeln in diesem strengen Sinne unterbricht damit die gültige Aufteilung des Sinnlichen, indem es sich ihren Maßgaben der sozialen Sichtbar- und Hörbarmachung entzieht. Politik ist daher als fundamentales „Unvernehmen" (im französischen Original: „mésentendre") zu konzipieren – ein Begriff, in dem seine sensorischen Grundbedingungen als akustische schon anklingen.

Dieser ausgesprochen anspruchsvolle Begriff reserviert ‚echte' Politik für historisch sehr seltene Situationen der kompletten Neujustierung der Aufteilung des Sinnlichen. Für die historische Analyse gerade frühneuzeitlicher Gesellschaften ist Rancières Parallelterminus der *police* dagegen heuristisch hilfreicher. Er macht nicht nur die Aufteilung des Sinnlichen als senso-politische Ordnung einer Gesellschaft – vormodern gesprochen: als sinnesgeschichtliche *Policey* – beschreibbar,[9] sondern bringt auch das gesellschaftliche Wissen über diese Ordnung auf den Begriff. Die Analyse von politischer Ordnung als Aufteilung des Sinnlichen liegt überdies insbesondere für frühneuzeitliche Gesellschaften nahe, da sich diese durch eine besondere Dichte von körperlich und sensorisch organisierten Kommunikationsbeziehungen auszeichnet. So hat Rudolf Schlögl vor allem für den Sozialtyp der frühneuzeitlichen Stadt von Kommunikation unter Anwesenden als dem zentralen Merkmal frühneuzeitlicher Vergesellschaftung

---

[8] Ebd., S. 26 f.
[9] Vgl. Uwe Hebekus u. Jan Völker, *Neue Philosophie des Politischen zur Einführung*, Hamburg 2012.

gesprochen.¹⁰ Soziale Ordnung und sozialer Sinn werden unter den Bedingungen von Anwesenheit durch Interaktion von Körpern und Dingen im Raum und in der Zeit hergestellt. Dies wiederum gelingt nur als Aufteilung des Sinnlichen. Die Sinne geben nach Schlögl „den Strukturen ‚Realität', indem sie die Person in ihrer körperlichen Präsenz und Verfügbarkeit zu ihrem Letztelement machen."¹¹ Wenn Schlögl diese sensorische Bedingtheit des Sozialen jedoch entweder wenig spezifisch als „synästhetisches Geschehen"¹² begreift oder – im Einklang mit der sozialwissenschaftlichen Forschung konstatiert, die „politische und soziale Ordnung der spätmittelalterlichen und der frühneuzeitlichen Stadt [sei] auf ‚Sichtbarkeit' angewiesen"¹³, dann stellt sich die Frage nach dem Stellenwert anderer sensorischer Praktiken, namentlich des Hörens umso dringlicher. Vergesellschaftung unter Anwesenden bedeutet ja zunächst nicht mehr als Anwesenheit von Körpern im urbanen Raum, durch welche Beobachtung erster und zweiter Ordnung über das Medium der Sinne gewährleistet wird, Anschlusskommunikation ermöglicht wird, Erwartungen und Erwartungserwartungen stabilisiert werden und so weiter. All dies setzt die sensorische Grundierung der Kommunikationssituation als ihre Möglichkeitsbedingung stets voraus. Wer also von Anwesenheitskommunikation als dem entscheidenden Merkmal vormoderner Politik und sozialer Ordnung in der Stadt spricht, muss diese sinnesgeschichtlich ausdifferenzieren. Der Beitrag des Hörens als sensorischer Praktik zur politischen Ordnungsproduktion in der frühneuzeitlichen Stadt ist dabei in der Forschung bisher kaum berücksichtigt worden. Es gilt daher, die frühneuzeitliche Stadt als einen Resonanzraum¹⁴ wörtlich zu nehmen und sie zugleich als vielstimmigen Klangraum, als „noise-making

---

10 Vgl. Rudolf Schlögl, *Anwesende und Abwesende. Grundriss für eine Gesellschaftsgeschichte der Frühen Neuzeit*, Konstanz 2014; knapp zusammenfassend für die frühneuzeitliche Stadt vgl. ders., „Vergesellschaftung unter Anwesenden. Zur kommunikativen Form des Politischen in der vormodernen Stadt", in: ders. (Hg.), *Interaktion und Herrschaft. Die Politik der frühneuzeitlichen Stadt*, Konstanz 2004, S. 9–60; zum Theoriehintergrund vgl. André Kieserling, *Kommunikation unter Anwesenden. Studien über Interaktionssysteme*, Frankfurt a. M. 1999, bes. S. 213–256.
11 Schlögl, *Anwesende und Abwesende*, S. 42.
12 Ebd., S. 56.
13 Schlögl, „Vergesellschaftung unter Anwesenden", S. 46.
14 Vgl. zum Begriff in eher metaphorischem Sinne Daniel Bellingradt, *Flugpublizistik und Öffentlichkeit um 1700. Dynamiken, Akteure und Strukturen im urbanen Raum des Alten Reiches*, Stuttgart 2011, S. 369 f. u. ö.; ders., „The Early Modern City as a Resonating Box: Media, Public Opinion and the Urban Space of the Holy Roman Empire, Cologne and Hamburg, ca. 1700", in: *Journal of Early Modern History* 16 (2012), S. 201–240.

machine"¹⁵ zu analysieren. Das bedeutet auch anzuerkennen, dass urbane Klangräume stets eminent soziale Räume waren, durchzogen von Machtbeziehungen und Konflikten um akustische und gesellschaftliche Ordnung. Der soziale Raum als Raum des Hörbaren konnte akustisch besetzt, bestritten und umkämpft werden. Dabei artikulieren sich soziale und politische Strukturen in der Stadt auf klanglichem Wege: Wer welche Klänge wo, wann und in welchem sozialen Kontext legitimerweise produzieren und rezipieren konnte, war eine Frage nicht nur von Lautstärke, sondern auch von sozialer Ordnung und medialer Formation des urbanen Raumes. Die politische Geschichte der vormodernen Stadt ist daher zu einem nicht unerheblichen Teil die Geschichte akustischer Legitimitätsverteilung im urbanen Raum.¹⁶

Zugleich artikuliert sich in dieser Struktur auch eine sensorische Konkretisierung und Situierung von politischem Wissen um die Legitimität und Veränderbarkeit von politischen Praktiken, Prozeduren, Verfahren und Ritualen.¹⁷ Wissen kann in dieser Hinsicht sowohl als (propositionales) Wissen um die geltende politische und gesellschaftliche Ordnung verstanden werden als auch – und das ist hier beinahe entscheidender – als ein praktisches Wissen um die Potenziale akustischer Intervention im politischen Prozess. Politisches Wissen ist in diesem Sinne immer Hör-Wissen: Wissen, was zu hören war, und Wissen, das durch Praktiken der Klangproduktion und Klangrezeption stets von Neuem hergestellt wurde. Politisches Hör-Wissen wird hier weniger als durch Hören gewonnenes Wissen über die soziale Ordnung der Stadt und ihre Herausforde-

---

15 Niall Atkinson, „The Republic of Sound: Listening to Florence at the Threshold of Renaissance", in: *I Tatti Studies in the Italian Renaissance* 16 (2013), S. 57–84, hier S. 62. Vgl. auch ders., *The Noisy Renaissance. Sound, Architecture, and Florentine Urban Life*, University Park, PA 2016.
16 Vgl. zum Konzept einer Klanggeschichte als politischer Geschichte Jan-Friedrich Missfelder, „Period Ear. Perspektiven einer Klanggeschichte der Neuzeit", in: *Geschichte und Gesellschaft* 38 (2012), S. 21–47, bes. S. 39–46; ders., „Der Klang der Geschichte. Begriffe, Traditionen und Methoden der Sound History", in: *Geschichte in Wissenschaft und Unterricht* 66 (2015), S. 633–649.
17 Vgl. Jörg Rogge, „Politische Räume und Wissen. Überlegungen zu Raumkonzeptionen und deren heuristischen Nutzen für die Stadtgeschichtsforschung (mit Beispielen aus Mainz und Erfurt im späten Mittelalter)", in: Rogge (Hg.), *Tradieren – Vermitteln – Anwenden. Zum Umgang mit Wissensbeständen in spätmittelalterlichen und frühneuzeitlichen Städten*, Berlin 2008, S. 115–154. Zum hier in Anschlag gebrachten Wissensbegriff vgl. Achim Landwehr, „Das Sichtbare sichtbar machen. Annäherungen an ‚Wissen' als Kategorie historischer Forschung", in: Landwehr (Hg.), *Geschichte(n) der Wirklichkeit. Beiträge zur Sozial- und Kulturgeschichte des Wissens*, Augsburg 2002, S. 61–89; vgl. allgemeiner Philipp Sarasin „Was ist Wissensgeschichte?", in: *Internationales Archiv für Sozialgeschichte der deutschen Literatur* 36 (2011), S. 159–172.

rungen (etwa durch Mithören, Abhören, Belauschen etc.)[18] verstanden, sondern vielmehr als geteiltes Wissen um den sozialen Sinn politischer Praktiken, Rituale und Performanzen, in denen Hören und akustische Medien eine wichtige, teils entscheidende Rolle spielen. Politisches Hör-Wissen ist hier also immer Teil der Kommunikation unter Anwesenden, gestaltet diese mit und steht in vielfachen intersensoriellen Bezügen zu anderen Formen politischen Wissens.

Wichtig dabei ist, dass politisches Wissen nicht etwa nur als schriftlich niedergelegtes Wissen in Form von Verfassungstexten, Gesetzen oder politischen Traktaten gesellschaftliche Wirksamkeit erlangt, sondern vor allem in seiner Aktualisierung im sensorisch geformten sozialen Raum, mithin als Wissen um die Aufteilung des Sinnlichen. Dies gilt sicher nicht für alle politischen Ordnungen zu allen Zeiten gleichermaßen, eröffnet aber für die frühneuzeitliche Stadt die Möglichkeit, die wenig fruchtbare Unterscheidung zwischen normativem und praktischem Wissen auf dem Feld der Politik zu überwinden und Politik als ein komplexes Kommunikationsgeschehen zu analysieren, in welchem verschiedene Formen und Medien des Wissens miteinander verzahnt sind. Politische Rituale eignen sich besonders gut zur Beobachtung dieser sensorischen Performanz politischen Wissens, weil sie in frühneuzeitlichen (Stadt-)Gesellschaften nicht nur eine besonders verdichtete Form von Anwesenheitskommunikation darstellten, sondern durch ihren rituellen, d. h. auf Wiederholbarkeit ausgelegten Charakter auch in der Lage waren, die historisch geltende Aufteilung des Sinnlichen als geteiltes Wissen vorzuführen.

---

18 Vgl. hierzu in Ansätzen Diana Trinkner, „Von Spionen und Ohrenträgern, von Argusaugen und tönenden Köpfen. Anmerkungen zu Kontrollmechanismen in der Frühen Neuzeit", in: Bernhard Jahn et al. (Hg.), *Zeremoniell in der Krise. Störung und Nostalgie*, Marburg 1998, S. 61–77; Jörg Jochen Berns, „Instrumenteller Klang und herrscherliche Hallräume in der Frühen Neuzeit. Zur akustischen Setzung fürstlicher *potestas*-Ansprüche in zeremoniellem Rahmen", in: Helmar Schramm et al. (Hg.), *Instrumente in Kunst und Wissenschaft. Zur Architektonik kultureller Grenzen im 17. Jahrhundert*, Berlin 2006, S. 527–556; ders., „Herrscherliche Klangkunst und höfische Hallräume. Zur zeremoniellen Funktion akustischer Zeichen", in: Peter-Michael Hahn u. Ulrich Schütte (Hg.), *Zeichen und Raum. Ausstattung und höfisches Zeremoniell in den deutschen Schlössern der Frühen Neuzeit*, München 2006, S. 49–64; Jan-Friedrich Missfelder, „Verstärker. Hören und Herrschen bei Francis Bacon und Athanasius Kircher", in: Beate Ochsner u. Robert Stock (Hg.), *sensAbility. Mediale Praktiken des Sehens und Hörens*, Bielefeld 2016, S. 59–80.

Hör-Rituale als Politik: Zürich, 1719

Ein solches politische Ritual stellt zum Beispiel der Zürcher Schwörtag in der Frühen Neuzeit dar.[19] Zweimal im Jahr, am Johannistag, dem 24. Juni, und im Dezember, wurde die städtische Obrigkeit Zürichs, der Kleine und der Grosse Rat sowie die Zunftmeister der Stadt, in einem öffentlichen Ritual im Großmünster bestätigt und neu beeidet.[20] Der halbjährliche Rhythmus war nötig, da die Zürcher Ratsherrschaft ebenfalls halbjährlich alternierte und sich dabei eine sogenannte Baptismalrotte und eine sogenannte Natalrotte von Ratsherrn im Regiment abwechselten.[21] Dieser Schwörtag, so viel hier ganz kurz zur Zürcher Verfassungsgeschichte, ist nicht mit den eigentlichen Ratswahlen zu verwechseln, welche nur bei Vakanz eines der auf Lebenszeit gewählten Ratsherrn angesetzt werden mussten. Schwörtage zielten dagegen auf die Einbindung der Bürgerschaft weniger durch Deliberation und Entscheidungsfindung als durch kommunikative Formung einer Beziehung zwischen Ratsobrigkeit und Bürgerschaft. Sie dienten in der vormodernen urbanen Gesellschaft der regelmäßigen Rückversicherung und Bestätigung einer politischen und gesellschaftlichen Ordnung ebenso wie der Partizipation von Bürgern und Obrigkeit in einer gemeinsamen, sorgfältig orchestrierten rituellen Handlungssequenz.

Der rituelle, auf Wiederholung und Re-Inszenierung zielende Charakter des Schwörtages wird umso deutlicher, wenn man bedenkt, dass er als Kommunikationsereignis weder der Informationsübermittlung noch der Produktion von politischer Innovation oder Veränderung dienen sollte. Vielmehr vollzog sich im rituellen Prozess die halbjährlich erneuerbare Identifikationsleistung des Einzelnen (Ratsherr oder Bürger) mit dem Ganzen der sozial und politisch stratifizierten

---

19 Die Beschreibung folgt einer systematisch anders gelagerten Analyse von mir; vgl. Jan-Friedrich Missfelder, „Ausrufen und Einflüstern. Klang, Ritual und Politik in Zürich, 1719", in: Christian Hesse, Daniela Schulte u. Martina Stercken (Hg.), *Kommunale Selbstinszenierung*, Zürich 2017 [im Druck].
20 Vgl. zum Zürcher Schwörtag detailliert aus kommunikationstheoretischer Perspektive Uwe Goppold, *Politische Kommunikation in Städten der Vormoderne. Zürich und Münster im Vergleich*. Köln/Weimar 2007, S. 177–187; zum Schwörtag im 18. Jahrhundert allgemein vgl. Christian Windler, „Schwörtag und Öffentlichkeit im ausgehenden Ancien Régime. Das Beispiel einer elsässischen Stadtrepublik", in: *Schweizerische Zeitschrift für Geschichte* 46 (1996), S. 197–225, sowie die Beiträge in: Hermann Maué (Hg.), *Visualisierung städtischer Ordnung*, Nürnberg 1993.
21 Vgl. zur Verfassungsstruktur Zürichs in der Frühen Neuzeit zusammenfassend Thomas Weibel, „Der Zürcherische Stadtstaat", in: Niklaus Flüeler u. Marianne Flüeler-Grauwiler (Hg.), *Geschichte des Kantons Zürich, Bd. 2: Frühe Neuzeit – 16. bis 18. Jahrhundert*, Zürich 1996, S. 16–29; für die Details vgl. Paul Guyer, *Verfassungszustände der Stadt Zürich im 16., 17. und 18. Jahrhundert unter der Einwirkung der sozialen Umschichtung der Bevölkerung*, Zürich 1943.

Stadtgemeinde.[22] Hier verdichtet sich gleichsam das Wissen um Verfassung und politische Struktur der Stadt in einer sensorischen Ordnung, in der das Akustische eine zentrale Rolle spielt. Dabei geht es entscheidend um die Frage der sensorischen Aufmerksamkeit und deren Steuerung, zugleich aber auch um Räume und Möglichkeiten des Entzugs und der Umlenkung von Aufmerksamkeit. In der Frage der Aufmerksamkeitsausrichtung liegt daher das eigentlich politische Potenzial des Rituals begründet.

Für Zürich lässt sich diese sensorische Politik am Schwörtag im Detail nachvollziehen. Eine handschriftliche Beschreibung eines idealtypischen Schwörtages ist dabei in den sogenannten Halbjährigen Satzungen der Stadt aus dem Jahr 1719 überliefert. Bevor ich diesen Text einem klanghistorischen *close reading* unterziehe,[23] ist an dieser Stelle ein wenig Quellenkritik angezeigt, um die Funktion des Textes für die politische Kultur der Stadt zu verdeutlichen, aber auch um seinen Quellenwert für Fragen nach dem politischen Hör-Wissen im frühneuzeitlichen Zürich abzuschätzen. Die Beschreibung des Schwörtages ist gemeinsam mit einer Beschreibung des ‚Meistertages' (an welchem die Zunftmeister bestätigt wurden) und den diversen Eiden, welche Räte und Zunftmeister zu leisten hatten, in den Ratsbüchern der Stadt überliefert. Es ist zunächst einmal nicht ersichtlich, aus welchem Anlass ein Ereignis, das die politische Kultur Zürichs seit Jahrhunderten prägte, im Jahre 1719 seine, soweit ich sehe, erstmalige detaillierte Verschriftlichung fand. Wir haben es dabei mit einem Medienwechsel zu tun, mit der Fixierung von Handlungsabläufen im Medium Schrift, welche zwar als solche schon vordem fixiert waren (sonst wäre ihr Ritualcharakter nicht gesichert gewesen), aber keine zeitkritischen Feedbackschlaufen und rekursiven Referenzen bereitstellte. Dies ermöglichte erst das Medium Schrift (und in stärkerem Maße der Druck), indem es die Kommunikation unter Anwesenden im Ritual nun auf die schriftlich niedergelegte Form im Text verpflichtete.

Warum aber war dies nötig, und warum just 1719? Verfassungszustände in frühneuzeitlichen Stadtgesellschaften ändern sich sehr langsam, wenn überhaupt. Die normative Referenz der Zürcher politischen Ordnung stellte bis zum Ende des Ancien Régime (in Zürich im Jahr 1798) der *Geschworene Brief* aus

---

22 Vgl. Jörg Rogge, „Kommunikation, Herrschaft und politische Kultur. Zur Praxis der öffentlichen Inszenierung und Darstellung von Ratsherrschaft in Städten des deutschen Reiches um 1500", in: Rudolf Schlögl (Hg.), *Interaktion und Herrschaft. Die Politik der frühneuzeitlichen Stadt*, Konstanz 2004, S. 381–407, hier S. 392 f.
23 Uwe Goppolds Lektüre der *Beschreibung des Schwörsonntags* (Goppold, *Politische Kommunikation*, S. 177–187) unterscheidet sich vor allem insofern von meiner, als Goppold zwar die rituelle Formung der Kommunikation während des Schwörsonntags herausstreicht, der sensorischen Dimension dabei aber keine Aufmerksamkeit schenkt.

der Mitte des 14. Jahrhunderts dar, welcher die Zusammensetzung der Ratsgremien, ihre Wahlverfahren und ihre Aufgaben festschrieb. Dieser *Geschworene Brief* war letztmalig Ende des 15. Jahrhunderts revidiert worden. Seitdem hatten sich aber vor allem die ökonomischen Strukturen der Zürcher Stadtgesellschaft massiv gewandelt. Insbesondere die erstarkende Kaufmannselite hatte Wege gefunden, sich in den Ratsgremien großen Einfluss zu sichern und den der traditionellen Zunfthandwerker zurückzudrängen, ohne die Verfassung als solche dabei anzutasten. 1713 rief dies nun die zusehends marginalisierten alten Eliten auf den Plan. Sie versuchten, eine Anpassung der Verfassungsnormen festzuschreiben, welche die Bedeutung des faktischen Kaufmannspatriziats reduziert hätte.[24] Dieser Reformplan scheiterte zwar weitgehend, zeigte aber, dass Verfassung und politische Ordnung durchaus zur Disposition standen. In diesem Kontext erscheint die schriftliche Fixierung eines zentralen politischen Rituals als eine politische Stabilisierungsmaßnahme und belegt dabei zumindest implizit die konstitutive Offenheit von rituell geformter Anwesenheitskommunikation wie dem Zürcher Schwörtag für eine Neuinterpretation durch potenziell abweichende Handlungsformen.[25] Beide, die teilrevidierte Verfassung von 1713 und die Beschreibung des Schwörtags von 1719, haben normativen Charakter: Sie setzen den Rahmen der politischen Kommunikation in einer Anwesenheitsgesellschaft und stellen Medien der politischen Kontingenzabwehr dar. Die *Beschreibung des Schwörsonntags* von 1719 hat also in doppeltem Sinne den Charakter eines Protokolls. Zum einen hält er erstmals einen rituellen Ablauf im Medium der Schrift fest, zum anderen dient diese Verschriftlichung aber auch als Vor-Schrift für zukünftige Handlungssequenzen. Im Text werden nicht nur die Bewegungen der beteiligten Personen im Rahmen einer Anwesenheitskommunikation festgehalten, sondern auch die sensorischen Verhältnisse und Aufmerksamkeitsstrukturen des Schwörtags minutiös festgeschrieben. Klänge und Hörordnungen spielen darin eine ganz entscheidende Rolle. Insofern protokolliert die *Beschreibung* Hör-Wissen als Wissen, was zu hören ist, im ebenfalls doppelten Sinne: zum einen als faktisches Wissen um das akustische Ereignis selbst, dann aber vor allem als geradezu normatives Wissen darum, wie dieses Ereignis gehört und in sozialen Sinn übersetzt werden soll.

---

24 Vgl. für die Details Ernst Saxer, *Die zürcherische Verfassungsreform vom Jahre 1713 mit besonderer Berücksichtigung ihres ideengeschichtlichen Inhaltes*, Zürich 1938.
25 Dies betont insbesondere Rogge, „Kommunikation, Herrschaft und politische Kultur", S. 392.

Ausrufen und einflüstern: Stimmpraktiken

Dies beginnt bereits mit der Ankündigung des Ereignisses. Die Beschreibung des Schwörsonntags schreibt dazu vor,

> wie dann auß Befehl unserer Gn[ädigen] H[erren] nachmitag umb halber ein Uhren der Rathschrb. in der Stadt herumb reiten thut, u[nd] den Schweer Sontag außrueffen, und verkündigen muß durch volgend Red alß: Loßend: Meine H[erren] die Bürgermeister, m. [Herren] die Räth, m: H[erren] die Zunfftm[eister], m[eine] H[erren] die Kleine u[nd] Große Räthe, Lasend jedermann so Mannbahr und Erwachsen, Außrueffen und Verkündigen, daß ein jeder auf morn, so man die Große Gloggen Läuth zum Großen Münster kommen solle, alda wird man dem Bürgermeister, und den Räth schweern.[26]

Schon diese Bestimmung etabliert eine ganze Kaskade an akustischen Kommunikationsakten und Hörpraktiken. Der Ratsschreiber fungiert hier als *His Masters Voice*, indem er eine identische Botschaft durch das Klangmedium seiner Stimme im Stadtraum verteilt.[27] Die mehrfache Wiederholung dieses Klanghandelns macht den Willen der Obrigkeit im gesamten Stadtraum hörbar. Der Ratsschreiber erscheint demnach als Verstärker und Distributionsmedium einer Botschaft, die aber nicht nur den Anlass des Kommunikationsakts (den kommenden Schwörtag) vermittelt, sondern vor allem als akustische Aufmerksamkeitsausrichtung fungiert. Denn der eigentliche Inhalt seines Klanghandelns ist ein weiteres Klanghandeln, die Aufforderung zum Hören: „Loßend!" Zu hören ist dabei nicht nur auf ihn selbst und seine Stimme, sondern auch auf das Signal der Großen Glocke des Großmünsters, welche den eigentlichen Beginn des Rituals am folgenden Tag markiert. Zuvor werden die Bürger-Hörer Zürichs aber selbst noch als Medien im politischen Kommunikationsprozess verpflichtet: Jene, welche die Stimme der Obrigkeit im Medium des Ratsschreibers gehört haben, sollen selbst auf akustischem Wege aktiv werden („Lasend jederman [...] Außruefen und verkündigen"), um die akustische Aufmerksamkeit ihrer Mitbürger auszurichten und für das Hören des Glockensignals am folgenden Tag zu sensibilisieren. Der Auftakt des Schwörtagrituals wird also mithilfe eines komplexen politisch-akustischen Dispositivs gestaltet, in dem Menschmedien (Stadtschreiber, Bürger) und

---

[26] Staatsarchiv Zürich (im folgenden StAZH), B III 13 c, S. 38. Ich danke Eva Seemann (Zürich) sehr herzlich für die wertvolle Unterstützung bei der Transkription.
[27] Vgl. zur medialen und politischen Funktion von Ausrufern in der Vormoderne instruktiv: Stephen J. Milner, „,Fanno bandire, notificare, et expressamente comandare': Town Criers and the Information Economy of Renaissance Florence", in: *I Tatti Studies in the Italian Renaissance* 16 (2013), S. 107–151; ders., „Citing the ,Ringhiera'. The Politics of Place and Public Address in Trecento Florence", in: *Italian Studies* 55 (2000), S. 53–82.

technische Medien (Glocken) in einer differenzierten Ökonomie der akustischen Aufmerksamkeitsausrichtung zusammenwirken.

Diese Verknüpfung erlaubt überdies Rückschlüsse auf die Struktur des urbanen *Soundscapes* in der Vormoderne. Je spezifischer die Informationen sind, welche über Klangmedien verbreitet werden sollen, desto mehr ist man im Hi-Fi-Soundscape der vorindustriellen Stadt auf direkte Anwesenheitskommunikation angewiesen.[28] Je breiter dabei allerdings das Publikum adressiert werden soll, desto schwieriger wird es, die Identität der übermittelten Botschaft zu garantieren. Diesem Zweck dienen Techniken der Wiederholung (im Fall des Zürcher Stadtschreibers) ebenso wie der Einsatz von Glocken als akustischen Massenmedien, welche zwar eine Gleichzeitigkeit der Wahrnehmung jenseits körperlicher Kopräsenz ermöglichen, dies aber um den Preis der relativen Unbestimmtheit der Botschaft. Die rekursiven Schlaufen der Kommunikation zwischen Anwesenheit und Abwesenheit („Hört mir zu, denn ich sage Euch, dass Ihr allen sagen sollt, dass sie zuhören sollen') haben die Aufgabe, dieses Defizit auszugleichen und die akustische Aufmerksamkeit der Bürger mit ihren politischen Handlungsimperativen (Erscheinen am Schwörtag) zu koordinieren.

Die Glocken, so viel wird hier klar, dienen als akustisches Halbdistanz-Medium dazu, zwischen der im Stadtraum gestreuten Abwesenheit der Akteure und ihrer im Ritual konzentrierten Anwesenheit zu vermitteln.[29] Glocken stellen Anwesenheit her, sie sind zentripetale Medien, was etwa schon an den im gesamteuropäischen Raum topischen Inschriften deutlich wird: ‚plebem voco, congrego clerum' etwa. Das durch Klang zusammengerufene Volk kann nun in Anwesenheitskommunikation eingebunden werden, welche wiederum durch akustische Medien und die durch sie konstituierten (Klang-)Räume vorstrukturiert wird. Glocken sind überdies Medien der Zeitrhythmisierung, sie schaffen Zeit zuallererst, indem sie distinkte Handlungssequenzen takten und für eine große Menge Ohren nachvollziehbar werden lassen. Am Schwörsonntag selbst wird diese Zeit- und Raumkonstitutionsfunktion des Klangmediums ohrenfällig:

---

28 Vgl. R. Murray Schafer, *Die Ordnung der Klänge. Eine Kulturgeschichte des Hörens*, übers. und neu hg. v. Sabine Breitsameter, Mainz 2010; dazu Ari Y. Kelman, „Rethinking the Soundscape: A Critical Genealogy of a Key Term in Sound Studies", in: *The Senses & Society* 5.2 (2010), S. 212–234; Missfelder, „Der Klang der Geschichte", S. 637–639.

29 Vgl. zur medialen Funktion von Glocken in der Vormoderne demnächst systematischer: Jan-Friedrich Missfelder, „Die Aufteilung des Hörbaren. Akustische Medien in der frühneuzeitlichen Stadt", in: Philip Hoffmann-Rehnitz u. André Krischer (Hg.), *Mediengeschichte der frühneuzeitlichen Stadt* [in Vorbereitung].

> Morndes alß Sontags darauf wird um eine halbe Stund früher in die Morgspredig geläuthet, und so vald der Pfahr bey dem Großen Münster [...] seine Predig geEndet; eh man singen thut, leüthet es daß erste Zeichen mit der Großen Gloggen, im Großen Münster, Wann aber die Kirchen völlig auß seind, Versamlend sich beyde H[erren] Bürgermeister: Raths-C[onstaffel]=H[erren] v[nd] Z[unft]-M[eister] also d: Gantze Kleine Rath samt beiden Cantzleyen alß Stat, u[nd] vnderschrb.; ober zu, under Substitut, wie auch der d: Groß[?] Rathschrbr, u[nd] übrige Statbedienten, auf d: Corh [= Chorraum, J.-F. M.].[30]

Der rituelle Ablauf des Schwörsonntags wird an die akustischen Zeitordnungen der Religion gekoppelt. Das Läuten zur Morgenpredigt wird um eine halbe Stunde verschoben, um die besondere Bedeutung dieses Sonntags zu verdeutlichen (und womöglich Zeit für das aufwendige Ritual zu gewinnen). Dann greift das eine Ritual aber in den Ablauf des anderen ein. Der Gottesdienst, die vormoderne Anwesenheitssituation *par excellence*, wird unterbrochen und, „eh man singen thut", durch ein weiteres Glockensignal in eine andere rituelle Form überführt. Dass der Gemeindegesang als Zeichen kollektiver akustischer *agency* ausgespart wird, ist kein Zufall. Das „erste Zeichen" der Grossen Glocke richtet die sensorische Aufmerksamkeit wiederum neu auf das Geschehen im Kirchenraum, genauer: im Chorraum des Großmünsters aus.

Dort ereignet sich nun ein virtuoses Spiel von akustischer In- und Exklusion, von Hörbarkeit und ‚Nur'-Sichtbarkeit. Dies beginnt mit der rituellen Frage an die Räte, ob der *Geschworene Brief*, der ja vor wenigen Jahren erst revidiert worden war, vorgetragen werden solle oder nicht. Die akustische Aktualisierung der Stadtverfassung schafft damit gleichsam einen virtuellen Klangraum der Legitimität, in welchem alle folgenden Kommunikationsakte ihren Ort finden konnten. Parallel dazu findet aber eine ebenfalls akustisch koordinierte Versammlung in den Zunfthäusern der Stadt statt. Hier verlesen die Zunftmeister Zunfttafeln zur Anwesenheitskontrolle der Zunftangehörigen, um danach, „wann dz: and[ere] Zeich[en] leüthet, [...] eine Zunfft nach d: anderen in die Kirchen zum Gr[ossen] M[ünster] [zu gehen]: und [...] jeder Zunfft an dero bestimbten Platz [zu sitzen]."[31] Wieder überführen Glocken Abwesenheit in Anwesenheit, welche durch ihre festgeschriebene (Sitz-)Ordnung zugleich die soziale Struktur der Stadt spiegelt und körperlich erfahrbar macht. Wenn damit die vollständige Anwesenheit von urbanen Eliten und Bürgerschaft hergestellt ist, „leüthet daß letzte Zeichen"[32] und macht dies damit auch der vor der Kirche versammelten restlichen Stadtbevölkerung deutlich. In diesem Moment tritt in der Kirche der Großweibel –

---

30 StAZH, B III 13 c, S. 39.
31 Ebd., S. 40.
32 Ebd.

der Ratsdiener – hervor „oben an die Stäg und ruefft thut die Thüren zu."[33] Das Schließen der Kirchentür grenzt nicht nur den engeren Raum der rituellen Handlung von seiner sozialen Umgebung ab und konstituiert damit eine klar definierte Interaktionsgemeinschaft,[34] sondern lässt zugleich einen einheitlichen sensorischen Wahrnehmungsraum entstehen. Dieser wird aber sogleich fragmentiert und differenziert. Während sich die Bestätigung der Räte und Zunftmeister (also der eigentliche Inhalt des rituellen Ablaufs) auf visueller Ebene vor allem als ein genau choreographierter Auf- und Abstieg der Ratsmitglieder – aus dem erhöhten Chor ins Kirchenschiff und wieder hinauf – gestaltet, ist die akustische Formung komplexer. Hier wird die für vormoderne Kommunikation entscheidende Frage von An- und Abwesenheit durch komplizierte Wechsel von Sprechen und Schweigen sowie, entscheidend, von Mischformen verhandelt. Sobald sich die Räte und Zunftmeister auf Anweisung des Ratsschreibers im Kirchenschiff aufgereiht haben, nehmen der Ratsschreiber und der Stadtschreiber am oberen Ende der Treppe zum Chorraum Aufstellung. Dort werden Ersterem durch Letzteren die Namen „durch einblasen"[35] bekannt gegeben, also ins Ohr geflüstert. Der Ratsschreiber ruft danach in den offenen Kirchenraum hinaus: „Diß sind meine H[erren] die angehenden neüwen Räth. Diß sind meine H[erren] die angehenden neüwen Zunfftm[eister]."[36] Der Autor der Beschreibung legt dabei Wert auf die Feststellung, dass „dieselbe aber ihme nit antworten."[37] Danach kehrt sich die Rollenverteilung um:

> Und wann der Rathschreiber als sein Officium verrichtet, gehet er widerum an seinen Orth, und rueffet der hinder ihme Gestandene H[err] Stadtschreiber noch ein mahl jedem von den angehenden neüwen Räthen und Z[unft]m[eistern] aber nur mit namen und Geschlecht; die dann ihme mit dem Worth hie antworthen.[38]

Diese sorgfältige Koordination von allseitiger Sichtbarkeit, akustischer Klandestinität und lauter Rede ist nicht leicht zu interpretieren. Entscheidend ist vermutlich die unterschiedliche Rollenzuweisung an die jeweiligen Akteure. Der Stadtschreiber hat in Zürich eine herausgehobene Stellung, ist Mitglied des Kleinen Rats und gab sogar bei Stimmengleichheit den Ausschlag.[39] Der Rats-

---

33 Ebd., S. 41.
34 Vgl. dazu schon Goppold, *Politische Kommunikation*, S. 181 f. sowie S. 263–272.
35 StAZH, B III 13 c, S. 41.
36 Ebd., S. 42.
37 Ebd.
38 Ebd.
39 Vgl. Weibel, „Der Zürcherische Stadtstaat", S. 24 f.

schreiber fungierte während des gesamten Rituals als öffentliche Stimme, als eine Art Herold. Indem der Stadtschreiber die Namen der allseitig bekannten und sichtbaren Rats- und Zunftmitglieder zunächst als *arcanum* behandelt, genau dies aber zugleich öffentlich ausstellt, reproduziert er gleichsam sensorisch die Paradoxie des Schwörtagsrituals selbst, welcher eine Kontinuitätssituation (die Ratsherrschaft) scheinbar halbjährig zur Disposition stellt. Entscheidender am Wechsel zwischen Stille und Ausruf ist aber, dass er neuerliche sensorische Differenzierungen in den gemeinsamen visuellen Raum einzieht. Hörbarkeit und Nicht-Hörbarkeit werden zu Markierungen sozialer Differenz. Der in der Kirche versammelte Bürgerschaft wird intersensoriell die Dialektik frühneuzeitlicher Stadtobrigkeit vor Augen und Ohren geführt, zugleich integraler Bestandteil der Stadtgemeinschaft und aus ihr herausgehoben zu sein.

Das appellartige Abfragen der Namen der Ratsmitglieder stellt so etwas wie Anwesenheitskontrolle im doppelten Sinn dar. Einerseits wird die konkrete Präsenz der Ratsherren festgestellt, andererseits aber auch die Kontrollfunktion der Ratsobrigkeit selbst über die als kopräsent wahrgenommenen Einwohner der Stadt bekräftigt. Im Anschluss werden die Angehörigen des Kleinen Rats, der Bürgermeister und schließlich die anwesende Bürgerschaft selbst vereidigt, allerdings nicht bevor die zentralen Verfassungsdokumente der Stadt (*Geschworerer Brief*, *Pensionenbrief*, *Fundamentalsatzungen*) sowie zahlreiche Mandate und Gesetze noch einmal verlesen wurden. Auch dies hat wiederum eine intersensorielle Dimension: „Die Kenntnisnahme dieser Normen konnte durch deren interaktionsöffentliche Kommunikation von keinem der Anwesenden geleugnet werden, denn jeder war für jeden anderen als präsent wahrzunehmen."[40]

Nach dieser mündlichen Aktualisierung der normativen Grundlagen des Stadtregiments wurde die Exklusivität des geteilten sensorischen Raumes verlassen, und die Kirchentüren wurden wieder geöffnet. Die anschließende Prozession von Bürgermeister, Räten und Zunftmeistern durch die gesamte Stadt nahm den urbanen Raum noch einmal von Neuem in Besitz und wurde musikalisch durch Trompeten und Posaunen, den Musikinstrumenten der öffentlichen Macht, vom Turm der St. Peterskirche überwölbt. Auch hier zeigt sich wiederum das Spezifikum von Klangmedien: Sie erlauben es, die Präsenz der Obrigkeit auch dann sensorisch zu gewährleisten, wenn diese körperlich naturgemäß nicht überall zugleich anwesend sein konnte.

Politisches Wissen zirkuliert demnach am Zürcher Schwörtag von 1719 in komplexer Form. Klänge und akustische Medien transportieren ein Wissen um die soziale Ordnung der städtischen Gesellschaft, das sich im Ritual verdichtet.

---

40 Goppold, *Politische Kommunikation*, S. 185.

Dabei werden auch die Elemente expliziten, propositionalen Wissens (Verfassungstexte, Mandate etc.) in die rituelle Formung einbezogen und damit zum Bestandteil eines sensorisch geteilten Raumes gemacht. Die rituellen Praktiken der Kommunikation unter Anwesenden sorgen dafür, dass die politische Ordnung der Stadt als geteiltes Wissen über die Sinne erfahrbar wird. Das Gehör spielt dabei, wie gesehen, eine entscheidende Rolle. Es gilt zu wissen, was zu hören ist – und zwar im doppelten Sinn: Einerseits sind die Codes der akustischen Kommunikation (zum Beispiel der Glocken) Teil des politischen Wissensraums, andererseits dienen sie zugleich der Sonifizierung eines geteilten politischen Wissens und bringen so die akustische Wahrnehmungsordnung als politische Ordnung Zürichs um 1700 zum Ausdruck.

Daniel Morat
Parlamentarisches Sprechen und politisches Hör-Wissen im deutschen Kaiserreich

Die Rede, die Otto von Bismarck am 6. Februar 1888 im Reichstag hielt, gilt als eine seiner berühmtesten. Erst nach seiner Entlassung 1890 konnte man wissen, dass es seine letzte große außenpolitische Rede war. Doch schon am Tag der Rede selbst und im unmittelbaren Anschluss daran wurde sie als ein großes Ereignis wahrgenommen und gefeiert. Der Satz „Wir Deutschen fürchten Gott, aber sonst nichts in der Welt", der den Schlussabsatz der Rede einleitete, wurde zum geflügelten Wort und bis zum Ersten Weltkrieg tausendfach auf Postkarten verkauft. Andreas Biefang bezeichnet sie in seiner einschlägigen Untersuchung über *Reichstag und Öffentlichkeit im „System Bismarck"* als „absolute[n] Höhepunkt" von Bismarcks öffentlicher Wirkung.[1] In seiner Analyse betont Biefang, dass die Rede – ebenso wie andere Auftritte Bismarcks im Reichstag – von Anfang an als Medienereignis inszeniert war. Die Zeitungen berichteten nicht nur vom Inhalt der Rede, sondern auch vom vollzählig anwesenden Plenum, von den gut besetzten Hof- und Diplomatenlogen, vom Besucherandrang auf der Tribüne, von den Menschenansammlungen vor dem Reichstag und von den Hochrufen, mit denen Bismarck begrüßt wurde. Die Rede wurde auch vielfach zum Gegenstand bildlicher Darstellung, wobei die illustrierte Presse nicht nur Szenen aus dem Reichstag zeigte (vgl. Abb. 1), sondern auch Bilder von den Menschenmengen davor (vgl. Abb. 2). Obwohl Bismarck häufig scharfe Kritik am Parlamentarismus übte und mehr gegen als mit dem Reichstag regierte, so Biefangs Fazit, diente dieser ihm doch als wichtige Bühne zur Inszenierung seiner Politik und seines Status als Staatsmann: „Ohne den Resonanzraum des Reichstags, ohne das demokratisch gewählte Forum der Nation, so lässt sich zuspitzend formulieren, hätte der Bismarck-Mythos, der seine Wurzeln in der ‚Einigungspolitik' der Jahre 1864–1871 hatte, seine jahrzehntelange Amtszeit nicht überdauert."[2]

---

[1] Andreas Biefang, *Die andere Seite der Macht. Reichstag und Öffentlichkeit im „System Bismarck" 1871–1890*, Düsseldorf 2009, S. 261. Diese öffentliche Wirkung erzielte sie trotz der Tatsache, dass die Rede inhaltlich nicht unbedingt mehrheitsfähig war und Bismarck mit seinem außenpolitischen Kurs zunehmend in die Defensive geriet; vgl. Hans-Peter Ullmann, *Das Deutsche Kaiserreich 1871–1918*, Frankfurt a. M. 1995, S. 84 f. Im Folgenden wird es jedoch nicht um den Inhalt der Rede gehen, sondern nur um ihre akustische und mediale Gestalt.
[2] Biefang, *Die andere Seite*, S. 265.

DOI 10.1515/9783110523720-013

Abb. 1: „Die Beglückwünschung des Fürsten Bismarck nach seiner Rede am 6. Februar", Stich nach einer Zeichnung von Heinrich Lüders. Aus: *Illustrirte Zeitung*, 18. Februar 1888, S. 151.

Abb. 2: „Huldigung des Fürsten Bismarck bei seiner Rückkehr aus der Reichstagssitzung am 6. Februar", Originalzeichnung von E. Thiel. Aus: *Illustrirte Zeitung*, 18. Februar 1888, S. 153.

Diese Schlussfolgerung betrifft nicht nur das Verhältnis von Bismarck zum Reichstag, sondern auch allgemeiner das Verhältnis von Politik und Öffentlichkeit im Kaiserreich. Durch die Prozesse der „Fundamentalpolitisierung"[3] und einsetzenden Massenmedialisierung begann sich dieses Verhältnis schon vor dem Ende des Ersten Weltkriegs und der Einführung der parlamentarischen Demokratie im Jahr 1919 grundlegend zu wandeln. Die politischen Meinungsbildungsprozesse in den Parteien, den Landesparlamenten und dem Reichstag fanden nun in immer stärkerem Maße mit direktem Bezug zur politischen Öffentlichkeit und zur Wählerschaft statt. Auch die nicht demokratisch legitimierten Vertreter der monarchischen und fürstlichen Herrschaft mussten auf die veränderten Bedingungen der politischen Öffentlichkeit reagieren. Dadurch änderte sich nicht zuletzt der Status des politischen Sprechens. Zwar spielten Situationen der akustischen Kommunikation unter Anwesenden – im Parlament, auf Parteitagen oder bei politischen Festen, öffentlichen Kundgebungen und Ansprachen – nach wie vor eine wichtige Rolle bei der politischen Mobilisierung und Meinungsbildung. Diese Anwesenheitskommunikation musste aber nun von Anfang an auf

---

[3] Ullmann, *Kaiserreich*, S. 126.

ihre mediale Übersetzbarkeit hin inszeniert werden.[4] In den Zeiten vor Radio und Fernsehen, d. h. vor der technischen Übertragung der Stimme selbst, handelte es sich dabei in erster Linie um die Übersetzung in Schrift und Bild, die durch die Massenpresse verbreitet werden konnten.

Im Folgenden geht es am Beispiel der genannten Rede von Bismarck vor allen Dingen um die Übersetzung des akustischen Ereignisses ‚Parlamentsrede‘ in Schrift.[5] Denn an der Nahtstelle dieser Übersetzung lässt sich in mehrfacher Hinsicht ein spezifisches politisches Hör-Wissen lokalisieren. Zum einen produzierten die unterschiedlichen Formen der akustischen Zustimmung oder Ablehnung, die eine Parlamentsrede in der Regel begleiteten – Zwischenrufe, Beifallsbekundungen, Hurrarufe –, ein auditives Wissen über die jeweiligen politischen Mehrheitsverhältnisse und Zugehörigkeiten, das von den Zeitungsberichterstattern in schriftliches Wissen überführt und den Leserinnen und Lesern vermittelt wurde. Zum anderen bedurfte es für diese Übersetzungsleistung eines auditiven Vorwissens (im Sinne eines Hör-Know-hows), um etwa die Zwischenrufe und nonverbalen Meinungsäußerungen richtig einschätzen zu können, aber auch, um die politischen Reden selbst richtig verstehen und protokollieren zu können. Noch in höherem Maße als die Journalisten waren die Parlamentsstenographen die Träger dieses auditiven Vorwissens, die als Hörexperten für die Übersetzung von gesprochener Sprache in Schrift zuständig waren.[6] Im Folgenden gehe ich daher zunächst ausführlicher auf das stenographische Hör-Wissen im Reichstag ein, bevor ich mich in einem zweiten Schritt wieder der Rede Bismarcks vom 6. Februar 1888 zuwende.

---

4 Vgl. zu diesem Verhältnis von „medialer Orientierung" und „Anwesenheitskommunikation" auch Thomas Mergel, „Funktionen und Modi des Sprechens in modernen Parlamenten. Historische und systematische Überlegungen", in: Andreas Schulz u. Andreas Wirsching (Hg.), *Parlamentarische Kulturen in Europa. Das Parlament als Kommunikationsraum*, Düsseldorf 2012, S. 229–246, hier S. 240.
5 Vgl. zu dem im ganzen vorliegenden Band wiederkehrenden Thema des Verhältnisses von Klang und Schrift besonders die Beiträge von Viktoria Tkaczyk und Nicola Gess.
6 Vgl. zu den Journalisten als Hörexperten auch den Beitrag von Hansjakob Ziemer im vorliegenden Band.

Stenographisches Hör-Wissen im Deutschen Reichstag

In den deutschen Landesparlamenten wurden seit dem Wiener Kongress von 1815 stenographische Berichte der Parlamentssitzungen angefertigt. Während des gesamten 19. Jahrhunderts – besonders seit der 1848er Revolution und den Paulskirchendebatten – wurden diese nicht nur von Fachleuten und den Parlamentariern selbst, sondern von einer breiteren bürgerlichen Öffentlichkeit gelesen.[7] Das galt auch für die stenographischen Berichte aus dem Deutschen Reichstag nach 1871. Im ersten Reichstagsgebäude an der Leipziger Straße in der Berliner Friedrichstadt wurden im stenographischen Büro insgesamt zwölf fest angestellte Stenographen und zwei Vorsteher beschäftigt.[8] Sechs dieser Stenographen stenographierten nach dem auf Franz Xaver Gabelsberger zurückgehenden System, sechs nach dem System von Wilhelm Stolze.[9] Während einer Plenardebatte saßen immer (mindestens) zwei Stenographen an dem unterhalb der Rednertribüne platzierten Stenographentisch und zeichneten die Debatte auf (vgl. Abb. 3). Die Stenographen wechselten sich alle zehn Minuten ab, „um das Niedergeschriebene sofort für die Herstellung der stenographischen Berichte zu verwerten".[10] Diese stenographischen Berichte wurden dann, unter Oberaufsicht der parlamentarischen Schriftführer, revidiert, d. h. nicht nur von den Stenographen ausformuliert, sondern auch den Rednern zur Korrektur vorgelegt, bevor sie als amtliche Berichte veröffentlicht wurden und dann auch „für das Publikum käuflich" waren: „[M]an kann darauf bei der Post abonnieren".[11]

---

7 Vgl. zur Geschichte der Parlamentsstenographie in Deutschland Armin Burkhardt, *Das Parlament und seine Sprache. Studien zu Theorie und Geschichte parlamentarischer Kommunikation*, Tübingen 2003, S. 458–468.
8 Vgl. E. G., „Die Stenographie im Reichstag", in: *Der Schriftwart* (1886), S. 209–211; Clemens Freyer, *Der Deutsche Reichstag. Seine Geschichte, Organisation, Rechte und Pflichten*, Berlin 1888, S. 101. Kurz vor dem Ersten Weltkrieg, nachdem der Reichstag 1894 in das neu errichtete Gebäude am Königsplatz umgezogen war, umfasste das stenographische Büro dann 17 Stenographen und 14 weitere fest angestellte Personen; vgl. „Die Stellung der Reichstagsstenographen", in: *Stenographische Praxis* 8 (1914), S. 49–54, hier S. 50.
9 Auf den sogenannten Systemstreit, der die Entwicklung der Stenographie in Deutschland bis zur Einführung der Deutschen Einheitskurzschrift 1924 prägte, kann und muss an dieser Stelle nicht eingegangen werden; vgl. dazu Hans Lambrich u. Aloys Kennerknecht, *Entwicklungsgeschichte der deutschen Einheitskurzschrift*, Darmstadt 1962, S. 5–20.
10 Freyer, *Der Deutsche Reichstag*, S. 150.
11 Ebd., S. 101. Der stenographische Bericht ist nicht dasselbe wie das Sitzungsprotokoll, das als Ergebnisprotokoll nur die Beschlüsse, Interpellationen und amtlichen Anzeigen des Präsidenten enthielt (vgl. ebd., S. 142). Im Sinne des in der Einleitung zu diesem Band benutzten Pro-

Abb. 3: Plenarsaal des Reichstags in der Leipziger Straße 4. Der Stenographentisch ist an den beiden Lampen erkennbar. In dieser Szene haben sich einige Abgeordnete zwischen den Stenographentisch und den Redner gestellt. Fotografie von Julius Braatz, 1889. Bundesarchiv, Bild 147-0978 / CC-BY-SA.

Der größere Teil des Publikums nahm von den Parlamentsdebatten allerdings durch die Tagespresse Kenntnis, die eigene Stenographen (bzw. der Stenographie mächtige Journalisten) beschäftigte, die dem parlamentarischen Geschehen auf der Journalistentribüne folgten. Da die akustischen Verhältnisse dort allerdings schlechter waren als am Stenographentisch und nicht alle Tageszeitungen zu jeder Zeit Stenographen in den Reichstag schicken konnten, bediente sich auch die Presse häufig der amtlichen stenographischen Berichte.[12] Die zentrale Stel-

---

tokollbegriffs lässt sich allerdings auch der stenographische Bericht als ein (Verlaufs-)Protokoll bezeichnen.

12 Zu den akustischen Verhältnissen ist zu ergänzen, dass sich auch die amtlichen Stenographen gelegentlich über die schlechte Akustik des Reichstagsgebäudes beschwerten. Ihr Hörverständnis wurde besonders dann beeinträchtigt, wenn einzelne Abgeordnete von ihren Plätzen aus sprachen oder sie durch Abgeordnete gestört wurden, die sich von ihren Plätzen erhoben und um den Stenographentisch versammelt hatten, um einer Rede besser folgen zu können; vgl.

lung der Stenographie bei der Vermittlung zwischen Parlament und Öffentlichkeit wird so deutlich:

> Parlament, Presse und Stenographie sind heute fast ein unzertrennliches Ganze [sic!], wird doch im Parlament meist nicht für die Abgeordneten, [...] sondern zum Fenster hinaus, d. h. für die Wähler im Lande geredet, und dieser Zweck kann nur mit Hilfe der Stenographie durch die Presse erreicht werden.[13]

Die zunehmende Bedeutung, die der Stenographie nicht nur im Kontext parlamentarischer Politik zukam, führte im Laufe der zweiten Hälfte des 19. Jahrhunderts auch zu einer fortschreitenden Professionalisierung der Stenographen. Dadurch standardisierten sich nicht nur Ausbildung und Karrierewege von Stenographen, es bildeten sich auch die unterschiedlichen Anwendungsfelder der Stenographie in den Parlamenten, den Gerichten, bei den Zeitungen oder im Geschäftsleben als voneinander geschiedene Berufsfelder heraus. Die sogenannten Kammerstenographen entwickelten dabei ein eigenes Berufsverständnis, das sich etwa von dem der Pressestenographen oder der Geschäftsstenographen unterschied. Ein Ergebnis dieses Professionalisierungsprozesses war der 1908 ins Leben gerufene Verein Deutscher Kammerstenographen, der sich als Berufsvertretung der deutschen Parlamentsstenographen aller Systeme verstand und aus der Vereinigung Berliner Kammerstenographen hervorgegangen war.[14] Als Publikationsorgan dieses Vereins erschien bereits seit 1907 die *Stenographische Praxis. Zeitschrift für Berufsstenographen aller Systeme*. Im Folgenden soll diese Zeitschrift nicht nur als Quelle zur Rekonstruktion der stenographischen Praxis im Reichstag genutzt werden, sondern auch als Medium für die Selbstreflexion der Stenographen mit Blick auf diese Praxis.

Bei der Frage nach dem stenographischen Hör-Wissen ist zunächst interessant, dass sich die Stenographen nicht nur als professionelle Schreiber verstanden, sondern auch als professionelle Hörer. So setzte etwa Hermann Gutzmann „dem gewöhnlichen Zuhörer" den Stenographen als denjenigen Zuhörer entge-

---

Abb. 3 sowie Andreas Biefang, *Bismarcks Reichstag. Das Parlament in der Leipziger Straße. Fotografiert von Julius Braatz*, Düsseldorf 2002, S. 71.
13 W. Kronsbein, „Vorwort", in: Kronsbein (Hg.), *Parlament und Stenographie. Äußerungen der bekanntesten Parlamentarier über die Stenographie*, Wiesbaden 1894, S. 3–6, hier S. 4.
14 Die meisten früheren stenographischen Vereine vertraten jeweils entweder das Gabelsberger'sche oder das Stolze'sche System und verstanden sich nicht als Berufsvereinigungen. Im Hinblick auf die Kammerstenographie ist außerdem zu bemerken, dass es sich um ein rein männliches Berufsfeld handelte, während etwa die Geschäftsstenographie zunehmend auch von weiblichen Angestellten ausgeübt wurde.

gen, „der jedes Wort des Vortragenden, auch das kleinste und nebensächlichste, auffassen, verstehen und schriftlich reproduzieren soll".[15] Zwei Jahrgänge später hieß es dazu:

> Der Stenograph ist stets der aufmerksamste Zuhörer des Redners [...]. Tatsächlich versteht auch der Zuhörer, und wenn er noch so sehr an dem Gegenstande der Rede interessiert ist, in größeren Versammlungen, namentlich in den Parlamenten, wo er sich in einer gewissen räumlichen Entfernung vom Redner befindet, von dem Gesprochenen viel weniger als unter gleichen Umständen der Stenograph, der durch seinen Beruf sich allmählich gewöhnt hat, sein Ohr auf die gesprochene Rede ganz anders einzustellen als der bloß passive Zuhörer.[16]

Die Schulung des Ohres war daher auch Gegenstand der Übungsbücher, die der *Stenographischen Praxis* regelmäßig beigelegt waren.[17] So sollte das *Diktierbuch* dazu beitragen, „Hand und Ohr gleichmäßig zu schulen", die Übungen darin sollten „einmal der Förderung der Handgeschwindigkeit und zum anderen der Schulung des Gehörs dienen".[18]

Allerdings wurde in der *Stenographischen Praxis* Wert darauf gelegt, dass zu den Qualifikationen eines Parlamentsstenographen nicht nur die sichere Beherrschung des Stenographierens selbst gehörte, sondern auch eine breite Allgemeinbildung und speziell ein fundiertes Wissen über die politischen Verhältnisse des Kaiserreichs, „das ihn befähigt, mit Verständnis den Verhandlungen zu folgen".[19] Denn das Stenographieren sollte nicht als rein mechanische Tätigkeit angesehen werden. Der Abgeordnete Graf Arnim-Muskau sprach von der „halb maschinelle[n], halb intellektuelle[n] Thätigkeit des Stenographen, der in derselben Sekunde zu hören, zu verstehen und in Zeichen das Gehörte zu übertragen und niederzuschreiben hat".[20] Seine Bezeichnung des Stenographen

---

15 Hermann Gutzmann, „Redner und Stenograph", in: *Stenographische Praxis* 1 (1907), S. 2–7, hier S. 2.
16 F. B., „Aus der Praxis", in: *Stenographische Praxis* 3 (1909), S. 8.
17 Vgl. zu einer allgemeinen Kulturgeschichte des geschulten Hörens Andi Schoon u. Axel Volmar (Hg.), *Das geschulte Ohr. Eine Kulturgeschichte der Sonifikation*, Bielefeld 2012.
18 [Anon.,] „Etwas vom Hören", in: *Diktierbuch. Beilage zur Stenographischen Praxis* 2 (1908), S. 25 f., hier S. 25. Die praktische Anweisung dazu lautete: „Darum pflege man planmäßig in den Diktatübungen neben dem Schreiben auch das Hören. Man diktiere nicht immer gleichmäßig laut, sondern lasse die Stimme auch einmal sinken; man stelle sich nicht immer unmittelbar in die Nähe der Schreibenden, sondern bringe aus größerer Entfernung mit weniger lauter Stimme, bisweilen auch abgewandt von den Kursusteilnehmern, den Diktattext zum Vortrag." Ebd., S. 26.
19 M. Rippner, „Sind die Anforderungen an die amtlichen Stenographen gestiegen?", in: *Stenographische Praxis* 2 (1908), S. 1–3, hier S. 2.
20 Zit. nach Kronsbein (Hg.), *Parlament und Stenographie*, S. 9.

als „geistige Maschine"[21] dürfte jedoch nicht allen Stenographen gefallen haben, denn diese waren gerade darum bemüht, sich von dem Ruch des Maschinellen zu befreien. So wurde in der *Stenographischen Praxis* in regelmäßigen Abständen über den Gebrauch des gerade aufkommenden Phonographen in den Parlamenten diskutiert, und immer kam man zu dem Ergebnis, dass der Phonograph die Stenographen nie werde ersetzen können, da es beim Stenographieren eben nicht um die mechanische – mit Friedrich Kittler könnte man sagen: hermeneutisch indifferente[22] – Aufzeichnung des im Plenarsaal akustisch sich Ereignenden gehe, sondern darum, „das Gesprochene seinem Sinne nach zu erfassen und sachgerecht wiederzugeben".[23] Dabei sollte sich der Parlamentsstenograph allerdings um „Objektivität"[24] und um „nüchterne Sachlichkeit"[25] bemühen, welche den offiziellen Parlamentsbericht von den häufig aufgebauschten Berichten in der Presse unterscheiden sollten. Auch bei aufgeheizter Stimmung und angesichts von die Emotionen ansprechenden Reden müsse der Stenograph stets „leidenschaftslos"[26] bleiben, um seiner Aufgabe gerecht zu werden.

Das Stenographieren war also einerseits keine rein mechanische Tätigkeit, sondern an den verstehenden Intellekt des Stenographen gebunden. Andererseits sollte sich dieser aber um weitgehende Nüchternheit und Objektivität bemühen und vor „Subjektivismus"[27] hüten. Gleichwohl war man sich auch in der *Stenographischen Praxis* klar darüber, dass es einen „absolut wahrheitsgetreuen Parlamentsbericht" im Sinne eines von jeder subjektiven Position unabhängigen Berichts nicht geben könne.[28] Als wahrheitsgetreu könne vielmehr der Bericht gelten, „welcher den Eindruck hervorruft, daß der Verfasser mit bester Kraft und nach bester Überzeugung bestrebt war, seinen Lesern das Bild der Ver-

---

21 Ebd.
22 Vgl. Friedrich Kittler, *Grammophon, Film, Typewriter*, Berlin 1986, S. 39 f.: „Der Phonograph hört eben nicht wie Ohren, die darauf dressiert sind, aus Geräuschen immer gleich Stimmen, Wörter, Töne herauszufiltern; er verzeichnet akustische Ereignisse als solche."
23 M. Conradi, „Phonographen im Parlament", in: *Stenographische Praxis* 5 (1911), S. 182–184, hier S. 184.
24 [Anon.,] „Aus der Praxis", in: *Stenographische Praxis* 5 (1911), S. 130–133, hier S. 132.
25 [Anon.,] „Parlamentarische Berichterstattung", in: *Stenographische Praxis* 6 (1912), S. 84 f., hier S. 84.
26 Fritz Ebel, „Vom Rüstzeuge des Parlamentariers", in: *Stenographische Praxis* 5 (1911), S. 116–120, hier S. 117.
27 [Anon.,] „Parlamentarische Berichterstattung", S. 84.
28 W. Haas, „Zur Frage der Veröffentlichung amtlicher stenographischer Berichte in der Tagespresse", in: *Stenographische Praxis* 11 (1917), S. 1–6, hier S. 3.

handlung vorzuführen, welches er bei aufmerksamer Beobachtung des Ganges der Verhandlung in sich aufnahm".[29]

Die Frage nach Wahrheitstreue und sachgerechter Wiedergabe der Verhandlungen betraf auch die in der *Stenographischen Praxis* in einer eigenen Rubrik ausführlich diskutierte „Redaktionstätigkeit des Stenographen". Alle Beteiligten – also Stenographen und Parlamentarier – waren sich einig, „daß der Stenograph nicht nur berechtigt, sondern verpflichtet ist, bei der Umformung des gesprochenen Wortes in das geschriebene unter allen Umständen eine gewisse Redaktionstätigkeit auszuüben, daß sich aber in dieser Hinsicht keine allgemeinen und festen Regeln aufstellen lassen".[30]

In der *Stenographischen Praxis* wurden daher fast in jeder Nummer Beispiele für die Art der legitimen und notwendigen Eingriffe in den Text einer stenographierten Rede gegeben. Allgemein geteilte Prämisse war dabei, „daß der Parlamentsbericht kein photographisch [sic!] getreues Abbild, sondern einen lesbaren Text liefern solle" und dass deshalb „eine stilistische Glättung, unter Umständen sogar eine weitgehende Bearbeitung der gesprochenen Rede bei der Übertragung des Stenogramms unbedingt erforderlich ist".[31] Absolute Worttreue im Sinne einer Ausschriftung des tatsächlich Gesagten war also nicht das höchste Gebot. Es galt vielmehr, den Sinn einer Rede so zu transportieren, wie ihn der Redner beim Reden intendiert hat. So schrieb etwa Johannes Rindermann, „daß es die Aufgabe des Stenographen ist, bei der Uebertragung des Stenogramms mit Sorgfalt und Verantwortlichkeitsgefühl das wiederzugeben, was der Redner wirklich gesagt haben will", weshalb es der „denkende[n] Stenographen" bedürfe.[32] Heinrich Prinz zu Schoenaich-Carolath, Mitglied des Reichstags und des Preußischen Herrenhauses, sprach in diesem Zusammenhang von der „vermittelnde[n] Tätigkeit" des Stenographen und sah es als dessen Aufgabe an, eine Rede bei der Niederschrift „so zu gestalten, daß sie dem Sinne entspricht, möglichst wortgetreu ist und dabei doch alle Fehler und rednerischen Unebenheiten des Redners verschweigt und verschleiert".[33] Auch wenn der stenographische Bericht „mög-

---

29 Ebd., S. 2.
30 [Anon.,] „Zur Redaktionstätigkeit des Stenographen", in: *Stenographische Praxis* 3 (1909), S. 11–15, hier S. 11.
31 R. Dowerg, „Zur Redaktionstätigkeit des praktischen Stenographen", in: *Stenographische Praxis* 4 (1910), S. 42–45, hier S. 43; [Anon.,] „Zur Redaktionstätigkeit des Stenographen", in: *Stenographische Praxis* 4 (1910), S. 9 f., hier S. 9.
32 Johannes Rindermann, „Ein Beispiel von Mißverständnis", in: *Stenographische Praxis* 2 (1908), S. 17–20, hier S. 17.
33 [Anon.,] „Das Recht des Redners auf Korrektur des Stenogramms seiner Rede. Eine Umfrage", in: *Stenographische Praxis* 2 (1908), S. 98–102, hier S. 98.

lichst wortgetreu" sein sollte, ist er also nicht als Wortprotokoll im engen Sinn zu verstehen, sondern eher als ein ausführliches Verlaufsprotokoll.

Hinter den Ausführungen zur Redaktionstätigkeit des Stenographen standen zugleich grundsätzliche Überlegungen zu den Unterschieden zwischen dem gesprochenen und dem gedruckten Wort: Eine gute Rede, so lässt sich die Überlegung etwas vereinfacht wiedergeben, ist nicht das Gleiche wie ein guter Text. Anders formuliert: Eine Rede, die von den Zuhörern allgemein als gelungen oder gar mitreißend wahrgenommen wurde, konnte sich, wortwörtlich protokolliert, beim Nachlesen als grammatikalisch oder auch stilistisch fehlerhaft erweisen. Da es von den Stenographen aber als ihre Aufgabe angesehen wurde, den tatsächlichen Effekt einer Rede festzuhalten und wiederzugeben, konnten sie es für angemessen halten, den Text der Rede nachträglich von diesen Fehlern zu befreien, sodass aus einer auditiv für gut befundenen Rede ein gut zu lesender Text wurde.

Zugleich folgte aus dem stenographischen Anspruch, eine Rede so wiederzugeben, wie sie vom Redner gemeint war, neben der Notwendigkeit des Redigierens auch das Recht des Redners auf nachträgliche Korrekturen. Die Regeln für den zulässigen Umfang dieser Korrekturen wurden in der *Stenographischen Praxis* ebenfalls regelmäßig diskutiert. Auch hier galt der Grundsatz, dass es „im allgemeinen dem Redner unbenommen bleiben [muss], das Stenogramm so zu ändern, daß das, was er sagen wollte, voll und deutlich zum Ausdruck kommt".[34] Erst durch diese nachträgliche Korrektur wurde der stenographische Bericht von den Rednern freigegeben und konnte so die Beglaubigungsfunktion eines offiziellen Protokolls erfüllen.

Aus den hier diskutierten Praktiken des Redigierens und Korrigierens lassen sich Rückschlüsse auf den Quellenwert der stenographischen Berichte ziehen. Aus ihnen kann man die politischen Standpunkte und Argumente der einzelnen Abgeordneten rekonstruieren, bis zu einem gewissen Grad auch deren rhetorische Mittel und Strategien. Ihre Qualitäten als Redner lassen sich aus den stenographischen Berichten aber nur sehr bedingt erschließen, da es sich bei ihnen nicht im strengen Sinn um Wortprotokolle handelte. Etwas verallgemeinernd lässt sich sagen, dass die allermeisten der in den stenographischen Berichten festgehaltenen Parlamentsreden insofern geschönt sind, als sie von den sprachlichen Fehlern und Unzulänglichkeiten, die sich in der freien Rede ergeben haben

---

[34] Freiherr von Zedlitz und Neukirch, „Das Recht des Redners auf Korrektur des Stenogramms seiner Rede", in: *Stenographische Praxis* 1 (1907), S. 185 f., hier S. 185. Der Autor bezog diese Regel auf „Berichtigungen, die durch Hör-, Sprach- oder Gedächtnisfehler oder dadurch veranlaßt sind, daß während einer Rede für den Gedanken ein zutreffender, Mißverständnisse ausschließender Ausdruck nicht gefunden wurde" (ebd.).

mochten, befreit wurden. Dass die meisten Abgeordneten frei oder lediglich auf einige Stichworte gestützt sprachen, war dadurch vorgegeben, dass das Ablesen ausformulierter Texte nur den fremdsprachigen (d. h. polnisch- oder französischsprachigen) Abgeordneten erlaubt war. Interessanterweise wurde auch schon in der *Stenographischen Praxis* über den Quellenwert der stenographischen Berichte in diesem Sinne nachgedacht. So schrieb etwa G. Gotthardt, dass sie nicht als Quelle für „psychologische Studien über die Redetüchtigkeit der einzelnen Parlamentsmitglieder" geeignet seien.[35]

Das bisher Ausgeführte betrifft Inhalt und sprachliche Gestalt der Reden, die im Sinne der Redner wiedergegeben und geglättet werden sollten. Darüber hinaus gehörte es aber auch zu den Aufgaben der Stenographen, den Ereignischarakter der Rede in ihren Berichten festzuhalten, d. h. auch die Reaktionen der Abgeordneten auf eine Rede und die allgemeine Stimmung im Parlament während einer Rede zu protokollieren. Fritz Skowronnek hielt 1907 dazu fest:

> Ein guter Bericht soll außer dem wesentlichen Inhalt der Rede noch diejenigen Momente enthalten, wodurch sie belebt wird, also die Bonmots, die Witze und die dazugehörigen Kundgebungen des Hauses. Da der Ton bekanntlich die Musik macht, ist es nicht leicht, den charakteristischen Eindruck einer Rede auf das Haus dem lesenden Publikum zu übermitteln. Die Hilfsmittel dazu sind die in Klammern beigefügten Schlagworte: Heiterkeit, stürmische Heiterkeit, Lachen, Gelächter, Widerspruch, Unruhe, Lärm, Bewegung.[36]

Mit den Zwischenrufen sind wir bei den Teilen des stenographischen Berichts, die nicht direkt an die Intentionen der Redner gebunden und von diesen nur sehr begrenzt steuerbar waren.[37] Auch über die Behandlung der Zwischenrufe wurde in der *Stenographischen Praxis* in loser Folge immer wieder diskutiert.[38] 1910 gab der Dresdener Stenograph Rudolf Dowerg dazu die Parole aus: „Die

---

35 G. Gotthardt, „Zum Wortlaut der politischen Reden Bismarcks", in: *Stenographische Praxis* 5 (1911), S. 65–70, hier S. 70.
36 Fritz Skowronnek, „Der Parlamentsbericht und die Stenographie", in: *Stenographische Praxis* 1 (1907), S. 65–71, hier S. 70.
37 Gleichwohl wurde in der *Stenographischen Praxis* darüber berichtet, dass die Abgeordneten bei ihren Korrekturen auch die Zwischenrufe nicht ausließen, ja sogar gelegentlich neue Zwischenrufe hinzufügten; vgl. [Anon.,] „Zum Journalistenstreik im Reichstage", in: *Stenographische Praxis* 2 (1908), S. 60–62, hier S. 61: „Es ist schon vielfach vorgekommen, daß Abgeordnete nicht nur den Text ihrer Rede geändert, sondern auch Zwischenbemerkungen, wie ‚Heiterkeit', ‚Beifall' usw. selbständig eingeschoben haben." Vgl. dazu auch [Anon.,] „Zur Charakteristik der Redner", in: *Stenographische Praxis* 6 (1912), S. 82 f.
38 Vgl. [Anon.,] „Zum Kapitel der Zwischenrufe", in: *Stenographische Praxis* 9 (1915), S. 23 f., hier S. 23: „Die Behandlung der Zwischenrufe ist ein unerschöpfliches Gebiet, das immer neue Fragen aufwerfen läßt."

eigentlichen Zwischenbemerkungen [die Dowerg von den „Selbstgesprächen" der Parlamentarier während einer Rede unterschied; D. M.] sollten, von gewissen Ausnahmen abgesehen, so vollständig wie nur möglich in das Stenogramm aufgenommen werden."[39] Bei den reinen „Beifallsäußerungen" war es für Dowerg dagegen schwieriger, das richtige Maß zu bestimmen. Sollte immer jede Form des Beifalls aufgenommen werden? Und wenn ja, wie stuft man die Intensität richtig ab? Wann ist es lebhafter, wann stürmischer Beifall?

Die Antworten, die in der *Stenographischen Praxis* auf diese und ähnliche Fragen gegeben wurden, können hier nicht im Einzelnen rekapituliert werden. Im Ganzen jedoch zeigt sich, dass sich durchaus sehr genaue Konventionen zur Notierung der Zwischenrufe und nonverbalen Stimmungsäußerungen herausgebildet haben, nach denen etwa ‚Beifall' nicht unbedingt Händeklatschen impliziert, ‚Heiterkeit' als zustimmendes Lachen (etwa über einen Witz) zu verstehen ist, ‚Lachen' dagegen als Auslachen eine Form des Widerspruchs darstellt.[40] Schon der *Leitfaden der Deutschen Parlamentsstenografie* von 1891 verzeichnete eigene Siglen für „Heiterkeit", „allgemeine Heiterkeit", „große Heiterkeit" und „anhaltende Heiterkeit" ebenso wie für „Bravo", „lebhaftes Bravo", „allseitiges Bravo" und „begeistertes Bravo" etc.[41] Allerdings bekundeten die Stenographen trotz dieser Konventionalisierung immer wieder die Schwierigkeiten, die sich bei der „Wiedergabe der Stimmung einer Versammlung" ergaben,

> die sich oft nicht in Worten bemerkbar macht, sondern in allerlei schwer bestimmbaren Lauten und Geräuschen, die an das Ohr des Stenographen dringen, zum Ausdruck kommt. In solchen Fällen ist selbst der erfahrene Praktiker nicht selten in Verlegenheit, wie er den Vorgang, den er mehr fühlt als hört, aufzeichnen soll; die Objektivität des Berichts darf nicht leiden, auf der anderen Seite soll aber auch der Leser ein vollständiges Bild der wirklichen Situation erhalten.[42]

Hinzu kam, dass auch andere Ereignisse als Zwischenrufe und Stimmungsäußerungen, die für das Verständnis des Verhandlungsgangs notwendig waren, festgehalten werden mussten:

> In den Berufskreisen dürfte Einigkeit darüber herrschen, daß in den stenographischen Bericht alles hineingehört, was zum Verständnis der Verhandlung nötig ist, also außer den

---

39 R. Dowerg, „Die Behandlung der Zwischenrufe", in: *Stenographische Praxis* 4 (1910), S. 36–39, hier S. 36.
40 Vgl. dazu auch Burkhardt, *Das Parlament und seine Sprache*, S. 526–529.
41 W. Velten, *Leitfaden der Deutschen Parlamentsstenografie*, Düsseldorf 1891, S. 70.
42 C., „Zur Behandlung der Zwischenrufe", in: *Stenographische Praxis* 5 (1911), S. 149–152, hier S. 149 f.

> Reden, Zurufen, Beifalls- und Mißfallensäußerungen auch die Bezeichnung der Vorgänge, die einen Einfluß auf den Gang der Beratung ausüben oder doch die Stimmung in der Versammlung kennzeichnen.[43]

Manchmal könne es deshalb wichtig sein, wie es im gleichen Artikel weiter hieß, „die Situation mehr mit den Augen als mit den Ohren zu erfassen und alle Einzelheiten genau und mit zutreffenden Worten zu registrieren".[44] In den meisten Fällen war es aber doch der geschulte Hörsinn, auf den die Stenographen angewiesen waren:

> Die Stenographen, die auf das Papier gebückt den Wortlaut der Reden aufzeichnen, können nicht beobachten, was sich im Saale oder auf den Tribünen ereignet. Sie schließen lediglich aus dem Gehör sowie aus langjähriger Übung und Vertrautheit mit den Verhältnissen, woher ein Zwischenruf stammt, bei welcher Partei Heiterkeit herrscht, wo Bezeigungen des Beifalls oder des Mißfallens erfolgen.[45]

Es lässt sich daher in zweifacher Hinsicht vom Hör-Wissen der Stenographen sprechen. Zum einen verfügten die Stenographen im Sinne des geschulten Ohres über ein spezifisches Vorwissen, über ein auditives Know-how, das es ihnen erlaubte, das Ereignis ‚Parlamentsrede' nicht nur differenziert zu verfolgen, sondern auch in einen Text zu überführen und selbst die nonverbalen akustischen Äußerungen im Parlament als Formen des politischen Ausdrucks richtig zu deuten und sprachlich festzuhalten. Zum anderen produzierten sie auf diese Weise ein textliches Wissen über die jeweilige Parlamentsrede, das nicht nur deren Inhalt, sondern auch deren Resonanz im Auditorium umfasste.

Wie wir gesehen haben, muss man im Hinblick auf den letztgenannten Punkt allerdings einige Abstriche machen. Während die Zwischenrufe und sonstigen, den Ablauf der Parlamentsdebatte beeinflussenden Ereignisse zwar in den stenographischen Berichten festgehalten wurden, glätteten diese die sprachliche Gestalt der Reden selbst. Als Quelle für die Rekonstruktion der akustischen Gestalt einer Rede sind die stenographischen Berichte daher nur teilweise geeignet. Das ist für die Beschäftigung mit Bismarck nicht ohne Bedeutung, da dieser – wie im Folgenden zu zeigen sein wird – nach damaligen wie nach heutigen Standards kein besonders guter Redner war.

---

43 [Anon.,] „Zur Bezeichnung der Stimmung parlamentarischer Verhandlungen", in: *Stenographische Praxis* 6 (1912), S. 72 f., hier S. 72.
44 Ebd., S. 73.
45 [Anon.,] „Zum Journalistenstreik im Reichstage", S. 61.

Bismarcks Poltern und die Kunst der Rede

Als Ausgangspunkt für die Auseinandersetzung mit der Bismarck-Rede vom 6. Februar 1888 als akustischem und als Medienereignis kann der Bericht in der in Leipzig und Berlin erscheinenden *Illustrirten Zeitung* vom 18. Februar 1888 dienen, der die obigen Abbildungen begleitete. Er erschien knapp zwei Wochen nach der Rede und baute bereits auf dem Medienecho auf, das sie in der Zwischenzeit erfahren hatte. „Fürst Bismarck hat viele bedeutende und folgenschwere Reden im deutschen Reichstag und im preußischen Landtag gehalten", so der Bericht, „aber keine von allen seinen Reden hat eine so außerordentliche, die ganze civilisierte Welt bewegende Wirkung gehabt wie die, welche die Reichstagssitzung vom 6. Februar ausfüllte."[46] Was sich in den Reaktionen auf die Rede gezeigt habe, sei „ein Grad von Einigkeit" gewesen, „wie er seit dem Jahre 1870 in der deutschen Volksvertretung nicht wieder zum Durchbruch gekommen war". Diese Einigkeit umfasste (angeblich) nicht nur die Parlamentarier, sondern auch alle anderen Zeugen der Rede – und durch ihre mediale Verbreitung im Prinzip das ganze deutsche Volk. Um das zu betonen, beschrieb die *Illustrirte Zeitung* den großen Andrang, der bei der Rede herrschte, und damit die Größe ihres Zuhörerkreises:

> Wenn sich in Berlin die Kunde verbreitet, daß der Reichskanzler im Reichstage erscheinen wird, dann pflegt ein förmlicher Kampf um Einlaßkarten zu entbrennen, es werden alle erdenklichen Mittel angewendet, um Zutritt zu den Tribünen zu erhalten. [...] Auf der Journalistentribüne herrschte eine solche Fülle, daß die Aufzeichnung der Rede vielen Berichterstattern nur mit Ueberwindung ganz unglaublicher Hindernisse gelungen ist. Vor dem Reichstagsgebäude hatte sich eine nach Tausenden zählende Menschenmenge angesammelt, die in gespannter Erwartung der Dinge harrte, die kommen sollten.

Der Inhalt der Rede wurde dann nur noch ganz knapp skizziert, da er offenbar als bekannt vorausgesetzt wurde. Stattdessen schilderte der Bericht das Äußere Bismarcks („Das Aussehen des Fürsten war gesund und frisch, die Gesichtsfarbe nur etwas bleicher als gewöhnlich") und die Atmosphäre im Saal. Alles lauschte „mit gespannter Aufmerksamkeit den leisen, aber um so eindringlicheren Worten des Fürsten Bismarck, im ganzen Hause herrschte lautlose Stille." Diese gespannte Stille löste sich, so der Bericht, am Ende der Rede in laute Beifallsbekundungen auf:

---

46 E. W., „Die Reichstagssitzung vom 6. Februar", in: *Illustrirte Zeitung*, Nr. 2329 (18.2.1888), S. 152; ebd. auch die folgenden Zitate.

Als der Fürst die Schlußworte gesprochen, daß die Deutschen nichts in der Welt fürchten außer Gott, und daß derjenige, der die deutsche Nation angreife, sie einheitlich gewaffnet finden werde und jeden Wehrmann mit dem festen Glauben im Herzen: „Gott wird mit uns sein!" – da brach ein langanhaltender Beifallssturm los, der sich bis auf die draußen harrende Menge fortpflanzte und sie davon benachrichtigte, daß der Kanzler seine Rede beendet habe.⁴⁷

Dieses Fortpflanzen der lauten Begeisterung vom Plenarsaal auf die Straße wurde noch dadurch begünstigt, dass Bismarck nach der Sitzung zu Fuß zu seinem nicht weit entfernten Palais ging, „begleitet von einer überaus zahlreichen, Hurrah rufenden Menge, deren Andrängen gegenüber sich die Polizei machtlos erwies".⁴⁸ Das Fazit der *Illustrirten Zeitung* lautete:

Der 6. Februar 1888 ist ein historisch denkwürdiger Tag, denn er war Zeuge einer wahrhaft großartigen Einheitskundgebung der Vertreter des deutschen Volkes, es wurde an diesem Tage für jeden, der sehen und hören will, klar, welch unbedingtes Vertrauen Deutschland zu seinem Kanzler hat, und daß es in der Stunde der Gefahr einmüthig zusammenstehen wird, wie es im Jahre 1870 zusammengestanden hat. Fürst Bismarck hat die rechten, herzbewegenden Worte gefunden, um die Schranken, welche der Streit der Parteien aufgerichtet hatte, niederzureißen und dem patriotischen Strom der Begeisterung vollen Lauf zu

---

47 Der stenographische Bericht der Reichstagssitzung notierte am Ende der Rede: „Lebhafter, andauernder Beifall"; *Stenographische Berichte über die Verhandlungen des Deutschen Reichstages*, Bd. 102: *1887/88*, Berlin 1888, S. 733. Arthur von Brauer, der neben Bismarck gestanden hatte, berichtete in seinen Erinnerungen, nach der Rede habe „minutenlanger jubelnder Beifall" das Haus „durchtobt", dem „auch die Tribünen mit Händeklatschen und Tücherschwenken ungerügt sich anschlossen"; Arthur v. Brauner, *Im Dienste Bismarcks. Persönliche Erinnerungen*, Berlin 1936, S. 197.

48 Bismarck ging des Öfteren nach Parlamentssitzungen vom Reichstag in der Leipziger Straße 4 zu Fuß nach Hause zum Palais des Reichskanzlers in der Wilhelmstraße 77. Das Wissen um seine Präsenz im öffentlichen Raum verbreitete sich dann auch akustisch in den Straßen, wie folgender Anekdote zu entnehmen ist: „Der Fürst schritt rasch, in gerader Haltung und hochaufgerichtet, von einer großen Menschenmenge auf Schritt und Tritt gefolgt, dahin. Wie ein Lauffeuer verbreitet sich auf dem ganzen Wege in den angrenzenden Straßen die Kunde: ,Fürst Bismarck kommt!' Aus den Läden strömen Käufer und Personal, die Insassen der Droschken ließen halten und stellten sich im Wagen in Positur, Pferdebahnen und Omnibusse entleerten sich und vergrößerten die Begleitung des Fürsten. [...] ,Kinder, das ist Bismarck', tönte es rechts und links; und das Grüßen und Hutschwenken wollte kein Ende nehmen. [...] Nach einer Viertelstunde hatte der Fürst das Palais erreicht, und als wie zum Abschied die Menge bis dicht ans Gitter des Vorgartens herandrängte, drehte sich Fürst Bismarck am Eingang schnell um, machte Front und grüßte, sich wiederholt verbeugend, die nachdrängende Menge. Lautes, mehrfaches Hurrah war die Antwort des Publikums"; A. S. Schmidt, *Neue Bismarck-Anekdoten. Interessante Aufzeichnungen aus dem Leben unseres Reichskanzlers*, Leipzig 1888, S. 94 ff. Vgl. zum Gedränge vor dem Reichstag beim „Erscheinen des Reichskanzlers" auch Freyer, *Der Deutsche Reichstag*, S. 149.

lassen. Solche Augenblicke prägen sich tief ein in die Volksseele und wirken nach auf das Gesammtbewußtsein. Wir wissen, daß wir geeint unüberwindlich sind, und das ist in der That ein erhebender Gedanke.

Wer sehen und hören will, dem wird klar und der kann wissen, dass Deutschland einig ist. Es kommt meiner Frage nach dem politischen Hör-Wissen entgegen, dass der Reporter der *Illustrirten Zeitung* hier selbst diese Formulierungen gewählt hat: Durch die (akustische) Resonanz auf die Rede wissen wir, dass wir geeint sind. Die Beifallsstürme und Hurrarufe sind dabei zunächst als Klanghandlungen (im Sinne von *speech acts* analogen *sound acts*[49]) anzusehen, die die politische Einheit zuallererst herstellen bzw. behaupten. Auch die Presseberichterstattung darüber ist in diesem Sinn nicht als Tatsachenbericht zu lesen, sondern als Teil der diskursiven Konstruktion dieser politischen Einheit. Aber gleichzeitig ist dieses Klanghandeln auch ein Weg, politische Zustimmung zu äußern, dadurch erkennbar zu machen und so in politisches Wissen zu überführen. Das gilt im Übrigen auch für Widerspruchsäußerungen. Daher kommt den oben schon behandelten Zwischenrufen, dem ‚Gelächter', dem ‚Bravo' oder dem ‚Hört, hört!' bei der Frage nach dem politischen Hör-Wissen im Kontext parlamentarischer Kommunikation eine besondere Bedeutung zu.[50] Sie richten sich nicht nur an den jeweiligen Redner, sondern an das ganze Plenum und die medial angeschlossene Öffentlichkeit, nicht zuletzt aber auch an die eigene Fraktion, die sich etwa durch kollektives Gelächter klanglich Konturen verschafft und deren Haltung zu einer jeweiligen politischen Streitfrage so unmittelbar erkennbar wird.

Wendet man sich vor diesem Hintergrund dem stenographischen Bericht der Reichstagssitzung vom 6. Februar 1888 zu, so zeigt sich, dass die Zuhörerschaft während der Rede Bismarcks durchaus nicht nur in gespannter Stille verharrte, wie die *Illustrirte Zeitung* behauptete. Vielmehr ist das Protokoll der gesamten Rede mit zahlreichen Einschüben von „Bravo!", „Heiterkeit", „Sehr richtig!" oder „Hört, hört!" durchzogen.[51] Bismarcks Ausführungen waren folglich von Anfang

---

[49] Vgl. dazu Daniel Morat, „Der Sound der Heimatfront. Klanghandeln im Berlin des Ersten Weltkriegs", in: *Historische Anthropologie* 22.3 (2014), S. 350–363.
[50] Vgl. dazu für das 20. Jahrhundert auch Rüdiger Kipke, „Der Zwischenruf – ein Instrument politisch-parlamentarischer Kommunikation?", in: Andreas Dörner u. Ludgera Vogt (Hg.), *Sprache des Parlaments und Semiotik der Demokratie. Studien zur politischen Kommunikation in der Moderne*, Berlin/New York 1995, S. 107–112; Günter Pursch, „Zwischenrufe. Das Salz des Parlaments", in: Gerhard Paul u. Ralph Schock (Hg.), *Sound des Jahrhunderts. Geräusche, Töne, Stimmen 1889 bis heute*, Bonn 2013, S. 504–507.
[51] Vgl. *Stenographische Berichte*, S. 723–733.

an von einer Art zustimmendem Begleitgeräusch getragen. Das war nicht immer so. Bismarck, der zunächst als preußischer Ministerpräsident und seit 1871 als Reichskanzler nie selbst Mitglied des preußischen Landtags oder des deutschen Reichstags war, sondern dort immer nur als höchster Vertreter der Exekutive zu den Parlamentariern sprach, fand sich häufig genug einem oppositionell gestimmten Haus gegenüber und ließ auch selbst an seiner kritischen Haltung gegenüber dem Parlament wenig Zweifel aufkommen. Wie der Pädagoge Leopold Gerlach in einer Studie über *Bismarck als Redner* bemerkte, erntete Bismarck mit seinen Reden häufig „Heiterkeit, lautes Lachen, anhaltendes Gelächter, Oho, Pfui, lautes Murren und ähnliche Aeußerungen einer abgekürzten Kritik".[52] Bismarck deutete diese Geräusche im oben genannten Sinn des politischen Hör-Wissens, wenn er darauf mit der Bemerkung reagierte: „Sie sind mit dem, was ich sage, nicht einverstanden; ich schließe das aus den Tönen, die Sie von sich geben."[53]

Die „gespannte[ ] Aufmerksamkeit" und die „lautlose Stille", von denen die *Illustrirte Zeitung* sprach, herrschten also zumindest nicht während der ganzen Rede vom 6. Februar 1888. In dem Bericht fungieren sie eher als Element der Dramatisierung, um die Wirkung von Bismarcks Rede zu unterstreichen. In ähnlicher Weise ist eine bezeichnende Auslassung zu verstehen. Denn der Bericht erwähnte nicht, dass Bismarck nach den damaligen Standards eigentlich ein schlechter Redner war. Er vermerkte lediglich, dass die Worte Bismarcks „leise[ ]" gesprochen waren, was sie aber „um so eindringlicher[ ]" gemacht habe. Das ist mit Sicherheit eine sehr schmeichelhafte Darstellung. Andere Zeitgenossen, die Bismarcks rednerische Fähigkeiten ansonsten durchaus lobten, sprachen dagegen offener aus, dass ihm die „Gabe des Vortrags", so etwa Leopold Gerlach, „von der Natur versagt" worden sei: „Seine schlichte, nicht selten stockende Art zu sprechen, der scharfe, schneidende, nicht eben angenehme Klang des Organs, das überdies für einen größeren Raum nicht einmal ausreicht – es ist dies nicht dazu angethan, Aufmerksamkeit und Theilnahme zu erwecken."[54] Der Altphilologe Hugo Blümner, der dem Gebrauch von Metaphern und Bildern in den Reden Bismarcks eine eigene Studie widmete, bemerkte: „Es ist bekannt, daß der gewaltige Eindruck, den Fürst Bismarck durch seine Reden im Parlament hervorzurufen pflegte, nur zum geringsten Theile auf der äußeren Form seiner Reden oder

---

52 Leopold Gerlach, *Fürst Bismarck als Redner. Eine rhetorische Studie*, Dessau/Leipzig 1891, S. 4. An anderer Stelle sprach Gerlach vom „Gebiet der unartikulierten Naturlaute, als da sind Murren und Knurren, Zischen und Scharren, Lärmen und Lachen" (ebd., S. 19), mit denen sich Bismarck als Redner auseinanderzusetzen hatte.
53 Zit. nach ebd., S. 20.
54 Ebd., S. 1.

der Art, wie dieselben vorgetragen wurden, beruht."⁵⁵ Christian Rogge sprach in einer weiteren Studie über *Bismarck als Redner* davon, dass es vielen verwunderlich erschien, „wenn diese Reckengestalt auftrat und dann eine etwas dünne und verhältnismäßig hohe Stimme aus dem gewaltigen Körper herauskam, deren Klang der Weichheit wie der Modulationsfähigkeit entbehrte".⁵⁶

Von Bismarcks unzulänglicher Stimme und Vortragsweise führt auch ein Weg zurück zu den Stenographen und zur Frage der Notierung nonverbaler Äußerungen. So erinnerte sich ein Parlamentsstenograph nicht nur an Bismarcks schwache Stimme, sondern auch an sein ‚donnerndes Räuspern':

> Wenn man sich ihn auf seinem etwas erhöhten Platze ziemlich in der Mitte des Saales vorstellt und sich vergegenwärtigt, daß aus diesem kolossalen Manne eine fast frauenhaft schwache, nicht gerade sehr sympathische Stimme spricht, die, namentlich wenn er von seinen nervösen Affektionen heimgesucht wird, in jedem Satze ein- bis zweimal von einem donnernden Räuspern unterbrochen wird (wenn er leise und fein redet, kommt plötzlich ein Räuspern, und dazwischen ertönen in ganz schwacher Stimme einige Sätze) – dann ist von einer Rede nicht mehr zu sprechen. Das sind hingeworfene Sätze, aber das ist keine Rede! […] Das ist eine Art zu sprechen, die vom Stenographen absolut nicht wiederzugeben ist, denn für das Räuspern giebt es weder ein Stolzesches Sigel, noch dürfte überhaupt dafür eine schriftliche Bezeichnung existieren.⁵⁷

Wohl auch aufgrund dieser rednerischen Unzulänglichkeiten unterhielt Bismarck Zeit seines politischen Wirkens ein angespanntes Verhältnis zu den Parlamentsstenographen, denen er immer wieder ungenaue Protokollführung und bewusst falsche Widergabe seiner Reden vorwarf und die ihrerseits die geschilderten Schwierigkeiten mit Bismarcks Reden hatten.⁵⁸ 1885 wurde dazu im Stolze'schen Stenographenverein berichtet:

> Bismarck ist nicht nur für seine politischen Gegner, sondern auch für die Stenographen ein ungern gesehener Gast. Langsame Redner sind nicht immer die Freunde der Stenographen,

---

55 Hugo Blümner, *Der bildliche Ausdruck in den Reden des Fürsten Bismarck*, Leipzig 1891, S. 1.
56 Christian Rogge, *Bismarck als Redner. Eine Studie*, Kiel 1899, S. 8. Vgl. für weitere einschlägige Zitate Karl-Heinz Göttert, *Geschichte der Stimme*, München 1998, S. 340–343.
57 Schmidt, *Neue Bismarck-Anekdoten*, S. 14 f.
58 Vgl. Hans-Peter Goldberg, *Bismarck und seine Gegner. Die politische Rhetorik im kaiserlichen Reichstag*, Düsseldorf 1998, S. 379 ff. Obwohl Goldberg die Probleme der Stenographen mit Bismarck erwähnt, problematisiert er den Quellenwert der stenographischen Parlamentsberichte – die zu seinen Hauptquellen gehören – interessanterweise nicht. Vgl. zu Bismarck und den Stenographen auch Christian Jansen, „Otto von Bismarck: Modernität und Repression, Gewaltsamkeit und List. Ein absolutistischer Staatsdiener im Zeitalter der Massenpolitik", in: Frank Möller (Hg.), *Charismatische Führer der deutschen Nation*, München 2004, S. 63–83, hier S. 70 f.

aber Redner, die in so verschiedenem Tempo sprechen, wie Fürst Bismarck, erschweren dem Stenographen die Arbeit außerordentlich. Dabei hat der Fürst im Gegensatz zu seiner Figur ein nicht kräftiges Organ; er spricht leise. Zwischen dem Platze des Kanzlers und dem Stenographentisch ist ein ziemlich großer Raum, der, wenn der Kanzler spricht, stets mit Abgeordneten gefüllt ist, die sich gleichsam als eine Wand dazwischen stellen. Auch herrscht keineswegs große Stille während der Reden; dieselben werden vielmehr von vielen Interjektionen unterbrochen, und auch die Abgeordneten unter sich können sich nicht enthalten, sich allerlei Bemerkungen zuzuflüstern. Dabei hat Bismarck einen eigenartigen Stil, er gebraucht viele Zitate, häufig in fremder Sprache. Der Stenograph hat bei Bismarck-Reden immer das Gefühl, daß er die hohe Aufgabe hat, die gewichtigen Worte der Welt zu übermitteln, und das wirkt namentlich für den Neuling einschüchternd. Das einschüchternde Gefühl nimmt noch zu bei dem steten Bewußtsein, daß das Damoklesschwert der Beschwerde über dem Stenographen hängt und häufig seine Existenz in Frage steht.[59]

Dass Bismarcks hohe Stimme und seine stockende Vortragsweise nicht nur von den Stenographen als irritierend wahrgenommen wurden, lässt sich auch als Ergebnis einer bestimmten Art des politischen Hör-Wissens beschreiben, nämlich des Wissens, wie ein guter politischer Redner zu klingen habe. Dieses Wissen wurde durch das Hören unterschiedlicher Redner gesammelt, es wurde aber auch in zahlreichen Rhetorik- und Redehandbüchern niedergelegt bzw. normativ geformt und tradiert, die wiederum auf eine lange Rhetoriktradition zurückgriffen.[60] In den Rhetorikhandbüchern des Kaiserreichs und in solchen Handbüchern, die in einem weiteren Sinn Wissen über die menschliche Stimme vermitteln und Anleitung zu ihrer Schulung und Pflege geben sollten, wurde Bismarcks mangelhafte Redekunst gelegentlich als Beleg eines fehlenden Bewusstseins für die Notwendigkeit der Stimm- und Sprechschulung angeführt, so etwa von dem Taubstummenlehrer Wilhelm Henz:

---

59 Heinrich von Poschinger, *Fürst Bismarck und die Parlamentarier*, Bd. 3: *1879–1890*, Breslau 1896, S. 3. Vgl. zum angespannten Verhältnis zwischen Bismarck und den Stenographen auch E. Schallop, „Meine Erinnerungen an Bismarck", in: *Stenographische Praxis* 4 (1910), S. 155–160, hier S. 158: „Dieses Mißtrauen in die Fähigkeiten und auch in den guten Willen der Stenographen führte in den letzten Jahren dahin, daß stets ein besonderer Stenograph die Bismarckschen Reden mitstenographieren und nach der Ausarbeitung einer Durchsicht unterziehen mußte."
60 Laut der neuen Rhetorikgeschichte von Karl-Heinz Göttert, *Mythos Redemacht. Eine andere Geschichte der Rhetorik*, Frankfurt a. M. 2015, hat die antike Rhetorik ein Redeideal hervorgebracht, dass seine Kriterien und Maßstäbe bis in unsere Tage weitgehend unverändert erhalten habe: „Der im Westen ausgebildete Glaube an die Macht der Rede hat Maßstäbe erzeugt, die von Perikles bis Obama im Wesentlichen auf gleiche Weise erfüllt wurden. […] Das Konzept europäischer Redekunst erweist sich als erstaunlich stabil" (ebd., S. 477 u. 484). Allein die Tatsache, dass sich auch moderne Rhetorikschriften auf die antiken Vorbilder berufen, scheint mir diese These allerdings noch nicht zu stützen.

> Fürst Bismarck konnte seinerzeit sicher sein, wenn er sich zum Worte erhob, die volle, angespannte Aufmerksamkeit des Hauses zu erlangen. Das lag in seiner machtvollen Persönlichkeit, in seiner alles überragenden Stellung und in dem immer bedeutungsvollen Inhalt seiner Ausführungen begründet. Die *Darbietung* ließ leider viel zu wünschen übrig, weshalb seine Reden immer beim Lesen einen weit besseren Eindruck machten als beim Anhören. Seine im Verhältnis zu der gigantischen Gestalt schwache Stimme, die nichts weniger als schöne Aussprache, das Suchen nach dem Ausdruck, gaben seiner Rede etwas Zerrissenes, Abgehacktes; es zeigten sich sogar die charakteristischen Erscheinungen des Polterns, das wir in dem pathologischen Teile dieses Buches einer genaueren Betrachtung unterziehen werden.[61]

Andere deuteten Bismarcks Sprechschwäche auch als Zeichen eines medialen und politischen Wandels. Da der eigentliche Adressat von Bismarcks Reden das ganze deutsche Volk (und nicht in erster Linie das Parlament) war, dieses aber ohnehin nur aus der Zeitung von Bismarcks Reden erfuhr bzw. sie dort oder in den stenographischen Berichten nachlesen konnte, musste er auch keinen besonderen Wert auf den mündlichen Ausdruck legen: „Bismarck hingegen konnte zu seiner Nation nur durch Vermittlung der Zeitungen reden, womit die Wirkung des lebendigen Wortes von selbst hinwegfiel."[62]

Friedrich Naumann, der kurz vor dem Ersten Weltkrieg ebenfalls einen Leitfaden zur *Kunst der Rede* verfasst hat, deutete Bismarck dagegen als „Wendepunkt" in der Entwicklung eines deutschen Redestils:

> Die meisten seiner parlamentarischen Zeitgenossen sprachen noch vorbismarcklich, schillerisch, romantisch, waren Schüler der Lateinschulen und wollten klassisch wirken. [...] Schon mit Miquel und Windthorst kamen etwas andere Töne hinein, aber Bismarck selber war stärker als sie alle, denn er redete nicht wie Schriftgelehrte, sondern wie einer, der Macht hat über Menschen und Dinge. Er sprach nicht glatt, war kein Cicero, aber Europa hörte ihm zu, weil er etwas zu sagen hatte.[63]

---

61 Wihelm Henz, *Die menschliche Stimme und Sprache und ihre Pflege im gesunden und kranken Zustande*, Altenburg 1913, S. 6 f.

62 Gerlach, *Fürst Bismarck als Redner*, S. 5. Gerlach vergleicht Bismarck hier mit dem antiken Redner Demosthenes, der ebenfalls kein natürliches Redetalent und eine schwache Stimme gehabt, beides aber durch intensive Stimm- und Sprechschulung ausgeglichen habe, der sich Bismarck nie unterzogen habe. Demosthenes sei in der athenischen Polis eben viel stärker auf den Erfolg als Redner angewiesen gewesen als Bismarck in der konstitutionellen Monarchie des Kaiserreichs.

63 Friedrich Naumann, *Die Kunst der Rede*, Berlin 1914, S. 21 f. Interessant an dieser letzten Formulierung ist, dass Bismarcks Macht für Naumann offenbar in seiner Redeweise hörbar war – auch eine Form des politischen Hör-Wissens.

Bismarcks mangelnde rednerische Qualitäten im Sinne des klassischen (antiken) Rhetorikideals wurden von Naumann also zu einem neuen (deutschen) Stil umgedeutet, der bewusst auf stimmliches Pathos und oratorisches Ornament verzichtete: „Der große angelernte Ton ist für uns ein unerträglicher Klang. Wir schätzen die Würde, die Glätte, den Faltenwurf, den Pomp in historischen Schauspielen, aber nicht in der gegenwärtigen Rede."[64] Dies korrespondierte mit Bismarcks Selbstdarstellung bzw. -stilisierung, denn er betonte mehrfach: „Ich bin kein Redner."[65] Er inszenierte sich als tatkräftiger Staatsmann gerade gegen den (bloßen) Redner und Parlamentarier, etwa mit seinem berühmten Ausspruch (der freilich selbst wieder als rhetorische Figur zu qualifizieren ist): „Nicht durch Reden und Majoritätsbeschlüsse werden die großen Fragen der Zeit entschieden – das ist der große Fehler von 1848 und 1849 gewesen – sondern durch Eisen und Blut."[66]

Unabhängig von der Einschätzung der Bismarck'schen Redekunst lässt sich von allen Rhetorikhandbüchern sagen, dass sie mit ihrem Sprechwissen immer zugleich auch Hör-Wissen produzierten und vermittelten bzw. voraussetzten.[67] Sie wollten nicht nur lehren, wie zu sprechen, sondern dadurch auch, wie zu hören sei. Friedrich Naumann machte das in der Vorrede seiner kurzen Schrift explizit: „Als Leser habe ich mir dabei zweierlei Leute gedacht, nämlich solche, die reden, und solche, die hören lernen möchten. [...] [D]er Hörer wird jeden Redner noch aufmerksamer und interessierter verfolgen, wenn er gewisse Grundlagen der Kunst der Rede vorher begriffen hat."[68]

An anderer Stelle sprach Naumann von der Rede als einer „Zwiesprache", an der neben dem Redner das Publikum durch „hörende[s] Mitreden" beteiligt sei.[69] In seiner wiederum an Bismarck ausgerichteten Studie über die *Kunst der Rede*

---

[64] Ebd., S. 23. Hermann Wunderlich sah Bismarck ebenfalls als Vertreter eines „neuen rednerischen Stils", der sich durch die Abkehr von der „sorgsam gepflegten ‚schönen' Rede" auszeichne, dessen Anfänge aber schon in der Zeit vor Bismarck lägen; vgl. Hermann Wunderlich, *Die Kunst der Rede in ihren Hauptzügen an den Reden Bismarcks dargestellt*, Leipzig 1898, S. 2 f. Vgl. zum Wandel des politischen Rednerideals im 19. Jahrhundert auch Andreas Schulz, „Vom Volksredner zum Berufsagitator. Rednerideal und parlamentarische Redepraxis im 19. Jahrhundert", in: Schulz u. Andreas Wirsching (Hg.), *Parlamentarische Kulturen in Europa. Das Parlament als Kommunikationsraum*, Düsseldorf 2012, S. 247–266.
[65] Zit. nach Wunderlich, *Die Kunst der Rede*, S. 1.
[66] Zit. nach Rogge, *Bismarck als Redner*, S. 5; vgl. zum bewussten Verzicht auf Rhetorik bei Bismarck auch Göttert, *Mythos Redemacht*, S. 234–244.
[67] Vgl. zu diesem Verhältnis von Sprech- und Hör-Wissen auch die Beiträge von Mary Helen Duprree und Viktoria Tkaczyk in diesem Band.
[68] Naumann, *Die Kunst der Rede*, S. 3.
[69] Ebd., S. 11.

widmete Hermann Wunderlich dem Verhältnis von Redner und Hörer ein eigenes längeres Kapitel.[70] Der Germanist und spätere nationalsozialistische ‚Sprachpfleger' Ewald Geißler wollte mit seiner *Rhetorik* von 1910 nicht nur die „Kunst des Sprechens" befördern, sondern auch die „Kultur des Ohres".[71] Insgesamt lässt sich daher sagen, dass die Rhetorikhandbücher und Studien zur Kunst der Rede sich zwar in erster Linie an die Redner wandten, aber auch eine bestimmte Form des Hör-Wissens transportierten, nämlich des Wissens, wie eine gute politische Rede zu klingen hat und gehört werden soll.

Fazit

Zusammenfassend lassen sich drei Formen des politischen Hör-Wissens im Kontext des parlamentarischen Sprechens im deutschen Kaiserreich unterscheiden: Neben dem zuletzt behandelten kodifizierten Hör-Wissen der Rhetorik-Handbücher sind das zum einen das praktische Hör-Wissen der Stenographen und zum anderen das im Moment des parlamentarischen Klanghandelns hergestellte Hör-Wissen über Zustimmung und Ablehnung, über Gruppenbildung und -abgrenzung unter den Abgeordneten. Die beiden letztgenannten Formen waren dabei eng miteinander verbunden, denn das situative Hör-Wissen der Anwesenden bei einer Reichstagssitzung bedurfte der Übersetzung in Schrift und der Weiterverbreitung durch die Medien, um politisch wirksam werden zu können. Diese Übersetzungsleistung erbrachten neben den (ihrerseits zum Teil stenographierenden) Journalisten vor allen Dingen die Parlamentsstenographen, die als Hörexperten dafür ein spezifisches Hör-Wissen im Sinne eines auditiven Knowhows ausbilden mussten. Fragt man vor diesem Hintergrund nach der Bedeutung von politischer Anwesenheitskommunikation unter den Bedingungen der beginnenden Massenmedialisierung im Kaiserreich, so wird die Schlüsselstellung der Stenographen in diesem medialen Setting erkennbar. Denn diese saßen an der Schnittstelle des eingangs beschriebenen Wirkungszusammenhangs von Parlament und Öffentlichkeit. Dabei stellten sie bei allem Anspruch auf Objektivität und neutrale Sachlichkeit auch einen medialen Filter dar. Dieser betraf insbesondere die sprachliche und oratorische Gestalt der gehaltenen Reden, die bei der stenographischen Protokollierung geglättet und von Fehlern befreit wurde. Die oratorischen Fähigkeiten der Redner spielten daher zwar eine Rolle bei der

---

70 Vgl. Wunderlich, *Die Kunst der Rede*, S. 65–102.
71 Ewald Geißler, *Rhetorik. Richtlinien für die Kunst des Sprechens*, Leipzig 1910, S. 13.

Ansprache des Parlaments, aber eine sehr viel geringere bei der Ansprache des lesenden Publikums und damit der breiteren Öffentlichkeit. Nur unter diesen medialen Bedingungen, so lässt sich abschießend argumentieren, konnte Bismarck daher den Reichstag im Sinne Andreas Biefangs als Resonanzraum seiner politischen Macht nutzen, ohne dass ihm seine rednerischen Schwächen nachhaltig schadeten. Hätten seine Reden bereits im Radio oder Fernsehen übertragen werden können, wäre die Wirkung sicher eine andere gewesen. So aber hätte er den Stenographen, mit denen er so häufig unzufrieden war, letztlich dankbar dafür sein müssen, dass sie ihr praktisches Hör-Wissen einsetzten, um seine Reden von ihren oratorischen Unzulänglichkeiten zu befreien.

Britta Lange
Die Konstruktion des Volks über Hör-Wissen

Tonaufnahmen des Instituts für Lautforschung von
‚volksdeutschen Umsiedlern' aus den Jahren 1940/1941

„Wie das losging, habe ich mir Gedanken gemacht, für alles, was kommen kann. Alles war schwierig. Wenn doch nur die deutschen Menschen bald kommen würden. Danach habe ich mich gesehnt, dass ich von dem Putsch was sehe."[1] Diese Worte sprach Theophile Helme am 18. März 1940 in Ostniederdeutsch, einem Dialekt der sogenannten Wolhyniendeutschen. Sie sprach sie, wohl ohne Textvorlage, in einen Grammophontrichter, in einem Schulraum, in den ‚volksdeutsche Umsiedler' aus dem Lager Wurzen/Sachsen gebracht worden waren. Sie sprach sie für Mitarbeiter/innen des Instituts für Lautforschung (IFL) der Berliner Universität, die sich den Auftrag gegeben hatten, Sprachaufnahmen der ‚deutschen Rückwanderer' während der SS-Aktion ‚Heim ins Reich' anzufertigen. Es stellt sich daher die Frage, ob und wie sich in den Aufnahmen wissenschaftliches und politisches Hör-Wissen verschränkte und inwiefern sie Teil der linguistischen wie völkischen Konstruktion eines Begriffs des Deutschen oder der Deutschen waren. Die Tonaufnahmen von ‚Volksdeutschen' sollten über die Repräsentation von deutscher Sprache und deutschem ‚Volkstum' einen Anspruch dokumentieren, der nicht nur die unterstellte sprachlich-kulturelle Einheit des deutschen Volkes zementierte, sondern mit deren ‚Festigung' auch dazu beitragen konnte, politische und geographische Grenzen zu verhandeln.

Heute lagern Dutzende Platten mit ‚volksdeutschen' Aufnahmen, die schon während des Zweiten Weltkriegs reproduziert und vertrieben, doch darüber hinaus offenbar nicht für Forschungszwecke benutzt wurden, im Lautarchiv der Humboldt-Universität zu Berlin.[2] Bisher stellt diese Episode sowohl in der Universitätsgeschichte der HU und der Institutionsgeschichte des Lautarchivs als auch in der Wissenschaftsgeschichte der Linguistik sowie der Wissensgeschichte des Akustischen eine Forschungslücke dar. Im Folgenden soll zunächst

---

[1] Lautarchiv der Humboldt-Universität zu Berlin (LAHUB), LA 1637-1, Theophile Helme, aufgenommen am 18.3.1940; Tonaufnahme in Ostniederdeutsch, ohne Transkription, nach Gehör ins Hochdeutsche transkribiert von Britta Lange. Besonderen Dank für die Unterstützung meiner Recherchen an: Sarah Grossert, Jochen Hennig, Constantin Hühn, Klaas Ehlers, Gerhard Sieberz.
[2] https://www.lautarchiv.hu-berlin.de/bestaende-und-katalog/bestaende/ (22.2.2017). Die Rahmendaten der Aufnahmen sind recherchierbar über: www.sammlungen.hu-berlin.de (22.2.2017).

DOI 10.1515/9783110523720-014

die Entstehungsgeschichte und Durchführung der Aufnahmen umrissen, ihre Unterstützung und Finanzierung im politischen Rahmen der Bevölkerungsumsiedelung unter Heinrich Himmler[3] rekonstruiert werden. Die wissenschaftliche Arbeit in den ‚volksdeutschen' Lagern wird synchron in den Kontext anderer Lagerforschungen des IFL im Zweiten Weltkrieg eingeordnet sowie diachron in die Tradition deutscher Dialektaufnahmen ab 1922 gestellt. Dabei soll die spezifische Verwobenheit von Wissenschaft und Politik, Hör-Wissen und Machtwissen hervortreten und am Beispiel der wolhynischen Aufnahmen expliziert werden. Es zeigt sich, so die Hauptthese, dass die Aufnahmen von ‚Volksdeutschen' deswegen mit politischen und propagandistischen Zielen des NS-Staates vereinbar waren, weil sie den sprachlichen und kulturellen Status quo der Siedler vor der geplanten Kolonialisierung des ‚Lebensraums im Osten' dokumentierten.

Die Nutzung von Lagern zu Tonaufnahmen, 1939–1942

Bereits sechs Wochen nach Ausbruch des Zweiten Weltkriegs richtete Diedrich Westermann (1875–1956, seit 1925 Professor für afrikanische Sprachen an der Berliner Universität, seit 1928 Mitglied der Lautkommission und seit 1934 Direktor des Instituts für Lautforschung) einen ersten Antrag auf finanzielle Unterstützung an die Preußische Akademie der Wissenschaften (PAW) für Tonaufnahmen mit polnischen Kriegsgefangenen.[4] Dabei berief er sich explizit auf die fruchtbare und modellhafte Zusammenarbeit der damaligen Königlich Preußischen Phonographischen Kommission mit der Akademie während des Ersten Weltkriegs, als in deutschen Kriegsgefangenenlagern in großem Umfang Tonaufnahmen gemacht und Sprachforschungen durchgeführt worden waren.[5] Im Dezember 1939, nachdem das Oberkommando der Wehrmacht (OKW) die Erlaubnis erteilt hatte, konnten Westermann und Max Vasmer (1886–1962, seit 1925 Professor für Slawistik an der Berliner Universität und seit 1928 Mitglied der Lautkommis-

---

[3] Vgl. u. a. Markus Leniger, *Nationalsozialistische „Volkstumsarbeit" und Umsiedlungspolitik 1933–1945. Von der Minderheitenbetreuung zur Siedlerauslese*, Berlin 2006.
[4] Schreiben Westermanns an die Preuß. Akademie der Wissenschaften vom 14.9.1939; Archiv der Berlin-Brandenburgischen Akademie der Wissenschaften (ABBAW): Akten der Preuß. Akad. d. Wiss. 1812–1945, Deutsche Kommission, Sign. PAW II-VIII-44.
[5] Vgl. dazu u. a. Britta Lange, „Ein Archiv von Stimmen. Kriegsgefangene unter ethnografischer Beobachtung", in: Nikolaus Wegmann, Harun Maye u. Cornelius Reiber (Hg.), *Original/Ton. Zur Mediengeschichte des O-Tons*, Konstanz 2007, S. 317–341.

sion), mit einer Subvention der Akademie von 1.500 Reichsmark[6] Tonaufnahmen im Kriegsgefangenenlager Prenzlau herstellen.[7] Unmittelbar danach, im Januar 1940, beantragte Westermann bei der Akademie eine Subvention in Höhe von 10.000 RM für Aufnahmen „an deutschen Rückwanderern", ‚Volksdeutsche'.[8]

Als ‚Volksdeutsche' wurden bis 1945 Personen bezeichnet, die außerhalb der Grenzen Deutschlands von 1937 und außerhalb Österreichs lebten, vor allem in Ost- und Südeuropa, deutscher Volkszugehörigkeit waren, aber keine deutsche Staatsangehörigkeit besaßen. Im Nationalsozialismus wurde das Staatsangehörigkeitsrecht, das in der Fassung von 1913 der Abstammung (*ius sanguinis*) verpflichtet war, mit den Rassegesetzen von 1935 als von Rassekriterien geprägt interpretiert. Zwar wurden jüdische Menschen wegen ihres – so der Nazi-Jargon – ‚artfremden Blutes' vom Deutschsein ausgeschlossen, jedoch konnten die ‚Volksdeutschen' in diesen ‚Volkskörper' integriert werden. Ab 1938 wurde verstärkt die bereits seit den 1920er Jahren existente Parole „Heim ins Reich!" für die ‚Volksdeutschen' propagiert, um die Aussiedler im Zuge der Schaffung eines Großdeutschen Reiches zunächst zurückzuholen und sie später in den von den Deutschen besetzten Gebieten wieder anzusiedeln. Konkret wurde dies mit dem geheimen Zusatzprotokoll zum Hitler-Stalin-Pakt von 1939, Hitlers Reichstagsrede vom 6. Oktober 1939 und der Einrichtung der Volksdeutschen Mittelstelle (VoMi), einer SS-Organisation, die mit der Durchführung beauftragt war.[9] Ihr stand Heinrich Himmler als Reichskommissar für die Festigung deutschen Volkstums (RKF) vor. Von 1939 bis 1940 siedelte die VoMi rund 700.000 im Osten lebende ‚Volksdeutsche' zurück und Teile davon in den neu oder wieder annektierten Gebieten an, den Reichsgauen Wartheland und Danzig-Westpreußen.[10] Nicht weiter eingegangen werden kann an dieser Stelle auf die Tatsache, dass sich in die Frage der Neuansiedelung bald das Rasse- und Siedlungshauptamt einschaltete, das in den Umsiedlerlagern damit begann, Rassenuntersuchungen vorzunehmen, die Aussiedler nach verschiedenen Graden der ‚Reinrassigkeit' einzuteilen und nur die ‚Reinrassigsten' tatsächlich umzusiedeln, während die übrigen im ‚Altreich' behalten und in Arbeit gebracht werden sollten.[11] Bereits ab Ende Oktober 1939

---

6 Vgl. hierzu den Schriftverkehr in: ABBAW, PAW (1812–1945), II-VIII-44.
7 Vgl. die Tonaufnahmen im LAHUB, LA 1559–LA 1579, 4.–6.12.1939.
8 Schreiben Westermanns an die Preuß. Akad. d. Wiss. vom 20.1.1940; ABBAW, PAW (1812–1945), II-VIII-44.
9 Vgl. Valdis O. Lumans, *Himmler's Auxiliaries: The Volksdeutsche Mittelstelle and the German National Minorities of Europe, 1933–1945*, Chapel Hill/London 1993.
10 Vgl. dazu u. a. Leniger, *Nationalsozialistische „Volkstumsarbeit"*.
11 Vgl. dazu u. a. Isabel Heinemann, *Rasse, Siedlung, deutsches Blut. Das Rasse- und Siedlungshauptamt und die rassenpolitische Neuordnung Europas*, 2. Aufl., Göttingen 2003.

wurde massiv Propaganda für die Rücksiedlung der ‚Volksdeutschen' betrieben – wobei wohlweislich verschleiert wurde, dass die politischen Gründe der Umsiedelungsaktionen vor allem darin bestanden, Stalin zufriedenzustellen sowie für das Deutsche Reich Arbeitskräfte und Soldaten zu gewinnen. Ein wichtiger Teil der Propagandamaschinerie waren neben parteioffiziösen Blättern wie dem *Völkischen Beobachter* selbstredend auch die Wochenschauen, wobei die Filmaufnahmen Heinrich Himmlers an der Brücke von Przemyśl bei der Begrüßung von ‚Trecks' mit Großfamilien aus der Ukraine zum ikonischen Symbol aufstiegen.[12] Den Höhepunkt der Propaganda gegen die angebliche Unterdrückung der ‚volksdeutschen' Minderheit im Gebiet um Łódź durch die polnische Bevölkerung bildete der Spielfilm *Heimkehr*, der im Herbst 1941 in die Kinos kam – und heute auf der Liste der „Vorbehaltsfilme" der Murnau-Stiftung steht.[13]

In Westermanns erwähnter Bitte vom Januar 1940 um 10.000 RM für Aufnahmen mit ‚Volksdeutschen' wurde einerseits, wie schon im Ersten Weltkrieg, die praktische und zeitlich beschränkte Gelegenheit zu Forschungen in Lagern erwähnt. Andererseits gab der Direktor des IFL eine politische Begründung:

> Zur Rechtfertigung diesen grossen Betrages möchte ich das folgende sagen: es bietet sich jetzt eine einzigartige Gelegenheit an den deutschen Rückwanderern aus dem Osten Sprachaufnahmen zu machen. Wir haben die Verbindung mit den verschiedenen amtlichen Stellen aufgenommen und erfahren allerseits bereitwillige Unterstützung. Es stehen mir infolgedessen so viele Sprecher zur Verfügung, dass wir eine sehr grosse Zahl der im Osten gesprochenen Mundarten aufnehmen und wissenschaftlich bearbeiten können. Die Aufnahmen müssen jetzt sofort gemacht werden, weil die Leute bei dem längeren Wohnen in Deutschland ihren Dialekt aufgeben. Die Aufnahmen haben nicht nur sprachlichen, sondern ebenso sehr volkskundlichen Wert, weil die Leute über das Leben in ihren Siedlungen sprechen. Es entstehen dadurch Dokumente, die für die Zukunft von grösster Bedeutung sein werden.[14]

Deutlich werden aus dieser Begründung drei Linien. Erstens argumentierte Westermann mit dem seit dem 19. Jahrhundert in der Ethnographie gängigen *salvage paradigm*, der Rettungsethnologie, die aufwendige Reisen und teure Dokumenta-

---

[12] Vgl. Wilhelm Fielitz, *Das Stereotyp des wolhyniendeutschen Umsiedlers. Popularisierungen zwischen Sprachinselforschung und nationalsozialistischer Propaganda*, Marburg 2000.
[13] Friedrich-Wilhelm-Murnau-Stiftung, „Drittes Reich (1933–1945)", online unter: http://www.murnau-stiftung.de/filmgeschichte1933 (22.2.2017).
[14] Schreiben Westermanns an die Preuß. Akad. d. Wiss. vom 20.1.1940; ABBAW, PAW (1812–1945), II-VIII-44. Die Akademie wies daraufhin 3.000 RM an und beantragte die fehlenden 7.000 RM beim Reichserziehungsministerium. Bereits am 26.1.1940 entstanden in den Berliner Aufnahmeräumen der Firma Lindström zwei Aufnahmen in „Ostniederdeutsch aus Taurien" und zwei Aufnahmen in „Schwäbisch aus Bessarabien" (LA 1580–LA 1583).

tionsprojekte zu ‚primitiven' Menschengruppen mit dem Argument rechtfertigte, dass diese Gruppen selbst vom physischen Aussterben bedroht seien oder zumindest ihre Kultur und Lebensweisen durch den Kontakt mit westlicher Zivilisation von der Verwässerung oder gar vom Verschwinden bedroht seien. Westermann übertrug das Argument 1940 auf die ‚Rückwanderer', die durch die Umsiedelung aus ihrer Insellage herausgelöst und in Kontakt mit anderen deutschen Idiomen kämen, sodass ihre eigenen Dialekte verschwänden. Getreu der Logik der *salvage anthropology* ging es den Sprachforscher/innen der 1940er Jahre ebenso wenig wie den früheren Ethnographen darum, die Lebensbedingungen der beforschten Gruppen zu erhalten, sondern ausschließlich um mediale Dokumentation des Ist-Zustandes, der idealerweise noch möglichst wenig durch Kulturkontakte kontaminiert sein sollte. Zweitens hob Westermann mit Blick auf die projektierten Tonaufnahmen den „sprachlichen" Mehrgewinn für die Forschung und darüber hinaus drittens den „volkskundlichen Wert" hervor, der sich aus dem Inhalt der Tonaufnahmen erschließe. Damit verwies er auf die spezifische Eigenschaft von Sprache, welche sowohl hinsichtlich ihrer lexikalischen und grammatikalischen Charakteristika linguistisch analysiert werden kann, als auch Inhalte und Narrative zu transportieren vermag, die aus multiplen Perspektiven rezipiert und untersucht werden können, etwa aus volkskundlichem Interesse heraus.

Für die Tonaufnahmen an ‚Volksdeutschen' zog Westermann aus diesen drei Argumenten den Schluss, dass sie „für die Zukunft von grösster Bedeutung sein" würden. Zu vermuten steht, dass er damit sowohl den Forschungshorizont ansprach, also die Bedeutung der Aufnahmen für die linguistische Forschung, wie auch ihre Rolle in der politischen – und geographischen – Zukunft: die beabsichtigte Neuansiedelung der Rücksiedler in den annektierten Regionen Warthegau und Danzig-Preußen. In der Kolonisierung des Ostens, jenes von den Nationalsozialisten beschworenen ‚Lebensraums im Osten', würden die Bewahrung von Sprache und kulturellen Traditionen eine beträchtliche Rolle spielen, sollten doch ‚deutsche' Lebensweisen parallel zur gewaltsamen Vertreibung der ansässigen polnischen Bevölkerung durchgesetzt werden.

Wissenschaftliche und politische Interessen

Weitere Anträge auf Subvention von Tonaufnahmen in Lagern folgten: Westermann gelang es, im Rahmen des ‚volksdeutschen' Projekts bessarabische Aufnahmen in Lagern in Sachsen und dem ‚Sudetengau' (Ende 1940) ebenso finanzieren zu lassen wie spätere Zugfahrten von bereits im ‚Altreich' befindlichen ‚Volksdeutschen' aus der Bukowina und der Dobrudscha zu Aufnahmen nach

Berlin (1941). Weitere Mittel erhielt er von der Akademie, dem Reichserziehungsministerium (REM) und dem Reichspropagandaministerium (RPM), um 1941 zwei umfangreiche Expeditionen in deutsche Kriegsgefangenenlager im besetzten Frankreich durchführen zu können, in denen afrikanische Kolonialsoldaten aufgenommen wurden bzw. werden sollten.[15] Im November 1941 entstanden im Lager Neubrandenburg unter Leitung von Max Vasmer Tonaufnahmen von russischen, serbischen und weiteren Kriegsgefangenen.[16] Wenn hier keine externen Subventionen beantragt wurden, so wahrscheinlich deshalb, weil sich dies propagandistisch nicht ausschlachten ließ, sondern ‚nur' rein wissenschaftlich mit dem Forschungsinteresse Vasmers begründbar war.[17]

In den Jahren 1941, 1942 und 1943 wurden außerdem wiederholt russische und vor allem ukrainische Tonaufnahmen in den Räumen der Firma Lindström in Berlin gemacht, die als Nachfolgerin der Odeon-Werke seit den 1920er Jahren für die technische Abwicklung und Matrizierung der Aufnahmen sowie die Schallplattenpressung zuständig war. Vermutlich handelt es sich bei den Sprechern um Kriegsgefangene, Zwangs- oder sogenannte Fremdarbeiter, die von ihren Arbeitsstellen oder Lagern in und um Berlin geholt wurden.[18] Ein Antrag Westermanns von 1942 für Aufnahmen mit afrikanischen Kriegsgefangenen in süditalienischen Lagern ging zwar beim REM ein und wurde auch an die deutsche Botschaft in Rom weitergeleitet,[19] realisiert wurde das Projekt indes nicht. Neben den wissenschaftlichen und möglicherweise politischen Absichten bei den Lagerforschungen sollte die praktische Interessenslage nicht außer Acht gelassen werden: Die umfangreichen Forschungsaufträge ermöglichten es Westermann, einige Mitarbeiter des IFL immer wieder ‚unabkömmlich' stellen zu lassen und so zu verhindern, dass sie zum Kriegsdienst einberufen wurden.

---

15 Vgl. den Aktenbestand im Archiv der Humboldt-Universität zu Berlin (AHUB) zum Institut für Lautforschung (IFL) sowie sekundär Holger Stoecker, *Afrikawissenschaften von 1919 bis 1945. Zur Geschichte und Topographie eines wissenschaftlichen Netzwerks*, Stuttgart 2008, S. 138–143.
16 Vgl. die Tonaufnahmen im LAHUB, LA 1893–LA 1955 (Aufnahmezeitraum: 6.–9.11.1941).
17 Vgl. hierzu den in Vorbereitung befindlichen Band *Das Lager als Sprachlabor* von Marie-Luise Bott, Britta Lange und Roland Meyer [Stuttgart 2017].
18 Vgl. hierzu die Aufnahmejournale des Lautarchivs. In einem Schreiben des IFL vom 21.4.1941 an den Redakteur der Kriegsgefangenenzeitung *Nowa Doba* in Berlin übersandte das Institut die Genehmigung des OKW zu wissenschaftlichen Sprachaufnahmen in Kriegsgefangenenlagern und bat um die Möglichkeit, ukrainische Kriegsgefangene aufzunehmen; AHUB, IFL, Ordner 12. Der Bestand des IFL im AHUB ist nicht chronologisch, systematisch oder alphabetisch geordnet.
19 Schreiben Westermanns an das REM vom 19.9.1942; Bundesarchiv Berlin-Lichterfelde (BArch), Bestand R 4901, Akte 1477, Bl. 40 ff.

Die Aufnahmen von ‚Volksdeutschen' bewegten sich im Kontext der Lagerforschungen sowohl in synchroner wie auch in diachroner Logik, berücksichtigt man ihre Vorgeschichte im Ersten Weltkrieg. Von allen übrigen Lageraufnahmen des Zweiten Weltkriegs, den Kriegsgefangenenaufnahmen, unterschieden sie sich maßgeblich, da sie Deutsche (und nicht ‚Fremde') zum Objekt hatten. Politisch waren die ‚volksdeutschen' Aufnahmen förderfähig, ebenso wie jene Tonaufnahmen von afrikanischen Kriegsgefangenen, die den neokolonialistischen Bestrebungen des Deutschen Reiches in Afrika Stoff boten, für die Westermann sich engagierte.[20] Da die Aufnahmen von ‚Volksdeutschen' den sprachlichen und kulturellen Status quo der Siedler vor der Kolonialisierung des ‚Lebensraums im Osten' dokumentierten, ließen sie sich, so die hier vorgeschlagene These, mit politischen und propagandistischen Zielen des NS-Staates im Hinblick auf die ‚Volkstumspolitik' legitimieren und verwendbar machen. Sie machten die ‚Provinzen' der deutschen Sprache ebenso wie die Provinzen des ‚Deutschtums' hörbar und waren so Teil jenes Komplexes, der eine Tradition deutscher Sprachzugehörigkeit und ‚deutschen Volkstums' konstruierte, die die Schaffung geographisch neuer, doch kulturell beständiger deutscher Kolonien in den polnischen Ostgebieten vorbereiten, begleiten und sichern sollten. Es ist somit von einer Wechselwirkung aus wissenschaftlichen und politischen, geographischen und kulturellen Interessen auszugehen, die sich in der Sammlung von tönenden Dokumenten niederschlugen. Zugleich wurde mit den Aufnahmen von Dialekten der vormals ‚Auslandsdeutschen' genannten Gruppen die Sammlung von Klangbeispielen deutscher Dialekte komplettiert, die bereits 1922 begonnen worden war. Die Arbeitsfrage „Wie klingen die deutschen Dialekte?" schien sich damit zu verlagern zugunsten der Frage „Wie klingen die Deutschen bzw. das Deutschtum?".

Die Sammeltätigkeit des IFL diente m. E. auch dazu, die neue ‚Volksgemeinschaft' im NS überhaupt erst herzustellen, indem sie die ‚Volksdeutschen' (und die potenziellen Anschlussgebiete) integrierte. Die Sammlung von Dialektbeispielen an Rückwanderern, die zu Kolonisten werden sollten, nahm auf der

---

[20] Westermann engagierte sich in der im Frühjahr 1940 neu gebildeten Auslandswissenschaftlichen Fakultät der Berliner Universität. Außerdem plante er gemeinsam mit dem Anthropologen und ‚Rassenhygiene'-Aktivisten Eugen Fischer sowie dem Ägyptologen Hermann Grapow die Einrichtung einer Kommission zur Erforschung „Weißafrikas" während der militärisch erfolgreichen Aktionen des deutschen Afrikakorps; vgl. Helmut Klein (Hg.), *Humboldt-Universität zu Berlin, Überblick 1810–1985*, Berlin 1985, S. 89. Wie die Begutachtungsstelle des NS-Lehrerbundes für das pädagogische Schrifttum am 21.2.1938 attestierte, sei über Westermann „in politischer Hinsicht nichts Nachteiliges bekannt geworden"; vgl. BArch, R 9361-VI/3411 (Berlin Document Center).

Skala der Sprachsammlung die Expansionspolitik des Reiches in gewisser Weise voraus. Die deutschen Dialekte sollten dabei nicht nur sprachlich und die Sitten und Gebräuche nicht nur kulturell konserviert werden, sie sollten auch politisch nutzbar, konvertierbar und übersetzbar gemacht werden.

Die Tradition deutscher Dialektaufnahmen ab 1922 und ihre verstärkte Politisierung ab 1934

Zunächst bedeutete die Anfertigung von Tonaufnahmen ‚volksdeutscher' Dialekte vor allem die Fortsetzung einer Sammeltätigkeit, die bereits 1922 von dem Vorgänger des IFL, der Lautabteilung der Preußischen Staatsbibliothek (LA), begonnen worden war. Die LA war 1920 aus drei grammophonischen Beständen gegründet worden: Wilhelm Doegens Aufnahmen für den neusprachlichen Unterricht, ab 1909 aufgenommenen Stimmporträts berühmter Persönlichkeiten (Sammlung Ludwig Darmstaedter) und den Kriegsgefangenenaufnahmen der Phonographischen Kommission (1915–1918). Während die im Ersten Weltkrieg unter Carl Stumpf bespielten Edisonwalzen dem Phonogramm-Archiv übergeben wurden, erhielt Doegen den Posten des Direktors der neuen LA und war fortan dem Generaldirektor der Staatsbibliothek sowie dem diesem übergeordneten Preußischen Ministerium für Wissenschaft, Kunst und Volksbildung (Kultusministerium) verantwortlich.[21]

Am 7. Oktober 1921 regte Doegen an, Tonaufnahmen von deutschen Dialekten anzufertigen und zu diesem Zweck mit der Deutschen Kommission der Preußischen Akademie der Wissenschaften zusammenzuarbeiten, deren Mitglied Ferdinand Wrede wiederum das Projekt *Deutscher Sprachatlas* in Marburg leitete.[22] Die organisatorische und technische Leitung der Aufnahmen sollte die Lautabteilung übernehmen, die „fachwissenschaftliche Verantwortung" dagegen werde bei der Deutschen Kommission der Akademie liegen, „im Verein mit der Zentralstelle des deutschen Sprachatlasses und der deutschen Mundartenforschung

---

21 Zu Doegen, aber auch zu Wrede, dem *Sprachatlas* und den Wenker'schen Sätzen im Folgenden vgl. auch den Beitrag von Viktoria Tkaczyk im vorliegenden Band.
22 Vgl. Protokoll zur Sitzung der zukünftigen Lautkommission am 7.10.1921; AHUB, IFL, Ordner 9. Als Teilnehmer werden hier genannt: Doegen, Wrede, der Sprachwissenschaftler und Indogermanist Wilhelm Schulze, der Germanist und spätere Rektor der Berliner Universität Gustav Roethe und der Afrikanist Martin Heepe vom Westermann'schen Seminar für Orientalische Sprachen.

in Marburg".[23] Zum konkreten Vorgehen wurde festgelegt, dass die Dialektaufnahmen am besten an Ort und Stelle gemacht werden sollten. Anders als in den Kriegsgefangenenlagern, in denen im Rahmen der Dialektforschung auf die Parabel vom verlorenen Sohn zurückgegriffen wurde,[24] sollten bei diesem Vorhaben in der Tradition des *Deutschen Sprachatlasses* in Marburg die Wenker-Sätze – jene 40 standardisierten Sätze, die der Sprachwissenschaftler Georg Wenker in den 1870er und 1880er Jahren zur (zunächst schriftlichen) Erforschung von Dialekten festgelegt hatte – als Normaltext verwendet werden, jedoch jeweils an zweiter Stelle auch freie Erzählungen, Märchen und ähnliche Texte. Außerdem wurde gewünscht, „bei den Aufnahmen Frauen mit zu berücksichtigen, da sie die Sprache meist besser conservierten, häufig allerdings auch den Dialekt ihres Heimatortes anderswohin verpflanzten".[25]

In Reaktion auf diesen Zusammenschluss setzte das Kultusministerium am 23. November 1921 eine Lautkommission ein, die die LA im Hinblick auf die Auswahl von Sprachexperten und die Anfertigung der schriftlichen Aufzeichnungen zu den Lautaufnahmen beraten sollte.[26] Sie beschloss, den *Sprachatlas*, jenes schriftliche und lautschriftliche Notationsverfahren, das bereits seit Jahrzehnten in Marburg mit dem Standardtext der Wenker'schen Sätze praktiziert wurde, durch ein akustisches Notationssystem – Tonaufnahmen der LA – zu erweitern.[27] Es sollte auf ganz Deutschland ausgeweitet werden, konkret ging es darum, „eine

---

23 Ebd., S. 4.
24 Vgl. zur Einführung der Parabel vom verlorenen Sohn in der Dialektforschung auch Belinda Albrecht, *Von Verlorenen Söhnen und wiedergefundenen Sprachen. Die Parabel des verlorenen Sohnes als Standardtext in der Sprachwissenschaft an Beispielen von Lautaufnahmen aus Kriegsgefangenenlagern des Deutschen Reiches im 1. Weltkrieg*, Magisterarbeit, HU Berlin, 2014.
25 Protokoll zur Sitzung der zukünftigen Lautkommission am 7.10.1921, S. 2 f.; AHUB, IFL, Ordner 9.
26 Vgl. Jahresbericht 1921/1922 vom 11.1.1923; AHUB, IFL, Ordner 9. Vgl. ebd. außerdem das Protokoll zur 1. Sitzung der Lautkommission am 7.4.1922, in der die Ergebnisse der Sitzung vom 7.10.1921 bestätigt wurden. Mitglieder der Lautkommission waren neben Fritz Milkau (Generaldirektor der Staatsbibliothek) die Professoren der Berliner Universität Alois Brandl (Anglistik), Heinrich Lüders (Orientalisches Seminar) und Wilhelm Schulze (Akademie), die schon Mitglieder der Phonographischen Kommission gewesen waren, sowie Prof. Roethe, der ebenso wie Schulze Mitglied in der Deutschen Kommission der Akademie der Wissenschaften war. Neben den Mitgliedern der Lautkommission (abgesehen von Roethe, der sich entschuldigen ließ) nahmen auch Doegen und Martin Heepe an der 1. Sitzung 1922 teil.
27 Zum Projekt des *Sprachatlasses* an der Uni Marburg vgl. die Website des dortigen Forschungszentrums Deutscher Sprachatlas: http://www.uni-marburg.de/fb09/dsa (22.2.2017). Mitglieder des *Sprachatlas*-Projekts hatten ebenfalls in den Kriegsgefangenenlagern des Ersten Weltkriegs gearbeitet – und dort Wenker-Sätze notiert, jedoch keine Tonaufnahmen gemacht. Vgl. dazu die bisher unveröffentlichten Aufsätze von Prof. Jürg Fleischer, Marburg.

systematische Aufnahme der deutschen Dialekte in der Provinz in die Wege zu leiten".[28] Mit dieser Ausdehnung des Sammelgebiets von den Fremdsprachen auf deutsche Dialekte schuf sich die LA ein Alleinstellungsmerkmal in Berlin, das sie nicht zuletzt vom Berliner Phonogramm-Archiv abgrenzte, das sich auf außereuropäische Musik konzentrierte. Der *Sprachatlas* in Marburg dagegen erweiterte seine schriftlichen Befragungsmethoden durch akustische Aufnahmen in der LA.[29]

Wiewohl die Mitglieder der Lautkommission immer wieder Bedenken gegen die wissenschaftliche Aussagekraft der stark konstruierten Wenker'schen Sätze äußerten, blieben diese bis 1927 der obligatorische Standardtext für Tonaufnahmen der LA. Eine Aufstellung über die vorhandenen „Aufnahmen in deutscher Sprache" auf Schallplatten im IFL von 1938 zeigt, dass neben Stimmen berühmter Persönlichkeiten und „Vortragsplatten" mit deutschen Dichtungen und kanonischen Texten seit 1922 Hunderte von Aufnahmen deutscher Dialekte angefertigt wurden.[30] Im Jahr 1927 begann die LA, in der seit 1926 von ihr herausgegebenen Schriftenreihe *Lautbibliothek. Phonetische Platten und Umschriften* Hefte und Platten zu ausgewählten Aufnahmen in den „Deutschen Mundarten" zu veröffentlichen, darunter „Mecklenburgisch" (Nr. 21), „Niederdeutsch" (Nr. 38), „Oberdeutsch (Meran)" (Nr. 39), „Pfälzischer Stadtdialekt in Pirmasens" (Nr. 40). Rechnet man die große Sammlung „Schweizer Mundarten" noch hinzu, so zeigt die Auswahl, dass die Leidenschaft beim Sammeln deutscher Dialekte schon damals nicht an den seinerzeit aktuellen Grenzen Deutschlands Halt machte.

Eine ab Mitte 1933 erfolgende Selbstgleichschaltung des Aufgabenbereichs der LA sollte den Akzent auf die Herstellung und Publikation deutscher Dialektaufnahmen noch verstärken. Nachdem gegen Doegen, den Direktor der LA, wegen Haushaltsverstößen ein Disziplinarverfahren eingeleitet worden war,

---

28 Jahresbericht 1921/1922 vom 11.1.1923 sowie Protokoll zur 1. Sitzung der Lautkommission am 7.4.1922, hier S. 2; beide AHUB, IFL, Ordner 9.

29 Daraus ergibt sich die Frage: Inwiefern veränderte die grammophonische Aufnahme in Marburg die Forschungsprämissen? Welchen Status, Stellenwert hatte sie dort, welchen Status hatten frei formulierte Texten? Mit eigenen Tonaufnahmen begann Marburg erst in den 1930er Jahren. Derzeit werden die Tonbestände zwischen dem Lautarchiv der HU und dem Marburger Bestand abgeglichen.

30 Vgl. *Schallplatten des Instituts für Lautforschung der Universität Berlin. Aufnahmen in deutscher Sprache*, zusammengestellt von Ursula Feyer, Berlin 1938. Laut Dieter Mehnert besaß das Archiv 1996 insgesamt 710 Platten mit Aufnahmen sog. deutscher Mundarten (Dieter Mehnert, „Historische Schallaufnahmen – Das Lautarchiv an der Humboldt-Universität zu Berlin", in: Mehnert [Hg.], *Elektronische Sprachsignalverarbeitung. Tagungsband der siebenten Konferenz, Berlin, 25.–27. November 1996*, Dresden 1996, S. 28–45, hier S. 38 f.), wobei zu dem Bestand von 1938 dann eben noch die ‚volksdeutschen' hinzugekommen sein dürften.

wurde die Lautabteilung im Oktober 1931 als ‚Lautarchiv' direkt dem Kultusministerium unterstellt und verwaltungsmäßig der Berliner Universität angegliedert.³¹ Doegens Beurlaubung im Mai 1933 und schließlich seiner Entlassung im September 1933 unter Berufung auf das Gesetz zur Wiederherstellung des Berufsbeamtentums ging eine Fülle von Beschwerden über seine wissenschaftliche Inkompetenz voraus. In einer durch das Ministerium angeforderten Stellungnahme attestierte Arthur Hübner (seit 1927 Professor für deutsche Philologie an der Berliner Universität in der Nachfolge des im Jahr zuvor verstorbenen Scherer-Schülers Gustav Roethe, seit 1932 Mitglied der Königlich Preußischen Akademie der Wissenschaften), dass die Lautabteilung vom germanistischen Standpunkt aus ihrer Aufgabe, „die sie auf dem Gebiete der deutschen Mundartenforschung zu erfüllen hätte", nicht gerecht werde, und plädierte für die *„systematische* Vermehrung der deutschen Mundartenaufnahmen". Doegen fehle „die wissenschaftliche Einstellung gegenüber den Aufgaben der Lautabteilung. Sie ist ihm doch mehr eine Art Museum."³²

Westermann, der bereits im Mai 1933 die kommissarische Leitung des Lautarchivs übernommen hatte, sandte im Dezember desselben Jahres ein Schreiben an das Kultusministerium, in dem er die Ausgestaltung der Lautabteilung zu einem „Institut für Lautforschung" vorschlug. Er argumentierte darin, dass die technischen Aufnahmegeräte eine so ausgezeichnete Qualität hätten, dass mit ihnen nicht nur phonetische Forschungen, also „Untersuchungen über Ton, Akzent, Sprachmelodie und Sprechtakt" möglich seien, sondern auch „eigentliche Lautuntersuchungen", was die „wissenschaftliche Brauchbarkeit ausserordentlich erhöht" hätte.³³ Die wissenschaftlichen Hauptaufgaben des phonetischen Instituts würden in der Fortsetzung wissenschaftlicher Sprachaufnahmen bestehen, in der Erteilung phonetischen Unterrichts sowie in der Forschung über Phonetik.³⁴ Unter dem Hauptpunkt der wissenschaftlichen Sprachaufnahmen differenzierte Westermann:

---

31 Vgl. hierzu Stoecker, *Afrikawissenschaften von 1919 bis 1945*, S. 132 f.
32 Schreiben von Prof. Dr. A. Hübner an das Preußische Kultusministerium vom 1.2.1933; BArch, R 4901, Akte 1475, Bl. 194–195, Hervorh. im Orig.
33 Schreiben Westermanns an den Herrn Minister für Wissenschaft, Kunst und Volksbildung zu Händen von Herrn Verwaltungsdirektor Büchsel, dort eingegangen am 15.12.1933: „Ausgestaltung der Lautabteilung zu einem Institut für Lautforschung"; AHUB, UK 903, Bl. 27–31, hier Bl. 28. Laut Westermann klagten die Vertreter der Sprachwissenschaft an der Universität über das Nicht-Vorhandensein eines phonetischen Instituts, das sich mit den in der Lautabteilung vorhandenen Mitteln herstellen lasse.
34 Vgl. ebd., Bl. 29–31.

> Besonderer Nachdruck soll auf Deutsche Mundarten gelegt und zu diesem Zweck die schon eingeleitete Arbeitsgemeinschaft mit dem Deutschen Sprachatlas (Marburg) und der Schweizer Gruppe für Dialektforschung noch enger gestaltet werden. In den Aufnahmen aus dem Deutschen Sprachgebiet soll, soweit sich ungezwungene Möglichkeiten ergeben, altes Volksgut, aber auch solches musikalischer Art, verwendet werden. Das Institut muss an der Erforschung und Bewahrung Deutscher Mundarten und Deutschen Volkstums den seiner Eigenart entsprechenden Anteil liefern, der darin besteht, die lebendige Stimme aufzunehmen und zu Gehör zu bringen.[35]

Die „lebendige Stimme", die von den „Eigenart[en]" erzählte, erschien damit selbst als ein Charakteristikum „Deutschen Volkstums". Westermann setzte die Aufgaben eines Museums in dem Gedanken der „Bewahrung" um, den er jedoch im Unterschied zu Doegen an die Aufgabe der „Erforschung" koppelte und damit den wissenschaftlich-universitären Charakter des zu gründenden Instituts legitimierte. Dass dabei in inhaltlicher Hinsicht „Deutsche Mundarten" mit „Deutschem Volkstum" parallelisiert wurden, entspricht der Formulierung, die er 1940 im Antrag für die ‚volksdeutschen' Aufnahmen verwendete: Erzählungen und Lieder waren nicht nur aus linguistischer, sondern auch aus volkskundlicher Perspektive Forschungsmaterial, da in der ‚Eigenart' der Sprache über die ‚Eigenart' des ‚Volkstums' berichtet werden konnte. Dass die Erforschung und Bewahrung des ‚deutschen Volkstums' den Leitlinien nationalsozialistischer Propaganda und Politik entsprach – wesentlich mehr als die Fortsetzung etwa englischer oder französischer Aufnahmen –, ist offensichtlich. Westermann trug mit dem Antrag seinen Teil zur Selbstgleichschaltung der Universitäten und Kulturinstitutionen bei; ob eher aus Überzeugung oder eher aus strategisch-opportunistischen Motiven mit Blick auf die Gründung eines Instituts, kann hier nicht diskutiert werden. Jedenfalls führte der Antrag zum Erfolg: Mit Schreiben des Kultusministeriums vom 14. Februar 1934 wurde die Lautabteilung der Preußischen Staatbibliothek (LA) offiziell umgewandelt und umbenannt in das ‚Institut für Lautforschung an der Universität Berlin' (IFL).[36]

Mit der Umbildung wurde die 1922 begonnene Sammlung deutscher Mundarten noch gestärkt. Zeitgleich wurde mit der Sammlung von „Volksliedern der Deutschen Gaue" begonnen, für die ab 1935 Fritz Bose (1906–1975, Musikethnologe und Mitarbeiter am IFL) verantwortlich zeichnete, der sich bei den Forschun-

---

35 Ebd., Bl. 29.
36 Schreiben des Preußischen Ministers für Wissenschaft, Kunst und Volksbildung [Bernhard Rust], gez. Haupt, vom 14.2.1934 an den Verwaltungsdirektor der Berliner Universität; AHUB, Bestand Universitätskurator (UK) 903, Inst. f. Lautforschung, Bl. 34. Dies veränderte die Etatzuteilung jedoch zunächst nicht.

gen für seine Habilitation zunehmend mit ‚musikalischer Rassenkunde' befasste.[37] In seinem Tätigkeitsbericht der „musikwissenschaftlichen Abteilung mit den besonderen Aufgaben der Volksliedforschung und musikalischen Rassenkunde" für das Jahr 1934 legte Bose dar, dass er bei einer zweiten Expedition ins Saargebiet lothringische Volkssänger aufgenommen habe, die „die ältesten deutschen Volkslieder in lebendiger Überlieferung" darstellten: „Damit bilden diese Platten auch Beweisstücke für die jahrhundertelange Verbundenheit der Lothringer mit dem deutschen Volkstum und der deutschen Kultur."[38] In dem Umstand, dass die Lothringer/innen alte deutsche Volkslieder singen würden, sah Bose den Nachweis der „Verbundenheit" erbracht – der Schritt zum Argument der sprachlichen und kulturellen bzw. völkischen Zugehörigkeit des nach dem Ersten Weltkrieg an Frankreich abgetretenen Elsass-Lothringen zum Deutschen Reich lag hier nicht mehr weit. An Boses Tätigkeit lässt sich deutlich verfolgen, dass er sich durchaus auf die sogenannten Auslandsdeutschen konzentrierte: Für Februar 1935 plante er einen Vortrag zum „Volkslied der Auslandsdeutschen",[39] und in dem 1936 von ihm veröffentlichen Katalog zu den „Liedplatten" des Instituts unterschied er „Deutsches Reich" und „Auslandsdeutsche Volkslieder" und ordnete letzterem Kapitel nicht nur die lothringischen Aufnahmen, sondern auch die der Wolgadeutschen aus dem Ersten Weltkrieg zu. Er konstatierte, die „Grenzen des deutschen Volkstums" würden nach Osten, Süden und Westen über die „Grenzen des Deutschen Reiches" hinausragen, wobei die Lieder der deutschen Kolonisten „oft einen viel älteren musikalischen und dichterischen Typ" aufweisen würden als die Volkslieder des „Heimatlandes".[40]

Wenn Bose sich für Aufnahmen von Auslandsdeutschen engagierte, so bestärkte er darin auch explizit politische Ziele, wie eine weitere Episode zeigt. Im Juni 1938 beantragte er beim Universitätskurator, ihn für eine dreimonatige Aufnahmeexpedition nach Südtirol zu beurlauben, da ihn der Reichsführer SS „als Reichsbeauftragter für die Rückgliederung der ‚Volksdeutschen' in Südtirol" zum Mitarbeiter ernannt habe.[41] Bei dieser Reise, deren Beginn sich bis Mitte

---

[37] Vgl. Fritz Bose, „Klangstile als Rassenmerkmale", in: *Zeitschrift für Rassenkunde* 14 (1943/44), S. 78–97 u. 208–224.
[38] Bericht über die Tätigkeit des Instituts für Lautforschung an der Universität Berlin im Kalenderjahre 1934; BArch, R 4901, Akte 1476, Bl. 3–12, hier Bl. 9.
[39] Ebd., Bl. 11.
[40] Vgl. Fritz Bose, *Lieder der Völker. Die Musikplatten des Instituts für Lautforschung an der Universität Berlin. Katalog und Einführung*, Berlin [1936], S. 28 f.
[41] Schreiben Boses an den Universitätskurator vom 13.6.1940; BArch, R 4901, Akte 1477, Bl. 27.

1940 verzögerte, arbeitete Bose auch mit dem Musikwissenschaftler Alfred Quellmalz vom SS-Ahnenerbe zusammen.[42]

Die Tonaufnahmen von Auslandsdeutschen, die, wie erwähnt, ab Mitte der 1930er Jahre immer häufiger als ‚Volksdeutsche' bezeichnet wurden, stellten demnach eine konsequente Fortsetzung und Ausweitung des Konservierungsprogramms deutscher Mundarten dar, erweitert um die Aufgabe, auch Volkslieder aufzuzeichnen, die genuiner Ausdruck des ‚Volkstums' seien. Das Projekt der LA und anschließend des IFL stand in der Tradition der enzyklopädischen Sprachforschungen, wie sie beispielsweise im späten 19. Jahrhundert im *Linguistic Survey of India* von George Abraham Grierson realisiert wurden.[43] Hatte dieser *Survey* schon im britisch-kolonialen Kontext nie nur wissenschaftliche Zwecke, sondern auch die Ausrichtung, die britische Macht im kolonialisierten und beherrschten Indien zu dokumentieren und zu profilieren, so zeigte sich das 1934 installierte Forschungsprogramm des IFL insofern umfassender, als es Sprachgrenzen weiter als die bestehenden Staatsgrenzen zog. Sprache war auch Macht, Sprach- und ‚Volkstums'-Zugehörigkeit konnten auch benutzt werden, um den Anspruch auf die Umsiedlung von Menschen und die Ausdehnung von Grenzen und Gebieten zu legitimieren. Die Dokumentation der deutschen Mundarten und Volkslieder der Auslands- bzw. ‚Volksdeutschen' hatte dementsprechend ein Potenzial, das für politische Projekte aktiviert werden konnte. Währenddessen überschritt ein fast zeitgleiches Projekt des *Deutschen Sprachatlasses* in Marburg die aktuellen nationalen Grenzen nicht: Als Geschenk zum Geburtstag Adolf Hitlers im Jahr 1937 erstellten die Marburger Forscher ein *Lautdenkmal reichsdeutscher Mundarten zur Zeit Adolf Hitlers*. Es bestand aus einer Sammlung von 300 Schellackplatten mit Aufnahmen von Mundartsprechern aus allen Regionen des Reichsgebiets.[44] Erst *nach* dem Anschluss Österreichs wurden 1938 weitere 70 Platten mit

---

42 Vgl. Universität Regensburg (Regensburger Volksmusikportal), „Volksmusik (Lieder und Tänze) aus Südtirol (1940–1942)", online unter: http://www.uni-regensburg.de/bibliothek/projekte/rvp/suedtirol/index.html (22.2.2017).
43 Vgl. Shahid Amin, „Introduction", *Linguistic Survey of India*, Delhi 2008, online unter: http://dsal.uchicago.edu/lsi/content/Introduction (22.2.2017). Übrigens begann dieses Projekt in Reaktion auf die Preußische Phonographische Kommission im Jahr 1922 damit, auch Grammophonaufnahmen für den *Survey* zu machen.
44 Vgl. dazu u. a. Stefan Wilking, *Der Deutsche Sprachatlas im Nationalsozialismus* (= Germanistische Linguistik 173/174), Hildesheim/Zürich/New York 2003; Christoph Purschke, „‚Wenn jüm von Diekbou hört und leest …' Itzehoe im ‚Lautdenkmal reichsdeutscher Mundarten zur Zeit Adolf Hitlers'", in: *Niederdeutsches Wort* 52 (2012), S. 70–110. Vgl. auch Wolfgang Näser, „Das ‚Lautdenkmal reichsdeutscher Mundarten' als Forschungsinstrument", Marburg 2001 ff., online unter: http://staff-www.uni-marburg.de/~naeser/ld00.htm (22.2.2017).

dortigen Dialekten aufgenommen, während über 20 geplante ‚sudetendeutsche' Aufnahmen nichts bekannt ist.⁴⁵

Dass die wissenschaftlichen Ergebnisse der Dialektforschung politisch auch *gegen* die Forscher ausgespielt werden konnte, zeigt eine nächste Episode aus der Geschichte des IFL. Im Jahr 1937 veröffentlichte der Slawist Reinhold Olesch (1910–1990), der selbst in Oberschlesien geboren wurde und dessen Muttersprache das schlesische Polnisch war, einige Tonaufnahmen, die 1933 unter der Regie von Vasmer aufgenommen worden waren, in der Schriftenreihe *Arbeiten aus dem Institut für Lautforschung an der Universität Berlin*.⁴⁶ Nachdem er 1935 mit einer Dissertation über die polnischen Mundarten Oberschlesiens bei Vasmer promoviert hatte, galt er diesem als Sprachexperte für die Region. Sein 1937 angenommenes Lektorat an der Universität Greifswald musste Olesch bald aufgeben, weil politisch gegen ihn ins Feld geführt wurde, seine Dissertation untermauere Polens Anspruch auf Oberschlesien. Genau dieses Argument wurde auch gegen Oleschs Veröffentlichung der Tonaufnahmen vorgebracht. Ein nicht unterzeichnetes Schreiben führte für das REM aus, dass Olesch mit der *Veröffentlichung* (statt der bloßen Sammlung) der Tonaufnahmen fälschlich gezeigt habe, dass in Oberschlesien vor allem gutes Polnisch gesprochen würde. Er habe damit polnischen Sprachforschern (namentlich dem Krakauer Professor Kazimierz Nitsch von der Polnischen Akademie der Wissenschaften) wie überhaupt „den Polen" Beweise geliefert, um deren Gebietsanspruch auf Oberschlesien zu stützen.⁴⁷ Eine weitere Expertise bestätigte die Verurteilung von Oleschs Werk als „Propaganda", die wiederum ein großer Schlag „gegen die deutsche Propaganda in Oberschlesien" sei:

> Wer sich mit den Sprachverhältnissen eines Grenzlandes befaßt, muß sich darüber klar sein, daß er nicht wissenschaftlich arbeiten kann, ohne aufs stärkste an den politischen Dingen zu rühren, zumal, wenn ein Nachbarvolk von der Sprache aus politische Forderungen stellt. Allein aus diesem Grund ist eine Einstellung: ‚Ich arbeite wissenschaftlich ohne

---

45 Vgl. Purschke, „Wenn jüm von Diekbou hört und leest", S. 84. In einem Schreiben vom 18.8.1937 wies Wilhelm Doegen in Reaktion auf die öffentliche Übergabe des *Lautdenkmals* Adolf Hitler persönlich auf die Schallplatten und vor allem Fotografien der Phonographischen Kommission aus dem Ersten Weltkrieg hin; vgl. Schreiben Doegens an den Führer und Reichskanzler vom 18.8.1937; Staatliche Museen zu Berlin, Stiftung Preußischer Kulturbesitz, Phonogramm-Archiv des Ethnologischen Museums (PHEMB), Bestand Staatliches Museum für Völkerkunde, Akten betr. Phonogramm-Archiv im Museumsbau Dahlem, Band 1.
46 Vgl. Reinhold Olesch, *Die slavischen Dialekte Oberschlesiens* (= Arbeiten aus dem Institut für Lautforschung an der Universität Berlin 3), Leipzig 1937.
47 Abschrift zu WR 708/38, Abschrift der Anlage der Veranl. WR 443/38, Breslau, 25.8.1938; BArch, R 4901, Akte 1476, Bl. 184.

Rücksicht auf politische Fragen' entweder eine Naivität, die es heute nicht mehr geben sollte, oder eine Heuchelei.[48]

Wissenschaftliche Ergebnisse hatten demnach im Rahmen ihrer Veröffentlichung mit den Behörden abgestimmt und mit den Leitlinien der Propaganda in Einklang gebracht zu werden – und überhaupt sollte wissenschaftliche Arbeit, zumindest geopolitisch im Bereich von Grenzfragen, auch als politische Arbeit verstanden werden. Deutlicher war der Auftrag an die Sprachwissenschaft und Volkstumsforschung kaum auszusprechen: Sie sollte nur politisch erwünschte Ergebnisse produzieren. Die Vermischung und Durchdringung von Wissenschaft und Politik wird hier gerade im Bereich der Sprache evident, die aufgrund ihrer Architektur eine Sprachzugehörigkeit impliziert, aufgrund ihrer semantischen Ebene jedoch auch Elemente des ‚Volkstums' wie Sitten und Gebräuche in Erzählungen fasst.

Das Reichsministerium für Volksaufklärung und Propaganda beantragte daraufhin im Februar 1938 bei der Reichsschrifttumskammer, Oleschs Veröffentlichung „in die Liste des schädlichen und unerwünschten Schrifttums" aufzunehmen, da sie „wissenschaftliches Material für die polnische Propaganda" biete,[49] nicht ohne zuvor den „Herrn Reichs- und Preußischen Minister für Wissenschaft, Erziehung und Volksbildung" unter Hinweis „auf die Gefährlichkeit der angewandten Untersuchungsmethoden für die deutsche Volkstumspolitik" um sein Einverständnis gebeten zu haben.[50] Bezeichnend ist, dass ein vom ‚Volkskundler' Heinrich Harmjanz (seit 1937 ordentlicher Professor für Volkskunde, Volksforschung, Grenz- und Auslandsdeutschtum in Königsberg, ab 1938 Ordinarius in Frankfurt a. M.; NSDAP- und SS-Mitglied seit 1930) eingeholter Brief Oleschs Doktorvater Vasmer die Verantwortung zuschob: Der in St. Petersburg geborene Vasmer sei, so Harmjanz in seinem Schreiben an das Erziehungsministerium, Russe, „politisch instinktlos und vielleicht nicht ungefährlich".[51] Regierungs-

---

48 „Olesch", WR 708/38, Abschrift der Anlage der Veranl. WR 443/38; BArch, R 4901, Akte 1476, Bl. 185.
49 Antrag des Reichspropagandaministeriums vom 24.2.1938 an die Reichsschrifttumskammer in Berlin-Charlottenburg; BArch, R 4901, Akte 1476, Bl. 188.
50 Eingabe von Oberregierungsrat Johannes Schlecht (Reichsministerium für Volksaufklärung und Propaganda, Abt. Schrifttum) an den Herrn Reichs- und Preußischen Minister für Wissenschaft, Erziehung und Volksbildung in Berlin vom 3.1.1938; BArch, R 4901, Akte 1476, Bl. 186. Auf Nachfrage der NSDAP-Reichsleitung vom Juli 1939 stellte sich heraus, dass offenbar keine konkreten Schritte unternommen worden waren, im Januar 1940 hieß es schließlich, mit Rücksicht auf die Kriegsverhältnisse sei nichts zu unternehmen; vgl. BArch, R 4901, Akte 1477, Bl. 18–22.
51 Abschrift eines Schreibens von Harmjanz vom 26.1.1938 an Ministerialrat Dr. Kummer (Generalreferat für das Bibliothekswesen im REM); BArch, R 4901, Akte 1476, Bl. 187.

rat Dr. Karl Albert Coulon befürwortete daraufhin die Verbannung von Oleschs Schrift aus dem öffentlichen Buchhandel, konstatierte aber auch: „Westermann ist ganz unschuldig, er durfte sich auf Vasmer verlassen!"[52]

Ob Westermann von der behördlichen Absicht, Vasmer verantwortlich zu machen und Oleschs Schrift zu verbieten, erfuhr, ist bisher offen. Deutlich jedoch wird, dass Sprachforschung als politisches Argument und Instrument genutzt wurde. Vor der Negativfolie des Falls Olesch scheint plausibel, dass Westermanns Forschungen an ‚Volksdeutschen' als politisch nützlich galten und seine nebulösen Formulierungen von der großen Bedeutung der Aufnahmen „für die Zukunft"[53] als selbstverständlich richtig erschienen. In der öffentlichen Sitzung der Akademie am 23. Januar 1941 betonte er: „Die Heimkehr der Volksdeutschen ins Reich bietet eine einzigartige Gelegenheit, das eigenständige Volksgut dieser Glieder unserer Volksgemeinschaft aufzunehmen und dadurch der wissenschaftlichen Forschung zugänglich zu machen."[54] Mit dem Argument des ‚Volkstums' ließen sich Sprachforschungen rechtfertigen, die zugleich den Anschein erweckten, ‚das deutsche Volkstum' – über das Registrieren von Geschichten aus dem Leben der Siedler – zu ‚festigen'.

Die Lageraufnahmen von Wolhyniendeutschen

Westermanns Vorstoß von 1940, ‚volksdeutsche' Rücksiedler aufzunehmen, erscheint vor dem geschilderten Hintergrund plausibel. Als Aufnahmeobjekt kam das eigene ‚Volkstum', die eigene ‚Volksgemeinschaft' ins Spiel, über die Grenzen des ‚Altreichs' hinaus. Zum Ort der Aufnahme avancierten nun Lager als Orte des Wissens über die eigene ‚Volksgemeinschaft', während Lager vorher und zeitgleich dazu dienten, eben ‚Fremdkörper' wissenschaftlich und grammophonisch abzutasten.

Bereits Anfang Januar 1940 nahm Westermann mit der VoMi Kontakt auf, berichtete, dass das IFL „zu sprachwissenschaftlichen Zwecken phonographi-

---

[52] Abschrift eines Schreibens von Regierungsrat Dr. Coulon an Kummer nach Vorlage durch Kummer am 28.1.1938; BArch R 4901 Akte 1476, Bl. 188.
[53] Schreiben Westermanns an die Preuß. Akad. d. Wiss. vom 20.1.1940; ABBAW, PAW (1812–1945), II-VIII-44.
[54] Diedrich Westermann, „Bericht über Sprachaufnahmen in volksdeutschen Lagern", in: *Jahrbuch der Preußischen Akademie der Wissenschaften*, Jg. 1941, Berlin 1942, S. 166–170, hier S. 166 (Bericht anlässlich der „Öffentlichen Festsitzung zur Feier des Friedrichstages und des Tages der Reichsgründung am Donnerstag, den 23. Januar 1941").

sche Aufnahmen von Sprachen und Mundarten" mache, besonders „an den Rückwanderern aus Wolhynien" interessiert sei, und bat um die Verschaffung von Zutritt zu den entsprechenden Lagern.[55] Im Archiv der Humboldt-Universität findet sich auch für spätere ‚Expeditionen' eine Vielzahl von Briefen an die VoMi, welche die Umsiedlerlager betrieb, und einzelne Lagerleiter, um den Institutsmitgliedern Informationen über die Insassen sowie die Möglichkeit des Zutritts zu verschaffen.[56] Für die Aufnahmen an Wolhyniern und Galiziern ergingen am 19. Februar 1940 Schreiben, die bestätigten, dass die Mitarbeiterin Ursula Feyer und der Techniker Fritz Kapsch mit der Durchführung von Tonaufnahmen beauftragt und zur Einreise in „Lodsch" berechtigt seien.[57] Im polnischen Łódź, wo der der VoMi unterstellte ‚Einsatzstab Litzmannstadt' residierte, befanden sich große Sammellager, in denen die Umsiedler eintrafen. Doch schon wenige Tage später gab das IFL den Plan auf, nach Łódź zu reisen, und besuchte stattdessen im März 1940 Umsiedler- bzw. Durchgangslager in Sachsen und im Reichsgau Sudetenland.[58] Tonaufnahmen entstanden in Pirna (Lager Sonnenstein und Lager Schandau), in Ústí nad Labem/Aussig (Lager Aussig, Leitmeritz und Komotau) und in Oschatz (Lager Oschatz und Wurzen).[59] Der Ertrag gestaltete sich nach Westermanns Bericht an die Akademie vom Juli 1940 – der zum Teil wörtlich Passagen aus dem Antrag vom Januar 1940 übernahm – denn auch wie vorhergesagt:

> Die volksdeutschen Lager in Sachsen und im Sudetengau boten einzigartige Gelegenheit an den deutschen Umsiedlern aus Ostgalizien und Wolhynien Sprachaufnahmen zu machen. Die Aufnahmen mussten sofort gemacht werden, weil die Leute bei dem längeren Wohnen in Deutschland ihren Heimatdialekt aufgeben. Es wurden im Ganzen 65 Aufnahmen gemacht, 35 sind in Vorbereitung. Diese Aufnahmen sind nicht nur von grossem sprachwissenschaftlichen sondern ebenso sehr vom volkskundlichen Wert, weil die Sprecher über das Leben, die Sitten und Gebräuche, wie über die geschichtlichen Vorgänge in ihren Siedlungen gesprochen haben. Es sind dadurch Dokumente entstanden, die für das Volkstum der Deutschen im Auslande von grösster Bedeutung sind.[60]

---

55 Schreiben des IFL an die Volksdeutsche Mittelstelle, Berlin W., Tiergartenstr. 18a, vom 9.1.1940; AHUB, IFL, Ordner 12.
56 Vgl. AHUB, IFL, vor allem Ordner 12.
57 Vgl. zwei Durchschriften vom 19.2.1940, gez. Westermann; AHUB, IFL, Ordner 16.
58 Vgl. Schreiben Westermanns an Prof. Frings vom 22.1.1940; AHUB, IFL, Ordner 16.
59 LAHUB, Tonaufnahmen LA 1584–LA 1641.
60 Diedrich Westermann, „Bericht über die Sprachaufnahmen an deutschen Umsiedlern aus Ostgebieten" an die Akademie vom 12.7.1940; ABBAW, PAW (1812–1945), II-VIII-44.

Aufgenommen wurden dabei pfälzische, egerländische, böhmerwäldische und hinterpommersche Mundarten.⁶¹ Eine zweite Reise durch Lager unternahmen Mitarbeiter/innen des IFL wiederum mit einer Finanzierung durch die PAW und das REM im Dezember 1941, um Dialekte und Lieder der sogenannten Bessarabiendeutschen aufzunehmen.⁶² Auch hier erfolgte die Kontaktaufnahme über die VoMi, die Aufnahmen fanden in Dresden statt (Lager Pirna sowie Technische Hochschule), in Nürnberg (Hotel „Roter Hahn"), Teplice/Teplitz-Schönau (Lager) und im Januar 1941 in Česká Kamenice/Böhmisch-Kamnitz (Lager) im ‚Sudetenland'.⁶³ Westermann berichtete daraufhin in einem öffentlichen Vortrag vor der Akademie am 23. Januar 1941:

> Mit Ausnahme der pfälzischen Siedlung handelte es sich diesmal überwiegend um schwäbische und niederdeutsche Mundarten. Daneben wurden besonders interessante Mischmundarten mit herangezogen, in denen oberdeutsche und niederdeutsche Elemente in verschiedenem Kräfteverhältnis gegeneinanderstanden und dementsprechend miteinander verschmelzt wurden. Da es mit Hilfe der Sippenforschungsstellen möglich sein wird die Herkunftsorte des Großteils der bessarabischen Siedlerfamilien anzugeben liefern diese Sprachaufnahmen Material zum genauen Studium der Sprachmischungs- und durchdringungsfragen.⁶⁴

Und schließlich beantragte Westermann, wie bereits erwähnt, Subventionen, um Umsiedler aus der Dobrudscha und der Bukowina aus Lagern mit dem Zug nach Berlin kommen zu lassen, damit sie dort 1941 in den Räumen der Firma Lindström aufgenommen werden konnten.⁶⁵ Insgesamt biete die „Heimkehr der Volksdeutschen ins Reich [...] eine einzigartige Gelegenheit, das eigenständige Volksgut dieser Glieder unserer Volksgemeinschaft aufzunehmen und dadurch der wissenschaftlichen Forschung zugänglich zu machen".⁶⁶ Die Sprechaufnahmen, die im Unterschied zur konventionellen Sprachforschung den ‚lebendigen Klang' bannten, dienten demnach der Herstellung von Differenz – in der Sprache, unter den Dialekten – und zugleich von Einheit – in Gestalt des deutschen ‚Volkstums' und der deutschen ‚Volksgemeinschaft'.

---

61 Vgl. ebd.
62 Vgl. Tobias Schulze, „Weihnachten in Krasna. Aufnahmen der Bessarabien-Deutschen Anisia Ziebart", in: Nepomuk Riva (Hg.), *Klangbotschaften aus der Vergangenheit. Forschungen zu Aufnahmen aus dem Berliner Lautarchiv*, Aachen 2014, S. 71–95.
63 LAHUB, Tonaufnahmen LA 1652–LA 1700.
64 Vortrag Westermanns vor der Akademie am 23.1.1941, Typoskript, AHUB, IFL, Nr. 12; Rechtschreibung und Grammatik folgen hier wie in allen anderen Quellen dem Original.
65 LAHUB, Tonaufnahmen LA 1711–LA 1731, LA 1734–LA 1735, LA 1737–LA 1741 (April–Juli 1941).
66 Vgl. Westermann, „Bericht über Sprachaufnahmen" [in: Akademie-Jahrbuch 1941], S. 166.

Aus den Korrespondenzen, Berichten und Abrechnungen, die im Archiv der HU und jenem der Akademie erhalten sind, geht hervor, dass die ‚Volksdeutschen' als Teil des eigenen ‚Volkskörpers' wesentlich respektvoller behandelt wurden als die polnischen, russischen oder französischen Kriegsgefangenen. So zeigen etwa die Abrechnungen der Subventionen, dass nicht nur externe Wissenschaftler/innen für eine „Sprecherbesorgung" bezahlt wurden,[67] auch einzelne ‚volksdeutsche' Personen erhielten eine „Sprechergebühr", meistens in Höhe von 10 RM.[68] Im Unterschied zu den Kriegsgefangenen bekamen die ‚volksdeutschen' Sprecher/innen, zumindest jene aus dem Lager Oschatz, überdies ihre eigene Tonaufnahme als Schallplatte ausgehändigt.[69]

Und noch ein weiterer Unterschied ist augenfällig: Während die afrikanischen Kolonialsoldaten in weiten Teilen vorgeschriebene Texte in das Grammophon lasen, so wie es im Ersten Weltkrieg praktiziert worden war, ist bei den Aufnahmen mit russischen Kriegsgefangenen zu beobachten, dass viele wohl aufgrund von ein paar Notizen oder vorherigen mündlichen Absprachen, jedoch in der Wortwahl frei, die angefragten Märchen nacherzählten. Der Wechsel zur freien (statt gebundenen) Rede war von der Lautkommission vor allem für die deutschen Dialektaufnahmen gefordert und auch in den 1920er und 1930er Jahren schon praktiziert wurden, was eine wesentliche wissenschaftshistorische Neuerung gegenüber dem Aufnahmeprozedere der Jahre 1900 bis 1921 bedeutete.

Zu den Tonaufnahmen von fremdsprachigen Kriegsgefangenen in Lagern des Ersten Weltkriegs war ein Protokoll im Sinne des Programms oder der Vor-Schrift angefertigt worden, das jedoch zu einem vorweggenommenen Wortprotokoll, einer Transkription tendierte.[70] So hatte es sich die Phonographische

---

[67] So erhielt ein Dr. H. Braun aus Leipzig einen Vorschuss von 150 RM; vgl. „Abrechnung über 10.570,75 RM, die das Institut für Lautforschung an der Universität Berlin für Bereisung der volksdeutschen Lager im Gau Sachsen und im Sudetengau zwecks Schallplattenaufnahmen von der Preußischen Akademie der Wissenschaften erhalten hat", 13.7.1940; ABBAW, PAW (1812–1945), II-VIII-44.
[68] Vgl. ebd. Die namentlich genannten Personen sind hier auch den Signaturen der Aufnahmen zugeordnet: H. Claassen 10 RM für LA 1580/1581, F. Woloschyn 10 RM für LA 1643 etc.; ABBAW, PAW (1812–1945), II-VIII-44.
[69] Vgl. Schreiben von Ursula Feyer an Westermann vom 3.6.1940; AHUB, IFL, Ordner 16. Ferner hatte Ursula Feyer am 5.5.1941 an die Mitarbeiter im Lager Böhmisch-Kamnitz geschrieben: „[I]ch möchte Sie bitten, die Platten den Sprechern aushändigen zu wollen. Das wurde ihnen seiner Zeit bei der Aufnahme versprochen"; AHUB, IFL, Ordner 12.
[70] Zur Unterscheidung von Wortprotokoll und Ergebnisprotokoll, Verlaufs- und Gedächtnisprotokoll sowie retrospektivem und programmatischem Protokoll vgl. Michael Niehaus u. Hans-Walter Schmidt-Hannisa, „Textsorte Protokoll. Ein Aufriß", in: Niehaus/Schmidt-Hannisa (Hg.), Das Protokoll. Kulturelle Funktionen einer Textsorte, Frankfurt a. M. u. a. 2005, S. 7–23.

Kommission zur Aufgabe gemacht, „die Sprachen, die Musik und die Laute aller in den deutschen Kriegsgefangenenlagern weilenden Völkerstämme nach methodischen Grundsätzen systematisch auf Lautplatten in Verbindung mit den dazugehörigen Texten festzulegen"[71] und somit die verschiedenen Sprachen und Dialekte klanglich, phonetisch und schriftlich zu dokumentieren. Mit diesem Auftrag der Dokumentation schloss die Kommission wissenschaftshistorisch an Wilhelm von Humboldts integrative Auffassung von Sprachwissenschaft und den seitdem virulenten Diskurs über die ‚lebendige Sprache' an,[72] die nun in ihrer Lebendigkeit durch die technischen Aufzeichnungs- und Speichermöglichkeiten auch akustisch eingefangen werden konnte. Ende 1915 wurde das Prozedere festgelegt:

> Über alle Aufnahmen werden genaue Protokolle mit den für spätere wissenschaftliche Bearbeitung wesentlichen Angaben geführt. Um die Vorbereitung der Expeditionen und die gleichmässige Durchführung der Aufnahmen und Protokolle ist der Schriftführer [Wilhelm Doegen, B. L.] bemüht, der der Regel nach bei den grammophonischen Aufnahmen anwesend ist.[73]

Der Gefangene musste dazu die Niederschrift eines Textes vor dem Grammophontrichter verbalisieren, also auswendig vortragen, ablesen oder dem Souffleur nachsagen, während der betreuende Wissenschaftler Abweichungen fortlaufend notierte.

Bei den ‚volksdeutschen' Aufnahmen ist erstmals in der Geschichte des IFL die Verbindung der Form der freien Rede mit der Erzählung von Zeitgeschichte, von aktuellen politischen Ereignissen zu beobachten. So berichtete Westermann vor der Akademie, dass bei den ‚volksdeutschen' Aufnahmen „der größte Wert auf frei gesprochene Texte gelegt" worden sei, wobei es das Ziel war, „einen gehaltvollen Text zu bekommen, der Land und Leute charakterisiert", also volkskundliche Dokumente herzustellen.[74] Obwohl bei den Aufnahmen von Galiziern und Wolhyniern „schöne Aufnahmen über Arbeit und Brauchtum" gelungen seien, habe bei ihnen „der gerade überwundene Polenterror im Mittelpunkt des Inte-

---

[71] Wilhelm Doegen, „Einleitung", in: Doegen (Hg.), *Unter fremden Völkern. Eine neue Völkerkunde*, Berlin 1925, S. 9–16, hier S. 10.
[72] Vgl. Judy Kaplan, „‚Voices of the people': Linguistic Research Among Germany's Prisoners of War During World War I", in: *Journal of the History of the Behavioral Sciences* 49.3 (Sommer 2013), S. 281–305.
[73] Schreiben Carl Stumpfs als Vorsitzender der Phonographischen Kommission an den Kultusminister vom 20.1.1916; AHUB, IFL, Ordner 12, 1935–1944.
[74] Westermann, „Bericht über Sprachaufnahmen" [in: Akademie-Jahrbuch 1941], S. 170.

Lautabteilung (staatl. Lautinstitut) **Berlin NW 7**

PERSONAL-BOGEN

Nr.: .... Ort: _Oschatz_
Datum: _18.3.40._
Laut-Aufnahme Nr.: _LA 1637_ Zeitangabe: ....
Dauer der Aufnahme: _4 Min._ Durchmesser der Platte: _30 cm_
Raum der Aufnahme: _Schulraum d. Hans-Schemm-Schule_
Art der Aufnahme und Titel (Sprechaufnahme, Gesangsaufnahme,
Choraufnahme, Instrumentenaufnahme, Orchesteraufnahme): _Ostniederdeutsch_
aus Wolhynien: Erlebnisse aus d. großen Kriege
und dem Weltkriege u. aus d. letzten Kriege.
Name (in der Muttersprache geschrieben): ....
Name (lateinisch geschrieben): _Heluse_
Vorname: _Theophile_ Anschrift: ....
Wann geboren (oder ungefähres Alter)? _23.4.1884_
Wo geboren (Heimatprovinz)? _Stoli-Antonówka / R. Łuck_
Welche größere Stadt liegt in der Nähe des Geburtsortes:
Wladimir-Wolynski
Wo gelebt in den ersten 6 Jahren? _Antonówka_
Wo gelebt vom 7. bis 20. Lebensjahr? _"_
Was für Schulbildung? ....
Wo die Schule besucht? ....
Wo gelebt vom 20. Lebensjahr? _Wladimir — 1914; 2 Jahre Krieg; Wladimir_
Aus welchem Ort (bzw. Sprachbezirk) stammt der Vater? ....
Aus welchem Ort (bzw. Sprachbezirk) stammt die Mutter? _Stock_
Beruf des Vaters? ....
Welchem Volksstamm angehörig? „_Katholisch_"
Welche Sprache als Muttersprache? _hochdtsch._
Welche Sprachen spricht er außerdem? _poln. russ. jiddisch, ukrain._
Kann er lesen? — Welche Sprachen? —
Kann er schreiben? — Welche Sprachen? —
Spielt er ein Instrument (evtl. aus der Heimat)? ....
Singt oder spielt er moderne europäische Musikweisen? ....
Religion: _ev.-luth._ Beruf: _Hausgehilfin_
Vorgeschlagen von: 1. _Feyer_
2. ....
Beschaffenheit der Stimme: 1. Urteil des Fachmannes _Ostniederdeutsch aus_
(des Assistenten): _Wolhynien:_
2. Urteil des Direktors der Lautabteilung
(seines Stellvertreters): _die aus Stoli-Antonówka_
Die Lauturkunde wird beglaubigt: _Krs. Łuck._

Lager Wurzen

Institut für Lautforschung an der Universität Berlin

PERSONAL-BOGEN

Nr. LA 1637   Ort: Oschatz
              Datum: 18.3.1940

Dauer der Aufnahme: 4 Min.   Durchmesser der Platte: 30 cm

Raum der Aufnahme: Schulraum der Hans-Schemm-Schule

Art der Aufnahme und Titel (Sprechaufnahme, Gesangsaufnahme, Choraufnahme, Instrumentenaufnahme, Orchesteraufnahme): Erlebnisse aus dem Weltkriege und aus dem letzten Kriege.

Sprache: Ostniederdeutsch a. Wolhynien, Deutsch-Antonowka, Krs. Luck

Name des Sprechers: a) in der Muttersprache geschrieben:

   b) lateinisch geschrieben: Helme

Vorname: Theophile

Anschrift: a) gegenwärtige:

   b) Heimatanschrift:

Wann geboren (oder ungefähres Alter)? 23.4.1884

Wo geboren (Heimatprovinz)? Deutsch-Antonowka/Luck

Welche größere Stadt liegt in der Nähe des Geburtsortes? Wladimir-Wolynski

Wo gelebt in den ersten 6 Jahren? Deutsch-Antonowka

Wo gelebt vom 7. bis 20. Lebensjahr? Deutsch-Antonowka

Was für Schulbildung?

Wo die Schule besucht?

Wo gelebt vom 20. Lebensjahr? Wladimir - 1914, 2 Jahre Krieg, Wladimir

Heimatort: a) des Vaters: b) der Mutter: Plock

   c) des Ehemannes: d) der Ehefrau:

Beruf: a) des Vaters: b) des Ehemannes:

Stammeszugehörigkeit des Sprechers: Kaschubin

Muttersprache des Sprechers: "kaschubisch", hochdeutsch

Welche Sprache spricht er außerdem? polnisch, russisch, jiddisch, ukrainisch

Kann er lesen?   Welche Sprachen?

Kann er schreiben?   Welche Sprachen?

Spielt er ein Instrument? (evtl. aus der Heimat)?

Singt oder spielt er moderne europäische Musikweisen?

Religion: ev. luth.   Beruf des Sprechers: Hausgehilfin

Verantwortlich für die Aufnahme:

Abb. 1a und 1b: Personalbogen zur Tonaufnahme mit Theophile Helme am 18.3.1940. Lautarchiv, Humboldt-Universität zu Berlin, LA 1637.

resses" gestanden, und „seine Reflexe" seien „in fast jedem Text zu finden".[75] Mit „Polenterror" wurde dabei nicht nur die (angebliche) Drangsalierung der deutschen Siedler und ihrer Nachkommen zwischen den Weltkriegen aufgerufen (so sprach Westermann davon, dass die wolhynischen Siedlungen in Polen „ihre völkische Geschlossenheit"[76] eingebüßt hätten), sondern vor allem Übergriffe der polnischen Bevölkerung auf die deutsche Minderheit unmittelbar nach dem Überfall des Deutschen Reiches auf Polen im September 1939.

Ein Beispiel mag die Tonaufnahme der eingangs zitierten Wolhyniendeutschen Theophile Helme aus „Deutsch-Antonowka" geben, die am 18. März 1940 in einem Schulraum in das Grammophon sprach (Abb. 1). Sie war 1884 geboren und hatte als Hausgehilfin bei Łuck/Luzk (heute nordwestliche Ukraine) gelebt. Nun befand sie sich im Lager Wurzen in Oschatz/Sachsen. Betitelt wurde ihr Dialekt als „Ostniederdeutsch aus Wolhynien", ihre Platte mit der Signatur LA 1637 als „Erlebnisse aus dem Weltkriege und aus dem letzten Kriege", also aus dem Ersten und dem Zweiten Weltkrieg. Im Lautarchiv liegt zu ihrer Aufnahme keine historische Transkription vor. Ihre Worte – die hier in Auszügen wiedergegeben seien – habe ich selbst nach dem Gehör vom Ostniederdeutschen ins Hochdeutsche, vom Deutschen ins Deutsche übertragen – bisher nur unvollständig und ohne Gewähr.

> Ich habe ein schweres Leben durchgemacht. Vor acht Jahren hättest du mich sehen sollen. Ich habe verdient, verdient, habe Arbeit gehabt, habe alles durchgebracht, habe alles zusammengehalten. Alles, was ich mir verdient hab, hab ich müssen schmisse.
> Dann ging der Krieg los. Die Juden weiß man jetzt in der Stadt. Man hat immer gerufen: Hitler'sche, Hitler'sche, Hitler'sche. Aber ich habe niemanden angetroffen. Ich habe alles gemacht, ich habe alles durchgebracht. Wie das losging, habe ich mir Gedanken gemacht, für alles, was kommen kann. Alles war schwierig. Wenn doch nur die deutschen Menschen bald kommen würden. Danach habe ich mich gesehnt, dass ich von dem Putsch was sehe. Ich hab so lange gesehen. Ich bin zum Vieh gegangen. Ich habe zwischen dem Vieh gelegen. Ich habe mit dem Vieh auf der Erde gelegen. Ringsrum haben Kanonen gestanden. Die ganze Nacht habe ich zu Gott gebetet, dass ich eine deutsche Menschenschar sehe.
> Da sind sie an mich rangekommen, die Pollacken. Haben mich gefragt, was ich hier tue. Ich sage, ich lebe hier mit den Ziegen. Na was ich bin? Ich sage, ich bin eine Pahlisch [Polin?]. Ich habe verdeckt, dass ich eine Deutsche [im Orig.: „en dütsch Mensch", B. L.] bin. Ich bin die ganze Nacht geschlagen worden, bis ich gedacht habe, ich erlebe den nächsten Tag nicht. Und da bin ich rausgekommen.
> [...]
> Aber am Mittag habe ich gehört, dass die Deutschen abgerückt sind. Die Deutschen hätten sie lieber auf den Kopf schlagen sollen. Aber die Deutschen waren weg. Dann sind die Polen

---

75 Ebd.
76 Ebd., S. 168.

alle in die Kirche gegangen. Nach der Kirche haben sie sich in den Busch mit Knüppeln gelegt. Von den Deutschen habe ich keinen Menschen gesehen. Dann sind sie mit dem Vieh weitergezogen, immer hinterher. Immer blieb sie hintendran. Immer hintendran. Dann sind sie das Volk rangekommen.
Ich habe keinen deutschen Menschen gesehen. Bis Rangengau. Hier habe ich in der Kirche um ein Stück Brot gebeten. Da haben wir in der Kirche gearbeitet. Drei Monate haben wir so gelebt. So haben wir alles durchgebracht. So sind wir gekommen bis Łódź. Mit dem Vieh durchgebracht bis hierher.
[...]
Was ist aus meinen jungen Jahren geworden?[77]

Für die ‚volksdeutschen' Aufnahmen während des Zweiten Weltkriegs wurde auf wörtliche Vorausprotokolle verzichtet, und auch stichwortartige *a-priori*-Protokolle sind zumindest nicht überliefert. Die für diese Absprachen, was auf die Tonaufnahme kommen sollte, benutzte Vokabel war die der „Vorbereitung" der Sprecher/innen. So teilte das IFL etwa am 7. Mai 1941 der VoMi mit: „Gegenwärtig liegt uns ob, die Volksdeutschen aus dem Buchenland [der Bukowina, B. L.] und der Dobrudscha aufzunehmen. Wir haben die in Betracht kommenden Lager besucht und die für die Aufnahmen geeigneten Personen ausgesucht und vorbereitet."[78] Nur für wenige Aufnahmen liegen wörtliche Transkriptionen vor, die offenbar im Nachhinein beim Abhören der Platte angefertigt wurden – darauf deuten viele Ausstreichungen hin. Die handgeschriebenen Transkriptionen übertrugen (bis auf eine Ausnahme) die Texte bereits ins Hochdeutsche – was zugleich darauf hindeutet, dass diese nicht vor der Aufnahme erstellt und zum Ablesen benutzt wurden. Maschinenschriftliche Umschriften könnten Aufnahmen begleitet haben, die zu Bildungszwecken vervielfältigt wurden.

Dieses auch in der Geschichte der deutschsprachigen Dialektaufnahmen veränderte Verfahren zeugt von einer wissenschaftshistorischen und wissensgeschichtlichen Verschiebung. Wissenschaftshistorisch änderte sich das Interesse an einer Dialektaufnahme: Sie sollte nicht mehr nur über den Klang der Phoneme und die Wahl der Wörter Auskunft geben, sondern gehört wurde nun auch auf Diktion, Verlauf, spontane Wortwahl, Sprachmelodie und Erzählungsaufbau sowie weitere Charakteristika der mündlichen Rede. Das wissenschaftliche Hör-Wissen – als ein epistemologischer Vorgang, der über die Analyse akustischer Mittel Wissen erzeugen sollte – wurde ergänzt durch ein politisches Hör-Wissen, in dem sich eine wissensgeschichtliche Neuerung abbildet. Gehört wurde nun

---

[77] LAHUB, LA 1637-1, Theophile Helme, aufgenommen am 18.3.1940. Transkription ins Hochdeutsche: Britta Lange.
[78] Schreiben des IFL an die VoMi vom 7.5.1941; AHUB, IFL, Ordner 12, 1935–1944.

nämlich auch auf die Inhalte und politischen Aussagen der Schilderungen: Was ließ sich an Hör-Wissen über das Hörensagen bilden? Was hatten die ‚Volksdeutschen' über ihr Leben, ihre Unterdrückung zu berichten? Wissenschaftliches Hör-Wissen verband sich so mit politischem Hör-Wissen. An die Tonaufnahmen richtete sich erstens die Frage, wie die ‚Volksdeutschen' als Teil des eigenen ‚Volkskörpers' klangen, um sie zu inkorporieren bzw. um mit ihnen zu expandieren und die deutschen Sprachgrenzen hinauszuschieben, sowie zweitens die Frage, welche politisch relevanten oder instrumentalisierbaren Aussagen die ‚Volksdeutschen' über ihr Leben etwa im Zuge der „Polenterror" genannten Konflikte mit der polnischen Mehrheit machten. Es ging somit darum, ein volks-abbildendes und zugleich volks-bildendes politisches Hör-Wissen zu konstruieren, in dem sich über das Konzept des Volkes Macht und Wissenschaft verschränkten.

Synthese

Aus den Archivalien lässt sich nachweisen, dass die Platten von ‚Volksdeutschen' bald nach ihrer Aufnahme matriziert und gepresst wurden.[79] Das IFL stellte sie Bildungsinstitutionen zur Verfügung. So beantwortete es im September 1942 eine Bestellung der Staatlichen Kreisbildstelle Schleiz mit Werbung für weitere verfügbare Platten:

> Ausserdem weise ich Sie auf unsere Aufnahmen an volksdeutschen Umsiedlern. Es handelt sich dabei um kulturhistorische sowie volkskundlich wertvolle Sprachproben in Pfälzisch aus Galizien, Wolhynien, Bessarabien, der Bukowina und der Dobrudscha. Ostniederdeutsch aus Wolhynien, Bessarabien und der Dobrudscha. Böhmerwäldisch und Egerländisch aus Galizien und der Bukowina. Zipserisch aus der Bukowina.[80]

Ein vollständiges Verzeichnis der Aufnahmen sei in Bearbeitung.[81]

Hinweise auf die Verwendung des Tonmaterials durch politische Stellen geben schließlich einige Schreiben aus dem Jahr 1943. So bestellte das SS-Führungshauptamt Abt. VI (Weltanschauliche Schulung und Truppenbetreuung) im

---

[79] Im Februar 1941 etwa lieferte Lindström dem IFL 40 Platten zu Aufnahmen aus der Bessarabien-Expedition „gratis", weitere 15 gegen Bezahlung; vgl. Rechnung der Firma Carl Lindström an das IFL vom 8.2.1941; ABBAW, PAW (1812–1945), II-VIII-44.
[80] Antwort des IFL an die Staatliche Kreisbildstelle Schleiz vom 29.9.1942; AHUB, IFL, Ordner 14.
[81] Vgl. ebd.

Mai Lautplatten für die Dolmetscherausbildung „zu Unterrichtszwecken".[82] Im Juli 1943 beantragte das Institut beim Dekan der Philosophischen Fakultät dringend Papier und wies zur Begründung darauf hin, dass die Lauplatten nicht nur aus Wirtschaftskreisen, sondern „auch im grossen Umfang von verschiedensten Stellen der Heeresverwaltung und auch vom Ostministerium verlangt" würden. Die „kriegswichtige Bedeutung der Lautplatten" ergebe sich daraus, dass viele Sammlungen „wiederholt von dem Herrn Reichsminister für Erziehung und Wissenschaft, dem Propaganda-Ministerium und dem Reichsführer SS als Kommissar für die Festigung des Deutschen Volkstums finanziell unterstützt worden" seien.[83]

Mit den Aufnahmen von ‚Volksdeutschen' erweiterte das IFL sein Spektrum deutscher Dialektaufnahmen, die bereits vor Ausbruch des Zweiten Weltkriegs Idiome von sogenannten Auslandsdeutschen umfasst hatten. Jene Dialektsprecher/innen, die durch die von Heinrich Himmler veranlasste, gigantische Umsiedlungsaktion ‚Heim ins Reich' zu politischen Symbolen wurden, gaben dem Universitätsinstitut nicht nur die Möglichkeit, zusätzliche finanzielle Mittel einzuwerben, sondern seine wissenschaftliche Tätigkeit zugleich als ‚kriegswichtig' darzustellen. Die Frage „Wie klingen die deutschen Dialekte?", der die vormalige LA seit 1922 in Kooperation mit der Deutschen Kommission der PAW und dem *Deutschen Sprachatlas* in Marburg mit Tonaufnahmen von Dialektsprechern nachging, erweiterte sich vor dem und im Zweiten Weltkrieg um eminent politische Komponenten insofern, als die von Himmler immer wieder beschworene ‚Volkszugehörigkeit' über die Sprachzugehörigkeit und die Zugehörigkeit zum ‚Volkstum' nachweisbar und inkorporierbar schien: „Wie klingen die Deutschen, wie klingt das deutsche Volkstum?" Und: „Wie waren, wie sind die Deutschen, und wie sollen sie sein?" Beides, die Demonstration sowohl der sprachlichen als auch der kulturellen Zugehörigkeit, ließ sich den frei vorgetragenen ‚volksdeutschen' Tonaufnahmen zusprechen. Die Sprachfrage wurde damit über das ‚Volkstum' auch zu einer Essenzfrage mit der Tendenz zum ahistorischen bzw. ewigen Sein: „Wer sind die Deutschen?"' Die wolhynischen und galizischen Aufnahmen waren darüber hinaus dazu prädestiniert, wegen der enthaltenen Berichte über den „Polenterror" für direkte politische Propaganda verwendet zu werden. Denn sie gliederten den sprach- und volkskundlichen Fragen noch eine weitere, politische Facette an: „Wie leiden die Deutschen?" Damit waren sie auch geeignet,

---

[82] Schreiben der Dolmetscherausbildung und Ersatz-Komp. der Waffen-SS in Oranienburg ans IFL vom 2.9.1943; AHUB, IFL, Ordner 14.
[83] Schreiben des IFL an den Dekan der Phil. Fak. Hermann Grapow vom 2.7.1943; AHUB, IFL, Ordner 12.

Reaktionsmuster zu schüren, die auf Rache, Strafe, Vertreibung und Expansion hinausliefen.

Germanistisch und phonetisch geschultes Hör-Wissen erwies sich dabei als Machtwissen, da nicht nur die Herstellung der Lautplatten unmittelbarer Effekt (geo-)politischer Machtverhältnisse, Expansionsstrategien und ideologischer Gehalte war, sondern auch, da die Platten wiederum zur Ausbildung von Sprach- und Kulturexperten, etwa in Dolmetscherschulen der SS, dienten und somit Beherrschungswissen zur Verfügung stellten.

Anhang

Abbildungsverzeichnis

Alexandra Hui: „Walter Bingham und die Universalisierung des individuellen Hörers"
Abb. 1: Gerät zur Messung der Finger-Tipp-Rate. Zeichnung aus: Walter Bingham, „Studies in Melody", in: *The Psychological Review: Monograph Supplements* 12.3 (1910), S. 1–88, hier S. 44.
Abb. 2: Mood Change Chart. Thomas Edison National Historic Park, West Orange, NJ, William Maxwell Files.

Mary Helen Dupree: „Arthur Chervins *La Voix parlée et chantée*"
Abb. 1: Joshua Steele, *An Essay Towards Establishing the Melody and Measure of Speech to be Expressed and Perpetuated by Peculiar Symbols*, London 1775, S. 13.
Abb. 2: Der Anthropologe als eigener Forschungsgegenstand: Anthropometrische Aufnahme von Arthur Chervin. Aus: Arthur Chervin und Alphonse Bertillon, *Anthropologie métrique*, Paris 1909, S. 70.
Abb. 3: Phoneidoskopische Darstellung der Hauptvokale. Aus: A. Guébhard, „Analyse physique des voyelles", in: *La Voix* 1 (1890), S. 87.
Abb. 4: Synoptische Tabelle. Aus: Claudius Chervin, „Principes de lecture à haute voix: de recitation, de conversation et de l'improvisation", in: *La Voix* 2 (1891), S. 216.
Abb. 5: Der Stimm-Polygraph, nach dem Modell von Marey und Rosapelly. Aus: Gallée, „Les sons de la voix. Representés par la graphique les mouvements de l'articulation", in: *La Voix* 11 (1900), S. 98.
Abb. 6: Gallée, „Les sons de la voix. Representés par la graphique les mouvements de l'articulation", in: *La Voix* 11 (1900), n. p.

Viktoria Tkaczyk: „Hochsprache im Ohr"
Abb. 1a und 1b: Personalbogen zu Aufnahmen von Theodor Siebs' „deutscher Hochsprache" und Portrait von Siebs. Lautarchiv, Humboldt-Universität zu Berlin, LA 567.
Abb. 2: Titelblatt von Theodor Siebs, *Deutsche Bühnenaussprache*, Berlin/Köln/Leipzig 1898.
Abb. 3a und 3b: Fotografien aus: Wilhelm Doegen, *Jahrbuch des Lautwesens*, Berlin 1931, S. 43 u. 123.
Abb. 4: Theodor Siebs an Wilhelm Doegen, 13. Februar 1929. Archiv der Humboldt-Universität zu Berlin, Bestand: Institut für Lautforschung, Nr. 7, 1920/1931.

Rebecca Wolf: „Musik im Zeitsprung"
Abb. 1: Piccolotrompete hoch B mit 4 Ventilen, Charles Mahillon, Brüssel, um 1930. Heute in der Musikinstrumentenkollektion der University of Edinburgh, Inv. Nr. 3900. Abdruck mit freundlicher Genehmigung der University of Edinburgh.
Abb. 2: Oboe d'amore in A, Rosenholz mit Klappen aus Neusilber, Charles Mahillon, Brüssel, um 1880. Heute in der Musikinstrumentenkollektion der University of Edinburgh, Inv. Nr. 957. Abdruck mit freundlicher Genehmigung der University of Edinburgh.
Abb. 3: Cornet droit, gerader Zink mit Klappenmechanismus, Horn und Silber, Victor-Charles Mahillon, Brüssel, um 1889. Heute im Musikinstrumentenmuseum Brüssel, Inv. Nr. 1226. © Musée des Instruments de Musique, Bruxelles.

Abb. 4: Trompete aus Holz, Akazienholz und Messing, Victor-Charles Mahillon, Brüssel, 1880. Heute im Brüsseler Musikinstrumentenmuseum, Inv. Nr. 572. © Musée des Instruments de Musique, Bruxelles.

Hansjakob Ziemer: „Konzerthörer unter Beobachtung"
Abb. 1: Illustration von A. Palm zu Franz Joseph Stetter, „Concerttypen", in: *Leipziger Illustrirte Zeitung*, 6. Juni 1874, S. 436.

Manuela Schwartz: „Therapieren durch Musikhören"
Abb. 1: Illustation von Ralph Wilder zu Felix Borowski, „Unconsidered Trifles: Regarding Music as Medicine", in: *The Philharmonic. A Magazine Devoted to Music, Art, Drama* 2.2 (April 1902), S. 97–100, hier S. 98.
Abb. 2: Illustration zu Cornings Verfahren. Aus: James Leonard Corning, „The Use of Musical Vibrations Before and During Sleep. Supplementary Employment of Chromatoscopic Figures. A Contribution to the Therapeutics of the Emotions", in: *Medical Record* 55 (1899), S. 79–86, hier S. 82.

Camilla Bork: „Das Hör-Wissen des Musikers im Spiegel ausgewählter Violinschulen des 19. Jahrhunderts"
Abb. 1: Manuel Garcia, *Traité complet de l'art du chant*, Teil II, Paris 1847, S. 31.
Abb. 2: Carl Flesch, *Die Kunst des Violinspiels*, Bd. 1: *Allgemeine und angewandte Technik*, Berlin 1923, S. 18.
Abb. 3a und 3b: Louis Spohr, *Violinschule*, Wien 1833, S. 120.
Abb. 4: Louis Spohr, *Violinschule*, Wien 1833, S. 209 (Adagio aus dem 7. Violinkonzert von Pierre Rode).
Abb. 5: Pierre Baillots „Tableau des principaux accens qui déterminent le caractère. 1er caractère simple, naïf". Aus: Pierre Baillot, *L'art du violon*, Mainz/Anvers 1834, S. 193.
Abb. 6: Charles de Bériot, Méthode de Violon, op. 102, 3. Abt.: *Vom Vortrag und seinen Elementen*, dt./frz., Mainz 1898, S. 237.

Daniel Morat: „Parlamentarisches Sprechen und politisches Hör-Wissen im deutschen Kaiserreich"
Abb. 1: „Die Beglückwünschung des Fürsten Bismarck nach seiner Rede am 6. Februar", Stich nach einer Zeichnung von Heinrich Lüders. Aus: *Illustrirte Zeitung*, 18. Februar 1888, S. 151.
Abb. 2: „Huldigung des Fürsten Bismarck bei seiner Rückkehr aus der Reichstagssitzung am 6. Februar", Originalzeichnung von E. Thiel. Aus: *Illustrirte Zeitung*, 18. Februar 1888, S. 153.
Abb. 3: Plenarsaal des Reichstags in der Leipziger Straße 4. Fotografie von Julius Braatz, 1889. Bundesarchiv, Bild 147-0978 / CC-BY-SA.

Britta Lange: „Die Konstruktion des Volks über Hör-Wissen"
Abb. 1a und 1b: Personalbogen zur Tonaufnahme mit Theophile Helme am 18. März 1940. Lautarchiv, Humboldt-Universität zu Berlin, LA 1637.

Auswahlbibliographie

Adorno, Theodor W.: „Zur gesellschaftlichen Lage der Musik", in: *Zeitschrift für Sozialforschung* 1 (1932), S. 103–124, 356–378.
Adorno, Theodor W.: „Über den Fetischcharakter der Musik und die Regression des Hörens", in: *Zeitschrift für Sozialforschung* 7 (1938), S. 321–356.
Adorno, Theodor W.: *Einleitung in die Musiksoziologie. Zwölf theoretische Vorlesungen*, 9. Aufl., Frankfurt a. M.: Suhrkamp, 1996.
Adorno, Theodor W.: *Gesammelte Schriften*, Bd. 19: *Musikalische Schriften VI*, hg. von Rolf Tiedemann, Frankfurt a. M.: Suhrkamp, 2003.
Applegate, Celia: *Bach in Berlin: Nation and Culture in Mendelssohn's Revival of the St. Matthew Passion*, Ithaca: Cornell University Press, 2005.
Atkinson, Niall: „The Republic of Sound: Listening to Florence at the Threshold of Renaissance", in: *I Tatti Studies in the Italian Renaissance* 16 (2013), S. 57–84.
Atkinson, Niall: *The Noisy Renaissance: Sound, Architecture, and Florentine Urban Life*, University Park, PA: Penn State University Press, 2016.
Auhagen, Wolfgang: „Zur Klangästhetik des Sinustons", in: Reinhard Kopiez et al. (Hg.), *Musikwissenschaft zwischen Kunst, Ästhetik und Experiment. Festschrift Helga de la Motte-Haber zum 60. Geburtstag*, Würzburg: Königshausen und Neumann, 1998, S. 17–28.
Austin, John Langshaw: *How to Do Things with Words: The William James Lectures, delivered at Harvard University in 1955*, hg. von James O. Urmson und Marina Sbisà, Cambridge, MA: Harvard University Press, 1962.
Bacciagaluppi, Claudio, Roman Brotbeck und Anselm Gerhard (Hg.): *Zwischen schöpferischer Individualität und künstlerischer Selbstverleugnung. Zur musikalischen Aufführungspraxis im 19. Jahrhundert*, Schliengen: Edition Argus, 2009.
Baetens, Jan: *À voix haute. Poésie et lecture publique*, Brüssel: Les impressions nouvelles, 2016.
Baillot, Pierre: *L'Art du violon*, frz./dt., Mainz/Anvers: Schott, 1834.
Ballet, Gilbert: *Die innerliche Sprache und die verschiedenen Formen der Aphasie*, übers. von Paul Bongers, Leipzig/Wien: Deuticke, 1890.
Baumann, Felix: „Hören als aktiver Prozess. Was die Neurowissenschaft und Komponisten Neuer Musik über das Hören sagen", in: *Trajekte. Zeitschrift des Zentrums für Literatur- und Kulturforschung Berlin*, Nr. 29 (Oktober 2014), S. 33–42.
Bellingradt, Daniel: „The Early Modern City as a Resonating Box: Media, Public Opinion and the Urban Space of the Holy Roman Empire, Cologne and Hamburg, ca. 1700", in: *Journal of Early Modern History* 16 (2012), S. 201–240.
Bergeron, Katherine: *Voice Lessons: French Mélodie in the Belle Epoque*, Oxford: Oxford University Press, 2010.
Bériot, Charles de: *Méthode de violon, op. 102*, Erste Abteilung: *Elementartechnik*, Dritte Abteilung: *Vom Vortrag und seinen Elementen*, dt./frz., Mainz: Schott, 1898.
Berlioz, Hector: *Grand Traité d'instrumentation et d'orchestration moderne*, Paris: Henri Lemoine, 1844.
Berlioz, Hector: *Instrumentationslehre*, erweitert und ergänzt von Richard Strauss, Leipzig: Peters, 1905.
Berns, Jörg Jochen: „Herrscherliche Klangkunst und höfische Hallräume. Zur zeremoniellen Funktion akustischer Zeichen", in: Peter-Michael Hahn und Ulrich Schütte (Hg.), *Zeichen*

und Raum. Ausstattung und höfisches Zeremoniell in den deutschen Schlössern der Frühen Neuzeit, München: Deutscher Kunstverlag, 2006, S. 49–64.

Berns, Jörg Jochen: „Instrumenteller Klang und herrscherliche Hallräume in der Frühen Neuzeit. Zur akustischen Setzung fürstlicher *potestas*-Ansprüche in zeremoniellem Rahmen", in: Helmar Schramm, Ludger Schwarte und Jan Lazardzig (Hg.), *Instrumente in Kunst und Wissenschaft. Zur Architektonik kultureller Grenzen im 17. Jahrhundert*, Berlin: De Gruyter, 2006, S. 527–556.

Bijsterveld, Karin: *Mechanical Sound: Technology, Culture, and Public Problems of Noise in the Twentieth Century*, Cambridge, MA: MIT Press, 2008.

Bingham, Walter: „Studies in Melody", in: *The Psychological Review: Monograph Supplements* 12.3 (1910), S. 1–88.

Bingham, Walter: „Chapter 1: Introduction", in: Max Schoen (Hg.), *The Effects of Music*, London: Paul, Trench, Trubner & Co., 1927, S. 1–8.

Birgfeld, Johannes: „Klopstock, the Art of Declamation and the Reading Revolution: An Inquiry into One Author's Remarkable Impact on the Changes and Counter-Changes in Reading Habits between 1750 and 1800", in: *Journal for Eighteenth-Century Studies* 31.1 (2008), S. 101–117.

Bose, Fritz: *Lieder der Völker. Die Musikplatten des Instituts für Lautforschung an der Universität Berlin. Katalog und Einführung*, Berlin: M. Hesse, o. J. [1936].

Bose, Fritz: „Klangstile als Rassenmerkmale", in: *Zeitschrift für Rassenkunde* 14 (1943/44), S. 78–97, 208–224.

Bott, Marie-Luise, Britta Lange und Roland Meyer: *Das Lager als Sprachlabor*, Stuttgart: Steiner [in Vorbereitung].

Bourdieu, Pierre: „The Political Field, the Social Science Field, and the Journalistic Field", in: Rodney Benson und Erik Neveu (Hg.), *Bourdieu and the Journalistic Field*, Cambridge/Malden: Polity Press, 2005, S. 29–47.

Brain, Robert M.: „Representation on the Line: Graphic Recording Instruments and Scientific Modernism", in: Bruce Clarke und Linda Dalrymple Henderson (Hg.), *From Energy to Information: Representation in Science and Technology*, Stanford, CA: Stanford University Press, 2002, S. 155–177.

Brandstetter, Gabriele: „Die Stimme und das Instrument. Mesmerismus als Poetik in E. T. A. Hoffmanns ‚Rat Krespel'", in: Brandstetter (Hg.), *Jacques Offenbachs „Hoffmanns Erzählungen". Konzeption, Rezeption, Dokumentation*, Laaber: Laaber-Verlag, 1988, S. 15–39.

Brandt, Eduard: „Ueber Verschiedenheit des Klanges (Klangfarbe)", in: *Annalen der Physik und Chemie* 188 (1861), S. 324–336.

Brown, Clive: „Portamento", in: Brown (Hg.), *Classical and Romantic Performing Practice 1750–1900*, New York u. a.: Oxford University Press, 1999, S. 558–587.

Bruhn, Herbert, Reinhard Kopiez und Andreas C. Lehmann (Hg.): *Musikpsychologie. Das neue Handbuch*, Reinbek: Rowohlt, 2008.

Burke, Edmund: *A Philosophical Enquiry into the Origin of our Ideas of the Sublime and Beautiful*, Oxford/New York: Oxford University Press, 1990.

Burke, Peter: *Papier und Marktgeschrei. Die Geburt der Wissensgesellschaft*, Berlin: Wagenbach, 2001.

Burke, Peter: *What is the History of Knowledge?*, Cambridge/Malden: Polity Press, 2015.

Burkhardt, Armin: *Das Parlament und seine Sprache. Studien zu Theorie und Geschichte parlamentarischer Kommunikation*, Tübingen: Niemeyer/De Gruyter, 2003.

Caduff, Corina: *Die Literarisierung von Musik und bildender Kunst um 1800*, München: Fink, 2003.
Cage, John: *Silence: Lectures and Writings*, Middletown, CT: Wesleyan University Press, 1961.
Camlot, Jason: „Early Talking Books: Spoken Recordings and Recitation Anthologies, 1880–1920", in: *Book History* 6 (2003), S. 147–173.
Chervin, Arthur: *Exercices de lecture à haute voix et de recitation, divisions élémentaires: prononciation française, Methode Chervin*, Paris: Chervin, 1880.
Chervin, Claudius: „Principes de lecture à haute voix: de recitation, de conversation et d'improvisation", in: *La Voix parlée et chantée* 2 (1891), S. 212–251, 257–302, 321–346, 359–375.
Chion, Michel: *Audio-Vision: Sound on Screen*, New York: Columbia University Press, 1994.
Chladni, Ernst Florens Friedrich: *Die Akustik*, Leipzig: Breitkopf & Härtel, 1802.
Cook, Nicolas: *Music, Imagination, and Culture*, Oxford: Clarendon, 1990.
Darrigol, Olivier: „For a History of Knowledge", in: Kostas Gavroglu und Jürgen Renn (Hg.), *Positioning the History of Science*, Dordrecht: Springer, 2007, S. 33–34.
Darrigol, Olivier: „The Analogy between Light and Sound in the History of Optics from Malebranche to Thomas Young", in: *Physis. Rivista Internazionale di Storia della Scienza* 46 (2009), S. 111–217.
Daston, Lorraine, und Peter Galison: *Objektivität*, übers. von Christa Krüger, Frankfurt a. M.: Suhrkamp, 2007.
Daston, Lorraine, und Elizabeth Lunbeck: *Histories of Scientific Observation*, Chicago: University of Chicago Press, 2011.
Daum, Andreas: *Wissenschaftspopularisierung im 19. Jahrhundert. Bürgerliche Kultur, naturwissenschaftliche Bildung und die deutsche Öffentlichkeit 1848–1914*, 2., erg. Aufl., München: Oldenbourg, 2002.
Davis, William B.: „The First Systematic Experimentation in Music Therapy: The Genius of James Leonard Corning", in: *Journal of Music Therapy* 49.1 (Frühjahr 2012), S. 102–117.
Dell'Antonio, Andrew (Hg.): *Beyond Structural Listening? Postmodern Modes of Hearing*, Berkeley: University of California Press, 2004.
DeNora, Tia: *After Adorno: Rethinking Music Sociology*, Cambridge: Cambridge University Press, 2003.
DeNora, Tia: *Music in Everyday Life*, Cambridge: Cambridge University Press, 2010.
Derrida, Jacques: *Grammatologie*, übers. von Hans-Jörg Rheinberger und Hanns Zischler, Frankfurt a. M.: Suhrkamp, 1974 [*De la grammatologie*, Paris 1967].
Derrida, Jacques: *Die Schrift und die Differenz*, übers. von Rodolphe Gasché, Frankfurt a. M.: Suhrkamp, 1976 [*L'écriture et la différence*, Paris 1967].
Doegen, Wilhelm: *Doegens Unterrichtshefte für die selbständige Erlernung fremder Sprachen mit Hilfe der Lautschrift und der Sprechmaschine*, Bd. 1, Heft 1: *Englisch*, Berlin: Verlag Otto Schwartz, 1909.
Doegen, Wilhelm (Hg.): *Unter fremden Völkern. Eine neue Völkerkunde*, Berlin: Stollberg, 1925.
Doegen, Wilhelm: *Kulturkundliche Lautbücherei. In Verbindung mit Lautplatten für Unterricht und Wissenschaft*, Bd. 1: *Auswahl englischer Prosa und Poesie. Mit Anhang: 3 Tafeln zur Intonation, Proben graphisch dargestellter Satzmelodie*, Berlin: Lautverlag, 1925, Bd. 2: *Auswahl französischer Poesie und Prosa. Zusammengestellt und bearbeitet v. Dr. Paul Milléquant, mit einer Intonationstafel dargestellt v. Wilhelm Doegen*, Berlin/Leipzig: Lautverlag, 1926.

Dolan, Emily I.: *The Orchestral Revolution: Haydn and the Technologies of Timbre*, Cambridge u. a.: Cambridge University Press, 2013.
Dörner, Andreas, und Ludgera Vogt (Hg.): *Sprache des Parlaments und Semiotik der Demokratie. Studien zur politischen Kommunikation in der Moderne*, Berlin/New York: De Gruyter, 1995.
Dolar, Mladen: *His Master's Voice. Eine Theorie der Stimme*, übers. von Michael Adrian und Bettina Engels, Frankfurt a. M.: Suhrkamp, 2007.
Dunbar-Hester, Christina: „Listening to Cybernetics: Music, Machines, and Nervous Systems, 1950–1980", in: *Science, Technology, & Human Values* 35.1 (2010), S. 113–139.
Dupree, Mary Helen: „From ‚Dark Singing' to a Science of the Voice: Gustav Anton von Seckendorff, the Declamatory Concert and the Acoustic Turn Around 1800", in: *Deutsche Vierteljahrsschrift für Literaturwissenschaft und Geistesgeschichte* 86.3 (2012), S. 365–396.
Dupree, Mary Helen: „Sophie Albrechts Deklamationen. Schnittstellen zwischen Musik, Theater, und Literatur", in: Rüdiger Schütt (Hg.), *Die Albrechts – Erfolgsautor und Bühnenstar. Aufsätze zu Leben, Werk und Wirkung des Ehepaars Johann Friedrich Ernst Albrecht (1752–1814) und Sophie Albrecht (1757–1840)*, Hannover: Wehrhahn, 2015, S. 353–368.
Dupree, Mary Helen: „Theorie und Praxis der Deklamation um 1800", in: Nicola Gess und Alexander Honold (Hg.), *Handbuch Literatur und Musik* (= Handbücher zur kulturwissenschaftlichen Philologie 2), Berlin: De Gruyter, 2016, S. 362–370.
Dupree, Mary Helen, und Sean B. Franzel (Hg.): *Performing Knowledge, 1750–1850* (= Interdisciplinary German Cultural Studies 18), Berlin/Boston: De Gruyter, 2015.
Edison, Thomas: *Mood Music*, Orange, NJ: Thomas Edison Inc., 1921.
Edwards, Paul N.: „Noise, Communications, and Cognition", in: Edwards, *The Closed World: Computers and the Politics of Discourse in Cold War America*, Cambridge, MA: MIT Press, 1996, S. 209–237.
Ehrlich, Karoline: *Wie spricht man „richtig" Deutsch? Kritische Betrachtung der Aussprachenormen von Siebs, GWDA und Aussprache-Duden*, Wien: Praesens, 2008.
Eichhorn, Andreas: „Republikanische Musikkritik", in: Giselher Schubert und Wolfgang Rathert (Hg.), *Musikkultur in der Weimarer Republik*, Mainz: Schott, 2001, S. 198–212.
Ellis, Alexander J.: *On Early English Pronunciation, with Especial Reference to Shakspere and Chaucer*, 3 Bde., London: Asher & Co., 1869–1871.
Encke, Julia: *Augenblicke der Gefahr. Der Krieg und die Sinne 1914–1934*, München: Fink, 2006.
Ernst, Wolf-Dieter: „Subjekte der Zukunft. Die Schauspielschule und die Rhetorik der Institution", in: Friedemann Kreuder, Michael Bachmann, Julia Pfahl und Dorothea Volz (Hg.), *Theater und Subjektkonstitution. Theatrale Praktiken zwischen Affirmation und Subversion*, Bielefeld: transcript, 2012, S. 159–172.
Esquirol, Étienne: *Die Geisteskrankheiten in Beziehung zur Medizin und Staatsarzneikunde*, übers. von W. Bernhard, Berlin: Voss'sche Buchhandlung, 1838.
Feiereisen, Florence, und Alexandra Merley Hill (Hg.): *Germany in the Loud Twentieth Century: An Introduction*, Oxford/New York: Oxford University Press, 2011.
Felderer, Brigitte (Hg.): *Phonorama. Eine Kulturgeschichte der Stimme als Medium*, Katalog zur Ausstellung im Zentrum für Kunst und Medientechnologie Karlsruhe, 18.9.2004–30.1.2005, Berlin: Matthes & Seitz, 2004.

Fielitz, Wilhelm: *Das Stereotyp des wolhyniendeutschen Umsiedlers. Popularisierungen zwischen Sprachinselforschung und nationalsozialistischer Propaganda*, Marburg: N. G. Elwert, 2000.
Fischer-Lichte, Erika, und Jörg Schönert (Hg.): *Theater im Kulturwandel des 18. Jahrhunderts. Inszenierung und Wahrnehmung von Körper – Musik – Sprache*, Göttingen: Wallstein, 1999.
Flesch, Carl: *Die Kunst des Violinspiels*, Bd. 2: *Künstlerische Gestaltung und Unterricht*, Berlin: Ries und Erler, 1928.
Forkel, Johann Nikolaus: *Musikalisch-kritische Bibliothek*, 3 Bde., Gotha: Ettinger, 1778–1779.
Franzel, Sean: *Connected by the Ear: The Media, Pedagogy, and Politics of the Romantic Lecture*, Evanston, IL: Northwestern University Press, 2013.
Fried, Johannes, und Thomas Kailer (Hg.): *Wissenskulturen. Beiträge zu einem forschungsstrategischen Konzept*, Berlin: Akademie Verlag, 2003.
Frohne-Hagemann, Isabelle: *Rezeptive Musiktherapie*, Wiesbaden: Reichert, 2004.
Fuhrmann, Daniel: *„Herzohren für die Tonkunst". Opern- und Konzertpublikum in der deutschen Literatur des langen 19. Jahrhunderts*, Freiburg: Rombach, 2005.
García, Manuel: *Traité complet de l'art du chant par Manuel Garcia fils*, Mainz/Paris: Schott, 1840 (Teil 1), 1847 (Teil 2).
Gay, Peter: *Die Macht des Herzens. Das 19. Jahrhundert und die Erforschung des Ich*, München: Beck, 1997.
Geissner, Helmut: *Wege und Irrwege der Sprecherziehung. Personen, die vor 1945 im Fach anfingen und was sie schrieben*, St. Ingbert: Röhrig, 1997.
Gess, Nicola: *Gewalt der Musik. Literatur und Musikkritik um 1800*, 2. Aufl., Freiburg: Rombach, 2011.
Gess, Nicola: „Ideologies of Sound: Longing for Presence from the Eighteenth Century until Today", in: *Journal for Sonic Studies* 10 (2015); online unter: https://www.researchcatalogue.net/view/220291/220292 (22.2.2017).
Gess, Nicola: „,Hoffmanns Erzählungen' erzählen, oder: Die Oper als Erzählung", in: Pascal Nicklas (Hg.), *Literatur und Musik*, Berlin: De Gruyter [in Vorbereitung].
Gess, Nicola, und Sandra Janßen (Hg.): *Wissens-Ordnungen. Zu einer historischen Epistemologie der Literatur*, Berlin: De Gruyter, 2014.
Gethmann, Daniel (Hg.): *Klangmaschinen zwischen Experiment und Medientechnik*, Bielefeld: transcript, 2010.
Gibling, Sophie P.: „Types of Musical Listening", in: *Musical Quarterly* 3.3 (1917), S. 385–389.
Göbel, Hanna Katharina, und Sophia Prinz (Hg.): *Die Sinnlichkeit des Sozialen. Wahrnehmung und materielle Kultur*, Bielefeld: transcript, 2015.
Goehr, Lydia: *The Quest for Voice: Music, Politics, and the Limits of Philosophy*, Berkeley/Los Angeles: University of California Press, 1998.
Goldberg, Hans-Peter: *Bismarck und seine Gegner. Die politische Rhetorik im kaiserlichen Reichstag*, Düsseldorf: Droste, 1998.
Göttert, Karl-Heinz: *Geschichte der Stimme*, München: Fink, 1998.
Göttert, Karl-Heinz: *Mythos Redemacht. Eine andere Geschichte der Rhetorik*, Frankfurt a. M.: Fischer, 2015.
Gramit, David: *Cultivating Music: The Aspirations, Interests, and Limits of German Musical Culture, 1770–1848*, Berkeley: University of California Press, 2002.
Grimes, Nicole, Siobhán Donovan und Wolfgang Marx (Hg.): *Rethinking Hanslick: Music, Formalism, and Expression*, Rochester, NY: University of Rochester Press, 2013.

Halliday, Sam: *Sonic Modernity: Representing Sound in Literature, Culture and the Arts*, Edinburgh: Edinburgh University Press, 2013.
Hanslick, Eduard: *Vom Musikalisch-Schönen. Ein Beitrag zur Revision der Ästhetik der Tonkunst* [1854], 2 Teile, hg. v. Dietmar Strauß, Mainz u. a.: Schott, 1990.
Hanslick, Eduard: *Sämtliche Schriften*, Bd. 1.1–7, hg. und komm. von Dietmar Strauß, Wien/Köln/Weimar: Böhlau, 1993–2011.
Häntzschel, Günter: „Die häusliche Deklamationspraxis: Ein Beitrag zur Sozialgeschichte der Lyrik in der zweiten Hälfte des 19. Jahrhunderts", in: Häntzschel, John Ormrod und Karl N. Renner (Hg.), *Zur Sozialgeschichte der deutschen Literatur von der Aufklärung bis zur Jahrhundertwende. Einzelstudien* (= Studien und Texte zur Sozialgeschichte der Literatur 13), Tübingen: Niemeyer, 1985, S. 203–233.
Harvith, John, und Susan Edwards Harvith (Hg.): *Edison, Musicians, and the Phonograph: A Century in Retrospect*, Westport: Greenwood Press, 1987.
Heesen, Anke te: „Naturgeschichte des Interviews", in: *Merkur* 67.4 (2013), S. 317–328.
Heesen, Anke te: „,Ganz Aug', ganz Ohr'. Hermann Bahr und das Interview um 1900", in: Torsten Hoffmann und Gerhard Kaiser (Hg.), *Echt inszeniert. Interviews in Literatur und Literaturbetrieb*, Paderborn: Fink, 2014, S. 129–150.
Heesen, Anke te, und Emma Spary (Hg.): *Sammeln als Wissen. Das Sammeln und seine wissenschaftsgeschichtliche Bedeutung*, Göttingen: Wallstein, 2001.
Helmholtz, Hermann von: „Ueber die Klangfarbe der Vocale", in: *Annalen der Physik und Chemie* 108 (1859), S. 280–290.
Helmholtz, Hermann von: *Die Lehre von den Tonempfindungen als physiologische Grundlage für die Theorie der Musik*, Braunschweig: Vieweg, 1863.
Helmreich, Stefan: „An Anthropologist Underwater: Immersive Soundscapes, Submarine Cyborgs, and Transductive Ethnography", in: *American Ethnologist* 34.4 (2007), S. 621–641.
Helmreich, Stefan: „Gravity's Reverb: Listening to Space-Time, or Articulating the Sounds of Gravitational-Wave Detection", in: *Cultural Anthropology* 31.4 (2016), S. 464–492.
Hermann, Karl: *Die Technik des Sprechens, begründet auf der naturgemässen Bildung unserer Sprachlaute. Ein Handbuch für Stimm-Gesunde und -Kranke. Neu durchgesehen und teilweise umgearbeitet von Berthold Held, Leiter der Schauspielschule des Deutschen Theaters zu Berlin*, Leipzig/Frankfurt a. M.: Kesselringische Hofbuchhandlung, 1930.
Hodges, Donald A.: „Bodily Responses to Music", in: Susan Hallam, Ian Cross und Michael Thaut (Hg.), *The Oxford Handbook of Music Psychology*, Oxford: Oxford University Press, 2009, S. 121–130.
Hollmach, Uwe: *Untersuchungen zur Kodifizierung der Standardaussprache in Deutschland*, Frankfurt a. M. u. a.: Peter Lang, 2007.
Honneth, Axel: *Unsichtbarkeit. Stationen einer Theorie der Intersubjektivität*, Frankfurt a. M.: Suhrkamp, 2003.
Hornbostel, Erich Moritz von: *Tonart und Ethos. Aufsätze zur Musikethnologie und Musikpsychologie*, hg. von Christian Kaden und Erich Stockmann, Leipzig: Reclam, 1986.
Hui, Alexandra: „Sound Objects and Sound Products: Creating a New Culture of Listening in the First Half of the Twentieth Century", in: *Culture Unbound: Journal of Current Cultural Research* 4 (2012), S. 599–616.
Hui, Alexandra: *The Psychophysical Ear: Musical Experiments, Experimental Sounds, 1840–1910*, Cambridge, MA: MIT Press, 2013.

Jackson, Myles W.: *Harmonious Triads: Physicists, Musicians, and Instrument Makers in Nineteenth-Century Germany*, Cambridge, MA: MIT Press, 2006.
Jahrbuch der Deutschen Gesellschaft für Musikpsychologie, Bd. 20: *Musikalisches Gedächtnis und musikalisches Lernen*, Göttingen: Hogrefe, 2009.
Johnson, James H.: *Listening in Paris: A Cultural History*, Berkeley u. a.: University of California Press, 1995.
Kaden, Christian: „Auditive Analyse. Kritik des Selbstverständlichen", in: *Beiträge zur Musikwissenschaft* 32.1 (1990), S. 81–87.
Kahn, Douglas: *Earth Sound Earth Signal: Energies and Earth Magnitude in the Arts*, Berkeley: University of California Press, 2013.
Kahn, Douglas: *Noise, Water, Meat: A History of Sound in the Arts*, Cambridge, MA/London: MIT Press, 1999.
Kaplan, Judy: „‚Voices of the People': Linguistic Research Among Germany's Prisoners of War During World War I", in: *Journal of the History of the Behavioral Sciences* 49.3 (Sommer 2013), S. 281–305.
Karbusicky, Vladimir: „Zur empirisch-soziologischen Musikforschung", in: Bernhard Dopheide, (Hg.), *Musikhören*, Darmstadt: Wissenschaftliche Buchgesellschaft, 1975, S. 280–329.
Kelman, Ari Y.: „Rethinking the Soundscape: A Critical Genealogy of a Key Term in Sound Studies", in: *The Senses & Society* 5.2 (2010), S. 212–234.
Kennaway, James (Hg.): *Music and the Nerves, 1700–1900*, New York: Palgrave Macmillan, 2014.
Kimber, Marian Wilson: „Mr. Riddle's Readings: Music and Elocution in Nineteenth-Century Concert Life", in: *Nineteenth Century Studies* 21 (2007), S. 163–181.
Kittler, Friedrich: *Grammophon, Film, Typewriter*, Berlin: Brinkmann & Bose, 1986.
Kittler, Friedrich, Thomas Macho und Sigrid Weigel (Hg.): *Zwischen Rauschen und Offenbarung. Zur Kulturgeschichte der Stimme*, Berlin: Akademie Verlag, 2002.
Kohler, Robert E.: „Finders, Keepers: Collecting Sciences and Collecting Practice", in: *History of Science* 45.4 (2007), S. 428–454.
Köhnen, Ralph: *Das optische Wissen. Mediologische Studien zu einer Geschichte des Sehens*, München: Fink, 2009.
Korstvedt, Benjamin M.: „Reading Music Criticism beyond the Fin-de-siècle Vienna Paradigm", in: *Musical Quarterly* 94.1–2 (2011), S. 156–210.
Kramer, Cheryce: *A Fool's Paradise: The Psychiatry of „Gemüth" in a Biedermeier Asylum*, unveröff. Diss., University of Chicago/UMI, 1998.
Kramer, Gregory (Hg.): *Auditory Display: Sonification, Audification, and Auditory Interfaces*, Reading, MA: Addison-Wesley, 1994.
Krämer, Sybille: „Sprache – Stimme – Schrift. Sieben Gedanken über Performativität als Medialität", in: Uwe Wirth (Hg.), *Performanz. Zwischen Sprachphilosophie und Kulturwissenschaften*, Frankfurt a. M.: Suhrkamp, 2002, S. 323–346.
Kümmel, Werner Friedrich: *Musik und Medizin. Ihre Wechselbeziehungen in Theorie und Praxis von 800 bis 1800*, Freiburg/München: Alber, 1977
Kursell, Julia: *Schallkunst. Eine Literaturgeschichte der Musik in der frühen russischen Avantgarde* (= Wiener Slawistischer Almanach, Sonderband 61), Wien/München: Ges. zur Förderung Slawistischer Studien, 2003.
Kursell, Julia (Hg.): *Sounds of Science – Schall im Labor (1800–1930)*, Berlin: Max-Planck-Inst. für Wissenschaftsgeschichte, 2008.
Kursell, Julia, und Armin Schäfer: „Kräftespiel. Zur Dissymmetrie von Schall und Wahrnehmung", in: *Zeitschrift für Medienwissenschaft* 2 (2010), S. 24–40.

La Motte-Haber, Helga de, und Reinhard Kopiez (Hg.): *Der Hörer als Interpret*, Berlin u. a.: Peter Lang, 1995.
La Voix parlée et chantée. Anatomie, physiologie, hygiène et éducation, hg. von Arthur Chervin, 14 Bde. (Paris, 1890–1903).
Lachmund, Jens: *Der abgehorchte Körper. Zur historischen Soziologie der medizinischen Untersuchung*, Opladen: Westdeutscher Verlag, 1997.
Lacoue-Labarthe, Philippe: „The Echo of the Subject", in: Lacoue-Labarthe, *Typography: Mimesis, Philosophy, Politics*, hg. v. Christopher Fynsk, Cambridge, MA/London: Harvard University Press, 1989, S. 139–207.
Landwehr, Achim (Hg.): *Geschichte(n) der Wirklichkeit. Beiträge zur Sozial- und Kulturgeschichte des Wissens*, Augsburg: Wißner, 2002.
Lange, Britta: „Ein Archiv von Stimmen. Kriegsgefangene unter ethnografischer Beobachtung", in: Nikolaus Wegmann, Harun Maye und Cornelius Reiber (Hg.), *Original/Ton. Zur Mediengeschichte des O-Tons*, Konstanz: UVK, 2007, S. 317–341.
Latour, Bruno: „Visualization and Cognition: Drawing Things Together", in: *Knowledge and Society: Studies in the Sociology of Culture Past and Present* 6 (1986), S. 1–40.
Lauster, Martina: *Sketches of the Nineteenth Century: European Journalism and its Physiologies, 1830–50*, New York: Palgrave, 2007.
Le Guin, Elisabeth: „'One Says That One Weeps, but One Does Not Weep': ‚Sensible', Grotesque, and Mechanical Embodiments in Boccherini's Chamber Music", in: *Journal of the American Musicological Society* 55 (2002), S. 207–254.
Le Guin, Elisabeth: „This Matter of smorf: A Response to Berverly Jerold and Marco Magnani", in: *Journal of the American Musicological Society* 59 (2006), S. 465–472.
Leopold, Silke: „Die Musik der Generalbaßzeit", in: Hermann Danuser und Thomas Binkley (Hg.), *Musikalische Interpretation* (= Neues Handbuch der Musikwissenschaft 11), Laaber: Laaber-Verlag, 1992, S. 217–270.
Leppert, Richard: „The Social Discipline of Listening", in: Hans Erich Bödeker, Patrice Veit und Michael Werner (Hg.), *Le concert et son public. Mutations de la vie musicale en Europe de 1780 à 1914 (France, Allemagne, Angleterre)*, Paris: Éditions de la Maison des sciences de l'homme, 2002, S. 459–485.
Levin, David Michael (Hg.): *Modernity and the Hegemony of Vision*, Berkeley: University of California Press, 1993.
Levin, Thomas Y., und Michael von der Linn: „Elements of a Radio Theory: Adorno and the Princeton Radio Research Project", in: *The Music Quarterly* 78.2 (1994), S. 316–324.
Lichau, Karsten, Viktoria Tkaczyk und Rebecca Wolf (Hg.): *Resonanz. Potentiale einer akustischen Figur*, München: Fink, 2009.
Lichtenthal, Peter: *Der musikalische Arzt, oder: Abhandlung von dem Einfluße der Musik auf den Körper, und von ihrer Anwendung in gewissen Krankheiten; nebst einigen Winken zur Anhörung einer guten Musik*, Wien: Wappler und Beck, 1807.
Lipps, Theodor: „Zur Theorie der Melodie", in: *Zeitschrift für Psychologie und Physiologie der Sinnesorgane*, Bd. 27 (1902), S. 225–264.
Loenhoff, Jens (Hg.): *Implizites Wissen. Epistemologische und handlungstheoretische Perspektiven*, Weilerswist: Velbrück, 2012.
Lovisa, Fabian: *Musikkritik im Nationalsozialismus. Die Rolle deutschsprachiger Zeitschriften 1920–1945* (= Neue Heidelberger Studien zur Musikwissenschaft 22), Laaber: Laaber-Verlag, 1993.

Lubkoll, Christine: *Mythos Musik. Poetische Entwürfe des Musikalischen in der Literatur um 1800*, Freiburg: Rombach, 1995.
Mahillon, Victor-Charles: *Eléments d'acoustique musicale et instrumentale comprenant l'examen de la construction théorique de tous les instruments de musique en usage dans l'orchestration moderne*, Brüssel: Manufacture générale d'instruments de musique, 1874.
Mahillon, Victor-Charles: *Catalogue descriptif et analytique du Musée Instrumental du Conservatoire Royal de Musique de Bruxelles*, Bde. 1–4, Gent: Librairie Générale de Ad. Hoste, 1893.
Mahillon, Victor-Charles: *Notes théoriques et pratiques sur la résonance des colonnes d'air dans les tuyaux de la facture instrumentale*, Beaulieu-sur-Mer: St.-Jean-Cap-Ferrat, 1921.
Mahrenholz, Jürgen-Kornelius: „Zum Lautarchiv und seiner wissenschaftlichen Erschließung durch die Datenbank IMAGO", in: Marianne Bröcker (Hg.), *Traditionelle Musik von/ für Frauen. Bericht über die Jahrestagung des Nationalkomitees der Bundesrepublik Deutschland im International Council for Traditional Music (UNESCO) am 8. und 9. März 2002 in Köln. Freie Berichte* (= Berichte aus dem ICTM-Nationalkomitee Deutschland 12), Bamberg: Universitätsbibliothek, 2003, S. 131–152.
Mangani, Marco: „More on smorfioso", in: *Journal of the American Musicological Society* 59 (2006), S. 461–465.
Mansfield, Elizabeth (Hg.): *Art History and Its Institutions: Foundations of a Discipline*, London: Routledge, 2002.
Marchand, Suzanne L.: „Professionalizing the Senses: Art and Music History in Vienna, 1890–1920", in: *Austrian History Yearbook* 21 (1985), S. 23–57.
Matussek, Peter: „Déjà-entendu. Zur historischen Anthropologie des erinnernden Hörens", in: Günter Oesterle (Hg.), *Déjà-vu in Literatur und bildender Kunst*, München: Fink, 2003, S. 289–309.
Mehnert, Dieter: „Historische Schallaufnahmen – Das Lautarchiv an der Humboldt-Universität zu Berlin", in: Mehnert (Hg.), *Elektronische Sprachsignalverarbeitung. Tagungsband der siebenten Konferenz, Berlin, 25.–27. November 1996* (= Studientexte zur Sprachkommunikation 13), Dresden: TUDpress, 1996, S. 28–45.
Menke, Bettine: „Töne-Hören", in: Joseph Vogl (Hg.), *Poetologien des Wissens um 1800*, München: Fink, 1999, S. 69–95.
Menke, Bettine: *Prosopopoia. Stimme und Text bei Brentano, Hoffmann, Kleist und Kafka*, München: Fink, 2000.
Meumann, Ernst: „Untersuchungen zur Psychologie und Aesthetik des Rhythmus", in: *Philosophische Studien* 10 (1894), S. 249–322.
Meumann, Ernst: *Intelligenz und Wille*, Leipzig: Quelle & Meyer, 1908.
Meyer, Max: „Elements of a Psychological Theory of Melody", in: *Psychological Review* 3.3 (1900), S. 241–273.
Meyer, Max: „Experimental Studies in the Psychology of Music", in: *American Journal of Psychology* 14 (1903), S. 456–475.
Meyer, Max: „Unscientific Methods in Musical Esthetics", in: *Journal of Philosophy, Psychology and Scientific Methods* 1 (1904), S. 707–715.
Meyer, Max: *The Musician's Arithmetic: Drill Problems for an Introduction to the Scientific Study of Musical Composition*, Columbia, MO: University of Missouri Press, 1929.
Meyer-Kalkus, Reinhart: *Stimme und Sprechkünste im 20. Jahrhundert*, Berlin: Akademie Verlag, 2001.

Meyer-Kalkus, Reinhart: „Goethe als Vorleser, Sprecherzieher und Theoretiker der Vortragskunst", in: *Deutsche Vierteljahrsschrift für Literaturwissenschaft und Geistesgeschichte* 90 (2016) [in Vorbereitung].

Michels, Eckard: *Von der Deutschen Akademie zum Goethe-Institut. Sprach- und auswärtige Kulturpolitik 1923–1960*, München: Oldenbourg, 2005.

Milner, Stephen J.: „Citing the ‚Ringhiera': The Politics of Place and Public Address in Trecento Florence", in: *Italian Studies* 55 (2000), S. 53–82.

Milner, Stephen J.: „‚Fanno bandire, notificare, et expressamente comandare': Town Criers and the Information Economy of Renaissance Florence", in: *I Tatti Studies in the Italian Renaissance* 16 (2013), S. 107–151.

Milsom, David: *Theory and Practice in Late Nineteenth-Century Violin Performance: An Examination of Style in Performance, 1850–1900*, Aldershot u. a.: Ashgate, 2003.

Missfelder, Jan-Friedrich: „Period Ear. Perspektiven einer Klanggeschichte der Neuzeit", in: *Geschichte und Gesellschaft* 38 (2012), S. 21–47.

Missfelder, Jan-Friedrich: „Der Klang der Geschichte. Begriffe, Traditionen und Methoden der Sound History", in: *Geschichte in Wissenschaft und Unterricht* 66 (2015), S. 633–649.

Missfelder, Jan-Friedrich: „Verstärker. Hören und Herrschen bei Francis Bacon und Athanasius Kircher", in: Beate Ochsner und Robert Stock (Hg.), *sensAbility. Mediale Praktiken des Sehens und Hörens*, Bielefeld: transcript, 2016, S. 59–80.

Missfelder, Jan-Friedrich: „Ausrufen und Einflüstern. Klang, Ritual und Politik in Zürich, 1719", in: Christian Hesse, Daniela Schulte und Martina Stercken (Hg.), *Kommunale Selbstinszenierung*, Zürich: Chronos, 2017 [im Druck].

Missfelder, Jan-Friedrich: „Die Aufteilung des Hörbaren. Akustische Medien in der frühneuzeitlichen Stadt", in: Philip Hoffmann-Rehnitz und André Krischer (Hg.), *Mediengeschichte der frühneuzeitlichen Stadt* [in Vorbereitung].

Mixner, Manfred: „Der Aufstand des Ohrs", in: *Paragrana. Internationale Zeitschrift für Historische Anthropologie* 2.1–2 (1993), S. 29–39.

Morat, Daniel: „Der Sound der Heimatfront. Klanghandeln im Berlin des Ersten Weltkriegs", in: *Historische Anthropologie* 22.3 (2014), S. 350–363.

Morat, Daniel (Hg.): *Sounds of Modern History: Auditory Cultures in 19th- and 20th-Century Europe*, New York/Oxford: Berghahn Books, 2014.

Morat, Daniel, und Hansjakob Ziemer (Hg.): *Handbuch Sound. Geschichte – Begriffe – Ansätze*, Stuttgart: Metzler [in Vorbereitung für 2018].

Mornell, Adina: „Der verschlungene Pfad zum musikalischen Ziel. Absichtsvoll üben in drei Stufen auf dem Weg zur Expertise", in: Andreas Dorschel (Hg.), *Kunst und Wissen in der Moderne. Otto Kolleritsch zum 75. Geburtstag*, Wien u. a.: Böhlau, 2009, S. 273–288.

Mosch, Ulrich: „Hörwissen als implizites Wissen – zur philosophischen Diskussion", in: *Positionen. Texte zur aktuellen Musik* 105 (2015), S. 2–5.

Mugglestone, Lynda: *„Talking Proper": The Rise of Accent as Social Symbol*, Oxford: Clarendon, 1995.

Müller-Tamm, Jutta, Henning Schmidgen und Tobias Wilke (Hg.): *Gefühl und Genauigkeit – Empirische Ästhetik um 1900*, München: Fink, 2014.

Muzzulini, Daniel: *Genealogie der Klangfarbe* (= Varia Musicologica 5), Bern u. a.: Peter Lang, 2006.

Nancy, Jean Luc: *Zum Gehör*, übers. von Esther von der Osten, Zürich/Berlin: Diaphanes, 2010 [*A l'écoute*, Paris 2002].

Nettl, Bruno, und Philip V. Bohlman: *Comparative Musicology and Anthropology of Music: Essays on the History of Ethnomusicology*, Chicago: University of Chicago Press, 1991.
Notley, Margaret: „‚Volksconcerte' in Vienna and Late Nineteenth-Century Ideology of the Symphony", in: *Journal of the American Musicological Society* 50.2–3 (1997), S. 421–453.
Novak, David, und Matt Sakakeeny (Hg.): *Keywords in Sound*, Durham/London: Duke University Press, 2015.
Paddison, Max: *Adorno's Aesthetics of Music*, Cambridge/New York: Cambridge University Press, 1993.
Pantalony, David: *Altered Sensations: Rudolph Koenig's Acoustical Workshop in Nineteenth-Century Paris*, Dordrecht u. a.: Springer, 2009.
Paul, Gerhard, und Ralph Schock (Hg.): *Sound des Jahrhunderts. Geräusche, Töne, Stimmen 1889 bis heute*, Bonn: Bundeszentrale für politische Bildung, 2013.
Pesic, Peter, und Axel Volmar: „Pythagorean Longings and Cosmic Symphonies: The Musical Rhetoric of String Theory and the Sonification of Particle Physics", in: *Journal of Sonic Studies* 8 (2014), ohne Paginierung.
Pillot-Loiseau, Claire: „Place de l'acoustique dans le revue *La Voix parlée et chantée*", in: Danièle Pistone (Hg.), *La Voix parlée et chantée. Etude et indexation d'un périodique français*, Sonderausgabe des *Observatoire musical français*, Serie „Conférences et Séminaires", 47 (2011), S. 32–44.
Pinch, Trevor, und Karin Bijsterveld (Hg.): *The Oxford Handbook of Sound Studies*, Oxford u. a.: Oxford University Press, 2012.
Polanyi, Michael: *Implizites Wissen*, Frankfurt a. M.: Suhrkamp, 1985.
Pontvik, Aleks: „Krankheit und Heilung in der Musik", in: *Schweizer musikpädagogische Blätter* 41.15 (1953), S. 11–18.
Pontvik, Aleks: „Psychorhythmie", in: *Schweizer musikpädagogische Blätter* 42.2 (1954), S. 61–66.
Pontvik, Aleks: *Der tönende Mensch. Gesammelte musiktherapeutische Schriften* (= Heidelberger Schriften zur Musiktherapie 9), Stuttgart/Jena/Lübeck/Ulm: G. Fischer, 1996.
Pritchard, Matthew: „Who Killed the Concert? Heinrich Besseler and the Inter-War Politics of Gebrauchsmusik", in: *Twentieth-Century Music* 8.1 (2011), S. 29–48.
Purschke, Christoph. „‚Wenn jüm von Diekbou hört und leest ...' Itzehoe im ‚Lautdenkmal reichsdeutscher Mundarten zur Zeit Adolf Hitlers'", in: *Niederdeutsches Wort* 52 (2012), S. 70–110.
Rancière, Jacques: *Die Aufteilung des Sinnlichen. Die Politik der Kunst und ihre Paradoxien*, hg. von Maria Muhle, Berlin: b_books, 2006.
Rasch, Kurt: „Musikwissenschaft und Beruf. Ein Versuch zu einem organisatorischen Abriß", in: *Zeitschrift für Musikwissenschaft* 15.2 (1932), S. 69–76.
Raudnitz, Leopold: *Die Musik als Heilmittel, oder Der Einfluß der Musik auf Geist und Körper des Menschen, und deren Anwendung in verschiedenen Krankheiten*, Prag: Gottlieb Haase, 1840.
Rehding, Alexander: *Hugo Riemann and the Birth of Modern Musical Thought*, Cambridge: Cambridge University Press, 2003.
Reik, Theodore: *The Haunting Melody: Psychoanalytic Experiences in Life and Music*, New York: Farrar, Straus and Young, 1953.
Reimer, Erich: „Kenner – Liebhaber – Dilettant", in: Hans Heinrich Eggebrecht (Hg.), *Handwörterbuch der musikalischen Terminologie*, Stuttgart: Steiner, 1972, S. 1–17.

Reuter, Christoph: *Klangfarbe und Instrumentation. Geschichte – Ursachen – Wirkung*, Frankfurt a. M.: Peter Lang, 2002.
Rheinberger, Hans-Jörg: *Experimentalsysteme und epistemische Dinge. Eine Geschichte der Proteinsynthese im Reagenzglas*, Göttingen: Wallstein, 2001.
Rheinberger, Hans-Jörg, und Staffan Müller-Wille: *Vererbung. Geschichte und Kultur eines biologischen Konzepts*, Frankfurt a. M.: Fischer, 2009.
Rice, Tom: „Learning to Listen: Auscultation and the Transmission of Auditory Knowledge", in: *Journal of the Royal Anthropological Institute* 16 (2010), S. 41–61.
Rice, Tom: *Hearing and the Hospital: Sound, Listening, Knowledge and Experience*, Canon Pyon: Sean Kingston Publishing, 2013.
Rieger, Matthias: *Helmholtz Musicus. Die Objektivierung der Musik im 19. Jahrhundert durch Helmholtz' Lehre von den Tonempfindungen*, Darmstadt: Wissenschaftliche Buchgesellschaft, 2006.
Riemann, Hugo: *Musik-Lexikon*, Leipzig: Bibliographisches Institut, 1882.
Rochlitz, Friedrich: „Die Verschiedenheit der Urtheile über Werke der Tonkunst", in: *Allgemeine Musikalische Zeitung*, Nr. 32 (8.5.1799), S. 497–506.
Roedemeyer, Friedrichkarl: *Vom künstlerischen Sprechen, zugleich eine Einstellung auf die von der Lautabteilung (Prof. Doegen) der Preuß. Staatsbibliothek Berlin vorgesehene Lautausgabe „Das künstlerische Sprechen"*, Frankfurt a. M.: Blazek & Bergmann, 1924.
Roedemeyer, Friedrichkarl: *Der Einsatz der Schallplatte in Forschung und Unterricht*, Berlin: Otto Stollberg, 1939.
Roosth, Sophia: „Screaming Yeast: Sonocytology, Cytoplasmic Milieus, and Cellular Subjectivities", in: *Critical Inquiry* 35.2 (2009), S. 332–350.
Rosengard Subotnik, Rose: *Deconstructive Variations: Music and Reason in Western Society*, Minneapolis: University of Minnesota Press, 1996.
Rosenzweig, Mark R., und Geraldine Stone: „Wartime Research in Psycho-Acoustics", in: *Review of Educational Research* 18.6 (1948), S. 642–654.
Rousseau, Jean Jacques: *Dictionnaire de musique*, Paris: Veuve Duchesne, 1768.
Rousseau, Jean-Jacques: *Musik und Sprache. Ausgewählte Schriften*, hg. und übers. von Dorothea und Peter Gülke, Wilhelmshaven: Heinrichshofens Verlag, 1984.
Rousselot, Jean-Pierre: *Principes de phonétique expérimentale*, 2 Bde., Paris: H. Didier, 1897–1901.
Sachs, Curt: *Real-Lexikon der Musikinstrumente zugleich ein Polyglossar für das gesamte Instrumentengebiet* [1913], Hildesheim: Olms, 1979.
Sacks, Oliver: *Musicophilia: Tales of Music and the Brain*, London: Picador, 2007.
Salzer, Felix: *Structural Hearing: Tonal Coherence in Music*, New York: Charles Boni, 1952 (Bd. 1) u. 1962 (Bd. 2).
Sarasin, Philipp: „Was ist Wissensgeschichte?", in: *Internationales Archiv für Sozialgeschichte der deutschen Literatur* 36.1 (2011), S. 159–172.
Sarcey, Francisque: „Question de Prononciation", in: *La Voix parlée et chantée* 1 (1890), S. 12–16.
Schaeffer, Pierre: *Traité des objets musicaux*, Paris: Editions du Seuil, 1966.
Schafer, R. Murray: *Die Ordnung der Klänge. Eine Kulturgeschichte des Hörens*, übers. und neu hg. v. Sabine Breitsameter, Mainz: Schott, 2010.
Schirrmacher, Arne: „Kosmos, Koralle und Kultur-Milieu. Zur Bedeutung der populären Wissenschaftsvermittlung im späten Kaiserreich und in der Weimarer Republik", in: *Berichte zur Wissenschaftsgeschichte* 31.4 (2008), S. 353–371.

Schirrmacher, Arne: „Sounds and Repercussions of War: Mobilization, Invention and Conversion of First World War Science in Britain, France and Germany", in: *History and Technology* 32.3 (2016), S. 269–292.

Schmidt, Leigh Eric: *Hearing Things: Religion, Illusion, and the American Enlightenment*, Cambridge: Harvard University Press, 2002.

Schneider, Joh. Nikolaus: *Ins Ohr geschrieben. Lyrik als akustische Kunst zwischen 1750 und 1800*, Göttingen: Wallstein, 2004.

Schneider, Peter Joseph: *System einer medizinischen Musik. Ein unentbehrliches Handbuch für Medizin-Beflissene, Vorsteher der Irren-Heilanstalten, praktische Aerzte und unmusikalische Lehrer verschiedener Disciplinen*, 2 Bde., Bonn: Georgi, 1835.

Schocher, Christian Gotthold: *Soll die Rede auf immer ein dunkler Gesang bleiben, und können ihre Arten, Gänge und Beugungen nicht anschaulich gemacht, und nach Art der Tonkunst gezeichnet werden?*, Leipzig: Reinicke, 1791.

Schoen, Max (Hg.): *The Effects of Music*, London: Paul, Trench, Trubner & Co., 1927.

Schönberg, Arnold: *Harmonielehre* [1911], Wien: Universal Edition, 1922.

Schoon, Andi, und Axel Volmar (Hg.): *Das geschulte Ohr. Eine Kulturgeschichte der Sonifikation* (= Sound Studies 4), Bielefeld: transcript, 2012.

Schrage, Dominik: *Psychotechnik und Radiophonie. Subjektkonstitution in artifiziellen Wirklichkeiten 1918–1932*, München: Fink, 2001.

Schulz, Andreas, und Andreas Wirsching (Hg.): *Parlamentarische Kulturen in Europa. Das Parlament als Kommunikationsraum*, Düsseldorf: Droste, 2012.

Schulze, Holger: „Sound Studies", in: Stephan Moebius (Hg.), *Kultur. Von den Cultural Studies bis zu den Visual Studies. Eine Einführung*, Bielefeld: transcript, 2012, S. 242–257.

Schulze, Tobias: „Weihnachten in Krasna. Aufnahmen der Bessarabien-Deutschen Anisia Ziebart", in: Nepomuk Riva (Hg.), *Klangbotschaften aus der Vergangenheit. Forschungen zu Aufnahmen aus dem Berliner Lautarchiv*, Aachen: Shaker Verlag, 2014, S. 71–95.

Schumacher, Rudolf: *Die Musik in der Psychiatrie des 19. Jahrhunderts* (= Marburger Schriften zur Medizingeschichte 4), Frankfurt a. M./Bern: Peter Lang, 1982.

Schützeichel, Rainer (Hg.): *Handbuch Wissenssoziologie und Wissensforschung*, Konstanz: UVK, 2007.

Schwartz, Manuela: „Und es geht doch um die Musik. Zur musikalischen Heilkunde im 19. und 20. Jahrhundert (Teil 1)", in: *Musiktherapeutische Umschau* 33.2 (2012), S. 113–125.

Seckendorff, Gustav Anton von: *Vorlesungen über Mimik und Deklamation*, Bd. 1, Braunschweig: Vieweg, 1816.

Seibert, Willy: „Stimmung. Eine Mahnung", in: *Frankfurter Musik- und Theaterzeitung* 1.6 (1906), S. 3–4.

Serres, Michel: *Hermes*, Bd. II: *Interferenz*, Berlin: Merve, 1992.

Siebs, Theodor: *Deutsche Bühnenaussprache*, Berlin/Köln/Leipzig: Albert Ahn, 1898. – 13. Aufl. u. d. T. *Deutsche Bühnenaussprache. Hochsprache*, Bonn: Albert Ahn, 1922. – 19., umgearb. Aufl. u. d. T. *Siebs Deutsche Aussprache. Reine und gemäßigte Hochlautung mit Aussprachewörterbuch*, hg. von Helmut de Boor, Hugo Moser und Christian Winkler, Berlin: De Gruyter, 1969.

Sievers, Eduard: *Grundzüge der Phonetik zur Einführung in das Studium der Lautlehre der indogermanischen Sprachen*, 4. Aufl., Leipzig: Breitkopf & Härtel, 1893.

Sievers, Eduard: „Die Bedeutung der Phonetik für die Schulung der Aussprache", in: Theodor Siebs, *Deutsche Bühnenaussprache*, Berlin/Köln/Leipzig: Albert Ahn, 1898, S. 25–30.

Sloterdijk, Peter: „Klangwelt", in: Sloterdijk, *Der ästhetische Imperativ. Schriften zur Kunst*, hg. und mit einem Nachwort von Peter Weibel, Berlin: Philo & Philo Fine Arts, 2007, S. 8–82.

Speeth, Sheridan D.: „Seismometer Sounds", in: *The Journal of the Acoustical Society of America* 33 (1961), S. 909–916.

Spohr, Louis: *Violinschule*, Wien: Haslinger, 1833. – Reprint: München/Salzburg: Musikverlag B. Katzbichler, 2000.

Stangl, Justin: „Vom Dialog zum Fragebogen. Miszellen zur Geschichte der Umfrage", in: *Kölner Zeitschrift für Soziologie und Sozialpsychologie* 31 (1979), S. 611–637.

Sterne, Jonathan: *The Audible Past: Cultural Origins of Sound Reproduction*, Durham/London: Duke University Press, 2003.

Storck, Karl: *Die kulturelle Bedeutung der Musik. Die Musik als Kulturmacht des seelischen und geistigen Lebens*, Stuttgart: Greiner & Pfeiffer, 1906.

Sulzer, Johann Georg: *Allgemeine Theorie der Schönen Künste, in einzeln, nach alphabetischer Ordnung der Kunstwörter auf einander folgenden, Artikeln abgehandelt*, 2 Bde., Leipzig: Weidmanns Erben und Reich, 1771–1774.

Supper, Alexandra: *Lobbying for the Ear: The Public Fascination with and Academic Legitimacy of the Sonification of Scientific Data*, PhD diss., Maastricht University, 2012.

Supper, Alexandra: „Sublime Frequencies: The Construction of Sublime Listening Experiences in the Sonification of Scientific Data", in: *Social Studies of Science* 44 (2014), S. 34–58.

Supper, Alexandra, und Karin Bijsterveld: „Sounds Convincing: Modes of Listening and Sonic Skills in Knowledge Making", in: *Interdisciplinary Science Review* 40.2 (2015), S. 124–144.

Sweet, Henry: *A Primer of Spoken English*, Oxford: Clarendon, 1890.

Sweet, Henry: *The Practical Study of Languages: A Guide for Teachers and Learners*, London: Dent, 1899.

Tadday, Ulrich: *Die Anfänge des Musikfeuilletons. Der kommunikative Gebrauchswert musikalischer Bildung in Deutschland um 1800*, Stuttgart: Metzler, 1993.

Talbert, Marie Louis Ferdinand: „Orthographe et prononciation", in: *La Voix parlée et chantée* 2 (1891), S. 42–55.

Thompson, Emily: *The Soundscape of Modernity: Architectural Acoustics and the Culture of Listening in America, 1900–1933*, Cambridge, MA: MIT Press, 2002.

Thorau, Christian: „Werk, Wissen und touristisches Hören. Popularisierende Kanonbildung in Programmheften und Konzertführern", in: Klaus Pietschmann und Melanie Wald-Fuhrmann (Hg.), *Der Kanon der Musik*, München: edition text+kritik, 2013, S. 535–561.

Thorau, Christian, und Hansjakob Ziemer (Hg.): *The Oxford Handbook for the History of Music Listening in the 19th and 20th Centuries*, New York: Oxford University Press [in Vorbereitung].

Trinkner, Diana: „Von Spionen und Ohrenträgern, von Argusaugen und tönenden Köpfen. Anmerkungen zu Kontrollmechanismen in der Frühen Neuzeit", in: Bernhard Jahn, Thomas Rahn und Claudia Schnitzer (Hg.), *Zeremoniell in der Krise. Störung und Nostalgie*, Marburg: Jonas-Verlag, 1998, S. 61–77.

Ullmann, Dieter: *Chladni und die Entwicklung der Akustik von 1750–1860*, Basel/Boston/Berlin: Birkhäuser, 1996.

Utz, Christian: „Das zweifelnde Gehör. Erwartungssituationen als Module im Rahmen einer performativen Analyse tonaler und posttonaler Musik", in: *Zeitschrift der Gesellschaft für Musiktheorie* 10.2 (2013), S. 225–257.

Valleriani, Matteo (Hg.): *The Structures of Practical Knowledge*, Dordrecht: Springer, 2017.

Viëtor, Wilhelm: *Die Aussprache der in dem Wörterverzeichnis für die deutsche Rechtschreibung zum Gebrauch in den preußischen Schulen enthaltenen Wörter*, Heilbronn: Henninger, 1885.
Vogl, Joseph (Hg.): *Poetologien des Wissens um 1800*, München: Fink, 1999.
Volmar, Axel: „Listening to the Cold War: The Nuclear Test Ban Negotiations, Seismology, and Psychoacoustics, 1958–1963", in: *Osiris* 28 (2013), S. 80–102.
Volmar, Axel: *Klang-Experimente. Die auditive Kultur der Naturwissenschaften 1761–1961*, Frankfurt a. M.: Campus, 2015.
Volmar, Axel, und Jens Schröter (Hg.): *Auditive Medienkulturen. Techniken des Hörens und Praktiken der Klanggestaltung*, Bielefeld: transcript, 2013.
Wallaschek, Richard: „Das ästhetische Urteil und die Tageskritik", in: *Jahrbuch der Musikbibliothek Peters* 11 (1904), S. 57–76.
Weber, Friedrich August: „Von dem Einflusse der Musik auf den menschlichen Körper und ihrer medicinischen Anwendung", in: *Allgemeine Musikalische Zeitung* 4 (1801/02), Sp. 561–569 (26.5.1802), Sp. 577–589 (2.6.1802), Sp. 593–599 (9.6.1802), Sp. 609–617 (15.6.1802).
Weber, Gottfried: *Versuch einer geordneten Theorie der Tonsezkunst zum Selbstunterricht mit Anmerkungen für Gelehrtere*, Bd. 1: *Grammatik der Tonsezkunst*, Mainz: Schott, 1817.
Weger, Tobias: „Bühnensprache, Frisistik und schlesische Volkskunde – der Breslauer Germanist Theodor Siebs (1862–1941)", in: Marek Halub (Hg.), *Identitäten und kulturelles Gedächtnis*, Wrocław/Dresden: Neisse, 2013, S. 25–46.
Weinmann, Fritz: „Zur Struktur der Melodie", in: *Zeitschrift für Psychologie und Physiologie der Sinnesorgane*, Bd. 38 (1904), S. 234–239.
Weißmann, Adolf: „Die neue Musik und der Abonnent", in: *Musikblätter des Anbruch* 2 (1925), S. 75–77.
Weithase, Irmgard: *Anschauungen über das Wesen der Sprechkunst von 1775 bis 1825*, Berlin: Ebering, 1930.
Weithase, Irmgard: *Zur Geschichte der gesprochenen deutschen Sprache*, 2 Bde., Tübingen: Niemeyer, 1961.
Wellek, Albert: *Typologie der Musikbegabung im deutschen Volke. Grundlegung einer psychologischen Theorie der Musik und Musikgeschichte*, München: Beck, 1939.
Welsch, Wolfgang: „Auf dem Weg zu einer Kultur des Hörens?", in: *Paragrana. Internationale Zeitschrift für Historische Anthropologie* 2.1–2 (1993), S. 87–103.
Welsh, Caroline: *Hirnhöhlenpoetiken. Theorien zur Wahrnehmung in Wissenschaft, Ästhetik und Literatur um 1800*, Freiburg: Rombach, 2003.
Welsh, Caroline: „Zur psychologischen Traditionslinie ästhetischer Stimmung zwischen Aufklärung und Moderne", in: Anna-Katharina Gisbertz (Hg.), *Stimmung. Zur Wiederkehr einer ästhetischen Kategorie*, München: Fink, 2011, S. 131–155.
Westermann, Diedrich: „Bericht über Sprachaufnahmen in volksdeutschen Lagern", in: *Jahrbuch der Preußischen Akademie der Wissenschaften*, Jg. 1941, Berlin: De Gruyter [in Kommiss.], 1942, S. 166–170.
Whipple, Guy Montrose: „An Analytic Study of the Memory Image and the Process of Judgement in the Discrimination of Clangs and Tones", in: *The American Journal of Psychology* 12.4 (1901), S. 409–457.
Wiese, Leopold von: „Die Auswirkung des Rundfunks auf die soziologische Struktur unserer Zeit" [1930], in: Hans Bredow (Hg.), *Aus meinem Archiv. Probleme des Rundfunks*, Heidelberg: Vowinckel, 1950, S. 98–111.

Wilking, Stefan: *Der Deutsche Sprachatlas im Nationalsozialismus. Studien zu Dialektologie und Sprachwissenschaft zwischen 1933 und 1945* (= Germanistische Linguistik 173/174), Hildesheim/Zürich/New York: Olms, 2003.

Witasek, Stephan: „Über Lesen und Rezitieren in ihren Beziehungen zum Gedächtnis", in: *Zeitschrift für Psychologie und Physiologie der Sinnesorgane*, Bd. 44 (1907), S. 161–185.

Wolfe, Harry Kirke: „Untersuchungen über das Tongedächtnis", in: *Philosophische Studien* 3 (1886), S. 534–571.

Zamminer, Friedrich: *Die Musik und die musikalischen Instrumente in ihrer Beziehung zu den Gesetzen der Akustik*, Gießen: Ricker, 1855.

Ziemer, Hansjakob: *Die Moderne hören. Das Konzert als Forum der Moderne, 1890–1940*, Frankfurt a. M.: Campus, 2008.

Ziemer, Hansjakob: „Der ethnologische Blick: Paul Bekker und das Feuilleton zu Beginn des 20. Jahrhunderts", in: Hans-Joachim Hahn, Tobias Freimüller, Elisabeth Kohlhaas und Werner Konitzer (Hg.), *Kommunikationsräume des Europäischen – Jüdische Wissenskulturen jenseits des Nationalen*, Leipzig: Leipziger Universitätsverlag, 2014, S. 113–131.

Autorinnen und Autoren

Camilla Bork, Musikwissenschaftlerin, Professorin an der KU Leuven (Belgien), Mitglied der Jonge Academie België sowie der Sinergia Forschergruppe „Radiophonic Cultures". Arbeitsschwerpunkte: Geschichte und Ästhetik musikalischer Aufführung, insbes. Virtuosität, Stimme und Geschlecht, Visionen und Experimente radiophonen Komponierens. Buchveröffentlichungen: *Im Zeichen des Expressionismus. Kompositionen Paul Hindemiths im Kontext des Frankfurter Kulturlebens um 1920*, Mainz: Schott, 2006; (Mithg.) *Musikbezogene Genderforschung. Aktuelle und interdisziplinäre Perspektiven*, Hildesheim/Zürich/New York: Olms, 2012; *Virtuosität – Text – Performance* [in Vorbereitung].

Mary Helen Dupree, Literaturwissenschaftlerin, Professorin am German Department der Georgetown University in Washington, DC (USA). Arbeitsschwerpunkte: Literatur- und Theatergeschichte der deutschsprachigen Länder um 1800, Gender Studies, Theorien der Stimme und vokale Praktiken in Europa seit 1750. Letzte Buchveröffentlichungen: *The Mask and the Quill: Actress-Writers in Germany from Enlightenment to Romanticism*, Bucknell, PA: Bucknell University Press, 2011; (Mithg.) *Performing Knowledge, 1750–1850*, Berlin: De Gruyter, 2015.

Nicola Gess, Literatur- und Musikwissenschaftlerin, Professorin am Deutschen Seminar der Universität Basel (Schweiz); Co-Sprecherin der Sinergia-Forschergruppe „Ästhetik und Poetik des Staunens" sowie Leiterin des Forschungsmoduls „Visualität der Barockoper" im NCCR „eikones-Bildkritik". Buchveröffentlichungen u. a.: *Gewalt der Musik. Literatur und Musikkritik um 1800*, Freiburg: Rombach, 2011 in 2. Aufl.; *Primitives Denken. Kinder, Wilde und Wahnsinnige in der literarischen Moderne*, München: Fink, 2013; (Mithg.) *Wissens-Ordnungen. Zu einer historischen Epistemologie der Literatur*, Berlin: De Gruyter, 2014; (Mithg.) *Literatur und Musik* (= Handbücher zur kulturwissenschaftlichen Philologie 2), Berlin: De Gruyter, 2016.

Alexandra Hui, Historikerin, Professorin am Historischen Institut der Mississippi State University in Starkville (USA). Arbeitsschwerpunkte: Wissenschaftsgeschichte, Sinnesgeschichte, Kultur- und Intellektuellengeschichte von Klang und Umwelt. Letzte Buchveröffentlichung: *The Psychophysical Ear: Musical Experiments, Experimental Sounds, 1840–1910*, Cambridge, MA: MIT Press, 2013.

Julia Kursell, Musikwissenschaftlerin und Slawistin, Professorin für Musikwissenschaft und Co-Direktorin des Vossius Center for the History of Humanities and Sciences an der Universität von Amsterdam (Niederlande). Arbeitsschwerpunkte: Wissenschaftsgeschichte und Musik, v. a. im 19. und 20. Jahrhundert, Kompositionsgeschichte seit 1900. Mitherausgeberin der Zeitschrift *History of Humanities*. Die Monographie *Epistemologie des Hörens* über Helmholtz und Musik ist im Druck.

Britta Lange, Kulturwissenschaftlerin, wissenschaftliche Mitarbeiterin am Institut für Kulturwissenschaft der Humboldt-Universität zu Berlin. Arbeitsschwerpunkte: Kulturgeschichte und Kulturtechniken des 19. bis 21. Jahrhunderts, frühe Foto-, Film- und Tondokumente, koloniale und postkoloniale Konstellationen. Letzte Buchveröffentlichung: *Die Entdeckung Deutschlands. Science-Fiction als Propaganda*, Berlin: Verbrecher Verlag, 2014.

DOI 10.1515/9783110523720-017

Jan-Friedrich Missfelder, Historiker, Senior Researcher am NCCR „Mediality. Medienwandel – Medienwechsel – Medienwissen", Universität Zürich (Schweiz). Arbeitsschwerpunkte: Sinnesgeschichte, Klanggeschichte, Historische Anthropologie, Reformationsgeschichte, politische Ideengeschichte. Buchveröffentlichungen: *Das Andere der Monarchie. La Rochelle und die Idee der „monarchie absolue"*, München: Oldenbourg, 2012; (Mithg.) *Sound* (= Historische Anthropologie 22.3 [2014]); (Mithg.) *Mit allen Sinnen/Par tous les sens* (= Traverse. Zeitschrift für Geschichte/Revue d'histoire 21.5 [2015]).

Daniel Morat, Historiker, Dilthey-Fellow der Fitz Thyssen Stiftung am Friedrich-Meinecke-Institut der Freien Universität Berlin. Arbeitsschwerpunkte: Sinnesgeschichte, Ideen- und Intellektuellengeschichte, Stadtgeschichte. Letzte Buchveröffentlichungen: (mit Tobias Becker, Kerstin Lange, Johanna Niedbalski, Anne Gnausch, Paul Nolte) *Weltstadtvergnügen. Berlin 1880–1930*, Göttingen: Vandenhoeck & Ruprecht, 2016; (Hg.) *Sounds of Modern History: Auditory Cultures in 19th- and 20th-Century Europe*, New York/Oxford: Berghahn Books, 2014 (TB 2016).

Manuela Schwartz, Musikwissenschaftlerin, Professorin am Fachbereich Soziale Arbeit, Gesundheit und Medien der Hochschule Magdeburg/Stendal (University of Applied Sciences) und Mitherausgeberin der Reihe *Schriften zur politischen Musikgeschichte* bei Vandenhoeck & Ruprecht. Eine Monographie über historische Narrative zu Musik in der Medizin im 19. und 20. Jahrhundert ist in Vorbereitung.

Viktoria Tkaczyk, Theaterwissenschaftlerin, Leiterin der Forschungsgruppe „Epistemes of Modern Acoustics" am Max-Planck-Institut für Wissenschaftsgeschichte und Professorin für Wissensgeschichte des Akustischen am Institut für Kulturwissenschaft der Humboldt-Universität zu Berlin; Mitglied der Jungen Akademie an der Berlin-Brandenburgischen Akademie der Wissenschaften. Für ihr Buch *Himmels-Falten. Zur Theatralität des Fliegens in der Frühen Neuzeit* (München: Fink, 2011) erhielt sie den Ernst-Reuter-Preis sowie den ASCA Book Award. Aktuell arbeitet sie an dem Projekt „Sounds of the Mind, 1860–1930".

Axel Volmar, Medienwissenschaftler, wissenschaftlicher Mitarbeiter im SFB 1187 „Medien der Kooperation" an der Universität Siegen. Arbeitsschwerpunkte: Sinnesgeschichte, Mediengeschichte, Wissenschaftsgeschichte, Medien und Zeitlichkeit. Buchveröffentlichungen: *Klang-Experimente. Die auditive Kultur der Naturwissenschaften 1761–1961*, Frankfurt a. M.: Campus, 2015; (Hg.) *Zeitkritische Medien*, Berlin: Kadmos, 2009; (Mithg.) *Das geschulte Ohr. Eine Kulturgeschichte der Sonifikation*, Bielefeld, transcript, 2012; (Mithg.) *Auditive Medienkulturen. Techniken des Hörens und Praktiken der Klanggestaltung*, Bielefeld: transcript, 2013; (Mithg.) *Von akustischen Medien zur auditiven Kultur. Zum Verhältnis von Medienwissenschaft und Sound Studies* (= Navigationen. Zeitschrift für Medien- und Kulturwissenschaften 15.2 [2015]).

Rebecca Wolf, Musikwissenschaftlerin, Leiterin der Leibniz-Forschergruppe „Die Materialität der Musikinstrumente. Neue Ansätze einer Kulturgeschichte der Organologie" am Deutschen Museum in München. Arbeitsschwerpunkte: Organologie, Musikautomaten, Musik in Krieg und Frieden. Für die Veröffentlichung des Webportals *Notenrollen für selbstspielende Klaviere* (https://digital.deutsches-museum.de/projekte/notenrollen/) wurde sie mit dem Publikationspreis 2015 des Deutschen Museums ausgezeichnet.

Hansjakob Ziemer, Historiker, Wissenschaftlicher Mitarbeiter und Leiter Kooperationen und Kommunikation am Max-Planck-Institut für Wissenschaftsgeschichte in Berlin. Arbeitsschwerpunkte: Geschichte des Hörens und des Konzerts, Geschichte des Journalismus, Emotionengeschichte. Letzte und vorbereitete Buchveröffentlichungen: *Die Moderne hören: Das Konzert als urbanes Forum 1890–1940*, Frankfurt a. M.: Campus, 2008; (Hg. mit Christian Thorau) *The Oxford Handbook for the History of Music Listening*, New York: Oxford University Press [voraussichtlich 2018].

Personenregister

Aber, Adolf 195, 200, 201
Abraham, Karl 256, 257
Adelung, Johann Christoph 97
Adorno, Theodor W. 186, 200, 201, 202, 203, 204, 205
Albrecht, Sophie 101
Altenburg, Johann Ernst 164
Angell, James Rowland 43, 53, 54, 56, 57
Arnim, Achim von 255
Arnim-Muskau, Traugott Hermann Graf von 312
Austin, Gilbert 99, 101
Austin, John L. 124
Bach, Johann Sebastian 25, 155, 158, 162, 165, 166, 167, 168, 170, 173, 180, 197, 207, 231
Baetens, Jan 113
Baillot, Pierre 236, 240, 241, 242, 245, 246, 247, 248, 250
Ballet, Gilbert 140, 141
Barbier, Jules 276
Bardoux, Agénor 108
Barron, Bebe 73
Barron, Louis 73
Bary, René 99
Barzin, Leon 238
Beethoven, Ludwig van 196, 220, 246, 276
Bekker, Paul 195, 200, 202
Bell, Melville 119
Benjamin, Walter 226
Beranek, Leo Leroy 76, 77, 78
Bériot, Charles-Auguste de 240, 241, 242, 248, 250
Berlioz, Hector 153, 169
Bernhardt, Sarah 102, 107, 128, 129
Bernier, Nicolas 210
Bertillon, Alphonse 104
Besseler, Heinrich 199
Biefang, Andreas 305, 328
Biene, Auguste van 225
Bijsterveld, Karin 3
Bingham, Walter Van Dyke 7, 41, 42, 43, 44, 45, 46, 47, 48, 49, 50, 51, 52, 53, 54, 55, 56, 57, 58, 59, 60, 61, 63, 64

Bismarck, Otto von 305, 307, 308, 318, 319, 320, 321, 322, 323, 324, 325, 326, 328
Blümner, Hugo 322
Boccherini, Luigi Rodolfo 246
Boehm, Theobald 177, 178
Bonny, Helen 232
Börne, Ludwig 194
Borowski, Felix 225
Bose, Fritz 340, 341, 342
Boudet de Paris, Maurice 229
Bourdieu, Pierre 206
Brain, Robert M. 118
Brandl, Alois 337
Brandt, Eduard 21, 32, 33, 34
Brauer, Arthur von 320
Bréal, Michel 118, 127
Brecht, Bertolt 138
Brémont, Léon 107, 112, 129
Brentano, Clemens 255
Broca, Paul 104, 116
Brown, Clive 242
Brown, John 210
Brün, Herbert 73
Brunot, Ferdinand 129
Bruyninckx, Joeri 24
Buisson, Ferdinand 127
Bürger, Elise 101
Burke, Edmund 277, 278, 279, 280, 281, 282, 283, 286
Cage, John 73, 78, 81
Camprubi, Lino 85, 86
Caruth, Cathy 257, 258, 273
Chervin, Arthur 9, 10, 103, 104, 107, 108, 109, 111, 112, 116, 118, 121, 155, 156, 162, 164, 165, 166, 167, 168, 170, 172, 174, 178, 179, 180, 181
Chervin, Claudius 103, 107, 108, 109, 110, 111, 112, 113, 114, 115, 116, 117
Chion, Michel 261, 278
Chladni, Ernst Florens Friedrich 117, 175, 177, 272
Cicero 325
Clairon, Hippolyte 100
Cocconi, Giuseppe 89

Corning, James Leonard 228, 229, 230, 231
Coulon, Karl Albert 345
Dahlhaus, Carl 172, 173, 174
Dambeck, Johann Heinrich 221
Danzmann, Karsten 67
Darmstaedter, Ludwig 336
Daston, Lorraine 86
de Boor, Helmut 150
Debussy, Claude 169
Demosthenes 325
DeNora, Tia 203, 253, 255, 259
Derrida, Jacques 136, 275
Descartes, René 114
Dion Chrysostomos 284
Dixon, Robert S. 91
Doegen, Wilhelm 123, 133, 140, 143, 145, 146, 336, 337, 338, 339, 340, 343, 349
Dowerg, Rudolf 316, 317
Dow, Sterling 78
Drake, Frank D. 90
Druyan, Ann 92
Duddell, William Du Bois 118
Duden, Konrad 130
Duhem, Hippolyte 166
Dumont, Louise 138
Dunbar-Hester, Christina 73
Eckermann, Johann Peter 129
Edison, Thomas Alva 7, 41, 42, 43, 59, 61, 63, 204, 230, 336
Edwards, Paul N. 77
Egan, James P. 77
Eichhorn, Andreas 196
Einstein, Albert 65
Ellis, Alexander J. 126
Engel, Johann Jakob 219
Eno, Brian 73
Erbe, Karl 130
Esquirol, Jean-Étienne 210, 211, 214, 215, 222
Euler, Johann Albrecht 28
Euler, Leonhard 25, 26, 27, 28
Everest, F. Alton 84
Farnsworth, Paul 59
Feld, Steven 3
Fétis, François-Joseph 159
Feuchtersleben, Ernst Freiherr von 220
Feyer, Ursula 346, 348
Fichte, Johann Gottlieb 101

Fischer, Eugen 335
Fleck, Ludwik 184
Flesch, Carl 235, 236, 237
Fletcher, Harvey 77
Forkel, Johann Nikolaus 276
Forte, Allen 12
Foster, Jodie 92
Foucault, Michel 2, 290, 291
Fourier, Jean-Baptiste Joseph 21, 31, 33, 35, 37, 38
Freud, Sigmund 257, 258, 260, 263
Friederike Charlotte von Brandenburg-Schwedt 25, 27
Gabelsberger, Franz Xaver 309, 311
Galison, Peter 86
Gallée, Johan Hendrik 118, 119, 120, 121
García, Manuel Patricio Rodríguez 239, 241
Garrick, David 100
Garve, Christian 277
Gatewood, Esther 59, 60, 61
Gay, Peter 11
Geißler, Ewald 146, 327
Gerlach, Leopold 322, 325
Gilman, Benjamin Ives 58
Gluck, Christoph Willibald 161, 169, 170, 181
Goehr, Lydia 247
Goergen, Bruno 212, 215, 223
Goethe, Johann Wolfgang von 100, 129, 134, 262, 283, 284
Göhler, Georg 192
Goldoni, Carlo 245
Goppold, Uwe 296
Görres, Johann Joseph 267
Göttert, Karl-Heinz 324
Gotthardt, G. 316
Gounod, Charles 157
Graef, Karl 146
Gramit, David 201
Granville, Joseph Mortimer 229
Grapow, Hermann 335, 355
Grierson, George Abraham 342
Grimarest, Jean-Léonor Le Gallois de 99
Groth, Otto 194
Gruber, Roman 199
Grüner, Karl Franz 129
Gutman, Hanns 196, 198, 199
Gutzmann, Hermann 311

Haagen, C. Hess 77
Haindorf, Alexander 223, 225
Händel, Georg Friedrich 162, 173
Hanslick, Eduard 190, 203, 208, 216, 218, 219, 220, 221, 222
Harford, Frederick K. 225, 226, 227, 228
Harmjanz, Heinrich 344
Häser, August Ferdinand 235
Hausdörfer, Sabrina 267
Hawley, Mones E. 75
Haydn, Joseph 246
Heepe, Martin 336, 337
Heifetz, Jascha 249
Heine, Heinrich 194, 205
Heinse, Wilhelm 15
Held, Berthold 130, 137, 138
Helme, Theophile 329, 352, 353
Helmholtz, Hermann von 21, 23, 26, 29, 31, 32, 33, 34, 35, 36, 37, 38, 111, 117, 174, 175, 178
Helmreich, Stefan 68, 93
Henz, Wilhelm 324
Herder, Johann Gottfried 111, 267, 268, 277
Hermann, Karl 137, 138
Himmler, Heinrich 330, 331, 332, 341, 355
Hitler, Adolf 331, 342, 343, 352
Hochberg, Bolko Graf von 130
Hoffmann, E.T.A. 16, 259, 260, 261, 262, 263, 264, 265, 266, 269, 270, 271, 272, 273, 274, 275, 276, 277, 281, 282, 283, 284, 285, 286
Hölderlin, Friedrich 255, 274, 286
Honneth, Axel 290
Hornbostel, Erich Moritz von 57, 58, 159, 169, 171
Horn, Wilhelm 224
Hübner, Arthur 339
Hugo, Victor 128
Humboldt, Wilhelm von 349
Hyde, Ida 61
James, William 43, 48, 53, 54, 56
Janßen, Sandra 15
Jeanne d'Arc 114
Jean Paul 258, 275
Johannes Chrysostomos 284
Johnson, James H. 185
Johnson, Martin Wiggo 84, 85

Johnson, Ruth 274
Jones, Daniel 126
Kahn, Douglas 73, 238
Kainz, Josef 138
Kant, Immanuel 276, 277
Kapsch, Fritz 346
Kaufman, Louis 238
Kausch, Johann Joseph 219
Kennaway, James 229
Kittler, Friedrich 313
Klopstock, Friedrich Gottlieb 14, 100
Koch, Heinrich Christoph 28
Kohler, Robert E. 160, 161
Kolb, Richard 148
Kolisch, Rudolf 237
Kortner, Fritz 138
Kratzenstein, Christian Gottlieb 28
Kraus, John D. 89
Kretzschmar, Hermann 192
Kreutzer, Rodolphe 240
Kryter, Karl D. 78
Kümmel, Werner Friedrich 212
Labitzky, Joseph 216, 217
Laborde, Jean-Baptiste Vincent 226, 227, 228
Lacoue-Labarthe, Philippe 254, 255, 256, 257
Laget, Auguste 129
Larive, Jean Mauduit de 114
Lauster, Martina 188
Lazarsfeld, Paul 204
Leconte, Félix 157
Ledebur, Karl Freiherr von 130
Lefèvre, André 106
Legouvé, Ernest 107, 117, 127
Leopold II., König von Belgien 159
Lessing, Gotthold Ephraim 277
Lewis, Matthew Gregory 281, 282
Lichtenstein, Roy 257
Lichtenthal, Peter 210
Licklider, Joseph C.R. 78, 79, 80
Lipps, Theodor 45, 46, 48, 49, 50, 58
List, Guido (von) 138
Lovecraft, H.P. 281
Lück, Harald 65
Lüders, Heinrich 337
Luick, Karl 130
Lumm, Emma Griffith 117
Lütticke, Therese 196

MacRobert, Alan 91
Mahillon, Charles-Borromée 158, 178
Mahillon, Victor-Charles 153, 154, 155, 156,
    157, 158, 159, 160, 161, 162, 163, 164,
    165, 166, 167, 168, 169, 170, 171, 172,
    173, 174, 175, 176, 177, 178, 179, 180
Mahler, Gustav 153, 256, 257
Malibran, Maria 241
Mallarmé, Stéphane 255
Marage, René 129
Marey, Étienne-Jules 118
Marmontel, Jean-François 111
Marsop, Paul 195
Mathews, Max Vernon 81
Matussek, Peter 253, 286
Maxwell, William 61
Mendelssohn, Moses 277
Menke, Bettine 260
Mersmann, Hans 200, 201
Meumann, Ernst 140, 141, 142, 143, 145
Meyer-Kalkus, Reinhart 283, 284
Meyer, Max 45, 46, 48, 49, 50, 58
Miles, Robert 261
Milkau, Fritz 337
Miller, George A. 78, 79, 83
Miller, Joseph 83
Milsom, David 242
Milton, John 279
Miquel, Johannes Franz 325
Mitchell, S.E. 79
Moreau, Jacques-Joseph 226, 227
Morrison, Philip 89
Mozart, Wolfgang Amadeus 114, 157, 246
Müller-Wille, Staffan 7, 23
Münsterberg, Hugo 43, 46, 56
Muzzulini, Daniel 23
Nancy, Jean Luc 254, 255
Naumann, Friedrich 325, 326
Neff, William D. 85
Newman, Edwin B. 78
Nicolai, Ernst Anton 219
Nicolai, Friedrich 277
Nitsch, Kazimierz Ignacy 343
Novalis 267, 272, 277, 283
Obama, Barack 324
Oesterle, Günter 260
Offenbach, Jacques 276

Ohm, Georg Simon 33
Olesch, Reinhold 343, 344, 345
Ortmann, Otto 61
Palm, August 188
Passy, Paul Édouard 127
Paul, Hermann 130, 134
Perikles 324
Pinch, Trevor 3
Pinel, Philippe 215
Poe, Edgar Allan 262
Poisson, Jean 99
Pontvik, Aleks 207, 208, 209, 213, 216, 225,
    228, 231, 232
Preuß, Kai 254
Préville (d.i. Pierre-Louis Dubus) 99
Proust, Marcel 255, 256
Pythagoras 31, 261
Quellmalz, Alfred 342
Radcliffe, Ann 280, 281, 282
Radü, Jens 67
Raffael 114
Rancière, Jacques 290, 291
Raudnitz, Leopold 216, 217, 219
Raumer, Rudolf von 130
Reckwitz, Andreas 289, 290
Reik, Theodore 256, 257
Reil, Johann Christian 224, 225
Rémond de Sainte-Albine, Pierre 99
Restle, Conny 28
Rheinberger, Hans-Jörg 7, 22, 23, 82, 137
Ribot, Théodule 228
Riccoboni, Antoine-François (bzw. Antonio
    Francesco) 99
Riemann, Hugo 12, 29
Rindermann, Johannes 314
Ritter, Johann Wilhelm 272
Rochlitz, Johann Friedrich 183, 184, 205, 213
Rode, Pierre 240, 244
Roedemeyer, Friedrichkarl 145, 146, 148
Roethe, Gustav 336, 337, 339
Rogge, Christian 323
Röhrborn, Helmut 232
Roller, Christian 213, 214, 215, 216, 223
Rosapelly, Charles 118
Rosenzweig, Mark R. 76
Rossato-Bennett, Michael 253, 259

Rousseau, Jean-Jacques 23, 26, 27, 112, 242, 245, 250
Rousselot, Pierre-Jean 127, 128, 129
Rückert, Friedrich 255
Sachs, Curt 159, 169, 171
Sacks, Oliver 253, 255, 256, 257, 259
Sagan, Carl 90, 92
Saint-Genès, Marguerite de 129
Salieri, Antonio 236, 245
Sarasin, Philipp 2
Sarcey de Sutières, Francisque 128
Saussure, Ferdinand de 118
Schaeffer, Pierre 261
Schafer, R. Murray 87
Schafhäutl, Karl Emil von 177
Schenker, Heinrich 12
Schiller, Friedrich 255, 277, 284
Schilling, Gustav 28, 29
Schlegel, August Wilhelm 267, 268
Schlegel, Friedrich 255
Schlögl, Rudolf 291, 292
Schmidt-Wartenberg, Hans M. 121
Schneider, Johann Nikolaus 268
Schneider, Peter Joseph 217, 218
Schocher, Christian Gotthold 101
Schoenaich-Carolath, Heinrich Prinz zu 314
Schoen, Max 41, 42, 43, 59, 61
Schönberg, Arnold 24, 30
Schopenhauer, Arthur 265
Schubert, Franz 249
Schubert, Gotthilf Heinrich von 263, 264, 269, 270, 274, 284, 285
Schulze, Wilhelm 336, 337
Schutz, Bernard Frederick 67
Schwabe, Christoph 232
Schwitters, Kurt 138
Seckendorff, Gustav Anton von 98, 101, 121
Seebeck, August 33
Seibert, Willy 192
Serres, Michel 81
Ševčik, Otakar 237
Shakespeare, William 114, 126
Shannon, Claude 80
Shewhart, Walter A. 77
Siddons, Sarah 100

Siebs, Theodor 123, 124, 125, 126, 130, 132, 133, 134, 135, 136, 137, 138, 139, 141, 143, 145, 146, 148, 149, 150, 151, 152
Sievers, Eduard 130, 135, 136, 146
Šklovskij, Iosif Samuilovič 90
Skowronnek, Fritz 316
Sloterdijk, Peter 254
Soemmerring, Samuel Thomas 15
Solbrig, Karl Friedrich (d.i. Christian Gottlieb Solbrig) 101, 114
Speeth, Sheridan Dauster 71, 72, 73, 74, 81, 82, 87, 88, 89, 92, 94
Spohr, Louis 236, 240, 241, 243, 244, 245, 249, 250
Sponsel, Alistair 87
Stalin, Iosif Vissarionovič 331, 332
Steele, Joshua 99, 101, 121
Steinberg, John C. 77
Sterne, Jonathan 1, 2
Stetson, Raymond H. 51, 56, 57
Stetter, Franz Joseph 188, 190, 191, 192, 194
Stevens, Stanley Smith 76, 78, 83
Stevens, Wallace 255
Stolze, Heinrich August Wilhelm 309, 311, 323
Stone, Geraldine 76
Storck, Karl 192, 193
Strauß, Johann 216, 217
Strauss, Richard 153, 168, 169, 197
Strawinsky, Igor 197
Stumpf, Carl 57, 336, 349
Sulzer, Johann Georg 265, 266
Supper, Alexandra 67
Sweet, Henry 127, 143
Tadday, Ulrich 187
Tagore, Raja Sourindro Mohun 159
Talbert, Marie Louis Ferdinand 128
Talma, François-Joseph 100
Tasso, Torquato 257, 258, 273, 274, 275
Tempeltey, Eduard 130
Teuber, Oscar 192, 193, 194
Tewinkel, Christiane 205
Thöne, Fritz 198
Tieck, Ludwig 255
Tomatis, Alfred A. 232
Truscott, Ida 83
Tschallener, Johann 215

Türk, Daniel Gottlob 162
Urbantschitsch, Viktor 117
Valéry, Paul 255
Vasmer, Max 330, 334, 343, 344, 345
Viëtor, Wilhelm 130, 138
Vieuxtemps, Henri 241
Vigouroux, August 229
Virdung, Sebastian 153, 154, 180
Wackenroder, Wilhelm Heinrich 265
Wagner, Philipp 121
Wagner, Richard 153, 158, 231, 255
Wallaschek, Richard 194
Walpole, Horace 281
Weber, Friedrich August 210
Weber, Gottfried 27
Weißmann, Adolf 197, 200, 201
Weithase, Irmgard 101
Welsh, Caroline 265
Wenker, Georg 133, 135, 337, 338

Westermann, Diedrich 18, 330, 331, 332, 333, 334, 335, 336, 339, 340, 345, 346, 347, 349, 352
Whytt, Robert 219
Wiese, Leopold von 148
Wilder, Ralph 225
Wilhelmj, August 249
Willis, Robert 33
Windthorst, Ludwig 325
Wolff, Pius Alexander 129
Wrede, Ferdinand 133, 336
Wunderlich, Hermann 326, 327
Wundt, Wilhelm 140
Xenakis, Iannis 81
Yates, Mary Ann 100
Zamminer, Friedrich 21, 30, 31, 32
Zwardemaaker, Hendrik 118

www.ingramcontent.com/pod-product-compliance
Lightning Source LLC
Chambersburg PA
CBHW051250300426
44114CB00011B/964